江苏省典型行业工业园区
水污染防治管理政策及规划设计

徐　祥　崔明勋　章　亮 ◎ 主　编

杨　尧　蔡乾凌　盛　誉
朱兆坚　杨　静　余文敬 ◎ 副主编

河海大学出版社
·南京·

图书在版编目(CIP)数据

江苏省典型行业工业园区水污染防治管理政策及规划设计 / 徐祥，崔明勋，章亮主编. -- 南京：河海大学出版社，2024.12. -- ISBN 978-7-5630-9569-8

Ⅰ. X520.6

中国国家版本馆 CIP 数据核字第 2025JN5007 号

书　　名	江苏省典型行业工业园区水污染防治管理政策及规划设计 JIANGSU SHENG DIANXING HANGYE GONGYE YUANQU SHUIWURAN FANGZHI GUANLI ZHENGCE JI GUIHUA SHEJI
书　　号	ISBN 978-7-5630-9569-8
责任编辑	齐　岩
文字编辑	殷　梓　周一莲　顾跃轩
特约校对	李国群
封面设计	徐娟娟
出版发行	河海大学出版社
地　　址	南京市西康路1号(邮编:210098)
电　　话	(025)83737852(总编室)　(025)83722833(营销部)
经　　销	江苏省新华发行集团有限公司
排　　版	南京布克文化发展有限公司
印　　刷	广东虎彩云印刷有限公司
开　　本	700 毫米×1000 毫米　1/16
印　　张	37
字　　数	876 千字
版　　次	2024 年 12 月第 1 版
印　　次	2024 年 12 月第 1 次印刷
定　　价	188.00 元

目录
Contents

第一章 产业集聚及工业园区发展 ………………………………………………… 001
  1.1 产业集聚与园区 ………………………………………………………………… 001
    1.1.1 产业集聚 …………………………………………………………………… 001
    1.1.2 园区的诞生 ………………………………………………………………… 002
  1.2 全球工业园区发展 ……………………………………………………………… 003
  1.3 我国产业集聚及各类开发区发展 ……………………………………………… 007
    1.3.1 发展概况 …………………………………………………………………… 007
    1.3.2 经济增长的重要引擎 ……………………………………………………… 010
    1.3.3 创新发展的重要引领 ……………………………………………………… 010
  1.4 我国开发区管理 ………………………………………………………………… 010
    1.4.1 整体概况 …………………………………………………………………… 010
    1.4.2 园区管理的特征及内容 …………………………………………………… 012
    1.4.3 园区管理模式 ……………………………………………………………… 013
    1.4.4 化工园区建设及管理 ……………………………………………………… 013
  1.5 江苏省开发区发展 ……………………………………………………………… 014
    1.5.1 总体发展 …………………………………………………………………… 014
    1.5.2 政策保障 …………………………………………………………………… 014
    1.5.3 园区经济和县域经济 ……………………………………………………… 015
    1.5.4 开发区整合优化 …………………………………………………………… 016
  参考文献 ……………………………………………………………………………… 017

第二章 我国工业园区水污染治理政策、管理及技术体系 ………………………… 018
  2.1 产业集聚与污染治理相关性 …………………………………………………… 018
  2.2 工业园区规划 …………………………………………………………………… 019
    2.2.1 工业园区规划体系 ………………………………………………………… 019
    2.2.2 产业规划及政策 …………………………………………………………… 020
    2.2.3 空间规划 …………………………………………………………………… 023
    2.2.4 生态环境规划 ……………………………………………………………… 024
  2.3 工业园区环境管理基本制度 …………………………………………………… 024
    2.3.1 规划环评 …………………………………………………………………… 025
    2.3.2 生态环境分区管控 ………………………………………………………… 026

  2.3.3　排污许可证制度 …………………………………………………… 026
  2.3.4　生态环境监测 ……………………………………………………… 027
 2.4　全国各工业行业经济发展及废水排放情况 ………………………………… 027
  2.4.1　各工业行业经济发展规模 ………………………………………… 027
  2.4.2　各工业行业废水排放情况 ………………………………………… 028
 2.5　工业园区水污染防治法律、法规及规章制度及政策 ……………………… 029
  2.5.1　强化工业园区污水集中处理设施建设及回用 …………………… 030
  2.5.2　明确工业园区污水集中处理设施投资建设运营模式 …………… 031
  2.5.3　提升工业园区污水收集处理效能 ………………………………… 031
  2.5.4　加强工业园区水污染防治规范化管理 …………………………… 032
  2.5.5　推进工业园区污水资源化利用 …………………………………… 033
 2.6　工业园区水污染防治环境标准体系 ………………………………………… 034
  2.6.1　水污染物排放标准 ………………………………………………… 035
  2.6.2　水生态环境管理技术规范及指南 ………………………………… 040
 2.7　工业园区污水处理现状及发展 ……………………………………………… 040
  2.7.1　工业废水分类及处理 ……………………………………………… 040
  2.7.2　工业园区污水特点 ………………………………………………… 041
  2.7.3　工业园区污水集中处理设施形式 ………………………………… 042
  2.7.4　依托城镇污水处理厂处理工业废水 ……………………………… 042
  2.7.5　工业园区污水处理厂建设 ………………………………………… 044
 2.8　工业园区水污染治理存在问题 ……………………………………………… 044
  2.8.1　园区产业端 ………………………………………………………… 045
  2.8.2　污水收集处理体系监控及监管 …………………………………… 045
  2.8.3　污水处理供需两端 ………………………………………………… 046
  2.8.4　污水处理出水端 …………………………………………………… 046
 2.9　工业园区水环境管理建议 …………………………………………………… 046
 参考文献 ……………………………………………………………………………… 048

第三章　江苏省工业园区水污染治理政策、管理及实践 ………………………… 049
 3.1　江苏省工业园区管理及规划 ………………………………………………… 049
  3.1.1　江苏省十四五规划 ………………………………………………… 049
  3.1.2　江苏省开发区条例 ………………………………………………… 050
  3.1.3　江苏省国土空间规划 ……………………………………………… 050
  3.1.4　江苏省"十四五"开发区总体发展规划 ………………………… 051
  3.1.5　江苏省工业园区环境管理 ………………………………………… 051
 3.2　江苏省主要行业企业集聚及水污染防治 …………………………………… 051
  3.2.1　纺织染整 …………………………………………………………… 052
  3.2.2　化学原料和化学制品制造业 ……………………………………… 053

####### 3.2.3 电子工业 ··· 056
3.3 江苏省工业园区环境管理及水污染防治相关法律、政策及规划 ··············· 057
####### 3.3.1 主要地方法律法规 ·· 057
####### 3.3.2 主要地方标准 ·· 058
####### 3.3.3 相关规划 ··· 059
3.4 江苏省工业园区水污染防治制度创新及实践(生态缓冲区) ·················· 060
####### 3.4.1 特征污染物环境管理 ·· 060
####### 3.4.2 废水分类收集及监控 ·· 061
####### 3.4.3 园区监测监控、污染物排放限值限量 ······································· 061
####### 3.4.4 工业绿岛集约建设、共享治污 ·· 062
####### 3.4.5 工业废水与生活污水分类收集分质处理 ······································ 065
####### 3.4.6 生态环境安全 ·· 067
参考文献 ··· 067

第四章 排水收集系统规划建设 ··· 068
4.1 概述 ··· 068
4.2 园区排水收集系统规划建设 ·· 069
####### 4.2.1 政策解析 ·· 069
####### 4.2.2 园区排水收集体系建设 ··· 073
####### 4.2.3 园区排水监管体系建设 ··· 081
####### 4.2.4 园区排水收集系统规划建设案例 ·· 087
####### 4.2.5 企业排水收集系统规划建设案例 ·· 124
4.3 小结 ··· 139

第五章 工业园区突发水污染事件应急防范体系建设 ···································· 140
5.1 园区突发水污染事件和应急管理 ··· 140
####### 5.1.1 园区突发水污染事件 ·· 140
####### 5.1.2 园区突发水污染事件应急管理 ·· 143
5.2 园区突发水污染事件三级防控体系概述 ··· 145
####### 5.2.1 "南阳实践"与突发水污染事件三级防控体系 ····························· 145
####### 5.2.2 突发水污染事件应急处置措施 ·· 148
####### 5.2.3 突发水污染事件三级防控体系 ·· 150
5.3 园区突发水污染事件三级防控体系建设 ··· 151
####### 5.3.1 突发水污染事件三级防控体系规划及其程序 ······························ 151
####### 5.3.2 突发水污染事件一级防控体系 ·· 152
####### 5.3.3 突发水污染事件二级防控体系 ·· 154
####### 5.3.4 突发水污染事件三级防控体系 ·· 157
####### 5.3.5 监控预警系统 ·· 158

  5.3.6 应急物资及救援队伍 …… 158
5.4 应急响应与演练验证 …… 159
  5.4.1 应急响应 …… 159
  5.4.2 演练验证 …… 160
5.5 园区三级防控体系设计案例 …… 162
  5.5.1 案例一 …… 162
  5.5.2 案例二 …… 182

参考文献 …… 198

第六章 典型工业集中区水污染物特点 …… 199
6.1 工业废水一般特征 …… 199
6.2 电子信息工业园区水污染物特征分析 …… 202
  6.2.1 总生产工序工艺流程 …… 202
  6.2.2 主要生产工序工艺流程 …… 203
  6.2.3 其他生产工序工艺流程 …… 221
  6.2.4 综合利用工序工艺流程 …… 221
  6.2.5 其他产污工序 …… 222
  6.2.6 产污情况 …… 222
6.3 印染工业园区水污染物特征分析 …… 222
  6.3.1 印染行业污染特征介绍 …… 222
  6.3.2 废水污染源分析 …… 227
6.4 化工园区水污染物特征分析 …… 230
  6.4.1 甲烷氯化物厂 …… 230
  6.4.2 氟单体厂 …… 235
  6.4.3 氯碱厂 …… 244
  6.4.4 有机硅厂 …… 248
  6.4.5 氟材料厂 …… 253
  6.4.6 苯胺公司 …… 259

第七章 工业园区污水处理工程设计实例 …… 266
7.1 技术路线 …… 266
  7.1.1 规模论证 …… 266
  7.1.2 设计进出水水质确定 …… 266
  7.1.3 集中处理工艺流程的选择 …… 267
7.2 化工园区污水处理工程设计 …… 268
7.3 纺织染整园区污水处理工程设计 …… 321
7.4 电子光伏园区污水处理工程设计 …… 393

第八章 工业园区生态安全缓冲区规划建设 ……… 432

8.1 生态安全缓冲区研究进展 ……… 432
- 8.1.1 生态安全缓冲区定义及类型 ……… 432
- 8.1.2 工业园区生态净化型安全缓冲区 ……… 432

8.2 生态净化型人工湿地技术应用 ……… 433
- 8.2.1 人工湿地定义及类型 ……… 433
- 8.2.2 人工湿地净化机理 ……… 435

8.3 工业园区尾水特点及对应人工湿地净化探究 ……… 436
- 8.3.1 人工湿地净化高盐尾水探究 ……… 436
- 8.3.2 人工湿地净化重金属尾水探究 ……… 437
- 8.3.3 人工湿地净化化工尾水探究 ……… 439

8.4 工业园区尾水人工湿地设计要点 ……… 440
- 8.4.1 水量水质及净化目标 ……… 440
- 8.4.2 总体布置 ……… 440
- 8.4.3 工艺路线 ……… 441
- 8.4.4 填料选择 ……… 441
- 8.4.5 植物选择 ……… 441
- 8.4.6 调控措施 ……… 441

8.5 设计实例 ……… 442
- 8.5.1 实例一：苏南某污水处理厂尾水生态安全缓冲区建设工程设计 ……… 442
- 8.5.2 实例二：苏北某县新港电子产业园尾水生态安全缓冲区工程设计 ……… 456

参考文献 ……… 486

第九章 工业集中区废水处理工程控制及运行要素分析 ……… 487

9.1 工业集中区废水处理系统控制必要性 ……… 487
- 9.1.1 污水处理系统具有的特性 ……… 487
- 9.1.2 加强污水处理系统过程控制的必要性和重要性 ……… 489

9.2 化工园区废水处理工程运行案例分析 ……… 490

9.3 综合园区废水处理工程运行案例分析 ……… 507

9.4 工业集中区废水处理工程智慧化改造与展望 ……… 552
- 9.4.1 概述 ……… 552
- 9.4.2 设计原则 ……… 552
- 9.4.3 总体技术架构 ……… 553
- 9.4.4 设计内容 ……… 554

第十章 发展和展望 ……… 571

10.1 产业园区发展总体形势 ……… 571
10.2 环境治理与新污染物 ……… 572

  10.2.1 我国新污染物治理的进展、问题及对策 ………………………………… 572
  10.2.2 园区环境治理及管理与新污染物治理 …………………………………… 573
  10.2.3 工业园区用地更新及提质增效 …………………………………………… 573
  10.2.4 工业入园上楼 ……………………………………………………………… 574
10.3 减污降碳政策及实施路径 ……………………………………………………………… 574
  10.3.1 减污降碳背景及政策要求 ………………………………………………… 574
  10.3.2 污水处理行业碳排放标准 ………………………………………………… 575
  10.3.3 减污降碳实施路径 ………………………………………………………… 576
10.4 园区污水处理产业发展 ………………………………………………………………… 579
  10.4.1 环境产业的发展 …………………………………………………………… 579
  10.4.2 园区污水处理真实需求 …………………………………………………… 580
  10.4.3 园区环境污染第三方治理 ………………………………………………… 581
  10.4.4 工业园区水环境管理模式及创新 ………………………………………… 582
  10.4.5 工业园区污水处理行业未来发展趋势 …………………………………… 582

参考文献 ……………………………………………………………………………………………… 583

第一章
产业集聚及工业园区发展

1.1 产业集聚与园区

1.1.1 产业集聚

产业集聚是当今世界经济中颇具特色的经济组织形式,是相同或相近产业在特定地理区域的高度集中、产业资本要素在特定空间范围的不断汇聚过程。产业集聚促进了区域内企业组织的相互依存、互助合作和相互吸引:一方面,产业集聚有利于降低企业运营成本,包括人工成本、开发成本和原材料成本等,从而提高企业劳动生产率,提升企业竞争力;另一方面,集聚区域内企业之间的相互作用,可以产生"整体大于局部之和"的协同效应,有利于提高区域竞争力,促进区域创新发展。

产业集聚是多方因素共同作用的结果:资源禀赋是产业集聚的最初诱因;人才集聚是产业集聚的重要保障;成本优势是产业集聚的持续动力;创新网络则是产业集聚的制度基础。从产业集聚形成和发展的过程来看,尽管市场因素起决定性作用,但政府在产业集聚过程中发挥的作用是不容否定、不可替代的[1]。

产业集聚作为一种最为普遍的经济现象,从新古典经济学的区位理论,再延伸至新经济地理学的范畴,一直以来都受到众多学者的关注。一直以来产业集聚问题都是经济学、社会学、地理学等多个学科研究的热点领域。

一、外部性理论

几乎所有的经济流派都认为产业集聚形成的主要原因是经济的外部性,Alfred Marshall(阿尔弗雷德·马歇尔)的巨作《经济学原理》中最早揭示了产业集聚的现象,引入了经济外部性和产业集聚的概念,并具体分析了产业集聚形成的原因。马歇尔认为内部经济指的是企业内部的各种因素所导致的企业生产成本降低。经济外部性是形成产业集聚的主要原因,但每个产业对外部性的需求程度不一样,所以形成集聚的原因也不一

注:本书计算数据或因四舍五入原则,存在微小数值偏差。

样。比如,劳动力市场的外部性更容易促成劳动密集,技术外部性更容易促成知识密集,中间产品外部性更容易促成资本、技术密集。马歇尔认为,在同种产业中同一地理位置集聚更多的同类企业,就会产生更多的资源来促进企业的发展,这些资源包括劳动、资本、信息等生产要素。这些资源的投入,降低了企业的生产成本,使企业更加高效而具有竞争力。这就是经济的外部性。

Weber(1909)进一步将区位因素纳入工业活动的考量中,正式提出了集聚的概念,并首次引申出"外部性"概念,即企业经济活动在区域上的集中可以带来额外的经济效益。

二、规模经济理论

规模经济这个概念也是马歇尔最先提出的,他认为规模经济可以划为两类:内部规模经济和外部规模经济。内部规模经济是指某一企业进行了内部扩张导致自身规模变大,此时,该企业生产成本降低,生产效率提升;而外部规模经济可以细分为两个类型,一是区域化经济,二是城市化经济。前者指在某一行业中产生了规模经济,单个企业并没有发生改变,但行业融入了新的血液,从而使每一个企业都产生了规模经济;另一种情况是企业自身也没有发生改变,而整个城市的规模产生了扩张,这也使企业产生了规模经济。

有学者认为,区域化经济的发展更容易促进小城市专业化程度提高,城市借助区域经济发展提供的资源集中生产某种产品,形成行业内的集聚。而城市化经济的发展更容易引发大都市的产业集聚,大都市在依赖城市经济发展的同时,协调处于大都市的各种产业。因此,城市的规模和结构不同对规模经济形式的需求也不同。

三、运输成本理论

运输成本在研究产业集聚时是必不可少的一部分,不同学术流派对运输成本理论的看法也有一定差异。有学者提出新经济地理学派产生的关键原因之一就是把运输成本理论引入了数理模型。规模经济所引起的产业集聚会引起运输成本的降低和收益的增加。

有学者建立了空间经济学,将规模经济和运输成本两大理论纳入了该学派的主要研究框架。产业集聚程度及产业集聚地理位置的确定都与运输成本有着密不可分的关系。有学者建立了数理模型,系统地研究了运输成本与产业集聚之间的关系,得出结论:在运输成本极高或者极低时,产业集聚是很难形成的,只有当运输成本适中时,产业集聚才会形成。也就是说产业集聚和运输成本之间的关系图象是呈"倒 U 形"的。运输成本极高时,对应上述理论,"离心力"较大,所以很难形成产业集聚;但是当运输成本极低,低于一个合理水平时,外围区域的优势放大,经济活动开始逐渐向周边转移,产业集聚水平下降。

1.1.2 园区的诞生

基于园区历史的视角:园区是工业化进程带来的特定产物。

基于园区本质的视角:产业的发展都具有集聚性,这既是产业发展的自发性要求,也是政府或协会能动性推动的结果。两方面的共同作用产生了主导角色不同的园区组织形式。园区反映产业发展集聚的本质要求,由于产业的发展需要产业集聚,而产业要集聚就需要有产业组织的平台,这体现了产业—集聚—园区体系具有内在的必然过程。

1.2　全球工业园区发展

一、产业园区

产业园区的本质是产业的空间集聚,产业园区是指以促进某一产业发展为目标而创立的特殊区位环境,是区域经济发展、产业调整升级的重要空间聚集形式,担负着聚集创新资源、培育新兴产业、推动城市化建设等一系列重要使命。产业园区能够有效地创造聚集力,通过共享资源、克服外部负效应,带动关联产业的发展,从而有效地推动产业集群的形成。

纵观世界产业地产史可以发现,发达国家与发展中国家的产业园区发展背景各异:发达国家的城市郊区产业地产开发是在1955年之后,与内城问题的解决、信息技术的出现和高速公路的发展相伴而生;20世纪末,随着新国际分工的深入、产业的转移,发展中国家开始设立出口加工区。

工业园区、产业园区两个概念在很多领域容易被混为一谈;工业为整体概念,产业是整个工业体系中的构成部分。对于工业园区,在一定程序上是工业企业的聚集区,通常没有明确行业产业划分。另外对于工业园区与产业园区,区域政府在制定促进工业发展政策方面也存在差异,工业园区更加需要"大而广"的政策,而产业园区就更加注重针对性。

所以,各区域在建设或建立工业园区时,首先确定适合区域发展,而且符合国家产业政策的主产业及相关产业,建立不同产业的功能园区,同时依据各产业各特点,制定适合产业的发展政策,促进各产业发展升级,服务地方经济。

一般认为产业空间集聚经历了3个发展阶段。

一是19世纪70年代开始的第二次工业革命使得大量制造业企业出现,这些制造业企业需要原材料和能源,所以选址集中在交通便利且靠近发电厂的地方,形成相对集聚的工矿区。开发内容以单一的厂房和仓储开发为主,开发模式也很单一,主要以自用或租用为主,缺乏市场的流通,估价体系也不完善。

二是20世纪40年代开始的第三次工业革命使得工业生产技术迅速提高,工业蓬勃发展,以政府开发建设工业园和开发区为主的产业园区也因此得以高速发展,特别是在中国,随着改革开放和外向型经济的发展,各地都开发了新城区,凭借低廉的土地价格和丰厚的优惠政策,吸引了大批企业集聚,政府升级了公共配套,提供了产业扶持,实行相对独立的管理模式。这个集聚阶段以政府行为为主。后期政府平台公司的参与使新城区初步具备了市场的特征。

三是随着20世纪90年代工业时代的衰退及电子信息技术的快速发展,城镇化率大大提高,服务业比重日益增加,产业集聚逐步向多元化发展。产业业态也开始增加,总部园、科技园、研发园等服务业园区大量出现。产业与城市的结合更加紧密。市场化程度也越来越高,完全民营企业投资建设运营的园区开始出现。

二、工业园区

最早的工业园可追溯至18世纪,英国最早完成工业革命,成为当时最大的资本主义工业园。虽然这个工业园的名号是后人安上去的,但却无形中给工业园下了个定义:工厂集中地。

工业园区这一现象最早于19世纪末作为一种促进、规划和管理工业发展的手段在工业化国家出现。现代意义上的工业园区产生于第二次世界大战以后。二次大战后许多发达国家为发展经济、改善城市布局,制定了各种工业区域开发政策,建立了各种类型的特殊经济区域免税区、出口加工区、自由贸易区、企业区、保税区、工业区、工业村、工业团地、科学园、技术园、技术城等,这些区域在日本被称为"工业团地",在中国香港被称为"工业村",在英国被称为"企业区",在大陆被称为"产业地产"。自20世纪70年代,产业地产在世界范围内迅速发展,现在已经成为经济发展的重要空间形式[2]。

国内一般将工业园区定义为由人民政府或其他机构批准设立,具有统一管理机构及产业集群特征的特定规划区域,主要目的是引导产业集中布局、集聚发展,优化配置各种生产要素,并配套建设公共基础设施。

全球工业园区发展大致经历如下几个阶段。

(1) 起步阶段(20世纪50年代—20世纪70年代)

20世纪50年代末,出口加工区在一些发展中国家和地区兴起,工业园区作为一种发展手段被广泛采用。1959年爱尔兰兴建香农自由贸易区,贸易区内既可进行转口贸易、储存,又可进行加工,区内企业享受财政上的优惠政策,这种产业区形式的出现标志着出口加工区的正式诞生。台湾省是亚洲最早兴办出口加工区的地区,并且在1965年制定了《出口加工区设置管理条例》,高雄、新竹、台中等分别建立了出口加工区,均业绩斐然,成为早期工业园区的典范。韩国、新加坡等国纷纷效仿,广泛以工业园区的形式发展各类制造业。随着欧洲、美国、日本等国家及地区产业结构的升级,一些劳动密集型和处于成熟期的技术密集型产业被逐渐转移到亚太地区的发展中国家,这进一步带动了这些国家的工业园区的建设,从而使一些发展中国家完成了向工业化国家的转型,成为新兴工业化国家。

(2) 转型阶段(20世纪70年代—20世纪80年代)

到20世纪70年代后期,受能源危机和全球竞争局势的影响,以及高新技术产业的发展的要求,大多数国家和地区迫切需要进行产业结构调整,因此,一些经过精心规划、环境优美、区位良好、以充分的绿色空间为特征的高新技术工业园区在城市郊区发展起来。同时,为了恢复停滞的经济,西方各国纷纷制定新的发展战略,将发展重点转向高新技术产业,尤其是美国,早在1951年就建立了斯坦福工业园,即硅谷的中心地带,其后又相继建立了300多个高科技工业园区,约占全世界总数的1/3。硅谷地区的飞速发展,使其成为高科技工业的中心,创造了巨大的物质财富,取得了非凡成就。

(3) 发展阶段(20世纪80年代—至今)

从近几十年来看,各种类型的加工产业园区、高新技术园区发展更是迅猛,且呈现出形式多样、功能综合、发展加速的趋势。1996年联合国教科文组织国际发展委员会调查结果显示,全球各类工业园区的总数超过12 000个,其中从事出口加工的工业园区有500多个,高新技术产业园区有1 000多个。在这个阶段,发展中国家和发达国家的工业园区由于区域经济水平和资源优势的差异,呈现出不同的发展特点和趋向。一方面由于受劳动力资源和市场需求的影响,西方发达国家的加工制造业大量向发展中国家转移;另外,受发展中国家自身工业化进程加速的推动,加工工业型工业园区在发展中国家的建设进行得如火如荼。同时,为了摆脱劳动密集型工业占主导地位的落后局面,发展中国家也努力加快产业结构调整,引进和开发先进生产技术,引导区域产业向高科技化方向发展,缩小与发达国家的工业化水平的差距。另一方面高新技术产业园区在发达国家得到持续发展,依托高校、研究机构等迅速发展起来的科学园、技术城成为发达国家促进区域经济增长的重点,加强大学与工业的联系,完善居住服务体系的建设,促进科研成果产业化和商品化已是很多国家发展工业经济的必由之路。据统计,1990年,美、英、日、德、法等9个发达的国家已建立了220个高技术区,其中有189个是在高校直接参与下发展起来的,占总数的约86%。高技术区的形式已由单纯的研发或生产发展到研究、生产、居住一体化的技术城、科学城。

三、全球典型工业园区

产业园区最早起源于国外,经过长期的发展,世界各地已形成众多产业园区,国外比较成功的案例有:法国索菲亚科学园(Sophia Antipolis)、新加坡裕廊工业园(Jurong Industrial Estate)、英国剑桥科学园(Cambridge Science Park)、法国格勒诺布尔科学园(Inovallée)、日本筑波科学城(Tsukuba Science City)等。

20世纪60年代,新加坡工业化进程起步,工业全球化的浪潮席卷而来。建国独立初期的新加坡也面临着高失业率问题,在此背景下,新加坡政府牢牢把握发展机遇,大力扶持劳动密集型产业,积极承接从发达国家转移出来的轻工业,如纺织业等众多产业,并着手开发建设裕廊工业园。

图 1-1 新加坡裕廊工业园

(1) 发展阶段

① 劳动密集型产业主导阶段(1961—1979 年)

此阶段的入区企业以劳动密集型产业为主,主要是为了解决新加坡就业问题,改变其工业落后的面貌。经过这一阶段的发展,新加坡的经济结构发生了巨大的转变。

② 技术与资本主导阶段(1980—1989 年)

为了吸引高附加值的资本与技术密集型产业,JTC(新加坡裕廊集团)启动了为期 10 年的总体规划(1980—1990 年),此项规划体现了这个阶段的服务特点,即为高增长型的企业设计和提供具有差异化的设施和厂房,包括将南部的岛屿开发区建设成石油化工产品的生产和配售中心,将罗央开发成第一个航空工业中心以及建设新加坡科技园区以容纳科技开发型企业。

③ 知识经济主导阶段(1990 年以来)

从 20 世纪 90 年代开始,有限的土地资源和激烈的竞争将工业园区的发展推进到一个新的时期,出现了商业园、技术园、后勤园等新概念的园区。为了提高集约化利用园区的土地,JTC 在工业园区的设计和发展过程中考虑了知识经济并进行了成本效益分析。

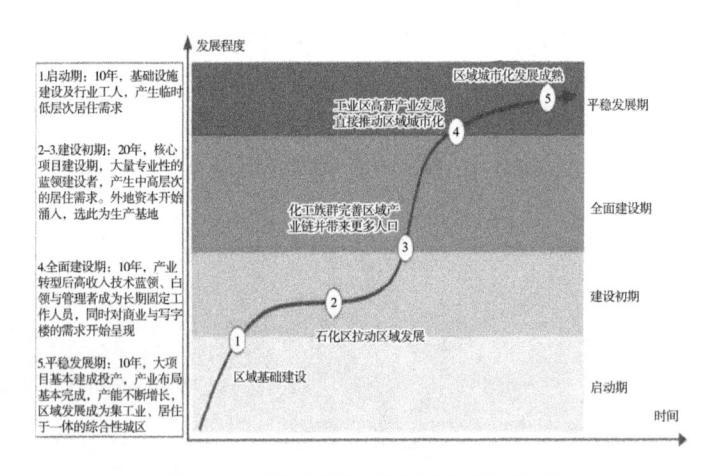

图 1-2 新加坡裕廊工业园的发展历程

(2) 主要规划设计特点

① 综合一体化发展

裕廊工业园区在规划上结合了工业生产、商业活动、居住生活、教育和休闲娱乐等多项功能,形成了一个综合性的生活和工作环境。这种综合一体化设计有助于提高生活品质,吸引和保留人才,同时也促进了社区和经济的发展。

② 前瞻性基础设施规划

考虑到未来工业发展的需求,裕廊工业园区在规划时预留了足够的空间用于基础设施建设和产业扩张。包括完善的交通网络、供水供电系统、环保设施等,为入驻企业的长期发展和拓展提供了坚实的基础。

1.3 我国产业集聚及各类开发区发展

1.3.1 发展概况

产业集聚的发展模式是我国经济社会发展的重要方式,我国政府一直以来致力于通过各类产业集聚区发展地方经济。毋庸置疑,产业集聚区作为我国整合经济资源、高新技术而划定的重要功能区,在我国经济建设过程中发挥了重要作用。现有研究也发现,各类产业集聚区对我国地方经济的发展、吸引外商直接投资等具有显著的提升作用。

改革开放以来,特别是分税制改革之后,我国各个地方政府热衷于发展建设本地产业集聚区,并出台各种各样的税收优惠政策、土地政策、产业政策来吸引各类企业和资金,而这些政策带有典型的时代烙印。分税制改革对于地方政府事权和财权的重新划分,使其发展地方经济水平的激励作用增强,地方政府不断推出政策吸引资金,发展当地产业集群从而带动地区经济发展。

随着工业化、城镇化的快速推进,工业企业呈现明显的集聚态势,我国各类集聚区以科学的发展理念、先进的技术装备、现代化的管理模式,为促进经济和社会发展作出了重要贡献,中国产业集聚最典型的形式就是政府所设各类开发区。

自1978年改革开放以来,产业园这一概念在我国已经历经了几十年的发展演进。

(1) 初创培育期(1978—1991年)

1978年,中国迎来了改革开放的春风,党的十一届三中全会为产业园区的建立奠定了思想基础。

作为第一批改革试点,深圳蛇口工业区开始将香港的资金、技术等优势与内地的土地和劳动力资源结合,开启了现代产业园区的篇章。从1979年7月改革开放的"开山炮"在蛇口轰鸣炸响,到1984年引进外资项目136个,投资额达到12.7亿港元,蛇口工业区的成功验证了这一模式的可行性。

1984年,邓小平视察广东、福建后,肯定了深圳蛇口经济特区的政策,建议增加对外开放城市。同年,中共中央和国务院确定进一步开放14个沿海港口城市,包括大连、天津、上海等,明确了把开发区办成"技术的窗口、管理的窗口、知识的窗口和对外政策的窗口"的"四窗口模式"和"发展工业为主,利用外资为主,出口创汇为主"的"三为主"的发展方针,为园区的建立提供了明确的方向。这一阶段,产业园区内主要是低附加值的轻工制造业企业。

在确立了改革开放的基本国策的情况下,我国开发区才从无到有,由弱到强,开始发展起来。

(2) 高速增长阶段(1992—2002年)

这个阶段为高速发展期,1992年初邓小平南方谈话,标志着中国改革开放的新篇章,掀起了对外开放和引进外资的新一轮高潮,我国产业园区建设也随之进入高速发展阶段,随之而来的,是一系列产业园区的兴起,如张江高科技园、苏州工业园区等。

此外,2001年中国加入世界贸易组织(WTO),贸易迎来黄金发展期,产业园区也逐步从劳动密集型转向科技密集型。这一阶段,化学金属、家电机械等高技术制造业主导了产业园区的发展。

在此期间,新增国家级经开区39家、国家级高新区25家、国家级保税区20家、国家级边境经济合作区14家、其他国家级开发区17家。至此,由经开区、高新区特区、边境自由贸易区、沿江沿边开放地带、保税区等构成的多层次、全方位开放格局基本形成。

(3) 稳定调整阶段(2003—2008年)

从1984年到2003年,中国的开发区数量从14个(首批国家级经开区)迅速增加到6 866个,导致了地方政府间的恶性竞争和资源浪费。

为了引资,地方政府一再降低土地价格和税收标准,导致土地开发效率低下和资源浪费。

2003年,国务院开始对全国各类产业园区进行清理整顿,国务院连续下发了《国务院办公厅关于暂停审批各类开发区的紧急通知》《国务院办公厅关于清理整顿各类开发区加强建设用地管理的通知》《清理整顿现有各类开发区的具体标准和政策界限》等文件,以对治理整顿土地市场秩序做出部署并取得了重要成果。

2004年,全国开发区工作会议在北京召开。会议提出"以提高吸收外资质量为主,以发展现代制造业为主,以优化出口结构为主,致力于发展高新技术产业,致力于发展高附加值服务业,促进国家级经济技术开发区向多功能综合性产业区发展"的"三为主、二致力、一促进"的发展方针,推动园区向中高技术和资本密集产业转型,逐步稳定发展,产业园区的发展逐步走向成熟。

(4) 创新发展期(2009—2016年)

2008年金融危机之后,中国经济面临转型,此时中国的房地产业也开始迅猛发展,而为经济转型、产业结构调整提供载体的产业地产顺理成章地成为热点。特别是在供给侧改革的背景下,政府鼓励制造业和战略性新兴产业发展,因此涌现出一批全国性的产业地产开发商,如华夏幸福、联东等,形成了园区产业及资源整合运营的新模式。

尽管产业地产创新模式在这一时期取得了显著的发展成果,例如响应了经济转型的需求,促进了产业结构调整和升级,形成了新的经济增长点等。但过度开发也导致了部分地区产业地产项目过剩,且高度依赖政府补贴和政策支持,缺乏自我"造血"能力,企业入驻情况和园区经营状况不佳,进而影响到整个产业地产项目的稳定可持续发展。

(5) 高质量发展阶段(2017年至今)

2017年,中国共产党第十九次全国代表大会提出了高质量发展的新表述。

2017年1月19日,国务院办公厅正式对外印发了《关于促进开发区改革和创新发展的若干意见》,为产业园区改革创新提了23条要求(以下简称"产业园区23条")。这是指导未来全国各地产业园区发展的里程碑式文件。

"产业园区23条"明确了当前和今后一段时期产业园区发展的总体要求:全面贯彻党的十八大和十八届三中、四中、五中、六中全会精神,深入贯彻习近平总书记系列重要讲话精神和治国理政新理念新思想新战略,认真落实党中央、国务院决策部署,紧紧围绕统筹推进"五位一体"总体布局和协调推进"四个全面"战略布局,牢固树立创新、协调、绿色、开放、共享的发展理念,加强对各类开发区的统筹规划,加快开发区转型升级,促进开发区体制机制创新,完善开发区管理制度和政策体系,进一步增强开发区功能优势,把各类开发区建设成为新型工业化发展的引领区、高水平营商环境的示范区、大众创业万众创新的集聚区、开放型经济和体制创新的先行区,推进供给侧结构性改革,形成经济增长的新动力。

经过了 40 多年的发展,我国建立了完备的园区体系。从功能分类来看,可分为 2 类:承担特定功能的产业园区和具备综合功能的产业园区。承担特定功能的园区有 7 种类型:经济技术开发区、高新技术开发区、海关特殊监管区域、边境经济合作区、台商投资区、旅游度假区和自由贸易区。其中,海关特殊监管区又包括:保税区、保税港区、综合保税区、保税物流园区、跨境工业区、出口加工和保税物流中心;而具备综合功能的园区有:经济特区和国家级新区,如图 1-3 所示。

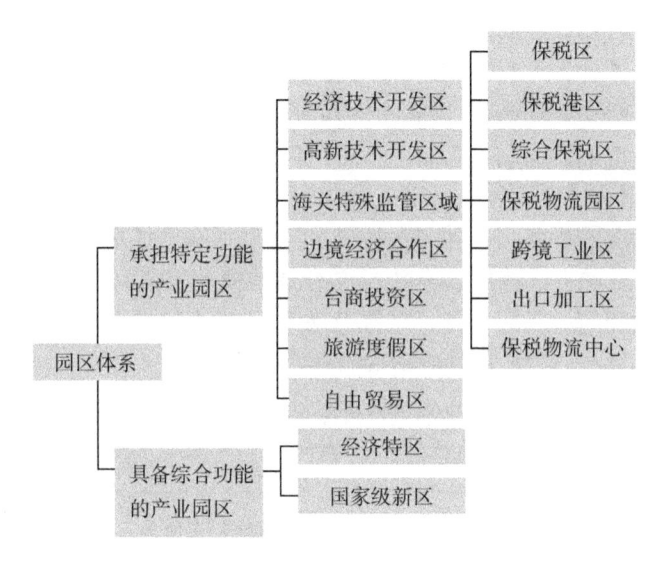

图 1-3 国内产业园区体系

从开发区类型(级别)来看,国家级经济开发区包括经济技术开发区、高新技术开发区等 7 类,省级开发区包括省级经济开发区、省级高新技术产业园区等 3 类。

中国开发区类型(级别)一般采用"逐级晋升"的模式,即当开发区发展达到一定条件后,再由上一级政府根据相关考核体系进行评价,进而决定是否审批"升级"(或者"撤销")。省级开发区的前身一般为市级开发区,国家级开发区则通常从省级开发区中发展而来。因此"设立"开发区的时间,准确理解应该为"授予"该级别的时间。

根据《中国开发区审核公告目录》(2018 年版),全国共有国务院批准设立的开发区 552 家,其中经济技术开发区 219 家,高新技术产业开发区 156 家,海关特殊监管区域 135 家,边境/跨境经济合作区 19 家,其他类型开发区 23 家,省(自治区、直辖市)人民政府批准设立的开发区 1 991 家。

我国省级以上园区共有 2 543 家,集中了全国约 50% 的工业企业。其中,有 552 家为国家级园区,1 991 家为省级园区。

另外,据估计,还有 2~3 万家未经批准设立的县级及以下的工业园区,这些园区往往被称作"工业聚集区"或"工业集中区"[3]。

1.3.2 经济增长的重要引擎

作为所在地区的"经济发动机",产业园区是我国经济增长的重要引擎。

国家级经开区作为高水平对外开放平台,积极推进经济高质量发展,在巩固外贸外资基本盘中发挥了重要作用,呈现总量扩大、质量提升、开放带动作用进一步增强的良好发展态势。2022年,国家级经开区实现地区生产总值14万亿元,占国内生产总值(GDP)的比重约为12%。

国家高新区设立35年来,特别是党的十八大以来,走出了一条具有中国特色的高新技术产业化道路,成为我国重要创新策源地、体制机制改革"试验田"、高成长企业和高端产业集聚的重要载体,为我国高质量发展作出了重要贡献。2022年,国家高新区生产总值达到17.3万亿元,创造了全国约14.3%的GDP,贡献了全国约13.6%的税收。

两类国家级园区占全国GDP比重的约26.3%,相当于中国超四分之一的GDP是由两类国家级园区所创造的,这说明产业园区成为国民经济的主要载体。

1.3.3 创新发展的重要引领

产业园区重点发展新兴产业,创新引领经济转型。除了体量上的贡献,产业园区还为我国加快转变经济发展方式找到了一套行之有效的模式,即以高新技术产业和现代服务业为主导,发展新型产业集群,创新产业园区发展。高新区和经开区2类园区的产业类型,主要表现为电子信息制造、机械制造等新兴产业。

表1.3.3-1 年标杆型国家经开区、高新区及其主导产业

经开区	主导产业	高新区	主导产业
苏州工业园区	电子信息制造、机械制造、生物医药、新材料	北京中关村国家自主创新示范区	移动互联网和移动通信、卫星应用、生物健康、节能环保、轨道交通
广州经开区	化学、软件、电子和通信设备、医药、饮料制造	上海张江国家自主创新示范区	信息技术、生物医药、低碳环保、民用航空研发、汽车配套
天津经开区	电子信息、食品、机械、生物医药	武汉东湖高新国家自主创新示范区	光电子信息、生物、新能源、环保、消费类电子
青岛经开区	工程机械、港口海洋装备、石化、家电电子、汽车	成都高新区	信息技术、生物、装备制造、节能环保
北京经开区	汽车及交通设备、装备制造、生物工程和医药、电子信息	深圳国家自主创新示范区	生物医药、电子信息、文化创意、航空航天、先进装备制造

1.4 我国开发区管理

1.4.1 整体概况

我国开发区中经开区、高新区以及综保区是最具代表性和影响力的3类开发区。

经济技术开发区是中国最早在沿海开放城市设立的、以发展知识密集型和技术密集型工业为主的特定区域,后来在全国范围内设立,实行经济特区的某些较为特殊的优惠政

策和措施。从发展模式看,增加区域经济总量是其直接目标,以拉动外来投资为主,主要产业为制造加工业。经济技术开发区是一个城市开发发展后要快速提高经济水平从而形成的一种经济体,多由工业企业、工业园区组成。

高新技术产业开发区是指中国改革开放后在一些知识密集、技术密集的大中城市和沿海地区建立的发展高新技术的产业开发区。高新技术产业开发区是各级政府批准成立的科技工业园区,它是以发展高新技术为目的的特定区域,是依托于智力密集、技术密集和开放的环境,依靠科技和经济实力,吸收和借鉴国外先进科技资源、资金和管理手段,通过实行税收和贷款方面的优惠政策和各项改革措施,为实现软硬环境的局部优化,最大限度地把科技成果转化为现实生产力而建立起来的,促进科研、教育和生产结合的综合性基地。高新技术产业开发区多依附于重工业。

高新区发端于1988年国务院启动的国家高新技术产业化发展计划——"火炬计划",该计划以发展高新技术产业为主要目的。以北京中关村国家自主创新示范区、上海张江国家自主创新示范区、深圳国家自主创新示范区等为代表的国家级高新区基本稳定占据各大产业园综合竞争力排名榜单前列。

表 1.4.1-1　国内政策性开发区类型及对比

类型	经开区	高新区	综保区
功能特点	以加工制造业为主,以提高经济总量为主要目标	以发展高新技术产业为主	具有出口加工、保税物流、转口贸易等功能,以促进对外贸易发展
主管部门	商务部	科技部	海关
发展背景	1984年5月4日,中共中央、国务院批转《沿海部分城市座谈会纪要》,决定开放沿海14个港口城市,并在有条件的地方兴建经开区	发端于1988年国家高新技术产业化发展计划——"火炬计划",同年,第一家高新区在北京诞生,即"北京中关村"的前身。	1990年6月国务院批准设立全国第一个海关特殊监管区域后,出现了保税区、保税物流园区、跨境工业园区、综合保税区等多种形态,其中综合保税区开放程度最高、功能模式最灵活
2021年数量	全国已有230家国家经开区	全国已有168家国家高新区	全国已有150家综合保税区
园区案例	苏州工业园区、广州经开区、天津经开区	北京中关村国家自主创新示范区、上海张江国家自主创新示范区、深圳国家自主创新示范区	天津港综合保税区、上海外高桥综合保税区

制表:华经产业研究院

中国经济发展的"开发区"模式已经走过了数十年,我国开发区类型不断拓展,数量逐渐增多,成为推动工业化、城镇化快速发展和对外开放的重要平台,作为带动区域经济增长的重要载体和引擎,开发区在改革开放、科技创新、聚集产业等方面发挥了积极作用。

对于广为诟病的开发区同质化、低水平竞争,《省政府关于推进全省经济开发区创新提升打造改革开放新高地的实施意见》(苏政发〔2020〕79号,以下简称《意见》)鼓励以国家级和发展水平高的省级开发区为主体,整合区位相邻、相近的开发区,对小而散的各类开发区加以清理、整合、撤销,建立统一的管理机构。

在建设和运营模式创新上,首次提出"引导社会资本参与开发区建设,探索多元化的开发区运营模式"。《意见》鼓励以PPP模式开展开发区公共服务、基础设施类项目建设,

图 1-4　2016—2021 年中国国家经开区和国家高新区占比总 GDP 走势

鼓励社会资本在现有开发区中投资建设、运营特色产业园。

1.4.2　园区管理的特征及内容

产业园区作为地区发展的经济引擎,具有双重属性。它一方面是相关企业的区域聚集体,表现出一定的宏观性;另一方面由于其运营方式多为政府投资或规划,开发企业管理运营,因此又具有一定的微观性。

在管理学中一直根据组织的目的,将组织分成追求利润目的的企业组织和追求公益目的的政府和非营利组织。但是,园区不同于以利润为目的的企业,也不同于以公益为目的的政府,园区具有地方政府的派出机关(或派出机构)和开发主体的双重性质,决定了园区是一个兼有公益和利润双重目的的、特殊的第三种组织。园区不能再以企业为研究对象的工商管理或以政府为研究对象的公共管理作为理论指导,而是需要构建适用于园区发展的管理体系以获得针对性指导。

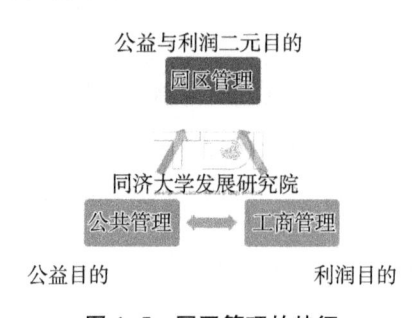

图 1-5　园区管理的特征

同时,当前对产业园区的研究也趋于多元化,不同的学界从组织、空间以及产业链、供应链等多视角进行研究。经济学者对园区产业集群的界定侧重于产业组织的视角,强调同一产业内企业之间、企业与市场之间以及不同产业部门之间的相互关系类型,如专业化协作、经济联合体、企业集团等组织形态等;地理学者侧重于空间思维,如地域性和空间差异性等;管理学者则侧重于供应链、产业链及其影响的各种战略因素的组合。

从过程管理的视角看,园区管理以规划管理、运营管理和控制管理为关键内容,以实现园区持续发展为目标。其中,规划管理主要包括园区产业规划、空间规划;运营管理根据园区管理对象(园区和企业)和管理范围(园区内部和外部)的二维分类,包括园区招商管理、园区服务管理、园区合作管理以及园区组织管理;控制管理主要包括园区评价和园区纠偏。

1.4.3 园区管理模式

工业园区是通过行政手段划出的一块区域,旨在聚集各种生产要素,实现工业集约化。入驻企业享有园区内的特殊政策,并具有共同的排污特征。

(1) 地理区域性

企业地处同一园区,共享公共基础设施,例如集中供热、供电,污水纳入公用管网,执行相同的环境质量和污染排放标准。

(2) 同行业属性

企业若处于同一行业内,如纺织、汽车行业等,其原辅料使用、工艺使用、特征污染物等具有相似性。

(3) 供应链的关联性

若企业产品或工艺存在上下游关系,污染物会在企业之间传递,上游企业的污染易影响下游企业的管理成本。

目前工业园区主要包括政府主导型(即管委会模式)、企业主导型和政企混合型三大管理模式,大多数采取的是管委会模式。

在管委会模式中,一方面,园区管理机构作为当地政府派出机构,具有较大的经济管理权限和相应行政管理职能,但不具备处罚企业的权限。另一方面,园区管理机构直接对接各级政府部门,得到授权较大,能够全权处理区域事务,从而表现为:闭性性—管理决策内部化;集中性—除了主要领导由城市政府或更高一级机构任命外,一般管理人员由园区自己决定;矛盾性—园区市场的盈利性和作为管理者的公共性之间的矛盾。

1.4.4 化工园区建设及管理

化工园区是化工行业发展的重要载体,在促进安全统一监管、环境集中治理、上下游协同发展等方面发挥着重要作用,已成为化工行业的主要发展阵地。目前,我国化工园区发展水平参差不齐,部分园区还存在规划布局不合理、配套设施不健全、专业监管能力不足等问题,安全环境风险较高,亟需出台政策引导化工园区规范发展。

中共中央办公厅、国务院高度重视化工园区绿色安全发展,于2020年2月6日印发了《关于全面加强危险化学品安全生产工作的意见》(以下简称《意见》),并发出通知,要求"制定化工园区建设标准、认定条件和管理办法"。为贯彻落实《意见》要求,工业和信息化部会同有关部门发布了《工业和信息化部 自然资源部 生态环境部 住房和城乡建设部 交通运输部 应急管理部 关于印发〈化工园区建设标准和认定管理办法(试行)〉的通知》(工信部联原〔2021〕220号,下称《办法》),旨在指导各地规范园区建设和实施认定管理,提升化工园区安全生产和绿色发展水平。

《办法》中所称化工园区是指由人民政府批准设立,以发展化工产业为导向、地理边界和管理主体明确、基础设施和管理体系完整的工业区域。《办法》对化工园区设立、管理机构、园区选址、规划、安全、环保、应急救援等提出了明确要求,是各省份制定实施细则及开展认定工作的基本遵循。各省级人民政府或其授权机构应按照不低于《办法》建设标准要求的原则,结合本地实际,制定完善本地区化工园区建设标准和认定管理实施细则、认定评分标准,组织开展化工园区认定,并定期组织已通过认定的化工园区开展自评和复核。各级地方人民政府有关部门依据职责负责化工园区相关管理工作。对于已出台实施细则并公布认定化工园区名单的省份,要按照《办法》对已通过认定的化工园区进行复核,不符合《办法》要求的,要限期整改。

考虑到新设立化工园区相关配套设施尚未建成,不具备通过化工园区认定的条件;若待配套设施建成后再引进项目,又将导致化工园区建设周期长、大型化工项目不能及时开工等。为统筹兼顾化工园区建设质量和有序推进重大化工项目建设,《办法》对新设立化工园区提出了三点要求。一是要由省级及以上人民政府或其授权机构批准设立;二是承接的化工项目必须是列入国家或地方相关规划,并应经省级人民政府或其授权机构同意的;三是园区内化工项目投产前,新设立的化工园区应按《办法》要求通过认定[4]。

1.5 江苏省开发区发展

1.5.1 总体发展

江苏省商务厅发布的《2022年江苏省开发区建设发展统计公报》(苏商开发〔2023〕523号)指出,截至2022年末,江苏省现有省级及以上开发区158家(不含筹建开发区),其中国家级47家,省级111家。在国家级开发区中,经济技术开发区27家,高新技术产业开发区17家,旅游度假区2家,保税港区1家。全省共有578家上市企业落户开发区,其中落户国家级开发区有356家。全省开发区呈现出在高平台上稳步发展的态势。全省158家开发区中获批建设国家级生态工业示范园28家,占全国总数的29.5%,其中23家正式命名,占全国总数的35.4%。

2018年4月,江苏率先实现了在13个设区市都有国家级开发区、每个县(市)都有省级开发区的总体布局。

2021年,江苏开发区吸纳了全省近40%的就业人员,创造了全省50%的经济总量和一般公共预算收入,60%的固定资产投资,70%的规模以上工业增加值,80%的实际使用外资、外贸进出口和高新技术企业,90%的1亿美元以上的工业外资项目,为江苏省经济社会高质量发展作出了重要贡献。在2022年度国家级经开区综合发展水平考核评价中,江苏6家开发区入围前30强,数量位居全国第1,苏州工业园区实现"七连冠"。

1.5.2 政策保障

江苏园区经济之所以发展得很好,政策保障是一个很重要的原因。江苏出台的园区政策涉及体制机制、评价考核、转型升级等,按时间顺序经梳理主要有:

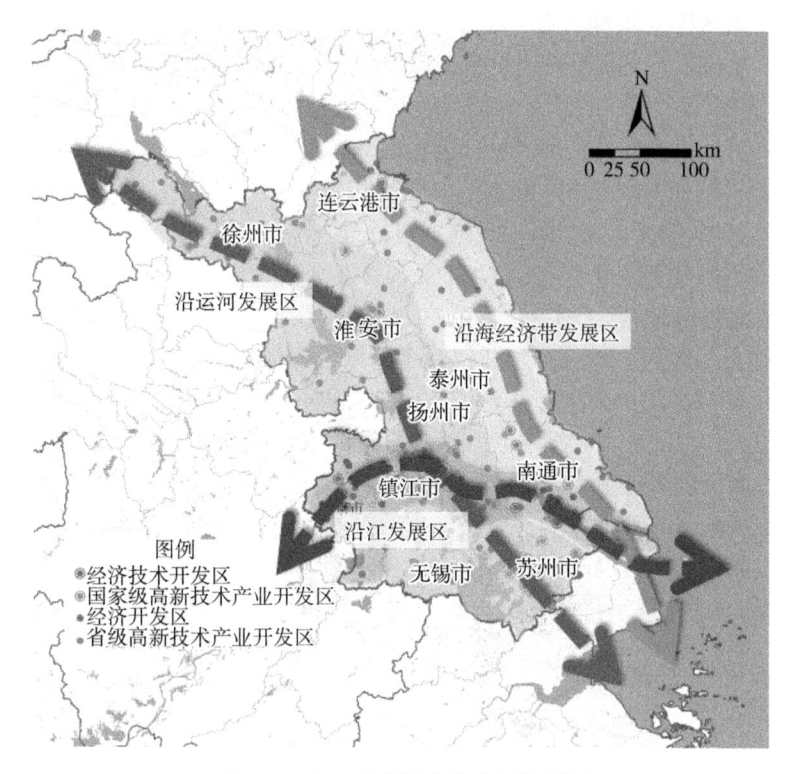

图 1-6 全省开发区总体发展格局图

(1) 1986年《江苏省经济技术开发区管理条例》；
(2) 2014年《江苏省人民政府关于加快全省经济技术开发区转型升级创新发展的若干意见》；
(3) 2016年《江苏省省级以上开发区机构编制管理暂行办法》；
(4) 2016年《江苏开发区科学发展综合评价办法》；
(5) 2017年《关于促进全省开发区改革和创新发展的实施意见》；
(6) 2018年《江苏省开发区条例》；
(7) 2019年《关于推进农业高新技术产业示范区建设发展的实施意见》；
(8) 2019年《关于推动南北共建园区高质量发展的若干政策措施》；
(9) 2021年《江苏省经济开发区高质量发展综合考核评价办法(2021年版)》。

其中，2018年5月1日颁布实施的《江苏省开发区条例》，意味着江苏园区的开发、建设、运营、管理、转型都有法可依，该条例也成为我国第一部省级"园区法"。

1.5.3 园区经济和县域经济

园区经济和县域经济是江苏的名片和王牌，也是江苏近年经济高质量发展的核心引擎。

全国"百强县冠军"昆山市，下辖2个国家级开发区昆山经开区和昆山高新区，1个省级开发区花桥经济开发区。2023年昆山市地区生产总值5140.6亿元，仅昆山经开区就完成了全市40%以上的地区生产总值，贡献出全市60%以上的外资、80%以上的进出口总额。昆山高新区完成了全市近20%的地区生产总值，花桥经济开发区完成全市8%以上的地区生产总值。3个园区累计贡献全市近70%的地区生产总值。

"百强县亚军"江阴市，下辖1个国家级开发区江阴高新区，2个省级开发区江阴临港经开区和江阴靖江工业园区。2023年，全市实现地区生产总值4 960.5亿元。江阴高新区贡献了全市18%的GDP、36%的进出口总额和55%的实际利用外资。江阴临港经开区贡献了全市21%的GDP。3个园区贡献全市超过40%的地区生产总值。

"百强县季军"张家港市，下辖2个国家级开发区张家港经开区和张家港保税区，3个省级园区张家港高新区、扬子江国际冶金工业园和常阴沙现代农业示范园区。2023年，全市实现地区生产总值3 365.8亿元，仅2个国家级园区加1个扬子江国际冶金工业园就贡献了全市70%以上的地区生产总值。

一串串让人惊叹不已的数字背后，毋庸置疑是园区扮演了江苏县域经济高速发展的幕后"推手"。园区经济已成为江苏经济发展的强大引擎和不竭动力，是推动县域新一轮经济发展的重要载体和平台，也是地区经济发展重要的"推进器"和"增长极"。

可以说江苏每个发达的县域背后，都离不开园区的支撑。如果离开了园区经济作保障，江苏的县域经济也就不可能有今天的成绩。

1.5.4 开发区整合优化

一、建立开发区统一协调机制

在省、市层面，以"一县一区、一区多园"为基本原则，坚持规划先行、空间整合、管理合一、产业错位、功能优化的目标，按照"先空间、后管理、再功能"的步骤，以大带小、以强扶弱，有序分类推进开发区的整合优化，避免同质化与低水平竞争，提升全省开发区的整体产出效能。

二、推动"低、小、散、弱"园区整合退出

实行"开发区＋功能园区"的开发区整合模式，以国家级和发展水平较高的省级开发区为主体，优先整合或托管区位相邻、相近的省级以下各类"低、小、散、弱"的开发园区，被托管或整合的开发区成为开发区内设功能园区。强化开发区动态管理机制，进一步强化约束和倒逼机制，对资源利用效率低下、环境保护不到位、发展滞后的开发区进行整改，对整改达不到要求或者无法完成整改任务的，按照有关规定进行撤并整合。

三、促进开发区功能整合优化

推进开发区跨区域合作共建，推动开发区建立对接共享平台，加强开发区与行政区职能的统筹协调，支持条件成熟的开发区与行政区深度融合，实行"区政合一"，鼓励功能相近、区位相邻的开发区整合优化。

四、推进开发区从形态开发向功能开发转变

依托开发区的产业基础与资源禀赋，整合优化园区产业体系、做大做强主导产业，支持开发区打造各具特色、各有侧重、多元并举、相互配套的功能区块。立足所在行政辖区现有设施，完善支撑开发区发展的各项配套功能，合理布局产业设施、商务设施、居住设施、交通设施，提升要素资源吸纳能力、产业支撑能力和对周边辐射带动能力。

参考文献

[1] 张廷银.产业集聚形成与发展的五大要素[J].人民论坛,2020,(10):74-75.
[2] 吴晓军.产业集群与工业园区建设——欠发达地区加快工业化进程路径研究[D].南昌:江西财经大学,2004.
[3] 陈瑶,付军,邵晓龙,等.工业园区水污染防治的问题与对策探讨[J].中国环境管理,2016,8(2):99-101.
[4] 应急管理部等六部门印发管理办法规范化工园区建设和认定[J].湖南安全与防灾,2022,(1):50-51.

第二章

我国工业园区水污染治理政策、管理及技术体系

2.1 产业集聚与污染治理相关性

现有的关于产业集聚的相关理论，大多将视角集中在产业集聚的经济效益，对于产业集聚的环境外部性理论研究非常少。

近年来越来越多的学者开始关注产业集聚与环境污染的相关问题。而早期关于集聚环境外部性的研究，多数将研究视角集中在环境规制上。Walter(1973)和 Ugelow(1979)通过将企业集聚活动中考虑贸易的因素，提出了"污染避难所"假说，并认为环境规制强度能够对企业成本造成非常重要的影响，这会导致环境规制强度较低的地区成为环境规制强度较高地区的污染排放的"避难所"。Oates 和 Wallace(1988)在此基础上，构建了局部均衡模型进行进一步分析。

现有理论从多个角度阐述了产业集聚对于缓解环境污染的积极作用：①新地理经济学认为，协同创新环境下企业间技术溢出是产业集聚的主要动力，相关清洁技术的应用能够促进区域内污染减排；②考虑规模经济与专业化分工，集聚区企业也能通过治污的规模效应来降低单位治污成本；③从循环经济角度来看，集聚内部可以产生资源循环利用，从而减少污染排放。与此同时，通过大量经验研究也得出产业集聚能够达到环境治理效果的结论。

清华大学环境学院郝吉明院士在《中国工业园区绿色低碳循环发展的现状与未来》的报告提出，园区集中了全国超过 80% 的企业，园区的工业产值占全国的 50% 以上，园区碳排放占全国总排放量的 31%。园区在实现产业集聚发展的同时也带来了新挑战，突出表现为：①产污集中，污染总量大；②源多汇少，减排难度大；③污染繁杂，治污成本高；④隐患点密，事故影响广。因此，防止园区由"聚宝盆"向"聚污区"变化，优化园区发展，协同减污降碳是一项重大的课题。

2022 年 6 月生态环境部等七部门联合印发《减污降碳协同增效实施方案》，为 2030 年前协同推进减污降碳工作提供行动指南。工业园区作为工业和产业集聚的重要载体，在国民经济发展中发挥着越来越重要的作用，同时也成为污染物和温室气体排放的

集聚区。工业园区减污降碳协同增效,既是工业园区高质量发展的内在要求,又是工业领域建设生态文明、深入打好污染防治攻坚战和实现"双碳"目标的重要抓手。

当前在宏观政策利好的背景下,我国工业园区正在经历转型升级,在污染防治、生态和绿色园区建设等方面取得进展的同时,也存在一些问题,如总体碳排放底数不明,部分园区存在过度依赖化石能源,企业清洁生产及污染防治水平低,产业缺乏合理规划,老旧基础设施和生产工艺改造困难,依旧存在"散乱污"及"两高"现象等问题。同时,工业园区绿色建筑、绿色交通智慧化管控刚刚起步,有待进一步发展。优化园区产业及空间规划,实现源头管控是关键措施。

2.2 工业园区规划

2.2.1 工业园区规划体系

产业园区是区域经济发展、产业调整和升级的重要空间聚集形式,担负着聚集创新资源、培育新兴产业、推动城市化建设等一系列的重要使命。产业园区的发展一般有4个阶段:生产要素聚集阶段、产业主导阶段、创新突破阶段和财富凝聚阶段。因此,产业园区的规划需要从战略层面对园区进行整体定位,使其在产业方向、商业商务服务、人居环境配套上实现三位一体,实现城市或园区的可持续发展。

从规划内容看,产业园区规划可分为产业规划和空间规划。其中,产业规划是园区的灵魂,空间规划是园区的躯体。

对国家现行规划体系及产业园区规划体系进行梳理,从区域层面确定了产业园区三级规划体系,从单个产业园区层面确定了两级规划体系,每个规划体系对应了相应层级的国土空间规划和区域规划。

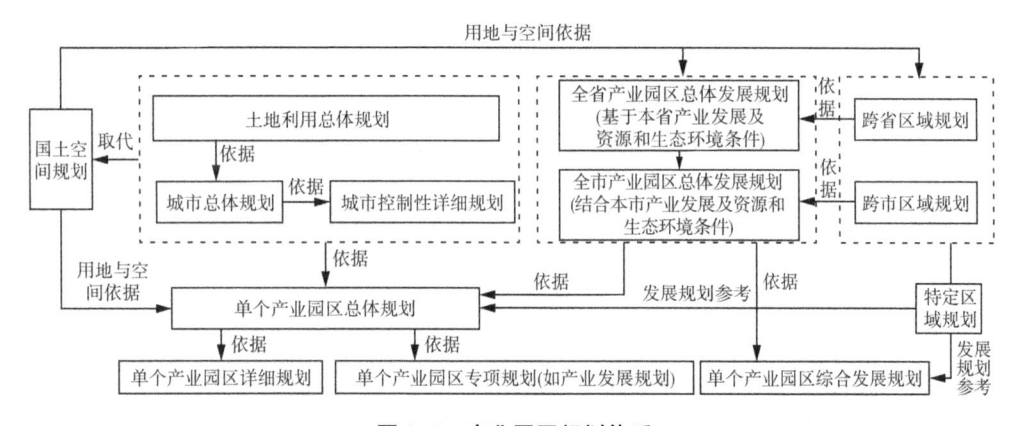

图 2-1 产业园区规划体系

从区域层面看,产业园区规划体系可分为:全省产业园区总体发展规划—全市产业园区总体发展规划—单个产业园区开发建设规划。单个产业园区开发建设规划要依据城市总体规划(国土空间规划)和全省(区)、全市产业园区总体发展规划编制;从单个产业园区层面看,产业园区规划体系可分为:总体规划—详细规划、总体规划—专项规划,详细规划和专项规划都要依据总体规划编制。另有个别省份要求编制产业园区综合发展规划,类似于总体规划,用以统筹产业园区的生产、生活功能。此外,区域规划涉及某个区域的产业发展和生态环境保护,区域内产业园区规划应与之衔接。

2.2.2 产业规划及政策

2.2.2.1 产业规划

党的二十大报告提出"建设现代化产业体系",坚持把发展经济的着力点放在实体经济上,推进新型工业化。产业的高质量发展是建设现代化产业体系的关键,其中战略性新兴产业是构建现代化产业体系和促进经济高质量发展的主要抓手。产业空间是推动产业高质量发展的空间载体,编制产业空间专项规划有利于推动产业空间集聚、促进土地节约集约利用、加快产业转型升级。相关专项规划要相互协同,并与详细规划做好衔接。在国土空间规划背景下,产业空间专项规划作为"五级三类"国土空间规划体系下的市级专项规划,对于构建产业空间格局、推动产业有序发展有重要的意义。

所谓产业规划,是指综合运用各种理论分析工具,从当地实际状况出发,充分考虑国际国内及区域经济发展态势,对当地产业发展的定位、产业体系、产业结构、产业链、空间布局、经济社会环境影响、实施方案等做出1年以上的科学计划。

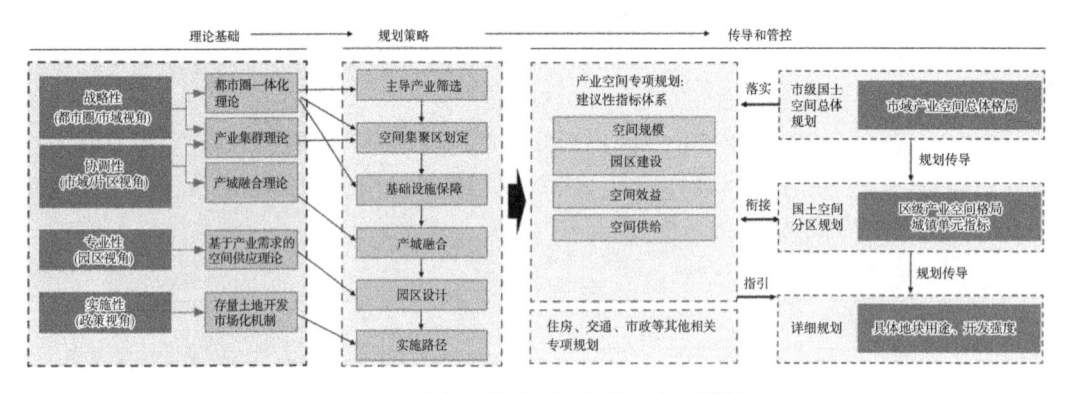

图 2-2 产业空间专项规划的技术框架图

根据对象范围,产业规划可以分为区域产业规划、产业园区规划,其中区域产业规划又分为国家、城市群(如粤港澳大湾区、京津冀城市圈等)、省、市、区县等5个层级,产业园区又分为开发区、高新区、示范区、产业集聚区、产业功能区等。

根据产业规划的深度,可以把产业规划分为产业发展战略规划、产业发展详细规划、产业发展专项规划。其中产业发展战略规划主要是指在区域发展整体战略基础上,对区域产业结构调整、产业发展布局、区域产业协作等进行的整体规划;产业发展详细规划是在明确区域产业发展战略规划的前提下,为主导产业、配套产业和相关产业的发展进行产业链设计级别的详细规划,要解决某一明确产业聚集的关键问题以及该产业形成产业集群所必需的产业生态问题;产业发展专项规划是指对某一地区产业发展所需要素因子聚集所进行的专门策划,产业发展所需的要素有人才、资金、土地、政策、技术等等,针对每一项要素该如何配备,可以做进一步的细致设计。

(1) 产业规划三大价值
① 明确产业定位

区域产业定位决定了发展前景。若缺乏系统的产业规划，在产业选择方面，往往被当地狭窄的空间、有限的资源以及原有的产业基础所限制。不能从更加宏观的产业发展动态着眼，使区域产业发展错失先机，既无法充分发挥自身优势，也不能把握未来的发展机遇。时间越长，其负面影响越难弥补，这样的结果不仅阻碍了区域的经济发展，同样也是对公共资源的一种浪费。

产业定位是指某一区域根据自身具有的综合优势和独特优势、所处的经济发展阶段以及各产业的运行特点，合理地进行产业发展规划和布局，确定主导产业、支柱产业以及基础产业。主导产业是指在某个经济发展阶段中，对产业结构和经济发展起着较强的带动作用以及广泛、直接或间接影响的产业部门，它能迅速有效地利用先进技术和科技成果满足不断增长的市场需求，具有持续的高增长率和良好的发展潜力，处于生产链条中的关键环节，是区域经济发展的核心力量。

② 构建产业体系

构建产业体系需要综合运用各种理论分析工具，基于自身的实际状况，充分考虑经济发展趋势以及区域产业结构、产业链、空间布局、经济社会环境的综合影响，确保区域产业的健康可持续发展。此外，还要针对核心产业与重点产业，研究产业发展、转移趋势，分析上下游企业的构成与关系，以及具体行业企业的组成分布情况，为制定招商策略奠定基础。

③ 指导招商工作

实际的招商工作中往往存在入驻企业五花八门、产业链中下游缺失、无法形成产业间的集群效应等负面问题，这些弊端将直接影响区域单位土地创造价值及后续产业布局的调整难度。系统、专业的产业规划可以为企业带来清晰的产业定位、完善的产业链条与配套设施、明确的企业选择标准，最终实现科学地指导区域招商工作、定位目标企业、打造区域特色、提升区域吸引力。区域的产业定位和特色是招徕企业最好的"筹码"，有利于激励相关企业自发入住。

在国家政策的引导下，中国的各类开发区、产业园、科技园等迅猛发展，呈现了百花齐放的局面。然而各地产业园在招商之前都会面临如何为产业园区进行产业定位的难题。众多产业园在发展建设的过程中，缺乏先进的指导思想、统一的科学规划以及准确的产业定位，因而在发展上仍没有摆脱粗放式的发展模式，多存在以下几种发展问题。

(2) 园区产业发展存在的主要问题
① 产业过多，布局杂乱

特别是园区在招商引资之初，为吸引企业入驻，无论企业优劣、规模大小，来者不拒，导致园区企业良莠不齐，并致使园区产业过多，产业定位不明确。此外没有统一的布局规划，企业往往会根据自身的需要和园区的区位特点，选择适于自己发展的区域进行布局，导致企业布局杂乱无章，各种产业混杂，为工业园区以后的良性发展埋下了隐患。

② 产业关联度小，集而不群

随着社会分工的逐渐加深，每个企业所从事的生产活动往往仅涉及整个产业链中的某个环节,极少数活动需要整个产业链参与。在产业链中,每个企业都需要上游企业的产品作为原辅材料,每个企业的产品(除终端产品外)也要供给产业链下游的企业进行再加工生产。企业间这种通过产品供需而形成的互相关联、互补前提的内在联系便构成了产业关联度。较高的产业关联度是企业能够共融共生、形成产业集群的必要条件。然而很多工业园区在产业定位、产业布局和招商时并没有注重产业之间的联系,没有形成产业之间的配套关系。即使企业数量达到一定的数目,但因企业之间的关联度较小,不能形成产业链的上下游配套关系,技术和信息等方面的资源也无法共享,造成了"集而不群"的现象。

③ 片面追求高技术、高附加值产业

我国面临新一轮的产业转移和产业结构调整,各地区工业园都在紧锣密鼓地进行产业结构调整和产业升级工作。如东部地区工业园凭借其优越的投资环境、雄厚的产业基础和丰富的资金、技术和人才等方面的优势,正在大力发展高新技术产业、创意产业、服务型产业等。而原有的加工制造和劳动密集型产业将被逐步转移出去。西部地区有些工业园区没有充分认识到与东部地区的差异,忽视自身的比较优势,不满足于只承接东部地区转移的产业,也要发展高技术、高附加值的产业。然而由于缺乏必要的生长环境,这些工业园区不仅导致高技术、高附加值产业没有成长起来,也影响了劳动密集型等优势产业的发展。

④ 产业同构缺乏可持续发展的产业园区

在一个地区运作成功后,其他地区往往忽视产业发展环境,低估潜在风险,竞相发展相关产业,都希望能够抢占新项目的制高点,导致全国范围内的产业同构,产能过剩。如光伏产业,无锡尚德成功在美国上市后,大批政府、民间、境外的资本和资源涌向光伏太阳能行业,很快造成了产能过剩,再加上金融危机的影响,市场萎缩、资金链断裂、停产、倒闭接踵而至。再如创意产业,东部地区产业基础较为雄厚,投资环境优越的工业园区纷纷将创意产业作为新的发展方向,中西部地区基于"东部地区能发展,我们也能发展"的认识,也将发展创意产业放在重要位置。这种盲目的投入和重复建设必将造成创意产业的恶性发展。

产业发展规划并不是一项法定规划,没有相关的法律法规硬性要求一定要做该项规划。但是我们看到有很多地方和城市都在积极地做此事,而且越是经济发达的地方,产业规划做得越频繁、越扎实(例如江苏、浙江与广东),甚至有些地方会在同一时期从不同角度多次去做产业规划(如分整体与区域的、分产业结构的、分产业集群的、分产业链条的等)。

2.2.2.2 产业政策

产业政策是国家制定的,引导国家产业发展方向、推动产业结构升级、协调国家产业结构,使国民经济健康可持续发展的政策。产业政策主要通过制定国民经济计划(包括指令性计划和指导性计划)、产业结构调整计划、产业扶持计划、财政投融资、货币手段、项目审批等方式实现。

按照产业政策的实施方式方法及相应的政策工具包括:

(1) 目录指导政策,如《产业结构调整指导目录(2024年本)》[以下简称《目录(2024年本)》]

《目录(2024年本)》由鼓励、限制和淘汰三类目录组成,共有条目1 005条,鼓励类352条、限制类231条、淘汰类422条。其中,石化化工行业鼓励类12条,限制类13条,淘汰类17条(落后装备10条,落后产品7条)。鼓励类主要是对经济社会发展有重要促进作用的技术、装备及产品;限制类主要是工艺技术落后,不符合行业准入条件和有关规定,不利于安全生产,不利于实现碳达峰碳中和目标,需要督促改造和禁止新建的生产能力、工艺技术、装备及产品;淘汰类主要是不符合有关法律法规规定,严重浪费资源、污染环境,安全生产隐患严重,阻碍实现碳达峰碳中和目标,需要淘汰的落后工艺技术、装备及产品。鼓励类、限制类和淘汰类之外的,且符合国家有关法律、法规和政策规定的属于允许类。

(2) 市场准入和退出政策——在我国的产业政策工具中有三类常见的市场准入工具或退出工具,即投资核准、市场准入和强制淘汰落后产能。如国家发改委等五部门发布《工业重点领域能效标杆水平和基准水平(2023年版)》,通知指出,炼油、煤制焦炭、煤制甲醇、煤制烯烃、煤制乙二醇、烧碱、纯碱、电石、乙烯、对二甲苯、黄磷、合成氨、磷酸一铵、磷酸二铵、水泥熟料、平板玻璃、建筑陶瓷、卫生陶瓷、炼铁、炼钢、铁合金冶炼、铜冶炼、铅冶炼、锌冶炼、电解铝等此前明确的25个领域,原则上应在2026年底前完成技术改造或淘汰退出。

(3) 财政补贴政策。

2.2.3 空间规划

2019年《中共中央 国务院关于建立国土空间规划体系并监督实施的若干意见》明确提出"国土空间规划是国家空间发展的指南、可持续发展的空间蓝图,是各类开发保护建设活动的基本依据。建立国土空间规划体系并监督实施,将主体功能区规划、土地利用规划、城乡规划等空间规划融合为统一的国土空间规划,实现'多规合一',强化国土空间规划对各专项规划的指导约束作用,是党中央、国务院作出的重大部署。"并提出"坚持山水林田湖草生命共同体理念,加强生态环境分区管治,量水而行,保护生态屏障,构建生态廊道和生态网络,推进生态系统保护和修复,依法开展环境影响评价。"

国土空间规划在国家空间治理体系中占据基础性地位,是国家空间发展的指南、可持续发展的空间蓝图,是各类开发保护建设活动的基本依据,三条控制线是指生态保护红线、城镇开发边界、永久基本农田,这是国土空间规划中的重要内容。从规划层级和内容类型来看,国土空间规划分为"五级三类"。"五级"是从纵向看,对应我国的行政管理体系,分五个层级,就是国家级、省级、市级、县级、乡镇级。"三类"是指规划的类型,分为总体规划、详细规划、相关的专项规划。

园区规划是园区建设的龙头,规划决定园区建设规模、方向和品位,所以园区在基础建设过程中也始终坚持"规划先行"的指导原则,园区规划时需从产业、生态、城市功能等方面出发,做好产业园区和国土规划的整体融合,充分尊重产业、城市发展,协调资源架构,打造符合城市建设和产业发展的优质空间。

2.2.4 生态环境规划

生态环境规划是为保护和改善生态环境,促进经济社会与生态环境协调发展,实现美丽中国建设目标,在一定时期内国家或地方政府及有关行政主管部门按一定规范,对生态环境保护目标与措施作出的预先安排,包括生态环境综合规划、生态环境区域规划和生态环境专项规划。

生态环境综合规划是对生态环境保护各个方面作出全面部署和总体安排的规划。包括根据国民经济和社会发展五年规划纲要编制的生态环境保护五年规划、为推进美丽中国建设编制的生态环境保护规划。

生态环境区域规划是对国家区域协调发展战略和区域重大战略、特定区域或其他跨行政区域生态环境保护,作出细化部署和工作安排的规划。包括京津冀、长江经济带、粤港澳大湾区、长三角、黄河流域等国家区域重大战略和成渝地区双城经济圈等特定区域,以及城市群、都市圈等其他跨行政区域的规划。

生态环境专项规划是对生态环境要素、生态环境领域、生态文明示范创建以及美丽中国系列建设等作出生态环境保护细化部署和工作安排的规划,包括水、大气、土壤、地下水、固体废物、危险废物、噪声、海洋、生态、新污染物、光、核安全与放射性污染防治、电磁辐射等生态环境要素规划,应对气候变化、节能减排、减污降碳、农业农村、法规政策、生态环境标准、环境健康、监测监管、生态环境信息化、基础设施和能力建设、科技人才、宣传教育、重大工程等生态环境领域规划,生态文明建设示范区、"绿水青山就是金山银山"实践创新基地、国家环境保护模范城市等生态文明示范创建规划,美丽中国先行区、美丽中国省域篇章、美丽城市、美丽乡村、美丽蓝天、美丽河湖、美丽海湾、美丽山川等美丽中国系列建设规划。

2.3 工业园区环境管理基本制度

我国环境保护事业经过几十年的发展,目前已经建立起相对完善的环境管理政策、法规体系、环境标准体系,实施了一系列环境管理制度。

1973年8月,国务院召开第一次全国环境保护会议,将生态环境保护提上国家重要议事日程,确定"全面规划,合理布局,综合利用,化害为利,依靠群众,大家动手,保护环境,造福人民"的环境保护32字工作方针,讨论通过我国第一个生态环境保护文件《关于保护和改善环境的若干规定(试行草案)》,会后制定了我国第一项生态环境保护标准《工业"三废"排放试行标准》。至此,我国生态环境保护事业正式起步。

20世纪70年代末到80年代,我国逐步建立生态环境保护制度。1978年,第五届全国人民代表大会通过的《中华人民共和国宪法》规定:"国家保护环境和自然资源,防治污染和其他公害。"这是新中国历史上第一次在宪法中对生态环境保护作出明确规定,为我国生态环境法治建设和生态环境保护事业推进奠定了坚实基础。1979年9月,第五届全国人民代表大会常委会第十一次会议通过新中国的第一部环境保护基本法——《中华人民共和国环境保护法(试行)》之后,陆续颁布《中华人民共和国水污染防治法》《中华人民共和国大气污染防治法》《中华人民共和国海洋环境保护法》《中华人民共和国森林法》、《中华人民共和国草原法》《中华人民共和国水法》和《中华人民共和国野生动物保护法》等生态环境保护方面的法律，初步形成了我国生态环境保护的法律框架。1983年，国务院召开第二次全国环境保护会议，明确保护环境是我国一项基本国策，提出了经济建设、城乡建设、环境建设要同步规划、同步实施、同步发展，实现经济效益、社会效益、环境效益相统一，即"三同步""三统一"的环境与发展战略方针。1986—1990年，首个五年环境规划《"七五"时期国家环境保护计划》颁布实施，以城市环境综合整治和工业污染防治为重点，提出了环境容量约束与污染物总量控制的要求。1989年，第三次全国环境保护会议提出环境保护预防为主、防治结合，谁污染谁治理，强化环境管理等"三大政策"，以及"三同时"（建设项目中防治污染和生态破坏的设施必须与主体工程同时设计、同时施工、同时投产使用）、环境影响评价、排污收费、城市环境综合整治定量考核、环境目标责任、排污申报登记和排污许可证、限期治理和污染集中控制等"八项管理制度"。

20世纪90年代，我国将可持续发展确立为国家战略，提出环境与发展十大对策，率先制定了《中国21世纪议程——中国21世纪人口、环境与发展白皮书》，为应对环境污染，开展规模化环境治理，污染防治思路由末端治理向生产全过程控制转变、由浓度控制向浓度与总量控制相结合转变、由分散治理向分散与集中控制相结合转变。

进入新世纪，我国生态环境保护融入经济社会发展大局。党中央提出树立和落实科学发展观、建设资源节约型环境友好型社会，要求从重经济增长轻生态环境保护转变为保护生态环境与经济增长并重，从生态环境保护滞后于经济发展转变为生态环境保护和经济发展同步，从主要用行政办法保护生态环境转变为综合运用法律、经济、技术和必要的行政办法解决生态环境问题。

2012年11月，党的十八大通过《中国共产党章程（修正案）》，将生态文明建设写入党章并作出阐述，中国特色社会主义事业总体布局更加完善，生态文明建设的战略地位更加明确。2015年，党中央、国务院先后印发《关于加快推进生态文明建设的意见》《生态文明体制改革总体方案》。

2018年5月18日至19日，全国生态环境保护大会召开，习近平总书记出席会议并发表重要讲话。这次大会在我国生态文明建设史上和生态环境保护发展历程中留下了浓墨重彩的一页，大会取得"一个标志性成果"，就是确立了习近平生态文明思想。会后，生态环境保护的重大政策性文件——《中共中央 国务院关于全面加强生态环境保护 坚决打好污染防治攻坚战的意见》对外公布。

2020年10月，党的十九届五中全会审议通过《中共中央关于制定国民经济和社会发展第十四个五年规划和二〇三五年远景目标的建议》，对推动绿色发展、促进人与自然和谐共生作出一系列重大战略部署，明确提出"十四五"时期，我国生态文明建设实现新进步，到2035年广泛形成绿色生产生活方式，碳排放达峰后稳中有降，生态环境根本好转，美丽中国建设目标基本实现，明确"十四五"乃至2035年生态文明建设和生态环境保护的目标和任务。十九届五中全会还明确提出，要完善中央生态环境保护督察制度。

2.3.1 规划环评

产业园区既是资源与能源集中消耗的大户，也是污染相对集中的管控单元，是工业领域污染防治的主战场,面临着艰巨的减污降碳压力。环境影响评价作为我国环境管理的重要制度之一,对于推动经济社会绿色转型及高质量发展,建设美丽中国起到了不可估量的作用。

产业园区规划环评主要是立足于规划方案以及区域资源生态环境特征,识别规划实施主要生态环境影响和风险因子,分析规划实施生态环境压力、污染物减排和节能降碳潜力。预测与评价规划实施的环境影响和潜在风险,分析资源与环境承载状态,论证规划产业定位、发展规模、产业结构、布局、建设时序及环境基础设施等的环境合理性,并提出优化调整建议和不良环境影响的减缓对策、措施。制定或完善产业园区环境准入及产业园区环境管理要求,最终形成评价结论与建议,具体技术要求在《规划环境影响评价技术导则 产业园区》(HJ 131—2021)中明确。

2.3.2 生态环境分区管控

《中共中央办公厅 国务院办公厅 关于加强生态环境分区管控的意见》(2024 年 3 月 6 日),对构建生态环境分区管控体系,实施分区域精准管控作出明确部署,是进一步健全生态环境源头预防体系、优化国土空间开发保护格局、提升生态环境治理现代化水平的关键举措。明确以生态环境管控单元为基础,以生态环境准入清单为手段,以信息平台为支撑的生态环境分区管控方案。生态环境分区管控与国土空间规划关系密切,在基础底图、生态保护红线、法定保护区域等方面保持一致,但同时又在管理对象、管理尺度、管理手段等方面存在显著差异。

在空间单元和尺度上,基于生态环境结构、功能、质量等区域特征,通过环境评价,在各生态环境要素管理分区的基础上划定优先、重点、一般这 3 类管控单元。生态环境管控单元以环境属性为基础(如水环境基于流域控制单元等),充分体现了污染物传输流动性、管理需求与管理基础,宜粗则粗、宜细则细。目前全国生态环境分区管控方案,各管控单元尺度在 10 平方公里至 500 平方公里左右,可以较好地支撑生态环境差异化、精细化管理的需求。国土空间规划分区尺度通过规划体系逐级细化,最终细化到地块和宗地,其管控尺度以亩和公顷为单位,远小于生态环境管控单元的尺度。生态环境分区管控是以保障生态功能和改善环境质量为目标,实施分区域差异化精准管控的环境管理制度,在生态环境源头预防体系中具有基础性作用。

各地生态环境分区管控成果在政策(规划)制定、环境准入、园区管理、执法监督等领域都有探索实践,在园区管理方面,可在开发建设、发展、管理全过程应用环节,具体应用路径包括:服务园区招商引资,与园区规划环评、建设项目环评联动管理,推动产业升级、基础设施建设,解决环境问题。

2.3.3 排污许可证制度

排污许可证制度是一种全球广泛认可的环境管理机制,旨在为企业和机构运营期间的污染排放设定明确规则。这些规则涵盖排放标准、总量限制、自我监测和报告义务等关键要求。该制度通过明确这些标准,旨在使排污行为更加规范,确保企业和机构遵守环境保护法律。

2014年修订的《中华人民共和国环境保护法》第四十五条规定"国家依照法律规定实行排污许可管理制度。实行排污许可管理的企业事业单位和其他生产经营者应当按照排污许可证的要求排放污染物;未取得排污许可证的,不得排放污染物",为我国实施排污许可管理制度提供了坚实的法律基础。

国务院办公厅2016年11月印发《控制污染物排放许可制实施方案》(国办发〔2016〕81号),明确了目标任务、发放程序等问题,排污许可制度开始实施。

2019年12月20日生态环境部发布《固定污染源排污许可分类管理名录(2019年版)》,文件指出:"国家根据排放污染物的企业事业单位和其他生产经营者(以下简称排污单位)污染物产生量、排放量、对环境的影响程度等因素,实行排污许可重点管理、简化管理和登记管理。"

生态环境部办公厅2022年4月2日印发《"十四五"环境影响评价与排污许可工作实施方案》指出,严格执行环境影响评价制度,实施排污许可"一证式"管理,建立以排污许可制度为核心的工业企业环境管理体系,将排污许可证制度与环境影响评价、总量控制、环境执法等制度相融合,形成贯穿排污单位建设、生产、关闭全生命周期的环境管理制度体系。建立重点排污企业环境信息强制公开制度,公开企业自行监测的污染物排放数据以及企业污染治理、环境管理等相关信息。

2.3.4 生态环境监测

生态环境监测是科学管理环境和环境执法监督的基础,是环境保护必不可少的基础性工作,是生态文明建设的重要支撑。习近平总书记在全国生态环境保护大会上指出要"加快建立现代化生态环境监测体系"。

生态环境部印发的《"十四五"生态环境监测规划》提出两大方面11项重点任务举措和两项重大工程:一是立足支撑管理,紧紧围绕以生态环境高水平保护推动经济高质量发展,着眼统筹支撑污染治理、生态保护、应对气候变化和集中攻克人民群众身边的生态环境问题,全面谋划碳监测和大气、地表水、地下水、土壤、海洋、声、辐射、新污染物等环境质量监测、生态质量监测、污染源监测业务,推进监测网络陆海天空、地上地下、城市农村协同布局和高效发展,充分发挥生态环境监测的支撑、引领、服务作用;二是立足提升能力,紧紧围绕现代生态环境治理体系建设目标,系统谋划生态环境监测体系改革创新,健全监测与评价制度,加快构建政府主导、部门协同、企业履责、社会参与、公众监督的"大监测"格局,完善体制机制,筑牢数据根基,深化评价应用,激发创新活力,增强内生动力,实施监测网络和机构能力建设重大工程,夯实基础能力,锻造铁军先锋,加快实现生态环境监测现代化。

2.4 全国各工业行业经济发展及废水排放情况

2.4.1 各工业行业经济发展规模

工业是一个国家综合国力的体现,是国民经济的主体和增长引擎,起到了"压舱石"和"稳定器"的关键性作用。

从量来看，我国工业体系全、品种多、规模大，产业韧性强，升级发展潜力巨大。2022年全部工业增加值突破40万亿元大关，在500种主要工业产品中，四成以上产品产量位居全球第1，制造业规模连续13年位居世界首位。

从质来看，我国产业结构持续优化。近年我国突出抓了钢铁、有色、石化、化工、建材、机械、汽车、电力装备、轻工业、电子信息制造业等10个重点行业稳增长工作。这10个行业，占GDP比重均在1%以上，合计增加值占规模以上工业的七成左右，产值规模大、产业链带动性强，稳住这些行业对稳住工业经济大盘十分关键。

在各地政府的工作报告及发展规划中，"千亿产业"已成高频热词。千亿产业是地方经济发展的"排头兵"，也是现代化工业的"脊梁"。过去20余年，全国各地千亿产业遍地开花，支撑起了中国"世界工厂"的称号。

一个地区能否培育出千亿产业，和这个地区的工业基础、产业集群、就业人口、政策环境等密切相关。千亿产业的背后，是一张张生动的经济民生面孔，也隐藏着中国制造业升级的密码。

2022年全国GDP排名前100的城市，按照2021年的规模以上工业企业数据口径，全国共有62个城市拥有184个千亿产业，千亿产业总值合计40.87万亿元，占全国规模以上工业企业总营收的31%。

按照国家统计局的41个工业大类分类标准，62个城市的184个千亿产业可以归入26个行业，其中，前5名分别是计算机、通信和其他电子设备制造业（26个），电气机械和器材制造业（25个），汽车制造业（20个），化学原料和化学制品制造业（17个），黑色金属冶炼和压延加工业（13个）。

从全国各行业工业总产值来看，计算机、通信和其他电子设备制造业，黑色金属冶炼和压延加工业，化学原料和化学制品制造业，电气机械和器材制造业，农副食品加工业分别位居前5名。

2.4.2 各工业行业废水排放情况

根据水利部发布的2023年《中国水资源公报》，全国用水总量为5 906.5亿 m^3。其中，工业用水为970.2亿 m^3（其中火核电直流冷却水490.0亿 m^3），占用水总量的16.4%。

从我国工业废水污染物排放分布情况来看，农副食品加工业占20.60%，工业废水污染物排放量排第1位；第2是造纸及纸制品业，占12.30%；第3是纺织业、化学原料和化学制品制造业，各占12.10%。

根据《2022年中国生态环境统计年报》，2022年，全国重点调查工业企业共176 528家，其中，有废水污染物产生或排放的企业80 586家。调查工业企业数量排名前5的地区依次为广东、浙江、江苏、河北和山东，分别为18 734家、18 665家、16 223家、12 239家和12 068家。

（1）化学需氧量排放情况

2022年，在统计调查的42个工业行业中，化学需氧量排放量排名前5的行业依次为纺织业，造纸和纸制品业，化学原料和化学制品制造业，农副食品加工业，计算机、通信和其他电子设备制造业。5个行业的排放量合计为19.9万吨，占全国工业源重点调查企业

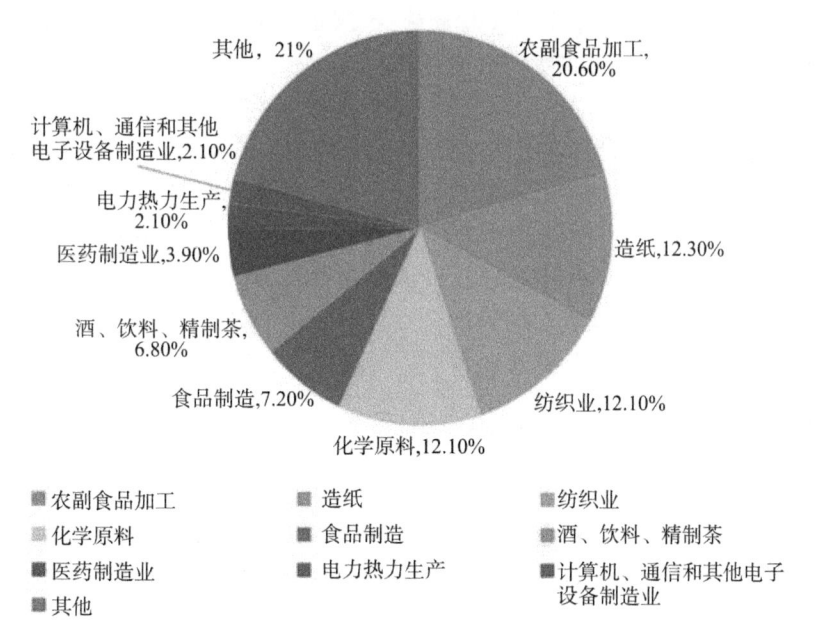

图 2-3　中国工业废水污染物排放分布占比情况（单位：%）

化学需氧量排放量的 60.4%。

（2）氨氮排放情况

2022 年，在统计调查的 42 个工业行业中，氨氮排放量排名前 5 的行业依次为化学原料和化学制品制造业，造纸和纸制品业，农副食品加工业，纺织业，食品制造业。5 个行业的排放量合计为 0.7 万吨，占全国工业源重点调查企业氨氮排放量的 59.7%。

（3）总氮排放情况

2022 年，在统计调查的 42 个工业行业中，总氮排放量排名前 5 的行业依次为化学原料和化学制品制造业，纺织业，农副食品加工业，计算机、通信和其他电子设备制造业，造纸和纸制品业。5 个行业的排放量合计为 4.4 万吨，占全国工业源重点调查企业总氮排放量的 58.9%。

（4）总磷排放情况

2022 年，在统计调查的 42 个工业行业中，总磷排放量排名前 5 的行业依次为农副食品加工业，化学原料和化学制品制造业，纺织业，食品制造业，计算机、通信和其他电子设备制造业。5 个行业的排放量合计为 0.1 万吨，占全国工业源重点调查企业总磷排放量的 61.3%。

综合来看，纺织业，造纸和纸制品业，化学原料和化学制品制造业，农副食品加工业，计算机、通信和其他电子设备制造业是废水污染物排放总量前 5 的工业行业。

2.5　工业园区水污染防治法律、法规及规章制度及政策

我国最高层次的水污染防治法律是《中华人民共和国水污染防治法》（以下简称《水污染防治法》），该法于 2017 年 6 月 27 日经第十二届全国人民代表大会常务委员会第二十

八次会议修订通过,自2018年1月1日起施行。《水污染防治法》对工业废水的排放、处理和回用做出了明确的规定,主要有以下几点。

(1)《水污染防治法》第二十一条规定:直接或者间接向水体排放工业废水和医疗污水以及其他按照规定应当取得排污许可证方可排放的废水、污水的企业事业单位和其他生产经营者,应当取得排污许可证;城镇污水集中处理设施的运营单位,也应当取得排污许可证。

(2)《水污染防治法》第四十四条规定:国务院有关部门和县级以上地方人民政府应当合理规划工业布局,要求造成水污染的企业进行技术改造,采取综合防治措施,提高水的重复利用率,减少废水和污染物排放量。

(3)《水污染防治法》第四十五条规定:排放工业废水的企业应当采取有效措施,收集和处理产生的全部废水,防止污染环境。含有毒有害水污染物的工业废水应当分类收集和处理,不得稀释排放。工业集聚区应当配套建设相应的污水集中处理设施,安装自动监测设备,与环境保护主管部门的监控设备联网,并保证监测设备正常运行。向污水集中处理设施排放工业废水的,应当按照国家有关规定进行预处理,达到集中处理设施处理工艺要求后方可排放。

(4)《水污染防治法》第四十六条规定:国家对严重污染水环境的落后工艺和设备实行淘汰制度。

我国对工业废水的处理与回用不仅有法律法规的规范,还有一些政策措施的支持和引导,主要包括以下几个方面。

2.5.1 强化工业园区污水集中处理设施建设及回用

2015年4月国务院印发的《水污染防治行动计划》(简称"水十条")明确提出:"集中治理工业集聚区水污染。强化经济技术开发区、高新技术产业开发区、出口加工区等工业集聚区污染治理。集聚区内工业废水必须经预处理达到集中处理要求,方可进入污水集中处理设施。新建、升级工业集聚区应同步规划、建设污水、垃圾集中处理等污染治理设施。2017年底前,工业集聚区应按规定建成污水集中处理设施,并安装自动在线监控装置,京津冀、长三角、珠三角等区域提前一年完成;逾期未完成的,一律暂停审批和核准其增加水污染物排放的建设项目,并依照有关规定撤销其园区资格。"

"水十条"实施以来,超过千家省级及以上工业园区建成污水集中处理设施,截至2020年底,全国2 400余个应当建成污水集中处理设施的省级及以上工业园区已全部按规定建成污水集中处理设施。

2016年国务院印发《"十三五"生态环境保护规划》指出:"完善工业园区污水集中处理设施。实行'清污分流、雨污分流',实现废水分类收集、分质处理,入园企业应在达到国家或地方规定的排放标准后接入集中式污水处理设施处理,园区集中式污水处理设施总排口应安装自动监控系统、视频监控系统,并与环境保护主管部门联网。开展工业园区污水集中处理规范化改造示范。"

环境保护部、国家发展和改革委员会、水利部2017年印发《重点流域水污染防治规划(2016—2020年)》,文件指出规划重点任务包括:①完善工业园区污水集中处理设施,

②全国各城市新区、各类园区、成片开发区要全面落实海绵城市建设要求,③加大地下水污染调查和基础环境状况调查评估力度,④研究制定工业企业、化工园区等环境风险评估方法,以饮用水水源保护区、沿江河湖库和人口密集区工业企业、工业集聚区为重点定期评估环境风险,落实防控措施,消除环境隐患。

2019年,住建部、生态环境部、发改委印发《城镇污水处理提质增效三年行动方案(2019—2021年)》中提出,工业集聚区应建设污水集中处理设施,并要求可能影响城镇污水厂出水稳定达标的工业企业要限期退出。

2020年生态环境部印发《关于进一步规范城镇(园区)污水处理环境管理的通知》,提出:"对入驻企业较少,主要产生生活污水,工业污水中不含有毒有害物质的园区,园区污水可就近依托城镇污水处理厂进行处理;对工业污水排放量较小的园区,可依托园区的企业治污设施处理后达标排放,或由园区管理机构按照'三同时'原则(污染治理设施与生产设施同步规划、同步建设、同步投运),分期建设、分组运行园区污水处理设施。新建冶金、电镀、有色金属、化工、印染、制革、原料药制造等企业,原则上布局在符合产业定位的园区,其排放的污水由园区污水处理厂集中处理"。

2023年国家发展改革委、生态环境部、住房城乡建设部等部门印发《环境基础设施建设水平提升行动(2023—2025年)》(发改环资〔2023〕1046号),文件提出:"积极推进园区环境基础设施集中合理布局,加大园区污染物收集处理处置设施建设力度。推广静脉产业园建设模式,鼓励建设污水、垃圾、固体废弃物、危险废物、医疗废物处理处置及资源化利用'多位一体'的综合处置基地。推进再生资源加工利用基地(园区)建设,加强基地(园区)产业循环链接,促进各类处理设施工艺设备共用、资源能源共享、环境污染共治、责任风险共担,实现资源合理利用、污染物有效处置、环境风险可防可控"。

2.5.2 明确工业园区污水集中处理设施投资建设运营模式

《国家发展改革委办公厅 生态环境部办公厅关于深入推进园区环境污染第三方治理的通知》(发改办环资〔2019〕785号)明确选择一批园区(含经济技术开发区)深入推进环境污染第三方治理,并且对各地区的主要污染产业作了规定:京津冀及周边地区重点在钢铁、冶金、建材、电镀等园区开展第三方治理,长江经济带重点在化工、印染等园区开展第三方治理,粤港澳大湾区重点在电镀、印染等园区开展第三方治理。

2.5.3 提升工业园区污水收集处理效能

2018年中共中央国务院印发的《中共中央 国务院关于全面加强生态环境保护坚决打好污染防治攻坚战的意见》提出:"严格控制重点流域、重点区域环境风险项目。对国家级新区、工业园区、高新区等进行集中整治,限期进行达标改造。加快城市建成区、重点流域的重污染企业和危险化学品企业搬迁改造。""实施工业污染源全面达标排放计划。2018年年底前,重点排污单位全部安装自动在线监控设备并同生态环境主管部门联网,依法公开排污信息。"

2020年国家发改委印发的《城镇生活污水处理设施补短板强弱项实施方案》提出:"将城镇污水收集管网建设作为补短板的重中之重。新建污水集中处理设施,必须合理规划建设服务片区污水收集管网,确保污水收集能力……结合老旧小区和市政道路改造,推动支线管网和出户管的连接建设,补上'毛细血管',实施混错接、漏接、老旧破损管网更新修复,提升污水收集效能。现有进水生化需氧量浓度低于 100 mg/L 的城市污水处理厂,要围绕服务片区管网开展'一厂一策'系统化整治。除干旱地区外,所有新建管网应雨污分流。长江流域及以南地区城市,因地制宜采取溢流口改造、截流井改造、破损修补、管材更换、增设调蓄设施、雨污分流改造等工程措施,对现有雨污合流管网开展改造,降低合流制管网溢流污染。积极推进建制镇污水收集管网建设。提升管网建设质量,加快淘汰砖砌井,推行混凝土现浇或成品检查井,优先采用球墨铸铁管、承插橡胶圈接口钢筋混凝土管等管材。"

2023 年中共中央 国务院印发的《中共中央 国务院关于全面推进美丽中国建设的意见》提出:"持续深入打好碧水保卫战。统筹水资源、水环境、水生态治理,深入推进长江、黄河等大江大河和重要湖泊保护治理,优化调整水功能区划及管理制度。扎实推进水源地规范化建设和备用水源地建设。基本完成入河入海排污口排查整治,全面建成排污口监测监管体系。推行重点行业企业污水治理与排放水平绩效分级。加快补齐城镇污水收集和处理设施短板,建设城市污水管网全覆盖样板区,加强污泥无害化处理和资源化利用,建设污水处理绿色低碳标杆厂。"

2.5.4　加强工业园区水污染防治规范化管理

2014 年施行的《城镇排水与污水处理条例》指出:"从事工业、建筑、餐饮、医疗等活动的企业事业单位、个体工商户(以下称排水户)向城镇排水设施排放污水的,应当向城镇排水主管部门申请领取污水排入排水管网许可证。城镇排水主管部门应当按照国家有关标准,重点对影响城镇排水与污水处理设施安全运行的事项进行审查。"

工业企业应向园区集中,工业园区的污水和废水应单独收集处理,其尾水不应纳入市政污水管道和雨水管渠。分散式工业废水处理达到环境排放标准的尾水,不应排入市政污水管道。

排入市政污水管道的污水水质必须符合国家现行相关标准的规定,不应影响污水管道和污水处理设施等的正常运行,不应对运行管理人员造成伤害,不应影响处理后出水的再生利用和安全排放,不应影响污泥的处理和处置。

列入重点排污单位名录的排水户安装的水污染物排放自动监测设备,应当与环境保护主管部门的监控设备联网。环境保护主管部门应当将监测数据与城镇排水主管部门共享。

2018 年生态环境部印发的《关于加强固定污染源氮磷污染防治的通知》提出:"氮磷排放重点行业的重点排污单位,应按照《关于加快重点行业重点地区的重点排污单位自动监控工作的通知》(环办环监〔2017〕61 号)要求,于 2018 年 6 月底前安装含总氮和(或)总磷指标的自动在线监控设备并与环境保护主管部门联网。"

2020 年印发的《中华人民共和国长江保护法》提出:"长江流域产业结构和布局应当与长江流域生态系统和资源环境承载能力相适应。禁止在长江流域重点生态功能区布局对生态系统有严重影响的产业。禁止重污染企业和项目向长江中上游转移。""禁止在长江干支流岸线一公里范围内新建、扩建化工园区和化工项目。禁止在长江干流岸线三公里范围内和重要支流岸线一公里范围内新建、改建、扩建尾矿库;但是以提升安全、生态环境保护水平为目的的改建除外。"

2020年生态环境部印发的《关于进一步规范城镇(园区)污水处理环境管理的通知》,依法明晰各方责任:城镇(园区)污水处理涉及地方人民政府(含园区管理机构)、向污水处理厂排放污水的企事业单位(以下简称纳管企业)、污水处理厂运营单位(以下简称运营单位)等多个方面,依法明晰各方责任是规范污水处理环境管理的前提和基础,提出:"市、县级地方人民政府或园区管理机构因地制宜建设园区污水处理设施。对入驻企业较少,主要产生生活污水,工业污水中不含有毒有害物质的园区,园区污水可就近依托城镇污水处理厂进行处理;对工业污水排放量较小的园区,可依托园区的企业治污设施处理后达标排放,或由园区管理机构按照'三同时'原则(污染治理设施与生产设施同步规划、同步建设、同步投运),分期建设、分组运行园区污水处理设施。""在责任明晰的基础上,运营单位和纳管企业可以对工业污水协商确定纳管浓度,报送生态环境部门并依法载入排污许可证后,作为监督管理依据。""对于污水处理厂出水超标,违法行为轻微并及时纠正,没有造成危害后果的,可以不予行政处罚;对由行业主管部门,或生态环境部门,或行业主管部门会同生态环境部门认定运营单位确因进水超出设计规定或实际处理能力导致出水超标的情形,主动报告且主动消除或者减轻环境违法行为危害后果的,依法从轻或减轻行政处罚。"

2021年施行的《地下水管理条例》指出:"化学品生产企业以及工业集聚区、矿山开采区、尾矿库、危险废物处置场、垃圾填埋场等的运营、管理单位,应当采取防渗漏等措施,并建设地下水水质监测井进行监测。"

2023年生态环境部印发《沿黄河省(区)工业园区水污染整治工作方案》,从总体思路、工作范围、工作目标、主要任务、保障措施五方面,对沿黄河省(区)工业园区和化工园区的水污染防治工作作出了全面部署。明确"以省级及以上工业园区和化工、电镀、造纸、印染、食品等主要涉水行业所在园区为重点,推动初期雨水、工业废水、生活污水分质分类处理,加强工业废水综合毒性管控能力建设和入河排污口规范化建设,实施化工企业污水'一企一管、明管输送、实时监测',有效防控环境风险。"

2.5.5 推进工业园区污水资源化利用

2021年1月国家发展改革委等印发《关于推进污水资源化利用的指导意见》(发改环资〔2021〕13号),文件提出:"积极推动工业废水资源化利用。开展企业用水审计、水效对标和节水改造,推进企业内部工业用水循环利用,提高重复利用率。推进园区内企业间用水系统集成优化,实现串联用水、分质用水、一水多用和梯级利用。完善工业企业、园区污水处理设施建设,提高运营管理水平,确保工业废水达标排放。开展工业废水再生利用水质监测评价和用水管理,推动地方和重点用水企业搭建工业废水循环利用智慧管理平台。""有条件的工业园区统筹废水综合治理与资源化利用,建立企业间点对点用水系统,实现工业废水循环利用和分级回用。重点围绕火电、石化、钢铁、有色、造纸、印染等高耗水行业,组织开展企业内部废水利用,创建一批工业废水循环利用示范企业、园区,通过典型示范带动企业用水效率提升。""实施污水近零排放科技创新试点工程。选择有代表性的国家高新技术产业开发区(以下简称国家高新区)开展技术综合集成与示范,研发集成低成本、高性能工业废水处理技术和装备,打造污水资源化技术、工程与服务、管理、政策等协同发力的示范样板。在长三角地区遴选电子信息、纺织印染、化工材料等国家高新区率先示范,到2025年建成若干国家高新区工业废水近零排放科技创新试点工程。"

从上述政策层层推进的情况,可以看到两个趋势:一是工业污水处理设施建设步伐在加快;二是工业废水与生活污水分类收集、分质处理趋势显著。

2.6 工业园区水污染防治环境标准体系

发达国家十分重视环境技术管理在环境保护工作中的重要作用,如美国在20世纪70年代就开展了系统的技术管理工作,并通过立法加以明确。

美国环保局针对现有污染源、常规污染物、非常规污染物和新污染源,要求企业分别采用现行最佳控制技术、最佳常规污染物控制技术、污染防治最佳可行技术和最佳示范技术,并以控制技术为依据制定颁布了50多个行业的工业废水和城市污水排放限值指南和标准。美国的技术管理体系已成为贯彻《清洁水法》和《清洁空气法》最重要的政策和措施之一。

欧洲对工业园区(工业集聚区)的环境管理和水污染物排放标准主要执行欧盟颁布的3个指令:《欧盟水框架指令》(WFD,2000/60/EC)、《城市污水处理指令》(UWWTD,91/271/EEC)和《工业排放指令》(IED,2010/75/EU),各成员国根据区域的生态环境容量,制定各自的水环境管理制度。

德国城镇污水处理厂收纳工业废水有着严格的入厂要求和合理的收费办法。德国目前共有污水处理厂9 000多座,只有少量用于单独处理工业废水(类似于我国工业集聚区自建的污水集中处理设施),其余工业废水全部依托城市污水处理厂处理。德国针对不同行业分别制定了严格的工业污水预处理技术标准,规定只有符合条件的工业废水才允许排入污水处理厂。

欧洲工业园区水环境管理制度对我国的启示:

一是深入推动采用"预处理+集中处理"的模式解决工业水污染防治。此外,园区还应借鉴欧洲国家经验,聘请第三方机构排查企业排污底数,评估污水集中处理设施工艺适用性,确保污染物可以得到有效处理,实现稳定达标排放。二是采用更加灵活科学的污水处理收费机制。三是基于地方特点制定污水间接排放标准。四是由单一的末端治理向生产全过程管控转变。五是园区水环境管理由单一的排放监管转变为排放和水平衡共同监管。

综上所述,发达国家十分重视技术指南、技术评价等环境技术管理对环境保护和污染治理达标的重要作用,而且成功地制定和运用了以污染防治最佳可行技术(BAT)和技术评价为核心的环境技术管理体系,环境技术管理已成为国家环境管理的一个重要方面,在环境污染治理和实现环境保护目标上发挥了重要作用。

参照美国和欧盟的经验,结合我国环境保护的实际,我国环境技术管理体系由环境技术指导文件、环境技术评价制度和环境技术示范推广机制3部分构成,如图2-4所示。

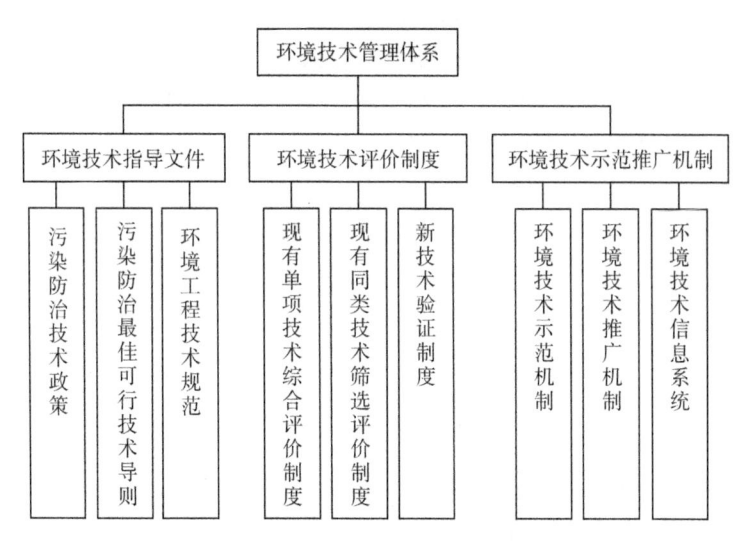

图 2-4 环境技术管理体系构成图

2.6.1 水污染物排放标准

2.6.1.1 国家标准

(1)《污水综合排放标准》(GB 8978—1996)

在标准适用范围上明确综合排放标准与行业排放标准不交叉执行的原则。本标准颁布后,新增加国家行业水污染物排放标准的行业,按其适用范围执行相应的国家水污染物行业标准,不再执行本标准。

标准将排放的污染物按其性质及控制方式分为两类。

第一类污染物:不分行业和污水排放方式,也不分受纳水体的功能类别,一律在车间或车间处理设施排放口采样,其最高允许排放浓度必须达到本标准要求。

第二类污染物:在排污单位排放口采样,其最高允许排放浓度必须达到本标准要求。

《污水综合排放标准》设置有普适性的特征污染物 44 项,但有毒有害污染物的指标比例偏少,难以有效管控预处理排水对污水处理厂生化系统的冲击风险。

(2)《城镇污水处理厂污染物排放标准》(GB 18918—2002)

《城镇污水处理厂污染物排放标准》明确"排入城镇污水处理厂的工业废水和医院污水,应达到 GB8978《污水综合排放标准》、相关行业的国家排放标准、地方排放标准的相应规定限值及地方总量控制的要求。"

根据污染物的来源及性质,将污染物控制项目分为基本控制项目和选择控制项目两类。基本控制项目主要包括影响水环境和城镇污水处理厂一般处理工艺可以去除的常规污染物,以及部分一类污染物,共 19 项。选择控制项目包括对环境有较长期影响或毒性较大的污染物,共计 43 项。

基本控制项目必须执行。选择控制项目,由地方环境保护行政主管部门根据污水处理厂接纳的工业污染物的类别和水环境质量要求选择控制。

(3)《污水排入城镇下水道水质标准》(GB/T 31962—2015)

明确"严禁向城镇下水道排入有毒、有害、易燃、易爆、恶臭等可能危害城镇排水与污水处理设施安全和公共安全的物质。"及"水质不符合本标准规定的污水,应进行预处理。不得用稀释法降低浓度后排入城镇下水道。"

企业排水执行标准类型多,普遍缺少对特征污染物的监管。工业园区企业执行的污水预处理排放标准有国家污水综合排放标准《污水综合排放标准》、地方污水综合排放标准《污水排入城镇下水道水质标准》、行业水污染物排放标准、流域水污染物综合排放标准及其他,执行国家和地方污水综合排放标准的占比最高。

2.6.1.2 行业标准

主要行业标准包括:
(1)《石油炼制工业污染物排放标准》(GB 31570—2015);
(2)《石油化学工业污染物排放标准》(GB 31571—2015);
(3)《电池工业污染物排放标准》(GB 30484—2013);
(4)《电镀污染物排放标准》(GB 21900—2008);
(5)《纺织染整工业水污染物排放标准》(GB 4287—2012)及其修改单;
(6)《电子工业水污染物排放标准》(GB 39731—2020);
(7)《化学合成类制药工业水污染物排放标准》(GB 21904—2008)。

初步统计,我国现行 60 多个行业水污染物排放标准的控制项目指标共 116 项,其中控制指标在 7~16 项的行业标准占到 71%,且涉及行业特征污染物的指标数量少。

2.6.1.3 园区污水处理厂排放标准

目前,中国工业废水集中处理设施暂无专门的排放标准。《省政府办公厅关于江苏省化工园区(集中区)环境治理工程的实施意见》(苏政办发〔2019〕15 号)明确"接纳化工废水的集中式污水处理厂主要污染物 COD、氨氮、总氮、总磷排放浓度不得高于《城镇污水处理厂污染物排放标准》(GB 18918—2002)一级 A 标准;其他污染物排放浓度不得高于《污水综合排放标准》(GB 8978—1996)一级标准。对于以上标准中没有包含的有毒有害物质,须开展特征污染物筛查,建立名录库,参照《石油化学工业污染物排放标准》(GB 31571—2015)制定排放限值。太湖地区对应处理厂还须执行《太湖地区城镇污水处理厂及重点工业行业主要水污染物排放限值》(DB 32/1072—2018)。"

据统计,国控重点污染源中 4 100 家污水处理厂主要执行 2002 年出台的《城镇污水处理厂污染物排放标准》,占比 90%以上,其中大部分执行最严格的一级 A 标准(以下简称城镇一级 A 标准)。

在工业园区污水处理厂执行的城镇一级 A 标准中,部分污染物指标远严格于行业标准,但是部分污染物去除要求则无法满足行业标准需求,而且缺乏工业特征污染物指标,意味着企业需要预先处理废水以去除污水处理厂无法满足行业标准需求的污染物。这样既增加了企业预处理成本,又可能由于企业在预处理过程中消耗污水处理厂生化处理需要的碳源,污水处理厂需额外补充,进而加大污水处理厂成本。

具体来讲,城镇一级 A 标准中多项污染物排放限值明显低于中国废水排放量最大的几个行业排放标准,比如化学需氧量(COD_{cr})在城镇一级 A 标准中排放限值为 50 mg/L,而造纸、纺织和农副食品加工行业的排放限值为 80 mg/L 或者 100 mg/L;悬浮物、色度、氨氮、总氮、总磷、石油类、可吸附有机卤素和六价铬的排放限值存在同样的情况。但是,执行这一标准不能满足化工行业总氰化物和硫化物的去除需求、造纸行业总氮的去除需求,和纺织行业硫化物和六价铬的去除需求,而且由于城镇一级 A 标准未规定氟化物和二氧化氯的限值,按该标准设计的污水处理厂无法满足化工、纺织或者煤炭行业对氟化物或者二氧化氯的去除需求(表 2.6.1-1)。

2.6.1.4　间接排放标准

间接排放是指排污单位向公共污水处理系统[通过纳污管道等方式收集废水,为两家以上排污单位提供废水处理服务并且排水能够达到相关排放标准要求的企业或机构,包括各种规模和类型的城镇污水处理厂、园区(包括各类工业园区、开发区、工业集聚地等)污水处理厂等,其废水处理程度应达到二级或二级以上]排放水污染物的行为。

"水十条"出台后,近千座工业园区建成了园区污水处理厂,部分工业园区污水处理设施能根据园区的具体需求处理部分工业特征污染物。随着污水处理厂能力提升,其进水要求逐渐减低,若行业标准中规定的间接排放标准不放宽或者仍然不允许企业和污水处理厂根据污水处理厂处理能力进行协商,企业需要投入大量资金和人力修建、运营不必要的预处理设施,可能造成企业由于预处理投入过高而不愿意将污水排入污水处理厂,也无法发挥园区污水集中处理的技术经济优势。随着专门处理工业废水的工业园区污水处理厂越来越多,部分行业标准在修订过程中放宽了间接排放标准。

鉴于此,2018 年 12 月 19 日发布的《国家水污染物排放标准制订技术导则》为水污染物排放标准的制定和修订提供了有力的技术指导,明确工业园区中的企业将污水排放到污水处理厂中时,在一定条件下可与污水处理厂协商制定间接排放标准。

如《纺织染整工业水污染物排放标准》的修订几经波折。2012 年第一次修订区分了排入城镇污水处理厂和工业园区污水处理厂的标准,相当于放宽了工业园区污水处理厂的间接排放标准;由于排入城镇污水处理设施的间接排放标准等同于直排标准,企业无法落实,2015 年 6 月再次放宽了排入城镇污水处理厂的间接排放标准(图 2-5,表 2.6.1-2)。但该标准不足的是未预留企业和污水处理厂协商间接排放标准的空间。据浙江省省厅信息,若绍兴市纳管标准中 COD_{cr} 由 500 mg/L 提高到 200 mg/L,企业需增加 50 亿元以上投资升级预处理设施,平均每家企业增加 2 000 万元,可见间接排放标准对于处理设施建设费用影响非常大,若企业无法承担预处理设施的费用,则可能加剧偷排漏排的问题。

表 2.6.1-1 《城镇污水处理厂污水排放标准》和行业标准对比

污染物 (mg/L)	工业园区污水处理厂《城镇污水处理厂污染物排放标准》一级 A 标准	化学原料和化学制品制造业《无机化学工业污染物排放标准》(GB 31573—2015)	造纸及纸制品行业《制浆造纸工业水污染物排放标准》(GB 35440—2008)无间接排放标准	纺织业《纺织染整工业水污染物排放标准》(GB 4287—2012)	煤炭开采和洗选业《煤炭工业污染物排放标准》(GB 20426—2006)无间排放标准	农副食品加工业《淀粉工业水污染物排放标准》(GB 25461—2010)
色度（稀释倍数）	30		50	50		30
悬浮物	10	50	30	50	50	30
五日生化需氧量 (BOD$_5$)	10		20	20		20
化学需氧量 (COD$_{cr}$)	50	50	80	80	50	100
氨氮	5(9)	10	8	10		15
总氮	15	20	12	15		30
总磷	0.5	0.5	0.8	0.5		1
总氯化物	0.5	0.3			0.5	0.5
硫化物	1	0.5		0.5	0.5	
石油类	1	3		12		
可吸附有机卤化物	1		12		10	
六价铬	0.05	0.1		不得检出		
氰化物		6				
二氧化氯				0.5		

备注：1. 行业标准为现行行业标准；《城镇污水处理厂污染物排放标准》为新建企业标准；2. "氨氮"一行括号内为水温大于 12℃时的控制指标；3. 如果没有直接对应的行业标准，则选择属于该行业的某个标准进行对比；4. ▓▓▓▓：城镇污水处理厂排放标准一级（A）严于行业排放标准，▓▓▓▓：城镇污水处理厂排放标准一级（A）达不到行业标准要求，▓▓▓▓：城镇污水处理厂排放标准一级（A）中无要求但行业排放标准有要求。

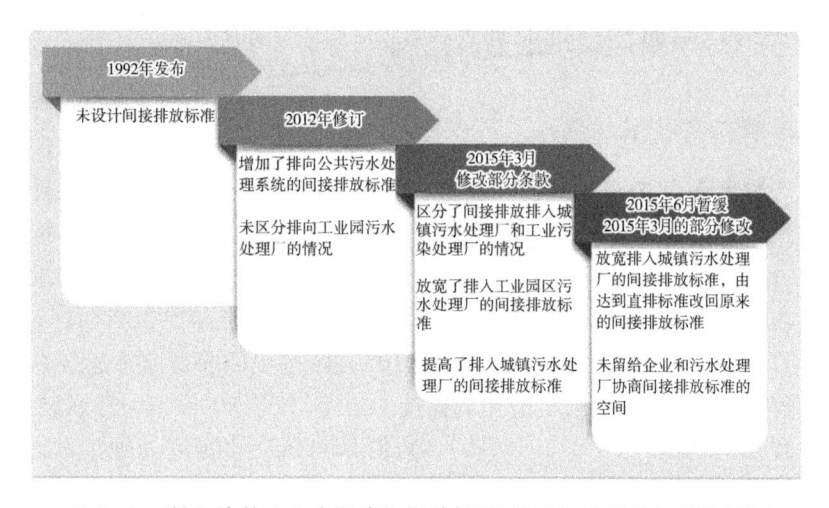

图 2-5 《纺织染整工业水污染物排放标准》关于间接排放标准的修订

表 2.6.1-2 《纺织染整工业水污染物排放标准》修订中关于 COD$_{cr}$ 和 BOD$_5$ 的限值修改

时间	化学需氧量(COD$_{cr}$)				五日生化需氧量(BOD$_5$)			
	直接排放	间接排放			直接排放	间接排放		
		排入城镇污水处理厂	排入园区污水处理厂	其他间接排放情形		排入城镇污水处理厂	排入园区污水处理厂	其他间接排放情形
1992 年	/	无			/	无		
2012 年	80 mg/L	200 mg/L			20 mg/L	50 mg/L		
2015 年 3 月	80 mg/L	80 mg/L	500 mg/L	200 mg/L	20 mg/L	20 mg/L	150 mg/L	50 mg/L
2015 年 6 月	80 mg/L	200 mg/L	500 mg/L	200 mg/L	20 mg/L	50 mg/L	150 mg/L	50 mg/L

2.6.1.5 地方标准

以江苏省为例：

(1)《太湖地区城镇污水处理厂及重点工业行业主要水污染物排放限值》(DB 32/1072—2018)，明确指出重点工业行业包括纺织工业、化学工业、造纸工业、钢铁工业、电镀工业、食品工业。

(2)《化学工业水污染物排放标准》(DB 32/939—2020)规定了江苏省化学工业企业及化工集中区废水处理厂的水污染物排放限值、监测及监督管理要求。

(3)《半导体行业污染物排放标准》(DB 32/3747—2020)，规定了半导体企业的水污染物和大气污染物排放标准限值、监测要求、达标判定、实施与监督。明确"半导体企业与污水集中处理设施采用协商方式确定企业水污染物间接排放限值时，污水集中处理设施的水污染物排放管理也适用于本标准。"

(4)《城镇污水处理厂污染物排放标准》(DB 32/4440—2022)，根据区域水环境容量及敏感程度等，分为重点保护区域及一般区域，并结合污水处理厂设计规模分别执行不同的排放标准。

2.6.2 水生态环境管理技术规范及指南

2.6.2.1 治理工程技术规范

环境工程技术规范为企业进行环境工程设计、环境污染治理工程验收后的运行维护提供技术依据。通过对环境污染治理设施建设运行全过程的技术规定,指导企业进行清洁生产工艺设计、环境工程设计,为环保部门进行污染物排放管理提供技术依据,规范环境工程建设市场,保证环境工程质量,为达标排放提供重要保障。包括:(1)行业规范,如《电镀废水治理工程技术规范》(HJ 2002—2010)、《印制电路板废水治理工程技术规范》(HJ 2058—2018)、《制浆造纸废水治理工程技术规范》(HJ 2011—2012)、《纺织染整工业废水治理工程技术规范》(HJ 471—2020)、《难降解有机废水深度处理技术规范》(GB/T 39308—2020);(2)工艺单元规范,如《膜分离法污水处理工程技术规范》(HJ 579—2010)、《氧化沟活性污泥法污水处理工程技术规范》(HJ 578—2010)、《膜生物法污水处理工程技术规范》(HJ 2010—2011)、《生物滤池法污水处理工程技术规范》(HJ 2014—2012)、《水解酸化反应器污水处理工程技术规范》(HJ 2047—2015)、《芬顿氧化法废水处理工程技术规范》(HJ 1095—2020)等。

2.6.2.2 行业最佳可行技术指南

污染防治最佳可行技术导则(指南)是为实现节能减排和环境保护目标,按行业或重点污染源对污染防治全过程所应采用的技术、经济可行的清洁生产技术、达标排放污染控制技术等所作的技术规定。污染防治最佳可行技术导则的作用是对全社会污染控制给予技术指导,是企业选择清洁生产技术、污染物达标排放技术路线和工艺方法的主要依据,也是环保管理、技术部门开展环境影响评价、项目可行性研究、环境监督执法的技术依据。

如《纺织工业污染防治可行技术指南》(HJ 1177—2021)、《农药制造工业污染防治可行技术指南》(HJ 1293—2023)、《制药工业污染防治可行技术指南 原料药(发酵类、化学合成类、提取类)和制剂类》(HJ 1305—2023)、《电子工业水污染防治可行技术指南》(HJ 1298—2023)、《电镀污染防治可行技术指南》(HJ 1306—2023)等。

2.7 工业园区污水处理现状及发展

2.7.1 工业废水分类及处理

工业污水包括生产污水、厂区生活污水、露天设备厂区初期雨水以及洁净废水(即间接冷却水)。

工业废水分类:通常有三种。

第一种是按工业废水中所含主要污染物的化学性质分类,含无机污染物为主的为无机废水,含有机污染物为主的为有机废水。例如,电镀废水和矿物加工过程的废水,是无机废水;食品或石油加工过程的废水,是有机废水。

第二种是按工业企业的产品和加工对象分类,如冶金废水、造纸废水、炼焦煤气废水、金属酸洗废水、化学肥料废水、纺织印染废水、染料废水、制革废水、农药废水、电站废水等。

第三种是按废水中所含污染物的主要成分分类,如酸性废水、碱性废水、含氰废水、含铬废水、含镉废水、含汞废水、含酚废水、含醛废水、含油废水、含硫废水、含有机磷废水和放射性废水等。

前两种分类法不涉及废水中所含污染物的主要成分,也不能表明废水的危害性。第三种分类法,明确地指出废水中主要污染物的成分,能表明废水一定的危害性。

此外也有从废水处理的难易度和废水的危害性出发,将废水中主要污染物归纳为三类:

第一类为废热,主要来自冷却水,冷却水可以回用;

第二类为常规污染物,即无明显毒性而又易于生物降解的物质,包括生物可降解的有机物,可作为生物营养素的化合物,以及悬浮固体等;

第三类为有毒污染物,即含有毒性而又不易生物降解的物质,包括重金属、有毒化合物和不易被生物降解的有机化合物等。

实际上,一种工业可以排出几种不同性质的废水,而一种废水又会有不同的污染物和不同的污染效应。例如染料工厂既排出酸性废水,又排出碱性废水。纺织印染废水,由于织物和染料的不同,其中的污染物和污染效应就会有很大差别。

表 2.7.1-1 工业废水分类

分类标准	类别
按工业废水中所含主要污染物的化学性质	含无机污染物为主的为无机废水,含有机污染物为主的为有机废水。例如,电镀废水和矿物加工过程的废水,是无机废水;食品或石油加工过程的废水,是有机废水
按工业企业的产品和加工对象	如冶金废水、造纸废水、炼焦煤气废水、金属酸洗废水、化学肥料废水、纺织印染废水、染料废水、制革废水、农药废水、电站废水等
按废水中所含污染物的主要成分	如酸性废水、碱性废水、含氰废水、含铬废水、含镉废水、含汞废水、含酚废水、含醛废水、含油废水、含硫废水、含有机磷废水和放射性废水等
从废水处理的难易度和废水的危害性出发	将废水中主要污染物归纳为三类:第一类为废热,主要来自冷却水,冷却水可以回用;第二类为常规污染物,即无明显毒性而又易于生物降解的物质,包括生物可降解的有机物,可作为生物营养素的化合物,以及悬浮固体等;第三类为有毒污染物,即含有毒性而又不易生物降解的物质,包括重金属、有毒化合物和不易被生物降解的有机化合物等

资料来源:前瞻产业研究院

2.7.2 工业园区污水特点

工业园区是地方产业的集群地,在政府指定的一块固定区域上由若干不同企业形成的企业社区,是政府合理布局工业的一种方式。在这样的工业社区内,各成员单位之间并非简单的"集聚",而是通过共同管理环境事宜和经济事宜来获取更大的环境效益、经济效益和社会效益。我国已建成和在建的各类工业园区数量达到 9 000 个以上,工业污水排放量占全国污水排放总量的 45% 左右。相对于城镇污水处理厂的污水,工业园区因其产业结构复杂,水质水量变化大,污染物浓度高、污染物种类多且具有毒性及难降解的特性。

工业园区废水来源于园区内的不同加工类型的生产线。即使是相似类型的生产线，由于生产条件、产品种类、设备性能以及管理水平等因素的差别，废水的排放情况也会有很大的差别。为了更加准确地把握园区废水的水质和排放量，就需要充分调查园区内所有企业的产品、生产工艺、规模、管理水平、排水系统、排放规律、厂内污水处理设施以及废水回用等各个要素，只有充分了解这些基础信息，才能确定工业园区的综合水质以及排放量，并作为集中处理的主要依据和数据来源。

2.7.3 工业园区污水集中处理设施形式

目前，我国工业园区污水集中处理设施的形式主要有三类：一是建设园区独立的集中工业废水处理设施；二是依托园区周边城镇污水处理厂进行废水处理；三是依托企业污水处理设施处理园区废水。园区污水集中处理设施投资高、占地面积大、建设周期长，很多工业园区因经济基础薄弱、毗邻城镇、土地有限等原因，选择依托附近城镇污水处理厂处理工业园区工业废水。

根据相关信息，2020年全国省级以上工业园区中依托城镇污水处理厂的比例超过50%，长江经济带依托城镇污水处理厂的省级以上工业园区占比达到61%，超过全国平均水平10个百分点，浙江、上海等地依托率超过80%，而重庆和江西依托城镇污水处理厂的工业园区比例较低，均低于30%。

2.7.4 依托城镇污水处理厂处理工业废水

工业园区依托城镇污水处理厂处理辖区企业预处理后的工业废水，是各地方共享环保基础设施，化解环境污染风险的可行措施，也是发达国家常见的工业污水处理形式。但由于我国园区数量较多，企业预处理效果参差不齐，污染物排放监测能力不足，城镇污水厂受纳工业废水缺乏评估机制，依托城镇污水处理厂处理工业园区工业废水带来的环境风险不容小觑。

（一）城镇污水处理厂不掌握上游工业园区污水排放底数

根据行业调研，绝大部分城镇污水处理厂不掌握相应园区的排放底数。城镇污水处理厂一般为市、县城建部门组织建设，非属工业园区管理，很多工业园区为完成"建成污水集中处理设施"的任务，将工业废水一托了事。绝大多数城镇污水处理厂运营方作为废水接收方，解释没有"家底"是因为没有相关职能，收纳工业废水则是因为城镇污水量不足或管理部门的硬性要求，对于工业污水带来的影响缺乏有效应对策略。

工业园区聚集不同类型企业，排放废水中污染物差异性较大，即使是生产同类型产品，不同企业采用不同生产工艺及设备、原料辅料、工艺控制参数，其排放废水的水质也不尽相同，尤其体现在特征污染物种类及浓度方面。我国大多数园区管理部门未建立水环境管理底账，对辖区企业污水预处理情况、污水集中处理厂运行状况、管网维护情况等不能全面掌握，更不了解相关涉水企业的污染物种类、排放量、排放去向、执行的纳管排放标准、污水集中处理设施处理工艺与废水类型的匹配性等关键信息，出现污染物超标排放问题难以准确溯源。

（二）污水收集均采用混管输送的模式，无法对其进行分质处理

据了解，依托城镇污水处理厂的工业园区中不乏印染、化工等重点行业园区。这些园区在收集废水时，几乎全部采用混管输送，最终与城镇居民生活污水管网连接，并进入城镇污水处理厂。生活污水可生化性好，水质水量稳定，主要污染物为COD、氨氮、磷和硝态氮等，毒性或抑制菌种活性类物质含量较低，排入城镇污水处理厂后采用二级处理工艺即可满足排放要求。工业废水污染物成分复杂、可生化性低、生物抑制性强、水质水量波动频繁、氮磷浓度高、含盐量大，进入城镇污水处理厂后不但干扰其常规污染物削减能力，特征污染物也难以有效去除，极易导致排放超标。将生活污水和工业废水混合输送，不但易稀释有毒物质，对水质监测造成误导，同时难以发现企业私设暗管、超标排放等违法行为，导致城镇污水处理厂在来水超标时难以溯源，增大了污水处理成本和超标排放风险。

（三）城镇污水处理厂工艺难以满足部分工业污水处理需求

多年来，我国城镇污水处理厂已形成了一套固定的工艺路线，设计建设以格栅、沉砂池、生化池、混凝沉淀等处理单元为主，基本未配备工业污水专用处理单元。而工业园区中行业类型繁多，污水性质差异较大，如印染纺织类园区工业废水可生化性较差、色度高，化工行业废水氮磷浓度高、毒性大，冶金电镀类园区污水富含重金属、氰化物，食品加工类园区污水有机物浓度高、含油量大、悬浮物多等。这类污水需要专门的吸附、过滤、高级氧化、混凝等物化方法与生物厌氧、好氧相组合的工艺才能实现有效处理。此外，多数城镇污水处理厂未配备专用的缓冲池/应急事故池及相应的监测设施，应对工业废水水质水量变化带来的冲击能力较弱。

综上，城镇污水处理厂受纳工业园区工业废水存在较大的环境风险，由此产生的问题近年来在各级环保督察中屡见不鲜，多起"治污"变"制污"事件也被媒体广泛报道。因此，优化工业园区污水收集输送模式，并对所依托的城镇污水处理厂进行改造，是降低处理风险，实现稳定达标排放的必要措施。

（四）园区污水处理设施建设不健全、不完善

一是园区水质特征与污水集中处理设施不匹配。一些园区自建工业污水集中处理设施时未科学评估污水水质，设计工艺存在"不对症"问题。水厂运行后，面对污染物结构复杂、水质水量波动频繁的工业废水，出现处理效率低、运行稳定性差、污泥易流失等问题，导致尾水经常超标排放。污水处理厂只能依靠不断升级改造或高剂量投加药剂等形式维持运行，不但增加了运营成本，也对周边环境造成了污染。

二是管网建设滞后于污水集中处理设施建设或污水处理设施规模与实际水量不匹配。一些园区虽建成污水集中处理设施，但管网建设滞后或覆盖不全，企业污、废水未做到应纳尽纳，导致集中处理设施"晒太阳"。另一些园区规划建设污水集中处理设施规模偏大，而实际水量远远不足，出现"大马拉小车"现象，导致污水处理厂长期不能运行，污水超标排入环境。

三是污水集中处理设施事故应急系统不完善。一些园区集中污水处理厂未设计建设应急调节池和事故池，在系统运行异常或进水超标时缺乏应急手段，只能被动采用停止进水的方式进行恢复，进而影响园区企业正常生产。

(五) 园区环境管理技术支撑不足

工业园区环境问题复杂,专业性强,很多地方未树立环境保护责任意识,重经济,轻环保。调研中发现,绝大多数省级工业园区均未配备独立的环保部门和专职的环境管理人员,开展日常工作时缺乏环境保护意识和技术支撑,这也成为园区环境污染事件频发的重要原因。

2.7.5 工业园区污水处理厂建设

我国工业园区环境管理起步较晚,园区环保基础设施相对薄弱,高强度的工业废水排放引发的水环境问题不断凸显。为强化园区污水处理基础设施建设,2015年国务院印发《水污染防治行动计划》(以下简称"水十条"),将污水集中处理设施建设纳入园区环保考核硬指标,极大地补齐了园区环保基础设施短板。截至2019年年底,长江经济带省级以上工业园区数量达到1110家,污水集中处理设施建成率超过99%,相比2015年,新增工业园区污水日处理能力超过1300万吨。

(1)2015年的"水十条",给工业园区方以及排污企业敲响警钟,将达标排放与企业的发展乃至生死存亡捆绑在一起。(2)2019年的《城镇污水处理提质增效三年行动方案》,提出工业聚集区应当建设污水集中处理设施,工业园区污水处理需求愈发迫切。(3)2019年的《国家发展改革委办公厅 生态环境部办公厅关于深入推进园区环境污染第三方治理的通知》,提出"专业的事交由专业的人去做",鼓励以工业园等工业集聚区为突破口,引入第三方治理模式。(4)2020年的《关于进一步规范城镇(园区)污水处理环境管理的通知》,点明依法明晰各方责任才是规范污水处理环境管理的前提和基础。

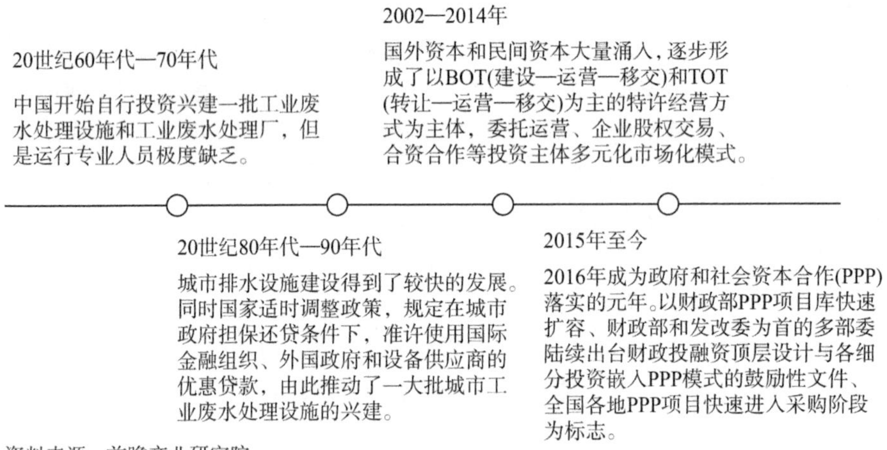

资料来源:前瞻产业研究院

图 2-6 中国工业废水处理行业发展历程

2.8 工业园区水污染治理存在问题

清华大学环境学院教授王凯军曾表示:"从管理层面上看,工业园区是一个非常有效的方式,是环境管理的进步。比如污水集中处理,可以降低污水处理成本;园区可以实现循环经济的理念,提高资源能源利用效率。"

但与此同时,我们必须正视:目前,我国大量工业园区存在着底数不清、监管能力薄弱及环境风险高等诸多问题。近年来,工业园区环境污染事件频发,工业污水超标排放、固体废物违法处置等已成为影响区域环境的重要桎梏和突出短板。

2.8.1 园区产业端

工业作为国民经济发展的造血机器,为中国经济近几十年的高速发展提供了强劲的源动力,但是与之伴随的工业无序发展也带来诸多无可回避的经济与生态病灶。不少园区在开发建设之初缺乏整体规划,没有形成产业聚集效应,入园企业成了"大杂烩",生产废水组成复杂。

一直以来,限制园区污水处理的一个关键要素是园区的前端规划。很多时候,由于前端规划埋下的隐患太大,给后端后期造成了几乎不可逆转的硬伤。

一个园区在污水处理环节百般困难的本质原因在于前端的规划和管理是存在很大问题的,而运营良好的园区大都有比较好的规划管理,真正实现了产业集群效应。

为了引资,属地政府对入园企业简化手续甚至不设门槛,导致不少环保意识较弱或污染处理能力较低的企业进入了园区;引进的工业项目与园区本身的污染承载能力不相符,导致部分处理设备闲置或未能真正在污水处理过程中发挥作用。

再比如,一些园区前期招商引资不成熟,闲置率较高,最终导致园区污水处理厂的负荷率远达不到设计要求,出现设施设备"晒太阳"、投资亏损等现象。

2.8.2 污水收集处理体系监控及监管

多头管理机制下,工业园区各方职责不清、监管不力,就当前的情况来看,在我国工业园区,水污染防治系统主要的环节是企业废水预处理、排入管网、集中处理。这种多方监管机制,使得政府部门、污水处理厂运营商和企业之间职责不清、监管不力。

工业项目废水预处理装置由业主自行建设和运行管理;工业废水预处理装置排放口由环保部门监督;工业园区工业废水排污管网由专业排水管网公司或工业园区专业部门管理;污水处理厂由污水厂运行管理;污水厂排放口由环保部门监督。

工业企业发展无序零散化,集群效应不明显,尤其是中小型工业企业,都处于野蛮生长阶段,在经济效益和环保压力的夹缝中陷入困局,在零散处理、低技术处理方式带来的高成本运行压力之下,为了效益不顾环保成为很多工业企业"心照不宣"的事实。传统工业污水治理的低质低效率高成本,使得治污成了众多工业生产企业不得已而为之的被动选择。

不得不承认,目前有很多的工业园区水质自动监控平台质量不高,存在的问题也不少——平台建设落后,水质监测设备不完善,监控设备不完善或者说数据滞后,缺乏最新的数据支持等,很难对工业园区内的企业排水水质进行监控。

除此之外,工业园区污水收集管网对于接管企业也存在一定的监管漏洞。通过针对某市的工业园区企业进行调查,排放工业废水的工业园区企业,使用暗管或者压力管占大多数,然后进入排污总管。

也正因如此,有不少企业就能够通过这个漏洞偷排污水。一些含重金属、硝基化合物比例较大的污染物,在排放到管网之后,很可能会导致污水处理厂的处理工艺无法正常工作,甚至恢复正常需要较长的时间。

2.8.3 污水处理供需两端

可行的技术方案是很多领域实现破局的关键,在工业水处理领域也是关键。但由于长期的乱局,工业污水处理的配套服务水平良莠不齐,有时候真需求遇不到好方案,有时候好方案遇不到真需求,这导致供需双方的关系发生了畸变。

一些时候,水处理技术方案、配套产业被无端钉在了批判的标靶上,似乎这个领域的问题和乱象都出在提供服务的企业身上,这是业内一个十分严重的弊病。

一方面水处理企业在现阶段的园区污水治理合作中,仍然处在相对弱势的地位;另一方面,行业中不乏专业能力出色的水处理企业,而市场很多时候并不以此分配。

虽然大部分的工业园区都建立了污水处理厂,但却未能从实际角度考虑,对工业废水特征进行分析或合理采用相关技术,而是照搬城市污水厂的设计思路,在建设过程中缺少预处理以及废水水质调控两个重要环节。

这就给工业园区污水厂的整体达标排放带来了极大的挑战与隐患,甚至导致有的园区污水厂虽已建成投产但却一直无法达标排放。

2.8.4 污水处理出水端

随着工业化进程加快,以药物及个人护理用品(Pharmaceuticals and personal care products,简称 PPCPs)、内分泌干扰物(Endocrine disrupting chemicals,简称 EDCs)、抗生素(Antibiotic)及抗生素抗性基因(Antibiotic Resistance Genes,简称 ARGs)、邻苯二甲酸酯类增塑剂(Phthalates,简称 PAEs)、微塑料(Microplastics,简称 MPs)为代表的新兴有机污染物(Emerging organic pollutants,简称 EOPs),随工业、农业废水和生活污水排入城市市政管网,导致大量残留污染物涌入水环境。

作为水循环系统中的重要一环,污水处理厂的处理工艺对某些难降解有机物及重金属等并没有很好的去除效率,因此废水中存在着尚未完全处理的有机污染物,这些污染物的种类如何以及浓度大小,将会直接影响到排放口下游的江河湖海。

污水经二级处理后,出水水质即使达到现有的 COD、TN、N-NH$_3$、TP 等常规指标,但排水标准中未对 EOPs 类物质进行明确的浓度限定。随着生产生活用品使用范围越来越广泛,而现有的污水处理过程对 EOPs 的去除效果有限,以及 EOPs 类物质本身的难降解和持久累积性,EOPs 在再生水和受纳环境水体中检出率和检出浓度不断提高。

2.9 工业园区水环境管理建议

总体建议:"严格管控第一类污染物,增强处理第二类行业特征污染物,协商排放常规污染物"的工业园区污水协商排放总体原则,在全面开展处理工艺评估、技术路线诊断、预处理排放限值确定等基础上,通过合同管理引入并优化了市场机制和社会监督机制,提出了上游企业、污水处理厂和工业园区管理部门等多个相关方协商排放的新模式。

(一)健全多方协同的园区环境管理机制

各省应厘清当地生态环境部门、园区管委会和园区环境监管部门等部门之间的责任,明确合作机制,完善信息共享机制。工业园区的环境管理应该以排污许可证为核心,构建生态环境主管部门、城镇排水主管部门、园区管理部门、污水集中处理厂运营方、园区内企业之间相互制约、相互监督、互联互通的一体化管理机制。

企业预处理废水的纳管审批和预处理排水监管可以考虑由园区管委会统一负责。管委会统一审批和监管可以避免多部门间信息不畅导致的监管疏漏问题。监管过程中,园区管委会应将监测的排污数据和超标情况等信息同步提供给当地生态环境主管部门,接受其监督管理。

(二)开展生产工艺排污节点的污染物特性摸底排查,完善"一园一档"

由园区管理部门组织完善水环境管理"一园一档",充分摸清园区水污染排放清单、环保基础设施运行、污染物去向等关键的环境管理信息,开展档案信息化建设。同时推进污水处理设施处理效能评估、涉水外排管道在线监控系统完整性评估、事故水和超标水应急存储能力和处置方式适用性评估等工作,并通过物料平衡分析和现场实测,核算企业用水排水量和水质特性,识别需严控的特征污染物,构建园区企业端排污基础数据库。

(三)加强依托城镇污水处理厂处理效果的评估

建议针对化工、电镀、医药等重点行业及其细分领域的工业园区,加强依托城镇污水处理厂处理工业废水效果的评估,避免污染物稀释排放和穿透排放,存在较大问题的,指导园区建设能够达标排放的工业污水集中处理设施。重点企业废水应重点监控排放去向,排入具备处理能力的污水集中处理设施,非重点企业如废水成分简单、处理难度低,可继续依托城镇污水处理厂。此外,还应加强对城镇污水处理厂接收的工业污、废水水质的监管,必要的可在进水口安装相关在线监控设备。

(四)制定园区特征污染物控制和减排技术策略

针对长期超标排放的园区,可委托专业机构研究制定"园区特征污染物的控制和减排"的技术策略(或方案等),包括特征污染物的清单、检测方法、检测标准、国外控制情况及排放标准调研、适用技术清单、典型案例等。深入研究影响园区污水集中处理设施稳定运行的主要因素,以强化企业预处理效率、合理提升污水碳氮比例、确保尾水稳定达标排放为导向,提出切实可行的升级改造建议,并结合经济指标从园区整体角度论证工业废水收集处理优化管控策略。

(五)探索采用"一企一管"模式化解园区废水转运风险

对于生产工段较多,污染物类型复杂的企业,应采用分类收集、分质预处理的形式,并强化事故池建设,以加强对废水中污染物的有效削减和事故风险预防。有条件的园区可采用"一企一管"方式,明管收集输送工业废水,并在企业雨水、污水排口和部分车间排口有针对性地安装在线监控系统。污水集中处理设施也应避免污水"大锅烩",可根据各企业废水特点,建立分质收集、调节、应急缓冲系统,并加强各工段水质监控,以提高抗冲击和应急能力,确保污水处理后达标排放,保障园区排污受纳水体水环境安全。

(六)构建园区水环境管理大数据管理平台

加强园区水环境管理信息化建设,一是构建具备企业排污基础数据查询、特征污染物清单查询、运行风险预警、污染事故溯源等功能的工业园区水污染防治监管数据平台；二是构建囊括园区环保管家库、工业水污染防治适用技术及设备库、工业污水治理企业库、园区工业水污染治理典型案例库等在内的工业园区水污染防治信息平台；三是构建具有技术论证、经济评估、环保企业及相关工艺设备准入考核、园区管理人员培训、高效低耗工业废水处理实用技术研发等功能的工业园区水污染防治智库平台。基于上述基础平台，构建由环保部门主导的全国工业园区水污染防治大数据管理平台。

通过建设大数据平台，从不同层面科学制定园区水环境管理政策，为服务流域污染防治工作提供必要支撑和科学判据。

参考文献

[1] 聂欣.产业集聚视角下中国水污染问题研究[D].广州：暨南大学，2017.
[2] 杨铭,王琴,林臻,等.欧洲工业园区水环境管理的经验与启示[J].环境保护,2020,48(9):68-71.
[3] 王林,李咏梅,杨殿海,等.工业园区废水处理技术研究与应用进展[J].四川环境,2016,35(2):142-148.
[4] 杨铭,费伟良,刘兆香,等.长江经济带工业园区依托城镇污水处理厂处理工业废水问题分析与整改策略研究[J].环境保护,2020,48(15):68-71.
[5] 王妍,李宝娟,王莺莺.工业园区水污染防治中存在的问题与对策[J].中国环保产业,2016(11):57-60.
[6] 刘远.北方污水厂出水和再生处理中新兴有机污染物的分布特征[D].天津：天津大学,2018.

第三章

江苏省工业园区水污染治理政策、管理及实践

园区经济占据江苏经济半壁江山,是江苏经济的特色名片。纳入全省"三线一单"重点管控单元的各类工业园区、集中区共有1 948个。从空间上看,全省工业园区总面积约1.4万平方公里,约占国土面积的13.6%;从污染物排放量上看,全省园区(集中区)主要污染物排放量约占75%以上。某种程度上,产业园区环境治理水平决定了江苏绿色发展的底色。

从产业结构看,江苏省规模以上工业企业约4.5万家,重工业企业占比达60%以上,火电发电量、钢铁和水泥产量均居全国前3,农药原药、染料产量均占全国总产量的40%以上。

从用地结构看,土地开发强度居全国各省(区)之首,苏南部分地区土地开发强度高达28%,接近国际公认的开发强度临界点。单位面积主要水污染物(如化学需氧量、氨氮、总磷、总氮等)排放强度高于全国平均水平。

环境风险依然突出。全省较大等级以上环境风险企业4 000余家,数量居全国前列,不少企业沿江、濒海、环湖或位于敏感区域。

3.1 江苏省工业园区管理及规划

3.1.1 江苏省十四五规划

江苏省人民政府印发的《江苏省国民经济和社会发展第十四个五年规划和二〇三五年远景目标纲要》(苏政发〔2021〕18号)在重点传统产业转型升级路径上提出"钢铁:支持钢铁企业开发高端钢种,力争填补国内空白。持续提升行业绿色环保和智能制造水平,形成一批具有较大优势的名优企业和产品品牌。加快产能整合,有序推动布局优化。化工:同步推进沿江地区战略性转型和沿海地区战略性布局,持续推进化工安全环保整治提升,推动化工产业向精细化、高端化、专业化、安全化发展。开展化工产业进园行动,构建循环发展、绿色低碳、本质安全的现代产业链。纺织:以增品种、提品质、创品牌为重点,大力发展新型面料、品牌服装、现代家纺等,强化创意设计和品牌运营等高附加值环节,探索定制

成衣等生产模式,塑造一批世界知名品牌,逐步向时尚产业转型升级。机械:以关键核心零部件和高端装备为主攻方向,加大技术攻坚和系统集成力度,鼓励工业互联网、智能制造、共享制造、再制造等新模式应用,进一步提升行业生产质效,打造一批具有代表性的工业母机,掌握一批独门绝技。"

在工业园区管理上指出"分类深化开发区管理体制机制改革创新,实行'开发区＋功能园区''一区多园'模式,把握去行政化和市场化改革方向,促进经济发展主责主业做大做强,鼓励有条件的开发区向城市综合功能区转型。推进大部门制改革,实行扁平化管理,编制、岗位和资源向招商引资一线和服务企业一线集中。建立市场化主导的运营模式,实行管理机构与开发运营企业合理分离。建立分类实施的经济管理权限下放长效稳定机制,全面推行省级开发区行使县级经济管理权限、试点探索赋予设区市经济管理权限,推动赋予有条件的开发区相应的省级经济管理权限。"

有效防控重大环境风险,指出"完善环境风险差异化动态管控体系,开展饮用水水源地、重要生态功能区环境风险评估和重点企业环境风险隐患排查。实施核与辐射安全监管能力提升工程。推进危险废物全生命周期监管,加快提升集中利用处置能力。持续开展重金属污染防控,进一步减少排放量。重视新污染物治理。加强工业园区环境风险防控体系建设,强化长江沿岸工业园区水污染排放精准监管。完成重点地区危险化学品生产企业搬迁改造。"

深化生态文明制度创新,指出"完善多元环境治理体系。构建激励约束并重的现代环境治理机制。完善生态环境领域地方性法规体系,健全生态环境目标评价考核、绩效考核和责任追究制度。加强企业环境治理责任制度建设,严格执行重点排污企业环境信息强制公开制度。严格落实生态环境损害赔偿制度,建立健全环境损害责任终身追究制。开展产业园区生态环境政策集成改革试点。建立以排污许可证为核心的固定污染源环境管理体系。坚决减污扩容,统筹排放容量,为优质大项目腾出空间,在多重目标中实现动态平衡。"

3.1.2 江苏省开发区条例

2018年5月1日颁布实施的《江苏省开发区条例》明确各级政府需要编制开发区发展规划,指出"省人民政府负责组织编制省开发区总体发展规划,明确开发区的数量、规模、产业布局和发展方向。设区的市人民政府应当根据省开发区总体发展规划,结合本地区经济基础、产业特点、资源和环境条件,组织编制本市开发区总体发展规划,科学确定开发区的空间布局、产业定位和建设运营模式。省、设区的市开发区总体发展规划应当符合本地区国民经济和社会发展规划、主体功能区规划、土地利用总体规划、城市总体规划、城镇体系规划和生态环境保护规划。"

3.1.3 江苏省国土空间规划

《江苏省国土空间规划(2021—2035年)》对全省开发区规划布局及发展提出"促进开发区整合优化发展。以'一县一区,一区多园'为基本原则,优先整合省级以下各类'小、散、弱'的开发区,引导区位相邻、产业相近、规模较小的开发区资源要素向高水平开发区集聚整合。通过连片更新改造、规划高标准园区等,实现布局优化,推动村镇产业空间高质量发展。进一步完善南北共建园区合作共建、产业共育、利益共享、风险共担的合作机制,促进优势互补,提高空间资源要素的配置效率。通过产业更新、增容技改、综合整治等多种模式盘活开发区存量低效用地,促进土地混合复合立体高效配置,保障省级以上高水平开发区内重大基础设施、先进制造业、战略性新兴产业、现代服务业等的合理用地需求。"

3.1.4 江苏省"十四五"开发区总体发展规划

江苏省商务厅发布了《江苏省"十四五"开发区总体发展规划》(征求意见稿),明确了全省开发区总体发展布局。该规划将开发区划分为沿江、沿运河以及沿海经济带三大沿线地区和苏南、苏中、苏北三大区域,明确了全省开发区未来发展的空间格局和各区域产业差异化发展方向。其中,沿江地区致力于产业创新发展。以科技创新为核心,推动半导体、电路、新材料等创新型产业发展,支持纳米技术、物联网、人工智能战略性新兴产业发展,加速先进制造业与现代服务业融合。沿大运河地区创新高效绿色发展模式。加快推进开发区循环化改造,提升资源利用效率,加强环境基础设施建设,深化环评审批改革,创新环境治理模式,推动开发区资源型加工业向高附加值方向发展,引进资源节约型、科技创新型、生态环保型项目,打造新型特色经济发展示范区。沿海经济带深耕海洋经济,推进陆海内外联动,构建开放新格局。打造重点开放合作载体,国内对接长江经济带,国外对接韩国等东亚国家,以产业协同发展为核心,构建高端纺织、船舶海工、电子信息等现代产业体系,重点发展壮大海洋绿色产业。

3.1.5 江苏省工业园区环境管理

江苏省作为工业及园区经济大省,一直重视工业园区环境基础设施建设及管理工作,2007年9月,江苏省政府办公厅转发了省环保厅等六部门《关于加强全省各级各类开发区环境基础设施建设意见》(苏政办发〔2007〕115号),各类开发区须配备完善的环境基础设施,并做到环境基础设施先行。环境基础设施的规划设计和建设要采用高标准,严格实行雨污分流,建设完备的污水收集和雨水排放系统,按照《城镇污水处理厂污染物排放标准》一级A标准建设集中污水处理设施。同时,全面实施排水许可制度,工业废水须经预处理达标后方可接入集中污水处理设施。要全面开展污水处理厂尾水再生利用,再生利用率不得低于25%。

3.2 江苏省主要行业企业集聚及水污染防治

根据《2022年度江苏省生态环境统计年报》,2022年,全省工业源重点调查企业16 223家,从地区分布来看,调查企业数量排名前3的地区分别为苏州市(5 496家)、无锡市(2 217家)、南通市(1 833家),合计占工业源重点调查企业数的58.8%。从行业分布来看,调查企业数量排名前3的行业分别为纺织业(3 575家)、金属制品业(2 004家)、化学原料和化学制品制造业(1 409家),合计占工业源重点调查企业数的43.1%。

纺织业、造纸和纸制品业、化学原料和化学制品制造业、计算机、通信和其他电子设备制造业是江苏省工业废水污染物排放重点行业。其中纺织业化学需氧量、氨氮、总氮、总磷排放量分别为 1.41 万吨、0.035 万吨、0.23 万吨、0.005 5 万吨，分别占工业总量的 31.2%、21.2%、25.7%、22.4%，均居各行业之首。

3.2.1 纺织染整

3.2.1.1 纺织行业发展现状及规划

纺织工业是我国传统支柱产业、重要民生产业和创造国际化新优势的产业，是科技和时尚融合、生活消费与产业用并举的产业，在美化人民生活、增强文化自信、建设生态文明、带动相关产业发展、拉动内需增长、促进社会和谐等方面发挥着重要作用。

2019 年中国工程院研究报告指出：中国有五大产业的技术处于世界领先水平，分别是高铁、通讯、输变电、纺织、家电。

作为中国纺织业的重要发祥地之一，根据江苏省统计局相关数据，江苏省纺织产业拥有规模以上工业企业 7 200 多家，从业人员近 100 万人，形成从纤维、纺纱、织造、印染到服装、家纺、产业用纺织品，以及纺织机械装备在内的完整产业链条，纺织家底厚实。

苏州、无锡、南通三市产业链完备度尤为突出，龙头企业数量全国领先。在细分领域，苏州丝绸化纤、无锡棉毛纺及服装、南通现代家纺产业已具有较强的全球知名度。近年来，地缘相近、产业互补的三市纺织产业逐步集聚、成群发展，成为江苏省纺织产业高质量发展的领头雁和应对产业链、供应链安全威胁的主力军。苏州市、无锡市、南通市高端纺织集群，入选工业和信息化部 45 个国家先进制造业集群的名单，苏锡通高端纺织集群在技术创新、品牌建设、转型升级等方面在全国保持领先，三地如今已实现"三个第一"：产业规模总量全国第 1、产业链完备度全国第 1、龙头企业数量全国第 1。2021 年，集群内规模以上企业实现营业收入 6 521 亿元，占江苏 70%，全国 12.6%。

3.2.1.2 印染行业主要环境管理规划及政策

从纺织工业产业链分析可以区分为：织造（纺丝、纱、织布）、染整（染色、印花、印染）、服装、家纺及工业用纺织品（最终产品）。印染是技术含量最高，技术升级变化最多的支行业，是连接纺织上下游中间环节和提升纺织服装产品附加值的关键环节，也是纺织产业链中能耗水耗较大、废水排放较多的环节。排水和能耗分别约占全行业的 80% 和 58.8%，因此印染行业是纺织业深化节能减排工作的重点，也是发展的瓶颈。据统计，印染行业在 41 个工业行业中废水排放量位居第 3，化学需氧量和氨氮排放量位居第 2，排放废水总量约为 18 亿吨/年。

江苏省印染行业总量规模位居全国第 2，营收约占全国 1/5。在中国印染企业 30 强中，江苏企业占据 5 席。

3.2.1.3 印染行业集聚及水污染治理

2023 年，江苏省印染行业总量规模位居全国第 2，龙头骨干企业竞争力影响力持续提升,5家企业入选中国印染企业30强,形成以苏南地区为主,南通通州湾现代纺织产业园、宿迁沭阳智能针织产业园、盐城射阳纺织染整产业园等专业园区特色发展的产业布局。

《无锡市印染行业发展专项规划》提出:到2025年底,全市印染企业废水排放量和重点水污染物排放量削减35%,2030年底削减50%以上;到2025年底,企业总数减少35%,到2030年底,企业总数减少50%。实现无锡市印染行业"两减两提升"的总目标:企业总数减少,重点水污染物(总氮、总磷)排放总量减半,行业污染治理水平显著提升,整体经济效益和技术装备水平大幅提升。

一、推进企业入园。推进印染企业集聚发展,改变我市印染企业分布零散的现状。除保留提升点外,所有"改建印染项目"统一搬迁入园,提高土地集约利用率,大幅增加土地亩均产出,推动印染行业与生态环境协调发展。对于迁建(易地搬迁)、重建(原有土地重建)印染项目,可纳入"改建印染项目"进行管理。"改建印染项目"应在已依法取得由生态环境部(原环境保护部)统一编号的排污许可证的现有印染项目基础上进行改建,且相关设备设施、排污量等在排污许可证中载明。

二、鼓励兼并重组。规模以下印染企业通过自行整合、合并达到集聚区准入要求后予以保留。鼓励有能力有条件的印染企业,通过兼并重组,优化生产工艺,放大规模效应,实现做大做强,推动印染行业空间布局由"小而散"向"大而精"转变。充分发挥龙头企业引领作用,整合带动同类小规模企业形成产业联盟,打造区域精品链、特色链、品牌链,全面提升企业核心竞争力。

3.2.2 化学原料和化学制品制造业

3.2.2.1 化工行业发展现状

园区化是当前全球石油和化学工业发展的主要趋势之一,是推动我国加快行业转变发展方式的重要载体,在调整产业结构、优化产业布局、发展循环经济、推进清洁生产、实现规模经济等方面具有不可替代的重要作用。

根据现有化工园区的类型特点,可将其具体分为4类:(1)以化工为单一主导产业,属于专业化工园区;(2)在开发区/高新区内设立相对独立的化工园(区),属于开发区/高新区的一个专业功能区;(3)在开发区/高新区内拥有化工生产企业,但与其他类型企业混杂分布;(4)简单的化工集中区,其中化工企业较为分散,相互之间没有直接联系,也没有统一集中的公用工程体系,不符合现代化工园区发展概念。

目前国内化工园区集聚效应明显,头部30强的化工园区在2020年实现石化销售收入总量2.72万亿,占全国石化产业销售收入的24.6%,在2020年实现石化利润总额1866.2亿元,占全国石化利润总额的36.2%。

根据相关数据统计,截至2023年底全国重点化工园区或以石油和化工为主导产业的工业园区共有600多家,其中国家级化工园区近60家。在《关于"十四五"推动石化化工行业高质量发展的指导意见》中,相关部门提出优化产业布局,形成70个左右具有竞争优势的化工园区。到2025年,化工园区产值占行业总产值70%以上。

江苏省8个化工园区被评为"2020中国化工园区30强",30强的前10强中南京江北新材料科技园、泰兴经济开发区、扬州化学工业园区等分别排名第3、5、8位。常州滨江经济开发区、高科技氟化学工业园、镇江新区新材料产业园、泰州滨江工业园区、如东县洋口化学工业园位列其中。

截至2020年,江苏省化工企业入园率为42.7%(以数量计),入园率不高的问题较为突出。化工园区数量的减少,导致"入园率"降低,取消定位的化工园(集中)区企业产业一体化程度低,监管难度大。入园率较高的设区市为南通市、南京市和镇江市,入园率超过60%;而无锡市和常州市入园率不足20%。

全省形成了以精细化工为主导,石油化工、有机原料和合成材料广泛分布,化工新材料加速布局的化工产业体系,各市产业特点鲜明,产业链中下游产品占比逐步提升。但布局分散、产业集中度不高、高端应用品种不足的问题尚需在"十四五"期间进行优化。

3.2.2.2　发展规划及园区管理

江苏省对于化工园区的统一认定工作起步较早,主要由原省环保厅和经信委来进行共同认定和备案管理,最早全省共有经认定的化工园区54家。江苏对全省54家化工园区的规范管理将提上议事日程,2018年初江苏省经信委已经发布了《江苏省化工园区规范发展综合评价指标体系》,该"指标体系"从规划发展、规范管理、安全生产、环境保护、基础建设等五个方面对相关园区进行评价打分,进行最终排序,有可能形成优胜劣汰的管理机制,鼓励各园区加强规范管理的力度,加快提质升级的进程。

2023年12月,江苏省人民政府印发《江苏省化工园区管理办法》,进一步规范化工园区管理,优化产业布局,推动产业转型升级、提质增效,实现安全绿色高质量发展。《江苏省化工园区管理办法》对江苏省化工园区的规划布局、基础设施建设、设立、区域范围调整、项目入园、日常管理等方面作出了明确规定:一是明确了园区选址布局、总体发展规划和产业发展规划编制等方面的要求。二是明确了园区在配套公辅设施、安全生产、环境保护、风险监测监控与应急救援、信息化管理等基础设施建设方面的标准,这些标准是化工园区建设必须达到的基本要求。三是明确了化工园区应当有明确的面积、四至范围和坐标,并规定了禁止新建、扩建化工园区的四类地段、地区。

3.2.2.3　江苏省化工园区环境管理及整治历程

连云港灌河口周边不达标化工企业关闭退出后,部分地区海水的褐红色褪去;南通通灵桥区域影响居民生活的工厂被拆除,平整后的土地种上了林木;常州滨江经济开发区沿江1公里范围内低质低效化工企业关停……近年来,江苏省大力推进化工产业布局优化和结构调整,淘汰退出一批安全环保不达标企业和低端低效落后产能。近年来,江苏省针对化工企业及化工园区环境管理方面的政策层出不穷,初步梳理如下:

(1)《省政府办公厅关于印发全省化工生产企业专项整治方案的通知》(苏政办发〔2006〕121号)

(2)《关于加强我省化工行业环境管理的通知》(苏环函〔2007〕140号)

(3)《关于进一步加强化工园区(集中区)和化工企业环境影响评价审批工作的通知》

(苏环办〔2009〕199号)

(4)《省政府办公厅关于切实加强化工园区(集中区)环境保护工作的通知》(苏政办发〔2011〕108号),主要内容包括"区内企业必须建设废水预处理设施,实现废水分类收集、分质处理,并强化对特征污染物的处理效果;废水经企业预处理达到污水处理厂接管标准后,方可接入区域污水处理厂集中处理。新建和改扩建化工项目应做到'清污分流、雨污分流',生产废水原则上应经专用明管输送至集中式污水处理厂,并设置在线监控装置、视频监控系统和自动阀门。已入区的老企业通过逐步改造,于2013年底前实现上述目标。"

(5)《省政府办公厅关于印发全省开展第三轮化工生产企业专项整治方案的通知》(苏政办发〔2012〕121号)

(6)《关于印发进一步加强化工园区环境保护工作实施方案的通知》(苏环委办〔2012〕23号)

(7)《关于印发江苏省重点环境风险企业整治与防控方案的通知》(苏环委办〔2013〕9号)

(8)《关于加强全省化工园区环境监测监控预警工作的通知》(苏环办〔2013〕139号)

(9)《关于进一步做好环境风险防控工作的通知》(苏环办〔2013〕193号)

(10)《关于在我省沿海地区开展化工园区环保专项整治的通知》(苏经信材料〔2014〕21号)

(11)关于印发《江苏省化工园区环境保护体系建设规范(试行)》的通知(苏环办〔2014〕25号)

(12) 2016年12月1日,中共江苏省委、江苏省人民政府印发《"两减六治三提升"专项行动方案》,明确"减少落后化工产能,着力去库存、控增量、优总量,加快化工行业结构调整。到2020年,全省化工企业数量大幅减少,化工行业主要污染物排放总量大幅减少,化工园区内化工企业数量占全省化工企业总数的50%以上。"

(13)《省政府关于深入推进全省化工行业转型发展的实施意见》(苏政发〔2016〕128号)同年印发。

(14) 2017年1月,省政府印发《省政府办公厅关于开展全省化工企业"四个一批"专项行动的通知》(苏政办发〔2017〕6号),在全省范围内开展化工企业"四个一批"(关停一批、转移一批、升级一批和重组一批)专项行动。2017年江苏总共排查出全省有化工企业7 372家,其中,化工生产企业6 884家,构成重大危险源的危险化学品经营(仓储)企业169家,在港区规划范围内危化品仓储企业和危化品码头319家。5月11日,江苏省政府办公厅以苏政传发〔2017〕153号文正式下达"四个一批"专项行动目标任务。明确:至2018年底止,计划关停2 077家(2017年全省计划关停1 149家,占关停企业总数的55%);至2020年,分别转移、升级和重组272、4 327及696家,全省化工企业的入园率要达到50%以上[11]。

根据江苏省工业和信息化厅《江苏省"十四五"工业绿色发展规划》及江苏省人民政府《江苏省国民经济和社会发展第十四个五年规划和二〇三五年远景目标纲要》(苏政发〔2021〕18号),"十三五"期间,江苏省开展化工行业安全环保整治提升,全省累计关闭退出低端落后化工生产企业4 454家,全省化工园区(含集中区)由54家减至2020年的29家,"重化围江"治理取得重大进展,全省化工园区全部配备单独的工业废水处理厂,"一企一管"实现全覆盖。

3.2.3 电子工业

3.2.3.1 全国及江苏省电子工业发展

按照2017版国民经济分类,电子工业属于C39"计算机、通信和其他电子设备制造业"。电子工业作为现代科技的基石,支撑着从日常生活到国防安全的广泛领域。电子信息制造业是国民经济的战略性、基础性、先导性产业,规模总量大、产业链条长、涉及领域广,是稳定工业经济增长、维护国家政治经济安全的重要领域。电子信息制造业包含计算机、通信和其他电子设备制造业以及锂离子电池、光伏及元器件制造等相关领域。

江苏一直是全国重要的电子信息产业基地。2020年,全省电子信息产业实现主营业务收入同比增长超10%,其中,电子信息产品制造业主营业务收入同比增长10.13%,产业规模约占全国的1/5,位列全国第2,"十三五"期间年均增长7.7%,太阳能光伏、光纤光缆、集成电路等产品产量国内第1。其中,全省集成电路产业实现销售收入同比增长35%,占全国的1/4,位列全国第1。光伏产业产值约占全国的1/3。

3.2.3.2 典型园区及污水处理厂分析

无锡高新区是1992年11月经国务院批准成立的国家级高新技术产业开发区。成立以来,无锡高新区始终坚守一份使命,勇做集成电路发展主力军。其集成电路产业的雄厚实力,不仅体现在企业数量和从业人员规模上,更体现在产值上。截至2023年底,无锡高新区已汇聚集成电路企业500多家,从业人员7.6万人。2023年无锡高新区集成电路产业产值达1 554亿元,占无锡市的2/3,占江苏省的1/3,占全国的1/9,规模仅次于上海张江,位居全国第2。

截至2023年底,无锡市高新区共有4座污水处理厂,以其中一座污水处理厂为例,纳管工业企业68家,主要为半导体及电子工业企业(34%)。该污水处理厂进水工业废水占比66%(半导体及电子工业企业废水排放量占比62%);生活污水占比19%;清下水占比15%。

从特征污染物排放情况来看,新城水处理厂纳管工业企业中有38家企业生产废水含特征污染物排放。进一步分析其特征污染物排放种类,有27家企业废水含难降解有机污染物(石油类、LAS、甲醛、挥发酚、总氰化物),11家企业废水含重金属,10家企业生产废水含氟化物,1家企业生产废水含碘化物/碘,1家企业生产废水含其他有机污染物(甲醇、异丙醇、乙酸乙酯、丙酮、二甲基甲酰胺、甲苯、乙腈、乙二醇)。总结起来该污水处理厂纳管工业企业排放污染物涉及难降解有机物、重金属、氟化物、碘化物/碘和其他有机污染物这五大类特征污染物。

进一步分析各行业特征污染物排放情况,该厂纳管工业企业主要涉及8个行业,其中含特征污染物排放的行业有7个,分别为半导体行业、电池工业、含电镀工序工业、电子工业、化学工业、生物制药工业和其他行业。半导体行业企业排放的特征污染物有重金属和氟化物；电池工业企业排放的特征污染物主要为氟化物；含电镀工序工业企业排放的特征污染物为难降解有机物和重金属；电子工业企业排放的特征污染物为难降解有机物和重金属，某企业特征污染物还涉及碘化物/碘；化学工业企业中有两家企业排放特征污染物为其他有机污染物；生物制药工业企业排放的特征污染物为难降解有机污染物；其他行业企业排放的特征污染物主要为难降解有机物、重金属和氟化物。

该出水水质常规污染物（COD、氨氮、总氮、总磷、SS）执行类《地表水环境质量标准》（GB 3838—2002）Ⅲ类标准，优于一级 A 标准，其他污染物执行《城镇污水处理厂污染物排放标准》（GB 18918—2002）一级 A 标准。

经测算，该厂特征污染物理论进水浓度较低，各类特征污染物理论进水浓度已满足《城镇污水处理厂污染物排放标准》（GB 18918—2002）一级 A 标准。

根据江苏省新地标《城镇污水处理厂污染物排放标准》（DB 32/4440—2022），特征控制项目相比 GB 18918—2002 多了氟化物，排放标准为 1.5 mg/L。

以下对该厂氟离子进行分析，根据纳管工业企业氟化物允许排放量统计可知，该厂纳管工业企业中有 8 家工业企业废水中含氟化物，其中企业 A 氟化物执行《半导体行业污染物排放标准》（DB 32/3747—2020）表 1 中间接排放限值，即 15 mg/L；企业 B 氟化物执行排放浓度限值为 3 mg/L；企业 C 氟化物执行《半导体行业污染物排放标准》（DB 32/3747—2020）表 1 直接排放限值，即 10 mg/L；企业 D 氟化物执行《污水综合排放标准》（GB 8978—1996）表 4 中一级 A 标准，即 10 mg/L；其余 4 家企业执行《污水排入城镇下水道水质标准》（GB/T 31962—2015）表 1 中一级 A 标准，即 20 mg/L。

根据该厂接纳的核定排放总量所计算出的氟离子特征污染物理论进水浓度为 1.65 mg/L，实际进水浓度根据各家企业排水量权重的不同有所不同。根据该厂每月委托总排口第三方实测数据，氟离子最大值 2.96 mg/L，最小值 0.8 mg/L，平均值 1.55 mg/L。

由此可见，该厂氟离子出水超过新标准可能性很大，需要进一步针对氟离子进行提标改造或提高上游排水企业氟离子排放标准。

3.3 江苏省工业园区环境管理及水污染防治相关法律、政策及规划

江苏省境内河湖众多、水网密布、水域面积辽阔，占国土面积的 17%，居全国之首，水域治水任务繁重。江苏省陆续出台《江苏省水污染防治条例》《江苏省水污染防治工作方案》《江苏省"十三五"水污染防治规划》等。

3.3.1 主要地方法律法规

（1）《江苏省水污染防治条例》

2021 年修正的《江苏省水污染防治条例》第一次提出企业入园进区和相应的管理要求："县级以上地方人民政府应当根据国土空间规划和本行政区域的资源环境承载能力与水环境质量改善目标等要求，合理规划工业布局，引导现有工业企业入驻工业集聚区，减

少工业废水和水污染物排放量。新建排放重点水污染物的工业项目原则上进入符合相关规划的开发区、工业园区等工业集聚区。逐步减少在工业集聚区以外直接排放工业废水的工业企业,并将有关工作情况纳入环境保护目标责任制范围。"

对于工业废水和生活污水混合处理的情形,第二十六条明确"向污水集中处理设施排放工业废水的,应当按照国家和省有关规定进行预处理,符合国家、省有关标准和污水集中处理设施的接纳要求。污水集中处理设施尾水,可以采取生态净化等方式处理后排放。实行工业废水与生活污水分质处理,对不符合城镇污水集中处理设施接纳要求的工业废水,限期退出城镇污水管网。"

第一次提出断面水质不达标的,可对企业实行限产限批的要求。

第二十八条"断面水质未稳定达标的,生态环境主管部门应当报经有批准权的人民政府批准后,责令排污单位采取限制生产、停止生产等措施,减少水污染物排放"。

第一次强调工业污水、生活污水的雨污分流、清污分流。

第二十九条"排放工业废水的工业企业应当逐步实行雨污分流、清污分流。化工、电镀等企业应当将初期雨水收集处理,不得直接排放。实施雨污分流、清污分流的工业企业应当按照有关规定标识雨水管、清下水管、污水管的走向,在雨水、污水排放口或者接管口设置标识牌。"

第一次提出了"生态安全缓冲区"的要求。

第五十七条"县级以上地方人民政府应当根据需要,在太湖、长江、京杭运河沿岸、城市近郊、工业集聚区周边等区域,整合湿地、水网等自然要素,因地制宜建设生态安全缓冲区,采取人工湿地、水源涵养林、沿河沿湖植被缓冲带和隔离带等生态环境治理与保护措施,提高水环境承载能力。"

(2)《江苏省生态环境保护条例》

2024年江苏省第十四届人民代表大会常务委员会第八次会议通过《江苏省生态环境保护条例》,文件提出"新建排放重点污染物的工业项目原则上应当进入符合规划的园区。鼓励园区外已建排放重点污染物的工业项目通过搬迁等方式进入符合规划的园区。"

3.3.2 主要地方标准

(1)太湖地区城镇污水处理厂及重点工业行业主要水污染物排放限值(DB 32/1072—2018)

明确重点工业行业包括纺织工业、化学工业、造纸工业、钢铁工业、电镀工业、食品工业。

对于接纳处理工业废水的城镇污水厂,提出太湖地区其他区域接纳工业废水量大于实际处理水量60%的城镇污水处理厂,其主要水污染可按照所接纳企业中最严的行业排放限值执行。

(2)城镇污水处理厂污染物排放标准(DB 32/4440—2022)

特征控制项目相比GB 18918—2002多了氟化物(1.5 mg/L)、斑马鱼卵急性毒性(最低无效应稀释倍数)两项指标;挥发酚从0.5 mg/L提高到0.1 mg/L,总氰化物从0.5 mg/L提高到0.2 mg/L,硫化物从1.0 mg/L提高到0.2 mg/L,有机磷农药从

0.5 mg/L 提高到 0.3 mg/L、马拉硫磷从 1.0 mg/L 提高到 0.25 mg/L、乐果从 0.5 mg/L 提高到 0.1 mg/L、对硫磷从 0.05 mg/L 提高到 0.003 mg/L、甲基对硫磷从 0.2 mg/L 提高到 0.009 mg/L。

(3) 化学工业水污染物排放标准(DB 32/939—2020)

本标准规定了化学工业企业及化工集中区废水处理厂的水污染物排放限值、监测及监督管理要求。

(4) 纺织染整工业废水中锑污染物排放标准(DB 32/3432—2018)

总锑直接排放限值一般地区为 0.10 mg/L,太湖地区为 0.08 mg/L,水污染物特别排放限值的地域为 0.05 mg/L,污染物排放监测位置为企业废水总排口。

(5) 生物制药行业水和大气污染物排放限值(DB 32/T 3560—2019)

废水进入城镇污水处理厂或经由城镇污水管线排放,其第二类水污染物排放应达到表 2 中直接排放限值或特别排放限值;废水进入具备处理此类污水特定工艺和能力的集中式工业污水处理厂的企业,其第二类水污染物排放可与集中式工业污水处理厂商定间接排放限值,并签订协议报当地环境保护主管部门备案,未签订协议的企业,其第二类水污染物执行表 2[分发酵类制药企业(含生产设施)、提取类制药企业(含生产设施)、制剂类制药企业(含生产设施)、生物工程类制药企业(含生产设施)、生物医药研发机构五类]中的间接排放限值。

(6) 半导体行业污染物排放标准(DB 32/3747—2020)

企业向城镇污水处理厂排放废水时,其第二类水污染物排放应达到表 1 中间接排放限值;废水进入具备处理此类污水工艺和能力的集中式工业废水处理厂的企业,其第二类水污染物排放可与集中式工业污水处理厂商定间接排放限值,并签订协议报当地环境保护主管部门备案。企业与集中式工业废水处理厂商定的间接排放限值,不得宽于《污水综合排放标准》中规定的接管限值。未签订协议的企业,其第二类水污染物执行表 1 中的间接排放限值。

3.3.3 相关规划

(1)《江苏省国土空间规划(2021—2035 年)》

指出"将生态环境基础设施纳入城市基础设施和公共设施范围,统筹保障工业污水处理设施、危废处置设施、环境监测监控设施等用地,推动生态环境基础设施协同共享,推进生态环境治理体系和治理能力现代化。强化污水收集处理设施建设。按照'总量平衡、适度超前'原则,保障完善污水收集管网空间供给,统筹安排区域污水处理设施以及污泥处置、再生水利用等配套设施布局。支持开发区完善工业污水处理厂布局,保障农村生活污水处理设施建设合理空间需求。"

(2)《江苏省"十四五"生态环境保护规划》

提出"持续巩固工业水污染防治。推进纺织印染、医药、食品、电镀等行业整治提升,严格工业园区水污染管控要求,加快实施'一园一档''一企一管',推进长江、太湖等重点流域工业集聚区生活污水和工业废水分类收集、分质处理。完善工业园区环境基础设施建设,持续推进省级以上工业园区污水处理设施整治专项行动,推动日排水量 500 吨以上污水集中处理设施进水口、出水口安装水量、水质自动监控设备及配套设施。加强对重金属、有机有毒等特征水污染物监管。"

3.4　江苏省工业园区水污染防治制度创新及实践（生态缓冲区）

汇聚大量工业企业的产业园区，既是江苏经济发展的主阵地，也是治污攻坚的主战场。

2019年12月，江苏省生态环境厅会同科技厅、商务厅出台了《江苏省产业园区生态环境政策集成改革试点方案》（苏环办〔2019〕410号），围绕优化环境准入管理、实行最严格的生态环境监管、统筹推进园区污染治理、完善支持绿色发展的有效措施四个方面出台16项改革举措，并选取10个园区开展为期1年的改革试点，着力破解园区高质量发展障碍。

《中共江苏省委 江苏省人民政府关于全面推进美丽江苏建设的实施意见》（2024年5月30日）指出"加快环境基础设施建设。组织实施一批补短板、强基础、利长远的环境基础能力项目，加强环境基础设施建设规划保障和用地预留。强化城镇水污染物平衡核算管理，持续推进污水处理提质增效，推动实现城镇生活污水全收集、全处理。加快城镇污水处理厂新一轮提标改造，加强污泥无害化处理和资源化利用。积极稳妥推进工业废水与生活污水分类收集、分质处理，配套完善重点涉水园区工业废水集中处理设施。强化区域特殊危险废物集中处置设施建设，着力提升危险废物处置能力。""筑牢生态环境安全根基。实施生态环境安全与应急管理'强基提能'行动计划，加快推进生态环境安全与应急管理体系和能力现代化建设。完善省市县三级环境应急管理体系，健全跨区域、跨部门突发生态环境事件联防联控机制，完成重点园区（河流）突发水污染事件'一园（河）一策一图'。制定并实施全省适应气候变化行动方案，编制全省温室气体清单，控制温室气体排放。完善核技术利用动态分级分类监管，深入推进重点领域辐射安全管理标准化建设。深化环境健康管理试点，推动试点成果应用。"

3.4.1　特征污染物环境管理

为切实加强江苏省化工园区环境监控预警工作，全面推进化工园区环境监控预警能力建设，有效提升园区环境风险防范能力，江苏省环保厅组织编制了《江苏省化工园区环境监控预警建设方案技术指南（试行）》，本指南在园区监控因子筛选等方面明确了详细技术要求，为全省化工园区环境监控预警系统建设提供指导作用。

一、水环境特征污染物筛选

环评及环评批复中明确指出的因子、环保部《关于发布〈重点环境管理危险化学品目录〉的通知》（环办〔2014〕33号）中列出的污染物、《化学品环境风险防控"十二五"规划》清单中重点防控的污染物、民众反映投诉较多的污染物及对污水处理厂处理工艺有冲击的污染物，筛选为园区水环境特征污染物。

二、监控因子确定

水环境监控因子从所调查的化工园区水质参数中选取。重点监控化工园区特征污染因子,适当兼顾园区常规污染因子和总量控制因子。根据化工园区废水排放特点和水质现状调查结果,结合《地表水环境质量标准》(GB 3838—2002)和园区环评及环评批复要求,选择其中主要污染物及对地表水环境危害较大、国家和地方要求控制的污染物作为化工园区的水环境监控因子。

3.4.2 废水分类收集及监控

化工行业是有毒有害物质的重要来源,2017年,江苏省环保厅印发的《关于进一步加强化工园区水污染治理的通知》(苏环办〔2017〕383号)中,提出化工园区要建立企业废水特征污染物名录库,应根据企业风险源及排放源的变化情况,及时进行动态更新。

2019年,《化工园区(集中区)企业废水特征污染物名录库筛选确认指南(试行)》由江苏省生态环境厅印发并在全省实行。刘伟表示,化工园区废水污染物名录的构建,能促使企业对特征污染物实行分类收集和处理,采取针对性预处理措施,实现高浓度、难降解、高毒性等废水污染物的有效降解;也有利于园区污水处理厂制定接管标准、采选适合有效的处理工艺,实现常规污染物及特征污染物的协同处理,提升园区废水稳定达标排放的能力。同时,对促进化工园区精细化管理、强化有毒有害特征污染物风险防控、提升废水污染物治理水平具有重要意义。

3.4.3 园区监测监控、污染物排放限值限量

3.4.3.1 监测监控

深入打好污染防治攻坚战的关键在源头治理、江苏经济发展和工业污染排放的重点在产业园区、环境管理的难点和症结问题主要在排污总量说不清,这三个关键环节和重点问题对产业园区集成改革提出了更高要求,就是把产业园区污染物排放总量测准确、弄清楚,进而推动区域环境质量改善,推动产业园区布局优化、产业结构转型和高质量发展。

《江苏省"十四五"开发区总体发展规划》(征求意见稿)指出"根据相关规定做好开发区项目实施对环境可能造成影响的分析、预测和评估等前置工作。全面提升污染源排放、环境敏感点大气质量、园区周边水体、污染总排口及其上下游、地下水水质、土壤环境质量等监测水平;加强企业污染源排放自动监控与预警,不断完善视频监控、在线工况监控、污染物在线监测以及在线质控设施配置,细化重点排污企业污染排放自动监测与异常报警机制;将企业监控信息接入园区监控预警系统,实现数据动态更新、实时反馈、远程监控。"

3.4.3.2 限值限量

2021年7月,江苏在全国率先推行了一项环保创新举措——工业园区(集中区)污染物排放限值限量管理。江苏省打好污染防治攻坚战指挥部办公室于2021年7月19日印发了《关于印发江苏省工业园区(集中区)污染物排放限值限量管理工作方案(试行)的通知》(苏污防攻坚指办〔2021〕56号),针对全省158个省级及以上工业园区开展限值限量管理。为科学、规范、有序推进工业园区(集中区)污染物排放限值限量工作,江苏省生态环境厅于2022年1月12日印发了《江苏省工业园区(集中区)污染物排放限值限量管理

实施方案编制技术指南(试行)》《江苏省工业园区(集中区)污染物排放限值限量管理实施方案技术评估要点(试行)》《江苏省工业园区(集中区)污染物排放限值限量监测监控系统建设指南(试行)》等配套技术指导文件。

工业园区污染物排放限值限量管理,指的是通过开展工业园区及周边大气、水环境质量监测以及主要污染物排放总量测算,有效实施以环境质量为核心、以污染物排放总量为主要控制手段的环境管理制度体系。

所谓"限值",就是根据区域生态环境质量状况,制定园区环境质量目标;所谓"限量",就是根据园区环境质量目标和实际污染物排放情况,确认园区主要污染物总的允许排放量。过去由于监测监控能力不足,园区、企业在一定时间内到底排放多少污染物难以说清。

截至2023年9月,江苏省168个"限值限量"园区共建成水质自动监测站273个,空气标准站391个,空气微站7 215个,VOCs(挥发性有机物)站362个,恶臭站214个。全省开展了基于在线监控数据的企业废水量、废气排放量等自动测算;同时开展了基于园区标准空气站及微站自动监测数据的大气污染物排放量动态模拟测算。"通过监测环境质量、测算工业园区和企业的排污总量,我们首次摸清环境'家底',夯实了环境管理基础。"

作为一项创新措施,限值限量管理在全国没有先例可循。为顺利推进这项工作,江苏省生态环境厅先后组织多次专题研究,反复研究方案。2年多来,"一园一策"、能力建设、技术指南制定、模拟测算等深入开展,限值限量管理从基本概念变成了施工图。

3.4.4 工业绿岛集约建设、共享治污

截至2023年底,江苏拥有超300万个中小企业,是江苏市场供应链中不可或缺的重要环节,是产业体系的组成要件,在促进江苏经济增长、改善民生等方面发挥着不可替代的作用。但随着污染防治攻坚战的深入推进,以及群众日益增长的健康与环境需求,一些中小企业面临的环保挑战日益严峻。"绿岛"项目建设思想就是针对这一情况应运而生,2020年2月,江苏将共享理念融入环保治污领域,由政府投资或政府组织多元投资,配套建有可供多个市场主体共享的环保公共基础设施,实现污染物统一收集、集中治理、稳定达标排放,降低中小微市场主体治污成本,有效推动助企纾困。该项目也使得江苏成为全国首个在全省范围内探索"集约建设、共享治污"模式的省份。

截至2023年,江苏累计建成154个"绿岛"项目,惠及3万多家中小企业。

国务院2021年12月28日印发《"十四五"节能减排综合工作方案》(国发〔2021〕33号),对于工业园区节能环保提升指出"引导工业企业向园区集聚,推动工业园区能源系统整体优化和污染综合整治,鼓励工业企业、园区优先利用可再生能源。以省级以上工业园区为重点,推进供热、供电、污水处理、中水回用等公共基础设施共建共享,对进水浓度异常的污水处理厂开展片区管网系统化整治,加强一般固体废物、危险废物集中贮存和处置,推动挥发性有机物、电镀废水及特征污染物集中治理等'绿岛'项目建设。到2025年,建成一批节能环保示范园区。"在全国范围内推广"绿岛"建设理念。

案例分析:无锡惠山生命园污水处理系统新建工程项目

江苏无锡(惠山)生命科技产业园位于无锡北部的江苏省无锡惠山经济开发区核心

区,占地面积约1 500亩①,集产、学、研为一体,致力成为长三角地区产业特色鲜明、富有竞争力、可持续发展的生命科技高端园区。2009年8月开业,截至2018年9月,入驻生命科技类企业150余家(约75家企业排放生产废水),主要有医疗器械、生物医药合同定制外包、精准医疗等大健康产业企业,集聚海内外博士数百人。

生命科技园总体规划为6大功能区:生命科技产业区、国际医疗保健区、科学研究教育区、科技创业孵化区、综合配套功能区和长江生态植物园区。在未来的10年中,无锡生命科技园将建成以生态、生命、生物为核心的国内第1、国际一流的"中华药谷"。在园区中将产生科研、教学、产业、医疗健康、营销等方面的聚集效应,形成规模化、集约化的精英产业群,拥有大批包含高技术知识产权的垄断性产品和遍布全球的销售网络。

为响应国家环保政策,适应园区发展,为企业提供更进一步的配套服务,园区拟建设污水预处理站1座,设计接收园区中企业所产生的生产废水,经预处理后出水接入当地污水管网,继而进入管网配套的污水处理厂。

根据业主提供资料,结合园区近期企业拟入驻情况和远期规划要求,污水站设计总处理规模500 t/d,不分期,一次设计完成,出水全部进入当地污水管网,最终纳入无锡惠山水处理有限公司四期污水处理厂。

据前期调查,目前园区内企业主要包括医药、医疗机械和检测检验等3个类型的企业,其中拟接入企业主要为药明生基、捷化医药和百泰克等符合《江苏省太湖流域战略性新兴产业类别目录(2018年本)》目录要求的医药和医疗器械企业,检测检验企业主要提供医疗检测,食品检验等,不在《江苏省太湖流域战略性新兴产业类别目录(2018年本)》目录范围内,与园区内其他不符合该目录要求的企业一样,产生的污废水按照相关环保要求或作为危废处理,或自行预处理达标后排入园区市政管网进入城市污水处理厂。

园区企业污废水收集处理情况见图3-1。

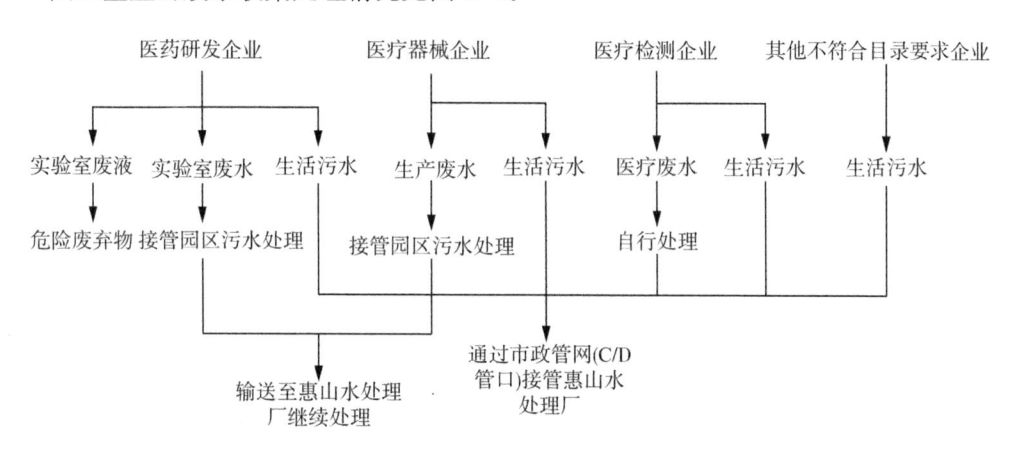

图3-1 园区企业污废水收集处理情况

根据业主要求、园区现有企业污水产生情况调查和实际检测报告等资料,选取其中符合新兴产业目录类型的企业。其中药明生基水质情况参照企业环评,医疗器械加工类企

---

① 1亩≈666.67平方米。

业样本较少,引入即将入驻的企业预估水质进行参考。经过计算后可以得出经过医药产业和医疗器械产业各自的污水水质情况。同时按照医药/医疗器械:4/1的比例对污水站500 t/d的处理能力进行划分,综合计算后可以得出污水站预期进水污染物浓度。同时为了减少企业预处理负担,提高污水预处理抗风险能力,降低排放事故对污水站的影响,按照1.2倍系数提高进水的污染物浓度标准。设计进水情况如表3.4.4-1所示。

表 3.4.4-1 设计进水水质情况表

项目名称	COD_{cr}	BOD_5	悬浮物	氨氮	总磷
控制数值	800 mg/L	350 mg/L	400 mg/L	50 mg/L	8 mg/L
项目名称	总氮	石油类	LAS	总余氯	总氰化物
控制数值	75 mg/L	15 mg/L	20 mg/L	8 mg/L	0.5 mg/L
项目名称	总有机碳	硫化物	二氯甲烷	六价铬	总汞
控制数值	230 mg/L	1 mg/L	0.3 mg/L	0.5 mg/L	0.005 mg/L
项目名称	总镉	总砷	总铅	总铬	总镍
控制数值	0.05 mg/L	0.3 mg/L	0.5 mg/L	1.5 mg/L	1 mg/L
项目名称	甲基汞	乙基汞	粪大肠菌群	急性毒性	乙腈
控制数值	0	0	5 000	0.07	3.0 mg/L

根据江苏省太湖条例,符合《江苏省太湖流域战略性新兴产业类别目录(2018年本)》要求的企业废水预处理达标后可以接管无锡惠山水处理有限公司四期污水处理厂,出水指标参照浙江省地方标准《生物制药工业污染物排放标准》(DB 33/923—2014)中提取类制药企业或生产设施的间接排放限值(简称标准1)以及《污水排入城镇下水道水质标准》(GB/T 31962—2015)中B等级标准(简称标准2),污水纳入无锡惠山水处理有限公司四期污水处理厂接管标准(简称标准3),综合取严。主要出水指标如表3.4.4-2所示。

表 3.4.4-2 设计出水水质情况表　　　　　　　　　　（单位:mg/L）

行业标准	标准1	标准2	标准3	综合取严
pH	6~9	6~9	6~9	6~9
COD_{cr}	500	500	500	500
BOD_5	300	350	300	300
SS	120	400	400	120
氨氮	35	45	45	35
TP	8	8	8	8
TN	60	70	70	60
石油类	/	15	20	15
LAS	15	20	20	15
总余氯	/	8	/	8
总氰化物	0.3	/	0.5	0.3

续表

行业标准	标准1	标准2	标准3	综合取严
总有机碳	180	/	/	180
硫化物	/	1	1	1
二氯甲烷	/	/	/	0.3
六价铬	0.1	0.5	0.5	0.1
总汞	0.005	0.005	0.05	0.005
总镉	0.01	0.05	0.1	0.01
总砷	0.1	0.3	0.5	0.1
总铅	/	0.5	1.0	0.5
总铬	1.5	1.5	1.5	1.5
总镍	/	1	1	1
甲基汞	不得检出	/	/	不得检出
乙基汞	不得检出	/	/	不得检出
粪大肠菌群数(MPN/L)	500	/	/	500
乙腈	5	/	/	5

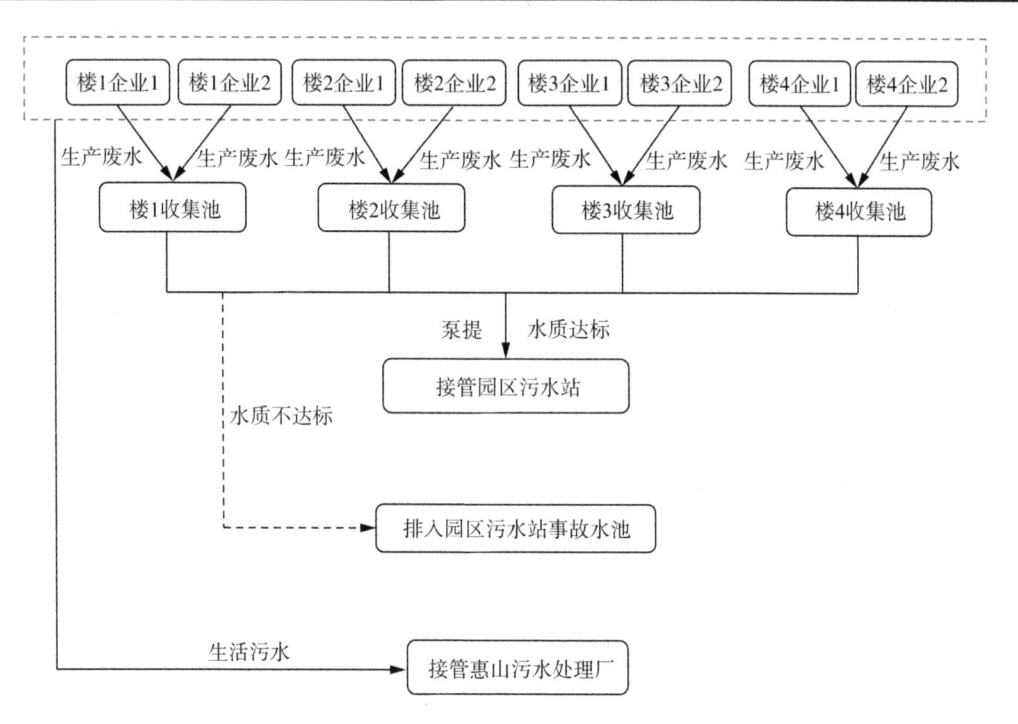

3.4.5 工业废水与生活污水分类收集分质处理

2022年,江苏发布《加快推进城市污水处理能力建设 全面提升污水集中收集处理率的实施意见》(以下简称《实施意见》,苏政办发〔2022〕42号),聚焦生活污水收集处理效能不高、工业废水生活污水混合处理等突出问题。明确规定：新建冶金、电镀、化工、印染等工业企业排放含重金属、难降解废水、高盐废水的，不得排入城市污水集中收集处理设施，已接入的要全面排查评估，并明确提出环太湖地区、沿江地区和苏北地区"应分尽分"的差异化时限要求。

2023年，江苏省生态环境厅、省住房城乡建设厅印发了《江苏省工业废水与生活污水分质处理工作推进方案》，旨在加快推进省内工业废水与生活污水分类收集、分质处理。除前述不得接入的情形外，明确：发酵酒精和白酒、啤酒、味精、制糖行业（依据行业标准修改单和排污许可证技术规范，排放浓度可协商），淀粉、酵母、柠檬酸行业（依据行业标准修改单征求意见稿，排放浓度可协商），以及肉类加工（依据行业标准，BOD_5浓度可放宽至 600 mg/L，COD_{cr} 浓度可放宽至 1 000 mg/L）等制造业工业企业，生产废水含优质碳源、可生化性较好、不含其他高浓度或有毒有害污染物，企业与城镇污水处理厂协商确定纳管间接排放限值，签订具备法律效力的书面合同，向当地城镇排水主管部门申领城镇污水排入排水管网许可证（以下简称排水许可证），并报当地生态环境主管部门备案后，可准予接入。

各地按照《江苏省城镇污水处理厂纳管工业废水分质处理评估技术指南（试行）》要求，对纳入城镇排水主管部门监管及水污染物平衡核算范畴的县级以上城镇污水处理厂、生产废水接入城镇污水处理厂处理的工业企业开展调查评估，完成城镇污水处理厂纳管工业废水分质处理综合评估报告。

案例分析：江苏省某地级市工业废水与生活污水分类收集分质处理实施方案

评估范围：本次评估区域为全市域，评估范围内涉及11个省级及以上工业园区。

评估对象：26个城镇污水处理厂以及上游生产废水纳管的399家工业企业。

评估结论：302家纳管工业企业废水允许接入，62家纳管工业企业需整改后接入，35家纳管工业企业退出城镇污水处理厂，2座城镇污水处理厂改造，5座工业废水集中处理设施新建。

形成"五个清单"，即工业企业允许接入清单、工业企业整改后可接入清单、限期退出类清单、城镇污水处理厂改造清单、工业废水集中处理设施建设清单。明确工业企业整改任务（一企一策）、城镇污水处理厂整改任务（一厂一策）以及工业废水集中（预）处理设施建设任务等"三项任务"，以及分年度实施的计划安排，并将任务分解落实到地方政府、责任部门、纳管企业和污水处理厂等。

主要存在问题：

（1）企业雨污混接及水质超标等问题

需整改问题工业企业62家，主要问题涉及：①排水管网雨污混错接共有22家，占比35.4%；②污水排口水质及水量超标工业企业共有19家（其中COD、氨氮等常规污染物总量偶尔超标16家，特征污染物偶尔超标2家，水量超标1家），占比30.6%；③初雨收集系统不完善等其他问题工业企业共有21家，占比33.9%。

（2）城镇污水处理厂满负荷运行及新地标执行问题

涉及城镇污水处理厂改造2座，为加强太湖流域治理及重点行业水污染物治理，同时为了满足2026年3月份执行新地标的氟化物排放要求,某辖区初步计划2座城镇污水处理厂增设氟化物去除工艺改造(实施情况根据实际予以调整)。

(3) 城镇污水处理厂纳管工业废水超量问题

存在3座城镇污水处理厂接纳省级以上工业园区工业废水总量超过1万 m³/d。

3.4.6 生态环境安全

生态环境安全是国家安全的重要组成部分,是经济社会可持续健康发展的重要保障。江苏省重化型产业结构、公路为主的交通运输结构仍未改变,风险企业沿江沿河分布的布局特点鲜明。

江苏省人民政府《江苏省国民经济和社会发展第十四个五年规划和二〇三五年远景目标纲要》(苏政发〔2021〕18号)在有效防控重大环境风险方面,指出"完善环境风险差异化动态管控体系,开展饮用水水源地、重要生态功能区环境风险评估和重点企业环境风险隐患排查。实施核与辐射安全监管能力提升工程。推进危险废物全生命周期监管,加快提升集中利用处置能力。持续开展重金属污染防控,进一步减少排放量。重视新污染物治理。加强工业园区环境风险防控体系建设,强化长江沿岸工业园区水污染排放精准监管。完成重点地区危险化学品生产企业搬迁改造。"

参考文献

[1] 张发立.标准化的化工园区环境污染与风险防控体系构建技术研究[D].南京:东南大学,2014.

第四章

排水收集系统规划建设

4.1 概述

工业废水所含污染物一般具有难处理、高毒害、不易分解等特点,工业园区、集聚区工业企业密集,交通路网发达,一旦发生水污染事件,环境风险高,影响范围广,社会危害大,处置难度高,造成的影响是不可估量的。江苏省作为全国十大工业强省,无论是工业园区数量还是产值都位居全国前列,因此江苏省很早就开始对工业园区提出了环境治理的要求,随着工业园区集聚化不断加速,近年来更是下发了一系列针对工业园区环境基础设施的政策要求,对园区排水(雨污水)基础设施提出了更高的要求,园区排水收集系统规划建设的重要性变得愈加突出。

2016年江苏省政府在《省政府关于深入推进全省化工行业转型发展的实施意见》(苏政发〔2016〕128号)中规定化工废水不得接入城市生活污水处理厂,避免因为混合处理后有毒污染物通过城市污水处理厂稀释排放出去;2017年,江苏省"两减六治三提升"专项行动计划,"两减"中包含对化工污染的控制,并明确要求关停太湖一级保护区内和长江沿岸重点规划区域、京杭大运河和通榆河清水通道沿岸两侧1公里范围内在规定时间内无法搬迁的化工企业。为做好污染治理攻坚战,化工园区废水治理需要沿"接管标准化、废物资源化、过程科学化、排放无害化"思路进行。

2018年,江苏省发布了《关于全面加强生态环境保护坚决打好污染防治攻坚战的实施意见》,要求工业园区(聚集区)以外的化工企业向化工园区搬迁,从严管理园外化工企业。开展化工园区规范发展综合评价,对规模小、产业关联度低、安全环保基础设施不到位、扰民问题突出,且限期整改仍不达标的化工园区(聚集区),取消化工定位。到2020年,全省化工企业入园率不低于50%。

2019年,江苏省委办公厅、省政府办公厅发布了《江苏省化工产业安全环保整治提升方案》,启动了全省化工园区(集中区)环境治理专项整治行动,要求:(1)园区须配套建设专业的化工废水处理厂,污水处理厂主要污染物COD、氨氮、总氮、总磷排放浓度不得高于《城镇污水处理厂污染物排放标准》(GB 18918—2002)一级A标准;(2)园区须建设环境事故应急池等环境应急设施。园区须建立环境应急处置队伍,配备充足的应急物资,及时更新园区雨污管网及应急闸坝分布图,提升应急处置能力;(3)用渗井、渗坑、裂隙、溶洞,私设暗管,篡改、伪造监测数据,或者不正常运行水污染防治设施等逃避监管的方式排放水污染物且情节严重的化工企业环保关停;(4)在规定期限内未依法取得排污许可证排放污染物且情节严重的化工企业环保关停;(5)长江干流沿岸两侧1公里、主要入江支流上溯10公里及其沿岸两侧各1公里(不含太湖流域),26条主要入海河流断面上溯10公里及其沿岸两侧各1公里范围内的直排化工企业,主要水污染物排放须执行相关行业特别排放限值。太湖流域直排化工企业废水排放执行《太湖地区城镇污水处理厂及重点行业主要水污染物排放限值》。

2020年,江苏省打好污染防治攻坚指挥部办公室印发了《江苏省城镇污水处理提质增效精准攻坚333行动方案》,要求开展工业企业排水整治行动;推进工业废水处理能力建设,加强化工、印染、电镀等行业废水治理,抓好工业园区(集聚区)废水集中处理工作,加快工业废水与生活污水分开收集、分质处理实施进度;组织对废水接入市政污水管网工业企业的全面排查评估,经评估认定不能接入城市污水处理厂的,要限期退出,可继续接入的,须经预处理达标后方可接入,企业应当依法取得排污许可和排水许可,出水在线监测数据应与城市污水处理厂实时共享;严厉打击偷排乱排行为,对污水未经处理直接排放或不达标排放的相关企业严格执法;开展工业园区(集聚区)和工业企业内部管网的雨污分流改造,重点消除污水直排和雨污混接等问题;结合所在排水分区实际,鼓励有条件的相邻企业,打破企业间的地理边界,统筹开展雨污分流改造,实施管网统建共管;整治达标后的企业或小型工业园区,绘制雨污水管网布局走向图,明确总排口接管位置,并在主要出入口上墙公式,接受社会公众监督。

2022年,江苏省发布了《江苏省重点行业工业企业雨水排放环境管理办法(试行)》,要求工业企业结合环境风险评估,制定雨水管理制度,规范雨水排放行为,绘制管网分布图,标明雨水管网、附属设施(收集池、检查井、提升泵等),以及排放口位置和水流流向,并标明厂区污染区域;根据厂区地形、平面布置、污染区域及环境管理要求等开展雨水分区收集,建设独立雨水收集系统,实现雨水收集系统全覆盖。

当前我国工业发展呈现出较快增长态势,作为园区基础设施建设的排水工程建设,是工业园区基础设施建设的重要组成部分,它的建设直接关系园区建设发展速度,影响园区发展经济效益与环境效益。

4.2 园区排水收集系统规划建设

4.2.1 政策解析

4.2.1.1 国家层面关于园区排水收集系统规划建设的政策要求

早在2012年,《环境保护部关于加强化工园区环境保护工作的意见》(环发〔2012〕54号)就指出,要实施园区污水集中处理:新建园区应建设集中式污水处理厂及配套管网,确保园内企业排水接管率达100%;废水排入城市污水处理设施的现有园区,必须对废水进行预处理至达到城市污水处理设施接管要求;无集中式污水处理厂或不能稳定达标排放的现有园区,应在通知发布之日起两年内完成整改;园内企业排放的废水原则上应经专用明管输送至集中式污水处理厂,并设置在线监控装置、视频监控系统及自控阀门。鼓励有条件的园区实施区域中水回用。

2018年6月,中共中央、国务院发布了《关于全面加强生态环境保护坚决打好污染防治攻坚战的意见》,意见指出要深入实施水污染防治行动计划,扎实推进河长制、湖长制,坚持污染减排和生态扩容两手发力,加快工业、农业、生活污染源和水生态系统整治,保障饮用水安全,消除城市黑臭水体,减少污染严重水体和不达标水体;对国家级新区、工业园区、高新区等进行集中整治,限期进行达标改造;实施工业污染源全面达标排放计划。

4.2.1.2 江苏省层面关于园区排水收集系统规划建设的政策要求

《江苏省化工园区环境保护体系建设规范(试行)》(苏环办〔2014〕25号)对园区污水处理设施的建设提出了明确且详细的要求:

(1) 园区应建设集中式污水处理厂和污水收集管网。污水收集管网应与园区集中式污水处理厂的建设同步进行,并与园区发展相协调。新建、扩建、改建园区道路时,应当依据园区排水工程规划同时设计和建设雨、污水收集管网。

(2) 园区集中式污水处理厂的规模应根据园区发展规划及产业定位进行分期建设,与园区发展同步,以满足园区近期污水处置需求为前提,并预留远期扩建空间。

(3) 园区集中式污水处理厂应根据园区定位产业的污染物特点,采用具有针对性的污水处理工艺。

(4) 园区集中式污水处理厂应结合处理工艺制定接管标准,也可参考《污水综合排放标准》(GB 8978—1996)等标准。

(5) 园区集中式污水处理厂应建设二次污染防治设施,对产生的有毒、恶臭气体进行封闭收集,并根据废气性质进行吸收或焚烧处理。

(6) 园区集中式污水处理厂应设置足够容积的事故应急池及回流管道,事故应急池容积应包括可能流出厂界的全部流体体积之和,一般包括事故延续时间内消防用水量、事故装置可能溢出水量、输送管道与设施残留水量、事故时雨水量等。鼓励园区污水处理厂在生化处理等阶段采用模块化设计,当部分模块发生故障时,其他模块可以正常处理废水。

(7) 园区应积极实施区域中水回用和污水再生利用,提高水资源重复利用率。再生水用于工业用水的水质应符合《城市污水再生利用 工业用水水质》中的相关规定。

(8) 园区可建设废水集中监控调节池,用以解决当园区集中式污水处理厂与排污企业距离过远或管廊(管沟)建设空间受限时,企业废水的收集处理问题。企业废水经专用明管排至废水集中监控调节池后,经调节池总管再排至园区集中式污水处理厂进行集中处理。

(9) 园区集中式污水处理厂排污口应规范化设置,每个园区原则上只允许设立一个污水处理厂总排口。园区内所有污水、雨水(清下水)排口的设置要经过环保部门批准,并按《环境保护图形标志排放口（源）》《排污口规范化整治技术要求（试行）》（环监〔1996〕470号）及《江苏省排污口设置及规范化整治管理办法》（苏环控〔1997〕122号）的要求设置排口标志。

（10）入区企业接管率应达100%。

（11）新建、改建、扩建项目应采用专用明管输送方式将生产废水输送至园区集中式污水处理厂或废水集中监控调节池，明管可采用架空压力管廊或者地面管沟的形式进行布设，便于管线发生泄漏时及时检查与监管。

（12）废水明管建议采用玻璃钢管、PE管、PVC管等耐腐蚀管材，采用钢管等非耐蚀管材的应依据《石油化工设备和管道涂料防腐设计规范》《工业设备、管道防腐蚀工程施工及验收规范》中的要求进行防腐处理；管道应依据《工业设备及管道绝热工程施工规范》进行保温处理，确保在寒冷条件下废水能够正常流动，保温材料应结合管材及地区的环境状况进行选择，建议采用超细玻璃棉、玻璃棉、矿渣棉、水泥珍珠岩、水泥蛭石等导热系数低、助燃性能好、耐腐蚀的保温材料。

（13）园区内采用传统暗管收集模式进行接管的现有企业，应按照《省政府办公厅关于切实加强化工园区（集中区）环境保护工作的通知》（苏政办发〔2011〕108号）要求进行技术改造，全面实现企业废水的明管输送。

《中共江苏省委江苏省人民政府关于全面加强生态环境保护坚决打好污染防治攻坚战的实施意见》（苏发〔2018〕24号）中指出，各类工业园区（聚集区）应配套建设专业的废水处理厂，未经批准，严禁工业废水接入城镇污水处理厂，工业废水应实行分类收集、分质处理，强化对特征污染物的处理效果，达到接管要求后排入工业污水集中处理厂，对无相应标准规范的，主要污染物总体去除率不低于90%。

《江苏省化工园区（集中区）环境治理工程实施意见》（苏政办发〔2019〕15号）对江苏省化工园区环境治理提出了更加严格的要求，要求在全省化工园区（集中区）实施环境治理工程，严格执行建设项目准入和污染物处置标准，全面提升污染物收集、污染物处置、能源清洁化利用以及监测监控能力，有效开展园区环境绩效评价。通过严格考核、限期整改、区域限批、行政约谈、挂牌督办、园区退出等措施，倒逼化工园区（集中区）完善环保基础设施，提高治污能力，从根本上彻底解决园区突出环境问题。针对污水收集处理这块要求如下：

（1）接纳化工废水的集中式污水处理厂主要污染物COD、氨氮、总氮、总磷排放浓度不得高于《城镇污水处理厂污染物排放标准》（GB 18918—2002）一级A标准；其他污染物排放浓度不得高于《污水综合排放标准》（GB 8978—1996）一级标准。对于以上标准中没有包含的有毒有害物质，须开展特征污染物筛查，建立名录库，参照《石油化学工业污染物排放标准》（GB 31571—2015）制定排放限值。太湖地区对应处理厂还须执行《太湖地区城镇污水处理厂及重点工业行业主要水污染物排放限值》（DB 32/1072—2018）。

（2）化工废水污染物接管浓度不得高于国家行业排放标准中的间接排放标准限值；暂未公布国家行业标准或行业标准未规定间接排放的，接管浓度不得高于《污水综合排放标准》（GB 8978—1996）三级标准限值。

（3）园区应配套建设专业的污水处理厂，严禁化工废水接入城镇污水处理厂；严格控制区外非化工污水接入,特殊情况下如有接入,比例不得超过20%;化工废水接入一般工业污水处理厂的,需增加预处理工艺,实施分类收集、分质处理。污水处理厂原则上需设置高级氧化等强化处理工艺,提高难降解有毒有害污染物去除效率。

(4) 化工废水全部做到"清污分流、雨污分流",采用"一企一管,明管(专管)输送"收集方式,企业在分质预处理节点安装水量计量装置,建设满足容量的应急事故池,初期雨水、事故废水全部进入废水处理系统。

(5) 园区应采取密闭生产工艺,或使用无泄漏、低泄漏设备;封闭所有不必要的开口,全面提高设备的密闭性和自动化水平。全面实施《石化企业泄漏检测与修复工作指南》(环办〔2015〕104号),定期检测搅拌器、泵、压缩机等动密封点,以及取样口、高点放空、液位计、仪表连接件等静密封点,及时修复泄漏点位。

同时该实施意见提出的〈江苏省化工园区(集中区)环境绩效评价体系〉对"园区废水收集系统""园区集中污水处理厂"和"园区雨水收集系统"提出了明确的考核打分要求,三者一共14分,占整个园区考核比例的14%,具体指标详见表4.2.1-1。

表4.2.1-1 江苏省化工园区(集中区)环境绩效评价体系(园区废水收集处理系统)

指标	具体指标	分值/权重	打分项
园区废水收集系统(5分)	"一企一管、明管(专管)输送"收集及监控系统	5+0.5	(一) 园区未按照要求全部建设"一企一管、明管(专管)输送"系统(含"一企一管"、"一企一管"加片区监控池、"一企一管"后总管输送、园区内输送采用专用管道等方式)的一律0分 (二) 园区未按照要求设置"一企一管"水质监控系统或水质监控系统存在在线监测数据造假行为等情况的一律0分 1. "一企一管"明管输送系统建设不规范(如部分污水管道地埋重力自流、多企一管且未采用分时排水、不具备监控、闸控和反馈功能等)的扣1分 2. 有企业(不含自身排污口有合法审批手续的企业)未接入"一企一管、明管(专管)输送"系统的扣0.5分 3. "一企一管"水质监控系统运行不正常(例如数据不全、无法实时传送数据、无法更新数据、未实现数据联网等)的扣1分 4. 近1年园区集中污水厂进水超标(按在线监控或污水厂台账)3次以上的扣0.5分 5. 接管指标限值高于国家行业排放标准中的间接排放标准限值或《污水综合排放标准》(GB 8978—1996)三级标准相应限值(如COD≥500 mg/L)的扣0.5分 6. 水质在线监控系统检测指标(含pH、流量、COD和氨氮指标)不足的扣0.5分,设置附加检测指标项的加0.5分 7. 接管标准未设置特征污染物指标或针对特征污染物没有正常开展定期监测的扣1分
园区集中污水处理厂(7分)	污水处理厂处理工艺针对性	3+0.5	园区未配套建设专门化工园区(集中区)集中废水处理厂而直接接入城镇污水处理厂的一律0分 1. 园区内化工废水依托一般工业污水处理厂处理但未设置针对化工废水处理工艺的扣0.5分 2. 园区外非化工污水接入比例高于20%的扣1分 3. 未设置分质处理措施或高级氧化等强化处理设施的扣1分 4. 针对接管标准规定的特征污染物,未对尾水开展监测的扣0.5分 5. 除常规污染物监测项目之外,设置具备条件的特征污染物(如苯胺、挥发酚等)在线监测设施并与环保部门联网的加0.5分

续表

指标	具体指标	分值/权重	打分项
园区集中污水处理厂（7分）	污水处理厂运行达标稳定性	2+0.5	（一）近1年监督性监测不达标或存在监测数据造假等逃避监管行为的一律0分 （二）沿海化工园区（集中区）2019年、其他地区2020年后主要水污染物指标COD、氨氮、总氮、总磷未执行《城镇污水处理厂污染物排放标准》（GB 18918—2002）一级A标准的一律0分 （三）太湖地区对应污水处理厂未执行《太湖地区城镇污水处理厂及重点工业行业主要水污染物排放限值》（DB 32/1072—2018）的一律0分 1. 近1年尾水稳定达标排放率（在线监测数据）低于95%的扣1分； 2. 生化系统运行不正常（如污泥浓度不够、污泥活性差等）的扣0.5分； 3. 未设置应急处理系统（如应急事故池）或应急事故池容积不足的扣0.5分； 4. 2018年底前，主要水污染物指标排放标准执行《城镇污水处理厂污染物排放标准》（GB 18918—2002）一级A或一级B标准的该项得分×1.0；执行《化学工业主要水污染物排放标准》（DB 32/939—2006）一级标准的该项得分×0.8；执行《污水综合排放标准》（GB 8978—1996）一级标准的该项得分×0.2； 5. 污水处理尾水排放口设置生物监测指标的加0.5分
	污水处理厂二次污染控制	2	1. 污泥产生量明显不符合预期或厂区污泥暂存量超过半年产生量的扣0.5分； 2. 污泥没有开展危废鉴定而作为一般固废进行处理处置或已开展鉴定但未依据鉴定报告进行规范贮存和处理处置的扣0.5分； 3. 未按规范GB 18599—2001、GB 18597—2001等要求设置污泥暂存库或实施库外贮存的扣0.5分； 4. 主要处理工段（调节池、厌氧水解池、污泥处理单元等）未设置废气收集系统并有效处理的扣0.5分
园区雨水收集系统（2分）	雨水管网及污染控制	2+0.5	1. 园区雨水管网覆盖率未达到100%的扣1分； 2. 雨水管网建设不规范或园区近一年发生过内涝现象的扣1分； 3. 园区雨水入河设置闸控截污及回流系统的加0.5分

《江苏省工业废水与生活污水分质处理工作推进方案》中提出冶金、电镀、化工、印染、原料药制造（有工业废水处理资质且出水达到国家标准的原料药制造企业除外）等新建工业企业排放含重金属、难生化降解废水、高盐废水的，不得排入城镇污水集中收集处理设施。

4.2.2 园区排水收集体系建设

4.2.2.1 工业废水分类收集必要性

近年来，江苏省化工园区通过一系列专项整治行动，环保基础设施不断优化、环境管理水平逐步提升，但环境风险隐患仍然存在，特别是工业废水中有毒有害污染物排放的累积性环境风险问题引发社会强烈关注。

为进一步加强化工园区废水的高效治理与科学监管，有通知中明确指出："加强废水输送过程管控。园区生产废水使用专管或明管输送，且安装在线监控装置、视频监控系统和自动阀门。有条件的园区应建设废水集中监控调节池，解决集中式污水处理厂与排污企业距离过远或管廊（管沟）建设空间受限等问题。严禁化工生产企业工业废水接入城镇污水处理厂,暂时无法整改到位的企业废水接管应执行直接排放限值。提升污水处理厂处理效果。制定接管废水的监测方案、监测清单和监督机制,实行一厂一档。根据污水处理工艺严格控制接管废水的 B/C,控制住可生化性低、污染物浓度高、对后续生化工艺产生冲击废水的接管。加强对污水设施规范运行的监管,按照要求落实污泥的环境管理要求。实施进水、出水有毒有害污染物监测,确保污染物有效削减。"

《江苏省化工园区环境保护体系建设规范(试行)》(苏环办〔2014〕25 号)文件要求"新建、改建、扩建项目应采用专用明管输送方式将生产废水输送至园区集中式污水处理厂或废水集中监控调节池,明管可采用架空压力管廊或者地面管沟的形式进行布设,便于管线发生泄漏时及时检查与监管"。

对照以上规定,实施废水的分类收集,将污染物浓度高、生化性差的废水与其他废水分开是十分必要的。

4.2.2.2　工业废水分类收集模式选择

在各项政策的要求下,江苏省化工园区均已完成或正在实施企业废水"一企一管"和明管工程。由于各化工园区面积大小不一,集中式污水处理厂与排污企业距离或管廊(管沟)建设空间大小各异,考虑经济合理性,目前化工园区"一企一管"形式分为两种,第一种是所有企业"一企一管"直接进入园区污水处理厂;第二种是离污水厂较远片区的企业排水通过"一企一管"排入区域收集池,再通过水泵将废水排入园区污水处理厂。下面以江苏省苏南某乡镇新材料工业集中区、苏北某海洋生物产业园集中区以及苏北某生态化工园区为例简述两种模式的实施方法。

(1) 江苏省苏南某乡镇新材料工业集中区

江苏省苏南某乡镇新材料工业集中区旧县片区内各企业废水经园区管廊,最终排入园区污水处理厂,从而实现园区各企业废水"一企一管"。

(2) 苏北某海洋生物产业园

苏北某海洋生物产业园园区内各企业距现状石化产业园废水提升泵站 4~5 km 不等,若采用"一企一管",将导致这部分输送管道投资巨大。《江苏省化工园区环境保护体系建设规范(试行)》规定"园区可建设废水集中监控调节池,用以解决当园区集中式污水处理厂与排污企业距离过远或管廊(管沟)建设空间受限时,企业废水的收集处理问题。企业废水经专用明管排至废水集中监控调节池后,经调节池总管再排至园区集中式污水处理厂进行集中处理"。

因此,园区方决定新建生产废水监控调节池,再将池内废水接至现状石化产业园废水提升泵站,排入石化园区污水处理厂进行处理。

在清洗废水收集系统方面,园区内各企业距最终清洗废水排海口 9~10 km 不等,类比生产废水系统,在园区内新建清洗废水监控调节池,再将池内废水排海。

(3) 苏北某生态化工园

苏北某生态化工园区占地 10.05 公里,园区内是以丙烯酸及酯类、染料、农药、氯碱、医药、橡塑助剂为主的精细化工产业,现有 59 家企业(含在家),包括 47 家精细化工、5 家医药化工、3 家农药化工,污水类型以精细化工、农药、医药废水为主。污水的主要特征污染物为 COD、氨氮、TP、挥发酚、苯胺类、硝基苯和石油类等。

园区污水收集系统分南、北区设置,接入污水处理厂的企业包括 51 家,其中南区 21 家企业的污水采用"一企一管"接管至中间缓冲池(设置在污水厂外),再由一根总管接管至污水厂集水池;北区 30 家企业"一企一管"接管至污水厂内的集水池。

综上所述,江苏省内园区废水收集系统主要有 2 种。第一种是所有企业"一企一管"直接进入园区污水处理厂,第二种是离污水厂较远片区的企业排水通过"一企一管"排入区域收集池,再通过水泵将废水排入园区污水处理厂。当园区集中式污水处理厂与排污企业距离过远或管廊(管沟)建设空间受限时,考虑到经济合理性,宜选择第二种方式。如果园区分为几个片区,离园区污水厂较近的片区宜考虑第一种废水收集方式,离园区污水厂较远的片区宜考虑第二种方式,一个园区内采用两种收集方式。

4.2.2.3 工业废水"一企一管"规划建设

(1) 管道设计

管道工程的投资在"一企一管"工程总投资中占有很大的比例,而管道工程总投资中,管材费用占总费用 50% 左右。工业废水"一企一管"属于园区基础工程设施,要求具有很高的安全可靠性。因此,合理选择管材非常重要。

① 管材选用原则

根据排水水质、水温、冰冻情况和施工条件等因素进行选择;

选用的管材应安全可靠,安装、运行技术成熟;

选用的管材应价格低廉、合理;

选用的管材应易于检修维护;

选用的管材应便于运输,长度、高度不能超出运输限制,最好就地取材;

选用的管材应符合管网的使用年限;

严把管材质量关,不允许次品管道进入施工过程。

② 管道系统对管材的要求

排水管必须具有足够的强度,以承受外部的荷载和内部的水压;

排水管渠必须能抵抗污水中杂质冲刷和磨琢,也应有抗腐蚀的功能,特别是对某些有腐蚀性的工业废水;

排水管渠必须不透水,以防止污水渗出而腐蚀其他管线和建筑物基础;

排水管渠的内壁应平整光滑,使水流阻力最小化。

③ 各种管材特点及适用条件

目前国内常用于污水压力管道的管材有:高密度聚乙烯管(HDPE 管)、聚乙烯管(PE 管)、无缝钢管、不锈钢管、碳钢衬塑钢管、UPVC 管。以上管材有其各自的特点和适用条件。

(a) 高密度聚乙烯管(HDPE 管)

高密度聚乙烯管包括双壁波纹管和大口径缠绕增强管。它是由一种高密度聚乙烯材料,采用特殊挤出工艺在热熔融状态下缠绕成管,同时熔接成整体制成的管道,管道工作内压 0.2 MPa,管道环刚度大于 8 MPa(抗外负载),粗糙系数 $n=0.009$,使用环境温度在−30～70℃。具体工程使用时,需注意管材的环刚度标准。

高密度聚乙烯管为柔性管材,可以有一定变形而不损坏,对基础的要求比钢筋混凝土管道低,可采用原状土地基,也可采用100 mm厚的砂石垫层。对于处于地下水以下的软土地基,可采用150 mm厚的碎石垫层,上面再铺50 mm厚的中粗砂。

高密度聚乙烯管可采用热熔连接、承插橡胶圈连接、承插粘结、管卡连接、法兰连接等多种连接方式。

(b) 聚乙烯管(PE管)

PE管道柔韧性好,具有优异的抗冲击、抗磨损性能,耐冲击强度优于金属管道;

PE管内壁较光滑,能显著提高介质流速,增大流量,与相同通径的金属管道相比,可输送更多的流量,节省动力消耗;

PE管道采用熔接连接,无渗漏,不腐蚀,投入使用后续维护费用少;

PE管道热膨胀系数较大,对温度比较敏感,通常使用温度不能超过40℃,适合暗管。

由于游离态的氯易与管材中的碳发生作用,加速氯对管材的老化破坏(使用年限一般在10年以下),故在采用氯消毒的给水系统中,应选用与水接触的内壁不含碳添加剂的PE给水管材和管件(如纯兰色管、管件或内壁为基础树脂的管材和管件);

PE管具有易切割、柔韧性强和易熔接的性能,使得带水、带压作业成为可能。

根据目前国内排水管材的应用情况,结合项目特点,若要求管路具有适宜架空、耐压、耐腐蚀、易安装等特点,可选用如下管材:

(c) 无缝钢管

无缝钢管是一种具有中空截面、周边没有接缝的圆形、方形、矩形钢材。无缝钢管是用钢锭或实心管坯经穿孔制成毛管,然后经热轧、冷轧或冷拔制成的。无缝钢管具有中空截面,大量用作长距离输送流体的管道,接口方式通常采用焊接连接,易于连接,但其内壁不耐腐蚀。

(d) 不锈钢管

不锈钢管是一种中空的长条圆形钢材,主要广泛用于石油、化工、医疗、食品、轻工、机械仪表等工业输送管道以及机械结构部件等,具有强度大、耐腐蚀特点,易于安装,接口方式采用焊接连接或法兰连接,但其价格昂贵,比一般钢材贵5～10倍。

(e) 碳钢衬塑钢管

碳钢衬塑钢管,是由多种改性共混聚合物与钢管机械镶衬复合而成或涂覆复合而成的复合钢管,它既保留了钢管的强度和传统的连接方法,而且经过塑料材料不同的改性,充分发挥了塑料材料的耐腐蚀、抗老化、高耐磨、无锈、无毒、内壁光滑等特点。

(f) UPVC管

UPVC管是一种以聚氯乙烯(PVC)树脂为原料、不含增塑剂的塑料管材。具体来说它具有耐腐蚀性和柔软性好的优点,因而特别适用于供水管网。由于它不导电,因而不容易与酸、碱、盐发生电化学反应,酸、碱、盐都难以腐蚀它,所以不需要外防腐涂层和内衬。UPVC管还具有重量轻、运输方便的优点。UPVC管比重为1.4左右(铸铁管比重为7.4左右),是铸铁管重量的五分之一,采用UPVC管比采用铸铁管可节约运输费用1/10～1/5。其搬运,装卸施工都十分方便。UPVC管的连接方式有承插胶圈连接、黏合连接以及法兰连接等。但 UPVC 管道易老化,长距离架空安装支架多。

合理选择管道材料,对降低"一企一管"的造价影响很大。在选择管材时,应综合考虑技术、经济及其他方面的综合因素,如表 4.2.2-1 所示。

表 4.2.2-1　各种排水管材优缺点比较表

管材种类	优点	缺点
高密度聚乙烯管	耐腐蚀;耐压	耐老化性能差,紫外线作用下容易发生降解
聚乙烯管	抗冲击、抗开裂、耐老化	耐有机溶剂差
无缝钢管	耐压高,韧性好,管段长而接口少;适用于小口径管道;造价较低	价格稍高,装卸安装困难;钢管对酸碱的防腐蚀性能较差
不锈钢管	耐化学腐蚀和电化学腐蚀性强,无须内外防腐;表面美观清洁长久耐用无刮痕;热胀冷缩缓慢,保温性能好	装卸安装困难;价格最贵
碳钢衬塑钢管	耐压较高,接口方便,内表面光滑,水力条件好;适用于大口径管道;造价较低;价格适中	装卸安装困难
UPVC 管	重量轻、施工运输方便,抗蚀性较好,接口方便,密封性好,便于施工,价格最便宜	抗外压能力不强,采用支架多;不耐老化

(2) 管廊设计

① 管廊层数

管廊层数一般为两层,必要时可为三层或局部三层。支管廊及小型装置的管廊可为一层。在管道比较稀疏的区段,例如在靠近装置边界处,宜将两层合并成一层以便利设置平台。

② 管廊宽度

依据装置设备平面布置图和工艺管道和仪表流程图规划出管廊上、下层的工艺及公用工程管道的走向,作为估算管廊不同区段所需宽度的依据。可按下式估算管廊的宽度。

$$W = f \times n \times s + A$$

式中:W——管廊的宽度,m;

　　　f——安全系数,估算准确度较差时 f 取 1.5,估算准确度较精密时 f 取 1.2;

　　　n——某层管廊 DN 不大于 450 的管道根数;

　　　s——平均管间距,m;

　　　A——附加宽度,m。

③ 管廊高度和层间距

(a) 管廊下方的泵是露天布置时,考虑到泵的操作(泵进出口管道所需立管高度及其吊架梁等)和维修,至少需要 3.5 m 高度。管廊上管道与两侧设备相接时,其高度应比管廊下层管道标高低或高 0.6~1.0 m。

(b) 管廊下方的泵是布置在泵房或棚内时,管廊下层横梁与泵房顶或棚顶之间的高差应使管道在改变标高后能方便地从管廊侧面与其两侧的设备相连接。这种管道改变走向的标高差为 0.6 m~1.0 m。当管廊下方布置冷换设备时,应根据与冷换设备有关的管道及管廊下层的管道综合考虑下层横梁的最小高度。

(c) 管廊下方为检修通道或管廊跨越道路时的净高度：
- 管廊下方为检修通道时，净高不小于 3 m；
- 管廊跨越装置内检修道时，净高不小于 4.5 m；
- 管廊跨越铁路时，净高（距地面）不小于 5.5 m；
- 管廊横跨主干道，净高不得小于 6 m。

(d) 管廊的层间高差为 1.2～2.0 m，横梁与侧梁的高差为 0.6 m～1.0 m，视装置规模及大多数管道的管径而定。

(e) 临近装置边界或其他不影响通行区域的管道可以敷设在管墩上，墩顶高度约为 0.5 m。

④ 管廊材质比选

管廊的结构按材质可分为钢结构和钢筋混凝土结构两种。钢材结构管廊及钢筋混凝土管廊的优缺点分析比较，具体如表 4.2.2-2 所示。

表 4.2.2-2　钢结构与钢筋混凝土结构管廊优缺点一览表

材质	优点	缺点
钢结构	1. 强度高、韧性好； 2. 施工周期短、适应性强	1. 不能避免孔隙存在，不能杜绝渗漏问题，不能保证防水效果耐久性； 2. 干线管廊与支线管廊接口设计与加工复杂，接口处结构受力设计复杂； 3. 需涂覆防火涂料，增加成本； 4. 钢结构容易出现涂层起皮、锈蚀现象，需定期涂刷防腐漆，增加成本； 5. 由于长期腐蚀而造成钢结构严重损伤的构件，需要进行加固处理
钢筋混凝土结构	1. 可模性好，新拌和的混凝土是可塑的； 2. 整体性好；设计合理时具有良好的抗震、抗爆和抗振动性能； 3. 耐久性好；正常使用条件下不需要经常性保养和维修； 4. 耐火性好；与钢结构相比具有较好的耐火性； 5. 易于就地取材且可有效利用矿渣、粉煤渣等工业废渣，造价相对较低	1. 钢筋混凝土结构美观度不够，不如钢结构美观； 2. 建造周期稍长

全钢结构支架廊管和混凝土结构支架管廊两种结构形式。两者上层管廊部分均为全钢结构材质，区别主要在于管廊支撑部位结构形式不同，一种为钢结构形式，另一种为混凝土结构形式。两种管架结构形式分别如图 4-1 所示。

管廊架空结构形式的选择主要考虑工程造价、施工难易、施工周期、后期维护工作量、管道扩建难易，外形美观及应用范围领域等。

⑤ 管廊敷设方式比选

地上架空管廊敷设方式可分为低管架敷设、中管架敷设、高管架敷设，各种敷设方式的适用范围及经济性如表 4.2.2-3 所示。

工业园区的综合管廊工程，采用地上综合管架布置代替地下沟道的设计，可以及时发现管线的缺陷和事故，方便运行维修、节约用地、节省投资、施工交叉作业少，还可以解决沟道排水难问题。

钢结构支架管廊　　　　　　　　混凝土结构支架管廊

图 4-1　管廊结构形式示意图

表 4.2.2-3　低、中、高管廊敷设适用范围及经济性一览表

敷设方式	适用条件	经济性
低管架敷设	在不影响交通和人行的地区，尽量采用低管架敷设，管道可沿绿化等不妨碍交通和不影响工厂扩建的地段进行敷设。低管架敷设的管道外表面至地面的净距一般不宜小于 0.5 m	最经济
中管架敷设	在人行交通频繁地段宜采用中管架敷设。中管架敷设时，管道外表面至地面的距离一般不宜小于 2.5 m。当管道跨越铁路或公路时，应采用高管架敷设	较为经济
高管架敷设	一般在交通要道和管道跨越铁路、公路时，都应采用高管架敷设。高管架敷设时，管道外表面至地面的净距一般为 5.0 m 以上	成本高

⑥ 管廊布置方式

(a) 在对污水管廊进行设计的过程中，应当大致确定出管道的具体走向以及总体数量。此外，要考虑能够使绝大部分管线布置合理，既要保证绕的弯尽可能少，又要尽量减少管线的实际长度。

(b) 在进行污水管廊设计时，应当遵循便于设备安装调试、操作和维护检修的原则，同时，要尽量避免经过中型或是大型设备的检修场地。

(c) 在布设污水管廊时应当综合考虑道路以及消防的需要，同时，还要考虑地下管线及电缆的具体布置情况，并本着不影响临近构筑物的原则进行布设。

(d) 在进行污水管廊的布置时，应当遵循与相邻装置的布置相协调的原则，同时，还应当充分考虑与相邻装置管廊之间的衔接，这样可以使管廊布置形成一个有机的整体，便于维护管理。

(e) 管廊沿铁路、公路敷设时应尽量与铁路、公路线路平行。

(f) 管廊与铁路、公路交叉时宜采用垂直交叉方式布置，受条件限制，可倾斜交叉布置，其最小交叉角不宜小于 60°。

(g) 管廊与邻近建、构筑物布置要满足安全间距要求。

(h) 管廊的边缘距离各种设施的水平距离应当满足如下要求：

- 与铁路轨道外侧的距离应当≥3.0 m；
- 与道路边缘的距离应当≥1.0 m；
- 与建筑物外墙的距离应当≥3.0 m。

⑦ 管廊定位方式

(a) 管廊位于地上空间具体位置须根据道路横断面、现状管线、周边设施规划建设情况等多种因素综合考虑确定,具体有以下各种因素:

(b) 充分满足道路规划对污水管廊管位的要求;

(c) 管廊的位置应布置于绿化带内,尽量减少现状差异带来的影响;

(d) 管廊布置在道路两侧地块对公用管线的需求量大的一侧,使得管廊接出管线的长度较短;尽可能减少污水管廊与其他管线的交叉问题;

(e) 减小管廊建成运行后对周边地块开发建设的影响和制约;

(f) 管廊须跨越河流、铁路、公路等天然障碍物,由于地下共沟式敷设施工难度大、防腐困难、安全性差,不利于管道维护、检修,且地下埋设占地多、投资较大,因此园区管廊宜采用架空敷设多层综合布置形式,以有效利用空间,节省投资,方便维护、检修、管理;

(g) 纳入管廊的管线数量或尺寸以现状以及征询各家管线单位实际需求意见为依据,同时考虑未来开发对园区基础设施的需求,本着可持续发展、经济合理的原则,确定管廊的管线需求在既有规划成果的基础上,考虑管廊预留管线扩容空间。

⑧ 管廊管道布置

(a) 布置原则

大直径管道应靠近管廊柱子布置;

小直径管道宜布置在管廊中间;

工艺管道宜布置在与管廊相连接的设备一侧;

工艺管道视其两端所连接的设备管口标高可以布置在上层或下层;

需设置"Ⅱ"型补偿器的高温管道,应布置在靠近柱子处,且"Ⅱ"型补偿器宜集中设置;

低温介质管道和液化烃管道,不应靠近热管道布置,也不要布置在热管道的正上方;

对于双层管廊,气体管道、热管道、公用工程管道、泄压总管、火炬干管、仪表和电气电缆槽架等宜布置在上层,一般工艺管道、腐蚀性介质管道、低温管道等宜布置在下层;

管廊上管道设计时,应留 10%～20%余量。

(b) 布置思路

大口径管道应尽量靠近管廊柱子布置或布置在管廊柱子上方,以使管架的横梁承受较小的弯矩。

管廊在进出装置处通常有较多的阀门,应设置操作平台,平台宜位于管道上方。对于双层管廊,在装置边界处应尽可能将双层合并成单层以便布置平台。必要时,应沿管廊走向设操作检修通道。有孔板的管道宜布置在管廊上方靠近走台处或靠近管廊的柱、架处,以便设平台和梯子。

个别大直径管道进入管廊改变标高有困难时可以平拐进入管廊的边缘或沿管廊柱外侧布置。管廊上的管道改变管径时应采用偏心大小头以保持管底标高不变。

4.2.2.4 雨水收集排放体系规划建设

传统的雨水系统排放模式主要有三个阶段:降水—收集—排放,主要以快排的形式进

行排放,大量面源污染直接进入水体,易导致城市水环境的恶化,以下是致使水环境恶化的条件:

(1)降雨会将地块及片区内多点排放的面源污染快速收集并排放,直接排入河道,造成河道水系的污染;同时因排水和汇水区域较大,想要从源头防治难度较大,无法全部控制及预防。

(2)受预算经济、工程技术等条件的限制,雨水排水管道设计标准无法满足极端情况下的暴雨排放需求,如果极端天气频繁出现,容易引发城市洪涝灾害,对财产和人身安全造成巨大威胁。

(3)降雨通过雨水管网系统直接外排,长此以往,城市地下水资源得不到补充。同时雨水资源的短缺,导致城市用水会更加依赖自来水的供给,这加剧了城市用水短缺的情况。

由于传统雨水排放模式存在一些弊端,国内外持续对雨水排放模式进行研究和创新,目前,国内外新的排放模式是:降水→弃流→收集→蓄存→利用→超标雨水排放。这一模式对于水安全、水环境及水资源利用有重要影响,能够在满足水安全的前提下,更好地保护水环境及水资源,是符合可持续发展的重要模式[1]。

近年来,各地工业园区不断加强对雨水的综合管理,在保证雨水管理达到规划要求的同时,采取相应的工程措施,能使经济、环境及社会效益最大化。一些工业园区注重雨水快速排除,一些工业园区建立和完善雨水处理收集系统,实现雨水的资源化利用。

在突发水污染事件过程中,为了尽可能减少污染水通过工业园区雨水管网排入附近河道,对于园区雨水管网要求如下:园区所有公共雨水排口原则上应建设截流闸阀及附属设施(雨水井、控源截污池、回抽泵等),闸阀宜采用手自一体式,接入园区监管平台,具备联动切断功能;事故状态下,能及时将事故废水截流在公共雨水管网内;雨水排口不具备安装手自一体式闸阀条件的,应设置截流阀门,并保持常闭状态;根据风险源及风险受体分布情况,对雨水管网进行分区分类管控,配备足够的应急堵漏物资(如气囊、沙包等),落实相应的管理部门和责任人员。

有条件的园区应建设事故废水回抽装置,建设专用管道,配套专用泵,也可依托园区污水管网进行改造,应确保事故废水不会对污水处理系统的正常运行造成冲击。在公共雨水管网布设一定数量应急回流点,配套专用管线、泵等设施,事故状态下,将雨水管网内废水就近回抽至企业或园区公共事故应急池,快速、及时截断污染源头,避免事故废水大范围扩散。不具备条件的园区,需配套临时转输措施和装备,如高扬程泵、长输管线等。

4.2.3　园区排水监管体系建设

4.2.3.1　"监管体系"必要性

江苏省环保厅《关于进一步加强化工园区工业废水环境管理的通知》中明确指出,园区需监督企业建立污染物自测自报制度,对污水预处理排口及一类污染物分质处理设施排口进行在线监测或手工日测,重点企业逐步安装含有毒有害污染物的自动监测监控系统。加大监督管理力度。园区管理机构定期对企业预处理废水和污水处理厂水质进行核查,对废水环保监管制度如企业废水自测自报、污水处理厂来水水质监测监控制度等进行定期督查。园区管理机构应对第三方监测机构和环境治理单位实施责任追究,对服务园区的第三方技术团队进行评估,建立定期考核制度。

《江苏省化工园区环境保护体系建设规范(试行)》(苏环办〔2014〕25号)文件要求:"4.2.2 园区集中式污水处理厂应按园区接管要求,制定企业接管废水的监测方案,自行采样监测,并建立台账制度,实行一厂一档,如实记录数据。4.2.3 企业应采用在线监测设备或委托有资质单位,自行对污水预处理排口及一类污染物分质处理设施排口进行在线监测(频次不得少于1次/2小时)或手工日测,废水污染源监测因子应包括COD、氨氮、流量、总磷、总氮等常规指标,以及要求分质处理达到接管标准的特征污染物指标。园区管理机构定期进行核查监测,频次不得少于1次/月。4.2.4 企业应定期对雨水(清下水)排口水质进行采样监测,监测因子应至少包括pH、化学需氧量、氨氮、总磷。4.3.6 鼓励企业对污水预处理设施安装工况在线监控装置,以便园区集中式污水处理厂与园区环境保护机构对企业污水预处理工况进行监督与管理。4.3.7 鼓励园区管理机构组织区内企业在雨水(清下水)排口处安装自动阀门、数据采集仪、视频监控系统、自动采样器,并与园区在线监控中心联网;利用雨水管网排放清下水的雨水排口除上述要求外,须增加设置COD在线监测仪和流量计。"

《江苏省化工产业安全整治提升工作细化要求》文件要求,制定园区年度环境监测方案,按时开展包括污染源排放监测;及时公开年度环境监测报告或园区年度环境监测信息、重点企业环境信息、园区环境状况评估等信息;建立与环境监测要求相匹配环境监测能力:建立废水特征污染物名录库,具备主要环境因子检测能力,满足特征污染物检测能力要求,在周边敏感水体、污水厂总排口下游安装具有地表水常规指标、特征污染物监测指标的自动监控设施。

根据实际情况建立"分类收集及预处理"运营方、污水处理厂、园区三方信息共享及反馈平台与机制,建立园区废水收集和预处理、清下水排放监管体系,废水分时排放制度,建立差异化纳管标准及收费标准体系。通过监管体系等的建立,实现对各企业废水水量和水质、清下水水质的准确掌握,防止企业偷排和排水水质超标问题,同时根据监测数据针对性进行预处理,确保预处理的效果和针对性。通过对预处理的监管,可以控制排入园区污水厂的废水水质,确保进水不会对园区生化单元正常运行造成不利影响。监管体系的建立对实现企业废水达标排放、预处理效果稳定、园区污水厂正常运行和稳定达到出水标准具有重要意义和必要性。

4.2.3.2 "监管体系"的建立

监管体系中包含三类监管:①对企业"一企一管"排放废水水量和水质的监管;②对区域收集池预处理效果的监管;③对企业清下水水质监管。

① 对企业"一企一管"排放废水水量和水质的监管

通过企业一企一档和采样分析,明确各企业排放废水中污染物种类,要求企业采用在线监测设备或委托有资质单位,自行对污水预处理排口及一类污染物分质处理设施排口进行在线监测(频次不得少于 1 次/2 小时)或手工日测,废水污染源监测因子应包括 COD、氨氮、流量、总磷、总氮、TDS 等常规指标,以及要求分质处理达到接管标准的特征污染物指标。园区管理机构定期进行核查监测,频次不得少于 1 次/月。如果发现企业排水水质超标,则立即关闭企业"一企一管"排水阀门,并通知企业处理,待企业处理完成后再开启阀门,确保企业排水达到园区污水厂接管标准,防止企业偷排漏排对预处理设施和污水厂运行造成冲击与影响。

② 对区域收集池预处理效果的监管

园区对难降解、毒性、生物抑制性废水的预处理效果需实时监测,监测预处理后排水中含有的一类污染物、特征污染物,并定期检测预处理后废水的 B/C 比,确保排入园区污水厂的废水不会对污水厂正常运行造成不利影响。

③ 对企业清下水水质监管

企业应定期对雨水(清下水)排口水质进行采样监测,监测因子应至少包括 pH、化学需氧量、氨氮、总磷。园区管理机构组织区内企业在雨水(清下水)排口处安装自动阀门、数据采集仪、视频监控系统、自动采样器,并与园区在线监控中心联网;利用雨水管网排放清下水的雨水排口除上述要求外,须增加设置 COD 在线监测仪和流量计。

废水分时排放制度:废水分时排放是指园区规定了一天内各家企业废水排放时间段,企业生产和生活废水需暂存在企业暂存池内,只有在规定的时间段内才可往外排水。这样做的意义是可以实现对排放废水的准确掌握和排水超标时的精确追溯,便于园区的高效管理。

纳管标准及收费标准:根据废水水质情况,由企业和园区污水处理厂协商设置纳管及收费标准,并报送环保行政部门、住建部门审核。废水收费实行按质定价,由企业与园区污水处理厂协商确定,属于企业与园区污水处理厂之间的商业行为,政府原则上参与,协商最终确定的价格报送相关政府部门审核。接管标准及收费标准直接与来水水质挂钩。

① 差异化纳管标准

通过企业一企一档和采样分析,明确各企业排放废水中污染物种类,将废水分为难降解化工废水和一般化工废水两类,分别适用难降解化工废水纳管标准(Ⅰ类废水纳管标准)和一般化工废水纳管标准(Ⅱ类废水纳管标准),差异化纳管标准既能降低企业的污水处理费用,又利于园区污水厂的稳定运行。可按照对企业废水的定性,将复杂废水、超复杂废水定义为Ⅰ类废水,此类企业排水执行Ⅰ类废水纳管标准;将中等废水、简单废水定义为Ⅱ类废水,此类企业排水执行Ⅱ类废水纳管标准。

② 废水分质收费

企业废水排放收费采用统一标准,废水分质差异收费可逐步实施。

分质差异收费体系:对于排放一般化工废水的企业,按照Ⅱ类废水纳管标准控制,采用较低的废水排放收费;对于排放难降解化工废水的企业,按照Ⅰ类废水纳管标准控制,此类企业排放的废水需要进行预处理,收取较高排污费。收费标准根据预处理工艺类型、进水水质进行划分。

园区可根据在线监控数据、手动监测数据,也可委托第三方评估机构,并根据评估结论,定期更新Ⅰ类废水、Ⅱ类废水的企业名单。

4.2.3.3 "智慧监管系统"方案

信息技术的高速发展带来了全球普遍的信息化浪潮,未来越来越需要依赖信息技术推动智慧城市、智慧园区的发展,智慧管廊(网)概念在此背景下应运而生。2018年3月,中国建筑业协会智能建筑分会在年会期间正式发布《智慧管廊白皮书》,其内容涵盖综合管廊现状及未来发展方向,智慧管廊的定义及支撑技术,智慧管廊的设计、实施及运维服务,经典案例等,将辐射智能建筑全行业及相关行业企业及从业者。根据白皮书中的阐述,智慧管廊(网)即管网智能监控系统,基于无线传感器网络技术、组态监控软件、无线传感器、智能测控装置等,实现对管网情况的实时监测。园区排污智慧管廊主要针对园区各类废水的排放情况,排污管道的压力、温度、流量等参数,通过数采仪、无线网络、水质水压表等在线监测设备实时感知园区排水系统的运行状态,并采用可视化的方式有机整合,利用应用云平台、移动网络架构,将海量各企业排污信息进行及时分析与处理,并作出相应的处理结果辅助决策建议,以更加精细和动态的方式管理园区排污系统的整个生产、管理和服务流程,从而达到"智慧"的状态。

(1) 智慧体系构架

智慧管廊的体系架构自下而上分为:感知层、通信层、数据层、应用层;以及完善的标准体系和安全体系。

感知层是智慧管廊及智慧监管实现其"智慧"的基本条件。感知层具有超强的环境感知能力和智能性,通过RFID、传感器、传感网等物联网技术实现对监控范围内基础设施、环境、建筑、安全等的监测和控制,为园区管理者提供无处不在的、无所不能的信息服务和应用。

通信层是智慧管理及监管中的信息高速公路,是智慧管廊的重要基础设施。智慧通信网络应该是由大容量、高带宽、高可靠的光网络和全城覆盖的无线宽带网络所组成,为实现智慧化奠定良好的基础。

数据层的核心目的是让园区管理更加"智慧",在智慧园区及智慧管廊中,数据是非常重要的战略性资源,因此构建智慧管廊及排污的数据层是智慧园区及智慧管廊建设中非常重要的一环。数据层主要的目的是通过数据关联、数据挖掘、数据活化等技术解决数据割裂、无法共享等问题。

应用层主要是指在感知层、通信层、数据层基础上建立的各种应用系统。智慧产业、智慧管理和智慧民生构成的智慧应用层,促进实现"产业发展、功能提升"的智慧园区及智慧管理。

(2) 智慧系统设计

① 系统设计组成及简介

针对本项目,智慧管廊及智慧排污系统主要由电气系统、排污系统、弱电系统、管廊系统组成。其中电气系统包括供配电系统、中控供电系统、控制端供电系统等;排污系统主要有排污设备、液位控制、流量监控、排污视频监控、水质监测等;弱电系统包括设备监控系统、阀门控制、警报系统、设备控制系统、安防系统、视频监控系统等;管廊系统包括流量监控系统、压力监控系统等。

本项目中系统将所有排污企业录入系统,实现排污企业各类废水有组织有序的排放,系统将各企业各股废水排水泵、流量计、在线仪表、液位情况、视频监控情况等数据收集上传至监控中心,通过既定的排放数据限值,实时监控控制各企业排污情况。同时系统还对各类排污管道的压力、渗漏情况、流速流量、温度情况进行监控。一旦上述两个监控端发生异常,系统及时发出声光报警,启动决策人员和管理人员应急预案,第一时间远程自动/手动控制分段控制超标或泄漏排污设备及管段,关断相应应急阀门,并抑制倒灌回流,方便后期工作人员的维护,最大程度减少对下游污水处理厂及生产企业的影响。

② 系统监管

园区综合管廊实时在线监控系统由中心控制层(园区管廊监控中心)、区域监控层(各企业排污端视频监控)及监控终端层三层结构构成。中心控制层可对一条或多条排污管道及排污点进行监控和管理,监控各类管线及排污设备运行状况,出入口管理,应急通信,视频监控及安防系统管理,以及各系统之间的联动控制、应急处置。区域监控层将监控终端的数据信息上传到中心控制层,传送中心控制层对监控终端的控制指令,实现对各控制点、各条管线等控制终端的远程控制。

③ 系统特点

系统建立基于物联网的"管、控、营"一体化的智能管控系统,从数据采集、通信网络、系统架构、智能联动和综合数据服务等方面的设计,大大提高了系统运行的可靠性和可管理性,提升了管廊基础设施、环境和设备的效率,进而实现了监控中心应用"一个平台,一根光纤,一组基站"即能对管廊涉及的各类排污设备的远程管理与联动控制。

(3) 各功能系统设计

① 环境与设备监控系统

环境与设备监控系统的功能是实现对综合管廊全域环境和设备的参数和状态实施的全程监控,将实时监控信息通过多功能基站准确、及时地传输到监控中心的统一管理信息平台,便于值班人员及时发现现场环境和设备问题,排除故障以及及时处理警情,保证管廊正常运行。

环境与设备监控系统主要由智能传感器(环境监控、设备监控)、多功能基站和智能LED显示器等设备组成。根据规范和使用要求,各企业排污设备及管道监控信息通过以太网被送到监控中心计算机,在监控中心控制室显示屏上,以数字形式显示每个监控单元的实时情况。

对布置在每个分区内的排污泵、仪表、仪表间、控制阀门、管道运行情况、入侵报警装置等仪表和设备进行数据采集,监测集水井内液位上限报警信号,将信息通过相应的多功能基站向统一信息管理平台传送出去,多功能基站同时接受监控中心的命令,实现远程控制排污泵的开停及相应分区内设备总开关的分合。

② 排污点及管廊视频监控系统

视频监控系统结构包括前段部分、信号传输部分、中央控制显示部分、数字图像检索回放部分以及数据存储、IP承载网。前段系统采用点位设计;信号传输系统设计内容主要分传输方式和传输管道两部分;中央控制显示部分采用数字化监控中心管理系统设计;数字图像检索回放部分以加大容量模块化矩阵切换设备作为核心设备,以数模结合方式,实现对快球的远程控制、权限管理,并采用外置储存方式进行集中式数据存储。所有的视频监控画面都可以通过智能安全管控平台控制、显示,实现全范围监控,并且可在监视器上切换显示各防火分区的监控画面。同时,系统采用 EPON 技术组建汇聚网络,在网络汇聚机房部署 OLT,铺设光纤到监控前端,在光纤线路上部署分光器,灵活接入各前端控制点。前端视频编码器通过 ONU 接入光纤,实现"树形分叉"式的前端接入,可有效节约光纤资源,减少建设成本,后期扩容也更为方便。

③ 仪表间门禁系统

智能门禁系统由读卡器、控制器、电锁和智能 LED 显示器组成。一般在在线仪表出入口设置智能门禁控制系统。当巡查人员在门外出示经过授权的感应卡,经读卡器识别确认身份后,控制器驱动打开电锁放行,并记录进门时间;使用者要离开所控房间时,在门内触按放行开关,控制器驱动打开电锁放行,并记录出门时间。系统采用全 IP 通信设计,配备先进的工业级处理系统,具有系统自动修复、自我健康管理和线路质量容错设计等特点,让出入管理更安全和更稳定。

(4) 通信系统

通信系统的功能是实现管理、巡检和施工人员的通信联络,通常在各排污点及管廊配备通话对讲系统,确保前端巡检或现场人员信息及时上报,监控中心命令及时下达。通信系统主要由智能对讲和语音调度服务器等设备组成。智能对讲不仅能够完全取代固定式电话和传统的模拟音频广播系统功能,更有传统模拟广播所没有的自主交互式功能:

① 用户可以在总控室内用 IP 话机或 Wi-Fi 话机拨打广播基站的分机号码对单个广播基站进行通话;也可以通过调度系统来对一组广播终端进行广播呼叫。

② 广播基站支持一键对讲功能,可以设置呼叫组或分机号码,当出现紧急事件时,用户可以按下相应的功能键,呼叫事件相关人员。

③ 广播基站也可以被看作一个 IP 话机,数字键盘是选配的,用户如果接有数字键盘可以通过数字键盘来拨打对方的分机号码进行通话。

④ 广播基站支持后备电源供电,支持脱网通信,支持进行广播呼叫。

(5) 预警与报警系统

预警与报警系统的功能是实现对各排污点及综合管廊的全程监测,系统将预警和报警信息通过多功能基站及时、准确地传输到监控中心,实现预警、报警、处理,同时通过警报系统,提醒相关工作人员,使他们能及时反应。

(6) 智慧管理平台

智慧管理平台的功能是实现对智慧终端反馈数据的综合分析和交互,将信息通过多功能基站及时、准确地传输到监控中心,根据程序进行处理。由于统一管理信息平台依靠多个不同功能的系统组建,为了有效消除各系统间的信息孤岛,我们可以从门户集成、应用集成、通信集成、数据集成、安全集成和管理集成六个方面构建一个全局 SOA 架构和多系统集成互联网的数字化、网络化、集成化和智能化的统一管理信息平台。其系统特点:

① 通过数据采集系统及实时数据库对各系统的数据进行采集和保存。以采集整理后的各生产自动化及管理系统数据信息为基础,建立不同层面面向现场的运营指挥调度平台,实时监测终端及管廊运营现场状况。同时,整合各类数据,为各级各类管理、技术、监控人员、单位提供分析与决策的支持。

② 统一的权限管理模块。开发统一的权限管理模块,包含角色划分、权限分配等功能,将各系统权限无缝集成在一起,实现统一的权限分配。通过综合调度分析平台,不同的人员就有不同的配置和权限,根据自身的权限进入系统后功能界面也不一样。

③ 监控数据的采集、归类、长期存储。对于运营中涉及的环境、指标、故障、时间等对于监管、运营有价值的数据,都将做长期的存储。同时,应实现以下功能:实时预警及报警功能、基础手工数据的录入、系统间的联动功能、系统数据在线监视无缝集成、视频的无缝集成等。

(7) 智慧监控项目

① 各排污管线系统智慧监控。通过压力感应、温度感应、流量监测监管排污管道运行状况,并通过历史数据积累绘制相关历史曲线、柱状图、圆饼图,通过上述智慧操作界面直观地反映管道的运行状况,实施监控管道的安全运行。

② 各企业排污系统智慧终端监控。通过液位监测、视频监测、设备启停状态监测、特征污染因子监测、电动阀门状态监测、流量监测等方式监控各排污终端的运行状况,对比系统内预设数据,实施控制管理排污终端。同时通过历史数据积累绘制相关历史曲线、柱状图、圆饼图,通过云数据计算分析各企业排污状况,预测排污风险点,给相关决策人员提供决策建议。

③ 视频及对话系统。(a)在线仪表间出入口监控。在在线仪表间出入口安装摄像机,实现出入口监控,分情况设置远程对话系统,及时发现并提醒相关人员处理相关突发问题。(b)重要设备监控。在管廊及排污端主要设备处安装摄像机,实时监视现场设备的状况,分情况设置远程对话系统,及时发现并提醒相关人员处理相关突发问题。

4.2.4 园区排水收集系统规划建设案例

苏南某市新材料产业园排水收集系统规划建设案例

1. 园区产业定位

苏南某市新材料产业园(以下简称"园区")于2009年4月经该市人民政府批准设立。经过多年的建设发展,园区经济总量不断攀升,已初步形成以江苏某化工股份有限公司为龙头的绿色涂料产业集群。根据江苏省政府办公厅出台的《关于江苏省化工园区(集中区)环境治理工程的实施意见》(苏政办发〔2019〕15号)、《省委办公厅省政府办公厅关于印发〈江苏省化工产业安全环保整治提升方案〉的通知》(苏办〔2019〕96号)等化工园区(集中区)管理文件要求,为推进园区产业结构的转型升级,促进园区更高质量发展,2018年11月,该市人民政府拟对原规划进行修编,并将"苏南某市化工集中区"名称变更为"苏南某市新材料产业园"。

2018年12月,该市人民政府批复同意将原化工集中区内的A地块(约0.1平方公里)、B地块(约0.329平方公里)、C地块(约0.113平方公里)调出,将原宜兴市官林化工集中区外的现有工业建成区D地块(约0.447平方公里)调进,净调减面积0.095平方公里(约140亩),规划面积由原来的3.704平方公里调减为3.609平方公里。

2. 园区企业现状

目前,园区共有在产企业 26 家,其中化工企业 20 家、非化工企业 4 家,污水处理厂 1 家,热电厂 1 家。园区现有产业为以江苏某化工股份有限公司为龙头的涂料产业。园区现有企业行业类别统计情况见表 4.2.4-1。

表 4.2.4-1 园区现有企业行业类别统计表

行业类别	化工	基础设施	建材	再生资源利用	电线电缆	陶瓷制品	合计
企业个数	20	2	1	1	1	1	26
所占比例(%)	76.92	7.69	3.85	3.85	3.85	3.85	100

园区现有工业企业(项目)的产品及其生产规模情况见表 4.2.4-2。

表 4.2.4-2 园区现有企业产品及生产规模一览表

序号	企业名称	产品名称	生产规模(吨/年)	建设情况
1	江苏某复合材料有限公司	醇酸涂料	600	在产
		环氧涂料	500	在产
		丙烯酸涂料	700	在产
		氟碳涂料	250	在产
		氯化橡胶涂料	250	在产
		聚氨酯涂料	300	在产
		聚氨酯涂料	1 100	停建
		环氧涂料	1 500	停建
2	某化工有限公司	皮革光亮剂	10 000	在产
3	某化工有限公司	橡胶黏合剂系列	15 000	在产
		印花黏合剂系列	15 000	在产
		印花增稠剂系列	5 000	在产
		粉末涂料	10 000	未建
4	某新材料科技有限公司	阳极泥处理	1 000	在产
5	某化工有限公司	聚酯漆	6 000	在产
		聚氨酯漆	3 000	在产
		水性涂料	1 000	在产
6	某新型材料有限公司	RP-20 酚醛树脂	2 500	在产
		RP-40 酚醛树脂	1 500	在产
		R-5000 酚醛树脂	450	在产
		R-7500 酚醛树脂	200	在产

续表

序号	企业名称	产品名称	生产规模（吨/年）	建设情况
7	某化工有限公司	环保型增塑剂	30 000	在产
		皮革顶层涂饰剂	1 000	停产
		皮革光亮剂	1 000	在产
		皮革光滑剂	1 000	在产
		聚氨酯塑胶	1 000	未建
8	某化工材料有限公司	聚氨酯树脂	20 000	在产
		聚氨酯固化剂	1 000	停产
		聚酯多元醇	1 000	停产
		聚氨酯防腐涂料(漆)	1 000	未建
		环氧防腐涂料(漆)	1 000	未建
		丙烯酸树脂	500	停产
		水性聚氨酯树脂	500	停产
		水性聚氨酯涂料(漆)	500	停产
		皮革表面处理剂	500	未建
9	某油漆有限公司	聚氨酯漆	3 000	停产
		环氧腻子	5	在产
		7110甲聚氨酯固化剂	50	在产
		环氧漆固化剂	250	在产
		涂料用稀释剂	1 500	在产
		元素有机涂料	11 000	在产
		橡胶涂料	3 000	在产
		丙烯酸酯类树脂涂料	1 450	在产
		醇酸树脂涂料	2 000	在产
		酚醛树脂涂料	1 200	在产
		环氧树脂涂料	24 745	在产
		聚氨酯树脂涂料	4 450	在产
		沥青涂料	350	在产
10	某研磨介质有限公司	陶瓷球	1 000	在产
11	某污水处理厂	污水处理	1万 t/d	在产
12	江苏某化工股份有限公司	合成厂区(园区外)	环氧软树脂	10 000	在产
		第一工业小区	增塑剂	40 000	在产
		合成厂区(园区外)	环氧软树脂	10 000	在产
		第二工业小区	苯甲酸	5 000	拆除
		第一工业小区	苯酐及富马酸	20 000	拆除
		第一工业小区	三聚氰胺及液氨充装	15 000	拆除

续表

序号	企业名称	产品名称	生产规模(吨/年)	建设情况
12	第二工业小区	氨基树脂	20 000	在产
	第二工业小区	季戊四醇	20 000	在产
	第二工业小区	甲醛	80 000	在产
	第二工业小区	乙醛	10 000	停产
	第二工业小区	聚氯乙烯	40 000	拆除
	合成园区	氯化石蜡	20 000	拆除
	合成园区	油酸	20 000	拆除
	第一工业小区	苯酐	20 000	在产
	第二工业小区	MDBE	5 000	在产
	第二工业小区	丙二醇甲醚醋酸酯	10 000	在产
	合成厂区（园区外）	环氧硬树脂	20 000	在产
	合成厂区（园区外）	醇酸树脂	40 000	在产
	合成园区	丙烯酸酯单体	10 000	在产
	合成园区	聚醚	30 000	在产
	合成园区	有机硅树脂	1 000	拆除
	合成园区	四氢苯酐	1 000	拆除
	第一工业小区	苯酐	50 000	在产
	第二工业小区	氨基树脂	50 000	在产
	第二工业小区	多聚甲醛	20 000	在产
	第二工业小区	乌洛托品	20 000	拆除
	合成园区	有机硅树脂	2 000	在产
	合成园区	不饱和聚酯树脂	50 000	在产
	合成园区	T31固化剂	3 000	在产
	合成厂区（园区外）	聚酰胺树脂	10 000	拆除
	合成园区	脂肪酸	5 000	拆除
	合成园区	甘油	15 000	停产
	合成园区	二聚酸	10 000	拆除
	合成厂区（园区外）	饱和聚酯树脂	50 000	在产
	合成厂区（园区外）	聚氨酯树脂	20 000	在产
	第二工业小区	甲酸	10 000	拆除
	第二工业小区	醋酸丁乙酯	30 000	拆除
	合成园区	光固化单体	2 000	在产
	合成园区	聚酰胺固化剂	6 000	在产
	合成厂区（园区外）	固体环氧树脂	10 000	在产
	合成园区	聚醚	10 000	未建

（企业名称：江苏某化工股份有限公司）

续表

序号	企业名称	产品名称	生产规模（吨/年）	建设情况
12	江苏某化工股份有限公司	合成园区	光固化单体	20 000	在产
		第二工业小区	氨基树脂	20 000	在产
		第二工业小区	甲醛	100 000	在产
		合成园区	光固化单体	60 000	在产
		合成园区	特种丙烯酸酯	10 000	在产
		合成园区	苯丙乳液	20 000	未建
		合成园区	增塑剂	100 000	未建
			三聚氰胺	30 000	未建
			丁醇、辛醇	500 000	未建
			三羟基丙烷	20 000	未建
			新戊二醇	20 000	未建
		合成厂区（园区外）	双酚A型液体环氧树脂	200 000	在产
13	某热电有限公司	3×75 t/h煤粉炉＋2×12 MW抽凝式汽轮发电机组工程	/	粉煤炉拆除
		热电厂扩建工程	260 t/h	在产
		锅炉系统节能及环保改造	220 t/h	在产
14	某科技有限公司	烷基蒽醌	3 000	在产
		聚氯化铝（副产品）	23 000	
		硫酸（副产品）	21 200	
		硫酸钙（副产品）	1 000	
15	某化工有限公司	UV涂料系列配套树脂	4 300	在产
		UV涂料系列	2 600	
		PU油漆（不做）	4 000	
		水性涂料	1 100	
		聚醋酸乙烯酯	5 500	
		纺织黏合剂系列产品	2 500	
16	某涂料有限公司	防水涂料	9 000	在产
17	某防水材料有限公司	（改性沥青基，含自粘类）防水材料	2 000万平方米	在产
		高分子卷材	500万平方米	在产
18	某助剂厂有限公司	印花黏合剂、涂层胶乳液（丙烯酸酯类乳液）	10 000	在产
		涂层胶	8 000	
		增稠剂	6 000	
		印花色浆	200	
		印染助剂	800	

续表

序号	企业名称	产品名称	生产规模（吨/年）	建设情况
19	某化工有限公司	油漆	20 000	在产
		黏合剂	5 000	
20	某特种涂料有限公司	涂料	10 100	在产
21	某科技有限公司	聚氨酯漆	4 500	在产
		丙烯酸烤漆	3 500	在产
22	某新材料有限公司	丙烯酸涂料	3 200	暂时停产
		弹性防水涂料	1 000	暂时停产
		涂料助剂	1 000	暂停在产
		稳定剂	1 000	在产
		环保型增塑剂	30 000	在产
		水性浓缩型黏合剂	2 000	在产
		增稠剂	1 000	在产
		水性防火粉料	5 000	暂停在产
		水性防腐涂料	5 000	暂时停产
23	某涂料有限公司	油性涂料	8 800	在产
		水性涂料	1 500	
24	某化工有限公司	柔软剂	600	停产
		黏合剂	800	停产
		水处理剂	7 500	在产
		聚丙烯酰胺	1 000	在产
		干强剂	2 000	停产
		分散剂	2 000	停产
		润滑剂	1 500	在产
		助留助滤剂	2 000	在产
		施胶剂	3 000	停产
		湿强剂	2 000	在产
		抗水剂	2 000	在产
25	某电缆有限公司	500 kV超高压交联电缆	800 km/a	在产
26	某塑料助剂有限公司	对苯二甲酸二辛酯	30 000	在产
		偏苯三酸三辛酯	5 000	在产
		邻苯二甲酸二壬酯	5 000	停产
		邻苯二甲酸二异辛酯	7 000	停产
		EBS	1 500	停产
		润滑颗粒	1 500	停产
		3-氨基-1,2丙二醇	1 000	在产

3. 园区水污染物排放现状

根据园区污水处理厂和各企业的废水在线监测数据,污水处理厂 2021 年的废水处理量为 180.84 万吨(4 954.61 吨/天),其中来自园区企业的废水量为 178.07 万吨,其余接管处理废水为区外乡镇的生活污水。

园区所有工业企业 2021 年废水接管量为 179.26 万吨,除某电缆、某研磨废水接管进入官林污水处理厂处理外,园区其余工业企业废水经预处理后全部接管进入污水处理厂处理,废水量合计为 178.07 万吨,园区工业企业废水接管率为 100%。

园区内废水排放量最大的企业为江苏某化工股份有限公司(含园区规划范围外的某合成厂区),该企业 2021 年废水接管量为 171.08 万吨,占污水处理厂废水接管总量的 94.60%。

3.1 常规污染物

2021 年园区主要水污染物 COD、氨氮、总磷、总氮的排放量分别为 89.630 吨/年、7.170 吨/年、0.896 吨/年、21.511 吨/年。各水污染物排放量最大的企业均为江苏某化工股份有限公司。

3.2 特征污染物

根据《苏南某市新材料产业园特征污染物清单识别报告》,园区已建企业排放的主要废水特征污染物有 7 种,现阶段主要将甲苯、甲醛、苯乙烯作为园区目前管控的废水特征污染物。2021 年园区甲苯、甲醛、苯乙烯的排放量分别为 0.121 吨、1.181 吨、0.004 吨,排放量最高的企业均为江苏某化工股份有限公司。

区内涉及排放高盐废水的企业为江苏某化工股份有限公司(含园区规划范围外的某合成厂区),接管废水中的全盐量指标执行《化学工业水污染物排放标准》(DB 32/939—2020)表 1 特别限值标准(5 000 mg/L),2021 年全盐量指标排放量为 8 554 吨。

4. 排水工程现状

4.1 园区企业排水收集系统

4.1.1 "一企一管"污水系统

园区现有企业排水已实行雨污分流。根据现场调查,园区雨水管道沿道路敷设,分片收集雨水,就近排入附近水体;区内企业的初期雨水收集后排入初期雨水收集池。园区污水实行集中处理,企业排水实行"一企一管、明管(专管)输送、分区收集、统一监管",对污水排放口进行严格管理,一个企业原则上只能设一个排污口,并配套设置"一企一管"水质监控系统。该系统具备超标废水的预警、闸控和反馈功能,能够实现与生态环境部门联网,确保水质监控系统正常运行。企业废水经"一企一管"排放至园区污水处理厂集中处理,尾水排放至附近河道,如图 4-2 和图 4-3 所示。

4.1.2 企业雨水系统

园区现有化工企业均已实现雨污分流、清污分流,实现雨水管网明渠化改造。区内各企业设置初期雨水收集池,收集的初期雨水进入污水待排池后,经过污水管网排入污水处理厂;同时设置后期雨水池,配套雨水在线监测和闸控系统,经雨水在线监测达标后方可排入园区雨水管道。企业雨水系统介绍如下:

(1)初期雨水系统

将厂区生产区域作为初期雨水收集区域,初期雨水降雨深度按 15 mm 取值,建设初期雨水收集池,初期雨水收集池内设置液位自动控制系统,初期雨水收集完成后,通过阀门自动切换,雨水经明渠进入后期雨水收集池。初期雨水收集池内雨水会被泵送至污水待排池。

图 4-2 园区"一企一管"现场照片

图 4-3 污水待排池及在线监测

(2) 后期雨水系统

企业建设后期雨水池,后期雨水收集池内设置在线监测(COD、pH 及流量)和视频监控系统。收集池出水管上设置闸阀,正常情况下阀门关闭,防止受污染雨水外排。下雨时,水质在线监测系统启动,待检测合格后,打开阀门,后期雨水通过溢流和水泵提升相结合的方式排至园区市政雨水管网;若水质在线监测数据不达标,则通过明管输送至厂区待排池,见图 4-4 和图 4-5。

4.1.3 企业应急事故收集系统

苏南某市新材料产业园内所有使用、储存、生产、运输化学品的企业均设置有应急事故池,各企业应急事故池情况见表 4.2.4-3。根据各企业突发环境事件应急预案计算的可能进入事故池水量,使得园区内各企业应急事故池均能够满足本企业的事故废水收纳要求。

企业一旦发生物料泄漏及火灾等事故,工作人员能够快速断开雨水排口阀门,联动打开事故应急池阀门,将事故废水和消防尾水导入事故应急池。事故结束后,事故应急池中的废水进入厂区污水处理站处理;当企业无法处置该废水,但废水符合污水处理厂进水水质要求时,应限流进入污水处理厂处理;当废水不符合污水处理厂进水水质要求时,应委托有资质的单位处理。

初期雨水收集池	初期雨水控制阀门
后期雨水收集池	雨水在线监测系统
后期雨水收集池	雨水在线监测系统

图 4-4 企业雨水系统

4.2 园区污水处理系统

4.2.1 建设运行情况

园区污水处理厂(图 4-6)于 2008 年 8 月建成运行,主要包括 5 000 t/d 的工业污水预处理系统和 10 000 t/d 的 CASS 处理系统。2011 年,污水处理厂进行管理权分割,前段的工业废水预处理系统由江苏某集团有限公司(下简称"某集团")管理,成为"某集团工业废水预处理站",专门处理某集团的工业废水;后续的 CASS 处理系统划分给园区污水处理厂。

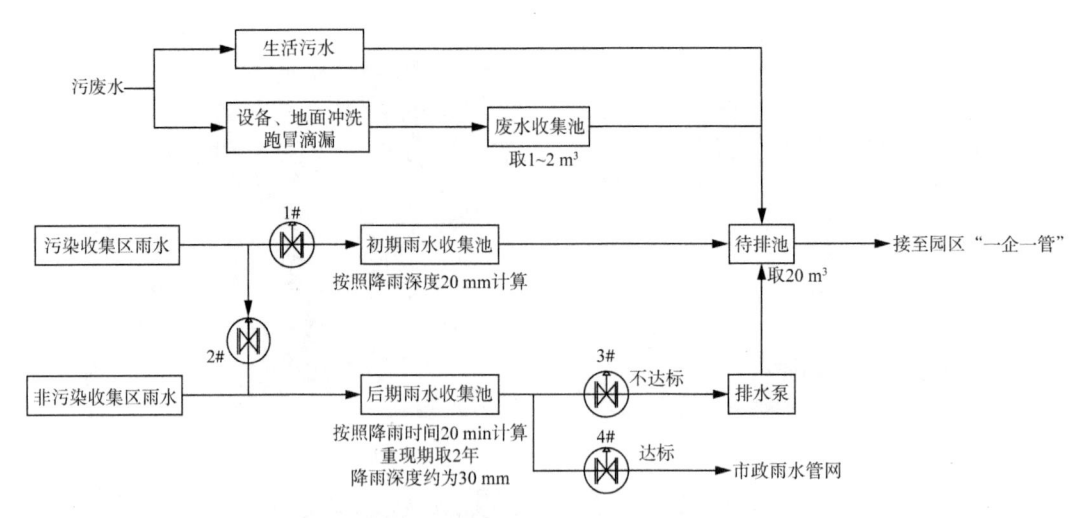

图 4-5　园区企业雨污分流系统流程图

表 4.2.4-3　苏南某市新材料产业园化工企业事故应急池情况统计

序号	企业名称	进入事故池水量（m³）	事故应急池（m³）	
1	江苏某化工股份有限公司	5 057.00	第一小区	1 195.0
			第二小区	1 620.0
			合成园区南	1 620.0
			合成园区北	1 620.0
2	某化工有限公司	393.74	600.0	
3	某塑料助剂有限公司	378.00	700.0	
4	某化工有限公司	370.70	420.0	
5	某化工有限公司	166.00	281.8	
6	某化工材料有限公司	156.00	380.0	
7	某新型材料有限公司	301.00	350.0	
8	某涂料有限公司	236.00	500.0	
9	某涂料有限公司	398.30	600.0	
10	某科技有限公司	479.52	1 502.3	
11	某新材料有限公司	186.00	200.0	
12	某化工有限公司	206.00	288.0	
13	某油漆有限公司	372.00	588.0	
14	某助剂厂有限公司	337.20	350.0	
15	某特种涂料有限公司	128.00	330.0	
16	某科技有限公司	154.93	200.0	
17	某化工有限公司	348.60	500.0	
18	某化工有限公司	266.50	300.0	
19	某化工有限公司	352.00	464.0	

续表

序号	企业名称	进入事故池水量（m³）	事故应急池（m³）
20	某复合材料有限公司	251.60	300.0
21	某防水材料有限公司	914.00	1 000.0
22	苏南某市新材料产业园危化品停车场	/	1 100.0

2019年2月，园区污水处理厂实施废水处理提标改造工程，该项目环评于2020年3月31日获得行政审批局批复，环评中描述的服务范围为园区内化工废水及不超过20%的区外非化工废水，其中不超过20%区外非化工废水主要为从乡镇污水处理厂调配的生活污水，以提高废水的可生化性。乡镇污水处理厂位于区外东侧，服务范围为附件镇区生活污水，以及乡镇工业集中区工业废水（不包括本园区工业废水），已建处理规模为1万t/d，2021年实际污水处理量约0.66万t/d，尾水排入附近河道。

图4-6　园区污水处理厂现场照片

由于园区污水处理厂接管园区化工企业废水量要大于80%，尾水中盐分等污染物导致中水回用经济可行性较差，中水回用去园区企业的主要去向无法实施，园区污水处理厂决定延续提标改造前不再实施中水回用，尾水排放量为1万t/d。为此，园区污水处理厂重新报批提标改造项目环评，已于2022年2月18日获得行政审批局批复，并已于2022年10月31日通过了竣工环保自主验收。

目前，园区污水处理厂已建污水处理规模为1万t/d，2021年实际废水处理量约为4 954.61 t/d，污水处理工艺为"收集池＋芬顿氧化池＋芬顿沉淀池＋生化调节池＋水解酸化池＋A/O＋二沉池＋混凝沉淀池＋臭氧催化氧化池＋曝气生物滤池＋纤维转盘过滤＋接触消毒池"，目前其服务范围主要为苏南某市新材料产业园。2021年4月，园区污水处理厂提标改造工程建设完成，2021年4月1日—6月30日为运行调试阶段，目前提标改造工程已正常运行。

4.2.2　废水处理工艺

园区污水处理厂提标改造后的废水处理工艺流程见图4-7。

园区污水处理厂尾水中的COD、氨氮、总氮、总磷排放执行《太湖地区城镇污水处理厂及重点工业行业主要水污染物排放限值》(DB 32/1072—2018)表2标准，SS、BOD_5、石油类执行《城镇污水处理厂污染物排放标准》(GB 18918—2002)表1中一级A标准,特征因子执行《化学工业水污染物排放标准》(DB 32/939—2020)表2和表4标准。

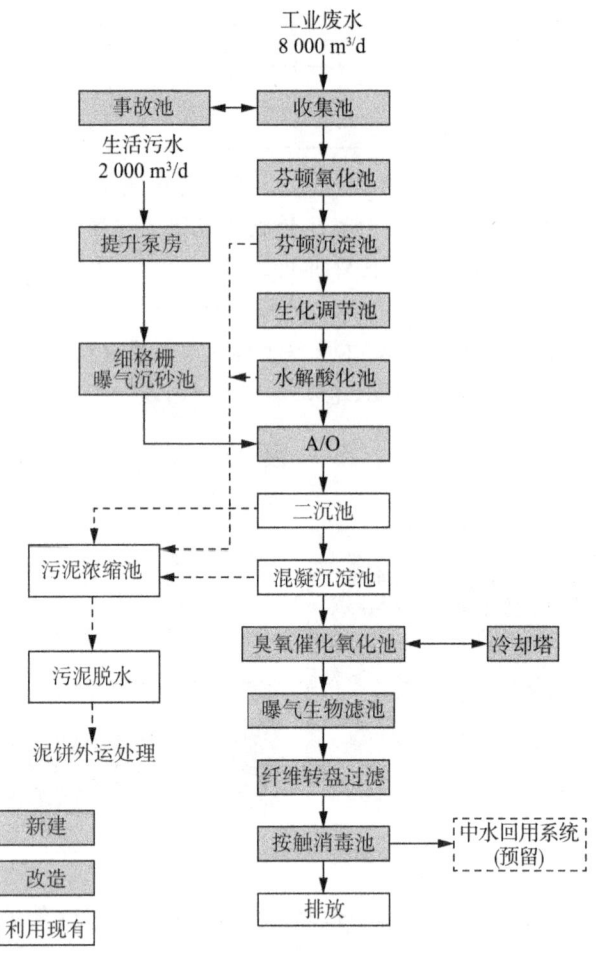

图4-7 园区污水处理厂废水处理工艺流程图

4.2.3 达标排放情况

园区污水处理厂提标改造工程于2021年4月初至6月30日进行试运行调试,2022年1月26日完成排污口在线监测仪器更新与调试,并完成了对臭氧催化和BAF工艺的提标改造,对污泥压滤设备的改建。园区污水处理厂稳定运行后2022年2—9月的出水水质在线监测数据见表4.2.4-4。

表4.2.4-4 2022年2—9月园区污水处理厂尾水水质在线监测数据表 (单位:mg/L)

污染物指标		2月	3月	4月	5月	6月	7月	8月	9月	标准限值
COD	最小值	13.291	9.340	14.981	15.780	12.422	13.224	9.851	7.446	50
	最大值	35.064	41.767	33.400	33.169	37.153	27.999	27.708	23.907	
	平均值	24.328	25.722	24.686	24.014	24.667	19.774	18.654	13.930	
	日均值超标数(个)	0	0	0	0	0	0	0	0	

续表

	污染物指标	2月	3月	4月	5月	6月	7月	8月	9月	标准限值
氨氮	最小值	0.039	0.031	0.056	0.038	0.003	0.011	0.011	0.003	4(6)
	最大值	0.223	0.694	0.631	0.105	0.097	0.099	0.188	0.399	
	平均值	0.084	0.211	0.133	0.082	0.054	0.062	0.117	0.170	
	日均值超标数(个)	0	0	0	0	0	0	0	0	
总磷	最小值	0.042	0.047	0.067	0.095	0.143	0.071	0.043	0.024	0.5
	最大值	0.235	0.163	0.205	0.362	0.329	0.379	0.210	0.058	
	平均值	0.130	0.074	0.116	0.179	0.231	0.232	0.079	0.040	
	日均值超标数(个)	0	0	0	0	0	0	0	0	
总氮	最小值	3.005	2.815	2.400	1.788	1.901	2.014	2.617	1.671	12(15)
	最大值	4.548	8.498	7.160	6.038	7.356	8.470	6.099	5.811	
	平均值	3.763	5.344	4.137	2.842	3.552	3.606	4.055	3.627	
	日均值超标数(个)	0	0	0	0	0	0	0	0	

根据在线监测结果可知,提标改造及在线监测仪器更新完成后,2022年2—9月园区污水处理厂尾水的COD、氨氮、总氮、总磷排放浓度日均值均能达到《太湖地区城镇污水处理厂及重点工业行业主要水污染物排放限值》(DB 32/1072—2018)表2标准。

根据2022年监测结果,验收监测期间园区污水处理厂总排口悬浮物、五日生化需氧量、石油类指标能满足《城镇污水处理污染物排放标准》(GB 18918—2002)表1中一级A标准,化学需氧量、氨氮、总磷、总氮指标能满足《太湖地区城镇污水处理厂及重点工业行业主要水污染物排放限值》(DB 32/1072—2018)表2标准,pH、硫化物、氟化物、氰化物、挥发酚、全盐量、总有机碳、甲醛、甲苯、乙苯、苯乙烯、可吸附有机卤素(AOX)指标能满足江苏省《化学工业水污染物排放标准》(DB 32/939—2020)表2、表4标准。

园区污水处理厂总排口水质验收监测数据见表4.2.4-5。

4.2.4 配套管网建设及排污口设置

园区现有企业生产废水均已接管园区污水处理厂,配套管网均已到位,污水厂排污口设置在附近河道上,已于2021年9月22日获得生态环境局《关于对园区污水处理厂入河排污口设置论证报告书的批复》。

表4.2.4-5 园区污水处理厂总排口水质验收监测结果表 (mg/L,pH无量纲)

项目	2022年6月14日	2022年6月15日	标准	达标情况
pH	7.25	7.4	6~9	达标
氨氮	0.224	0.216	4(6)	达标
总磷	0.418	0.415	0.5	达标
总氮	1.873	1.988	12(15)	达标
悬浮物	7.25	7.5	10	达标
化学需氧量	26.125	26.075	50	达标

续表

项目	2022年6月14日	2022年6月15日	标准	达标情况
五日生化需氧量	9.725	9.8	10	达标
硫化物	ND	ND	0.5	达标
氟化物	6.745	6.695	8	达标
氰化物	ND	ND	0.2	达标
挥发酚	0.003	0.003	0.5	达标
全盐量	6 382.5	6 332.5	10 000	达标
总有机碳	7.35	6.85	20	达标
甲醛	0.05	ND	1	达标
甲苯	ND	ND	0.1	达标
乙苯	ND	ND	0.4	达标
苯乙烯	ND	ND	0.2	达标
石油类	0.283	0.235	1	达标
可吸附有机卤素(AOX)	0.038	0.03	0.5	达标

注：1. 可吸附有机卤素(AOX)采样时间为2022年6月30日～2022年7月1日；2. ND表示未检出，硫化物、氰化物、挥发酚、甲醛、甲苯、乙苯、苯乙烯的检出限分别为 0.01、0.05、0.0003、0.05、0.05、0.05、0.05 mg/L。

4.2.5 尾水在线监测

目前，园区污水厂尾水排放口已设置 pH、COD、氨氮、总氮、总磷因子在线监控设备。

5. 排水工程规划建设

园区规划排水体制为雨污分流制，充分利用现有污水管道及污水设施，结合污水排放情况，优化污水管网布设，并综合考虑近期与远期、局部与总体相结合，形成完整的污水排水体系。

5.1 污水排放

规划保留现状工业污水处理厂——园区污水处理厂，服务范围为苏南某市新材料产业园。园区污水处理厂设计处理规模 10 000 m³/d，污水处理工艺为"收集池＋芬顿氧化池＋芬顿沉淀池＋生化调节池＋水解酸化池＋A/O＋二沉池＋混凝沉淀池＋臭氧催化氧化池＋曝气生物滤池＋纤维转盘过滤＋接触消毒池"，尾水达江苏省《太湖地区城镇污水处理厂及重点工业行业主要水污染物排放限值》(DB 32/1072—2018)中表2标准、《城镇污水处理厂污染物排放标准》(GB 18918—2002)一级A标准、江苏省《化学工业水污染物排放标准》(DB 32/939—2020)中表2和表4标准，再经过生态湿地净化处理后排入附近河道。

园区各企业污水(包括生活污水、冷却废水、锅炉废水等)通过"一企一管"、明管输送的方式输送至园区污水处理厂。规划保留现状地面污水管网，将现状埋地污水管全部改建为地面污水管，园区污水管全部进入公共管廊。园区未规划污水泵站。

5.2 雨水排放

雨水排水管沿道路布置，分片收集雨水，就近排入附近水体，雨水排口处设闸控，园区规划共设置 14 处雨水闸控排口（保持常闭），如图 4-8 所示。

雨水排口应急闸控 　　　　　　　　雨水排口应急闸控及在线监测装置

应急回流管 　　　　　　　　　　　应急回流管

图 4-8　雨水排放设施

5.2.1　雨水管道

保留园区现状雨水管道，结合新建及改造道路，完善雨水管道建设。雨水管道排口按自由出流设计。一般道路下雨水管道按自由出流设计。通向主要河道的雨水干管，在管顶低于常水位时，确定其管径应考虑河水顶托影响，即管道处于淹没出流的情况。

红线宽度小于 40 m 的道路单侧布置，单侧布置以车行道偏东、南侧为主。雨水管道起始端覆土深度不小于 1.2 m，覆土深度不宜大于 3.0 m。

雨水管道管径不大于 DN800 mm 时，一般采用 HDPE 管；管径大于等于 DN800 mm 时，一般采用承插式钢筋混凝土管。

5.2.2　入区企业雨水管控要求

（1）严格按照法律法规、环评批复、园区管理条例等要求来收集和排放雨水。

（2）在企业雨水排入园区雨水管网处安装在线监测、视频监控和泵阀联动装置，企业自行监测达标后向第三方提出申请，第三方核实后远程开启泵阀联动装置；若存在超标现象，泵阀联动装置自动关闭，由第三方运维人员核实原因。

（3）监测达标的雨水经园区雨水管网就近排入园区河道，雨水 COD 排放浓度不高于 40 mg/L。

(4) 园区内所有雨水排口要经环保部门批准,并按要求设置排口标志。

(5) 企业须对初期雨水进行收集,收集后通过污水管网输送至凌霞污水处理厂处理,输送管道须安装在线流量计和止回阀控,流量计数据实时上传智慧园区系统,初期雨水收集池内须安装液位计,确保初期雨水收集池保留一定的收集容量。

(6) 初期雨水收集池内的废水不得长期滞留在池内,在雨后的3天内必须处理完毕。

(7) 因阀门故障、检维修等造成雨水排放超标的,应及时将相关信息上报智慧园区系统和园区环保部门备案。

(8) 若发生水在线监测数据超标,报警信息应及时通知企业主要负责人、环保负责人和辖区执法人员,同时保持阀门关闭,系统自动打开初期雨水收集池阀门,并根据液位及时开启回流泵,将雨水回流至污水厂进行处理。监测数据达标时,关闭初期雨水收集池阀门,打开雨水排口阀门,正常排放。监测数据超标,一律不予排放。

(9) 企业需建设应急池和雨水闸控。当企业内部发生突发环境事故时,企业首先使用应急池收集事故废水,当应急池不能满足需要时,事故废水进入企业雨水管网,通过雨水闸控截流,防止事故废水进入园区雨水管网。

(10) 企业必须确保在线监测和视频监控设施的正常供电,不得擅自断电、遮挡视频监控装置,不得干扰在线监测正常运行。企业在线监测和视频监控设施不得停运。

(11) 对监控设备进行日常维护,保障在线监测数据的真实性和完整性。建立维护保养记录台账,记录台账的保存时间不得少于1年。

(12) 企业应按照每两月不少于1次的频次,对厂区内雨水管网、雨水排口、初期雨水收集池进行清理,阀门前需安装杂物过滤网。清理过程中产生的废水应回收至初期雨水收集池中。

(13) 园区需对雨水管网进行日常巡查和定期维护,避免发生雨水管堵塞、淤积现象。

园区闸门井处拟设置在线监测水质设施及抽水泵,随时监控水质情况,一旦发现超标情况,可使用抽水泵将废水输送至就近园区应急事故池。

5.2.3 中水回用

规划近期将园区污水处理厂尾水送至江苏某化工股份公司,由江苏某化工股份公司建设中水回用装置,包括反渗透系统及三效蒸发装置,处理后回用于循环冷却系统,设计回用处理规模为2 300 t/d,回用水质满足《城市污水再生利用 工业用水水质》(GB/T 19923—2005)要求,计划2025年底前建成投运。规划近期、远期园区整体中水回用率分别达到26%、30%。

5.2.4 生态安全缓冲区

规划建设园区污水处理厂生态安全缓冲区,占地面积3.9万平方米,设计容量为10 000 t/d,计划2023年底前建成投运。在园区污水处理厂出水口引出顶管,沿园区道路到达道路交叉口后拐至湿地进水池。生态安全缓冲区采用"BECP生化生态+生态净化池+防淤堵潜流湿地+水下森林涵养区"组合技术,在生态安全缓冲区对园区污水处理厂出水进行生态降解削减,在污水处理厂尾水主要水质指标得到进一步提升后将其排入附近河道。

6. "一企一管"监控系统

6.1 系统功能需求

(1) 视频监视系统

针对项目的特点,对关键节点主要依靠人工巡视不太现实,巡视时间不固定,更不能实现24小时的实时监视,对有些故障无法判断只能依靠推断,缺少实时资料的证实。

视频监视系统是工程管理的辅助设施,能够实现对各设备设施、管理运行状况和水情、工情等情况的远程实时了解,帮助管理者进行现场实景观察,为"一企一管"运行管理提供有力保证。

(2) 水质水量监测系统

能够实现对各级用户对企业收集池水位、流量、水质(COD_{cr}、氨氮、pH)和污水处理厂收集池前入口端各排污管道内压力、水质(COD_{cr}、氨氮、总磷、总氮)、流量等数据监测和查询,包括实时数据、历史数据等各类曲线、图表的查询,以便掌握各企业排污状况。

(3) "一企一管"阀泵监控系统

在各企业污水收集池内布设潜水泵(一用一备),可实现阀门和泵的远程控制。建设阀泵监控系统,在污水处理厂调度中心统一调度,可减轻工作人员的劳动强度,提高污水调度收集的管理水平,并根据来水水质数据科学调度。

6.2 "一企一管"泵阀监控系统

"一企一管"泵阀测控系统建设的目标是综合运用通信、远动及计算机网络技术为污水厂运行管理部门和企业排污泵站管理部门及时、全面地掌握泵阀的系统运行状况,实现合理调度提供基础保障。

系统按照"无人值班,少人值守"的思路建设,提高站点的自动化设计标准,为后期实现企业排污泵点无人值班做准备。

以现地控制单元(LCU)为基础,通过光纤或专线,实现污水厂运行调度中心对现地设备的监视控制,形成一个分布式结构的计算机监控系统,在污水厂运行调度中心的计算机上完成对企业排污泵站和管道阀门的实时监控、调度。

现地控制站由PLC、动力控制箱、触摸屏等设备组成。

本次各企业新建排污泵站如表4.2.4-6所示:

表4.2.4-6 各企业新建排污泵站

序号	企业名称	污水泵设计参数	泵站自动化控制箱设置点	管道压力变送器	管道电动阀门设置点	管道电磁流量计安装点位	液位计设置点
1	某化工有限公司	$Q=20$ m³/h, $H=27$ m, $N=3.0$ kW, 2台	企业污水收集池附近	企业污水入管端管网	污水处理厂收集池端管网	污水处理厂收集池端管网	企业污水收集池
2	某化工材料有限公司	$Q=20$ m³/h, $H=24$ m, $N=3.0$ kW, 2台	企业污水收集池附近	企业污水入管端管网	污水处理厂收集池端管网	污水处理厂收集池端管网	企业污水收集池
3	某化工有限公司	$Q=20$ m³/h, $H=25$ m, $N=3.0$ kW, 2台	企业污水收集池附近	企业污水入管端管网	污水处理厂收集池端管网	污水处理厂收集池端管网	企业污水收集池

续表

序号	企业名称	污水泵设计参数	泵站自动化控制箱设置点	管道压力变送器	管道电动阀门设置点	管道电磁流量计安装点位	液位计设置点
4	某涂料有限公司	$Q=20 \ m^3/h$, $H=24 \ m$, $N=3.0 \ kW$, 2 台	企业污水收集池附近	企业污水入管端管网	污水处理厂收集池端管网	污水处理厂收集池端管网	企业污水收集池
5	某涂料有限公司	$Q=20 \ m^3/h$, $H=28 \ m$, $N=4.0 \ kW$, 2 台	企业污水收集池附近	企业污水入管端管网	污水处理厂收集池端管网	污水处理厂收集池端管网	企业污水收集池
6	某化工有限公司	$Q=20 \ m^3/h$, $H=28 \ m$, $N=4.0 \ kW$, 2 台	企业污水收集池附近	企业污水入管端管网	污水处理厂收集池端管网	污水处理厂收集池端管网	企业污水收集池
7	某助剂有限公司	$Q=20 \ m^3/h$, $H=28 \ m$, $N=4.0 \ kW$, 2 台	企业污水收集池附近	企业污水入管端管网	污水处理厂收集池端管网	污水处理厂收集池端管网	企业污水收集池
8	某特种涂料有限公司	$Q=20 \ m^3/h$, $H=24 \ m$, $N=3.0 \ kW$, 2 台	企业污水收集池附近	企业污水入管端管网	污水处理厂收集池端管网	污水处理厂收集池端管网	企业污水收集池
9	某化工有限公司	$Q=20 \ m^3/h$, $H=27 \ m$, $N=3.0 \ kW$, 2 台	企业污水收集池附近	企业污水入管端管网	污水处理厂收集池端管网	污水处理厂收集池端管网	企业污水收集池
10	某化工有限公司	$Q=20 \ m^3/h$, $H=24 \ m$, $N=3.0 \ kW$, 2 台	企业污水收集池附近	企业污水入管端管网	污水处理厂收集池端管网	污水处理厂收集池端管网	企业污水收集池
11	某化工有限公司	$Q=20 \ m^3/h$, $H=29 \ m$, $N=4.0 \ kW$, 2 台	企业污水收集池附近	企业污水入管端管网	污水处理厂收集池端管网	污水处理厂收集池端管网	企业污水收集池
12	某科技有限公司	$Q=20 \ m^3/h$, $H=27 \ m$, $N=3.0 \ kW$, 2 台	企业污水收集池附近	企业污水入管端管网	污水处理厂收集池端管网	污水处理厂收集池端管网	企业污水收集池
13	某化工有限公司	$Q=20 \ m^3/h$, $H=29 \ m$, $N=4.0 \ kW$, 2 台	企业污水收集池附近	企业污水入管端管网	污水处理厂收集池端管网	污水处理厂收集池端管网	企业污水收集池
14	某复合材料有限公司	$Q=20 \ m^3/h$, $H=25 \ m$, $N=3.0 \ kW$, 2 台	企业污水收集池附近	企业污水入管端管网	污水处理厂收集池端管网	污水处理厂收集池端管网	企业污水收集池
15	某塑料助剂有限公司	$Q=20 \ m^3/h$, $H=33 \ m$, $N=5.5 \ kW$, 2 台	企业污水收集池附近	企业污水入管端管网	污水处理厂收集池端管网	污水处理厂收集池端管网	企业污水收集池
16	某化工厂	$Q=20 \ m^3/h$, $H=28 \ m$, $N=4.0 \ kW$, 2 台	企业污水收集池附近	企业污水入管端管网	污水处理厂收集池端管网	污水处理厂收集池端管网	企业污水收集池

续表

序号	企业名称	污水泵设计参数	泵站自动化控制箱设置点	管道压力变送器	管道电动阀门设置点	管道电磁流量计安装点位	液位计设置点
17	某新材料有限公司	$Q=20\ m^3/h$, $H=27\ m$, $N=3.0\ kW$, 2台	企业污水收集池附近	企业污水入管端管网	污水处理厂收集池端管网	污水处理厂收集池端管网	企业污水收集池
18	某科技有限公司	$Q=20\ m^3/h$, $H=27\ m$, $N=3.0\ kW$, 2台	企业污水收集池附近	企业污水入管端管网	污水处理厂收集池端管网	污水处理厂收集池端管网	企业污水收集池
19	某油漆有限公司	$Q=20\ m^3/h$, $H=33\ m$, $N=5.5\ kW$, 2台	企业污水收集池附近	企业污水入管端管网	污水处理厂收集池端管网	污水处理厂收集池端管网	企业污水收集池
20	某防水材料有限公司	$Q=20\ m^3/h$, $H=25\ m$, $N=3.0\ kW$, 2台	企业污水收集池附近	企业污水入管端管网	污水处理厂收集池端管网	污水处理厂收集池端管网	企业污水收集池

"一企一管"阀泵监控系统具有如下功能：

数据采集与处理：现地控制单元能自动采集被控对象的各类实时数据，能实时采集所辖智能设备的数据，接收来自主控级的命令信息和数据，并在事故或者故障情况时自动采集事故或者故障发生时刻的相关数据。按数据处理要求对采集到的数据进行处理。

控制与调节：现地LCU接受调度中心的控制命令并启动PLC程序执行自动控制流程，实现闸站的启动、停止等。

6.3 视频监控系统

视频监视系统能及时、形象、有效、真实地反映被监视控制的对象，便于运行人员随时掌握各工程的运行状态并结合自动化控制系统，对泵阀进行远程的控制和保护，及时协调和采取应对措施，以确保主要建筑物、关键设备、重要管理机构运行的安全，为工程安全运行提供重要的决策依据。视频监控也是安防的重要手段，同时可为公安部门提供线索和依据。

根据实际情况，每个企业共计配置2个前端摄像头，实现企业排污视频监控全覆盖，视频主要存储在现地硬盘录像机处，安监一体化平台和污水厂可以通过专线网络访问视频数据。

系统功能如下：

(1) 视频监控：可调阅任一监控点的实时监控画面与历史录像，摄像机由云台控制。

(2) 报警可视化：动画声音提示，在地图上标注报警点位，提供报警点即时快照和实时视频，满足任何时刻及地点的需求。

(3) 报警分发与联动：报警时可联动控制相关摄像机进行场景对象追踪以取得详细视频资料，显示报警类型对应的处置预案，可联动控制相关的灯光、警铃等设备，可向通过无线局域网连接的手持设备(PDA)发送报警信息，或者产生短信、微信等形式的分发通知。支持报警、门禁、消防报警、电子围栏等的报警信号接入，使各种报警信息与视频图像显示、存储和预案处理相结合，实现安防的集成应用。

(4) 报警日志：查看报警历史记录，包括文字日志、快照和历史录像。

6.4　企业污水收集池水质在线监测系统

通过在企业污水收集池端建设污水在线监测系统，实现园区对企业预处理排口的污水水质的在线监测，同时为园区污水水厂承接的纳管污水提供在线监测，为污水厂调度中心的统一监控和科学调度提供依据。

为加强企业污水收集池的水质在线监测，需选用成熟可靠的水质在线监测仪器，仪器测量分析方法、系统建设、安装、验收和运行均需满足相关标准，测量指标需满足园区环境监管要求并能够适当扩充企业特征污染物指标。

此次在企业污水收集池建设污染源水质在线监测系统，主要监测水温、pH、氨氮、COD_{cr}指标。系统主要由水质自动采样单元、水污染在线监测仪器、数据控制单元以及相应的建筑设施组成。

系统功能如下：

(1) 可以同时监测 pH、水温、COD_{cr}、氨氮等指标。pH 水质自动分析仪和温度计原位测量或测量瞬时水样，COD_{cr}、TNH_3-N 水质自动分析仪测量混合水样。

(2) 具有用户编程能力，可设定水质监测系统何时启动、采样频率或采样间隔及灵活的触发方式。

(3) 数据控制单元可协调统一运行水污染源在线监测系统，采集、储存、显示监测数据及运行日志，向污水处理厂监控中心平台上传污染源监测数据；具有数据处理功能，可生成用户需求的图形及报表，并可接收污水处理厂监控中心的监测频次设置、在线质控、反控等指令。

(4) 水质自动采样单元具有采集瞬时水样及混合水样、混匀及暂存水样、自动润洗及排空混匀桶，以及超标留样功能。

(5) 水质在线监测系统软硬件集成符合运行管理综合自动化系统的整体设计，能与"一企一管"调度运行管理综合自动化集成系统平台有机结合。

6.5　园区污水处理厂收集池前端水质流量在线监控系统

通过在园区污水处理厂污水收集池端管道建设污水流量水质在线监测系统，实现园区污水处理厂管网的流量水质实时在线监测和计量，同时可以通过控制管道电动阀门的启停阻断超标来水，为污水厂科学运行提供支撑。

为加强"一企一管"的水质在线监测，需选用成熟可靠的水质在线监测仪器，仪器测量分析方法、系统建设、安装、验收和运行均需满足相关标准，测量指标需满足污水处理厂来水水质监测，可以在流量、pH、水温、氨氮、COD_{cr}外，另增加总磷、总氮等指标。

此次在园区污水处理厂收集池前端管道建设集中水质在线监测系统，主要监测水温、pH、氨氮、COD_{cr}、TP、TN 指标。系统主要由水质自动采样单元、配水单元、水污染在线监测仪器、控制系统、数据采集传输单元、清洗反吹单元、运行环境支持单元等组成。考虑到产业园内除江苏某化工股份公司为污水连续排放外，其他大部分企业为间歇排放，本次拟设置 6 套水质在线监测仪器，监测 21 家企业的"一企一管"的水质。

在园区污水处理厂收集池前端每根管道设置电磁流量计实时监测计量入污水厂污水流量。

在每根园区污水处理厂收集池前端管道设置电动球阀,实现自动启停。

系统功能如下:

(1) 可以同时监测 pH、水温、COD_{cr}、氨氮、总磷、总氮等指标。pH 水质自动分析仪和温度计可进行原位测量或测量瞬时水样,COD_{cr}、TNH_3-N、总磷、总氮水质自动分析仪测量混合水样。

(2) 具有用户编程能力,可设定水质监测系统何时启动、采样频率或采样间隔为多少及灵活的触发方式。

(3) 数据控制单元可协调统一运行水污染源在线监测系统,采集、储存、显示监测数据及运行日志,向污水处理厂监控中心平台上传污染源监测数据具有数据处理功能,可生成用户需求相关的图形及报表,并可接收污水处理厂监控中心的监测频次设置、在线质控、反控等指令。

(4) 水质自动采样单元具有采集瞬时水样及混合水样,混匀及暂存水样、自动润洗及排空混匀桶,以及超标留样功能。

(5) 水质在线监测系统软硬件集成符合运行管理综合自动化系统的整体设计,能与"一企一管"调度运行管理综合自动化集成系统平台有机结合。

苏南某新材料工业集中区排水收集系统规划建设案例

1. 园区产业定位

2008 年 9 月,人民政府批准设立苏南某新材料工业集中区,定位为化工集中区。化工集中区规划面积 3.5 km²,分旧县区和强埠区,强埠区规划面积 2.0 km²,四至范围为:东至强埠北河、南至溧高路、西至张家、北至余家。

随着全省化工行业专项整治的深入发展,2010 年当地主动调整化工产业布局,重点发展新材料工业集中区,促进化工产业转型升级。2011 年 1 月,人民政府同意设立苏南某新材料工业集中区,该工业集中区分为旧县、强埠两个片区,其中强埠片区规划面积 1.32 km²,范围为东至力强路和沈家村,南至育才路,西至强埠公墓,北至南强路。同年 10 月,经综合多方意见,市政府调整了区域规划范围,只保留旧县片区,取消强埠片区化工定位,明确强埠片区内的现有化工企业不允许进行任何形式的技改扩,只能保留现有生产能力和排污总量。2020 年 7 月,人民政府批复取消新材料工业集中区化工定位。与此同时,人民政府规划逐步调轻调优强埠片区产业结构,谋划该区域产业转型升级。2022 年将原新材料工业集中区强埠片区规划为强埠新材料工业创新区,并组织编制《南渡镇强埠新材料工业创新区开发建设规划环境影响报告书》,规划范围:东至南北河,南至吴家-规划横二路,西至瑞祥路,北至规划横一路,总规划面积约 67.3 公顷。规划期限:2022—2035 年,近期至 2025 年,远期至 2035 年。产业定位:以发展机械、轻工等高端装备、新材料为主导,同步控制提升现有化工企业,兼顾发展废弃资源综合利用等产业,成为配套齐全、富有特色的产业基地。

2. 园区企业现状

园区已入驻企业废水量、水质统计情况如表 4.2.4-7 所示。

表 4.2.4-7　已入驻企业废水量、水质统计

序号	企业名称	每天污水量(t/d)	废水水质情况
1	某化工有限公司	1(生活污水)	/
2	某有硅化学有限公司	10(其中生活污水2 t)	含有氯化钙
3	某化工有限公司	0.1(生活污水)	/
4	某新材料有限公司	20	含铅、锌废水
5	某塑料有限公司	150	
6	江苏某新材料有限公司	500	硅氧烷、锌、铜、氯离子
7	某化工有限公司	35	
8	某新材料有限公司	30	氨氮、二甲苯、ss、TP
9	江苏某新材料有限公司	31(生活污水)	
10	江苏某涂饰新材料有限公司	5	丙烯酸酯类物质
11	某装饰材料有限公司	0.5(生活污水)	/
12	某塑胶有限公司	1.5(生活污水)	/
13	某汽饰有限公司	3(生活污水)	/
14	江苏某化学有限公司	省环保厅要求两根管道：30 t（涉重污水：铅、镉）和100 t（综合污水）	铅、镉
15	某汽车配件有限公司	0.7(生活污水)	/
16	某水暖器材厂	0.5(生活污水)	/
17	某铸造有限公司	0.1(生活污水)	/
18	某有机硅有限公司	3.5	含有硅油
19	江苏某热电有限公司	192	/

3. 园区排水现状

园区采用"雨污分流、清污分流"排水体制，废水统一纳入污水管网接入工业污水处理有限公司集中处理，雨水由雨水收集系统收集后就近排入附近河道。

4. 园区管廊定线及管线布置方案

（1）管廊服务对象

按江苏省相关文件要求及园区规划，本次管廊工程主要服务对象为园区内企业废水管道，同时兼顾园区内相关企业蒸汽管道、冷却水、去离子水及物料输送管道等需求。

① 企业数量及废水管道数量

园区规划企业数量按60家设计，现状企业废水排水管除某化学有限公司外均为一根管道，考虑到部分企业废水需要分质输送，本次废水管数量按90根设计。为便于计算及设计，本次设计废水管管径全部按DN100 mm考虑。

② 蒸汽管道、冷却水、去离子水管道

园区内江苏某热电有限公司为园区内企业提供蒸汽、冷却水及去离子水，为节约土地，避免重复建设，这几类管道可架设于本次新建管廊上，这几类管道设计资料由该热电有限公司提供。

③ 物料输送管道

借鉴国内外已建工业园区管理经验,物料统一输送便于管理,且能一定程度降低企业生产成本,为便于计算及设计,本次设计物料管管径全部按DN150 mm考虑。

(2) 管廊定线

本次管廊工程主要服务对象为各企业生产废水管道,因此,管廊布置方案应主要考虑沿线收集各企业废水管道,同时兼顾蒸汽管道等。

经现场踏勘及与业主单位多次沟通交流,确定在工业一路上敷设主管廊。各企业废水管道通过经一路、经二路及经三路支管廊接入主管廊。

(3) 管廊管线布置方案

各管廊管道类别及数量如表4.2.4-8所示。

表4.2.4-8　各管廊管道类别及数量

管廊编号	管道类别	管道数量
1	DN500 蒸汽管,压力:1.27 MPa,流量100 t/h	1根
	DN200 蒸汽管,压力:2.5 MPa,流量40 t/h	1根
	DN300 工艺水管道	1根
	DN200 除盐水管道	1根
	DN100 企业废水管	4根
	DN150 物料管	8根
2	DN500 蒸汽管,压力:1.27 MPa,流量100 t/h	1根
	DN150 蒸汽管,压力:2.5 MPa,流量20 t/h	1根
	DN300 工艺水管道	1根
	DN200 除盐水管道	1根
	DN100 企业废水管	6根
	DN150 物料管	6根
3	DN250 蒸汽管,压力:1.27 MPa,流量30 t/h	1根
	DN150 蒸汽管,压力:2.5 MPa,流量20 t/h	1根
	DN300 工艺水管道	1根
	DN200 除盐水管道	1根
	DN100 企业废水管	15根
	DN150 物料管	6根
4	DN250 蒸汽管,压力:1.27 MPa,流量30 t/h	1根
	DN150 蒸汽管,压力:2.5 MPa,流量20 t/h	1根
	DN300 工艺水管道	1根
	DN200 除盐水管道	1根
	DN100 企业废水管	25根
	DN150 物料管	6根

续表

管廊编号	管道类别	管道数量
5	DN250 蒸汽管,压力:1.27 MPa,流量 30 t/h	1 根
	DN150 蒸汽管,压力:2.5 MPa,流量 20 t/h	1 根
	DN300 工艺水管道	1 根
	DN200 除盐水管道	1 根
	DN100 企业废水管	15 根
	DN150 物料管	8 根
6	DN250 蒸汽管,压力:1.27 MPa,流量 30 t/h	1 根
	DN150 蒸汽管,压力:2.5 MPa,流量 20 t/h	1 根
	DN300 工艺水管道	1 根
	DN200 除盐水管道	1 根
	DN100 企业废水管	50 根
	DN150 物料管	8 根
7	DN500 蒸汽管,压力:1.27 MPa,流量 50 t/h	1 根
	DN150 蒸汽管,压力:2.5 MPa,流量 20 t/h	1 根
	DN300 工艺水管道	1 根
	DN200 除盐水管道	1 根
	DN100 企业废水管	15 根
	DN150 物料管	8 根
8	DN250 蒸汽管,压力:1.27 MPa,流量 30 t/h	1 根
	DN150 蒸汽管,压力:2.5 MPa,流量 20 t/h	1 根
	DN300 工艺水管道	1 根
	DN200 除盐水管道	1 根
	DN100 企业废水管	70 根
	DN150 物料管	6 根
9	DN100 企业废水管	75 根
	DN150 物料管	6 根
10	DN100 企业废水管	5 根
	DN150 物料管	6 根
11	DN100 企业废水管	80 根
12	DN250 蒸汽管,压力:1.27 MPa,流量 30 t/h	1 根
	DN100 企业废水管	8 根
13	DN100 企业废水管	10 根
14	DN400 污水泵站进水管	1 根
	DN100 企业废水管	10 根

注:工艺水管道、除盐水管道即前文所述冷却水管道、去离子水管道。

根据各段管廊需架设管道类别及数量,确定各段管廊形式及主要尺寸如表 4.2.4-9 所示。

表 4.2.4-9　各段管廊形式及主要尺寸

管廊编号	管廊形式及主要尺寸
1	双层独立式管架,宽度 4.0 m
2	双层独立式管架,宽度 4.0 m
3	三层桁架式管架,宽度 3.0 m,外挑副管架 0.8 m,内挑副管架 0.8 m
4	三层桁架式管架,宽度 5.0 m,外挑副管架 1.0 m,内挑副管架 1.0 m
5	三层桁架式管架,宽度 3.0 m,外挑副管架 0.8 m,内挑副管架 0.8 m
6	三层桁架式管架,宽度 5.0 m,外挑副管架 1.0 m,内挑副管架 1.0 m
7	三层桁架式管架,宽度 3.0 m,外挑副管架 0.8 m,内挑副管架 0.8 m
8	三层桁架式管架,宽度 5.0 m,外挑副管架 1.0 m,内挑副管架 1.0 m
9	三层桁架式管架,宽度 5.0 m,外挑副管架 1.0 m,内挑副管架 1.0 m
10	单层独立式管架,宽度 4.0 m
11	三层桁架式管架,宽度 5.0 m,外挑副管架 1.0 m,内挑副管架 1.0 m
12	单层独立式管架,宽度 4.0 m
13	单层独立式管架,宽度 4.0 m
14	单层独立式管架,宽度 4.0 m

(1)

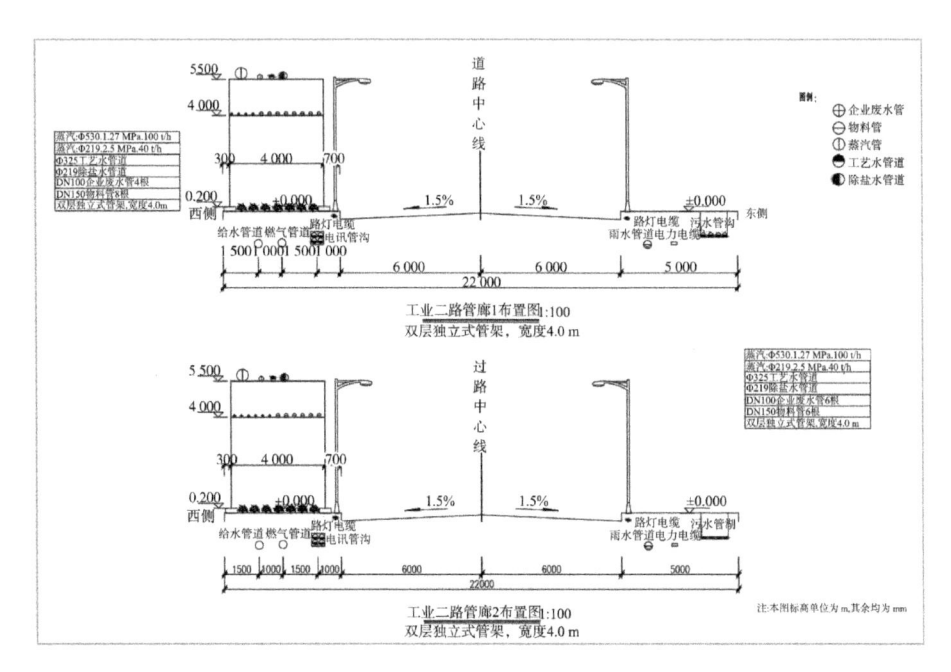

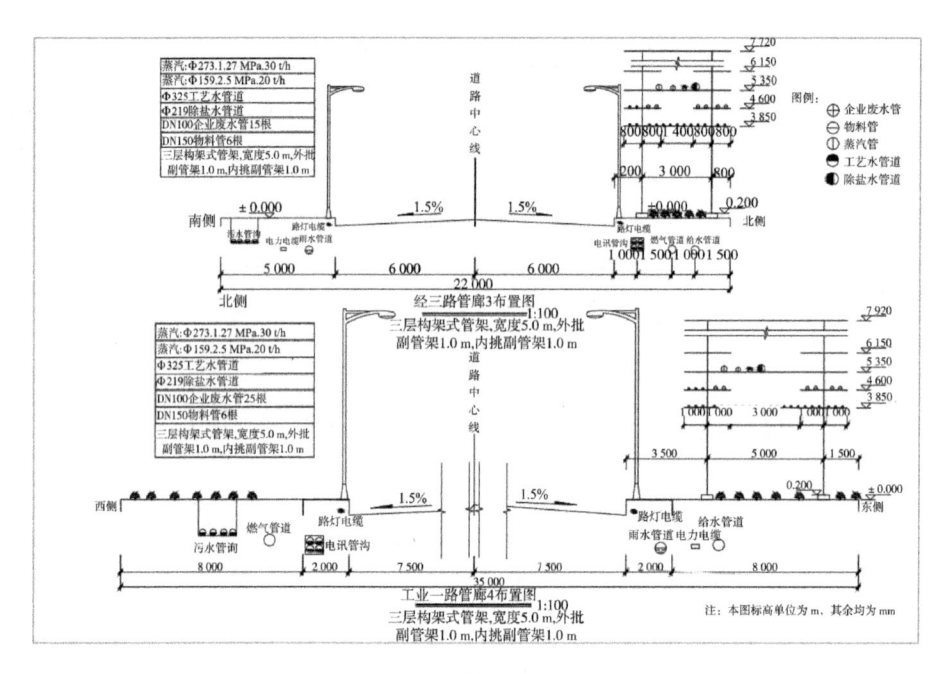

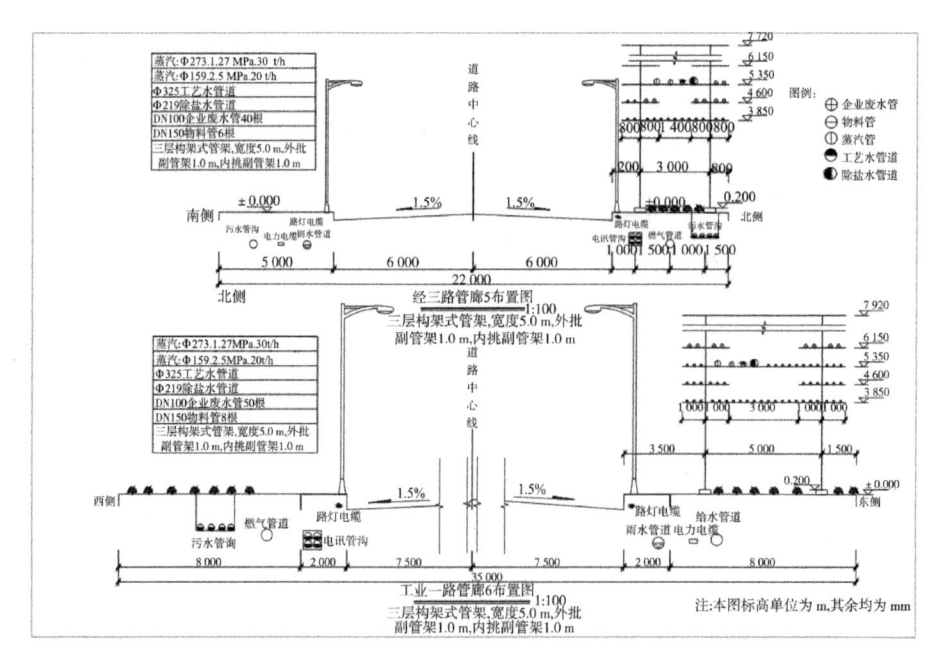

(2)

(3)

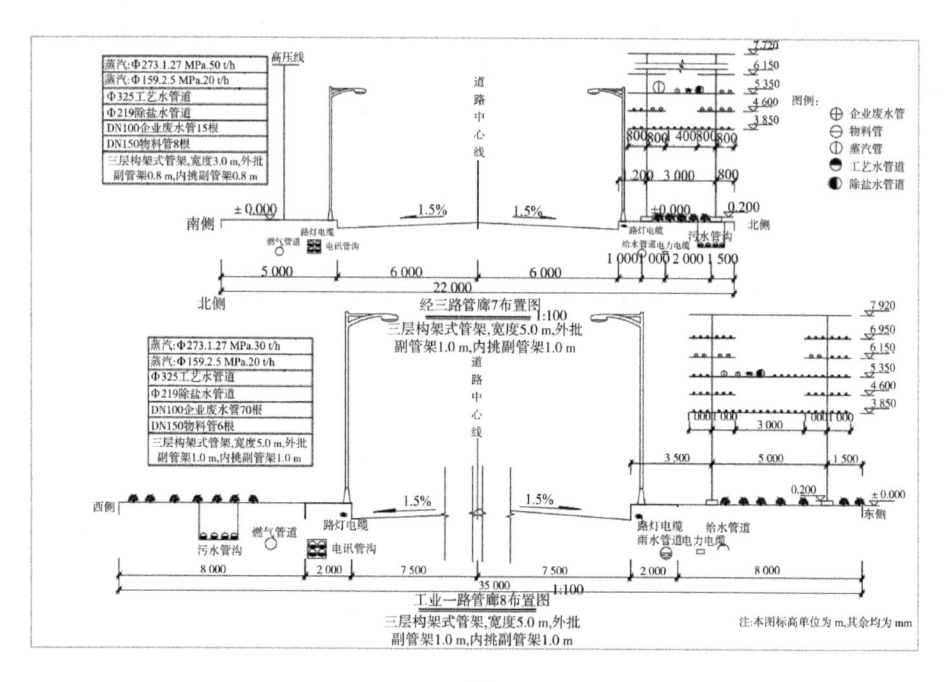

(4)

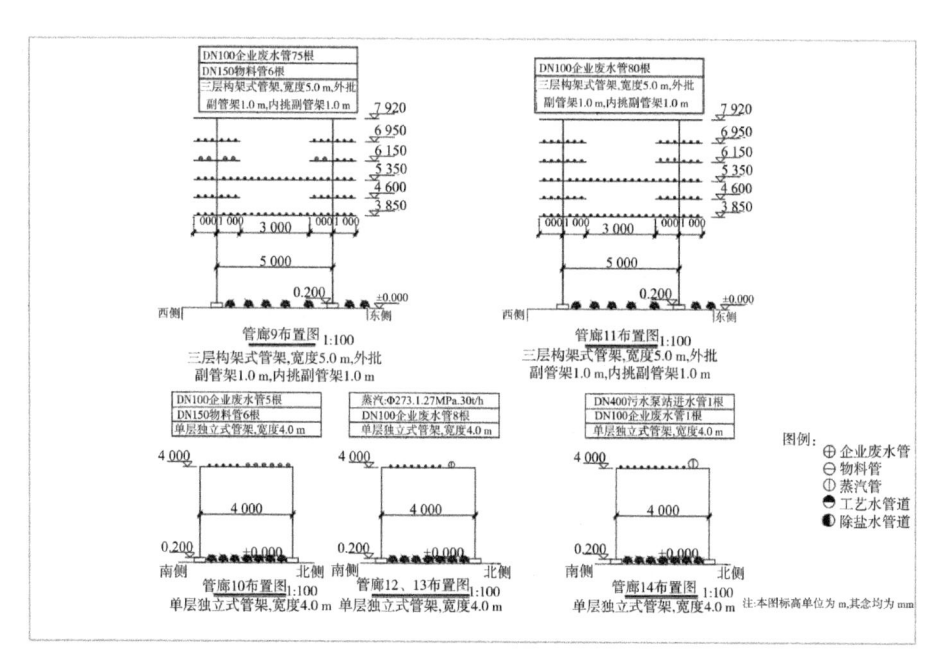

(5)

图 4-9　各段管廊形式及主要尺寸

5 企业排水收集系统规划建设

5.1 政策解析

根据《国民经济行业分类》(GB/T 4754—2017),工业企业是指行业代码前两位为06~46的企业,涵盖采矿业、制造业、电力、热力、燃气及水生产和供应业,具体可见表4.2.4-10。

表4.2.4-10 工业企业类目

行业分类	代码及类别名称
采矿业	06煤炭开采和洗选业 07石油和天然气开采业 08黑色金属矿采选业 09有色金属矿采选业 10非金属矿采选业 11开采专业及辅助性活动 12其他采矿业
制造业	13农副食品加工业 14食品制造业 15酒、饮料和精制茶制造业 16烟草制品业 17纺织业 18纺织服装、服饰业 19皮革、毛皮、羽毛及其制品和制鞋业 20木材加工和木、竹、藤、棕、草制品业 21家具制造业 22造纸和纸制品业 23印刷和记录媒介复制业 24文教、工美、体育和娱乐用品制造业 25石油、煤炭及其他燃料加工业 26化学原料和化学制品制造业 27医药制造业 28化学纤维制造业 29橡胶和塑料制品业 30非金属矿物制品业 31黑色金属冶炼和压延加工业 32有色金属冶炼和压延加工业 33金属制品业 34通用设备制造业 35专用设备制造业 36汽车制造业 37铁路、船舶、航空航天和其他运输设备制造业 38电气机械和器材制造业 39计算机、通信和其他电子设备制造业 40仪器仪表制造业 41其他制造业 42废弃资源综合利用业 43金属制品、机械和设备修理业
电力、热力、燃气及水生产和供应业	44电力、热力生产和供应业 45燃气生产和供应业 46水的生产和供应业

工业行业涉及的类别共41项,每个类别又可以细分许多子项,以33金属制造业为例,它包含331结构性金属制品制造、332金属工具制造、333集装箱及金属包装容器制造、334金属丝绳及其制品制造、335建筑、安全用金属制品制造、336金属表面处理及热处理加工、337搪瓷制品制造、338金属制日用品制造、339铸造及其他金属制品制造共9个子项,其中并不是所有的工业企业都涉及重污染工业废水,因此我们需要区分一般工业企业与重点工业企业,结合其生产特点,针对性地给出企业内部污水规划建设方案。根据《太湖地区城镇污水处理厂及重点工业行业主要水污染物排放限值》(DB 32/1072—2018),重点工业行业包括纺织工业、化学工业、造纸工业、钢铁工业、电镀工业、食品工业,其中食品工业包括柠檬酸工业、味精工业、啤酒工业、淀粉工业、发酵酒精和白酒工业。

江苏省对于化工等重点行业企业环境整治要求主要有以下几个方面:

(1) 工业废水全部做到清污分流、雨污分流。企业需设置雨污分流、清污分流系统。设置符合初期雨水收集单元容积要求、雨水收集完全的初期雨水收集单元;单独收集、回用蒸汽冷凝水;雨水(清下水)排放口设置水质在线监测系统(指标基本要求:pH、流量、COD)及视频监控系统。

(2) 工业废水采用"一企一管、明管(专管)输送"收集方式。企业需设置企业废水输送系统。车间废水至厂区废水处理站或处理后尾水至园区污水管网全程采用压力管(局部采用重力流)输送;废水管与雨水沟、电缆沟等分开布置;初期雨水接至废水处理站处理。

(3) 企业需设置废水分类收集、分质处理系统,针对重金属、高氨氮、高磷、高盐分、高毒害(包括氟化物、氰化物)、高浓度难降解废水必须采用分类收集、分质处理预处理系统;对难降解、高毒性特征污染物去除能力好,整体处理效率不低于90%;设置废水处理站事故池(罐)或尾水排放池。企业污水预处理排口(监测指标含COD_{cr}、氨氮、水量、pH、具备条件的特征污染物等)、雨水(清下水)排口(监测指标含 COD_{cr}、水量、pH 等)设置在线监测、在线质控、视频监控和由监管部门控制的自动排放阀。

(4) 企业在分质预处理节点安装水量计量装置,建设满足容量的应急事故池。初期雨水、事故废水全部进入废水处理系统。

(5) 企业废水预处理站运行水平:废水处理设施正常运行;废水预处理设施关键节点安装水、电、蒸汽等计量装置;废水处理设施需委托有资质单位进行方案编制、工程设计并存档。

《江苏省化工园区(集中区)环境绩效评价体系》对"企业废水收集"和"企业废水预处理系统"提出了明确的考核打分要求,两者一共 10 分,占整个园区考核比例的 10%,具体指标详见表 4.2.4-11。

表 4.2.4-11　江苏省化工园区(集中区)环境绩效评价体系(园区废水收集处理系统)

指标	具体指标	分值/权重	打分项
企业废水收集(5分)	企业雨污分流、清污分流系统	3	1. 近一年检查发现存在通过雨污混排、清污混排等方式偷排废水行为的扣 1 分; 2. 未设置初期雨水收集单元或初期雨水收集单元容积不符合要求(小于初期雨水设计日处理规模或环评要求)的扣 0.5 分; 3. 初期雨水收集不完全(如未收集罐区、设备围堰区初期雨水)或不能正常收集到初期雨水(如大型企业未采用分片区收集方式导致初期雨水收集不到)的扣 0.5 分; 4. 蒸汽冷凝水未单独收集、回用的扣 0.5 分; 5. 雨水(清下水)排放口未设置水质在线监控系统(指标基本要求:pH、流量、COD)或视频监控的扣 0.5 分
	企业废水输送系统	2	近一年检查发现存在逃避监管违法排污行为的一律 0 分 1. 车间废水至厂区废水处理站或处理后尾水至园区污水管网未全程采用压力管(局部采用重力自流管)输送的扣 0.5 分; 2. 废水管安置在雨水沟、电缆沟内的扣 0.5 分; 3. 初期雨水未接至废水处理站处理的扣 1.0 分
企业废水预处理系统(5分)	企业废水分类收集、分质处理系统	2	未针对重金属、高氨氮、高磷、高盐分、高毒害(包括氟化物、氰化物)、高浓度难降解废水采用分类收集、分质处理的一律 0 分 1. 废水预处理工艺不具备难降解、高毒性特征污染物去除能力的扣 1 分; 2. 预处理系统对难降解、高毒性特征污染物去除能力不佳,整体处理效率低于90%的扣 0.5 分; 3. 未设置废水处理站事故池(罐)或尾水排放池的扣 0.5 分
	企业废水预处理站运行水平	3	(一) 废水处理设施不正常运行(主要指物化预处理工段、脱盐工段、污泥处理工段未运行)的一律 0 分 (二) 近一年监督性检查存在不达标或在线监测数据造假行为等情况的一律 0 分 1. 生化系统运行不正常(如污泥浓度不够、污泥活性差等)的扣 0.5 分; 2. 近一年出现超标(在线监测设备数据)现象超过 3 次的扣 1 分,超过 6 次的一律 0 分; 3. 废水预处理设施关键节点未安装水、电、蒸汽等计量装置的扣 0.5 分; 4. 企业废水处理设施未委托有资质单位进行工程设计并存档或委托资质单位进行方案编制但未进行专门工程设计的扣 0.5 分; 5. 台账(应包括自测水质水量、药剂使用量、用电量、污泥产生量等内容)记录不完全、不规范或者虚假的扣 0.5 分

《省生态环境厅关于开展全省涉水企业事故排放及应急处置设施专项督查整治工作的通知》要求提升涉水企业污水收集处理和应急处置能力,严密防范工业特征污染因子超标和违规排放,提升环境监管精细化水平,促进全省国省考断面水质持续改善,对工业企

业事故排放及应急处置设施提出了考核要求。

要求企业不得利用雨水口排放污水，严禁将车间冲洗水、储罐清洗水、事故排放水等生产废水排入雨水沟，混入雨水排放，逃避环境监管。

要求企业落实污水管道、收集池、应急池防腐防渗要求，杜绝跑冒滴漏，建设完善初期雨水收集处理设施，定期进行闭水试验和巡查要求，按照"应截尽截、应纳尽纳"的可视化物流体系要求，避免污水渗漏进入雨水系统。严禁将厂内雨水沟、收集池和厂外沟渠、封闭性水体等作为污水收集载体。

要求企业自行监测，应将雨水收集池和排放口水质纳入监测内容。企业排放雨水前应提前进行水质监测，符合国家或地方污染物排放标准要求的方可以排放，并做好记录台账；对超标的雨水应按污水进行处理后排放或接管。鼓励有条件的企业在雨水口安装流量计、电导仪、在线监测等监控设施，并与生态环境部门联网。

检查重点督查企业是否存在以下问题：一是未设置应急池，或应急池容积偏小，不能满足收集消防水、泄漏物及污染雨水等事故水所需容积。特别是电镀生产企业应急池普遍仅按照日排水量标准设置，未考虑收集事故水容积需求。二是事故应急池未空置，或经测漏试验存在泄漏风险。三是环评批复有关应急池及管网闸阀建设要求未落实。事故水不能自流至应急池或未配置传输泵、配套管线、应急发电等装置，无法将池中废水转输处置。四是厂区雨水排放口未设置截流闸阀，未保持常闭状态。闸阀过于简陋，存在渗漏现象。电子闸阀停电状态下无法手动关闭。五是排水管线存在渗漏、串管、断裂等情况，导致事故水通过旁路直排外环境。六是贮存危险废物和水处理污泥未采取符合环境保护要求的防护措施，或贮存时间超过规定时限，且未经生态环境部门批准。七是未按照规定制修订环境应急预案，应急处置物资储备不充足；未建立相应的管理台账；未定期开展突发环境事件隐患排查治理、存在的隐患未整改到位，如表4.2.4-12所示。

表4.2.4-12 工业企业事故排放及应急处置设施现场检查情况表

序号	检查内容	检查要点	常见问题和检查内容参考
1	生产场地和设施设备雨水收集情况	现场检查厂牌、厂区分区及标识（原料区、加工区、产品区、污染治理区等）；查看雨水沟汇水来源，是否有生产废水排入雨水沟	1. 现场记录企业雨水排放口、雨水收集池、雨水泵站等设施数量、容积和位置信息； 2. 是否有雨污混合情况，车间冲洗水、储罐清洗水、生活污水、车辆冲洗水、事故排放水等是否进入雨水沟； 3. 厂区管道、储罐等是否存在跑冒滴漏，是否进入雨水收集系统； 4. 是否将厂内雨水沟、收集池和厂外沟渠、封闭性水体作为污水收集载体
2	水质监测监控	现场核查企业自行监测是否将雨水点位等纳入监测内容；现场快速测定相关水质指标；在线监控设施情况	1. 企业自行监测是否将雨水收集池、雨水沟、雨水排放口纳入监测内容； 2. 是否按照环境监测方案（依据环评、管理规定）规定的频次、指标开展水质环境监测；特征污染物每季度至少监测1次；如企业已将雨水点位纳入监测内容，现场查看监测报告确认是否有超标情况； 3. 企业是否在排放雨水前开展水质监测，水质监测结果是否存在异常； 4. 企业是否在雨水系统内安装了流量计、电导仪、在线监测等监控设施；是否已与生态环境部门联网；500吨/日以上污水集中处理设施，进、出水口是否安装了自动监控设备； 5. 在企业雨水沟、雨水收集池、雨水排放口、周边河道、周边市政雨水井现场快速测定，是否发现雨水系统pH、总磷、氨氮等指标存在异常

续表

序号	检查内容	检查要点	常见问题和检查内容参考
3	水污染治理设施运行情况	现场检查污染治理设施、排污口或接管口、在线监测设施等；抽查监测报告等材料	1. 生产、污染治理等环节是否按环评要求采取水污染防治措施，是否按要求配建污染治理设施等；配套污染防治设施是否未建成即投入生产，排污口设置、冷却水循环等是否符合环评要求； 2. 是否擅自拆除或闲置水污染治理设施； 3. 治理设施是否正常运行（损坏、密闭性差、运行效果差等），安装是否规范、工艺运行是否合理；对企业污水处理工艺进行分析，确认是否针对重点污染因子均设置处理工艺；是否存在高浓度废水转移出厂处理的情况； 4. 是否存在使用暗管、渗坑等逃避监管的方式排放污染物（如工艺废液、生产废水、冲洗废水进入隐蔽管道、私设旁路等）等情况； 5. 是否存在水量偏大、浓度过高等可能超总量排放污染物的情况
4	应急设施设备情况	现场检查企业应急设施设备是否满足环保要求	1. 是否设置应急池；应急池容积能否满足应急需求；应急池是否处于空置状态，如未空置则不能满足要求； 2. 应急池是否存在多年未保养维修的情况；应急池1年内是否进行过闭水试验；现场检查应急池是否存在孔洞和裂缝，如有泄漏点应现场试水查看是否存在外泄隐患；应急事故池是否有旁路直通入河； 3. 厂区雨水口是否设置截流闸阀，是否保持常闭状态；闸阀是否过于简陋，存在渗漏现象；是否存在停电状态下电子闸阀无法手动关闭的情况； 4. 排水、原料管线是否存在渗漏、串管、断裂等情况，导致事故水通过旁路直排外环境； 5. 是否按照规定制修订污染事故应急预案，并定期开展突发环境事件隐患排查治理，应急处置物资储备是否充足；是否按要求进行培训、演练；存在的隐患是否整改到位；是否建立相应的管理台账等； 6. 环评中关于应急池及管网闸阀建设要求（数量、大小、位置）是否落实；现场检查应急池收集废水来源是否包括消防水、泄漏物及初期雨水等，各类污水是否能通过自流或通过泵引设施提升至应急池；是否配置传输泵、配套管线、应急发电等装置，用于废水传输处置
5	固体废物贮存情况	现场检查固体废物贮存、利用或处置设施；查看固体废物相关设施	1. 厂区固废是否集中、规范贮存（应有独立库房、硬化地面、防腐、包装、分区、分类、台账记录），贮存场所污染防范措施（如危废贮存场所地面防渗、泄漏液收集装置等收集设施）是否完善； 2. 对贮存危险废物和水处理污泥等可能产生渗滤液的点位，检查是否存在渗滤液进入雨水系统的情况； 3. 是否存在固体废物露天贮存的情况；是否存在固体废物被雨淋进入雨水沟的情况；如厂区有氨法脱硝脱硫工艺，检查废渣库和废渣产生点是否存在废渣露天贮存的情况

5.2 企业排水类型

工业企业排水类型一般包含以下6种，具体如下。

（1）工艺废水

工艺废水是指工业生产过程中与物料直接接触后，从各生产设备排水的废水。

（2）生活污水

生活污水是指日常生活中产生的污水。

（3）初期雨水

初期雨水是指污染区域降雨初期产生的径流雨水。一般取一次降雨初期15~30分钟的雨水，具体根据降雨强度及下垫面污染状况确定。

（4）后期雨水

后期雨水是相对初期雨水而言的，指初期雨水之后的雨水，视为基本干净，不再收集，可直接排至外部雨水管网。

(5) 清下水

一般认为清下水包括间接冷却水、温排水、锅炉循环水等；考虑到这类清净下水通常为循环水，运行中常需加入阻垢剂、杀菌剂、杀藻剂等，可能导致循环水化学需氧量、总磷超标，一般将此类水纳入废水管控范围。

(6) 事故废水

事故废水指事故发生时或事故处理过程中产生的受污染雨水、物料泄漏、消防废水和工艺废水。

5.3　企业排水收集与管理

对于工业企业，所有涉水企业均覆盖雨、污、废水管网，对工业废水实施"清污分流、雨污分流"，采用"一企一管，明管（专管）输送"收集方式，企业在分质预处理节点安装水量计量装置，建设满足容量的应急事故池，初期雨水、事故废水全部进入废水处理系统。

(1) 收集系统

企业清下水、污水必须通过管道有效收集、输送至规定的收集系统内；原则上，企业雨水使用地面明沟进行收集、输送。

① 雨水

雨水收集系统与生产车间保持一定的距离，雨水沟必须设置有效的防护措施，不得有清下水进入雨水管网，严禁有污水混入雨水管网，采用地下管道收集雨水的，须采取有效的防渗措施。

厂区露天的料场、堆场设置雨棚，并在周边设置截水沟。雨棚落水可以排入厂区雨水系统，料场、堆场的地面冲洗水将由截水沟截流后纳入厂区生产废水管网系统。

② 清下水

企业蒸汽冷凝水必须建设封闭系统进行收集，不得进入雨水收集系统；冷却循环水等清下水必须使用管道收集。

③ 污水

生产型废水：企业须按照车间项目废水的不同性质（如：高盐高浓、低盐高浓、低浓废水、高氨氮、强酸、强碱等），建设相应的收集池（储罐）并粘贴标识标牌，并采用固定管道，将废水输送至对应的收集池（储罐），实现对车间废水的分类收集。车间内设置污水沟，车间冲洗水经由污水沟收集后纳入厂区生产废水管网系统。有条件的企业在厂区内设置一定容积的生产废水调蓄池，可以对生产排水进行缓冲匀质，便于排水计量。

非生产型废水：

地面冲洗水：车间地面冲洗水可通过车间内四周管沟收集自流至对应的收集池，且管沟内须做防腐处理。车间至车间外收集池之间，须设置明管输送废水，严禁通过明沟或暗管方式自流。但对于无组织废气挥发的废水，车间内必须采用管道收集。

生产辅助设施废水：各车间相似功能设备需建设统一集中的固定区域，每个功能区域必须设置围堰，围堰区域内做防腐处理。生产辅助设施生产运行过程中产生的废水，必须采用管道收集至对应的车间收集池（储罐）内，不得自流至围堰区域内。

生活废水、实验室废水：必须建设相应的收集池，采用明化管道收集至相应的收集池内。

罐区泄漏废水、事故应急产生的尾水：原则上,能够利用雨水系统收集至事故应急池内。

(2) 输送系统

清、雨、污水输送管道必须设置清晰的流向标志表示。

① 雨水：雨水采用自流方式进行输送,面积较大的企业,可以考虑在厂区适当的位置建设"雨水井",以解决长距离建设液位差的问题,确保所有雨水最终能够自流至雨水收集池内；雨水收集系统与应急池之间必须设置切换阀门,确保初期雨水、事故应急尾水等能够收集、输送至应急池内。

② 清下水：清下水须采用固定管道、动力、架空方式输送至循环水池进行回用（或其他方式进行综合利用）,严禁直排至雨水管网。

③ 污水：各类废水经有效收集后,采用固定管道、动力、架空方式输送至污水站,污水站需有专门对应的收集设施。污水收集池（储罐）需按照废水特性做相应的防腐处理,池体容积建设偏小时,动力泵需设置"液位自动开停"装置,确保废水及时输送至污水站。

(3) 排放系统

鼓励企业在雨水排放口安装自动在线监控装置,并与园区监控中心保持联网。雨水、清下水排放口处安装的在线监控装置包括自动阀门、数据采集仪、视频监控系统、自动采样器、流量计、pH 以及 COD 在线检测仪等在线监控装置。

① 雨水排放口设置：雨水排放须经雨水收集池（排放池）收集后采用固定管道、动力、架空方式排放至指定明渠段面,逐步取缔通向园区雨水管网的排放口。企业必须封堵所有未经园区同意的、通向厂区外的排放口（自流口）,包括原先北区企业设置通向监控井的自流口。雨水排放口须设置在地表以上,并架设探照灯,设置雨水排放口标志标牌,以便社会公众的监督。

② 清下水排放口设置：确需排放清下水的企业,清下水须经循环水池或清下水池收集后,利用企业雨水排放口排放,且设置清下水标志标牌。

③ 污水排放口设置：厂区所有废水经"分类收集、分质处理",达到园区污水处理厂接管标准后,通过"一企一管"输送至园区污水处理厂集中处理。严禁企业私设管道将废水排入外环境。

(4) 日常监管

① 设置"清、雨、污"分流系统巡查制度,定期安排人员进行巡检并留有记录台账。

② 实施雨水（清下水）排放的自检制度,每次排放雨水前须对排放池内的雨水进行采样监测（主要检测 pH、COD、氨氮等因子）,并建立记录台账,严禁将超标雨水排入明渠。

③ 建立车间考核制度。由专人对车间进行定期考核,查找"跑、冒、滴、漏"的点源,并建立记录台账,及时落实车间整改。

④ 对企业"清、雨、污"分流系统开展不定期突击检查,比对在线监测数据,尤其在雨季,检验企业"清、雨、污"分流系统的整改成果。对于检查出的问题,须及时落实企业整改,确保"清、雨、污"分流系统正常运行"常态化"。

5.4 事故废水收集与管理

企业事故废水收集与管理也称"一级防控",主要包括生产装置区、储罐区、装卸区、工艺管道、事故废水系统、雨水系统等风险单元的拦污截污设施以及厂区应急管理,一级防控评估的各项评估内容及要求如下。

(1) 装置区

① 装置区截污系统

企业装置区应设置小围堰或大围堰(或收集明沟),围堰的设置参照《石油化工企业设计防火规范》(GB 50160)的设计要求;装置区围堰内初期雨水收集后通过雨水管道(或明渠)输送到初期雨水收集池或通过阀门切换到污水收集系统;围堰内应设置混凝土地坪,并参照《石油化工工程防渗技术规范》(GB/T 50934)等规范或设计要求采取防渗措施,围堰检修专用通道应加漫坡处理,如图4-10所示。

图 4-10 装置区围堰照片

② 装置区排水系统

装置区排水系统宜划分为但不限于以下三个系统:生产废水、初期雨水、后期雨水。各排水系统宜独立设置,如图4-11所示,排水管道的设置应符合《化学工业给水排水管道设计规范》(GB 50873—2013)等规范性文件的要求。当装置区地面/设备冲洗废水量少且没有连续流时,地面/设备冲洗废水与初期雨水的排水系统可合并设置,但应在围堰处设置初期雨水和后期雨水的切换阀,切换设施宜选用电动阀门在地面上操作;装置区或多个装置联合区域宜设置初期雨水收集池和生产废水收集池,生产废水与初期雨水分别通过压力明管泵送至厂区污水处理站进行处置。

(2) 储罐区

① 储罐区围堰

储罐区围堰(图4-12)的设计应满足《储罐区防火堤设计规范》(GB 50351)等相关标准的要求,围堰内部应做好防腐、防渗措施,涉及重金属、酸碱物质、有机物料等环境风险物质储罐及废水(或废液)储罐还应设置事故存液池,泄漏时不得进入全厂事故排水系统,围堰或事故存液池的有效容积不宜小于罐组内1个最大储罐的容积,并设置固定管道和提升泵,将泄漏的物料转运到相邻的同类物料储罐。

图 4-11　装置区初期雨水/地面冲洗水排水系统照片

图 4-12　储罐区围堰及排水系统照片

② 储罐区排水系统

储罐区排水宜至少划分事故废水和初/后期雨水两个排水系统。罐区排水系统应设置切换阀门,必要时可将罐区初期雨水或事故废水切换到生产废水系统进行收集、储存、转运和处置。罐区或多个罐区区域还应设置独立的污水收集池和初期雨水收集池,污水与初期雨水分别通过压力明管泵送至厂区污水处理站进行处置;罐区受到条件限制时,污水收集池和初期雨水收集池可合并设置,共同通过压力明管泵送至厂区污水处理站进行处置,排水管道应符合《化学工业给水排水管道设计规范》(GB 50873—2013)等规范性文件的设计要求。

(3) 装卸区

装卸区应设事故排水收集、排放系统,用于收集储罐装卸区产生的事故排水。装卸车场应采用现浇混凝土地面同时在装卸设施周围设围堰或截污沟,在距装卸鹤管 10 m 以外的装卸管道上,应设便于操作的紧急切断阀。装卸区竖向低点区域应设置汇水沟和初/后期雨水切换阀门,做到雨污分流。装卸区域可单独设置事故存液池。

① 工艺管廊

企业应根据厂区环境特点、物料性质对工艺管廊采取相应的水环境风险防控措施,工艺管道及附件的检查、检验和维护等应按照《压力管道规范 工业管道》(GB/T 20801.1—2020)、《特种设备使用管理规则》(TSG 08—2017)等规范性文件的要求进行。涉及使用公共管廊长距离输送化工原料的企业,应建立 24 小时巡线检查、专项巡查、值班联络、交接班、应急报告等管理制度,按风险的高低对公共管廊区域实行分区分级的巡查制度。企业的巡检/值班人员应通过专项技术和安全培训并经考核合格后上岗,物料输送管道巡检维护人员应按国家有关规定,获得相应的资质后持证上岗。企业应采用人工巡检和监控仪器相结合的方式,监测公共管廊的运行状况,做好运行记录,发现公共管廊区域有异常情况及时报告。

物料输送管道巡检维护人员的巡查内容应包括:

(a) 设备整洁、完好——管架防腐是否破坏,管架是否整洁,管架附件、标识等是否完整;

(b) 运行正常——管架状态、管架周围情况等是否正常;

(c) 巡查过程中如发现管道出现位移、变形、保温损坏、泄漏、周边异常等情况,第一时间进行反馈和检修,及时消除隐患。

② 事故废水系统

(a) 事故排水汇水区

事故排水系统宜与雨水系统合建,有条件或项目环境影响评价报告要求时,可设置独立的事故排水系统。事故排水系统与雨水系统合建时,事故排水系统设置宜根据地形、厂区平面布置、道路、雨水系统等因素综合考虑,以自流排放为原则,合理划分多个独立的、可切换的事故排水汇水区。

事故排水区域收集系统应设置切换设施或区域事故排水储存提升设施,将事故区域的事故排水切换、收集到全厂事故排水储存设施或通过提升泵(转运能力应与事故排水流量相匹配)转运到全厂事故排水储存设施,尽量减少事故区域的汇水面积。事故排水切换设施应简单快捷,密闭防爆,宜采用电动、气动方式驱动,并可手动操作。重要的阀门和距离远不便操作的阀门宜采用远程控制、手动控制双用阀,并应保证在事故状态下可操作。

(b) 事故排水管道

事故排水系统管道应采用防止闪燃引起变形的材料,不宜采用非金属管线;宜采用密闭形式收集输送,并做好水封,难以采用密闭形式时应采取安全防范措施,防止因气体扩散引发火灾爆炸事故和人身伤害事故。雨水系统兼做事故排水收集系统时,其排水能力应按事故排水量进行校核(通过装置区生产污水系统、初期雨水系统的转运量可以扣除),以满足事故排水的需要。事故排水收集系统的自流管道设计可按满流管道设计,同时在雨水总排口处设置切换阀门或应急闸断系统,防止事故废水通过雨水总排口流出厂区。

在装置区、罐区防火堤、构筑物接入事故排水系统的排出管道上,全厂性的支干管与干管交汇处的支干管上,应设置水封设施。事故排水采用暗管系统时应采用密封井盖及井座,并应与铺砌路面平齐,比绿化地面高出 50 mm;采用雨水明沟时,宜考虑防止挥发性气体和火灾蔓延,在水封设施 15 m 范围内应设置密封盖板。水封设施不得设在车行道、人行道上,并应远离可能产生明火的地点,水封井水封高度不小于 250 mm。收集转运腐蚀性事故排水的管道、检查井内壁应考虑防腐蚀和防渗措施。

(c) 事故应急池

厂区事故应急池总有效容积应根据发生事故的设备泄漏量、事故时消防用水量及可能进入事故排水的降雨量等因素确定,并将厂区排放口周边与外界隔开的池塘、污染物外泄产生的影响程度等纳入综合考虑因素,综合确定。

厂区事故应急池总有效容积应根据环境影响评价报告的要求确定,且不得小于式(1)计算的总有效容积。事故排水储存设施的总有效容积按式(1)确定:

$$V_{总} = (V_1 + V_2 - V_3)_{max} + V_4 + V_5 \tag{1}$$

式中:$V_{总}$——事故排水储存设施的总有效容积(即事故排水总量),m³;

$(V_1 + V_2 - V_3)_{max}$——对收集系统范围内不同罐组或装置分别计算$(V_1 + V_2 - V_3)$,取其中最大值;

V_1——收集系统范围内发生事故的一个罐组或一套装置的物料量,m³;储存相同物料的罐组按一个最大储罐计,装置物料量按存留最大物料量的一台反应(塔)器或中间储罐计;

V_2——火灾延续时间内事故发生区域范围内的消防用水量($V_2 = \sum Q_{消} \cdot t_{消}$),m³;

$Q_{消}$——发生事故的罐区或装置区同时使用的消防设施给水流量,m³/h;

$t_{消}$——消防设施对应的设计消防历时,h;

V_3——事故时可以储存、转运到其他设施的事故排水量,m³;

V_4——事故时必须进入事故排水收集系统的生产废水量,m³;

V_5——事故时可能进入该收集系统的降雨量($V_5 = 10 \cdot q \cdot F$),m³;

q——降雨强度(按平均日降雨量),mm;

F——必须进入事故废水收集系统的雨水汇水面积,hm²。

(d) 事故废水转运及处置

事故池宜采取地下式,事故废水重力流排入,事故池应根据项目选址、地质等条件,采取防渗、防腐、抗浮、抗震等措施,事故池的设计液位应低于该收集系统范围内的最低地面标高,池顶高于所在地面不应小于 200 mm,保护高度不应小于 500 mm。当不具备条件时可采用事故罐,事故废水转入事故罐的输送能力应不小于收集区域内最大事故排水汇水区的事故废水产生量。

事故池宜单独设置并配套标尺液位计,非事故状态下需占用时,占用容积不得超过

1/3,且具备在事故发生时 30 分钟内紧急排空的设施。事故池还应设置转运设施,将事故废水转运到厂区污水处理站或其他应急储存、处置设施,转运能力应满足事故排水最大流量需求,事故废水转运管道宜为固定管道连接,事故废水转运到厂区污水处理站的量应不影响污水处理系统的稳定运行。

(e) 污水处理站事故废水转运

污水处理站应设置尾水排放池,以防止不合格污水外排,有效容积应满足至少 2 h 的设计水量,同时设置固定管道连接至厂区事故应急池,将不合格废水进行回抽。

4.2.5 企业排水收集系统规划建设案例

宜兴市某皮塑化工有限公司排水系统规划建设案例

宜兴市某皮塑化工有限公司位于苏南某市新材料产业园幸福西路以北、宛庄路以东,是一家专业从事皮革光亮剂生产与销售的企业,公司现总产能为年生产 10 000 吨皮革光亮剂,通过多年来的积累和发展,目前已成为生产皮革光亮剂产品的专业公司。

1. 企业排水现状

厂区已实施雨污分流、清污分流。厂内无生产废水,蒸汽冷凝水和循环冷却水均通过循环水回用池(2 000 m³)回用,不外排;生活污水和初期雨水排至厂区污水待排池,污水待排池接管至园区污水处理厂;后期雨水经厂区清水排放口排入市政雨水管网。

(1) 雨水系统

厂区雨水通过雨水明渠汇流至厂区北侧雨水收集池(20 m³),降雨时,前 15 分钟,通过人工手动切换阀门将收集的雨水压力输送至污水待排池。15 分钟后,再通过人工手动切换阀门将收集的雨水压力输送至市政雨水管网,若循环水回用池水位较低,则通过手动切换阀门将后期雨水压力输送至循环水回用池作为循环冷却水使用,如图 4-13 所示。

图 4-13 厂区雨水明渠(左)和循环回用水池(右)

(2) 废水系统

通过现场调查并结合环评要求,厂区无地面冲洗水、设备清洗水和生产废水。

厂区生活污水经化粪池预处理后排至污水预处理站。

厂区 2 个生产车间和 1 个甲类仓库已设置化油池,如图 4-14 所示,用来回收跑冒滴漏废液和事故废液。

图 4-14 厂区生产车间应急排水化油池

厂区共有 2 座生产车间,分别是 PVC 车间和 PU 车间,2 座生产车间均存在冷却水,无生产废水。车间反应釜冷凝器内的冷凝水通过车间外 50 m³ 的 1#、2# 循环冷却水池(图 4-15)收集,通过循环泵实现冷凝水的回用。

图 4-15 1#循环冷却水池(左)和 2#循环冷却水池(右)

冷凝水在循环使用过程中,水量损失不断增加,盐分不断升高,因此需要定期排放一定量的高浓度清排水,目前排放的冷却水通过压力明管输送至污水待排池,如图 4-16 所示。

图 4-16 循环冷却水池排至污水待排池压力明管

厂区设有应急事故池(600 m³)及相应的管道、阀门(图4-17),储罐区一旦发生事故、检修等特殊情况,通过切换事故池阀门,可暂时贮存储罐区排除的废液,如应急消防水、初期雨水等,避免造成环境污染。

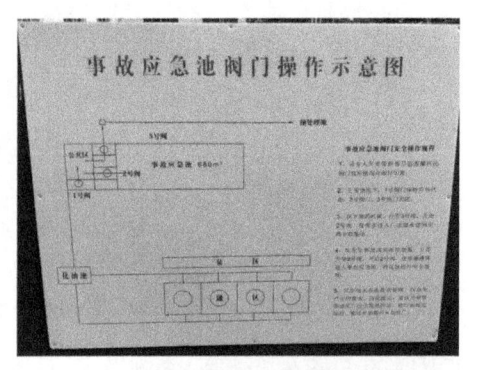

图4-17 厂区事故应急池及储罐区(泵区)

2. 厂区排水系统主要存在问题

(1) 雨水系统

① 厂区围墙四周及车间外围设置的雨水明渠设计不规范,雨水明渠深度不够,无设计图纸,雨水明渠的坡度需进行后期核算。

② 厂区内的罐区外围深度约为5 cm的雨水明渠与跑冒滴漏沟现状合用,未分开设计,围堰区前15 min的雨水自流至厂区的初期雨水收集池;且雨水明渠深度过浅。

③ 厂区初期雨水收集池容积偏小,无后期雨水收集池,雨水排放口未设置在线监测和视频监控系统。

(2) 废水系统

① 目前厂区内无污水预处理设施,污水待排池位于厂区围墙外市政道路绿化带内。

② 事故应急池的标示容积为600 m³,实际池容为680 m³。需要对事故应急池、初期雨水收集池等进行容积核算。

3. 厂区排水系统规划建设

(1) 初期雨水系统

① 初期雨水降雨深度

对于正常生产和运营状态下的建设项目,尤其是化工项目的初期雨水,因多含有污染物质，必须进行相应的收集、储存和处理，防止污染环境。针对雨水收集池容积偏小的问题，拟在厂区内新建初期雨水池。

《化工建设项目环境保护设计标准》(GB/T 50483—2019)对"初期雨水"的定义如下：初期雨水，指刚下的雨水，一次降雨过程中的前10~20 min降水量。《石油化工给水排水系统设计规范》(SH/T 3015—2019)5.3.4条定义："工厂污染雨水也称初期雨水，是指工厂污染区域内的降雨初期的雨水"。

《石油化工给水排水系统设计规范》(SH/T 3015—2019)5.3.4条规定："一次降雨污染雨水总量宜按污染区面积与其15~30 mm降水深度的乘积计算"。该规范在对全国几十个城市的暴雨强度公式进行分析后得出，绝大部分城市的5 min降水量都在15~30 mm，只有极个别城市稍有出入，因此设计可按15~30 mm或5 min的降雨量计算。为便于设计选用，推荐用15~30 mm降水量。

《室外排水设计标准》(GB 50014—2021)中对降水量的计算如下：雨水设计流量(单位 L/s)＝设计暴雨强度[单位 L/(s·ha)]×汇水面积(单位：m²)×径流系数

综上所述，初期雨水池容积一般可采用以下两种方法进行计算：1. 污染区域面积(单位：m²)×降水深度(单位：mm)×径流系数；2. 降雨强度[单位 L/(s·ha)]×污染区域面积(单位：m²)×径流系数。第一种方法计算较为简单，即根据污染物种类及污染程度选择合适的降雨深度，即可确定初期雨水调节池容积。第二种方法计算相对复杂，即先确定重现期标准，代入当地暴雨强度公式，得到相应降雨强度，最终确定初期雨水调节池容积。

为比较上述两种方法的差异，我们采用无锡市暴雨强度公式进行验算：

$$q=\frac{4\,758.5+3\,089.5\lg P}{(t+18.469)^{0.845}}[\text{L/(s·ha)}] \text{ 或 } i=\frac{28.551+18.537\lg P}{(t+18.469)^{0.845}}(\text{mm/min})$$

其中：P——重现期；t——降雨历时。

对于重现期P，《室外排水设计标准》(GB 50014—2021)3.2.4条规定："雨水管渠设计重现期，应根据汇水地区性质、城镇类型、地形特点和气候特征等因素确定。同一排水系统可采用不同重现期。中等城市和小城市城区重现期采用2~3年，中心城区的重要地区采用3~5年。"初期雨水的降雨历时t为地面集水时间加管渠内雨水流行时间。

第二种计算方法计算结果如下表所示：

表 4.2.5-1　不同重现期及降雨历时对应降雨深度　　　　(单位：mm)

初期雨水收集时间(min)	重现期(年)		
	2	3	5
5	11.9	13.0	14.4
10	20.1	22.1	24.5
15	26.4	28.9	32.1
20	31.2	34.2	38.0

由上表可知，就无锡地区而言，第一种计算方法和第二种计算方法中2年重现期相接近。

综上，我们推荐采用第一种计算方法计算初期雨水调节池容积，考虑到该厂区内无生产废水，厂区地面污染较轻，本方案初期雨水降雨深度按 20 mm 取值。

② 初期雨水收集范围

初期雨水收集范围为厂区东南侧储罐区、泵区和厂区南侧堆桶区，总面积约 6 600 m²。

③ 初期雨水收集方式

在初期雨水收集范围内采用明渠方式，将初期雨水收集至初期雨水池。

④ 初期雨水收集池设计容积

收集范围总面积约 6 200 m²，其中绿化面积约 1 500 m²，道路及建筑屋顶面积约 5 100 m²，径流系数加权平均后为 0.72，如表 4.2.5-2 所示。

表 4.2.5-2　径流系数取值表

初期雨水收集范围	面积(m²)	径流系数	径流系数加权平均值
绿化	1 500	0.15	0.72
建筑、道路	4 700	0.90	
合计	6 200	/	

则初期雨水收集池有效容积：

$$V_1 = i \times \Psi \times F (\text{m}^3)$$

其中：i——降雨深度，mm；Ψ——径流系数；F——汇水面积，m²。

$V_1 = 6\,200 \times 0.72 \times 20 \times 10^{-3} = 89.3 \text{ m}^3$，取 90 m³。

初期雨水收集池设于厂区雨水明渠末端，位于厂区东北角。

⑤ 初期雨水收集池控制方式

初期雨水收集池内设置液位自动控制方式，初期雨水收集完成后，初期雨水收集区域的雨水经切换液位自动阀门，雨水进入后期雨水收集池，如图 4-18 所示。

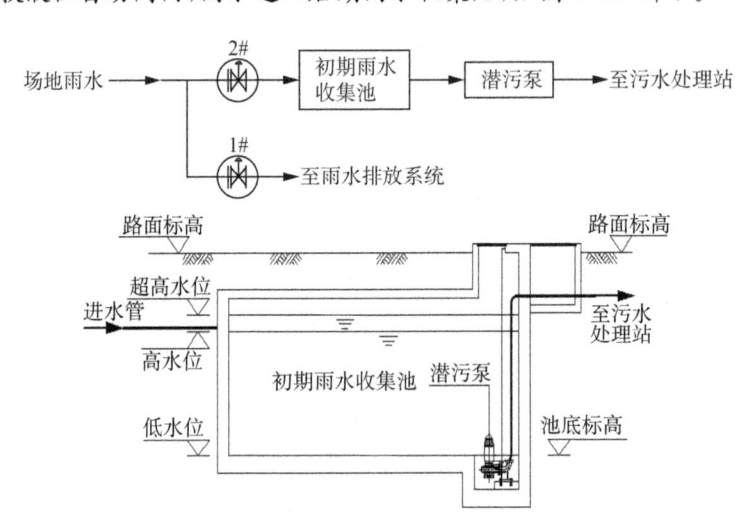

图 4-18　调节池液位控制示意图

初期雨水收集池内设液位控制器，当水位达到高水位时，自动开启 1# 电动阀，关闭

2#电动阀,使雨水直接进厂区雨水系统,同时启动雨水提升泵(可根据污水处理站运行情况设置成人工或自动),将池内雨水提升送至区污水处理站。当初期雨水收集池内水位降至低水位时自动关闭雨水泵然后自动开启2#电动阀,关闭1#电动阀,等待后续降雨的初期雨水进入。若电动阀故障或水位上升到超高水位时,产生声光报警信号,上述水位信号、阀门启闭信号、水泵启停信号等都可进行远传。

(2) 后期雨水系统

① 后期雨水降雨深度

无锡市暴雨强度公式如下:

$$q=\frac{4\,758.5+3\,089.5\lg P}{(t+18.469)^{0.845}}[\text{L/(s·ha)}] \text{ 或 } i=\frac{28.551+18.537\lg P}{(t+18.469)^{0.845}}(\text{mm/min})$$

其中:P——重现期;t——降雨历时。

结合厂区现场实际,后期雨水收集时间按20 min取值,重现期取2年,则降雨深度如下:

$$i=\frac{28.551+18.537\lg 2}{(20+18.469)^{0.845}}=31.2 \text{ mm}$$

② 后期雨水收集范围

后期雨水收集范围为整个厂区,总面积约20 000 m²。

储罐区、泵区和堆桶区初期雨水收集完之后,该区域的后期雨水也进入后期雨水系统。

③ 后期雨水收集方式

整个厂区采用明渠方式,将后期雨水收集至后期雨水池。

④ 后期雨水收集池设计容积

收集范围总面积约20 000 m²,其中绿化面积约5 300 m²,道路及建筑屋顶面积约14 700 m²,径流系数加权平均后为0.70,如表4.2.5-3所示。

表4.2.5-3 径流系数取值表

初期雨水收集范围	面积(m²)	径流系数	径流系数加权平均值
绿化	5 300	0.15	0.70
建筑、道路	14 700	0.90	
合计	20 000	/	

则后期雨水收集池有效容积:

$$V_2=i\times\Psi\times F-V_1(\text{m}^3)$$

其中:i——降雨深度,mm;Ψ——径流系数;F——汇水面积,m²;V_1——初期雨水池有效容积,m³。

$V=20\,000\times 0.70\times 31.2\times 10^{-3}-96.36=340.44 \text{ m}^3$,取350 m³。

初期雨水收集池设于厂区雨水明渠末端,位于厂区东北角初期雨水池北侧。

⑤ 后期雨水收集池控制方式

初期雨水收集池内设置在线监测和视频监控系统,收集池出水管上设置闸阀,正常情况下阀门关闭,防止受污染的水外排。下雨时,水质在线监测启动,待检测合格后,打开阀门,后期雨水通过溢流和水泵提升相结合的方式排至园区市政雨水管网。

(3) 废水系统

生活污水、经预处理的生产废水及初期雨水进入待排池,经检测达到园区接管要求后排放。

① 生产废水系统

目前厂区内无生产废水,无地面冲洗水,无设备清洗水,厂区清下水全部用于回用,清下水不外排。

② 跑冒滴漏废水系统

厂区 PVC 车间及 PU 车间内均已有隔油池,但还需要设置跑冒滴漏收集沟。

③ 生活废水系统

办公楼的生活污水,经设置在办公楼北侧的化粪池处理后,经管道自流进入污水池,最终进入待排池,经检测达到园区接管要求后排放。

厂区设有食堂,食堂污水经隔油池处理后最终进入待排池,经检测达到园区接管要求后排放。食堂隔油池位于办公楼北侧区域。

④ 收集排放系统

待排池建设在厂区西北角,由现有的雨水收集池改造而成。根据园区"一企一管"具体要求,污水排水管为 DN100 无缝钢管,待排池污水泵流量初步选定为 $20\ m^3/h$,由此可以确定待排池的设计容积约为 $20\ m^3$。园区"一企一管"工程厂区管道长度为 $1\ 500\ m$,最不利点位于园区污水处理厂新建污水收集池企业污水排口处,池顶相对标高约 $7\ m$,出水水头 $5\ m$,水泵水头损失 $1\ m$,安全水头为 $2\ m$,水泵出口相对标高约 $-2.5\ m$,如表 4.2.5-4 所示。

表 4.2.5-4 沿程和局部水头损失计算表

流量 (m^3/h)	流速 (m/s)	管径	水力坡度 (m/km)	污水厂企业排口 距待排池距离(km)	沿程和局部 水头损失(m)
20	0.642	DN100	5.069	1.5	9.124 2

水泵扬程 $H=7+2.5+2+5+1+9.124\ 2=26.62\ m$,水泵扬程取 $27\ m$。

水泵参数如下:$Q=20\ m^3/h$,$H=27\ m$,$N=3.0\ kW$,数量为两台,一台使用,一台备用。

(4) 厂区排水系统流程

厂区污废水包含生活污水、设备与地面冲洗水和跑冒滴漏废水,生活污水采用重力暗管自流至待排池,设备与地面冲洗水和跑冒滴漏废水经各个车间的废水收集池(化油池)收集后采用压力明管排至待排池。

厂区污染区收集的初期雨水先汇流至初期雨水收集池,初期雨水收集池内设液位控制器,当液位达到设定液位时,自动开启 2#电动阀、关闭 1#电动阀,使雨水直接进雨水明渠,收集至后期雨水收集池。根据水质情况将初期雨水池内雨水提升送至待排池。

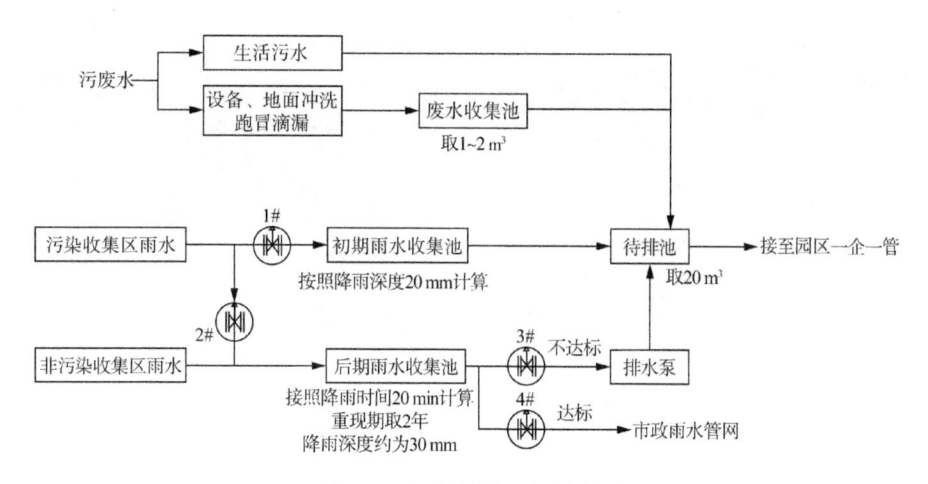

图 4-19 厂区排水系统流程图

后期雨水收集池内设电动阀,当在线监测数据达标时,自动开启 4# 电动阀、关闭 3# 电动阀,后期雨水池内溢流堰上端雨水经溢流进入计量槽,溢流堰下端雨水通过提升泵提升进入计量槽使雨水直接进入市政雨水管网。当在线监测数据不达标时,开启 3# 电动阀、关闭 4# 电动阀,使雨水经提升泵排入待排池。

待排池内的污废水通过水泵压力提升后,采用明管输送方式与园区"一企一管"对接,如图 4-19 和图 4-20 所示。

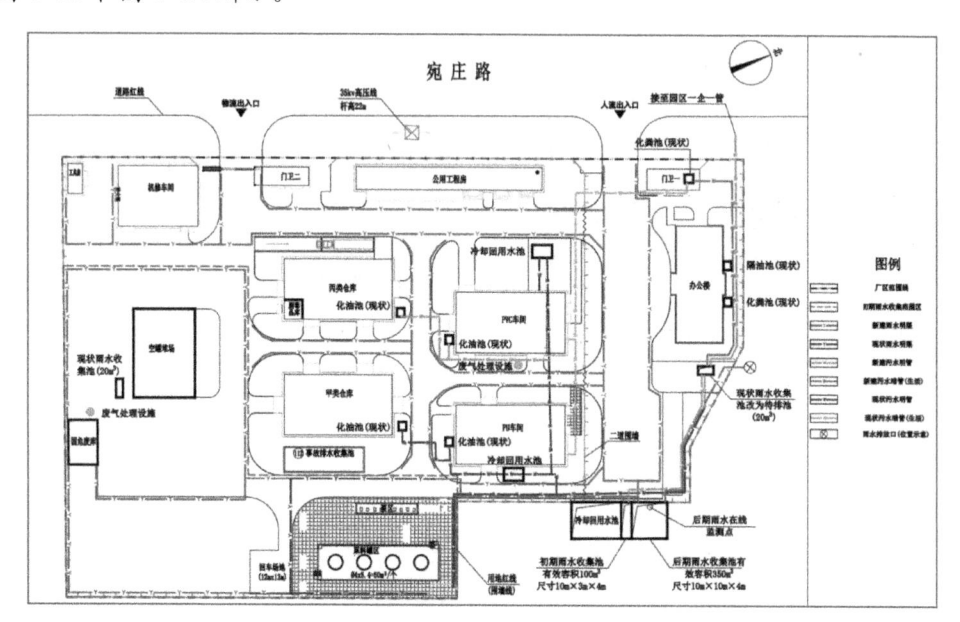

图 4-20 厂区排水系统规划建设图

排水系统改造后,现场成果如图 4-21 所示。

雨水明渠 　　　　　　　　　雨水明渠

后期雨水出水计量 　　　　　污水压力明管

污水压力明管 　　　　　　　水质在线监测设备

初期雨水收集池 　　　　　　污水待排池

图 4-21　排水系统改造后现场成果图

无锡某微电子应急池及初期雨水系统规划建设

无锡某微电子有限公司成立于 2000 年 2 月,主要从事集成电路、分立器件两大类产品的设计开发、圆片制造、测试及封装业务。

无锡某微电子有限公司位于无锡市,厂区占地面积 271 162.2 m²,约合 407.15 亩。厂区现有员工约 4 000 人。

1. 企业排水现状

根据江苏省生态环境厅现场核查结果,无锡某微电子有限公司厂区内部尚未设置应急池和初期雨水池收集系统,无法满足应急事故状态下废水有效收集和降雨初期厂区污染区域初期雨水有效收集的要求,因此根据江苏省生态环境厅要求,厂区必须对应急池和初级雨水系统进行系统完善。

根据无锡某微电子有限公司提供的资料及现场踏勘,无锡某微电子有限公司已实施雨污分流,雨污水管道采用地埋敷设。厂内生产废水经厂内预处理后达到污水厂进水水质要求,和生活污水一起接入无锡市某污水处理厂进行处理,达标后排入京杭运河。厂区雨水通过地埋雨水管道收集后接入运河西路市政雨水管道。

(1) 雨水收集系统

根据厂区雨水收集系统,厂内划分主要分为北区、中区、南区 3 个汇水区域,雨水最终通过厂区东侧的 3 个排口汇入运河西路的市政雨水管道。2020 年厂区进行雨污分流改造后,厂区雨水排口处于常闭状态,雨天才会打开排雨水。

目前厂区洗涤塔等明露设备区域尚未设置围堰来收集初期雨水。

(2) 废水收集系统

根据现场调查,厂区一部分车间生产废水通过地埋污水管道接入废水处理站,另外一部分车间生产废水通过架空明管压力接入废水处理站。

根据企业提供污水系统竣工图,厂区生活污水收集系统主要包含北区、中区、南区 3 个汇水区域,生活污水最终通过厂区东侧的 3 个排口汇入运河西路的市政污水管道。

(3) 应急池系统

由于厂区建设年代较早,尚未设置应急事故池收集系统。

2. 厂区排水系统主要存在问题

通过现场踏勘(图 4-22)、资料收集等核查措施,基地内存在雨污分流不彻底或未截流情况,主要存在以下问题:

(1) 六厂含磷废液回收箱处围堰导流槽未与事故应急池连通;碱液桶下方围堰高度不够,发生事故时不能有效拦截事故废水;碱液喷淋塔旁雨水井四周未设置拦截设施,发生事故时事故废水易进入雨水管网。

(2) S 栋(某生产车间)碱液喷淋塔处围堰有破损、开裂现象,进入酸碱废水池的管道口处有杂物堵塞;某生产车间北侧碱液桶处未设置围堰。

(3) K 栋(某生产车间)废气处理设施位于楼顶,碱液桶设置在高处,四周围堰宽度仅为碱液桶直径,覆盖范围不够,实际发生事故时,事故废水易发生溢流进入雨水管网;屋顶废气处理设施有滴漏现象,屋顶地面有液体溢流进入雨水管网;屋顶雨水分流不彻底。

（4）因企业场地限制，未设置单独的事故应急池，利用废水处理两座各300立方调节池兼做事故池。

洗涤塔	酸碱罐
仓库	初期雨水调蓄池拟定位置
地下水监测点	生产厂房管架
K栋(某生产车间)	生产厂房及废水管

图 4-22　无锡某微电子有限公司现场图

3. 厂区排水系统改造

(1) 初期雨水系统

① 初期雨水降雨深度

对于正常生产和运营状态下的建设项目,尤其是化工项目的初期雨水,因多含有污染物质,必须进行相应的收集、储存和处理,防止污染环境。

《化工建设项目环境保护设计标准》(GB/T 50483—2019)对"初期污染雨水"的定义如下:污染区域降雨初期产生的雨水,宜取一次降雨初期 15 min～30 min 雨量,或降雨初期 20 mm～30 mm 厚度的雨量。

《石油化工给水排水系统设计规范》(SH/T 3015—2019)条文说明之 5.3.4 条定义:"工厂污染雨水也称初期雨水,是指工厂污染区域内的降雨初期的雨水"。

《石油化工给水排水系统设计规范》(SH/T 3015—2019)5.3.4 条规定:"一次降雨污染雨水总量宜按污染区面积与其 15～30 mm 降水深度的乘积计算"。该规范在对全国几十个城市的暴雨强度公式进行分析后得出,绝大部分城市的 5 min 降水量都在 15～30 mm,只有极个别城市稍有出入,因此设计可按 15～30 mm 或 5 min 的降雨量计算。为便于设计选用,推荐用 15～30 mm 降水量。

在本方案中,我们采用第一种计算方法计算初期雨水收集池容积,考虑到无锡某微电子有限公司厂区地面污染较轻,本方案初期雨水降雨深度按 15 mm 取值。

② 初期雨水收集范围

根据江苏省厅《关于印发化工产业安全环保整治提升工作有关细化要求的通知》(苏化治办〔2019〕3 号)的要求,企业初期雨水收集区域应当包含罐区、设备围堰区初期雨水。

本次改造初期雨水收集范围为厂区明露废气处理设备(洗涤塔等)、化学品、危化品仓库区域。

③ 初期雨水收集方式

在初期雨水收集范围内采用围堰、地埋管道的方式,将初期雨水收集至初期雨水收集池。

④ 初期雨水收集池设计容积

初期雨水收集池有效容积:

$$V = i \times \Psi \times F (\mathrm{m}^3)$$

其中:i——降雨深度,mm;

Ψ——径流系数;

F——汇水面积,m^2。

本方案降雨深度 i 取 20 mm,由于初期雨水收集范围内基本无绿化,径流系数取 0.85。

则初期雨水收集池有效容积如表 4.2.5-5 所示。

表 4.2.5-5 各初期雨水收集池收集范围及容积一览表

编号	收集范围	收集面积(m^2)	有效容积(m^3)	设计容积(m^3)
初期雨水池一	⑥与⑩生产厂房之间洗涤塔围堰区域	550	7.0	9.0
初期雨水池二	新、老化学品仓库,危化品仓库,化学品废料仓库	8 000	102.0	125.0

续表

编号	收集范围	收集面积（m^2）	有效容积（m^3）	设计容积（m^3）
初期雨水池三	□号生产厂房南侧洗涤塔	120	1.5	2.5
初期雨水池四	□动力厂房南侧化学品酸碱罐	180	2.3	3.0
初期雨水池五	□动力厂房北侧拟新增洗涤塔	250	3.2	4.0
初期雨水池六	□与□生产厂房周边洗涤塔	8 000	102.0	125.0
初期雨水池七	□纯水站北侧屋面洗涤塔	300	3.8	6.0
初期雨水池八	□纯水站东侧洗涤塔	380	4.8	7.5
初期雨水池九	五十八研究所西侧洗涤塔	100	1.3	2.0
初期雨水池十	□生产厂房北侧屋面洗涤塔	900	11.5	15.0
初期雨水池十一	□办公楼北侧屋面洗涤塔	120	1.5	2.0

⑤ 初期雨水收集池控制方式

初期雨水收集池内设置液位自动控制方式，初期雨水收集完成后，初期雨水收集区域的雨水经切换液位自动阀门，进入后期雨水收集管道。

初期雨水收集池内设液位控制器，当水位达到高水位时，自动开启2♯电动阀、关闭1♯电动阀(图4-23)，使雨水直接进厂区后期雨水系统，同时启动雨水提升泵(可根据废水处理站运行情况设置成人工或自动)，将池内雨水提升送至区废水处理站；当初期雨水收集池内水位降至低水位时，自动关闭雨水提升泵然后自动开启1♯电动阀、关闭2♯电动阀，等待后续降雨的初期雨水进入；发生故障或水位上升到超高水位时，产生声光报警信号，上述水位信号、阀门启闭信号、水泵启停信号等都可进行远传。

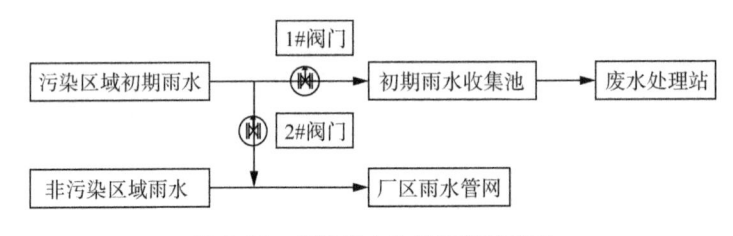

图 4-23　初期雨水收集流程示意图

(2) 应急收集系统

目前厂区应急事故池尚未建设，不能满足环保要求，本次改造需要新建应急事故池，同时对应急事故池有效容积进行校核。

① 应急事故池收集范围

《化工建设项目环境保护工程设计标准》(GB/T 50483—2019)对"事故废水"的定义如下：生产装置发生事故时排出的废水，包括消防废水、泄漏物料、事故期间雨水等。并且规定：化工建设项目应设置应急事故水池，以保证事故时能有效地接纳装置排水、消防废水等污染水，避免事故污染水进入水体造成污染。

《事故状态下水体污染的预防与控制技术要求》(Q/SY 1190—2013)中对事故液量的

定义如下:事故液量包括物料泄漏量、消防冷却水量、泡沫及其他灭火剂液量、污染雨水量和冲洗水量等。

② 应急事故池设计容积

《化工建设项目环境保护工程设计标准》(GB/T 50483—2019)中规定,应急事故池容积应根据物料泄漏量、消防废水量、进入应急事故池的降雨量等因素确定,具体如下(简称国标计算法):

$$V_{事故} = V_1 + V_2 + V_{雨} - V_3$$

其中:V_1——最大一个设备装置的容量或贮罐的物料贮存量,m³;

V_2——装置区或贮罐区一旦发生火灾及泄漏时的最大消防用水量,包括扑灭火灾所需用水量和保护邻近设备或贮罐(最少3个)的喷淋水量,m³;

$V_{雨}$——发生事故时可能进入该废水收集系统的当地的最大降雨量,m³;

V_3——事故废水收集系统的装置或罐区围堰、防火堤内净空容量及事故废水导排管道容量之和,m³。

《事故状态下水体污染的预防与控制技术要求》(Q/SY 1190—2013)中规定的应急事故水池容积计算确定方法如下(简称企标计算法):

$$V_{事故} = (V_1 + V_2 - V_3)_{max} + V_4 + V_{雨}$$

其中:V_1——收集系统范围内发生事故的物料量(单套装置物料量按存留最大物料量的一台反应器或中间储罐计),m³;

V_2——发生事故的储罐、装置或铁路、汽车装卸区的消防水量,m³;

V_3——发生事故时可以转输到其他储存或处理设施的物料量,m³;

V_4——发生事故时仍必须进入该收集系统的生产废水量,m³;

$V_{雨}$——发生事故时可能进入该收集系统的降雨量,m³。

由于厂区各生产车间、厂房均未给出具体的防火等级,因此选取厂区建筑面积最大的A生产厂房(建筑面积约7 000 m²,建筑体积约87 500 m³)和建筑体积最大的B生产厂房(建筑面积约6 500 m²,建筑体积约95 000 m³),根据国标法和企标法计算公式,应急事故池容积计算如表4.2.5-6所示。

表4.2.5-6 应急事故池容积计算一览表

运行工况	风险事故状态			
计算方法	国标计算法		企标计算法	
计算区域	A生产厂房	B生产厂房	A生产厂房	B生产厂房
汇水面积(m²)	10 100	11 000	10 100	11 000
最大贮存量V_1(m³)	/	/	/	/
最大消防水量V_2(m³)	1 056	1 116	988.8	1 048.8
最大降雨量$V_{雨}$(m³)	1 054.3	984.0	151.5	165.0

续表

运行工况	风险事故状态			
转输物料量 V_3 (m³)	0	0	0	0
生产废水量 V_4 (m³)	/	/	/	/
计算事故池容积 $V_{事故}$ (m³)	2 110.3	2 100	1 140.3	1 213.8
设计容积 (m³)	2 150	2 100	1 150	1 220

(a) 根据《建筑设计防火规范》(GB 50016—2014)，A生产厂房和B生产厂房储存物品的火灾危险性特征为可燃固体，火灾危险性类别按丙类计。

(b) 根据《消防给水及消火栓系统技术规范》(GB 50974—2014)表3.3.2，丙类厂房(建筑体积 $V>$ 50 000 m³)室外消防栓设计水量按40 L/s计，根据《建筑消防设施检测报告》(锡)现代消检〔2021〕第0001号，A生产厂房室内消防栓设计水量为180 m³/h计；根据《建筑消防设施检测报告》K栋2021年度消防检测，B生产厂房室内消防栓设计水量按160 m³/h计。根据《消防给水及消火栓系统技术规范》(GB 50974—2014)表3.6.2，火灾延续时间为3.0 h。

(c) 根据《自动喷水灭火系统设计规范》(GB 50084—2017)表5.0.2，电子生产车间喷水强度按照8 L/(min·m²)取值，最大作用面积为160 m²，自喷灭火时间按1.0 h计，安全系数取1.0。

(d) 国标法事故时降雨量按照 $Q=q\Psi F$，$q=\dfrac{4\,758.5+3\,089.5\lg P}{(t+18.469)^{0.845}}$ [L/(s·ha)]或 $i=\dfrac{28.551+18.537\lg P}{(t+18.469)^{0.845}}$ (mm/min)计算。

其中：q——暴雨强度，L/(s·ha)；Ψ——径流系数，取0.85；F——必须进入事故废水收集系统的雨水汇水面积；P——重现期，取2年；t——降雨历时，取180 min。

(e) 企标法事故时降雨量按照 $V_{雨}=10q_a \cdot F/n$ 计算。

其中：q_a——年平均降雨量，取1 200 mm；n——年平均降雨日数，取80天；F——必须进入事故废水收集系统的雨水汇水面积。

(f) 根据表4.2.5-6计算结果，本着环境风险防范按最不利情境考量的原则，宜大不宜小，应急事故池设计有效容积按2 150 m³取值。

通过现场初步查勘，应急事故池暂定设于A仓库东侧停车场区域，与初期雨水收集池六合建，尺寸暂定为30.0 m×29.0 m×3.2 m(池内壁净尺寸，其中事故池30.0 m×27.0 m×3.2 m，初期雨水池六30.0 m×2.0 m×3.2 m)。

③ 应急事故池控制方式

将无锡某微电子有限公司厂区雨水收集管道作为事故应急收集管道，在管道末端设置切换阀门，一旦发生事故，通过切换阀门，将事故水排入事故应急池。

当发生事故时，人工远程启动3#电动阀，关闭厂区雨水排口总阀门(3个总排口阀门)，使事故水通过厂区雨水管道进入应急事故池。后期将应急事故池内送至废水处理站进行处理。若电动阀故障或应急事故池水位上升到超高水位系统可产生声光报警信号，上述水位信号、阀门启闭信号、水泵启停信号等都可进行远传。

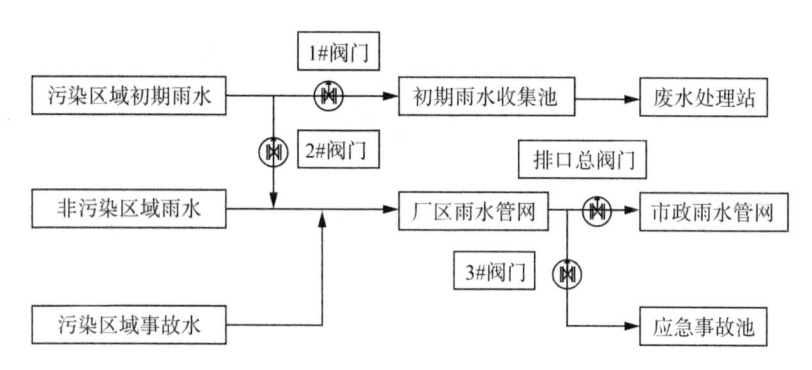

图 4-24 事故水控制流程示意图

4.3 小结

随着《关于江苏省化工园区(集中区)环境治理工程的实施意见》《江苏省化工产业安全环保整治提升方案》《江苏省重点行业工业企业雨水排放环境管理办法(试行)》等政策文件的发布实施,江苏各地都在积极探索重点工业园区排水收集系统的规划建设,从源头收集—过程转输—处理排放—在线监管,形成了一整套系统控制流程,可以为其他地区工业园区排水管理提供了一定的学习借鉴。

当然,即便工业园区排水收集系统建设已十分完善,但依然不可能做到面面俱到,工业园区突发水污染事件仍然可能发生,因此针对这类事件,需要在园区排水收集系统建设完善的基础上,坚持预防为主、预防与应急相结合的原则,进一步开展园区三级防控体系建设,强化突发环境事件风险防控基础设施建设。

第五章

工业园区突发水污染事件应急防范体系建设

5.1 园区突发水污染事件和应急管理

5.1.1 园区突发水污染事件

近年来,我国以石油化工、化学品制造为主的工业园区发展迅速,但工业园区的突发水污染应急防控能力还有待健全。如松花江苯系物污染事件、天津"8·12"滨海新区爆炸事件、广东惠州大亚湾石化区油库火灾事故、江苏"3·21"响水爆炸事故等工业园区安全生产事故、爆炸及泄漏事故等突发性事件时有发生,易引发重大突发性水污染事故,对区域及周边水系、海洋等生态环境构成严峻威胁。从近年发生的工业园区水环境污染事故来看,若工业园区事故废水、消防废水及事故雨水径流污染处置不当,一旦发生事故,会迅速外溢到受纳水体及地表水环境。如果园区雨水污染环境风险防控体系薄弱,污染物则会通过园区雨排水系统对周边环境造成严重的影响。

环境安全的状况直接关系到人民群众的身体健康,关系到经济社会的可持续发展,关系到社会的稳定和长治久安。我国的 7 个较大的流域全部跨省界,总面积达 437 万平方公里,覆盖了约 44% 的领土,涉及 29 个省(自治区、直辖市)。全国 88% 的人口、80% 的耕地都集中于这些地区。控制这些流域的水污染、防止突发性水污染事件的发生以及在污染事故发生后尽可能减轻其影响,对各级政府来说,就是执政能力的直接体现。及时防范、妥善处理突发性环境污染事件,关系到政府的形象,也是对相关部门工作水平的检验,对于保障人民的身体健康、促进经济和社会的和谐发展极其重要。避免水污染事件的发生,以及在发生突发性水污染事件之后采取适当的应对措施,尽可能减轻其影响,是我国政府面临的一项紧迫任务[1]。

根据相关资料显示,仅 2021 年,我国共发生突发环境事件 199 起。其中,重大事故 2 起(嘉陵江甘陕川交界断面"1·20"铊污染事件、河南省三门峡市五里川河"11·8"锑污染事件)、较大事件 9 起,一般事件 188 起。

1. 园区突发水污染事件含义及特点

突发性水污染事件是指由于违反水资源保护相关法规的经济、社会活动与行为,以及意外因素的影响或不可抗力等,使污染物进入河流湖泊水体,致使水资源受到污染,人体健康受到损害,社会经济与人民群众财产受到损失,造成不良社会影响的突发性事件。

突发水污染事件是环境应急中发生较多的一类事件。水污染事件通常都具有流域性、影响的长期性、应急主体不明确等特征,突发性水污染事件在上述这些特征的基础上,更为突出的特征是其突发性,主要表现在水污染事故发生、发展、危害的不确定性,加剧了应对的复杂性。

与其他事件相比,水污染事件中污染物随水体流动,有以下特点:

(1) 发生的不确定性。突发性水污染事件发生前根本无法判断其发生的时间、地点,引发事故的直接原因也多种多样,可能是水上交通事故、企业违规,或者是事故排污、公路交通事故、管道破裂等,相当部分属于运动源。这些事故发生突然,来势凶猛。如果事先没有采取防范措施,则在很短的时间内往往难以控制,具有极大的偶然性和突发性,事件发生后必须采取应急措施。

(2) 事故水域形态的不确定性。河流、水库、湖泊、河口、海洋和地下水等水域的水流形态各不相同,直接影响污染物的扩散方式和扩散速度。在同一种水域类型中,又有不同的子类型,对水流性质影响很大,如河流中的顺直河道和弯曲河道、山区河道和平原河道的水流特性差异相当大。另外还有洪水、潮汐、风浪等瞬时水文变化。

(3) 污染源的不确定性。事故释放的污染物类型、数量、危害方式和环境破坏能力具有不确定性。而污染源的情况对于应急救援而言极为重要。

(4) 危害的不确定性。危害的不确定性源于水域功能和事故受害对象的不确定性。水资源按功能可分为生活用水、灌溉用水、渔业用水和工业用水,同等规模和等级的水污染事故,造成的污染危害可能是千差万别的,如污染事故发生地点距离城市水源很近,城市供水就会中断,其后果将是灾难性的,而发生在远海区可能就不会造成灾难性的影响。

(5) 流域性。河流具有流域属性决定了水污染事故同样具有流域性。由于河流呈条带状,线路长,一旦被污染,危害容易被放大。一切与该流域水体相关的环境因素都可能受到水体污染的影响,如河流两侧的植被、饮用河水的动物、从河流引水的工农业用水户等,流域内的地下水由于与地表水产生交换,也可能被污染。

2. 园区突发水污染事件的分类

突发水污染事件可分别按风险源的位置、扩散方式和进入水体的途径等进行归类,从不同的角度去认识事件的本质。

(1) 按风险源位置分类

突发水污染事件可分为固定源、移动源及流域源3类(表5.1.1-1)。

(2) 按污染物泄漏扩散方式分类

突发水污染事件可分为非持久物质排放在快速分散的地点、非持久物质排放在缓慢分散的地点、持久性物质排放在快速分散的地点、持久性物质排放在缓慢分散的地点4类。

表 5.1.1-1　突发水污染事件按风险源位置分类

类别	具体风险源
固定源	工业污染源
	废水处理厂
	危险有毒化学品仓库
	废弃物填埋场
	装卸码头
移动源	航运船舶,危化品车辆
流域源	火灾

(3) 按污染物进入水体的途径分类

突发水污染事件可分为液相直接流入、固相溶解沉积、雨水冲刷汇入及颗粒沉降入水 4 类(表 5.1.1-2)。

表 5.1.1-2　突发水污染事件按污染物进入水体的途径分类

类别	具体风险源
液相直接流入	固定源排污口直接超标排放、码头货物倾翻等
	移动源因碰撞、爆炸、侧翻等引起燃油泄漏及液态化学品泄漏等
	流域源污染物质液相流入水体
固相溶解沉积	移动源因碰撞、爆炸等导致运载的固相化学品倾翻入水等
雨水冲刷汇入	固定源储罐、仓库等因泄漏、溢出或爆炸产生的化学物质,经雨水冲刷或违规排放,直接排入或汇入水体
颗粒沉降入水	固定源非正常性产生大量化学颗粒粉尘,通过空气传输后,沉降进入水体

3. 园区突发水污染事件的危害性及应对意义

突发性水污染事件通常都具有较大的危害性,主要体现在以下几个方面:

(1) 突发性水污染直接威胁人们的生命与健康。突发性水污染事件的重要危害之一是威胁人们的生命和身体健康,特别是有毒物质污染事故,不仅直接造成事故现场的人员受伤害,而且还可能对未直接暴露在事故现场的人们健康造成严重影响,如饮用污染水源而受伤害。

(2) 突发性水污染造成经济损失大。突发性水污染事件所造成的经济和财产损失是显而易见的,不但会造成企业或园区的经济损失,而且还让政府或组织损失恢复生态环境所需的高额成本。

(3) 重大突发性水污染容易造成社会不稳定。突发性水污染事件影响社会安定主要表现在:污染事故发生后,对污染影响区的居民造成巨大的心理压力,影响正常生活和生产;事故造成的经济损失与人员伤亡,可能引起污染纠纷,造成各种混乱,危害社会治安;重大事故会带来相关的社会问题,如大量人口被迫迁移;一些水污染会引发地区间,甚至国际间的污染纠纷。

(4) 突发性水污染对生态环境破坏严重。重大的突发性水污染事件,对生态环境的破坏强度很大,往往造成一定范围的生态失衡,有的甚至造成长期的危害,致使生态环境难以恢复。

目前，我国大部分园区尚未建立完善的突发水污染事件防控体系，普遍存在企业环境应急设施规划设计不合理、园区公共事故应急池缺失、园区周边水系未设置闸阀类应急截流措施等问题。一旦园区内企业发生火灾、爆炸等突发事件，短时间内大量事故废水无法得到有效截断及收集，容易出现废水出厂、入河等情况，演变成突发水污染事件。若遇上极端天气等偶发状况，园区周边水环境安全面临更大的风险。对此，建立完善的突发水污染事件防控体系已成为发展的必然需求，既可以在体系建设过程中及时发现园区潜在风险因素及薄弱环节，完善基础设施，降低环境风险事故发生概率；又可以在发生事故时有法可依，加快应急响应速度，降低事故破坏性，从而提升整体安全性，实现园区社会效益与环境效益的可持续发展。

5.1.2 园区突发水污染事件应急管理

应急管理的根本任务就是提出合理方案应对突发事件，且要求此应对方案具有可操作性、准确性和经济性。

突发水污染事件可以根据不同的污染情况分为4种：首先，已知污染源和污染物，全面调查污染范围和污染程度。其次，已知污染源、污染物位置，需要调查受到污染的范围和可能发生的危害。再次，污染物已知，污染源未知，需要调查污染源头和污染范围。最后，污染物和污染源都未知，需要调查污染的种类、来源以及可能造成的危害。

对于第一种污染情况，可以通过直接测定污染源或者排放地点的浓度和环境中的浓度应对，具体工作较为简易。对于第二种污染情况，不清楚污染物位置，需要从了解原材料入手，找出其中可能产生的污染物，进行全面的监测和分析。而对于污染源未知的情况，需要从对污染源的调查着手，这种情况下需要消耗大量的财力和物力，如果该污染源头呈现出流动特征，那么调查将毫无效果。对于后两种污染情况，最简单和快捷的方式就是在环境周围布置监控断面，从而对其进行逐一排查，不断缩小调查范围，最终找出污染源所在。

1. 园区突发水污染事件防控现状

（1）防控应急系统不够完善

有关调查结果显示，突发水污染事件问题占据了我国环境问题的较大部分。由此可见，突发水污染事件是环境部门的重点管理内容，突发水污染事件发生概率较高。对于其他突发事件而言，突发水污染事件的控制以及应急处理都较为复杂。所以突发水污染事件的防治应该采取预防为主、防治结合和综合治理的原则，各个管理部门之间也需要相互协调，在管理、监控和监测方面形成一个完整的控制系统。就实际情况而言，对于突发水污染事件等重大环境危害事故，我国的监测体系和防治体系都还存在较大的漏洞，需要及时完善防治控制体系。

（2）应急防控人员素质不高

突发水污染事件应急管理所涉及的专业学科众多，且复杂度和综合度较高。卫星遥感器和人工智能的投入使用，将会对应急防控人员提出更高的要求，应急防控人员不仅需要过硬的专业素质、丰富的知识储备，还需要具备一定的应急事件处理能力。而就当下的情况而言,符合上述需求的综合型人才不足,且普遍素质较低。我国当下对应急防控人员尤其是在突发水污染事件的监测员较为缺乏。突发水污染事件应急防控人员的专业背景和来源渠道多样,这种多渠道形成的队伍甚至根本就不具备足够专业素质和管理经验,给突发水污染事件的处理带来了一定的阻碍。

(3) 环境监测设施较为落后

对于突发水污染事件的监测效果很大程度上依赖于监测设备的精准度。但是由于部分地区还在使用较为落后的环境监测设施,不能很好地实现合理实时监测并及时采取应对措施,应急治理还是有较大的难度。

2. 国内外突发水污染事件应急管理典型案例

(1) 多瑙河重金属污染事件

2000年1月,几场大雨过后,罗马尼亚西北部的大小河流和水库水位暴涨。1月30日,位于奥拉迪亚市附近的巴亚马雷金矿的污水处理池出现一个大裂口,1万多立方米含剧毒的氰化物及铅、汞等重金属污水流入附近的索莫什河,而后又冲入匈牙利境内多瑙河支流蒂萨河。污水进入匈牙利境内时,多瑙河支流蒂萨河中氰化物含量最高超标700~800倍,从索莫什河到蒂萨河,污水流经之处,几乎所有水生生物迅速死亡,河流两岸的鸟类、野猪、狐狸等陆地动物纷纷死亡、植物渐渐枯萎。2月11日,剧毒物质随着蒂萨河水又流入南斯拉夫境内,两天后,污水侵入国际水系多瑙河。突然降临的灾难使匈牙利、南斯拉夫等国深受其害,给多瑙河沿岸居民造成了沉重的心理打击,国民经济和人民生活都受到一定程度的影响,蒂萨河沿岸世代靠打鱼为生的渔民丧失了生计。流域生态环境也遭到了严重破坏。根据欧盟专家小组的估计,在受污染地区,一些特有的生物物种将灭绝,有关专家估计至少需要20年才能恢复这里的生态平衡。

该事故导致罗马尼亚、匈牙利、南斯拉夫3国政府共同宣布蒂萨河沿河地区进入紧急状态。匈牙利政府在接到罗马尼亚政府的预警通报后,迅速下令立即关闭以蒂萨河为饮用水源的所有自来水厂,同时通过相关媒体广泛宣传河水被污染不能饮用的消息,幸而没有人员受到危害的事件发生。保加利亚有关部门告诫居民不要购买多瑙河产的鱼,以免发生生命危险。罗马尼亚、匈牙利、南斯拉夫三国签订了议定书,督促三方加紧治理各自境内可能的污染源,杜绝今后类似污染事件的发生。

(2) 2005年松花江水污染事件

2005年11月13日,吉林石化公司双苯厂一车间发生爆炸,共造成5人死亡、1人失踪,近70人受伤。爆炸发生后,约100 t苯类物质(苯、硝基苯等)流入松花江,造成了江水严重污染,沿岸数百万居民的生活受到影响。

11月13日15时,吉林市环保监测站派人赶到事故现场,发现有近100 t的苯类物质已经泄漏至松花江中。直至11月18日,黑龙江省政府、省环保厅才接到吉林省政府办公厅、吉林省环保厅关于爆炸事故可能对松花江水质产生污染的信息通报,当日启动环境应急预案,于松花江干流增加监测点和监测频率。11月21日,在松花江位于吉林与黑龙江两省交界处的肇源监测断面检出硝基苯超标达到29.1倍,较高浓度污染带长约80 km,流经持续时间为40 h左右。松花江干流流经哈尔滨市后在同江汇入黑龙江。哈尔滨市政府制定了采用活性炭吸附污染物的具体净化方案,开始使用活性炭过滤江水。该事件造成哈尔滨市临时停水4天,城区内中小学停课1周。自政府发布公告后,很多市民涌进商场、超市和街头巷尾的食杂店,抢购瓶装水、罐头和方便面。此次松花江水污染事故震惊了全国,国际上也有强烈反应。俄罗斯对松花江水污染对中俄界河黑龙江造成的影响表示关注,中国向俄罗斯道歉,并提供援助以帮助其应对污染。

(3) 2018年河南省南阳市淇河污染事件

2018年1月17日,南阳市淇河发生有机磷污染事件,事发点距丹江约30 km,距丹江口水库约75 km。指挥部采取关闭电站闸坝、筑坝拦蓄、分流稀释等应急处置措施。在上河电站坝下800 m处河道狭窄处建设围堰应急池,形成临时应急池。电站有两个分水通道,利用泄洪池把污水引入应急池,再利用引水渠引流清水,在电站坝下1 km处实现清污配比,稀释排放。同时,围堰预留两个引流钢管,一高一低,一大一小,流量不同,可根据坝前水位和上游清水来量控制污水排放量。

5.2 园区突发水污染事件三级防控体系概述

5.2.1 "南阳实践"与突发水污染事件三级防控体系

2018年1月淇河污染事件中,河南省南阳市明确"不让受污染的水进入丹江口水库"的目标,采取及时关闭闸坝并修建临时应急池的措施,既有效拦截隔离污水,又不影响上游清水下泄,事件处置由被动转为主动。

为将成功经验提炼形成指导环境应急的基本遵循,生态环境部会同河南省、湖北省、陕西省生态环境厅,联合南阳市、十堰市、商洛市等开展丹江口水库环境应急预案编制试点工作,总结提出水污染事件应急"南阳实践"。

所谓"南阳实践",即围绕不让受污染的水进入敏感水域(水源地等)的目标,从汇水河流入手,按照"以空间换时间"的思路,做好"找空间、定方案、抓演练"三项工作。

1. 找空间

通过收集环境应急空间与设施、重点环境风险源、环境敏感目标、河流基础信息,建立完整清单。采用天地图影像地图作为地图,导入环境应急空间与设施清单点位经纬度信息,通过影像识别,核对、补充、完善环境应急空间与设施。对重点环境应急空间及设施开展现场调查,核实并采集相关数据,确定可用空间清单。

2. 定方案

根据"南阳实践"基础信息清单,明确环境应急空间与设施建设或使用方法,结合环境风险源分布等情况,确定突发环境事件情景,针对污染团隔离拦截、清水控制等问题,编制"一河一策一图"环境应急响应方案。

(1) 拦污截污

发现河水受到污染后,通过查询上下游环境应急空间与设施、环境敏感目标等信息,第一时间就近利用闸坝、电站或临时筑坝点截断污染团、拦截清水,减轻截污压力,降低污染团推移速度。

(2) 分流引流

在应急处置中,应充分利用闸坝沟渠等分流、引流作用,实现清污分离。分流主要指分流清水,即通过支汊河道、排水管道及其他连通水道将清水分流,绕开事故点或污染团。引流指引流污水,即将污染团从流动水域引流至封闭场所,以便处理。

(3) 调蓄降污

调度流域水资源,合理利用河流自净及稀释能力,降低污染物浓度,必要时利用沿程拦河闸坝、桥梁等设施或临时筑坝,建设应急处置点,采用物理、化学等方法削减污染物。

3. 抓演练

抓演练即通过分阶段、分层次演练,对响应方案的可操作性进行检验,包括环境应急空间与设施实际存水量是否准确、污水是否能够引进去、运转方式是否有效,人员队伍、施工材料、设备机械等是否能得到保障。

(1) 演练准备

① 确定演练目标

一般包括:检验环境应急空间及设施实际存水量是否准确、污水是否能够被引进去、运转方式是否有效,"临时应急池"能不能被快速建成。

查找资源方面的可能缺口,摸清人员队伍、施工材料、设备机械等资源从哪里调用、如何调用,查漏补缺。

提高参演人员对响应方案的熟悉程度和履行相关任务的能力,促进各种设施装备作用改进。

完善应急管理协调和管理程序,对响应方案实施相关单位和人员的职责任务进行推演,理顺工作关系,完善应急机制。提高公众对应急的认识,提升公共安全意识和参与经验。

② 分析演练需求

分析需要参与的演练人员、需演练的技能、需检验的设施装备、需完善的应急处置流程、需进一步明确的职责等,确定演练内容,包括指挥与协调、现场处置、监测预警、应急通讯、信息报告、信息发布、后期处置等。

③ 确定演练方式

确定演练事件类型和级别、演练地点和方式等。在响应方案制定过程中,可以采取讨论式桌面演练、研究性演练等方式;响应方案被确定后,可以采取行动式桌面演练、实战演练等方式。可以组织多个单项演练或者一个综合演练,进行检验性演练或示范性演练。

④ 安排演练准备与实施的日程计划

确定各种演练文件编写与审定期限、物资装备准备期限、演练实施日期等。

⑤ 编制演练经费预算

提前做好演练计划,申请纳入政府财政预算,落实资金保障。

(2) 演练组织

以综合应急演练为例,成立演练领导小组,可下设演练设计组、导演组、评估组、保障组、安全组等,分工组织演练工作,编制演练方案、演练控制指南、演练人员手册,制定演练评估方案。

① 编制演练计划和方案

印发通知,明确响应方案演练的组织架构,通知相关单位参与演练工作任务。组织编制演练方案,确定具体事件情景和发展过程。演练应根据演练地点及周围有关情况,基于响应方案和真实案例,并考虑可能存在的公众影响、不利气象条件、通信等系统或设备故障等问题,对演练进行所需的支持条件加以说明。

② 编制演练脚本

组织专班编制演练脚本,主要内容应包括:模拟突发环境事件情景、处置行动与执行人员、指令与对白、步骤及时间安排、视频背景与字幕、演练解说词等。演练脚本要明确发生突发事件时,启动环境应急预案,组建应对工作机构并迅速投入运作,确认突发事件的状态并适时向公众公布,查明事件原因并制定实施应对方案等内容。

③ 编制演练控制指南

将演练背景、时间、地点、人员、目的和指标、事件介绍、控制及保障分工、记录和演练现场图等,以清单方式明确说明。

④ 编制演练人员手册

为参演者提供具体信息、流程的文件。

编制演练评估方案明确评估活动和内容,应包括演练评估行动管理;评判员培训和工作指导材料;观摩评估演练活动的流程和方法;跟踪演练指标完成情况的程序和方法;记录与评判演练人员应对行动流程和方法;列出必要的演练表格清单,包括填写和准备指导等。

(3) 演练实施

① 熟悉演练任务和角色

各参演单位和参演人员熟悉各自参演任务和角色,并按照演练方案要求组织开展相应的演练准备。

② 组织预演

在综合应急演练前,演练组织单位或策划人员可按照演练方案或脚本组织桌面推演或合成预演,熟悉演练实施过程各个环节。

③ 安全检查

确认演练所需工具、设备、设施、技术资料以及参演人员到位。对应急演练安全保障方案以及设备、设施进行检查确认,确保安全保障方案可行,所有设备、设施完好。

④ 应急演练

应急演练总指挥下达演练开始指令后,参演单位和人员按照设定的事故情景,实施相应的应急响应行动,直至完成全部演练工作。

⑤ 演练评估

演练过程中,评估人员应准确记录并收集指标完成情况,认真填写记录表格,为评估演练效果做数据准备。通过分阶段、分层次应急演练,查找响应方案存在的逻辑关系、组织机制、资源保障等方面的问题,完善响应方案并推动方案落地。响应方案制定后,推动纳入政府预案体系,确保方案有人指挥、有人组织、有人实施、有人保障,并根据实践动态对响应方案进行调整和完善。

为提升园区突发水污染事件环境应急准备能力,借鉴"以空间换时间"的理念,生态环境部要求各地按照"一级防控不出厂区、二级防控不进内河、三级防控不出园区"总体目标,构建园区突发水污染事件环境应急三级防控体系。其中一级防控即利用企业自身的围堰、应急池等环境应急防控设施,将事故污水控制在企业厂区内部;二级防控即推动有条件的相邻企业间应急池、企业与园区公共应急池互联互通,对流出事故企业的污水进行拦截、转运、处置,防止污水进入园区河道;三级防控即充分利用园区内的坑塘、河道、沟渠以及周边水系等构建环境应急防控空间,对进出园区的水体实施封闭或分段管控,确保不对园区外重要水体造成影响。

5.2.2 突发水污染事件应急处置措施

突发水污染事件应急处置中主要依靠各类闸坝沟渠。以永久性闸坝沟渠为主,必要时选择合适地点,修筑临时性设施。

闸坝沟渠在应急处置中,主要发挥挡水、排水、引水三种作用。挡水指的是拦蓄污水并阻断或控制上游清水;排水指的是控制性排放污水或清水;引水指的是通过引流将污染团导引出流动水域或将清水绕过污染团。

总体来看,通过挡水、排水、引水的综合运用,可以运用以下几种设施:引水式电站、湿地、干枯河床、引水管道、江心洲型河道、坑塘、槽车、排水管道、连通水道、多级拦截坝、应急拦污坝。

1. 引水式电站

使用引水式电站,既可以在河道临时筑坝蓄污并通过电站引水渠分流清水,也可以通过电站引水渠分流蓄污并通过河道分流清水。

(1) 临时筑坝蓄污。该方法在 2018 年河南省南阳市淇河污染事件中得到了应用。使用时应注意,电站拦水坝下游要适合筑坝且坝体安全能够得到保证,形成的"临时应急池"或多级"临时应急池"能够满足截蓄水量需求。

(2) 电站引水渠蓄污。使用时应注意,电站引水渠应能够满足截蓄水量需求或可以将污水转移至其他空间,如分质截蓄后将高浓度污水通过沟渠管道转移。

2. 湿地

发生突发水污染事件时,需将受污染河道通过落闸或筑坝方式,截断受污染水排入下游河道。同时通过关闭闸门或筑坝,将湿地排出口关闭,将受污染河道水导流进入湿地降解,同步引流清水,最终受污染水通过湿地降解达标后排放。使用时应注意,湿地一般应独立于主河道,进出口要有控制闸坝或适合建设临时坝,湿地蓄水量能够满足要求。

3. 干枯河床

发生突发水污染事件时,需将受污染河道通过落闸或筑坝方式,截断受污染水排入下游河道。同时通过筑坝,封堵干枯河床下游排出口,将受污染河道水导流进入干枯河床,同步引流清水,受污染水在干枯河床内处置达标后排放。使用时应注意,干枯河床一般应独立于主河道或易与主河道隔离,进出口适合建设临时闸坝控制水流,蓄水量能满足要求。

4. 引水管道

发生突发水污染事件时,受污染段河道通过上下游落闸或筑坝方式,将受污染水暂存在河道内。同时利用管道或水渠,引流上游清水绕过受污染段河道,排至下游。受污染水在河道暂存段经处置达标后排放。该方式主要适用于管道连接的上下游水位落差不大、河道比较平坦的情况。

5. 江心洲型河道

发生突发水污染事件时,需将受污染河道通过筑坝方式,截断受污染水排入下游河道。同时通过筑坝,封堵支汊河道下游排出口,将受污染河道水导流进入支汊河道隔离,同步引流清水,受污染水在支汊河道内处置达标后排放。该方式主要适用于主河道适宜筑坝导流、支汊河道截蓄水量能够满足要求的情况。

6. 坑塘

发生突发水污染事件时,需将受污染河道通过落闸或筑坝方式,截断受污染水排入下游河道。将受污染河道水导流进入闲置坑塘暂存,同步引流清水,受污染水在闲置坑塘内处置达标后排放。该方式主要适用于受污染水体水量不大、坑塘上下游落差不大的情况。

7. 槽车

发生突发水污染事件时,受污染段河道通过上下游落闸或临时筑坝方式,将受污染水暂存在河道内。通过罐车转运将拦截的污水转输至污水处理厂或其他可安全处置该废水的场地。当受污染水体水量不大时,可使用该方式。

8. 排水管道

发生突发水污染事件时,第一时间封堵事故周边排水井及关联雨水排口周边排水井。在先期拦截后尽快通过槽车、管道等将拦截的污水转移至污水处理厂或其他可安全处置废水的场地。

9. 连通水道

发生突发水污染事件时,通过在连通水道入口处落闸或筑坝,防止受污染水流入水源地,在污染团绕过水源地后,再采取适当措施进行处置。当连通水道能够控制水流,水源地上游有其他来水时,可使用该方式。

10. 多级拦截坝

(1) 多级吸附坝

发生突发水污染事件时,通过在受污染河道内设置多级吸附坝,将污染物进行降解。使用时应注意,选择合适筑坝位置,针对不同污染物选择经济高效的吸附材料,及时更换饱和后的吸附材料并安全处置。

(2) 多级反应坝

发生突发水污染事件时,通过在受污染河道内设置多级跌水坝,并投加药剂,将污染物进行降解。使用时应注意,在水流湍急处投加药剂,在平缓处筑坝,提高重金属削减率。

11. 应急拦污坝

根据生态环境部及江苏省生态环境厅要求,重点园区需构建水环境安全缓冲区,事故废水溢流到区内水系时,可通过搭建临时应急拦污坝,截断污染团,充分利用区内已建闸站等资源,构建临时应急池。应急拦污坝的选择通常有以下几种:

(1) 临时土石坝

最常用的栏坝为临时土石坝,可在河道就地取材,筑坝条件要求较低,适应范围广,施工时间短,通常采用分段流水作业。

(2) 混凝土拦水坝

突发水污染事件应急时,常利用河道中已有拦水坝拦截收污染水体,但这些拦水坝通常难以满足拦截大量污水的需要。这种情况下,可以考虑利用铁丝网、支架、防水布和沙包等简易材料对坝体进行快速加高,能够有效拦截污染团。首先将铁丝网竖直安装于混凝土坝的顶面,并通过支架对铁丝网进行加固,之后在混凝土拦水坝上游一侧的顶面上和铁丝网上游一侧的侧面上铺设防水布,初步实现防水挡水,最后再在防水布上均匀堆积沙包,形成混凝土拦水坝的加高结构,进行挡水。

(3) 特殊功能坝

针对芳香族化合物、石油类等可吸附类有机物泄漏进入河道的情况,可采用构筑单一或复合型吸附坝进行拦截、吸附,降低污染物浓度。吸附材料主要有活性炭(木质、煤质、合成材料活性炭)、吸油毡(棉麻)、沸石、天然植物材料(秸秆、稻草、麦草、木屑)等。应用时,根据污染物的性质选择相应吸附材料。

若泄漏的为油料物质,当泄漏较少时,利用吸油毡等材料进行吸附油品回收。当泄漏较多时,现场人员应及时乘船迅速布置围油栏,围拦河内油品,抢收人员使用吸油毡回收油品,回收过程使用防爆器具、工具,搬运油品过程中应轻拿轻放,避免产生火花。油品回收完,用消油剂清理河道及现场。常用的单一吸附坝包括活性炭吸附坝、围油栏、草垛坝等。针对有多种污染物的突发水污染事件,可在单一吸附坝基础上,构筑复合型吸附坝进行应急处置。

5.2.3 突发水污染事件三级防控体系

1. 总体目标

原环境保护部2012年印发的《关于加强化工园区环境保护工作的意见》强调:要建立企业、园区和周边水系环境风险防控体系。建立完善有效的环境风险防控设施和有效的拦截、降污、导流等措施。隶属于园区的周边水系应建立可关闭的闸门,有效防止泄漏物和消防水等进入园区外环境。江苏省生态环境厅2021年印发的《关于加强突发水污染事件应急防范体系建设的通知》(苏环办〔2021〕45号)要求:重点园区需建立"企业-园区-周边水体"三级防控体系,开展工程建设,确保能将污染团引入截留区,实现清污分流、降污排污等功能。因此,工业园区应对突发水污染事件应设置三级应急防控体系,实现"第一级防控事故废水不出涉事企业,第二级防控事故废水不出园区管网,第三级防控事故废水不进园区周边大江大河"的风险防控目标。

2. 建设原则

因地制宜,分类建设。园区要结合自身实际,充分利用现有基础设施资源,从企业、公共管网(应急池)、区内水体3个层面,分级施策、逐级防控,科学合理的提出建设措施。

全面调查,摸清底数。园区要摸排区内企业环境风险防控现状,梳理公共雨水系统、污水系统及事故应急系统建设情况,调查周边水文水系、敏感目标、桥梁闸坝等分布,做到环境应急"家底清"。

落实演练,突出实战。园区三级防控体系要不断演练、评估和完善,明确响应流程,熟练操作方式,落实保障措施,实现"挂图作战",确保建设效果。

3. 具体内容

(1) 第一级应急防控体系

第一级应急防控体系,即事故废水不出企业,事故废水储存在企业事故应急池内。园区内所有企业均设置相应的事故应急池,企业雨水(清下水)排口设有监管部门控制的阀门。一旦发生物料泄漏及火灾等安全生产事故,相关企业快速断开雨水排口,联动打开事故应急池,将事故废水和消防尾水导入事故应急池。事故结束后,将应急事故池中的废水导入厂区自身污水处理站处理,无污水处理站的企业按照监测结果利用产业园污水处理厂处理。

(2) 第二级应急防控体系

第二级应急防控体系,即事故废水不出园区,事故废水储存在园区公共应急池及园区内雨水管网公共空间内。公共应急池可利用园区内枯河道、低洼地带等进行改造,并设置独立管网进行事故废水的收集和输送,保证每家企业内部应急池与公共应急池有效连通;在事故废水超过设计标准的情况下,也可有效利用雨水管网分段建设闸门井进行废水容纳。一旦园区内企业发生事故,且事故尾水过量超出企业自身防控能力时,开启园区公共应急池阀门,企业内部无法收纳的事故水将通过应急管网流入公共应急池,将事故废水控制在园区应急池内,不进入区内河道。事故结束后,对公共应急池内收纳的事故废水进行监测,若达标,则就近排入河道;若不达标,则分批次用槽车送入园区污水处理厂进行处理。

(3) 第三级应急防控体系

第三级应急防控体系,即事故废水不进入大江大河,充分利用园区内现有河道,形成"水环境安全缓冲区",确保事故废水不进入园区外重要敏感水体。结合园区实际,确定园区内河与重要敏感水体处设置相应闸坝,当发生重大企业突发环境事故或危化品运输车辆侧翻等事故时,事故废水流入园区内河流,立即关闭园区河道应急闸坝,污染河道使用移动闸截断污染团;同时根据污染团所在位置,就近闸断园区内部河道形成临时应急池,将园区内河道变为临时应急池,防止污染团从园区内水系进一步扩散至外环境。事故结束后,对园区河道内水质进行监测,若达标,则开启河道应急闸坝;若不达标,则将园区河道内河水由水泵将河水分批次送入公共应急池,进一步送园区污水处理厂处理。

5.3 园区突发水污染事件三级防控体系建设

5.3.1 突发水污染事件三级防控体系规划及其程序

建立有效的应急防控体系,确保事故状态下的废水处于受控状态,使事故废水能得到有效处理,是防止事故造成水环境污染最直接、最有效的方式。水环境风险防控体系(图5-1)主要包含以下内容:

一级防控:主要是企业层面的水环境事件防控措施,企业内部设置装置围堰和罐区防火堤,构筑环境安全的第一层防控网,企业必须在储罐区、装置区单元外围设置连接污水处理系统、雨水沟的专用事故池,并设计相应的切换装置。当园区内企业发生事故时,立即检查储罐区围堰与厂区雨水排放口切断阀门是否关闭,若未关闭,立即关闭,然后开启转换阀门,将事故废水引流至应急事故水池暂存。

二级防控:主要是园区层面的水环境事件防控措施,分片区对园区雨水管网及排口进行管控。同步设置园区公共应急系统,当企业应急事故池无法满足容量要求时,启动园区应急系统,将事故废水排入园区应急事故池。

三级防控:主要是园区河道的管控。当园区发生重大突发环境事故后,事故废水通过市政雨水排口快速排放进入排涝河道,此时应对河道水系实行三级管控措施。

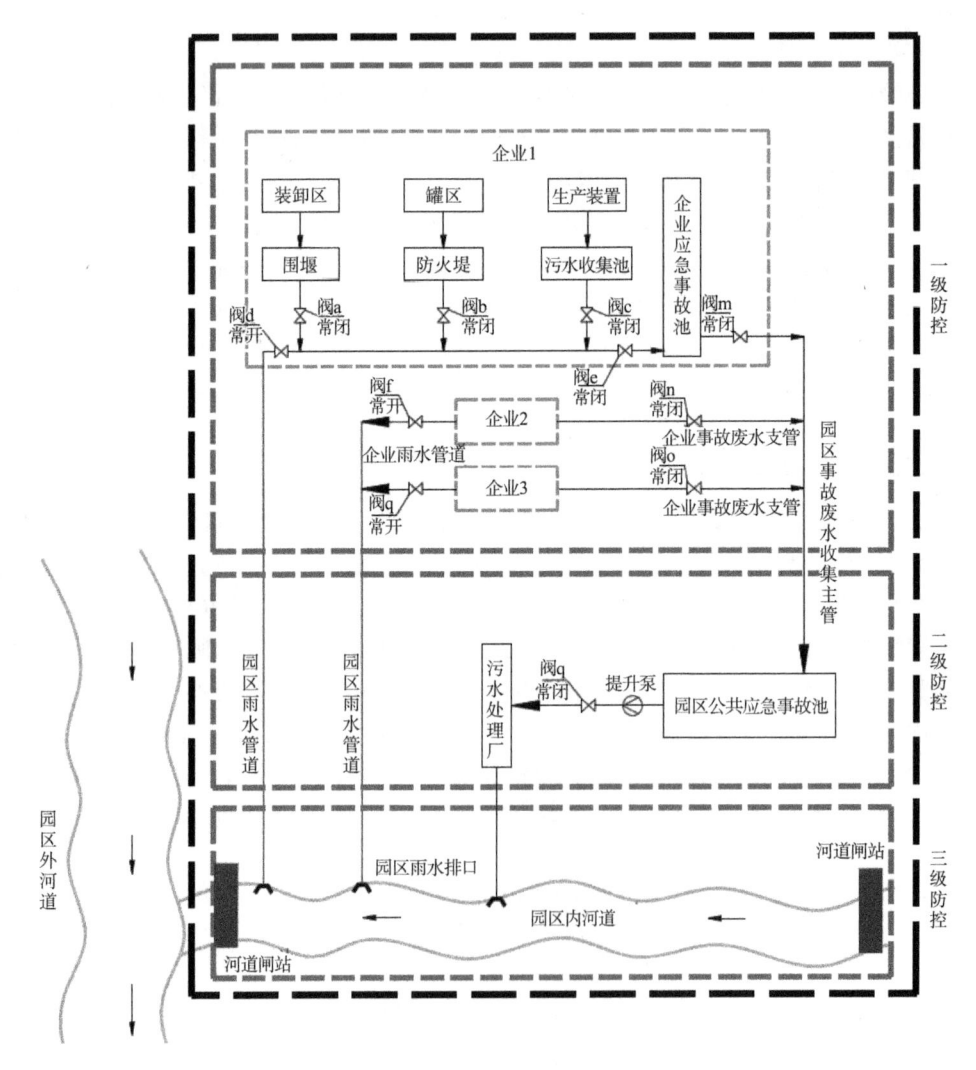

图 5-1 园区三级防控体系图

5.3.2 突发水污染事件一级防控体系

园区一级防控责任主体为区内各企业,以企业内部风险单元防控措施、雨污管网、雨水排口闸阀、转输管网、事故应急池等构成的事故废水截断、收集、转输、暂存体系,事故状态下,起到防止废水溢出厂区作用。

1. 风险单元防控

企业生产场所、物料储存及装卸场所、危废贮存场所等涉及环境风险物质单元应根据相关标准,设置事故废水截流措施(围堰、环沟、防火堤、闸阀等),做好防腐、防渗,配套切换阀门,能够将事故废水导流至厂区事故应急池或废水处理系统。企业防火堤、围堰建设要求如表5.3.2-1所示。

表5.3.2-1 企业防火堤、围堰建设要求

序号	建设内容	建设要求
1	需设置防火堤/围堰的风险单元	(1) 积存物料的塔、釜、容器、管道系统等应设置放净口。放净、采样、溢流、检修、事故等放料以及含有工艺物料的机泵密封水等,均应收集并处理,不得散排(GB/T 50483—2019,6.2.3); (2) 凡在开停工、检修、生产过程中,可能发生含有对水环境有污染的物料、碳四及以上的液化烃泄漏漫流的装置单元区周围,应设置不低于150 mm的围堰及配套排水设施(Q/SY 1190—2013,5.3.1.1); (3) 露天设置的油泵区、阀组区、工艺设备区等污染区周围应设围堰,用于收集泄漏物料和地面冲洗水等(Q/SY 1190—2013,6.3.2.1)
2	防火堤/围堰的配置	材质要求: (1) 储存酸、碱等腐蚀性介质的储罐组内的地面应做防腐蚀处理(GB 50351—2014,3.3.5); (2) 当油罐泄漏物有可能污染地下水或附近环境时,堤内地面应采取防渗漏措施(GB 50351—2014,3.2.8); (3) 罐组防火堤、隔堤应结合当地水文地质条件及储存物料特性,按审批要求或相关规范采取防渗措施,并宜坡向四周,可设置排水沟槽。必要时排水口下游应设置水封井(Q/SY 1190—2019,5.3.2); (4) 围堰内应设置混凝土地坪,并考虑必要的防渗措施(Q/SY 1190—2019,5.3.1.5) 高度要求: 露天设置的油泵区、阀组区、工艺设备区等污染区周围应设围堰,用于收集泄漏物料和地面冲洗水等。围堰高度宜为150 mm~200 mm(Q/SY 1190—2019,6.3.2.1)

2. 事故废水收集、截流、转输系统

企业应做好内部雨污分流、清污分流,建设使事故废水自流进入应急池的管网。如受条件限制,无法自流,应配备转输泵及配套管线、应急发电等设施。

厂区雨水管网应安装切换闸阀,事故状态下,及时关闭雨水排口,将封堵在雨水管网内的废水快速导入事故应急池。

企业雨水排口如采用强排方式,按相关规定和管理要求,设立标志牌,安装视频监控和水质在线监测设备。事故状态下,废水能够导流至事故应急池。如排口采用自流方式,应安装具备手动操作模式的闸阀,并保持常闭状态,以应对极端停电等情况。企业事故废水收集、截流、转输系统建设要求如表5.3.2-2所示。

3. 事故废水存储空间

企业应按照环评及批复要求,根据相关设计规范,设置足够容积的事故应急池,有条件的园区宜将相邻企业应急池相联通,提高事故废水收纳能力。企业确因场地限制等客观原因无法设置事故应急池的,需进行评估论证,配套空储罐、应急储水囊等事故废水暂存设施。

表 5.3.2-2　企业事故废水收集、截流、转输系统建设要求

序号	建设内容	建设要求
1	导流排水设施的设置	(1) 设有事故存液池的罐组应设导液管(沟)，使溢漏液体能顺利地流出罐组并自流入存液池内(GB 50160—2018,6.2.18)； (2) 应根据围堰内可能泄漏液体的特性，在围堰内设置集水沟槽、排水口或者在围堰边上设置排水闸板等作为配套排水设施。宜在集水沟槽、排水口下游设置水封井(Q/SY 1190—2013,5.3.1.2)； (3) 罐区防火堤内的污水管道引出防火堤时，应在堤外采取防止油品流出罐组的切断措施(Q/SY 1190—2013,7.1.6)； (4) 在贮存库内或通过贮存分区方式贮存液态危险废物的，应具有液体淮漏堵截设施，堵截设施最小容积不应低于对应贮存区域最大液态废物容器容积或液态废物总储量1/10(二者取较大者)；用于贮存可能产生渗滤液的危险废物的贮存库或贮存分区应设计渗滤液收集设施，收集设施容积应满足渗滤液的收集要求(GB 18597—2023,6.2.2)
2	切换阀门的设置	(1) 装置区排水设施实施清污分流的，围堰外应设置阀门切换井，正常情况下雨排水系统阀门关闭；受污染水排入污水排放系统，必要时在污水排放系统前设置隔油设施；清净雨排水切换到雨排水系统。切换阀门宜在地面操作(Q/SY 1190—2013,5.3.1.3)； (2) 罐区排水设施实施清污分流的，防火堤外应设置切换阀门，在正常情况下雨排水系统阀门关闭(Q/SY 1190—2013,5.3.2)； (3) 物料罐区污染排水切换到污水系统，必要时在污水排放系统前设隔油池并设清油设施；液化烃、可挥发性液体类罐区污染排水就地预处理、回收后，排入污水系统。雨排水切换到雨排水系统，切换阀门宜在地面操作(Q/SY 1190—2013,5.3.2)

事故应急池应单独设置，宜采用地下式，利于各类事故废水通过重力自流进入事故池。如受条件限制，事故废水无法自流进入应急池，应配备相应泵引设施、临时管线、应急发电等装置。

企业事故应急池应配套建设连通污水处理单元的管线和泵，确保事故废水后续妥善处置。如受条件限制，无法建设固定管线，应配套临时转输措施。

企业事故池及收集转输规范要求如下：

(1) 企业应急池需要满足应急事故废水暂存空间，使得企业自身容积满足要求，避免事故废水溢出企业；

(2) 在企业应急池至园区污水管道(应急事故管道)之间建立联通管道，接入位置与污水排口接入园区污水管道位置基本一致，并配备足够的转输管道及污水提升泵，其他特殊情况均需要作特殊论证；

(3) 若企业无法确保应急池容积，溢出企业事故废水所需转输管道管径不得大于园区污水支管(应急事故管支管)管道管径；

(4) 企业应急池增设液位计，应急池至污水处理站/污水排口/园区污水支管(应急事故支管)增设流量计，同时液位计、流量计均需与园区平台联网。

5.3.3　突发水污染事件二级防控体系

二级防控体系以园区为主体，当企业一级防控失效或园区内发生道路交通事故等造成事故废水进入园区公共管网或空间时，园区需要采取的收集、截流、转输、存储等措施，主要可依托园区公共管网、影响范围可控的区内河道(明渠)、公共事故应急池等。

1. 园区雨水管网

(1) 园区所有公共雨水排口原则上应建设截流闸阀及附属设施(雨水井/控源截污池、回抽泵等),闸阀宜采用手动、自动一体式,接入园区监管平台,具备联动切断功能。事故状态下,及时将事故废水截流在公共雨水管网内。

(2) 如园区雨水排口不具备安装强排条件,也可安装截流阀门,并保持常闭状态,以防止事故状态下废水直接流入外环境。

(3) 园区可根据风险源及风险受体分布情况,对雨水管网进行分区分类管控,并配备足够的应急堵漏物资(如气囊、沙包等),并落实相应的管理部门和责任人员。

2. 公共事故应急池

园区公共事故应急池应模拟园区巨灾情景,根据各企业事故源的设备容量、事故时消防水量及可能进入事故应急储存设施的降水量等综合因素确定。园区内各企业同时发生突发环境事件按一次考虑的原则,容积不宜小于最大的一个事故源企业超出其防控能力可能排放到园区的事故水量。园区公共事故应急池可单独建设或依托改造后的人工渠、内部河道等,建设规范参照《化工园区事故应急设施(池)建设标准》(T/CPCIF 0049—2020),满足以下要求:

(1) 公共事故应急池选址宜靠近园区污水处理厂或依托污水处理厂建设,宜布设在地势较低处,有利于事故废水自流汇入,周边无敏感目标。

(2) 单独建设公共事故应急池应保持常空,人工构筑物分格数不宜少于2个,并能单独工作和分别泄空。

(3) 改造后的人工渠、内部河道作为事故应急池,应合理划分拦蓄空间,减少后续处理水量,配套事故状态下紧急排空措施。

公共事故应急池容积的计算应按照当化工企业发生企业范围内不可控制的火灾、爆炸等事故时,即影响范围超出企业区域,对周边地区造成威胁,发生突发事件超出企业应急处置能力,难以控制事件的发展时,企业需立即请求化工园区支援,由园区对事故废水进行控制,事故废水包括施救过程中产生的物料泄漏、消防冷却用水、泡沫及其他灭火剂和事故源企业周边雨水收集系统收集的需要拦截送入事故池的受污染的降雨。

根据《化工园区事故应急设施(池)建设标准》(T/CPCIF 0049—2020)化工园区事故应急设施(池)容积,可按下列公式计算:

$$V = k[(V_1 + V_2 - V_3 - V_4)_{max} + V_5 + V_6] \tag{5.3.3-1}$$

$$V_2 = \sum Q_{消} t_{消} \tag{5.3.3-2}$$

$$V_6 = 10 \cdot q \cdot f \tag{5.3.3-3}$$

$$q = \frac{q_a}{n} \tag{5.3.3-4}$$

式中:V——化工园区事故应急储存设施总有效容积,m³;

k——安全系数(应根据突发环境事件造成的环境危害程度确定,宜采用 $k=1.2\sim1.5$);

V_1——事故时拟定的事故源物料量,m^3;
V_2——发生事故的储罐、装置的消防废水量,m^3;
V_3——发生事故时可以转输到其他储存或处理设施的物料量,m^3;
V_4——企业事故水池和防火堤等可收集储存的事故水量,m^3;
V_5——发生事故时进入化工园区事故应急设施(池)的生产废水量,m^3;
V_6——发生事故时进入储存设施的受污染的降雨量,m^3;
$Q_{消}$——发生火灾时同时使用的消防设施给水流量,m^3/h;
$t_{消}$——消防设施对应的设计消防历时,h(按 $t_{消}=6\sim12$ 计算,根据园区自身情况考虑极端天气取值不受此标准限制,可适当放大);
q——平均日降雨量,mm;
f——事故源企业周边园区受污染雨水汇水面积,hm^2;
q_a——年平均降雨量,mm;
n——年平均降雨日数,d。

3. 事故废水回抽、转输系统

园区应建设事故废水回抽装置,建设专用管道,配套专用泵,也可依托园区污水管网进行改造,应确保事故废水不对污水处理系统的正常运行造成冲击。在公共雨水管网布设一定数量应急回流点,配套专用管线、泵等设施,事故状态下,将雨水管网内废水就近回抽至企业或园区公共事故应急池,快速、及时截断污染源头,避免事故废水大范围扩散。不具备条件的园区,需配套临时转输措施,如高扬程泵、长输管线等。

4. 事故排水处置

事故排水处置主要包括监控与防护、废水处理两方面。

事故排水成分复杂,有毒有害物质不明,在对事故排水处置之前要进行必要的监控。监控项目一般由企业生产活动涉及的环境风险物质种类确定。化工企业的事故排水中常含有挥发性、有毒有害或易燃易爆物质,因此,这类企业的事故池还应按照相关标准配备必要的安全防护设施,如在加盖的事故池上加排气筒等。

对事故废水进行监测之后,根据事故时产生的不同污染物,制定合理的后处理措施。一般参照《化工建设项目环境保护工程设计标准》和《石油化工污水处理设计规范》的要求执行。

5. 储存、转输系统要求

园区事故应急设施应包括事故应急储存设施、事故应急转输系统、辅助设施等,具体建设要求见表5.3.3-1。

6. 二级防控体系实现方式

园区可根据水环境风险敏感性和风险防控措施的实际建设情况,选择适宜的二级防控体系实现方式。

方式一:企业事故漫延废水或交通等事故废水进入园区雨水管网,首先雨水排口闸阀切断后,通过自流方式或利用独立专用转输管线或临时管线将雨水管网内事故废水导入公共事故应急池内。

表 5.3.3-1　园区事故应急储存设施和转输设施建设要求

序号	类型	建设要求
1	事故应急储存设施	（1）事故应急储存设施应根据实际情况采取防渗、防裂、防腐、防冻、防洪、抗浮、抗震等措施； （2）事故应急储存设施的结构设计应满足《石油化工钢筋混凝土水池结构设计规范》和《给水排水工程钢筋混凝土水池结构设计规程（附条文说明）》的要求。防腐蚀设计应按《工业建筑防腐蚀设计标准》中的有关要求执行，防渗设计应按《石油化工工程防渗技术规范》中的有关要求执行； （3）园区事故应急设施（池）输送系统提升泵站及事故应急储存设施紧急排空泵站用电设备的电源应满足《供配电系统设计规范》中有关二级负荷的供电要求，并应按照100%备用量设置柴油泵； （4）化工园区事故应急设施（池）应配备检测、监控、报警、通信和远程控制系统，并应纳入化工园区应急响应控制体系； （5）事故应急储存设施应在池内设置水位监测设施，在进水口、出水口设置阀（闸）门，并应有保证阀（闸）门正常启、闭的措施
2	事故应急转输系统	（1）事故水转输系统的规模应根据污水处理设施的处理能力确定，事故应急转输系统宜采用自动、就地手动的控制方式； （2）事故应急转输系统可采用固定式输水管线或移动式输水管线，宜明管敷设。重力式转输事故水管线应设检查井，并采取密封、耐火、吸油措施； （3）加压泵应设置备用泵，备用泵型号宜与工作泵中的大泵一致； （4）输送事故水的沟渠、地下管道的防渗应满足《石油化工工程防渗技术规范》的规定。事故应急转输系统泵站应设置消防电话、灭火器、应急照明等设施

方式二：企业事故漫延废水或交通等事故废水进入园区雨水管网，首先雨水排口闸阀切断后，依托园区现有污水管道作为事故废水转输管道，在污水管接入污水厂收集（调节）池前端增设切换阀门，将废水导入公共事故应急池内，确保事故废水不直接进入废水处理系统。需要注意在事故废水转输过程中，园区应远程切断或通知园内其余企业停止排污。

方式三：企业事故废水或交通等事故废水直接漫流进入园区内部沟渠，关闭事故点上、下游闸坝，将事故废水拦截在沟渠内，再通过预留泵、临时管线或槽车将事故废水转输至公共事故应急池。

5.3.4　突发水污染事件三级防控体系

三级防控是充分切断园区与外界河流，或流经园区的河道在流出园区范围处的水利截断措施，主要截断方式为关闸或筑坝，实现将事故废水控制在园区范围内的水系，不污染园区外水体的目的。

对于进出园区主要河道，特别是通江、通海重要河流，宜建立永久性闸坝；或在事故状态下，能够快速构筑临时拦截坝。

对于区内河网相对密集区域宜采用分区防控方式，在雨水排口较为集中、重点风险源附近、主要危险化学品运输道路周边、重要水体交汇等河道建设分区闸坝，最大程度控制污染范围，降低后续处置工作量。

不具备建坝条件的河道，应当充分利用桥梁等水利构筑物，提前选择临时筑坝点，配套相应物资装备，明确相应负责人员、工作流程。

5.3.5 监控预警系统

园区建立完善三级防控体系等内容后,需根据三级防控体系建设内容,构建三级预警支持系统,以保障突发水污染事件下的快速响应。

1. 预警级别

按照突发环境事件发生的紧急程度、发展势态和可能造成的危害程度,由低到高划分为Ⅰ级、Ⅱ级和Ⅲ级。根据事态的发展情况和采取措施的效果,预警颜色可升级、降级或解除。

Ⅰ级预警:园区企业可能发生一般突发环境事件,事故废水厂内可控,不会污染区内河道。

Ⅱ级预警:园区企业可能发生较大突发环境事件,事故废水区内可控,不会污染区外周边水系。

Ⅲ级预警:园区企业可能发生重特大突发环境事件,事故废水可能进入园区外重要水体。

2. 预警系统建设

Ⅰ级预警依托于企业预警。园区根据企业污染源在线监控体系建设程度,按照"快发现、快处理、快整改"原则,园区企业废水设施应安装水质、水量和基于泵阀联动的电磁阀控系统,实现企业尾水的全过程实时监控,基本符合一级预警支持系统功能需求。

Ⅱ级预警依托于园区预警。园区应实现对主要风险源、雨水排口、尾水池及重点道路、河道等重点部位的实时图像显示,园区大气异常情况的预警及溯源等功能,基本覆盖园区二级预警系统功能。

Ⅲ级预警支持系统可依托现有的生态环境、水利、气象监测网络,在园区外围水系设置水质、水文监测站,常年密切关注园区外重要水体水质、水文状况。同时配置、完善相应的应急装备,完善突发事件应急指挥系统及环境风险源建档,根据重点河流的特点建立水污染事件应急物资信息库。

3. 智能控制系统建设

园区应根据区内三级防控体系建设需求,智能控制平台应接入所有雨水排口、事故应急池、河道水站等处的在线监控数据,同时企业闸阀、园区河道闸阀同时具备手动和自动控制功能,该功能接入平台应急管理模块。当发生园区企业排口及水体水质监控报警时,园区平台可在第一时间获取异常信息,并通知平台管理人员,由管理人员决定控制企业排口及园区河道闸阀的启闭,同时可联动打开事故应急池处的阀门和输送泵,确保在水质异常的第一时间堵住事故废水,有效实现企业事故水不外排、园区事故水控制在区内的目标,避免区内水污染向周边河流的扩散。

5.3.6 应急物资及救援队伍

1. 应急物资

园区应按照"社会储备、就近调配、快速运输、储备充足"的原则,建立健全应急物资储备制度,定期进行应急物资排查,主要排查应急物资数量、有效性等,对于有效使用年限内的应急物资及时组织更新,对于没有严格有效使用年限要求的应急物资实现每三年更新一次。

应对园区开展环境应急物资调查评估,摸清园区及周边企业、部门的环境应急物资储备情况及应急调用信息。主要应调查是否配备通讯类、消防器材类、分析监测类、救生装备类、交通运输类、医疗救护类、警示警戒类、工程机械类、应急工器具类、个人防护类、药剂类、其他类等物资。同时对照《省生态环境厅关于进一步加强重点园区环境应急能力建设的通知》(苏环办〔2023〕145号)文件中环境应急物资配备要求,化工园区应配备52种物资。

园区应制定应急物资一览表,明确各类物资配备规格和数量,并建立更新维护管理制定。建立园区环境应急物资装备信息获取与调用机制,明确专人负责各储备点的日常管理。同时,园区应与地方政府、园区外其他环境应急物资装备储备企业以及相关环境应急物资装备生产企业建立环境应急物资装备调用互助机制,确保全面准确掌握信息,需要时及时调配使用。

2. 救援应急队伍

园区应建立多层次的救援应急保障队伍,建立突发环境事件应急处置专业队伍。园区内大型企业应建立相应的应急救援专业队伍和群众队伍,园区应加强对各联动单位的组织协调和指导,保障应急工作的有效进行,定期对应急人员进行组织、培训。

5.4 应急响应与演练验证

5.4.1 应急响应

对于园区内典型企业突发水污染事件,对应场景应急处置措施如下:

1. 企业一级防控

(1) 企业立即启动应急预案;

(2) 事故现场人员快速断开雨水排口闸阀,联动打开应急事故池,使进入企业雨水系统的事故废水通过雨水管或沟渠进入企业事故应急池;

(3) 将生产单元或罐区围堰及防火堤等事故缓冲设施中已收集的废水通过泵和事故废水输送管道输送至企业事故应急池;

(4) 事故后,将应急池中暂存的事故废水抽送至企业污水处理站进行处理,企业无污水处理站则输送至化工园区处理厂处理。

2. 园区二级防控

当发生较大事故时,当企业在启动应急响应后,判断不能实现厂内可控,污染物有可能泄漏出厂,进入园区范围,突发水污染事件升级到二级时,启动园区应急预案,实施二级防控措施,园区二级防控处置流程如下:

(1) 园区管理部门核实后,立即关闭对应的入河雨水排口闸控,将企业溢出事故废水收集至园区公共事故管道;

(2) 启动河道泵站,排空事故池河水,保障事故缓冲容积,河水排空后,关闭片区河道

闸站(三级防控预启动措施,根据事故状态判断开展);

(3) 将企业溢出事故废水通过园区公共事故管道输送至园区公共事故应急池;

(4) 溢出事故水量不超过事故应急池可接纳能力时,仅需将事故水输送至园区事故池进行暂存,当判断事故水量超过事故应急池可接纳能力时,打开与污水厂应急池的管道阀门,将超过容纳的事故水转输至污水厂应急池暂存;储存容积仍不足时,搭建临时管道、临时泵将超过容纳的事故废水输送至附近企业事故应急池暂存(根据事故状态判断开展);

(5) 使用槽罐车或搭建临时管道输送公共雨水管网内事故废水至园区公共事故应急池;

(6) 事故结束后,根据事故废水检测情况,选择对应的公共事故应急池污水处理方式;

(7) 事故废水转输完毕后,由园区管理部门协调整合资源对事故池、转输管线、河道进行洗消工作,洗消废水根据水质检测结果送至相应企业污水处理设施或园区污水处理厂处理,洗消工作完成前不得打开河道闸站。

3. 园区内水体三级防控

当发生重大突发环境事故时,事故废水快速排放,预判前二级响应无法满足应急需求,园区应立即启动三级响应,采取三级防控措施。

具体的应急处置流程如下:

(1) 园区管理部门核实后,立即关闭对应闸站,园区现场指挥组立即安排相应的管理人员,现场确认相应的水系河闸是否已关闭;

(2) 使用临时管道、临时泵排河道河水,保障事故缓冲容积,园区现场指挥组根据事故情况确定排水时间、排水量;

(3) 打开雨水入河排口闸控,园区事故废水经雨水闸门井进入河道;

(4) 事故结束后,通过事故废水检测,适合河道治理的污染采取物理、化学等方法降污治污,不适合河道治理的,根据检测结果判断是否达到污水处理厂纳管标准,如达到纳管标准,则通过临时管道、临时泵将河道的水转输至污水处理厂深度处理达标后排放;

(5) 由园区管理部门协调整合资源对闸门井、事故池、转输管线进行洗消工作,洗消废水根据水质检测结果送至相应企业污水处理设施或园区污水处理厂处理,洗消工作完成前不得打开事故池两侧挡水闸。

5.4.2 演练验证

1. 三级防控体系培训

园区应根据新增基础设施情况,配套调整园区突发环境事件应急预案和风险评估报告。拟根据三级防控体系建设方案、园区应急预案、开发区应急预案,组织环境应急管理人员、应急专业技术人员开展培训,提高环境应急人员的应急救援能力。

(1) 培训内容

① 突发环境事件典型案例分析、突发环境事件环境影响和损失评估工作;

② 企业突发环境事件应急预案备案管理经验、环境应急演练工作的组织和实施、突

发环境事件预警分级工作思路介绍等经验交流;

③ 突发水污染事件三级防控体系相关内容,包括三级响应程序、现场警戒、紧急处理、污染物截断和减污降污技术、应急监测设备的使用、防护用品的佩戴及使用、三级防控工程设施使用方法等知识和内容。

(2) 培训对象

园区及区内企业环境应急工作相关人员。

(3) 培训时间

每年1~2次。

(4) 培训方式

专题培训班、专家授课、视频公开课、案例培训等。

2. 三级防控体系演练

为检验三级防控体系的可操作性和处置时间的可达性,园区需制定配套的环境应急演练方案,不断深入开展基于三级防控体系的应急演练活动,把应急演练作为三级防控体系建设的重要手段和方式,通过组织方案所在地生态环境、水利、交通、应急等多部门协同参与演练,重点检验应急资源调度速度、应急队伍集结速度、三级防控工程可行性,以及污染物截断和减污降污速度,通过演练,提升人员队伍、施工材料、设备机械调用速度,调整相应的闸坝工程建设点位,不断提升完善突发水污染事件三级防控工程的防护能力。

(1) 环境应急演练参与人员

环境应急演练的领导机构为化工园区突发环境事件应急指挥中心。指挥中心包括总指挥、副总指挥和指挥中心成员。指挥中心成员直接领导各下属应急专业救援队,并向总指挥汇报,由总指挥协调各队工作的进行,具体组成如下:

① 总指挥:管理办主任。

② 副指挥:管理办副主任。

③ 救援小组:综合协调组、环境监测组、伤员救治组、污染处置组、后勤保障组、新闻宣传组、疏散维稳组和专家咨询组相关成员。

此外,可根据演练需求和目的,邀请其他条线部门(消防、水利、应急、交通运输等)参与演练。

(2) 环境应急演练频次和形式

① 方案阶段

方案编制完成后,可由园区生态环境部门牵头,邀请水利、交通运输等相关部门参与,组织1次演练协调会,采用桌面推演的方式,明确演练分工,开展演练,检验演练方案的可行性。

② 工程实施阶段

工程实施阶段,可由园区规划建设部门牵头,邀请相关部门参与,组织1次实战性综合演练,从而检验应急处置队伍集结、应急资源调动、防控工程措施使用等应急能力,检验工程项目的有效性。

③ 体系建成阶段

工程建设完成后,可由属地生态环境局牵头,每年至少组织1次示范性或综合性演练,检验三级防控体系下不同单位之间应急机制和联合应对能力,以及应急处置时间的可达性。

3. 环境应急演练要求

① 结合化工园区环境风险物质、区域敏感目标分布以及历年突发环境事件情况,制定典型突发水污染事件下的应急演练方案,保障演练的真实性和有效性。

② 演练前应对参演人员进行必要培训,参演过程中应避免有脚本演练,应尽可能按照实际演练情况采取响应行动。

③ 做好演练总结。园区环境应急演练主办部门应对三级防控体系演练情况予以记录,做好总结报告,并妥善留存。演练结束后应对演练过程中发现的不足和短板问题,进行填平补齐,以完善化工园区突发水污染事件三级防控体系。

④ 确保安全有序。在保证参演人员及设备设施安全的条件下组织开展演练。

5.5 园区三级防控体系设计案例

5.5.1 案例一

案例一 某化工园区突发水污染事件三级防控体系

1. 项目概况

1.1 项目建设背景

江苏省连云港市某化工园区(以下简称"化工园区")于2021年修编完成《园区突发环境事件应急预案》及《园区突发环境事件风险评估报告》,并对突发大气环境事件、突发水环境事件、突发固体废物环境事件、突发土壤环境事件等突发环境事件制定严格的风险防控体系,其中应对突发水环境事件防控体系是园区突发环境事件应急体系中重要的组成部分。

根据《省生态环境厅关于加强突发水污染事件应急防范体系建设的通知》(苏环办〔2021〕45号)、《工业和信息化部关于印发〈石化和化学工业发展规划(2016—2020年)〉的通知》《应急管理部关于印发〈化工园区安全风险排查治理导则〉的通知》《省委办公厅 省政府办公厅关于印发〈江苏省化工产业安全环保整治提升方案〉的通知》(苏办〔2019〕96号)以及中国石油和化学工业联合会发布的《化工园区事故应急设施(池)建设标准》的要求,园区应按照企业-园区-周边敏感目标三级环境风险防控要求,建设覆盖园区的雨水管网分区闸控、截污回流系统,以及事故污染物收集处理和足够容量的应急池等设施,确保在园区内部形成封闭水系,有效阻挡事故废水进入河道或外界水环境。

目前,为完善化工园区突发水环境事件风险防控体系,同步优化投资环境,促进经济可持续发展,并切实保障园区企业生产环境的安全,实施化工园区三级防控建设项目迫在眉睫。

1.2 园区排水现状

1.2.1 园区"一企一管"及配套管廊架概况

(1)园区企业管廊架布置情况

北区管架主要分为两部分,一部分为新海石化为输油管道所建设的管架,一部分为园区为"一企一管"所建设的管架。新海石化建设的管架主要沿通港路、沿海路、日照大道敷设;园区建设的管架主要沿大连路、烟台路、岚山大道、无名河敷设。

(2) 园区企业"一企一管"布置情况

园区共有7家在产企业,其中4家分布在南区,3家分布在北区。南区4家企业的"一企一管"沿外环路、柘罗线、沿海路、日照大道、烟台路、岚山大道管架敷设;北区3家企业的"一企一管"沿大连路、烟台路、岚山大道、无名河管架敷设。

1.2.2 园区污水厂现状

目前,工业园区内企业废水依托连云港某水务有限公司处理。

连云港某水务有限公司目前设计污水处理总规模为3万 m^3/d。其中一期处理规模为2万 m^3/d,主要接纳生活污水;二期处理规模为1万 m^3/d,主要接纳工业废水。

目前二期工程部分工程已建设完成,正在调试。处理工艺为"细格栅+曝气沉砂池+初沉池+调节池/事故池+厌氧水解池/A2O池+二沉池+气浮池+臭氧催化氧化塔+加药混合池+催化反应中和池+中和/混凝沉淀池+V型滤池+接触消毒",处理后出水达到《城镇污水处理厂污染物排放标准》(GB 18918—2002)一级A类标准及符合《化学工业水污染物排放标准》(DB 32/939—2020)后提升至厂区现状回用管。

化工园内化工企业均采用"一企一管"输送,区内已实现雨污分流制,雨水就近排入无名河。

1.2.3 园区雨水管网及排口现状

园区北片区雨水管道已大致建成,雨水管道主要沿烟台路、连云港大道、岚山大道等道路敷设,区内雨水经雨水管道或沟渠收集后,就近、分散、重力流排至无名河等自然水体,目前园区内雨水排口较为分散,共17个雨水排口。园区雨水管网及排口分布图见图5-2。

2. 工程建设规模及总体目标

2.1 工程范围

本项目为化工园区三级防控建设项目,位于化工园区内。本项目建设内容如下:

(1) 公共应急事故池工程

建设总有效池容24 000 m^3 的园区公共应急事故池用于暂存事故废水,位于临海大道南侧的潮汐河上,以疏港路西侧540 m为起点,外环路为终点,占用河道总长为1 340 m。公共应急事故池以疏港路为界,分成1#公共应急事故池和2#公共应急事故池,疏港路以西为1#公共应急池,长490 m,疏港路东侧为2#公共应急事故池,长850 m。

(2) 一体化泵闸

配备规模为10 200 m^3/h 的一体化泵闸。

(3) 辅助用房

建设一座总平面尺寸 $L \times B \times H = 12.2 \text{ m} \times 6.0 \text{ m} \times 4.2 \text{ m}$ 的辅助用房。

(4) 收集转输管网系统

沿日照大道、沿海路、临海大道新建长3 860 m的DN400管道,沿大连路、烟台路、外环路新建长3 490 m的DN250事故废水收集转输管道。

转输系统根据需要配备临时移动泵车和移动管线。

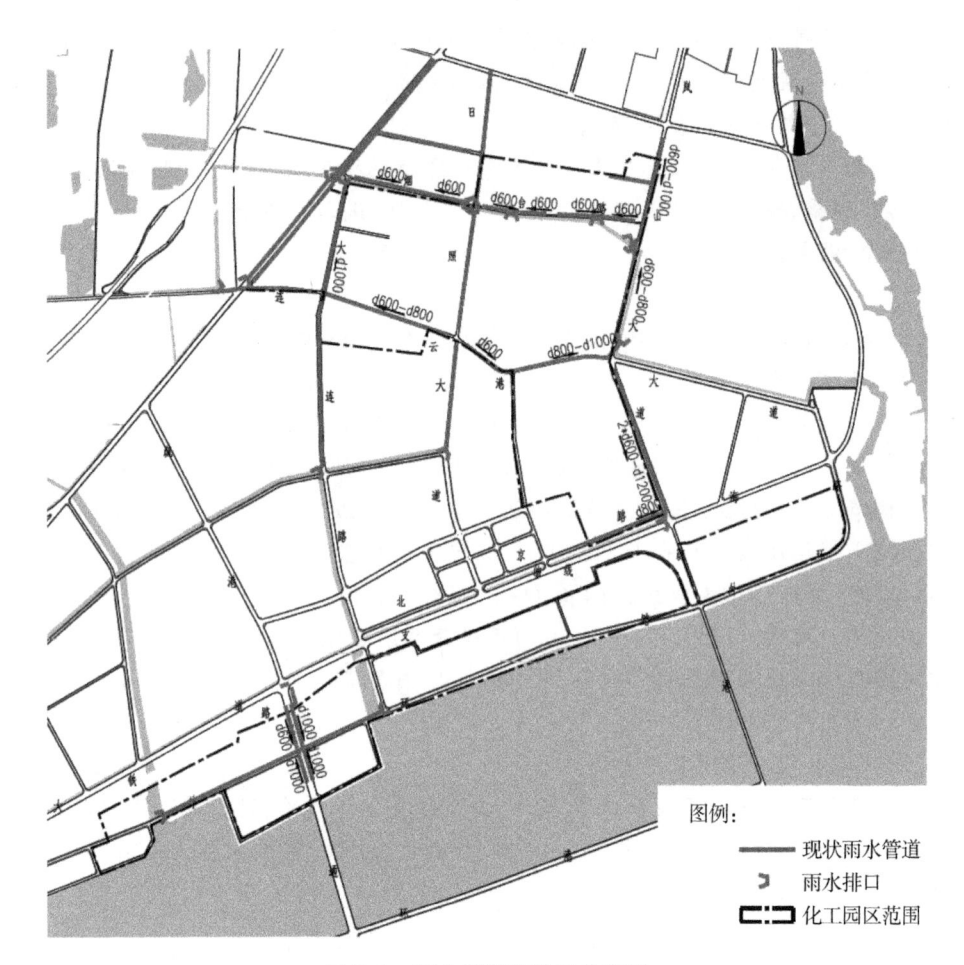

图 5-2　雨水管道及排口分布图

(5) 雨水管道工程

考虑到潮汐河改造为公共应急事故池后,临海大道道路南侧雨水无法排出,沿临海大道南侧绿化带下新建长 1 630 m 的 DN400、DN600 雨水管道用于接纳临海大道道路南侧雨水。

(6) 其他工程

根据园区内 17 个排口设置相应的电动闸阀。

考虑在诚泰、恒兴、昌华、荷润储存临时筑土坝的所需材料:土石、防水布、沙袋。

2.2　工程建设规模

根据园区三级防控体系建设方案,园区需建设容积不小于 24 000 m³ 园区公共应急事故池。

2.3　工程目标

本项目是园区事故废水三级防控措施中重要的公用环境基础设施,是三级防控中的二、三级防控措施(即不包括企业内部防控措施)。为加强突发水污染事件应急准备,提升应急防范水平,围绕不让受污染水体进入敏感水域的目标,开展产业园区应急防范体系建设。

3. 工程方案论证

3.1 收集与转输系统论证

事故收集系统是将收集的事故排水输送到事故池的设施,事故应急转输系统是指将化工园区事故水从事故应急储存设施输送至原企业或污水处理厂的管线和泵等设施,通常由排水明沟、排水管网等组成,作用是将事故排水输送至事故池。根据《化工园区事故应急设施(池)建设标准》要求,收集和转输系统主要要求如下:

(1) 事故水转输系统的规模应根据污水处理设施的处理能力确定。

(2) 事故应急转输系统可采用固定式输水管线或移动式输水管线,宜明管敷设,利用重力流转输事故水的管线应设检查井,检查井应采取密封、耐火、吸油措施。

(3) 事故应急转输系统宜采用自动、就地手动的控制方式。

(4) 加压泵应设置备用泵,备用泵型号宜与工作泵中的大泵一致。

(5) 输送事故水的沟渠、地下管道的防渗应满足《石油化工工程防渗技术规范》的规定。

(6) 事故应急转输系统泵站应设置消防电话、灭火器、应急照明等设施。

化工园区内企业现状排水管网主要有3种形式,即通过生活污水管道、清净水(雨水)管道、"一企一管"污水管道等3种形式排放管网(表5.5.1-1),事故废水的转输可以采用利用现有排水管网或新建专用事故废水输送转输管网。每种事故排水管道各有优缺点。

表 5.5.1-1 各种事故废水转输方式对比

事故排水转输方式	优点	缺点
通过"一企一管"输送	节省成本,为压力管道,每家企业专管专用,各家企业不相互影响	管径偏小,不足以输送大流量事故废水。目前"一企一管"管廊架几乎全为满管状态,没有剩余管位空间
通过生活污水收集暗管输送	利用或改造现有管道,节省成本;污水管最终通向污水厂,事故废水转输较为方便	一家企业事故会造成多家企业停产(无法排放污水),重力流需新建污水提升泵站将事故废水提升至事故池位置,还会影响园区外生活污水厂收水范围内的居民正常排水
通过清净水(雨水)管道输送	利用或改造现有管道,节省成本	整个雨水系统都会被污染,导致事故池容积偏大;雨水管道可能有污染物残留;园区内雨水管道较为分散,为自流就近下河,事故废水可收集范围较小,且统一转输至园区公共应急事故池较为困难

本次方案推荐利用现有管网改造进行收集,同时配套新建提升泵站和部分管网进行废水收集以尽可能减少对周边的影响,在应急状态下进行高效可靠的事故废水收集和转输。

3.2 暂存系统建设形式论证

为充分保障化工园区公共区域状态下对事故污水的有效收集,防止发生地表、水体污染事故,公共应急事故池建设形式也各不相同,为此调研国内各化工园区的公共应急事故池建设情况。具体化工园区的情况如表5.5.1-2所示。

表 5.5.1-2 国内各大化工园区的公共应急事故池建设情况

化工园区名称	江苏淮安工业园区化工片区	镇江新区新材料产业园区	连云港石化产业基地
事故水池建设形式	利用河道建设	钢筋混凝土水池	利用河道建设

续表

化工园区名称	江苏淮安工业园区化工片区	镇江新区新材料产业园区	连云港石化产业基地
事故水池收集管网形式	暂未建设	利用各企业现有的污水收集管网,部分收纳企业需对污水管线进行扩容	利用管廊和建设部分管墩铺设管线
事故水池建设规模	4.8万 m³	1.4万 m³	事故池容量根据产业规模分别为6万 m³、7万 m³、10万 m³ 不等
服务对象	园区绝大部分企业	仅一期较少企业	石化基地所有企业
优点	分区域、分期进行建设;利用河道,减少土地占用及投资	不会对园区河道防洪排涝等河道功能产生影响;收集管网建设降低配套投资	利用河道,减少土地占用及投资
缺点	事故期河道的部分功能受到影响	服务范围很有限;多数企业需进行污水管线扩容,综合成本较高;长期污水管网运行流速较低,不经济合理	需与水利等部门沟通调整园区防洪排涝规划及涉及河道水利建设问题

根据目前已有案例分析公共应急事故池常采用地下钢筋混凝土水池和利用河道建设,但各有优缺点,具体优缺点对比如表5.5.1-3所示。

表 5.5.1-3 地下钢筋混凝土水池和利用河道建设优缺点对比表

池子结构工艺	钢筋混凝土水池	利用河道建设
建设周期	建设周期适中	建设相对缩短开挖,但部分河道可能会存在清淤困难的情况,导致周期延长
施工造价	造价高	造价低
施工工艺成熟度	常用施工工艺,施工难度相对较小	施工工艺要求相对较为专业,施工难度相对较大
占地情况	占用部分土地	主要利用现有河道,基本无须征地
对园区防洪排涝的影响	不产生影响	需结合河道原有防洪排涝标准,并在征得水利同意调整防洪排涝规划的前提下方可进行占用建设

根据以上表格对比,结合项目实际情况,园区用地较为紧张,且园区临海大道南侧潮汐河无防洪排涝功能。因此,本次方案园区公共应急事故池推荐利用河道建设。

3.3 河道防控建设形式比选

(1) 临时筑坝

临时筑坝型式包括临时土石坝、混凝土拦水坝、特殊功能坝,筑坝方式介绍如表5.5.1-4所示。

表 5.5.1-4 筑坝方式

筑坝型式	含义	适用范围
临时土石坝	将当地土料、石料或混合料经过抛填、碾压等方法堆筑成的挡水坝,筑坝采用的材料可以在河道就地取材,筑坝条件要求较低,适应范围广,施工时间短,是一种常用的筑坝方式	/

续表

筑坝型式	含义	适用范围
混凝土拦水	考虑利用铁丝网、支架、防水布和沙包等简易材料对坝体进行快速加高,能够有效拦截污染团	河道中已有拦水坝拦截受污染水体,但这些拦水坝通常难以满足拦截大量污水的需要
特殊功能坝建设方式	可采用单一或复合型吸附坝	针对芳香族化合物、农药、石油类等可吸附类有机物泄漏进入河道的情况

(2) 直升式水闸

直升式水闸自19世纪70年代使用至今,它采用卷扬启闭机,水闸具有结构简单、运行可靠、造价低等特点,缺点是上部结构高、景观性差。

直升门式水闸现状图如图5-3所示。

图5-3 直升门式水闸结构图

直升门式水闸结构由外河到内河依次为:外河侧护坦段,闸首段,内河侧消力池段,内河侧护坦段,内河侧抛石防冲槽段。

表5.5.1-5 河道防控建设形式优缺点对比表

河道防控建设形式	临时筑坝	直升式水闸
建设周期	建设周期短	建设周期长
施工造价	造价低	造价高
施工难度	施工难度相对较小	施工工艺要求相对较为专业,施工难度相对较大
防控时效性	事故发生后,需要一定时间筑坝,防控较为滞后	事故发生后,可迅速关闭闸门进行防控

根据以上表格对比,结合项目实际情况,直升式水闸造价较高,在现状河道上新建水

闸施工难度较大。因此,本次方案推荐采用临时筑坝形式。

4. 工程设计

4.1 工程总体布局

本项目是园区事故废水三级防控措施中重要的公用环境基础设施,是三级防控中的二、三级防控措施(即不包括企业内部防控措施)。图 5-4 主要包含了项目主要工程:公共应急池、收集转输管网、应急闸坝。

根据《事故状态下水体污染的预防与控制技术要求》,园区公共应急事故池火灾危险类别按丙类进行平面布置,在事故状态下按甲类进行运行管理,结合现状地形进行平面布置,同时对相应区域根据消防要求合理配备设备防爆等级,总占地面积为 13 473.2 m^2,约 202.20 亩。

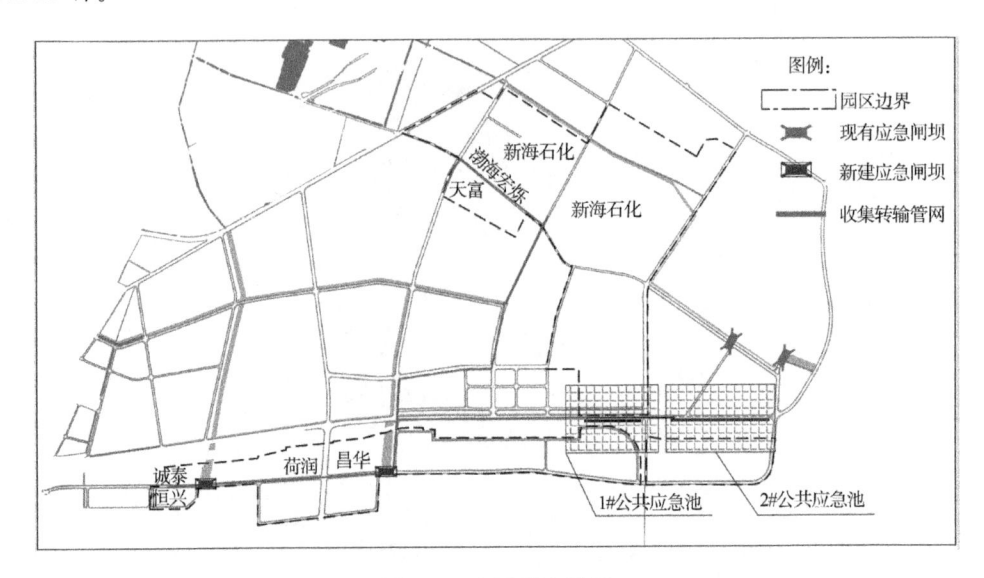

图 5-4 总平面布置图

4.2 公共应急事故池工程设计

根据《化工园区事故应急设施(池)建设标准》化工园区事故应急设施(池)人工构筑物分格数不宜少于 2 个,并应能单独工作和分别泄空。因此,将潮汐河以疏港路为界,分为两个公共应急事故池,疏港路西侧为 1# 公共应急事故池,东侧为 2# 公共应急事故池,1# 公共应急事故池西侧采用挡水墙建设形式,2# 公共应急事故池东侧采用一体化泵闸形式。配套建立相应的池体进出水管、防渗、排空、地下水导排系统,如图 5-5 所示。

(1) 1# 公共应急事故池

① 规模:建设规模有效池容为 8 800 m^3。

② 功能:暂存园区企业发生事故时,超出企业防控范围的事故废水。应能单独工作和分别泄空。

③ 构筑物:公共应急事故池设 1 座,上顶宽 10 m,下底宽 3 m,长 490 m,地下 3.5 m,有效水深 3.0 m,采用防渗膜型式,防渗层具体参数为:600 g/m^2 无纺布+2.0 mm 厚的 HDPE 防渗膜+600 g/m^2 无纺布。1# 公共应急事故池西侧建设一座挡水墙,尺寸

图 5-5 公共应急事故池平面图

为 $L \times B \times H = 11.12 \text{ m} \times 1.2 \text{ m} \times 4 \text{ m}$。

④ 主要设备：

(a) 排空潜水泵

设备参数：$Q = 6\,000 \text{ m}^3/\text{h}, H = 5 \text{ m}, N = 132 \text{ W}$

数量：2 台，1 用 1 备

(b) 移动泵车

设备参数：$Q = 2\,500 \text{ m}^3/\text{h}, H = 10 \text{ m}, N = 22 \text{ kW}$

数量：2 台

⑤ 地下水导排

(a) 集水井

尺寸：$L \times B \times H = 1.2 \text{ m} \times 1.2 \text{ m} \times 5.9 \text{ m}$

数量：15 座

(b) 排水潜污泵

设备参数：$Q = 12 \text{ m}^3/\text{h}, H = 9.0 \text{ m}, N = 0.75 \text{ kW}$

数量：2 台

(2) 2#公共应急事故池

① 规模：建设规模有效池容为 15 200 m³

② 功能：暂存园区企业发生事故时，超出企业防控范围的事故废水。应能单独工作和分别泄空。

③ 构筑物：

设公共应急事故池 1 座，上顶宽 10 m，下底宽 3 m，长 850 m，地下 3.5 m，有效水深 3.0 m，采用防渗膜型式，防渗层具体参数为：600 g/m² 无纺布＋2.0 mm 厚的 HDPE 防渗膜＋600 g/m² 无纺布。

④ 主要设备：

与 1#公共应急事故池共用的移动泵车。

⑤ 地下水导排

(a) 集水井

尺寸：$L×B×H=1.2\ m×1.2\ m×5.9\ m$

数量：9座

(b) 排水潜污泵

设备参数：$Q=12\ m^3/h, H=9.0\ m, N=0.75\ kW$

数量：2台

4.3 一体化泵闸设计

① 规模：建设规模为 10 200 m^3/h

② 功能：事故发生时，用于紧急排空2#公共应急事故池中积水。

③ 主要设备：

潜污泵

设备参数：$Q=5\ 100\ m^3/h, H=5\ m, N=110\ kW$

数量：2台（2台投入使用，2台备用）

4.4 辅助用房

① 功能：主要为配电间和值班室。配电间内配备电气柜等，值班室主要用于视频监控等。

② 建筑物：

建筑物1座，总平面尺寸 $L×B×H=12.2\ m×6.0\ m×4.2\ m$

③ 主要设备：

电气柜组和视频监控设备各一批。

4.5 收集转输管网系统工程设计

4.5.1 收集管网

4.5.1.1 管网设计标准

本项目包含的新建管网均为压力管道，应遵循下列计算公式进行计算：

排水管渠的流量，应按下列公式计算：

$$q = A \cdot v$$

式中：q——设计流量，m^3/s；

A——水流有效断面面积，m^2；

v——流速，m/s。

管道总水头损失应按下列公示计算：

$$h_z = h_y + h_j$$

式中：h_z——管道总水头损失，m；

h_y——管道沿程水头损失，m；

h_j——管道局部水头损失，m。

管道沿程水头损失应按下列公示计算：

$$h_y = \lambda \cdot \frac{l}{d_j} \cdot \frac{v^2}{2g}$$

式中：λ——沿程阻力系数；

l——管段长度，m；

d_j——管道计算内径，m；

v——管道断面水流平均流速，m/s；

g——重力加速度，m/s²。

4.5.1.2 收集管网

根据调研情况，新海石化、天富、荷润、恒兴、鸿博环宝科技的"一企一管"管径大小分别为DN300、DN90、DN150、DN150、DN90，其中云通水务为园区建设一座池容为6 400 m³的应急事故池，故考虑将新海石化6 400 m³的事故废水通过"一企一管"转输至云通水务应急事故池，剩余事故废水和其他企业直接通过新建收集管网收集至新建的公共应急事故池内。

根据上述计算得到每家企业发生事故可能产生的事故废水量，结合云通水务应急事故池可容纳的需求，按36 h收集完计算得到每家企业事故收集管道管径如表5.5.1-6所示。

表5.5.1-6 企业事故管道管径

序号	企业名称	超出企业可容纳的事故废水量 V_1(m³)	收集至公共应急事故池的事故废水量 V_2(m³)	每小时事故水量	"一企一管"管径(m)	收集管径(m)
1	江苏新海石化有限公司	29 692	23 292	647	300	400
2	天富(连云港)食品配料有限公司	12 912	12 912	359	90	250
3	江苏昌华化工有限公司	5 284	5 284	147	/	200
4	连云港荷润化工有限公司	4 574	4 574	127	150	200
5	江苏诚泰车辆有限公司	12 776	12 776	355	/	250
6	江苏恒兴环保科技有限公司	7 717	7 717	214	150	150
7	鸿博环保科技(连云港)有限公司	12 775	12 775	355	90	250

综上所述，沿日照大道、临海大道、外环路、连云港大道新建长3 860 m的DN400管道，以及长3 490 m的DN250事故废水收集管道。同时收集管网也作为事故结束后的转输管网来使用。收集管网布置图如图5-6所示。

4.5.2 转输系统

当园区内突发环境事故结束后，由指挥部会同环保、安监管理部门，根据对事故废水的水质检测结果，决定事故废水送回企业或送入园区污水处理厂处理。在各家企业内部接口处设置三通，一个接口接企业输出泵站，将事故废水输送至园区应急事故池；一个接口作为企业接受自家事故废水接口，将事故废水接至企业预处理站，经预处理达到纳管标准后通过"一企一管"接入污水处理厂。当事故发生时，园区应急事故池配套收集主管网作为收集管道，当事故结束后，新建主管网兼顾转输管道使用。

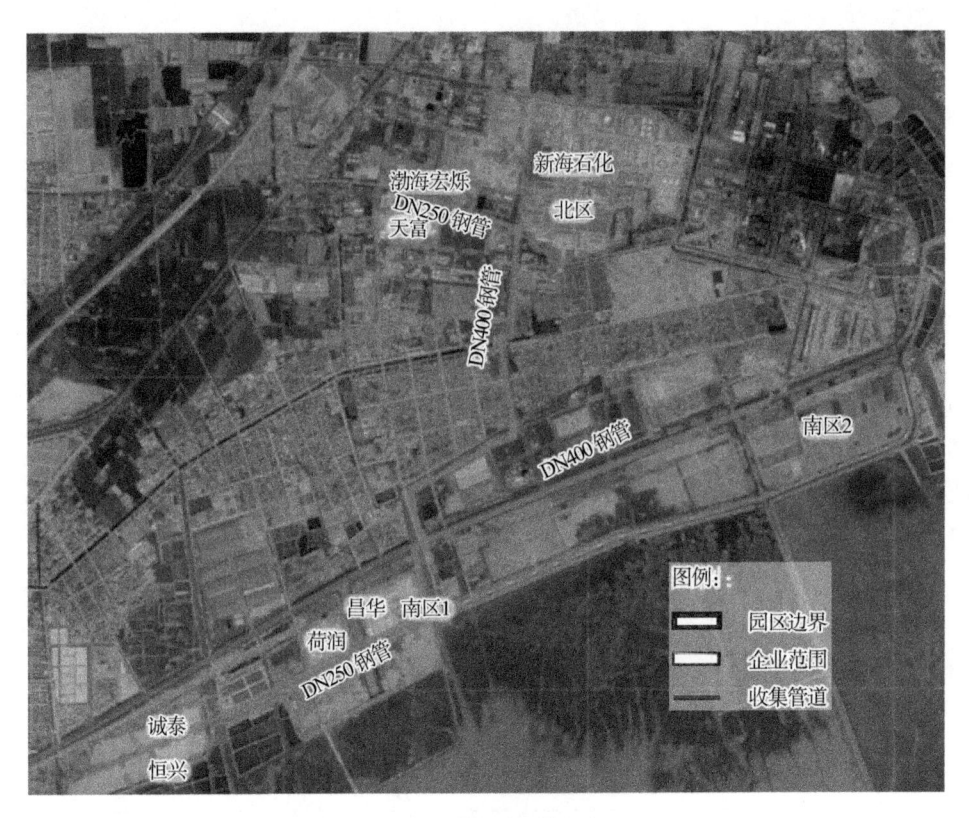

图 5-6　收集管网布置图

本方案转输路径：待到事故结束后，经指挥部检测研究决定若事故废水可直接转输至污水处理厂处理，则利用临时移动泵车和移动管线将1#和2#事故应急池中的事故废水转输至云通水务进行处理；若事故废水需送至7家企业中任一家进行预处理，1#事故应急池中的事故废水则通过临时移动泵车一端接入1#事故应急池，一端接入在收集管网上预留的三通接口，经由压力收集管网输送至企业进行预处理，2#事故应急池中的事故废水则通过临时移动泵车一端接入2#事故应急池，一端接入在收集管网上预留的三通接口，经由压力收集管网输送至企业进行预处理，将事故废水转输至预处理企业进行预处理后，通过预处理企业"一企一管"管线将预处理后的事故废水转输至云通水务进行处理。

根据《化工园区事故应急设施（池）建设标准》中对事故应急转输系统的要求，应根据污水处理设施的处理能力确定。

根据连云港赣榆云通水务有限公司提供的运行台账，现有工业污水处理厂2021年1月至12月实际进水情况见表5.5.1-7。

表 5.5.1-7　现有工程实际进水情况表　　　　　　　　　　（单位：t/d）

时间	1月	2月	3月	4月	5月	6月
平均水量	6 136	4 703	5 463	1 956	4 900	5 806

续表

时间	7月	8月	9月	10月	11月	12月
平均水量	6 864	7 777	8 792	7 767	6 647	7 826

根据上表,在日常运行中连云港赣榆云通水务有限公司日处理最大水量总体在 8 792 m³/d 左右,云通水务有限公司现有工业污水处理厂处理规模为 1 万 m³/d,故将临时移动泵车规模确定为 2 000 m³/d。

故根据需要配备 1 台 $Q=2\ 500$ m³/h、$H=20$ m 的临时移动泵车,与上述提到的临时移动泵车共用。

4.6 各企业内部衔接设计

园区各家企业自行配套建设厂内管网及提升设施(此部分工程量由企业自筹建设),主要接管要求如下:

(1) 主要收集各家企业发生事故时超出企业自身防控能力的事故废水。

(2) 企业通过压力输送将超出企业防控能力的事故废水接管至园区公共应急事故池废水收集主管网。

(3) 各企业应急转输泵流量及扬程可参考表 5.5.1-8(具体参数指标企业复核)。

表 5.5.1-8 各企业应急转输泵流量及扬程

企业名称	企业应急转输泵流量和扬程
江苏新海石化有限公司	流量 650 m³/h,扬程 30.0 m
天富(连云港)食品配料有限公司	流量 360 m³/h,扬程 18.0 m
江苏昌华化工有限公司	流量 150 m³/h,扬程 16.0 m
连云港荷润化工有限公司	流量 130 m³/h,扬程 14.0 m
江苏诚泰车辆有限公司	流量 360 m³/h,扬程 30.0 m
江苏恒兴环保科技有限公司	流量 220 m³/h,扬程 30.0 m
鸿博环保科技(连云港)有限公司	流量 360 m³/h,扬程 17.5 m

(4) 各家企业事故池内部接口处设置三通闸控,一个接口接企业输出泵站,将事故废水输送至园区应急事故池;一个接口作为企业接受事故后园区公共应急事故池暂存事故废水接口,将事故废水接至企业预处理站,经预处理达到纳管标准后接入污水处理厂。

4.7 雨水管道工程设计

临海大道雨水主要是通过道路上的雨水篦子直排入潮汐河,考虑到南侧潮汐河改造为公共应急事故池后,临海大道道路南侧雨水无排水去向,沿临海大道南侧绿化带下新建一条雨水管道用于接纳临海大道南侧道路南侧雨水,以疏港路为界,分为两路雨水管道,一路排至 1# 公共应急事故池西侧,一路排至 2# 公共应急事故池东侧。

根据详规采用连云港市暴雨强度公式:

$$q = 3\ 360.04(1+0.82\lg P)/(t+35.7)^{0.74}\ \text{L/s}\cdot\text{hm}$$

式中:P——重现期,采用 3a;重现期 P 采用 3 年;地面集水时间采用 5 min;径流系数 ψ

沥青路面采用 0.85。

t——地面集水时间,采用 5 min。

(1) 管材

雨水管道采用承插式钢筋混凝土国标Ⅱ级管,管材应符合《混凝土和钢筋混凝土排水管》(GB/T 11836—2023)的要求,本次设计钢筋混凝土管外压荷载和内水压检验指标详见该标准中表 2 钢筋混凝土管规格、外压荷载和内水压力检测指标表。

(2) 管道基础

钢筋混凝土国标Ⅱ级管采用 180°砂石基础。

(3) 管道接口

接口形式:钢筋混凝土管采用橡胶圈接口,承插式连接。

(4) 检查井

检查井采用混凝土模块检查井。

根据雨水篦子的布置情况及雨水井的间距的要求,得到两路雨水计算书如表 5.5.1-9 所示。

4.8 其他工程设计

4.8.1 园区雨水排口闸控工程

目前雨水管网已基本覆盖产业区化工园区,雨水管道主要沿烟台路、连云港大道、岚山大道等道路敷设,园区内雨水排口较为分散,共 17 个雨水排口(图 5-7)。

同时根据需要配 4 台 $Q=50 \text{ m}^3/\text{d}$、$H=20 \text{ m}$ 的临时移动泵车和一定数量的移动管线。

事故发生以后,首先通过关闭雨水排口来进行闸控,之后对雨水管道中的事故废水进行截污回流,做好随时转移事故废水的准备。

4.8.2 临时土石筑坝工程

临时土石筑坝主要是为了对园区内的东林子河和石羊河进行闸控,土石筑坝施工使用的工具相对简单,资金投入比较少,筑坝采用的材料可以在河道就地取材,筑坝条件要求比较低,适应范围广,施工时间短,是一种常用的筑坝方式。土石坝填筑必须保证各工序相衔接,通常采用分段流水作业,其构筑工序主要包括卸料、平料、压实、质检和清理坝面、接触缝处理。筑坝参数需结合应急需求与当地水利部门商定。土石坝常用的有全截留土石坝和溢流土石坝两种。

4.9 建筑设计

4.9.1 建筑防火

本工程建筑物耐火等均为二级。

建筑物安全出口,防火构造措施及建筑物防火间距均按《建筑设计防火规范》(GB 50016—2014)设置。

4.9.2 装修设计

(1) 外装修:所有建筑物外墙面均为白色涂料,色彩明快。与现有建筑物相协调。外门窗选用断桥铝合金窗框+中空玻璃。

(2) 内装修:建筑物内墙为白色乳胶漆,地面为全瓷地砖。楼梯栏杆扶手为不锈钢扶手。

表 5.5.1-9　雨水计算书

序号	管段编号 起	管段编号 讫	长度	汇水面积 本段面积 (m²)	汇水面积 累积面积 (m²)	径流系数	累积面积×径流系数	设计降雨 重现期 (a)	设计降雨 历时(min) 汇流时间	设计降雨 历时(min) 沟内时间	暴雨强度 [L/(s·hm²)]	设计汇水流量 (L/s)	设计管渠 管径 (mm)	设计管渠 坡度 (‰)	设计管渠 流速 (m/s)	设计管渠 流量 (L/S)
1	1	4	111	2 185	2 185	0.85	0.19	3.00	5.00	2.47	301.16	55.93	400	2.0	0.75	93.12
2	4	7	158	2 630	4 815	0.85	0.41	3.00	7.47	3.51	288.33	118.01	600	1.2	0.75	212.63
3	7	10	120	1 900	6 715	0.85	0.57	3.00	10.98	2.67	272.12	155.32	600	1.2	0.75	212.63
4	10	13	101	1 991	8 706	0.85	0.74	3.00	13.64	2.24	261.16	193.26	600	1.2	0.75	212.63
5	13	18	228	4 462	4 462	0.85	0.38	3.00	5.00	4.19	301.16	114.22	400	3.0	0.91	114.03
6	18	22	162	1 833	6 295	0.85	0.54	3.00	9.19	3.60	280.12	149.88	600	1.2	0.75	212.63
7	22	26	176	1 940	8 235	0.85	0.70	3.00	12.79	3.91	264.57	185.19	600	1.2	0.75	212.63
8	26	30	127	1 595	9 830	0.85	0.84	3.00	16.70	2.82	249.81	208.73	600	1.2	0.75	212.63
9	30	36	169	2 310	12 140	0.85	1.03	3.00	19.52	3.15	240.30	247.97	600	1.7	0.90	253.06

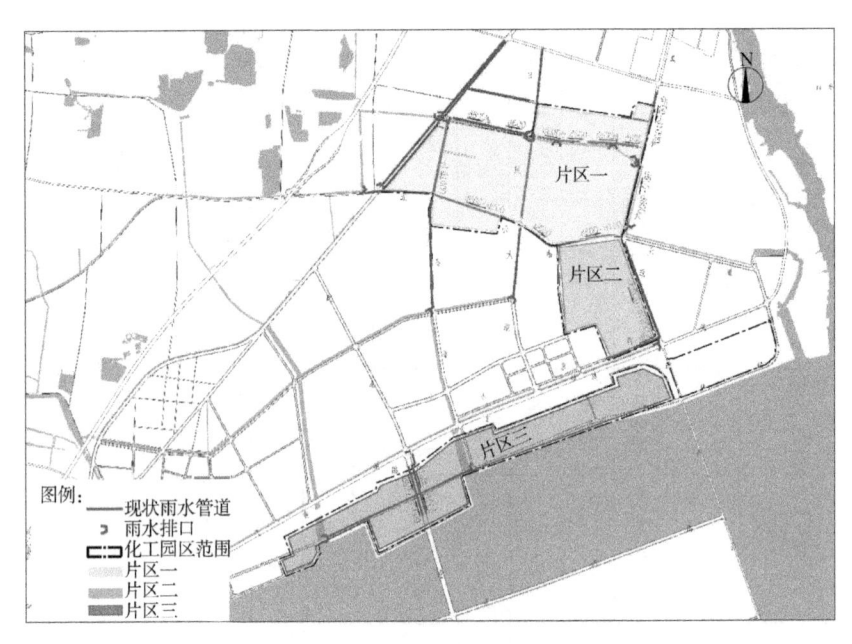

图 5-7 雨水管网排口分布图

4.10 结构设计

4.10.1 结构材料

混凝土：

所有盛水构筑物及地下钢筋混凝土构筑物均采用 C30，抗渗标号 P6～P8；

上部房屋建筑现浇钢筋混凝土构件及小型预构件均采用 C30；

基础除图中注明者外，均采用 C25；

基础垫层采用 C15；

填料除图中注明者外，均采用 C15。

钢材：

钢筋：采用 HPB300，强度设计值 $fy=270 \text{ N/mm}^2$；

HRB400，强度设计值 $fy=360 \text{ N/mm}^2$。

钢材：采用 Q235B。

钢梯、预埋件：采用 Q235B 镇静钢。

水泥：

采用 32.5R 普通硅酸盐水泥。

砖砌体：

设计地坪面以下墙体采用 Mu20 混凝土普通砖，M7.5 水泥砂浆砌筑；

设计地坪面以上墙体采用 Mu10 混凝土空心砌块，Mb7.5 混合砂浆砌筑。

饰面标准：

凡露出地面以上的构筑物水池墙体外表面，均满贴彩釉面砖；

所有建筑物及构筑物上的建筑栏杆，均采用 Φ50 不锈钢组合栏杆。

上部建筑及厂房，采用钢筋混凝土框架结构或砖混结构。

4.10.2 设计要求

屋面和楼面均布活荷载标准值、分项系数及准永久值系数,如表5.5.1-10所示。

表5.5.1-10　屋面和楼面均布活荷载标准值、分项系数及准永久值系数表

序号	荷载类别	活荷载标准值	分项系数	准永久值系数
1	不上人屋面	0.5	1.40	0.0
2	上人屋面	2.0	1.40	0.4
3	地面堆积荷载	10.0	1.40	0.5

4.11 电气、仪表及自控设计

4.11.1 供电电源

本项目用电负荷按二级负荷考虑,要求双电源供电。

采用2路10 kV电源进线(1路投入使用,1路备用)。10 kV高压电源引自原一期变配电间高压间,对高压间高压配电系统进线进行改造,增加两面变压器高压出线柜,对高压总进线柜进行改造(由业主与地方供电部门沟通确认原线路容量)。

用电设备均为低压负荷,用电电压等级为380/220 V。

4.11.2 用电负荷

负荷计算的原则:工艺设备采用需要系数法计算;照明负荷及办公用电负荷按单位建筑面积用电负荷计算。

原有设备装机功率252 kW,运行功率181.85 kW。

4.11.3 变配电设计

鉴于本工程的重要性,为了保证配电系统的可靠运行,设备选用优质产品。10 kV变压器选用节能型干式变压器。在原高压间增设10 kV高压开关柜选用中置式开关柜(具体与原有高压柜统一),10 kV高压开关均选用真空断路器。柜内低压元器件(含变频调速设备)选用可靠性高的产品。

厂内新建配电室设500 kVA、10/0.4 kV干式变压器2台。2台变压器1台投入使用,1台备用,每台均可承担100%的全场负荷,当1台变压器因故障或检修停止运行时,另1台变压器投入使用,变压器负载率76.2%。0.4 kV配电系统采用单母线分段接线方式,联络柜与两台进线柜开关间加三取二电气及机械联锁。

4.11.4 电气主要设备选型

电气设备应在污染环境不易腐蚀,生锈等,保障设备运行安全可靠。

(1) 10 kV柜选用中置式金属铠装开关柜(具体与原有高压柜统一);
(2) 0.4 kV柜选用MNS抽屉式低压开关柜;
(3) 变压器选用SCB11节能型干式变压器;
(4) 电缆选用绝缘性能好的交联聚乙烯电缆、聚氯乙烯绝缘电缆;
(5) 机旁控制箱和按钮箱采用喷塑钢板箱体或不锈钢箱体,户内设备防护等级不低于IP4X,户外防护等级不低于IP54;
(6) 变频器选用水行业水泵等设备优质品牌变频器。

4.11.5 控制与保护

(1) 10 kV 线路断路器及变压器出线断路器均采用开关柜就地控制及微机综保后台机控制。

(2) 工程范围内参与工艺过程的用电设备电动机,电气采用中控上位机操作和机旁就地控制相接合的两级控制方式。在所有电动设备附近均设有就地控制箱,就地控制箱上安装就地/远程转换开关、启动按钮、停机按钮,现场可以实现安全的运行维护检修。

① 10 kV 系统

10 kV 受电回路设延时电流速断或过流保护、动作时限与上级变电站及下级馈线电流保护相配合。

变压器回路设电流速断、过电流及变压器温度保护。

10 kV 系统继电保护采用微机综合继电保护装置,保护监控单元按一次设备间隔就地安装,所有控制、保护、测量、报警等信号均在间隔的就地单元独立完成,并将工作信号、故障信号传送到水厂中控室计算机系统,实现 10 kV 配电系统的集中监示和打印报表。

② 低压系统

低压配电系统利用自动开关的过电流保护脱扣器实现对低压配电线路及用电设备的短路及过负荷保护,其中变压器低压侧总开关设过流速断、过流短延时、过负荷长延时以及单相接地故障(过流保护兼作接地故障)四段保护;配电开关及电动机保护开关设电流速断及过负荷长延时保护,拟利用自动开关的过电流保护兼作接地故障保护,当灵敏性不能满足要求时,设漏电保护;检修电源、空调插座、办公用插座的配电回路设漏电保护。

除上述电流保护外,变压器低压侧受电总开关还设置低电压保护,当变压器低压侧失电时,通过自动开关的失压脱扣器自动跳闸。

③ 计量

电能计量采用高压供电高压计量,高压系统设专用计量柜,以满足供电部门的计费要求。在构筑物内各级高、低压进线柜上还装设自用的有功及无功电能表。供厂内成本核算用。

4.11.6 电力计量及功率因数补偿

(1) 根据地方电业部门规定,采用高供高计方式,在高压侧装设计量柜,对全池用电进行计量,在低压侧装设专用照明计量抽屉柜,对全厂的生活照明进行计量。

(2) 在变电站低压配电系统 0.4 kV 母线上装设自动补偿电容器,对低压负荷进行集中无功补偿,以提高功率因数、减少无功损耗。经无功补偿后全池功率因数达到 0.92~0.95。

4.11.7 照明

照明电源采用 220/380 V 三相五线制系统,照明配电以树干式配电方式为主。

本工程办公及生活场所以荧光灯照明为主,生产场所采用金属卤化物灯/节能荧光灯为光源的工厂灯照明。

变电站等重要场所设置应急照明,确保停电后人员能够安全疏散。

4.12 自控及仪表设计

4.12.1 现场检测仪表

现场检测仪表在计算机系统控制中是不可缺少的重要部分,仪表选择的优劣直接影响到控制系统的可靠性,本工程的自动化仪表均采用进口仪表。考虑到工作环境的适应性，特别是传感器直接与污水介质接触，极易腐蚀和结垢，因此，传感器尽量选用无隔膜式、非接触式、易清洗式。兼顾到维修管理容易、方便、尽可能选用不断流拆缺式和维护周期较长的仪表。

4.12.2 设备选型

设备选型立足于可靠性和先进性，控制系统必须工业级设备，仪表电源为 220VAC 或 24VDC。控制设备和检测仪表尽可能保持一致或兼容，维持统一性和兼容性。

4.12.2.1 仪表及自控设备

所有水质分析仪表探头应带有自动清洗装置。位于室外仪表的变送器应带有遮阳罩。所有仪表外壳防护等级为 IP65 以上，可能被水淹没的仪表外壳防护等级应为 IP68。

所有仪表信号输出可以为 4~20 mA。

电动闸阀类设备采用一体化电动执行机构，信号输出采用常规 I/O 形式。

主要机械类设备如水泵等，信号输出采用常规 I/O 形式。

4.12.2.2 电缆

信号电缆选用抗干扰能力强、损耗小的专业电缆，通信网络电缆依据网络对传输介质的要求分别选择。电缆敷设以电缆沟和直埋的方式为主，局部穿保护钢管暗敷。电缆敷设时强、弱电的电缆应分成不同的电缆通道，强弱电的电缆不能共管敷设。

4.12.3 控制方式

本工程中工艺设备控制由高到低的优先级依次为：现场/机旁控制、就地（单体）控制。每级控制均设置选择开关，现场/机旁控制选择设置为"手动""自动""远程"，就地控制选择设置为"手动""自动"。较高控制优先级的控制能够通过将本级选择开关设置为"手动"来屏蔽较低控制优先级的控制而实现本级的手动控制。

现场/机旁控制设置在设备附近实施手动控制，具有最高控制优先级。

就地（单体）控制是通过单体控制室内的可编程逻辑控制器（PLC）控制站实现控制的，有"就地手动""就地自动"两种控制方式。就地手动是由操作人员可以通过控制站人机对话界面实现手动控制；就地自动是由控制站根据相关的工艺参数和设备运行状态以及工艺控制要求对受控工艺设备实施自动控制，不需要人工干预。

操作人员可根据实际情况，方便灵活、安全可靠地切换到各种操作方式进行控制。

4.12.4 自控系统的接地与防雷

4.12.4.1 自控系统的接地

全系统建立统一接地体（总等电位连接板），自控系统的保护接地、信号回路接地、电磁兼容性（屏蔽）接地分别采用各自的接地线，再由各接地线接到总等电位连接板。厂区联合接地网的接地电阻小于 1Ω。

用电仪表的外壳、仪表盘、柜、箱、盒及其支架地座，电缆桥架及其支架，保护管，引入或引出的金属导管等，在正常情况下不带电的金属部分，必须做保护接地。桥架及其支架全长不少于两处接地。

信号回路的接地点设在显示仪表侧。屏蔽电缆要采用单端接地，接地端设在内场或控制设备一侧。

现场仪表、自控系统的盘、箱、桥架等的保护接地均就近接电气专业保护接地系统。

4.12.4.2 自控系统的防雷

PLC控制子系统的电源进线,设置防雷和浪涌保护器。通讯电缆和信号电缆均要设置与其端口工作电平相匹配的防雷和浪涌保护器。

自控系统的工作接地与低压供电系统的保护接地采用联合接地的方式,接地电阻不得大于1Ω。

连接外场设备的屏蔽电缆接地采用一点接地方式(即单端接地)。

4.12.5 工业级视频监控系统

本期工程对项目中运作的全过程和重要的管理实施工业级网络高清视频监控。在各新增工艺单体及主要道路设若干监控摄像机,监控点的图像经工业级千兆以太网送入网络高清视频采集服务器存储,并在视频监控机上实现多画面同屏显示,也可放大单独一个画面。从中控室键盘或控制系统发出的控制信号经工业以太网传输至前端的网络高清摄像机经内置解码器,执行云台上下、左右旋转、镜头变倍变焦光圈等的各种动作。

网络高清视频监控系统采用工业级千兆以太网传输方式,以实现大量视频数据流的高效传输。

同时,为满足使用需求,本期工程对现有视频监控系统进行升级改造,将现有摄像头视频信号传输介质改为光纤。

5. 消防设计

5.1 火灾危险性及防火措施

正常情况下,本工程在实施过程中不会发生火灾,只有在错误操作、违反规程、管理不当及其他非正常生产情况或意外事故下,才能由各种因素引发火灾。为预防火灾发生、减少火灾损失,应根据"预防为主、防消结合"的方针设计相应的防范措施和扑救设施。

5.2 消防给水

(1) 消防介质用量

本工程为化工园区配套项目,园区内各企业物料特性繁杂,考虑有可溶性液体物料泄漏的可能,公共应急事故池采用抗溶性环保型水成膜泡沫为主要灭火介质,水为主要冷却介质。由于本工程事故池平面面积较大,以疏港路为界,将公共应急事故池分为两格,因此事故着火面积按照疏港路东侧较大的面积即总面积的60%来考虑。

事故池消防冷却水流量450 L/s,用水时间4 h,用水量6 432 m^3;泡沫混合液流量442.2 L/s,泡沫用水时间30 min,用水量795.96 m^3;一起火灾用水流量60 L/s。

(2) 消防水源

① 事故池消防用水由园区道路上低压市政给水系统提供。从事故池附近市政给水管网接出DN250管道,沿事故池西侧方向敷设,在事故池堤边5.0 m范围内埋地布置,每间隔一段距离(小于等于120 m)设置一套室外消火栓,室外消火栓兼作移动消防炮接口。市政给水管网系统工作压力不小于0.2 MPa;当发生大面积火灾时,消防用水还可由泵浦消防车抽取事故池南侧河水供给。

② 本工程泡沫原液由工业园区消防站内集中提供,其中消防站中应配备不少于80 t的泡沫液。

(3) 消防设备

① 沿事河道两侧事故池长度方向的消防水管每间隔一段距离(小于等于120 m)设置室外消火栓。

② 事故池配备不少于2套遥控式移动水、泡沫两用消防炮,单台遥控移动消防炮流量40 L/s,由工业园区消防站统一配置。

③ 园区应配备应急型防火围油栏,在事故池河道两侧预埋围油栏挂钩,当有丙类及以上液体进入事故池时,应在事故池排空阶段内紧急布设好防火围油栏。

④ 本工程泡沫灭火系统采用移动泡沫消防车进行灭火,泡沫消防车由园区消防站统一配置。

⑤ 当发生大面积火灾时,由泵浦消防车抽取事故池两侧河水作为消防补水,泵浦消防车依托园区消防站设置。

(4) 灭火器配置

本工程考虑在事故池两侧沿事故池长度方向每间隔一段距离(小于等于12 m)设置一套手提式碳酸氢钠干粉灭火器箱,每套含MF8型手提式干粉灭火器2具。事故池另外设MFT50型推车式碳酸氢钠干粉灭火器4套。

6. 结论

(1) 为确保产业区化工园区发生突发环境事件时,事故废水及时控制在厂区、园区进行治理,响应工业和信息化部、应急管理部、省政府对化工园区突发环境事件管控要求,进行三级防控建设是十分必要的。

(2) 本工程服务范围:产业区化工园区。

(3) 项目内容

① 公共应急事故池工程

建设总有效池容24 000 m³ 园区公共应急事故池用于暂存事故废水,位于临海大道南侧的潮汐河上,以疏港路西侧540 m为起点,外环路为终点,占用河道总长为1 340 m。公共应急事故池以疏港路为界,分成1#公共应急事故池和2#公共应急事故池,疏港路以西为1#公共应急池,长490 m,疏港路东侧为2#公共应急事故池,长850 m;

② 一体化泵闸

配备规模为10 200 m³/h的一体化泵闸;

③ 辅助用房

建设一座总平面尺寸$L \times B \times H = 12.2$ m$\times 6.0$ m$\times 4.2$ m的辅助用房;

④ 收集转输管网系统

沿日照大道、沿海路、临海大道新建长3 860 m的DN400管道,沿大连路、烟台路、外环路新建长3 490 m的DN250事故废水收集转输管道;

转输系统根据需要配备临时移动泵车和移动管线;

⑤ 雨水管道工程

考虑到潮汐河改造为公共应急事故池后,临海大道道路南侧雨水无法排出,沿临海大道南侧绿化带下新建长1 630 m的DN400、DN600雨水管道用于接纳临海大道道路南侧雨水。

⑥ 其他工程

根据园区内17个排口设置相应的电动闸阀。

考虑在诚泰、恒兴、昌华、荷润储存临时筑土坝的所需材料：土石、防水布、沙袋。

5.5.2 案例二

案例二　某经济开发区突发水污染事件三级防控体系

1. 项目概况

1.1 项目建设背景

根据《省生态环境厅关于加强突发水污染事件应急防范体系建设的通知》（苏环办〔2021〕45号）要求，重点园区需建立"企业—公共管网（应急池）—区内水体"三级突发水污染事件防控体系，确保能将污染团引入截留区，实现清污分流、降污排污等功能。为积极响应、贯彻执行文件要求，江苏省徐州市某经济开发区化工产业集聚区应切实提升园区突发水污染事件三级防控能力，确保园区有急可应。园区事故应急设施（池）是园区二级防控体系中至关重要的组成部分，也是将事故废水及时控制在园区，减小扩散风险的有效手段之一。

根据《工业和信息化部关于印发〈石化和化学工业发展规划（2016—2020年）〉》《应急管理部关于印发〈化工园区安全风险排查治理导则〉的通知》《省委办公厅　省政府办公厅关于印发〈江苏省化工产业安全环保整治提升方案〉的通知》（苏办〔2019〕96号）以及中国石油和化学工业联合会发布的《化工园区事故应急设施（池）建设标准》的要求，化工园区应按照国家相关标准和化工园区突发水环境风险防控体系的要求建设和完善公共应急事故池及配套设施，在化工安全事故发生时将超出企业承受范围的事故水控制在园区公共应急事故池内，切实减轻园区突发环境事件对周边水体的环境影响。

目前，经济开发区化工产业集聚区尚未建立化工园区公共事故应急池及配套设施，为补充完善园区突发水污染事件三级防控应急体系，本项目特针对经济开发区化工产业集聚区事故应急池及配套设施进行设计。

1.2 园区概况

1.2.1 园区污水处理厂建设现状

目前化工集聚区所有废水均进入戴圩污水处理厂进行综合处理，经济开发区化工污水处理厂（以下简称"化工污水厂"）处于调试阶段，待调试完成后，化工集聚区的工业废水均改接至化工污水厂。

（1）戴圩污水处理厂建设情况

戴圩污水处理厂服务范围为整个开发区及戴圩街区，采用"混凝沉淀池＋水解酸化＋A/O池＋二沉池＋反硝化滤池＋消毒"的污水处理工艺，尾水排放执行《城镇污水处理厂污染物排放标准》一级A类标准。该厂设计总规模30 000 m³/d，目前，该厂实际建设规模为一期10 000 t/d，二期扩建工程已开展建设，目前污水厂实际进水量约为5 428 t/d。尾水进入徐州尾水导流工程，最终东流入海。

（2）化工污水处理厂建设现状

化工污水厂设计规模为5 000 m³/d（其中：一期工程2 500 m³/d，二期工程2 500 m³/d），服务范围为化工集聚区,废水类型为工业废水和生活污水。该厂建成后,区内化工污水将全部导入新污水厂处理,原戴圩污水处理厂用于处理化工集聚区外非化工废水及戴圩街道生活污水。

化工污水厂位于泰山路东侧、环城北路南侧。项目投资总额6130万元,项目占地面积21 437.93 m²,建筑面积2 694.1 m²。污水处理工艺采用"调节池+初沉池+厌氧水解池+A/O池+二沉池+混凝沉淀池+臭氧氧化+曝气生物滤池+活性炭吸附"工艺,尾水通过中创污水处理厂的污水提升泵站排入尾水导流工程。

目前园区新建化工污水处理厂已建设完成,于2022年底投入正式使用。

1.2.2 雨水管网现状

园区排水为雨污分流,园区公共用地(道路、广场)的雨水就近排入沿道路敷设的雨水管沟(道路边沟)。园区市政雨水管网沿艾山路、泰山路、平果西路、沂蒙山路、大晶路等主要道路敷设主管网,收集道路及沿线企业外排洁净雨水,沿线收集的雨水就近排入附近水体。

1.2.3 "一企一管"现状

区内已建成企业废水"一企一管"工程,总长度约7 km,包括明管管网、集水池和监控室三项构筑物。配套监控系统已建立,监测项目包括pH、SS、COD和氨氮。"一企一管"工程已交给第三方服务机构运营,在企业超标排污时可以实现泵阀联动,防止企业私自排污。平果西路由西向东汇至泰山路;环城北路由西向东汇至泰山路;泰山路由北向南在环城北路交叉口汇合之后通过污水收集点统一提升,穿越环城北路接至工业污水处理厂。

目前园区三级防控体系距省市相关要求仍有差距,主要体现在以下方面:

(1)园区总体缺少应对突发水环境事件的公共应急事故池;
(2)园区缺少应对突发水环境事件的事故废水收集系统;
(3)园区缺少应对突发水环境事件的事故废水转输系统及转输水泵的配置。

2. 工程建设规模及总体目标

2.1 工程范围

本项目为江苏经济开发区化工产业集聚区公共应急事故池及配套管网工程,位于江苏经济开发区化工产业集聚区。本项目主要建设内容为:

(1)建设1座15 000 m³园区公共应急事故池暂存事故废水,位于玉山路西侧、艾山路东侧、襄阳街南侧空地上(即危化品停车场南侧);
(2)建设1座625 m³/h的艾山路提升泵站,位于园区公共应急事故池西侧;
(3)建设1座平面尺寸为12.20 m×6.00 m的辅助用房,位于园区公共应急事故池东侧;
(4)建设1座500 m³/h的泰山路提升泵站,位于园区公共应急事故池西侧;
(5)新建DN400的沂州科技、方大碳素、元丰、汉邦轮胎4家企业事故废水收集专用主管网1 700 m,新建DN800园区公共应急事故池排空管网200 m,新建9家企业事故废水与事故废水收集系统的预留接口闸控阀门井。

2.2 工程建设规模

根据园区三级防控体系建设方案,园区需建设容积不小于11 932.56 m³园区公共应急事故池。从留足现场应急处置余量、响应主管部门要求等角度,将园区应急事故池建设规模调整为 15 000 m³。

2.3 工程目标

本项目是化工园区突发水环境事件三级防控措施中重要的公用环境基础设施之一,是三级防控中的二级防控措施——园区公共应急事故池及配套管网项目。园区建设足够容量的公共应急事故池及配套管网保证企业发生水环境事件时,超出企业承受范围的事故废水能够及时转移暂存,确保事故废水能够有效控制在园区内部,不让事故废水进入敏感水域,不对周围水环境产生影响,提升园区突发水污染事件应急处置的能力和水平。本项目主要服务范围为江苏经济开发区化工产业集聚区范围内的 11 家企业。当企业发生重大水污染事故,企业厂内事故池容积不能满足事故液容纳需求时,企业立即上报园区管理部门,经核实后迅速启动应急事故池排空系统,排空应急事故池内存储空间后启动企业事故废水提升泵,事故废水通过收集管网进入公共应急事故池暂存,待事故结束后,通过事故废水检测,根据检测结果判定事故废水转输至污水处理厂或经企业预处理后再转至污水处理厂,经污水处理厂处理达标后排放。

3. 工程方案论证

3.1 收集与转输系统论证

事故收集系统是将收集的事故排水输送到事故池的设施,事故应急转输系统是指将化工集聚区事故水从事故应急储存设施输送至原企业或污水处理厂的管线和泵等设施,通常由排水明沟、排水管网等组成,作用是将事故排水输送至事故池。根据《化工园区事故应急设施(池)建设标准》要求,收集和转输系统主要要求如下:

(1) 事故水转输系统的规模应根据污水处理设施的处理能力确定。

(2) 事故应急转输系统可采用固定式输水管线或移动式输水管线,宜明管敷设,利用重力流转输事故水的管线应设检查井,检查井应采取密封、耐火、吸油措施。

(3) 事故应急转输系统宜采用自动、就地手动的控制方式。

(4) 加压泵应设置备用泵,备用泵型号宜与工作泵中的大泵一致。

(5) 输送事故水的沟渠、地下管道的防渗应满足《石油化工工程防渗技术规范》的规定。

(6) 事故应急转输系统泵站应设置消防电话、灭火器、应急照明等设施。

产业集聚区内企业现状排水管网主要有 3 种形式,即通过生活污水管道、清净水(雨水)管道、"一企一管"污水管道等 3 种形式排放管网,事故废水的转输可以采用利用现有排水管网或新建专用事故废水输送转输管网。每种事故排水管道各有优缺点。

本次方案推荐利用现有管网改造进行收集,同时配套新建提升泵站和部分管网进行废水收集以尽可能减少对周边的影响,在应急状态下进行高效可靠的事故废水收集和转输。

3.2 暂存系统建设形式论证

为充分保障化工产业集聚区公共区域状态下对事故污水的有效收集,防止发生地表、水体污染事故,公共应急事故池建设形式也各不相同。

由于园区防洪排涝均依靠现有水系进行连通,利用现有河道建设会对园区总体防洪排涝影响较大,且防洪排涝方案修改、调整和实施困难性极大,同时河道内部和周边岸坡均有园区现状管线,施工安全和影响相对较大。因此,本次方案园区公共应急事故池推荐采用钢筋混凝土水池。

4. 工程设计

4.1 工程总体布局

4.1.1 设计规模

根据建设单位提供的《关于调整化工园区公共应急事故池容积的函》,从留足现场应急处置余量、响应主管部门要求等角度,将园区应急事故池建设规模确定为 15 000 m³。

4.1.2 平面设计原则

平面设计原则如下:

(1) 因地制宜,根据用地情况合理布置构筑物,节约用地,便于管理。
(2) 工艺流程顺畅,建构筑物要考虑废水集路径的位置综合布置。
(3) 各相邻构筑物间距的确定,要考虑各类管渠施工维修是否方便。
(4) 考虑事故状态下大型车辆进出是否方便。
(5) 考虑事故状态下,主导风向对运维操作的影响,合理布置辅助用房。
(6) 满足消防要求。

4.1.3 总平面布置图

根据《石油化工企业设计防火标准》,场内消防道路不应小于 6 m,转弯半径不应小于 12 m,场内绿化和道路与场外道路保持 15 m 防火间距;根据《化工园区事故应急设施(池)建设标准》,辅助管理建筑物宜选址在场地全年最小频率风向的下风侧;根据《事故状态下水体污染的预防与控制技术要求》,园区公共应急事故池火灾危险按丙类进行平面布置,在事故状态下按甲类进行运行管理,结合现状地形进行平面布置,同时对相应区域根据消防要求合理配备设备防爆等级,总占地面积为 8 902.36 m²,如图 5-8 所示。

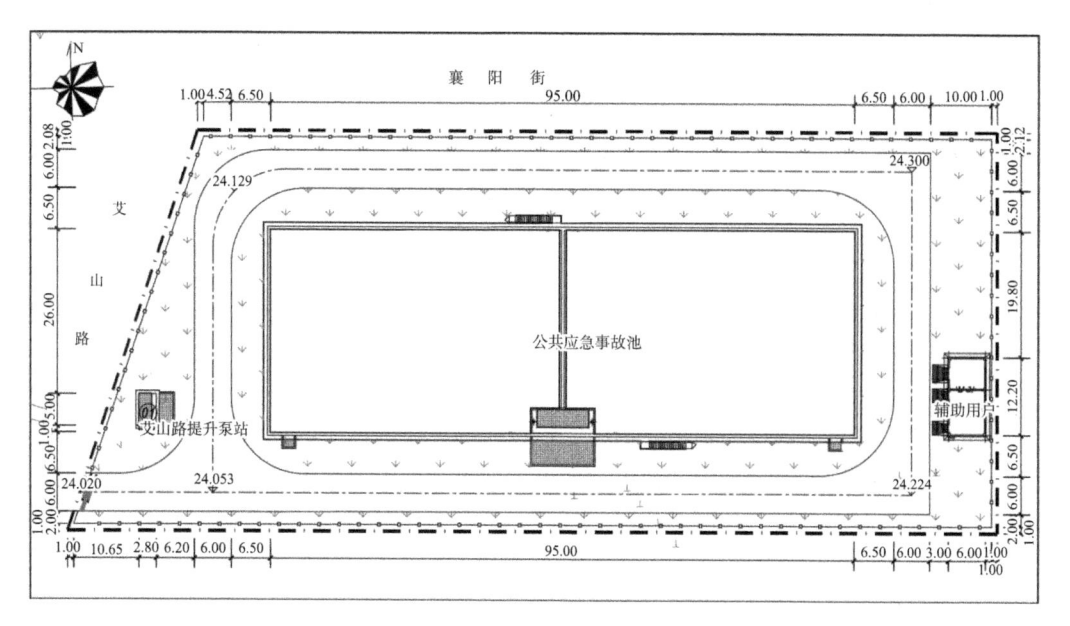

图 5-8 总平面布置图

4.2 公共应急事故池设计

根据《化工园区事故应急设施(池)建设标准》化工园区事故应急设施(池)人工构筑物分格数不宜少于2个,并应能单独工作和分别泄空,因此,在事故池内部进行隔断,将园区公共应急事故池平均分成两个分格。如若两个分格的事故池分别配套排空装置和转输装置,需配备大规模提升设施,且若事故池长期处于空置状态,也会造成极大的资源浪费,为保障园区公共应急事故池能够单独工作、分别泄空,同时考虑经济成本,考虑在两格事故池中间位置设置隔断增加闸门,使得在保障园区公共应急事故池能够单独工作、分别泄空的前提下,两格事故池共用一套排空系统和转输系统。

① 规模:有效池容为 15 000 m³

② 功能:暂存园区企业发生事故时,超出企业防控范围的事故废水。分格数不宜少于2个,并应能单独工作和分别泄空。

③ 构筑物:

公共应急事故池共设1座,内分2格,$L \times B \times H = 95 \text{ m} \times 32 \text{ m} \times 5.5 \text{ m}$,地下 3.0 m,地上 2.5 m,有效水深 5.0 m,半地上钢筋混凝土结构。

④ 主要设备:

(a) 排空潜污泵

设备参数:$Q = 1\,250 \text{ m}^3/\text{h}, H = 10 \text{ m}, N = 45 \text{ kW}$

数量:2台(2台投入使用)

(b) 转输潜污泵

设备参数:$Q = 210 \text{ m}^3/\text{h}, H = 18 \text{ m}, N = 22 \text{ kW}$

数量:3台(2台投入使用,1台备用)

(c) 移动泵车

设备参数:$Q = 2\,500 \text{ m}^3/\text{h}, H = 10 \text{ m}, N = 22 \text{ kW}$

数量:2台

4.3 艾山路提升泵站

① 建设规模:625 m³/h

② 功能:用于提升艾山路沿线收集系统收集的事故废水,直接提升至园区公共应急事故池。

③ 构筑物:

提升泵站1座,$L \times B \times H = 5.0 \text{ m} \times 2.8 \text{ m} \times 9.5 \text{ m}$,地下钢筋混凝土结构。

④ 主要设备:

潜污泵

设备参数:$Q = 312.5 \text{ m}^3/\text{h}, H = 14 \text{ m}, N = 18.5 \text{ kW}$

数量:3台(2台投入使用,1台备用)

4.4 辅助用房

① 功能:主要为配电间和值班室。配电间内配备电气柜等,值班室主要用于视频监控等。

② 建筑物

建筑物1座,总平面尺寸 $L \times B \times H = 12.2 \text{ m} \times 6.0 \text{ m} \times 4.2 \text{ m}$

③ 主要设备：
电气柜组和视频监控设备各一批。

4.5 泰山路提升泵站

① 建设规模：500 m³/h

② 功能：主要用于提升泰山路收集系统管网收集的事故废水或转输事故废水，将事故废水提升至"一企一管"污水集水池，通过"一企一管"污水集水池将事故废水接至园区工业污水处理厂。

③ 构筑物：
提升泵站 1 座，$L \times B \times H = 5.0 \text{ m} \times 2.5 \text{ m} \times 8.6 \text{ m}$，地下钢筋混凝土结构。

④ 主要设备：
潜污泵
设备参数：$Q = 250 \text{ m}^3/\text{h}, H = 16 \text{ m}, N = 18.5 \text{ kW}$
数量：3 台（2 台投入使用，1 台备用）

4.6 新建管网工程设计

4.6.1 管网设计标准

本项目包含的新建管网均为压力管道，应遵循下列计算公式进行计算：
排水管渠的流量，应按下列公式计算：

$$q = A \cdot v$$

式中：q——设计流量，m³/s；
A——水流有效断面面积，m²；
v——流速，m/s。

管道总水头损失应按下列公示计算：

$$h_z = h_y + h_j$$

式中：h_z——管道总水头损失，m；
h_y——管道沿程水头损失，m；
h_j——管道局部水头损失，m。

管道沿程水头损失应按下列公示计算：

$$h_y = \lambda \cdot \frac{l}{d_j} \cdot \frac{v^2}{2g}$$

式中：h_y——管道沿程水头损失，m；
λ——沿程阻力系数；
l——管段长度，m；
d_j——管道计算内径，m；
v——管道断面水流平均流速，m/s；
g——重力加速度，m/s²。

4.6.2 收集管网

当产业集聚区内企业有意外事故发生时，基于事故企业对事故性质、规模进行预判,如事故性质较为严重,规模较大,预判事故废液量超出企业自身防控能力时,事故企业应根据事故应急上报流程向园区突发环境事件应急救援指挥部、公共应急事故池运行控制中心发出请求,由指挥部及控制中心对事故信息进行核实,确认无误后,由控制中心远程控制启动公共应急事故池配套的排空泵站,紧急排空公共应急事故池内雨水,将池内雨水排空至艾山路西侧河道,以保证公共应急事故池有充足的池容暂存企业事故废水。

为了使得事故废水能被及时地收集暂存至应急事故池,根据企业布局,北区企业分别沿平果西路(沂蒙山路—艾山路段)由东向西新建压力管道,沿艾山路东侧由北向南新建压力管道接至园区公共应急事故池,总长度约为 1 700 m。在各家企业接口处配电动阀门,各家企业分别配备压力输送管道和输送水泵接至园区主管网。新建收集管道在最高处应设排气阀排气,在最低处应设泄水阀。管道的建设过程中遇到其他管线时应主动避让,同时应满足《室外排水设计标准》中对排水管道和其他地下管线的最小净距。利用艾山路(红迦路—大晶路段)由北向南利用现有管网兼做事故废水收集管网,并接至园区公共应急事故池位置通过艾山路提升泵站提升至公共应急事故池内。

南区企业利用现有管网兼做事故废水收集管网,沿大晶路和泰山路(大晶路—环城北路段)将事故废水输送至城北路与泰山路交叉口,在环城北路与泰山路交叉口处增加泰山路提升泵站,将收集系统内的事故废水通过提升泵站提升至"一企一管"集水池,通过"一企一管"管道穿越环城北路,此时借用工业污水厂 6 000 m³ 应急事故池进行暂存。

综合考虑企业暂存能力,按照《化工园区事故应急设施(池)建设标准》,同时参照省内公共应急事故池建设较为标准的连云港某产业基地公共应急事故池建设参数(表 5.5.2-1),园区最不利点距离应急事故池管道 2 100 m,池顶相对标高约 8 m,出水水头 2 m,水泵水头损失 1 m,安全水头损失 2 m。综合考虑经济流速、一次性投入成本与后期运行养护成本,由于本项目所建管道仅在发生事故时使用,使用频率极低,因此,可适当提高管道流速,减小管径,以减少一次性投入成本。为确保能够将超出企业范围内的事故废水在 24 h 以内转移至园区公共应急事故池,输送流量为 625 m³/h。

表 5.5.2-1　公共应急事故池建设参数

流量 (m³/h)	流速 (m/s)	管径	水力坡度 (m/km)	最不利点距应急事故池进水口距离(km)	室外沿程和局部水头损失(m)
625	1.341	DN400	6.62	2.00	16.68

最不利点企业事故池应配泵水泵扬程 $H=8+2+1+2+16.68=29.68$ m,水泵扬程取 30 m,流量为 625 m³/h,收集主管网管径为 DN400,流速为 1.341 m/s。

根据现场摸排平果西路(沂蒙山—艾山路段)在河道和围墙之间距离较大,建议在此处进行施工敷设,采用直接开挖的方式埋设 DN400 压力管道。

考虑到平果西路—玉山路段(图 5-9)车流量较小,主要为两家企业的上下班车辆,且为园区的次要干道,方便管控,因此推荐采用直接开挖的方式,并对管道进行混凝土包封处理;对于艾山路—平果西路段(图 5-10),考虑到平果西路为园区的主要干道,直接开挖对园区正常生产影响较大,推荐采用拉管施工方式。两个路段的新建收集管网信息见表 5.5.2-2。

图 5-9　平果西路北侧喜科墨南门口西侧

图 5-10　平果西路北侧喜科墨南门口东侧

表 5.5.2-2　新建收集管网信息

名称	管径	材质	长度(m)	施工方式
收集管网	DN400	衬塑钢管	1 700	直接开挖
收集管网	DN400	衬塑钢管	200	拉管

4.6.3　转输管网

本方案转输路径：

（1）平果西路沿线的各家企业事故废水可以通过事故池内的转输泵提升，利用新建的收集压力主管网（兼作转输管网）回到各家企业，经企业预处理后通过"一企一管"回到污水处理厂；

（2）利用事故池内的转输泵提升沿艾山路新建的压力管将事故废水接至平果西路南侧，经消能井消能后接至现状管网转接至泰山路转输系统管网，利用在环城北路与泰山路交叉口处增加的泰山路提升泵站，将管网内的事故废水通过提升泵站提升至"一企一管"集水池，通过"一企一管"管道穿越环城北路，接至工业污水处理厂。

事故废水在事故结束后，经水质分析开始转输预处理时，按36 h完成转输计算，则每小时需转输417 m³ 事故废水，因此，每格事故池内配备流量为210 m³/h 事故转输水泵。收集池出水口与最远预处理设施距离约为2 100 m，池顶相对标高约5.0 m，出水水头2 m，水泵水头损失1 m，安全水头损失2 m。

配备转输水泵扬程 $H=5+2+1+2+8.00=18.00$ m，扬程取18 m。

4.6.4 排空管网

排空管网主要为当发生突发环境事件启动公共应急事故池配套的排空设施，将池内雨水等排空，以备足够的空间暂存企业事故废水。根据对周边情况摸排，可将池内雨水排空至艾山路西侧河道，以确保有足够的池容来暂存企业事故废水。按照暂用事故池最大池容不应超过1/3考虑排空设施，事故池内配备的固定排空流量为2 500 m³/h水泵，同时匹配相应的2 500 m³/h移动泵车和移动软管作为紧急排空设施使用。固定排空管道具体参数如表5.5.2-3所示。

表5.5.2-3 固定排空管道具体参数

名称	流量 (m³/h)	流速 (m/s)	管径	水力坡度 (m/km)	最不利点距应急事故池出水点距离(km)	室外沿程和局部水头损失(m)	材质	长度 (m)	施工方式
排空管网	2 500	1.382	DN800	3.164	0.2	0.76	普通钢管	200	直接开挖

池顶相对标高约5.5 m，出水水头1 m，水泵水头损失1 m，安全水头为1 m。配备排空水泵扬程 $H=5.5+1+1+1+0.76=9.26$ m，扬程取10 m。移动泵车吸上高度不小于6.0 m。

4.7 各企业内部衔接设计

园区各家企业自行配备建设厂内管网及提升设施（此部分工程由企业自筹建设），主要接管要求如下：

（1）主要收集各家企业发生事故时超出企业自身防控能力的事故废水。

（2）企业通过压力将超出企业防控能力的事故废水输送至园区公共应急事故池废水收集主管网。

（3）北区企业（沂州科技、江苏方大、徐州汉邦、徐州元丰、龙兴泰、恒鑫等）配备转输能力为625 m³/h的事故水应急转输泵，南区企业（徐州博康、大晶、徐州盛安）配备转输能力为500 m³/h的事故水应急转输泵，各企业应急转输泵扬程如表5.5.2-4所示。

表5.5.2-4 各企业应急转输泵扬程

企业名称	企业应急转输泵扬程(m)
沂州科技有限公司	30

续表

企业名称	企业应急转输泵扬程(m)
江苏方大炭素化工有限公司	26
徐州汉邦橡胶有限公司	20
徐州元丰新材料科技有限公司(即将投产)	22
徐州博康信息化学品有限公司	15
徐州大晶新材料科技集团有限公司(试生产)	15
徐州龙兴泰能源科技有限公司(在建)	27
江苏恒鑫化工有限公司(在建)	17
徐州盛安化工科技有限公司(拟建)	15

（4）各家企业事故池内部接口处设置三通闸控，一个接口接企业输出泵站，将事故废水输送至园区应急事故池；一个接口作为企业接收事故后园区公共应急事故池暂存事故废水的接口，将事故废水输送至企业预处理站，经预处理达到纳管标准后输送至污水处理厂。

4.8　建筑设计

根据《建筑设计防火规范》的要求对厂区整体规划及单体建筑进行防火设计，具体如下：

（1）根据厂区道路规划设计，合理布置消防车道，以满足消防要求。

（2）确保厂区建筑满足防火间距要求。

（3）对于单体建筑，根据《建筑设计防火规范》，明确建筑防火类别、火灾危险性分类、耐火等级和结构选型，建筑物构件的燃烧性能、耐火极限等满足规范要求。根据建筑的层数、长度和面积，合理划分防火分区、防火间距等。

4.9　结构设计

4.9.1　结构设计标准

本工程项目设计在满足国家有关现行规范要求的前提下，尽量满足其他各专业提出的要求，结构构件根据承载能力极限状态及正常使用极限状态的要求分别进行计算和验算。

本工程设计使用年限为50年，结构安全等级为三级，抗震设防类别为标准设防类，框架抗震等级为二级。

4.9.2　设计主要参数

构筑物分为池内有水、池外无土和池内无水、池外有土2种工况。

回填土的重力密度：18 kN/m^3；地下水位以下土的重力密度按有效密度：10 kN/m^3。分项系数：对结构有利时：1.0，对结构不利时：1.30；

水池内的水压力按工艺设计提供最高水位计算（工艺要求），污水的重力密度：10.50 kN/m^3。分项系数：1.30；

地面堆积荷载的标准值：10 kN/m^2。分项系数：1.50；构筑物平台荷载：一般取2.5～4.0 kN/m^2。分项系数：1.50。其他按荷载规范及给排水结构规范采用。

地震条件：拟建场地抗震设防烈度为8度，设计地震分组为第二组，设计基本地震加速度值为 0.20g,设计特征周期为 0.40 s,为建筑抗震的一般周期。

4.9.3 构筑物防裂措施

结构按承载力极限状态验算强度和稳定性和正常使用极限状态下的变形和裂缝,对大偏拉构建和受弯构件计算裂缝开展,构筑物限制裂缝宽一般情况不超过 0.20 mm;对小偏拉和轴心受拉构建进行抗裂度验算。

4.9.4 主要建(构)筑物结构设计

本次新建建(构)筑物包含应急事故池、提升泵站、辅助用房等。根据工艺提供水位、运行时所承担的作用及荷载以及大致尺寸等初步确定构(建)筑物的结构形式及材料。

其中,应急事故池池体结构采用半地下钢筋混凝土结构,提升泵站采用地下钢筋混凝土结构,辅助用房采用框架结构。

4.9.5 地基基础

在建(构)筑物基础埋深较小,无抗浮要求时,将建(构)筑物基础或地板下方分布的软土挖除,可采用砂石混合料换填,分层夯实至基底标高,以保证地基强度并减少建(构)筑物的沉降和地基不均匀沉降。

大型建(构)筑物地下式或半地下式水池类结构,对地基不均匀沉降敏感以及荷载较大的建筑物,需验算其持力层承载力特征值是否满足设计要求,如不能满足要求需进行地基处理,具体由土质及环境等确定。

4.10 电气设计

4.10.1 负荷等级与供电电源

本工程用电负荷(表 5.5.2-5)为二级负荷。

公共应急事故池及艾山路提升泵站由当地供电部门提供两路 10 kV 电源,10 kV 外线电源采用电缆进线方式引至项目箱式变电站(箱变高压侧设置 2 台高压进线柜,以实现手动切换)。

泰山路提升泵站电源引自"一企一管"集水池配电间,采用 1 路 10 kV 电源供电+1 路低压电源供电方式,其中,1 路投入使用,1 路备用;10 kV 电源经户外杆上变压器降压后,通过低压电缆接入配电间。

企业阀门井采用 2 路 0.4 kV 低压电源进线供电方式,电源由附近园区企业引来。

本项目用电设备电压等级为 220/380 V。

4.10.2 无功补偿

采用在变电所低压侧集中设置并联电力电容器组作为无功功率补偿装置进行集中补偿。采用接触器自动投切方式,补偿后保证计量测功率因数不小于 0.95,并符合当地电业部门要求。

4.10.3 变电所及变配电系统

(1) 变电所的设置

本工程设置变电所 1 座,设置在辅助用房附近。变电所采用箱式变电站,容量为 S11-200KVA,负载率为 75.1%。

(2) 变压器的选择

变压器的容量和台数根据泵站的计算负荷、设备启动方式、运行方式,并充分考虑变

表 5.5.2-5　用电负荷表

子项	工艺段	设备名称	台数 安装	台数 工作	台数 备用	单台功率	装机容量	工作容量	COS	TAN	KX	计算负荷 Pjs(kW)	计算负荷 Qjs(Kvar)	计算负荷 Sjs(KVA)
1	应急事故池	转输泵	3	2	1	22.0	66.00	44.00	0.80	0.75	0.00	0.00	0.00	0.00
2		排空泵	2	2	0	45.0	90.00	90.00	0.85	0.62	1.00	90.00	55.78	105.88
3	艾山路提升泵站	潜污泵	3	2	1	18.5	55.50	37.00	0.50	1.73	1.00	37.00	64.09	74.00
4	厂区自控	自控系统	1	1	0	10.0	10.00	10.00	0.85	0.62	1.00	10.00	6.20	11.76
5	建筑照明	照明系统	1	1	0	25.0	25.00	25.00	0.85	0.62	0.70	17.50	10.85	20.59
	总计		10	8	2	/	246.50	206.00	/	/	/	154.50	136.92	212.23
	$K_p=0.9, K_q=0.97$								0.72	0.96	/	139.05	132.80	192.28
	$\cos\varphi=0.95, \tan\varphi=0.33$													
	无功补偿取值										/	/	−86.91	/
	低压侧补偿								0.95	0.33	/	139.05	45.89	146.43
	选用10/0.4 kV,200 kV·A,75.1%负载率变压器										/	/	7.32	/
	变压器损耗 $\Delta Pb=0.01Sjs, \Delta Qb=0.05Sjs$										/	1.46	7.32	/
	10 kV侧总计								0.94	0.38	/	140.51	53.21	150.25

压器的节能运行等因素综合确定。本工程拟设置 1 台 S11-200KVA 变压器,为应急事故池项目供电。

(3) 高、低压主接线方案

10 kV 高压主接线采用线路-变压器组接线,10 kV 线路挂接 200 KVA 站用变压器 1 台。

站用变压器 0.4 kV 低压侧采用单电源单母线不分段的接线方式。

4.10.4 照明

照明电源采用 220/380 V 三相五线制系统,照明配电以树干式配电方式为主。

灯具选择效率高、机械强度高、耐温耐腐蚀的灯具,同事具有重量轻、防水、防尘等性能,并具备寿命长、光效高、可靠性好的特点。灯具使用半截光型灯具,效率不低于 70%,照明光源采用 LED 灯。

建筑物的照明采用手动控制。

变配电间及控制室设置由应急电源系统(EPS)集中供电的应急照明系统。

4.11 自控及仪表设计

4.11.1 自控系统

自控系统采用 3 层结构:信息层、控制层、现场层。

现场层由各泵站工艺设备、自动化检测仪表、多功能智能电量表等组

控制层由 1 台现场 PLC 控制柜(以下简称 PLC 柜)构成,PLC 柜负责泵站内在线仪表和设备运行数据的采集处理,也可根据泵站工艺及现场自动化仪表数值实现各工艺设备的自动启动、停止,并可接受各片区中心控制层、班组中心控制层所下达的各类控制指令。

信息层由 1 台泵站工业监控计算机(以下简称工控机)组成。工控机通过工业以太网与 PLC 柜通讯,采集泵站内仪表和设备实时运行数据,并在显示器上模拟显示泵房主要仪表和设备的运行状态,操作员也可以通过键盘鼠标在线修改泵房主要设备的运行参数,实现对自动化控制程序运行条件的设定。同时泵站工控机还负责记录并管理泵站内仪表和设备的实时运行数据,显示趋势图并可对趋势图进行查询、统计、生成报表、分析等。

4.11.2 设备控制方式

自动化控制系统的要求,泵站各设备控制方式按照优先级从低到高依次为:远程控制、PLC 自动控制、工控机控制、现场(机旁)手动控制。控制权限切换可通过现场电控箱就地/远程切换开关及上位机监控界面切换开关实现。

(1) 远程控制

中心远程控制为由中心运行管理人员通过中央数据采集与监视控制系统(SCADA)综合监控信息平台,根据运行调度管理策略下达各类控制指令,保证泵站高效、稳定运行。

(2) PLC 自动控制

PLC 自动控制由 PLC 现场控制站根据泵站运行工艺及自动化在线测定仪表所提供数据进行各类工艺设备的自动启动、停止。

(3) 工控机控制

工控机控制通过泵站就地工控机下达控制指令,PLC 现场控制站根据控制指令及各设备运行状态、自动化仪表数值进行响应。

(4) 现场(机旁)控制

现场(机旁)控制以在各设备旁自带控制箱上进行手动操作的方式进行。当机旁控制方式手柄处于"手动操作"时,PLC 的控制和上级控制层的远程控制命令均被拒绝。

4.11.3 远程通信链路设计

远程通信链路拟采用通用分组无线业务(GPRS)无线通信链路。

4.11.4 视频系统

视频监控系统主要由硬盘录像机、监控摄像机、视频控制器与传输线缆组成。

硬盘录像机设置在控制室内,应配置可至少保存一个月录像信息的硬盘空间,且配置标准工业以太网接口与片区中心控制层进行数据通信。

监控摄像机布点根据用途可分为:安防用监控摄像机与运营用监控摄像机。

安防用监控摄像机布置于泵站四周、泵站大门处或主要道路出入口。本地的安防信息视频进行实时上传的同时,可以以事件触发的方式,将高清组图(附时标、设备编号)通过光纤专线传送至片区中心控制层。

生产运营用监控摄像机布置在事故池、提升泵站等处。

5. 消防设计

5.1 总体布置

贯彻"预防为主,防消结合"的方针。对可能发生火灾的部位和设备,从建筑和结构设计上采取切实可行的防火措施,防止火灾的蔓延扩散。认真考虑通风、换气和防火、排烟措施及安全出口、疏散通道和标志等的布置,为在发生火灾时人员能及时疏散提供条件。对主要火灾危险场所和主要设备应设置相应的灭火措施。

本工程在正常生产情况下,一般不易发生火灾,只有在操作失误、违反规程、管理不当及其他非正常情况或意外事故状态下,才可能导致火灾发生。为了防止火灾的发生,或减少火灾发生造成的损失,本工程在设计施工过程中,应根据具体情况采取相关的防范措施。

5.2 建筑

本项目建构筑物的耐火等级不应低于二级,建(构)筑物构件的燃烧性能和耐火极限应符合现行国家标准《建筑设计防火规范》的有关规定。

5.3 电气

5.3.1 消防电源

根据《建筑设计防火规范》,本工程消防用电属于二级负荷,2 路供电。

5.3.2 消防配电线路

(1) 电线电缆桥架、线槽及其引出的导管可靠接零 PE 线。

(2) 桥架、线槽穿越防火分区、防火墙、楼板处应做防火处理。

(3) 电气预留孔洞及明敷线路过楼板施工结束后,均须用耐火材料进行防火封堵。

(4) 应急照明、轴流风机等消防设施选用耐火型铜芯绝缘电缆。明敷于金属管/金属线槽内并涂防火涂料保护;暗敷于不燃性体结构内,且保护厚度不小于 30 mm。

(5) 站区各用电设备的配电线路均装设短路保护、过负荷保护及接地故障保护,插座回路装设漏电保护。

5.3.3 消防应急照明

(1) 在走廊、楼梯、疏散通道等场所设疏散照明,所有疏散指示及出口灯均带蓄电池,电池连续供电时间不小于 60 min。

(2) 疏散走道地面最低水平照度不低于 1.0 lx,楼梯间内地面最低水平照度不低于 5 lx。

(3) 消防工作区域,如消防控制室、电话总机房、配电站、水泵房,消防风机房等区域的备用照明,其连续工作时间不小于 180 min。

(4) 照明灯具设置要求:正常照明、应急照明及疏散指示标志灯的设置位置、安装高度及照度要求等均执行国家现行的《建筑设计防火规范》及《建筑照明设计标准》。

(5) 应急照明灯具的配电线路均采用阻燃耐火电线,敷设时穿热镀锌钢管暗敷设于不燃烧的墙体内,其保护层厚度不小于 30 mm。

5.3.4 防雷接地

建筑物防雷接地按《建筑物防雷设计规范》规定要求设计,建筑物的防雷装置能够直击雷、侧击雷、防雷电感应及雷电波的侵入,并设置总等电位联结;建筑物防雷接地、电气设备的保护接地的接地共用接地装置,接地电阻要求不大于 1Ω,实测结果不满足要求时,增设人工接地极。

配电室低压母线上装设一级电涌保护器,二级配电箱内装设二级电源保护器,末端配电箱及弱电机房配电箱内装设三级电涌保护保护器;配电系统接地形式采用 TN-S 系统,凡正常情况下不带电的电气设备金属外壳均匀、可靠接地线。

5.3.5 火灾自动报警系统

1. 系统概述

本工程采用区域型火灾自动报警控制系统,火灾自动报警系统保护对象属二级。区域型火灾报警控制器设置在辅助用房值班室内。火灾自动报警控制系统由图像型火灾探测器、手动火灾报警按钮、火灾声光警报器、火灾报警电话、区域型火灾报警控制器等组成。

2. 消防控制室

消防控制室设置在辅助用房值班室内,消防控制室内设置的消防设备包括区域型火灾报警控制器、安装有图像火灾报警管理系统的主机、火警传输设备、消防专用电话总机等。值班室设有直通 119 的消防专业外线电话。

3. 火灾探测器、手动火灾报警按钮及火灾声光报警器的设置

(1) 在选择图像型火灾探测器时应考虑探测器的探测视角及最大探测距离,可通过选择探测距离长、火灾报警响应时间短的火焰探测器,满足保护面积和报警时间方面的要求。探测器的探测视角内不应存在遮挡物。应避免光源直接照射在探测器的探测窗口。

(2) 在每个防火分区疏散通道或出入口处设置手动火灾报警按钮。从防火分区内的任何位置到最邻近的自动火灾报警按钮的步行距离不大于 30 m。

(3) 在手动报警按钮的上方设置声光警报器,底边距地 2.5 m 安装。

(4) 火灾声光警报器由火灾报警控制器控制在确认火灾后启动建筑内的所有火灾声光警报器,并可同时停止所有火灾警报器工作,该系统火灾声光警报器无语音提示功能,声光警报器声压级不低于 80 dB。

4. 系统供电与接地

(1) 火灾自动报警系统应设置交流电源和蓄电池备用电源。

(2) 消防用电设备应采用专用的供电回路,其配电设备应设有明显标志。其配电线路和控制回路宜按防火分区划分。

(3) 火灾自动报警系统接地装置的接地电阻值应符合下列规定:

① 采用共用接地装置时,接地电阻值不应大于 1 Ω。

② 采用专用接地装置时,接地电阻值不应大于 4 Ω。

(4) 消防控制室内的电气和电子设备的金属外壳、机柜、机架和金属管(槽)等,应采用等电位连接。

(5) 由消防控制室接地板引至各消防电子设备的专用接地线应选用铜芯绝缘导线,其线芯截面面积不应小于 4 mm^2。

(6) 消防控制室接地板与建筑接地体之间,应采用线芯截面面积不小于 25 mm^2 的铜芯绝缘导线连接。

5. 室内布线

(1) 火灾自动报警系统的传输线路应采用金属管、可挠(金属)电气导管、B1 级以上的刚性塑料管或封闭式线槽进行保护。

(2) 火灾自动报警系统的供电线路、消防联动控制线路应采用耐火铜芯电线电缆,报警总线、消防应急广播和消防专用电话等传输线路应采用阻燃耐火电线电缆。

(3) 线路暗敷设时,应采用金属管、可挠(金属)电气导管或 B1 级以上的刚性塑料管保护,并应敷设在不燃烧体的结构层内,且保护层厚度不宜小于 30 mm;线路明敷设时,应采用金属管、可挠(金属)电气导管或金属封闭线槽保护。

(4) 不同电压等级的线缆不应穿入同一根保护管内,当合用同一线槽时,线槽内应有隔板分隔。

(5) 采用穿管水平敷设时,除报警总线外,不同防火分区的线路不应穿入同一根管内。

(6) 从接线盒、线槽等处引到探测器底座盒、控制设备盒、扬声器箱的线路,均应套上金属保护管进行保护。

(7) 火灾自动报警系统的每回路地址编码总数应留 15%~20% 的余量。

(8) 总线短路隔离器可放置于模块箱内或沿路由就近挂墙安装,底边距地 2.2 m。当安装于吊顶内时,底边宜距吊顶 0.2 m,附近应有检修吊顶,并做明显标识。树形结构的总线短路隔离器也可集中放置于弱电竖井内。

6. 结论

(1) 为确保江苏经济开发区化工产业集聚区发生突发环境事件时,能把事故废水及时控制在厂区、园区内,响应工业和信息化部、应急管理部、省政府对化工园区突发环境事件管控要求,进行化工集聚区公共应急事故池及配套管网建设是十分必要的。

(2) 本工程服务范围:江苏经济开发区化工产业集聚区内化工企业。

(3) 本项目建设半地下钢筋混凝土应急事故池,建设有效容积为 15 000 m^3 的应急事故池,事故池内部分为两格,配备转输泵站和排空泵站,且每格能单独运行。

(4) 本项目利用现有管网和新建 DN400 衬塑钢管进行事故废水收集,同时新增 2 座提升泵站,艾山路提升泵站流量为 625 m³/h,泰山路提升泵站流量为 500 m³/h,新建收集管网 1 700 m,排空管网 200 m。

参考文献

[1] 何进朝,李嘉.突发性水污染事故预警应急系统构思[J].水利水电技术,2005(10):93-95,99.

第六章

典型工业集中区水污染物特点

6.1 工业废水一般特征

按工业类别,工业废水可分为冶金工业废水、化工工业废水、轻工业废水等;按污染物种类,可分为重金属废水、含油废水、含酚废水、含氰废水、放射性废水等;按污染物浓度特性,可分为高浓度有机废水、有毒有害废水和难降解有机废水等。工业废水还包括医疗机构废水、大型养殖企业的畜禽养殖废水等。

按照国家各标准和规定,废水在排放之前必须去除主要的有害成分。而了解废水中的有害成分,对于废水收集、处理、处置设施的设计和操作,以及环境质量的技术管理,都具有重要的意义,对环境危害评价也是至关重要的。

根据对环境污染所造成的危害的不同,这些污染物大致可划分为需氧污染物、悬浮污染物、感官污染物、营养性污染物、难降解污染物、油类污染物、生物污染物、热污染和酸碱污染物等类型。

1. 需氧污染物

废水中凡能通过生物化学或化学作用消耗水中溶解氧的化学物质,统称为需氧污染物。其中,绝大多数的需氧污染物是有机物质,无机物质主要有 Fe^{2+}、S^{2-}、CN^- 等,但通常需氧污染物专指有机物。

由于有机物种类繁多,现有的分析技术难以将各种工业废水中的有机物加以全面定性与定量,所以在水质表征中常采用综合水质污染指标来描述,主要包括生化需氧量(BOD)、化学需氧量(COD)、总需氧量(TOD)。

2. 悬浮污染物

水中呈悬浮状态的物质统称为悬浮物,悬浮污染物指粒径大于 100 nm 的杂质,会造成水质显著混浊。其中密度较大的颗粒多数是泥沙类的无机物,经静置会自行沉降;密度较小的颗粒多数为动植物腐败而产生的有机物质,浮在水面上。悬浮物还包括浮游生物(如蓝藻类、硅藻类)及微生物与菌泥。密度与水相近且粒径较小的颗粒,常在水中漂动,静置也难以沉降,造成水质混浊。水中悬浮固体的沉降会危害水底底栖生物的繁殖,影响渔业生产；悬浮物淤积严重时，会堵塞水道，缩短河道的寿命；含有机固体的淤泥层的分解会消耗水中溶解氧，释放出有害气体。

3. 感官污染物

废水中能引起混浊、泡沫、恶臭、色变等现象的物质，虽无严重危害，但会引起人们感官上的不适，其统称为感官污染物。不少有机废水具有独特的颜色，特别是印染工业及染料工业废水，其色度高，给废水带来了不良的感观，同时这些有色污染物往往也是一种环境毒物。

印染废水中的色度主要是由残留染料所引起的，印染废水中染料残留率平均为10%，这些有色污染物质，往往是一些具有共轭体系（发色团）的化合物，常见的多为偶氮染料及杂环共轭系统。

另外，化学制浆造纸废水的污染源主要来自制浆、洗浆、筛选、漂白和抄纸等工序。制浆过程中产生的蒸煮废液（黑液）污染最为严重。制浆方法和所用纤维原料不同，蒸煮废液的组分也存在很大的差异。蒸煮液是在蒸煮结束时进行提取的，在碱法制浆工艺中，此液呈黑色，故称"黑液"；而在酸法制浆中，此液呈红色，故称"红液"。

4. 营养性污染物

氮和磷是水中营养性污染物，是引起水体富营养化的主要原因，氮磷超标会导致某些藻类的疯长。如果浓度分别超过 0.2 mg/L 和 0.02 mg/L 的氮、磷营养性物质大量进入湖泊、江、海等水体，就会引起水体富营养化，造成藻类和浮游生物迅速繁殖，水体溶解氧下降，导致鱼类和其他生物突然大量死亡。因此，对于湖、库及景观水体等受纳水体，应限制氮、磷的排入。

5. 难降解污染物

难降解污染物难以被微生物降解，通常工业废水中含有的化学物质能够引起生物体的毒性反应，因此难降解物质大部分是有毒污染物。特别是存在于火炸药、医药、农药等工业废水中的难降解含氮化合物。难降解污染物不易被微生物所降解，易在环境中积累，对生物和人类有毒害作用，如致癌、致畸、致突变，因此对人类健康构成巨大的潜在威胁。

1984 年，美国国家环境保护局（EPA）正式提出"有毒化学物与公众健康问题"为美国几大环境问题之首。我国也已对有毒有机物的污染给予了高度重视。我国研究人员开展了很多有关有毒污染物的研究，提出了反映我国特征的优先污染物建议名单。在 1996 年修订的《污水综合排放标准》(GB 8978—1996)中，列出了需要优先控制的有机污染物，如苯并(a)芘、有机磷农药、三氯甲烷等。

火炸药、制药、农药、电镀等工业生产过程会产生大量含难降解有机物的废水，这些废水不仅水质、水量变化较大，污水中的难降解污染物更是对"污水零排放"提出了巨大的挑战。当难降解污染物的化学需氧量（COD_{cr}）超过 2 000 mg/L，5 日生化需氧量（BOD_5）与化学需氧量的比值小于 0.3 时，该废水称为高浓度难降解有机废水。这类废水中的有机物通常难以被微生物降解，或者被分解的速度慢、不彻底，导致废水处理效果差，难以达标排放。目前，高级氧化技术、电化学氧化技术、强化生物处理技术、超声技术、膜处理技术、微电解技术等已被广泛应用于处理难降解污染物的小试、中试和实际应用研究中。

6. 油类污染物

油类污染物主要是指石油类或动植物油类有机化合物。水体含油量达 0.01 mg/L 即可使鱼肉带有特殊气味而不能食用；若水中含油量达 0.01～0.1 mg/L，就会对鱼类和水生生物生长产生影响；若水中含油类物质达 0.3～0.5 mg/L，就会产生气味，从而不适合饮用。油类污染物会在水面上形成油膜，隔绝大气与水面，破坏了水体的富氧条件，破坏正常的充氧环境，导致水体缺氧；油膜附于鱼鳃上，使鱼类呼吸困难，甚至窒息死亡；在鱼类产卵期，含油废水的水域中孵化的鱼苗多数幼鱼畸形，生命力脆弱，易于死亡。油类污染物还会附着于土壤颗粒表面和动植物体表，影响养分吸收与废物排出，妨碍通风和光合作用，使水稻、蔬菜减产，甚至绝收。

7. 生物污染物

生物污染物是指废水中的致病性微生物。它包括致病细菌、病虫卵、病毒和有毒藻类。废水中所含有的微生物多数是无害的，细菌含量也很低，但也可能含有对人体和牲畜有害的病原菌。例如，制革厂废水常含有炭疽菌，若排放时混有生活污水、垃圾淋溶水、医院污水，可能含有能引起肝炎、伤寒、痢疾、脑炎等的病毒、细菌和寄生虫卵等。这些病毒、细菌和寄生虫卵分布广、数量大、存活时间长、繁殖速度快，治理中应予以高度重视。此外，制药废水处理厂多采用以生物处理为主体的工艺，若微生物长时间暴露在高浓度残留抗生素环境中，往往会诱导产生大量抗生素抗性基因(ARG)。这种经生物处理后的废水和废渣排入环境，最终将危害生态环境和人类健康。水质标准通常以细菌总数和总大肠菌群数作为卫生学指标，其中后者反映水体受到动物粪便污染的状况。

8. 热污染

凡是因水温过高对受纳水体造成的危害，统称为热污染。如果废水水温较高，直接排入水体，则会造成水体的热污染。水体水温升高会导致溶解氧降低，大气向水体传递氧的速率减慢，而随着水温升高又导致生物耗氧速度加快，水中溶解氧消耗更快，水质将迅速恶化；同时，水温升高会加快微生物生长及化学反应速率，加速管道与容器的腐蚀，使得细菌繁殖速度加快，增加后续水处理的难度和处理成本。

9. 酸碱污染物

酸碱污染物主要指废水中含有的酸性污染物和碱性污染物，有些地区酸雨也会使水体含有这类污染物。水质标准中通常以 pH 来表示酸碱污染的存在。酸碱物质具有较强的腐蚀性，会对管道和构筑物造成腐蚀，排入水体后使水体 pH 变化，破坏水体自净作用，抑制微生物生长，导致水质恶化，造成土壤酸化或盐碱化。酸碱物质对渔业水体影响更大，当水体 pH 低于 5.5 时，一些鱼类就不能生存或生殖率下降。

工业废水中含酸性废水和碱性废水。酸性废水主要来自钢铁厂、化工厂、染料厂、电镀厂和矿山等，其中含有各种有害物质或重金属盐类。酸性废水中酸的质量分数差别很大，低的小于 1%，高的大于 10%。碱性废水主要来源于印染厂、皮革厂、造纸厂、炼油厂等，其主要成分为有机碱或无机碱，不同碱性废水的含碱量差距较大。碱的质量分数有的高于 5%，有的低于 1%。酸碱废水中，除含有酸碱物质外，常含有酸式盐、碱式盐以及其他无机物和有机物。酸碱废水具有较强的腐蚀性，需经适当处理方可外排。

6.2 电子信息工业园区水污染物特征分析

典型电子信息产业园区中,以印制电路板废水为例分析水污染物来源及其特点。

常见印制电路板生产的产品包括单面板、双面板和多层板。下文按照总工艺流程及分部工艺流程进行介绍和分析。

6.2.1 总生产工序工艺流程

(1) 单面板总工艺流程如图 6-1 所示。

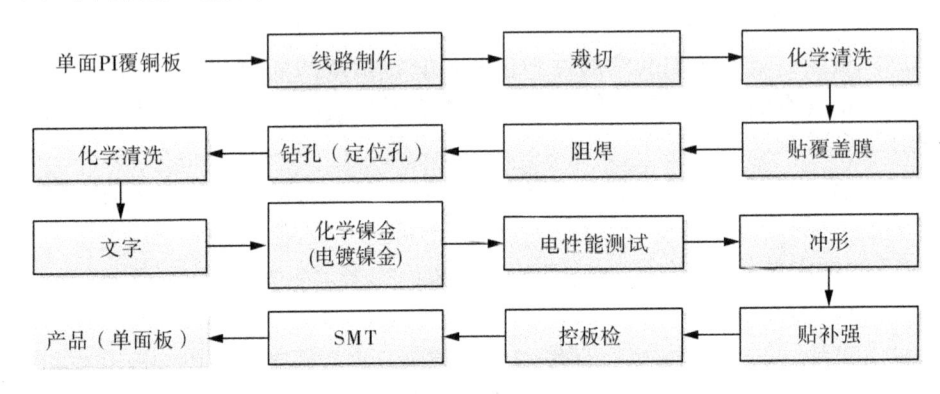

图 6-1 单面板总工艺流程示意图

(2) 双面板总工艺流程如图 6-2 所示。

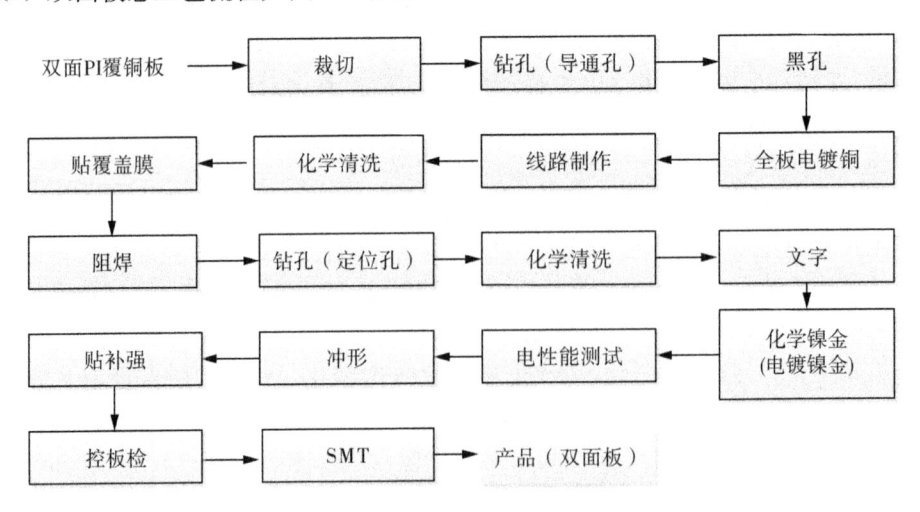

图 6-2 双面板总工艺流程示意图

(3) 多层板总工艺流程如图 6-3 所示。

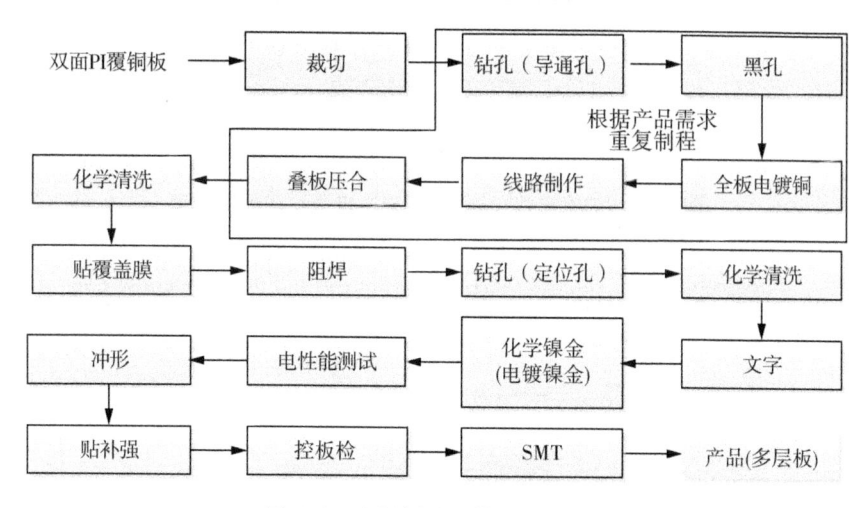

图 6-3 多层板总工艺流程示意图

6.2.2 主要生产工序工艺流程

(1) 裁切工序

裁片:将外购 PI 覆铜板(单面板或双面板)、PI 补强、覆盖膜、纯胶裁切成要求尺寸,便于后期加工(图 6-4)。

此工序主要污染物:裁切粉尘、废边角料(含 PI 覆铜板边角料、PI 补强边角料、覆盖膜边角料、纯胶边角料)。

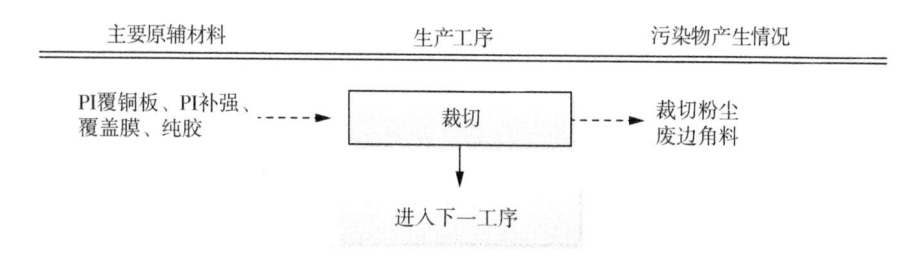

图 6-4 "裁切工序"工艺流程及产污情况图

(2) 钻孔工序

钻孔的目的有两种:一种为钻导通孔(图 6-5),为后期联通各层电路提供条件;另一种为钻定位孔(图 6-6),便于后续加工和使用过程中通过定位孔进行材料固定。两种钻孔均通过机械钻孔的方式进行,区别在于钻导通孔过程中需在板与板之间放置外购酚醛板作为隔断,同时使用铝板作为夹具;钻定位孔只需将多张线路板叠放整齐后直接进行钻孔操作。

此工序主要污染物:钻孔粉尘、废铝板、废酚醛板。

(3) 黑孔工序

黑孔的目的是使导通孔孔径内裸露的 PI 层边缘沉积一层炭,便于后期电镀过程中铜镀层的附着。

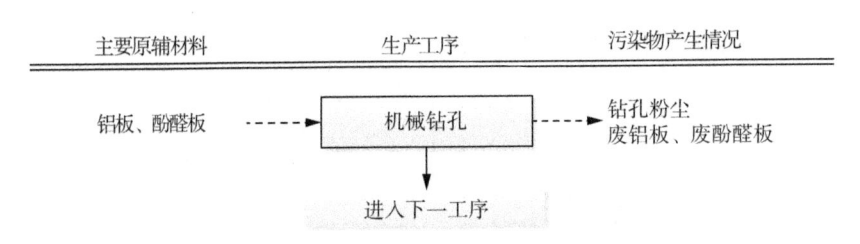

```
主要原辅材料          生产工序           污染物产生情况

铝板、酚醛板  ----→  机械钻孔  ---→  钻孔粉尘
                       │              废铝板、废酚醛板
                       ↓
                    进入下一工序
```

图6-5　"钻孔工序(导通孔)"工艺流程及产污情况图

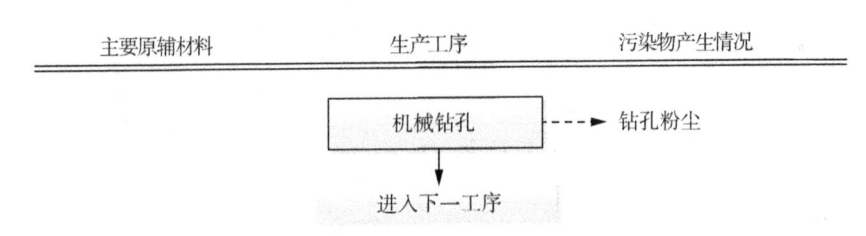

```
主要原辅材料          生产工序           污染物产生情况

                    机械钻孔  ----→  钻孔粉尘
                       │
                       ↓
                    进入下一工序
```

图6-6　"钻孔工序(定位孔)"工艺流程及产污情况图

黑孔工序工艺流程如图6-7所示。

① PI调整：使用PI调整剂(KOH)、纯水按照比例配置PI调整液对工件进行喷淋洗，去除导通孔孔径内微量残胶。PI调整液可循环使用，更换频率约1周1次。为保证生产过程中PI调整液质量，PI调整液通过工位自带的过滤机在线进行循环过滤处理，滤液回用。

此工序主要污染物：PI调整槽液(做综合废水处理)。

② 水洗：使用纯水对工件进行清洗。

此工序主要污染物：PI调整清洗废水(做综合废水处理)。

③ 微蚀：使用硫酸(50%)、过硫酸钠、纯水按照比例配置微蚀液对工件进行喷淋洗，去除半成品表面残留的污物和氧化物，同时粗化工件表面。微蚀液可循环使用，更换频率约2天1次。为保证生产过程中微蚀液质量，微蚀液通过工位自带的过滤机在线进行循环过滤处理，滤液回用。

此工序主要污染物：微蚀废液(做酸性废水处理)、硫酸雾。

④ 水洗：使用纯水对工件进行清洗。

此工序主要污染物：微蚀清洗废水(做综合废水处理)。

⑤ 整孔：使用整孔剂(40%～45% N-乙基乙二胺)对工件进行喷淋洗，整平孔壁表面，以便后续工作的进行。整孔剂可循环使用，更换频率约1周1次。为保证生产过程中整孔剂质量，整孔剂通过工位自带的过滤机在线进行循环过滤处理，滤液回用。

此工序主要污染物：整孔废液(做高浓度有机废水处理)。

⑥ 水洗：使用纯水对工件进行清洗。

此工序主要污染物：整孔清洗废水(做低浓度有机废水处理)。

⑦ 黑孔：使用黑孔液(去离子水、炭黑、表面活性剂)对工件进行喷淋，使孔径内裸露的PI层边缘沉积一层炭，便于后期电镀过程中铜镀层的附着。黑孔液可循环使用，更换频率约6月1次。为保证生产过程中黑孔液质量，黑孔液通过工位自带的过滤机在线进行循环过滤处理，滤液回用。

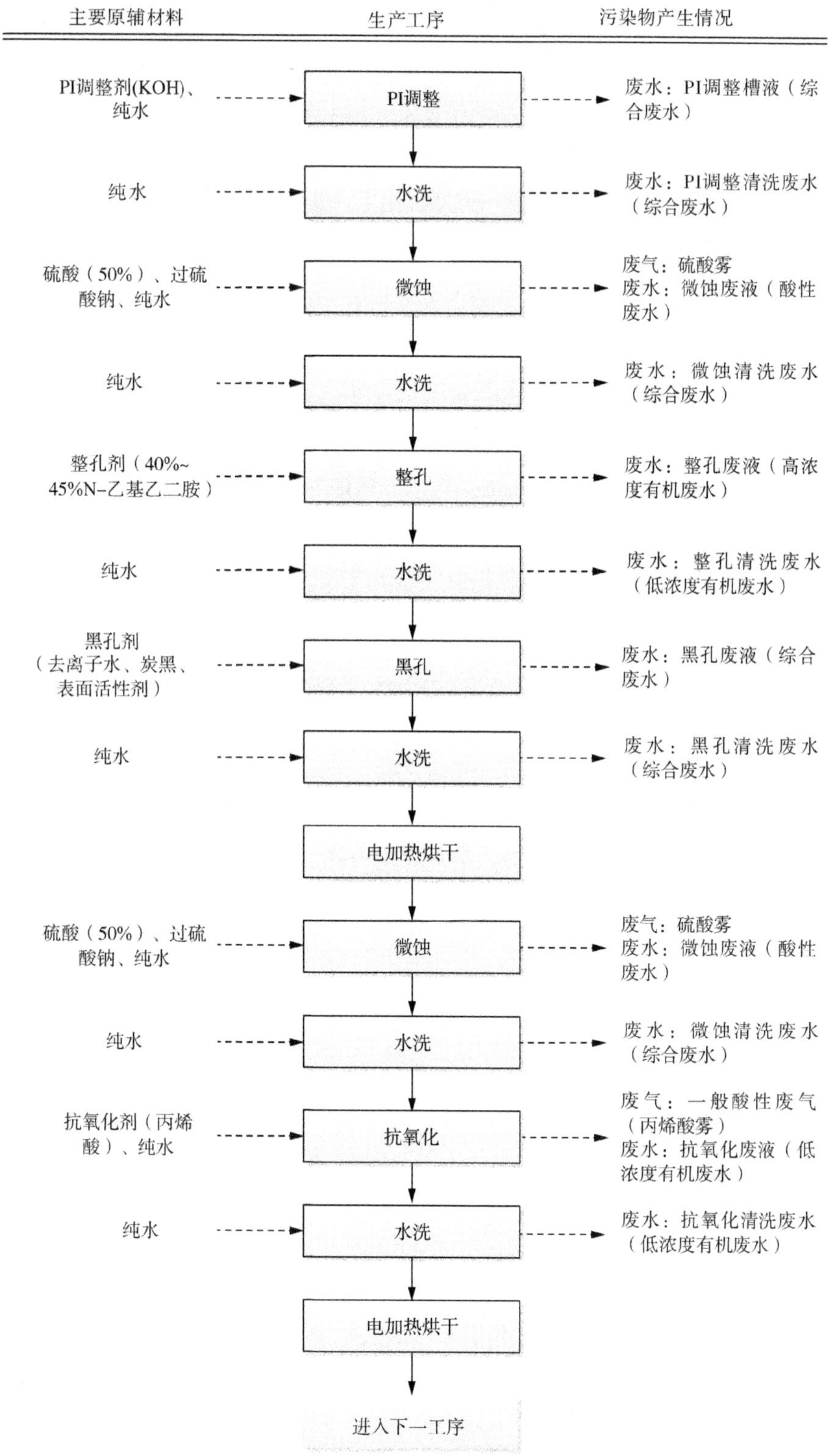

主要原辅材料	生产工序	污染物产生情况
PI调整剂(KOH)、纯水	PI调整	废水：PI调整槽液（综合废水）
纯水	水洗	废水：PI调整清洗废水（综合废水）
硫酸（50%）、过硫酸钠、纯水	微蚀	废气：硫酸雾 废水：微蚀废液（酸性废水）
纯水	水洗	废水：微蚀清洗废水（综合废水）
整孔剂（40%~45%N-乙基乙二胺）	整孔	废水：整孔废液（高浓度有机废水）
纯水	水洗	废水：整孔清洗废水（低浓度有机废水）
黑孔剂（去离子水、炭黑、表面活性剂）	黑孔	废水：黑孔废液（综合废水）
纯水	水洗	废水：黑孔清洗废水（综合废水）
	电加热烘干	
硫酸（50%）、过硫酸钠、纯水	微蚀	废气：硫酸雾 废水：微蚀废液（酸性废水）
纯水	水洗	废水：微蚀清洗废水（综合废水）
抗氧化剂（丙烯酸）、纯水	抗氧化	废气：一般酸性废气（丙烯酸雾） 废水：抗氧化废液（低浓度有机废水）
纯水	水洗	废水：抗氧化清洗废水（低浓度有机废水）
	电加热烘干	
	进入下一工序	

图 6-7 "黑孔工序"工艺流程及产污情况图

此工序主要污染物:黑孔废液(做综合废水处理)。

⑧ 水洗:使用纯水对工件进行清洗。

此工序主要污染物:黑孔清洗废水(做综合废水处理)。

⑨ 电加热烘干:采用电加热的方式对工件进行表面烘干。

⑩ 微蚀:使用硫酸(50%)、过硫酸钠、纯水按照比例配置微蚀液对工件进行喷淋洗,去除半成品表面残留的污物和氧化物,同时粗化工件表面。微蚀液可循环使用,更换频率约2天1次。为保证生产过程中微蚀液质量,微蚀液通过工位自带的过滤机在线进行循环过滤处理,滤液回用。

此工序主要污染物:微蚀废液(做酸性废水处理)、硫酸雾。

⑪ 水洗:使用纯水对工件进行清洗。

此工序主要污染物:微蚀清洗废水(做综合废水处理)。

⑫ 抗氧化:使用抗氧化剂(丙烯酸)、纯水按照比例配置抗氧化液对工件进行喷淋洗。抗氧化液可循环使用,更换频率约1周1次。为保证生产过程中抗氧化液质量,抗氧化液通过工位自带的过滤机在线进行循环过滤处理,滤液回用。

此工序主要污染物:抗氧化废液(做低浓度有机废水处理)、一般酸性废气(丙烯酸雾)。

⑬ 水洗:使用纯水对工件进行清洗。

此工序主要污染物:抗氧化清洗废水(做低浓度有机废水处理)。

⑭ 电加热烘干:采用电加热的方式对工件进行表面烘干。

(4) 全板电镀铜工序

全板电镀铜工序工艺流程如图6-8所示。

① 微蚀:使用硫酸、过硫酸钠、纯水按照比例配置微蚀液对工件进行浸泡,去除半成品表面残留的污物和氧化物,同时粗化工件表面。微蚀液可循环使用,更换频率约1周1次。为保证生产过程中微蚀液质量,微蚀液通过工位自带的过滤机在线进行循环过滤处理,滤液回用。

此工序主要污染物:微蚀废液(做酸性废水处理)、硫酸雾。

② 水洗:使用自来水对工件进行清洗。

此工序主要污染物:微蚀清洗废水(做综合废水处理)。

③ 酸浸:使用硫酸、纯水按照比例配置酸浸液对工件进行浸泡,去除半成品表面残留的杂质,从而保证下一工序电镀铜槽液品质。酸浸液可循环使用,更换频率约1周1次。为保证生产过程中酸浸液质量,酸浸液通过工位自带的过滤机在线进行循环过滤处理,滤液回用。

此工序主要污染物:酸浸废液(做酸性废水处理)、硫酸雾。

④ 电镀铜:采用铜球做阳极、硫酸铜和硫酸做电解液的电镀铜方法,使钻孔后的孔径壁镀上铜层,以实现孔壁金属化导通的效果。由于该工序在电镀过程中需要在整个基板上镀一层薄铜,因此也称为全板电镀铜。电镀铜槽液可循环使用,更换频率约1年1次。为保证生产过程中电镀铜槽液质量,槽液通过工位自带的过滤机在线进行循环过滤处理,滤液回用。

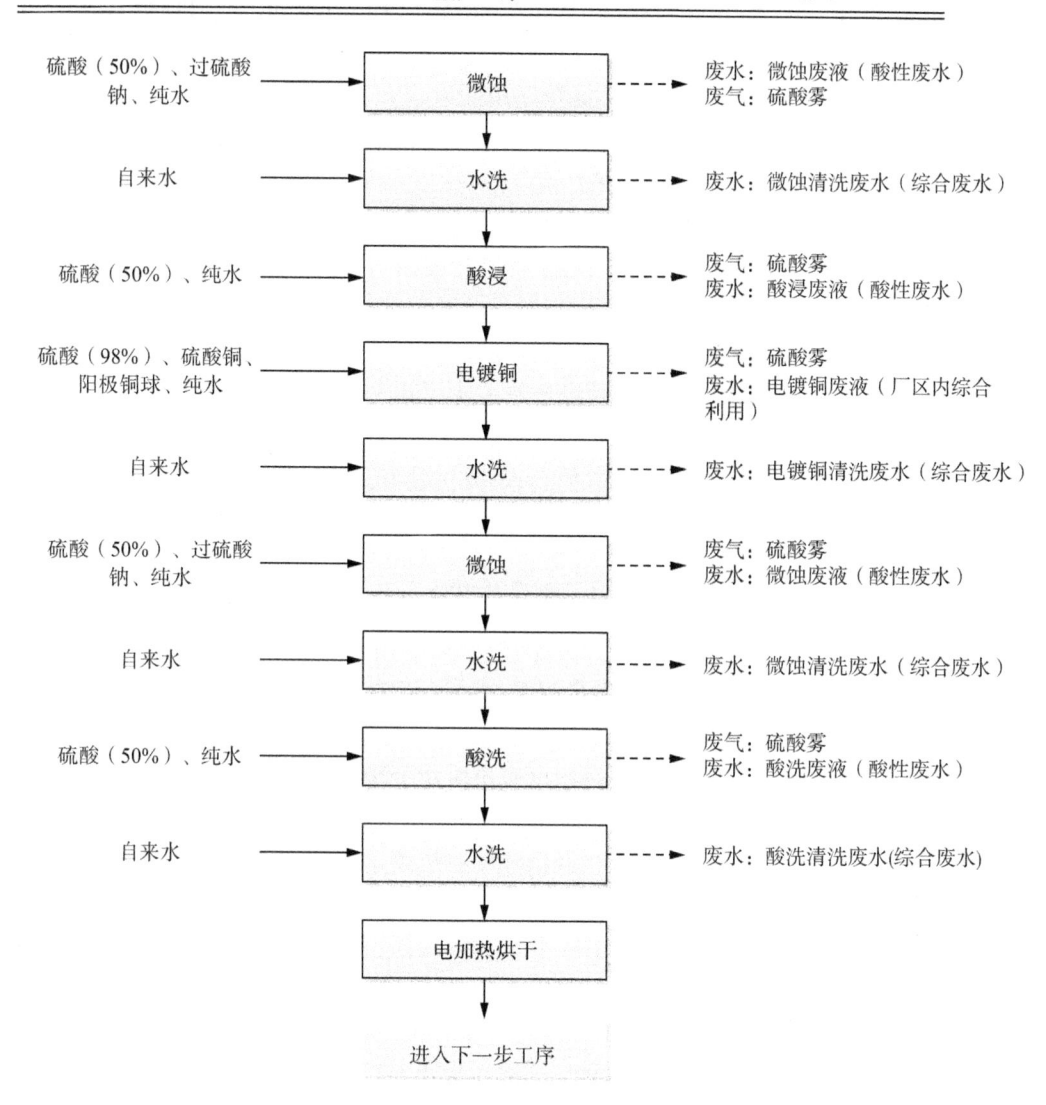

主要原辅材料	生产工序	污染物产生情况
硫酸（50%）、过硫酸钠、纯水 →	微蚀	废水：微蚀废液（酸性废水） 废气：硫酸雾
自来水 →	水洗	废水：微蚀清洗废水（综合废水）
硫酸（50%）、纯水 →	酸浸	废气：硫酸雾 废水：酸浸废液（酸性废水）
硫酸（98%）、硫酸铜、阳极铜球、纯水 →	电镀铜	废气：硫酸雾 废水：电镀铜废液（厂区内综合利用）
自来水 →	水洗	废水：电镀铜清洗废水（综合废水）
硫酸（50%）、过硫酸钠、纯水 →	微蚀	废气：硫酸雾 废水：微蚀废液（酸性废水）
自来水 →	水洗	废水：微蚀清洗废水（综合废水）
硫酸（50%）、纯水 →	酸洗	废气：硫酸雾 废水：酸洗废液（酸性废水）
自来水 →	水洗	废水：酸洗清洗废水(综合废水)
	电加热烘干	
	↓进入下一步工序	

图 6-8　"全板电镀铜工序"工艺流程及产污情况图

此工序主要污染物：电镀铜废液（厂区内综合利用）、硫酸雾。

⑤ 水洗：使用自来水对工件进行清洗。

此工序主要污染物：电镀铜清洗废水（做综合废水处理）。

⑥ 微蚀：使用硫酸、过硫酸钠、纯水按照比例配置微蚀液对工件进行浸泡，去除半成品表面残留的污物和氧化物，同时粗化工件表面。微蚀液可循环使用，更换频率约 1 周 1 次。为保证生产过程中微蚀液质量，微蚀液通过工位自带的过滤机在线进行循环过滤处理，滤液回用。

此工序主要污染物：微蚀废液（做酸性废水处理）、硫酸雾。

⑦ 水洗：使用自来水对工件进行清洗。

此工序主要污染物:微蚀清洗废水(做综合废水处理)。

⑧ 酸洗:使用硫酸、纯水按照比例配置酸洗液对工件进行浸泡,对工件进行清洗。酸洗液可循环使用,更换频率约1周1次。为保证生产过程中酸洗液质量,酸洗液通过工位自带的过滤机在线进行循环过滤处理,滤液回用。

此工序主要污染物:酸洗废液(做酸性废水处理)、硫酸雾。

⑨ 水洗:使用自来水对工件进行清洗。

此工序主要污染物:酸洗清洗废水(做综合废水处理)。

⑩ 电加热烘干:采用电加热的方式对工件进行表面烘干。

(5) 线路制作工序

线路制作工序工艺流程如图6-9所示。

① 压膜:将半固化状态的感光干膜经过热压轮使其贴合在线路板工件表面。

此工序主要污染物:压膜有机废气、废干膜。

② 曝光:把菲林底片与线路板工件叠合,抽真空使其紧密附着,进行紫外光照射。干膜见光部分硬化,颜色加深;未见光部分不发生任何变化。底片上的图像信息转移到干膜层上。

此工序主要污染物:废菲林底片。

③ 显影:使用碳酸钠与纯水按照比例配置显影液,使用显影液对曝光后的半成品进行喷淋洗,经曝光后未硬化的感光干膜会溶解在显影液中,从而使得铜箔裸露,硬化的干膜则不受影响继续附着在线路板铜面表面上。

此工序主要污染物:显影废液(做高浓度有机废水处理)。

④ 水洗:使用自来水对半成品进行清洗。

此工序主要污染物:显影清洗废水(做低浓度有机废水处理)。

⑤ 酸性蚀刻:使用盐酸(37%)、双氧水按照比例配置酸性蚀刻液,使用酸性蚀刻液对半成品进行喷淋洗,将干膜溶解后露出的铜箔蚀刻掉,而硬化的干膜层下的铜层被保护下来,形成线路。酸性蚀刻液可循环使用,1周更换1次。为保证生产过程中酸性蚀刻液质量,酸性蚀刻液通过工位自带的过滤机在线进行循环过滤处理,滤液回用。

总反应方程式为:$Cu + H_2O_2 + 2HCl \longrightarrow CuCl_2 + 2H_2O$

此工序主要污染物:蚀刻废液(做酸性废水处理)、盐酸雾。

⑥ 水洗:使用自来水对半成品进行清洗。

此工序主要污染物:蚀刻清洗废水(做综合废水处理)。

⑦ 退膜:使用氢氧化钠与自来水按照比例配置退膜液,使用退膜液对半成品进行喷淋。退膜目的是清除蚀刻后板面留存的抗蚀层,使下面的铜箔暴露出来。

去膜过程反应式为:$NaOH + RCOOH \longrightarrow RCOONa + H_2O$。

此工序主要污染物:退膜废液(做高浓度有机废水处理)。

⑧ 水洗:使用自来水对半成品进行清洗。

此工序主要污染物:退膜清洗废水(做低浓度有机废水处理)。

⑨ 酸洗:使用硫酸(50%)、纯水按照比例配置酸洗液对工件进行喷淋洗。酸洗液可循环使用,更换频率约1周1次。为保证生产过程中酸洗液质量,酸洗液通过工位自带的

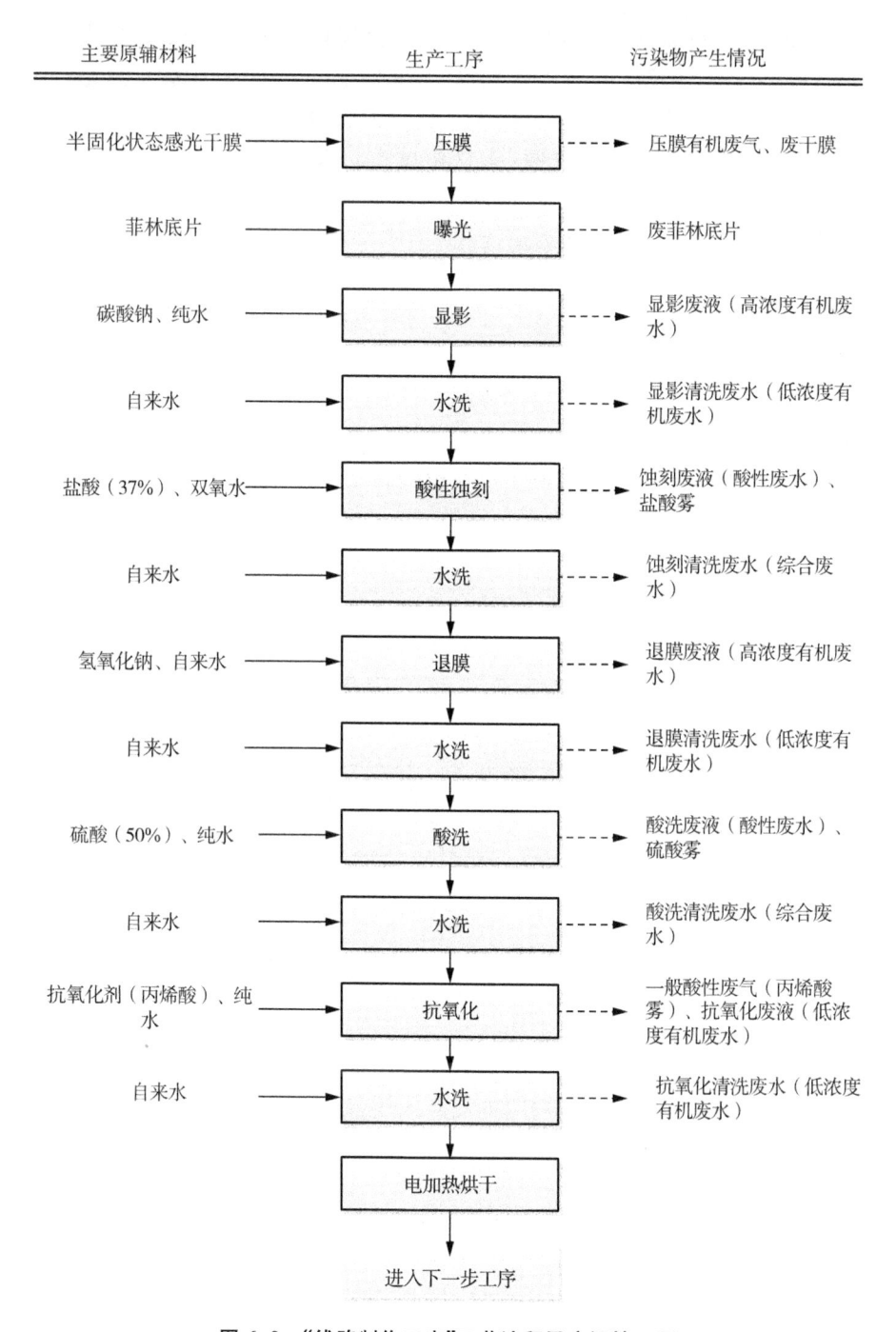

主要原辅材料	生产工序	污染物产生情况
半固化状态感光干膜 →	压膜	---→ 压膜有机废气、废干膜
菲林底片 →	曝光	---→ 废菲林底片
碳酸钠、纯水 →	显影	---→ 显影废液（高浓度有机废水）
自来水 →	水洗	---→ 显影清洗废水（低浓度有机废水）
盐酸（37%）、双氧水 →	酸性蚀刻	---→ 蚀刻废液（酸性废水）、盐酸雾
自来水 →	水洗	---→ 蚀刻清洗废水（综合废水）
氢氧化钠、自来水 →	退膜	---→ 退膜废液（高浓度有机废水）
自来水 →	水洗	---→ 退膜清洗废水（低浓度有机废水）
硫酸（50%）、纯水 →	酸洗	---→ 酸洗废液（酸性废水）、硫酸雾
自来水 →	水洗	---→ 酸洗清洗废水（综合废水）
抗氧化剂（丙烯酸）、纯水 →	抗氧化	---→ 一般酸性废气（丙烯酸雾）、抗氧化废液（低浓度有机废水）
自来水 →	水洗	---→ 抗氧化清洗废水（低浓度有机废水）
	电加热烘干	
	↓	
	进入下一步工序	

图 6-9 "线路制作工序"工艺流程及产污情况图

过滤机在线进行循环过滤处理，滤液回用。

此工序主要污染物：酸洗废液（做酸性废水处理）、硫酸雾。

⑩ 水洗：使用自来水对工件进行清洗。

此工序主要污染物：酸洗清洗废水（做综合废水处理）。

⑪ 抗氧化：使用抗氧化剂（丙烯酸）、纯水按照比例配置抗氧化液对工件进行喷淋洗。抗氧化液可循环使用，更换频率约1周1次。为保证生产过程中抗氧化液质量，抗氧化液通过工位自带的过滤机在线进行循环过滤处理，滤液回用。

此工序主要污染物：抗氧化废液（做低浓度有机废水处理）、一般酸性废气（丙烯酸雾）。

⑫ 水洗：使用自来水对工件进行清洗。

此工序主要污染物：抗氧化清洗废水（做低浓度有机废水处理）。

⑬ 电加热烘干：采用电加热的方式对工件进行表面烘干。

（6）叠板压合工序

叠板压合工序工艺流程如图6-10所示。

① 叠板：将纯胶、双面板（或多层板）、单面PI覆铜板按照产品要求进行叠合放置。由上至下依次为"单面PI覆铜板、纯胶、双面板（或多层板）、纯胶、单面PI覆铜板"。

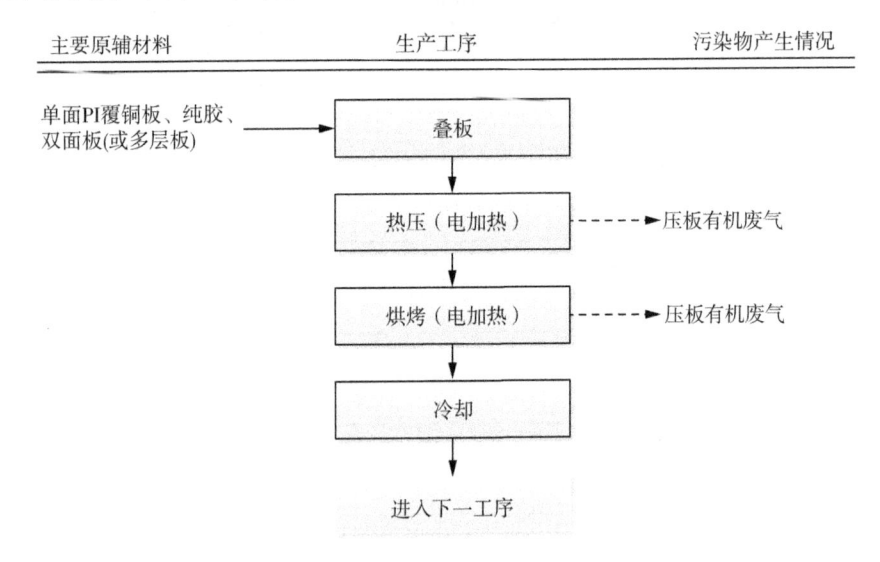

图6-10 "叠板压合工序"工艺流程及产污情况图

② 热压：将叠合后的半成品使用电加热方式压合在一起，其热压温度条件为180℃。热压过程中，纯胶片受热软化，起到黏结作用。

此工序主要污染物：压板有机废气。

③ 烘烤：使用电加热烘箱进行保温烘烤，加热温度为160℃。

此工序主要污染物：压板有机废气。

④ 冷却：采用自然冷却的方式使工件恢复至室温。

（7）化学清洗工序

化学清洗工序工艺流程如图6-11所示。

① 除油：使用碱性除油剂（无机碱）与纯水按照比例配置碱性除油液，使用碱性除油液对工件进行喷淋，去除半成品表面可能残留的油污。碱性除油液可循环使用，更换频率约1周1次。为保证生产过程中碱性除油液质量，碱性除油液通过工位自带的过滤机在线进行循环过滤处理，滤液回用。

```
主要原辅材料              生产工序              污染物产生情况
```

碱性除油剂（无机碱）、纯水 → 除油 ⇢ 除油废液（综合废水）

双氧水、硫酸（50%）、纯水 → 微蚀 ⇢ 微蚀废液（酸性废水）、硫酸雾

纯水 → 水洗 ⇢ 微蚀清洗废水（综合废水）

硫酸（50%）、纯水 → 酸洗 ⇢ 酸洗废液（酸性废水）、硫酸雾

纯水 → 水洗 ⇢ 酸洗清洗废水（综合废水）

抗氧化剂（丙烯酸）、纯水 → 抗氧化 ⇢ 一般酸性废气（丙烯酸雾）、抗氧化废液（低浓度有机废水）

纯水 → 水洗 ⇢ 抗氧化清洗废水（低浓度有机废水）

→ 电加热烘干 → 进入下一工序

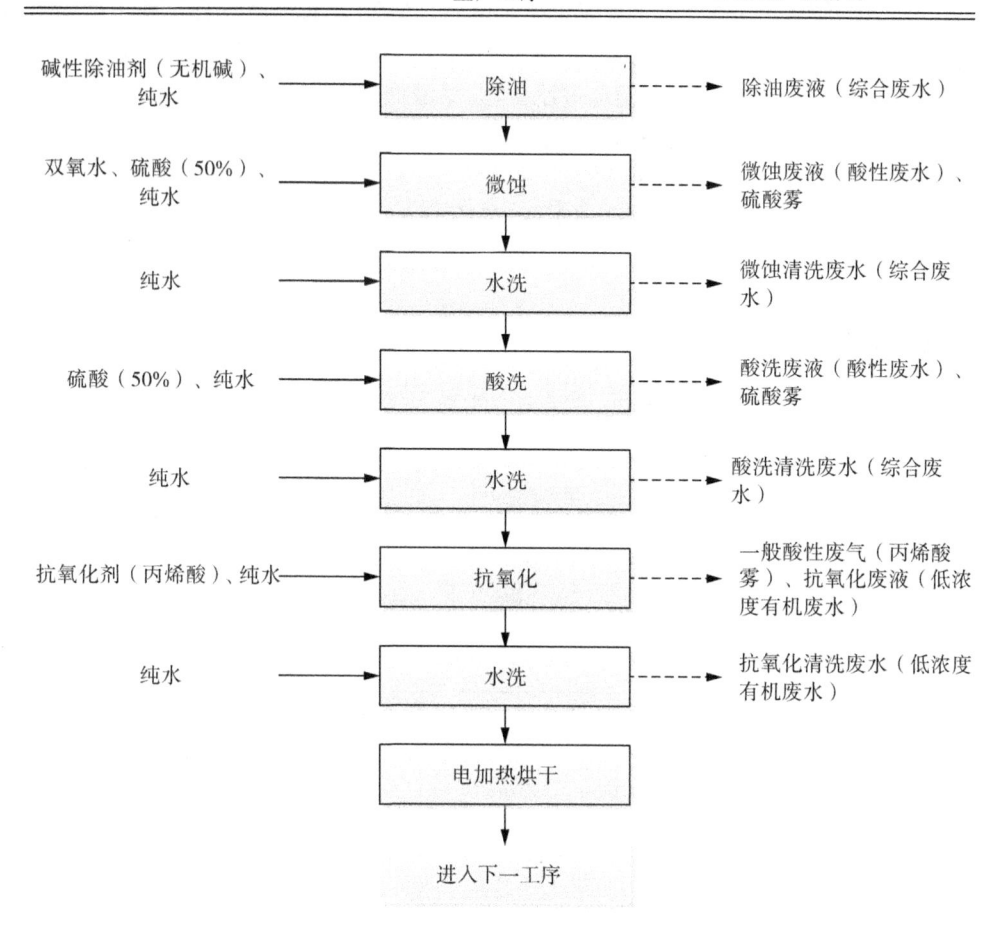

图 6-11　"化学清洗工序"工艺流程及产污情况图

此工序主要污染物：除油废液（做综合废水处理）。

② 微蚀：使用硫酸(50%)、双氧水、纯水按照比例配置微蚀液对工件进行喷淋洗，去除半成品表面残留的污物和氧化物，同时粗化工件表面。微蚀液可循环使用，更换频率约2天1次。为保证生产过程中微蚀液质量，微蚀液通过工位自带的过滤机在线进行循环过滤处理，滤液回用。

此工序主要污染物：微蚀废液（做酸性废水处理）、硫酸雾。

③ 水洗：使用纯水对工件进行清洗。

此工序主要污染物：微蚀清洗废水（做综合废水处理）。

④ 酸洗：使用硫酸(50%)、纯水按照比例配置酸洗液对工件进行喷淋洗，进一步去除半成品表面残留的污物和氧化物。微蚀液可循环使用，更换频率约1周1次。为保证生产过程中酸洗液质量，酸洗液通过工位自带的过滤机在线进行循环过滤处理，滤液回用。

此工序主要污染物：酸洗废液（做酸性废水处理）、硫酸雾。

⑤ 水洗：使用纯水对工件进行清洗。

此工序主要污染物:酸洗清洗废水(做综合废水处理)。

⑥ 抗氧化:使用抗氧化剂(丙烯酸)、纯水按照比例配置抗氧化液对工件进行喷淋洗。抗氧化液可循环使用,更换频率约1周1次。为保证生产过程中抗氧化液质量,抗氧化液通过工位自带的过滤机在线进行循环过滤处理,滤液回用。

此工序主要污染物:抗氧化废液(做低浓度有机废水处理)、一般酸性废气(丙烯酸雾)。

⑦ 水洗:采用纯水对工件进行清洗。

此工序主要污染物:抗氧化清洗废水(做低浓度有机废水处理)。

⑧ 电加热烘干:采用电加热的方式对工件进行表面烘干。

(8) 贴覆盖膜工序

贴覆盖膜工序工艺流程如图6-12所示。

① 叠板:在工件表面人工贴上一层PI覆盖膜,以避免线路氧化或短路,同时起绝缘及产品抗弯折作用。

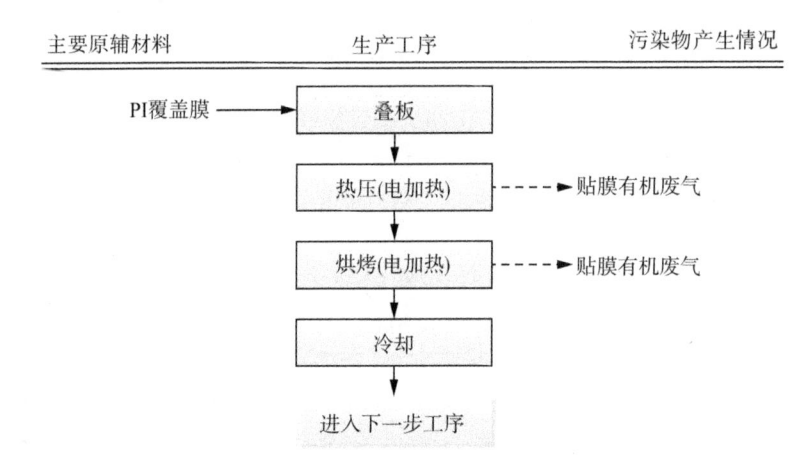

图6-12 "贴覆盖膜工序"工艺流程及产污情况图

② 热压:将叠合完成后的半成品使用电加热方式压合在一起,其热压温度条件为180℃。热压过程中,纯胶片受热软化,起到黏结作用。

此工序主要污染物:贴膜有机废气。

③ 烘烤:使用电加热烘箱进行保温烘烤,加热温度为160℃。

此工序主要污染物:贴膜有机废气。

④ 冷却:采用自然冷却的方式使工件恢复至室温。

(9) 阻焊工序

阻焊工序工艺流程如图6-13所示。

① 阻焊剂涂覆:用滚轮将阻焊油墨(成分:环氧树脂及亚克力酸共聚物、硫酸钡)均匀涂覆在半成品表面。

此工序主要污染物:阻焊剂涂覆有机废气、废阻焊油墨。

② 电加热预固化:采用电加热方式对阻焊油墨进行加热固化,固化阻焊油墨,以供影像转移之用,加热温度控制在120℃。

此工序主要污染物:阻焊固化有机废气。

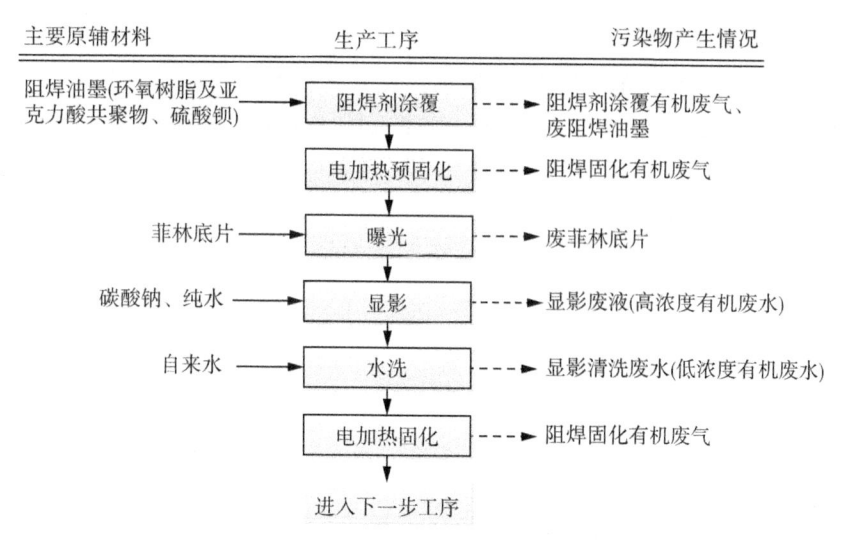

```
主要原辅材料              生产工序              污染物产生情况
阻焊油墨(环氧树脂及亚   →  阻焊剂涂覆      --→  阻焊剂涂覆有机废气、
克力酸共聚物、硫酸钡)                            废阻焊油墨
                            ↓
                         电加热预固化    --→  阻焊固化有机废气
                            ↓
菲林底片              →     曝光         --→  废菲林底片
                            ↓
碳酸钠、纯水          →     显影         --→  显影废液(高浓度有机废水)
                            ↓
自来水                →     水洗         --→  显影清洗废水(低浓度有机废水)
                            ↓
                         电加热固化     --→  阻焊固化有机废气
                            ↓
                         进入下一步工序
```

图 6-13 "阻焊工序"工艺流程及产污情况图

③ 曝光:把底片与半成品叠合,抽真空使其紧密附着,进行紫外光照射。油墨见光部分硬化,颜色加深;未见光部分不发生任何变化。底片上的图像信息转移到感光油墨层上。

此工序主要污染物:废菲林底片。

④ 显影:使用碳酸钠与纯水按照比例配置显影液,对曝光后的工件进行喷淋,经曝光后未硬化的感光油墨会溶解在显影液中,从而使得铜箔裸露,硬化的感光湿膜则不受影响继续附着在铜箔上。

此工序主要污染物:显影废液(做高浓度有机废水处理)。

⑤ 水洗:使用自来水对工件进行清洗。

此工序主要污染物:显影清洗废水(做低浓度有机废水处理)。

⑥ 电加热固化:采用电加热方式对阻焊油墨进行加热固化,固化阻焊油墨,加热温度控制在150℃。

此工序主要污染物:阻焊固化有机废气。

(10) 文字工序

文字工序工艺流程如图 6-14 所示。

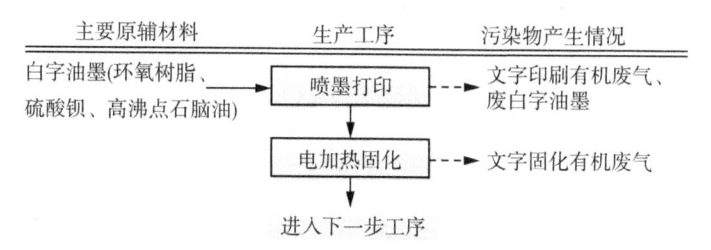

```
主要原辅材料              生产工序           污染物产生情况
白字油墨(环氧树脂、    →    喷墨打印     --→  文字印刷有机废气、
硫酸钡、高沸点石脑油)                         废白字油墨
                            ↓
                         电加热固化    --→  文字固化有机废气
                            ↓
                         进入下一步工序
```

图 6-14 "文字工序"工艺流程及产污情况图

采用丝网印刷技术,按线路板的设计要求,在相关部位印上文字或标识,以便各种电子元器件的安装和检修,印刷完后进行电加热固化。

此工序主要污染物:文字印刷有机废气、废白字油墨、文字固化有机废气。

(11) 化学镍金工序

化学镍金工序工艺流程如图 6-15 所示。

① 微蚀：使用硫酸(50%)、过硫酸钠、纯水按照比例配置微蚀液对工件进行浸泡，去除半成品表面残留的污物和氧化物，同时粗化工件表面。微蚀液可循环使用，更换频率约 1 周 1 次。为保证生产过程中微蚀液质量，微蚀液通过工位自带的过滤机在线进行循环过滤处理，滤液回用。

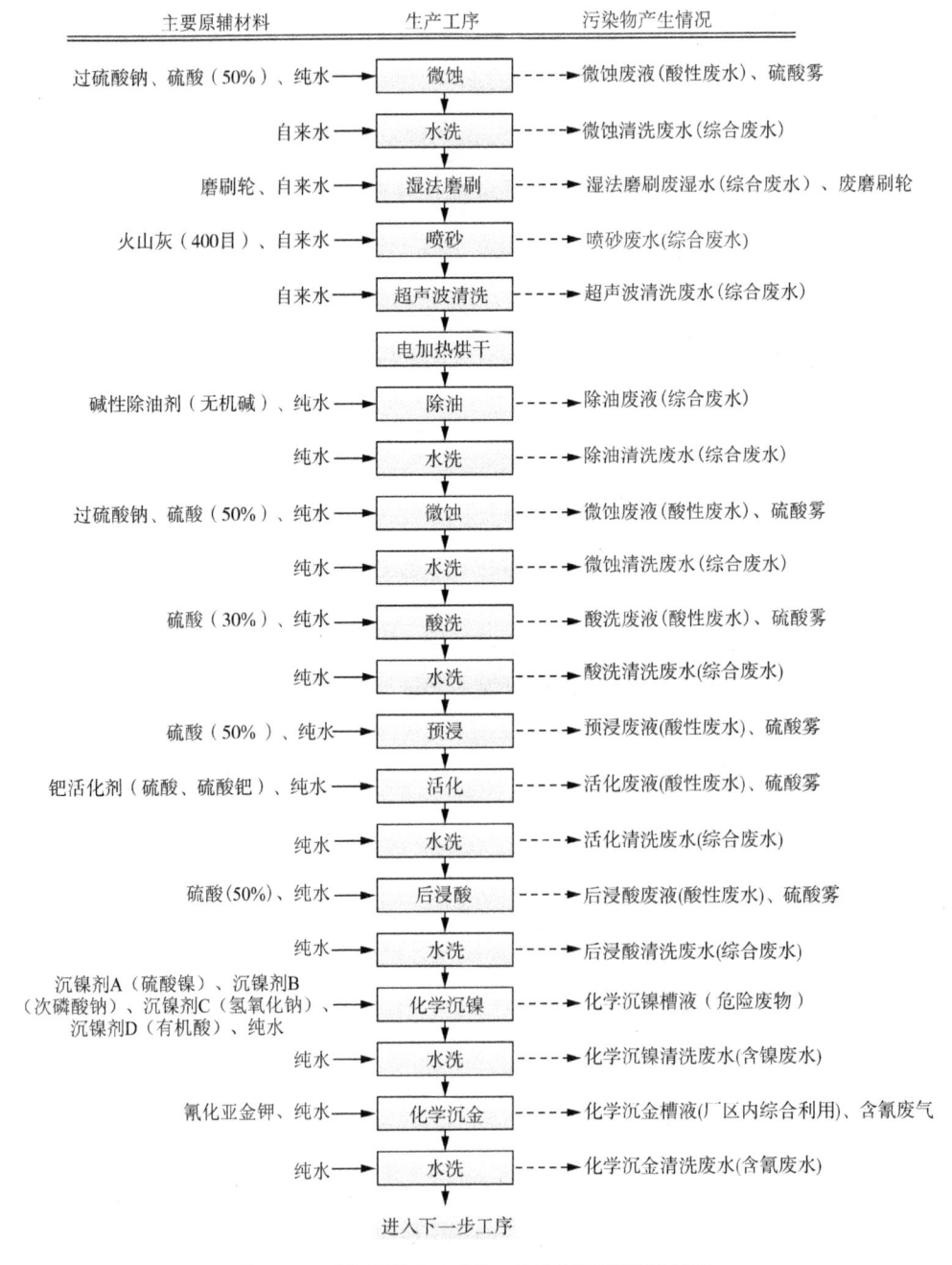

主要原辅材料	生产工序	污染物产生情况
过硫酸钠、硫酸（50%）、纯水	微蚀	微蚀废液(酸性废水)、硫酸雾
自来水	水洗	微蚀清洗废水(综合废水)
磨刷轮、自来水	湿法磨刷	湿法磨刷废湿水(综合废水)、废磨刷轮
火山灰（400目）、自来水	喷砂	喷砂废水(综合废水)
自来水	超声波清洗	超声波清洗废水(综合废水)
	电加热烘干	
碱性除油剂（无机碱）、纯水	除油	除油废液(综合废水)
纯水	水洗	除油清洗废水(综合废水)
过硫酸钠、硫酸（50%）、纯水	微蚀	微蚀废液(酸性废水)、硫酸雾
纯水	水洗	微蚀清洗废水(综合废水)
硫酸（30%）、纯水	酸洗	酸洗废液(酸性废水)、硫酸雾
纯水	水洗	酸洗清洗废水(综合废水)
硫酸（50%）、纯水	预浸	预浸废液(酸性废水)、硫酸雾
钯活化剂（硫酸、硫酸钯）、纯水	活化	活化废液(酸性废水)、硫酸雾
纯水	水洗	活化清洗废水(综合废水)
硫酸(50%)、纯水	后浸酸	后浸酸废液(酸性废水)、硫酸雾
纯水	水洗	后浸酸清洗废水(综合废水)
沉镍剂A（硫酸镍）、沉镍剂B（次磷酸钠）、沉镍剂C（氢氧化钠）、沉镍剂D（有机酸）、纯水	化学沉镍	化学沉镍槽液（危险废物）
纯水	水洗	化学沉镍清洗废水(含镍废水)
氰化亚金钾、纯水	化学沉金	化学沉金槽液(厂区内综合利用)、含氰废气
纯水	水洗	化学沉金清洗废水(含氰废水)
	进入下一步工序	

图 6-15 "化学镍金工序"工艺流程及产污情况图

此工序主要污染物：微蚀废液（做酸性废水处理）、硫酸雾。

② 水洗：使用自来水对工件进行清洗。

此工序主要污染物：微蚀清洗废水（做综合废水处理）。

③ 湿法磨刷：采用湿式磨刷的方式，对线路板表面进行磨刷，从而达到粗化铜表面的目的。

此工序主要污染物：湿法磨刷废水（做综合废水处理）、废磨刷轮。

④ 喷砂：将火山灰颗粒（400目）置于自来水中，通过喷枪将磨液（火山灰+自来水）高速喷射到工件表面，以起到清理和粗化工件表面的作用。该过程为纯物理过程，采用湿式密封作业，磨液循环使用一定时间后定期外排。

此工序主要污染物：喷砂废水（做综合废水处理）。

⑤ 超声波清洗：采用超声波清洗方式对工件进行清洁，该过程只使用自来水，不添加清洗剂。

此工序主要污染物：超声波清洗废水（做综合废水处理）。

⑥ 电加热烘干：采用电加热的方式对工件进行表面烘干。

⑦ 除油：使用碱性除油剂（无机碱）与纯水按照比例配置碱性除油液，使用碱性除油液对工件进行浸泡，去除半成品表面可能残留的油污。碱性除油液可循环使用，更换频率约1周1次。为保证生产过程中碱性除油液质量，碱性除油液通过工位自带的过滤机在线进行循环过滤处理，滤液回用。

此工序主要污染物：除油废液（做综合废水处理）。

⑧ 水洗：使用纯水对工件进行清洗。

此工序主要污染物：除油清洗废水（做综合废水处理）。

⑨ 微蚀：使用硫酸（50%）、过硫酸钠、纯水按照比例配置微蚀液对工件进行浸泡，去除半成品表面残留的污物和氧化物，同时粗化工件表面。微蚀液可循环使用，更换频率约1周1次。为保证生产过程中微蚀液质量，微蚀液通过工位自带的过滤机在线进行循环过滤处理，滤液回用。

此工序主要污染物：微蚀废液（做酸性废水处理）、硫酸雾。

⑩ 水洗：使用纯水对工件进行清洗。

此工序主要污染物：微蚀清洗废水（做综合废水处理）。

⑪ 酸洗：使用硫酸（30%）、纯水按照比例配置酸洗液对工件进行浸泡和清洗。酸洗液可循环使用，更换频率约1周1次。为保证生产过程中酸洗液质量，酸洗液通过工位自带的过滤机在线进行循环过滤处理，滤液回用。

此工序主要污染物：酸洗废液（做酸性废水处理）、硫酸雾。

⑫ 水洗：使用纯水对工件进行清洗。

此工序主要污染物：酸洗清洗废水（做综合废水处理）。

⑬ 预浸：使用硫酸（50%）、纯水按照比例配置预浸液对工件进行浸泡。预浸液可循环使用，更换频率约1周1次。为保证生产过程中预浸液质量，预浸液通过工位自带的过滤机在线进行循环过滤处理，滤液回用。

此工序主要污染物：预浸废液（做酸性废水处理）、硫酸雾。

⑭ 活化：使用钯活化剂（硫酸、硫酸钯）、纯水按照比例配置活化液对半成品进行浸

泡,使铜表面附着钯盐,起催化作用,作用于后续化学沉镍工艺。活化液可循环使用,更换频率约1周1次。为保证生产过程中活化液质量,活化液通过工位自带的过滤机在线进行循环过滤处理,滤液回用。

此工序主要污染物:活化废液(做酸性废水处理)、硫酸雾。

⑮ 水洗:使用纯水对半成品进行清洗。

此工序主要污染物:活化清洗废水(做综合废水处理)。

⑯ 后浸酸:使用硫酸(50%)、纯水按照比例配置后浸酸液对工件进行浸泡。后浸酸液可循环使用,更换频率约1周1次。生产过程中为保证后浸酸液质量,后浸酸液通过工位自带的过滤机在线进行循环过滤处理,滤液回用。

此工序主要污染物:后浸酸废液(做酸性废水处理)、硫酸雾。

⑰ 水洗:采用纯水对半成品进行清洗。

此工序主要污染物:后浸酸清洗废水(做综合废水处理)。

⑱ 化学沉镍:通过反应在工件指定位置沉积一层镍。化学沉镍槽液使用沉镍剂A(硫酸镍)、沉镍剂B(次磷酸钠)、沉镍剂C(氢氧化钠)、沉镍剂D(有机酸)与纯水进行配置。化学沉镍槽液可循环使用,更换频率约3天1次。为保证生产过程中化学沉镍槽液质量,槽液通过工位自带的过滤机在线进行循环过滤处理,滤液回用。

化学沉镍的电化学反应如下。

阳极反应:$H_2PO_2^- + H_2O \longrightarrow H_2PO_3^- + 2H^+ + 2e$;阴极反应:$Ni^{2+} + 2e \longrightarrow Ni$

此工序主要污染物:化学沉镍槽液(做危险废物处置)。

⑲ 水洗:使用纯水对半成品进行清洗。

此工序主要污染物:化学沉镍清洗废水(做含镍废水处理)。

⑳ 化学沉金:使用氰化亚金钾、纯水按照比例配置化学沉金槽液。化学沉金槽液可循环使用,更换频率约6月1次。为保证生产过程中化学沉金槽液质量,槽液通过工位自带的过滤机在线进行循环过滤处理,滤液回用。

本项目镀金工艺采用微氰电镀工艺,反应方程式如下:

$$2Au(CN)_2^- + Ni \longrightarrow 2Au + Ni^{2+} + 4CN^-$$

此工序主要污染物:化学沉金槽液(厂区内综合利用)、含氰废气。

㉑ 水洗:使用纯水对半成品进行清洗。

此工序主要污染物:化学沉金清洗废水(做含氰废水处理)。

(12) 电镀镍金工序

电镀镍金工序工艺流程如图6-16所示。

① 除油:采用碱性除油剂(无机碱)与纯水按照比例配置碱性除油液,使用碱性除油液对工件进行浸泡,去除半成品表面可能残留的油污。碱性除油液可循环使用,更换频率约1周1次。为保证生产过程中碱性除油液质量,碱性除油液通过工位自带的过滤机在线进行循环过滤处理,滤液回用。

此工序主要污染物:除油废液(做综合废水处理)。

② 水洗:使用纯水对工件进行清洗。

此工序主要污染物:除油清洗废水(做综合废水处理)。

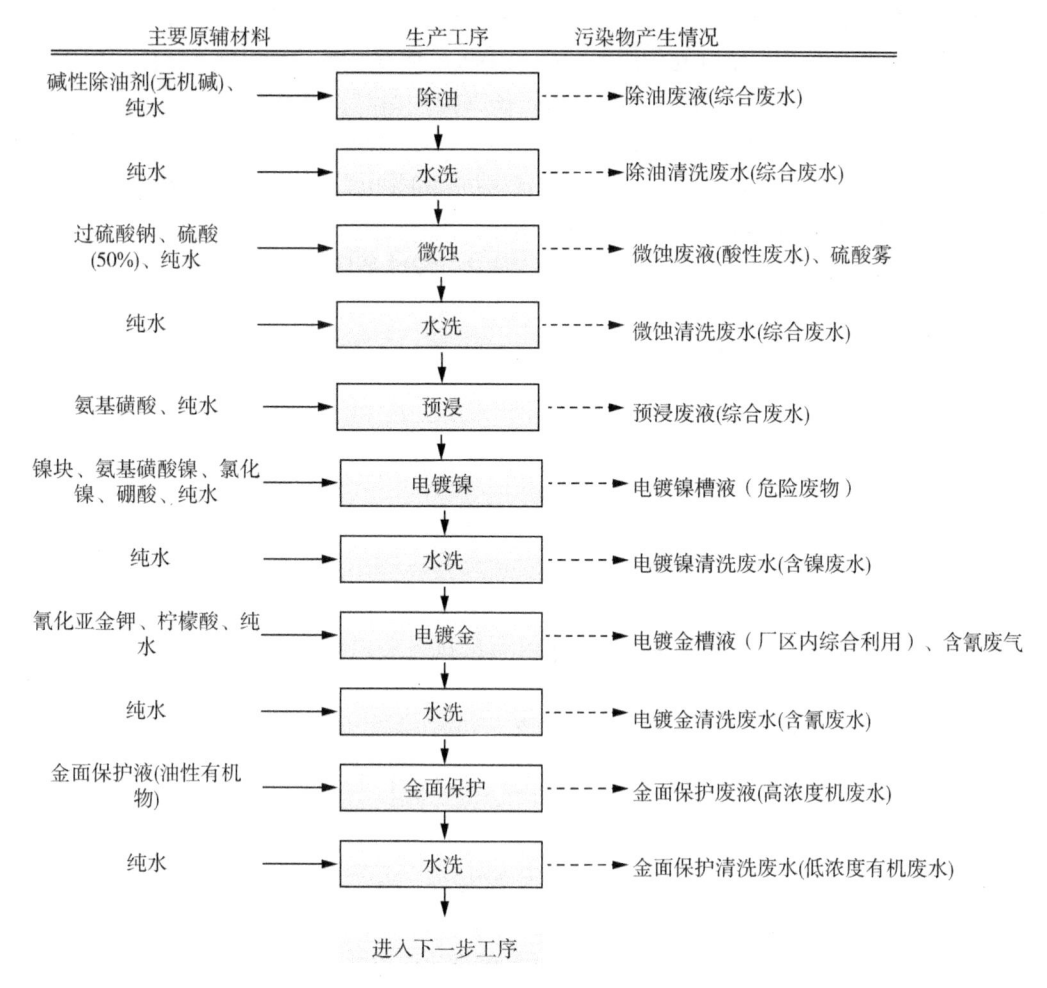

```
主要原辅材料              生产工序           污染物产生情况
碱性除油剂(无机碱)、
                    →    除油      ----→ 除油废液(综合废水)
    纯水
                              ↓
    纯水             →    水洗      ----→ 除油清洗废水(综合废水)
                              ↓
过硫酸钠、硫酸
                    →    微蚀      ----→ 微蚀废液(酸性废水)、硫酸雾
 (50%)、纯水
                              ↓
    纯水             →    水洗      ----→ 微蚀清洗废水(综合废水)
                              ↓
氨基磺酸、纯水        →    预浸      ----→ 预浸废液(综合废水)
                              ↓
镍块、氨基磺酸镍、氯化
                    →    电镀镍    ----→ 电镀镍槽液（危险废物）
镍、硼酸、纯水
                              ↓
    纯水             →    水洗      ----→ 电镀镍清洗废水(含镍废水)
                              ↓
氰化亚金钾、柠檬酸、纯
                    →    电镀金    ----→ 电镀金槽液（厂区内综合利用）、含氰废气
    水
                              ↓
    纯水             →    水洗      ----→ 电镀金清洗废水(含氰废水)
                              ↓
金面保护液(油性有机
                    →    金面保护  ----→ 金面保护废液(高浓度机废水)
    物)
                              ↓
    纯水             →    水洗      ----→ 金面保护清洗废水(低浓度有机废水)
                              ↓
                         进入下一步工序
```

图 6-16 "电镀镍金工序"工艺流程及产污情况图

③ 微蚀:使用硫酸(50%)、过硫酸钠、纯水按照比例配置微蚀液对工件进行浸泡,去除半成品表面残留的污物和氧化物,同时粗化工件表面。微蚀液可循环使用,更换频率约1周1次。为保证生产过程中微蚀液质量,微蚀液通过工位自带的过滤机在线进行循环过滤处理,滤液回用。

此工序主要污染物:微蚀废液(做酸性废水处理)、硫酸雾。

④ 水洗:使用纯水对工件进行清洗。

此工序主要污染物:微蚀清洗废水(做综合废水处理)。

⑤ 预浸:使用氨基磺酸、纯水按照比例配置预浸液对工件进行浸泡。预浸液可循环使用,更换频率约1周1次。为保证生产过程中预浸液质量,预浸液通过工位自带的过滤机在线进行循环过滤处理,滤液回用。

此工序主要污染物:预浸废液(做综合废水处理)。

⑥ 电镀镍:镀镍层主要作为铜层和金层之间的阻隔层,防止金铜互相扩散,影响板子的可焊性和使用寿命;同时有镍层打底也大大增加了金层的机械强度。

使用镍块做阳极,氨基磺酸镍、氯化镍、硼酸与纯水做电解液的电镀镍方法使铜层上镀了一层镍。镀镍液在直流电的作用下,在阴、阳极发生如下反应。

阳极:$Ni-2e^- \longrightarrow Ni^{2+}$;阴极:$Ni^{2+}+2e^- \longrightarrow Ni$

电镀液中,由于镍阳极在通电过程中极易钝化,为了保证阳极的正常溶解,在镀液中加入一定量的阳极活化剂(氯化镍),其除了作为主盐和导电盐,还起到了阳极活化剂的作用;同时电镀液中的硼酸作为缓冲剂,使镀镍液的pH维持在一定的范围内,同时还可以提高阴极极化,改善镀层性能。为保证生产过程中电镀镍槽液质量,槽液通过工位自带的过滤机在线进行循环过滤处理后循环使用,更换频率约1年1次。

此工序主要污染物:电镀镍槽液(做危险废物处置)。

⑦ 水洗:使用纯水对半成品进行清洗。

此工序主要污染物:电镀镍清洗废水(做含镍废水处理)。

⑧ 电镀金:金作为一种贵金属,具有良好的可焊性、耐氧化性、抗蚀性,接触电阻小,合金耐磨性好。项目采用柠檬酸金槽液,镀液主要成分为氰化亚金钾,无其他氰源,是一种微氰酸性镀金工艺。为节约成本防止金耗,阳极采用不溶性的白金钛网,此种阳极有良好的导电性和较高的化学和电化学稳定性,与阴极、镀液组成电解池闭合回路,传导电流。为保证生产过程中电镀金槽液质量,槽液通过工位自带的过滤机在线进行循环过滤处理后循环使用,更换频率约1年1次。

项目镀金工艺采用微氰柠檬酸盐电镀工艺,反应方程式如下:

$$KAu(CN)_2 \rightleftharpoons K^+ + [Au(CN^-)_2]^-$$
$$[Au(CN)_2]^- \rightleftharpoons Au^+ + 2CN^-$$

阳极反应:$4OH^- - 4e \longrightarrow 2H_2O + O_2$;阴极反应:$Au^+ + e \longrightarrow Au + 2H^+ + 2e \longrightarrow H_2 + Au$

此工序主要污染物:电镀金槽液(厂区内综合利用)、含氰废气。

⑨ 水洗:采用纯水对半成品进行清洗。

此工序主要污染物:电镀金清洗废水(做含氰废水处理)。

⑩ 金面保护:使用金面保护液(油性有机物)对工件进行浸泡。金面保护液循环使用,更换频率约1周1次。为保证生产过程中金面保护液质量,金面保护液通过工位自带的过滤机在线进行循环过滤处理,滤液回用。

此工序主要污染物:金面保护废液(做高浓度有机废水处理)。

⑪ 水洗:使用纯水对半成品进行清洗。

此工序主要污染物:金面保护清洗废水(做低浓度有机废水处理)。

(13) 电性能测试工序

电性能测试工序工艺流程如图6-17所示。

对线路板进行电性能测试,此工序均为物理测试。

此工序主要污染物:不合格品。

(14) 冲形工序

冲形工序工艺流程如图6-18所示。

利用模具,通过机械冲床动力,将线路板半成品冲切成客户所需形状及尺寸。

此工序主要污染物:废线路板边角料。

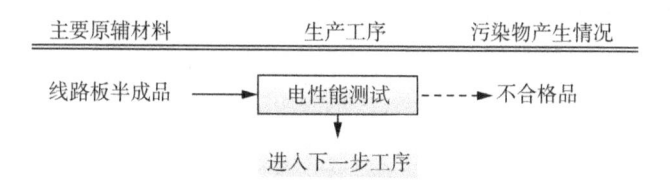

图 6-17 "电性能测试工序"工艺流程及产污情况图

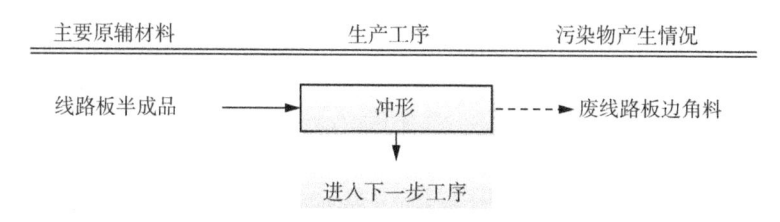

图 6-18 "冲形工序"工艺流程及产污情况图

(15) 贴补强工序

贴补强工序工艺流程如图 6-19 所示。

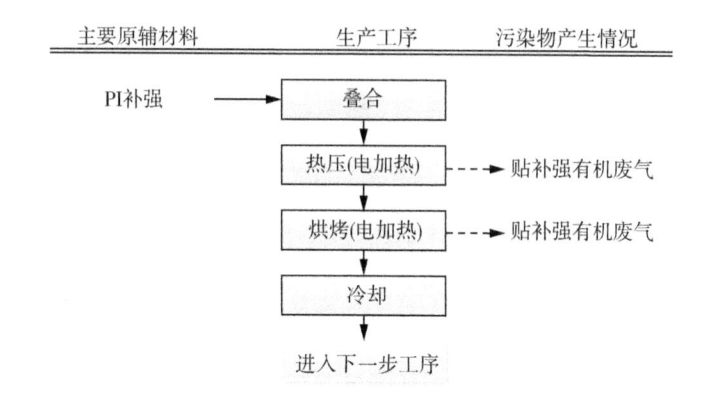

图 6-19 "贴补强工序"工艺流程及产污情况图

① 叠合:采用贴片设备将 PI 补强贴在半成品 PCB 板上。

② 热压:将贴完 PI 补强的半成品采用电加热的方式压合在一起,其热压温度条件为 200℃。在热压过程中,为保护线路板的压合效果,分别在线路板的下面放置下垫板,在线路板的上面放置上垫板,需压合的线路板放置在上、下垫板之间,以起到对线路板的保护作用。

此工序主要污染物:贴补强有机废气。

③ 烘烤:使用电加热烘箱进行保温烘烤,加热温度为 160℃。

此工序主要污染物:贴补强有机废气。

④ 冷却:采用自然冷却的方式使工件恢复至室温。

(16) 控板检工序

控板检工艺流程如图 6-20 所示。

利用光学设备对线路板尺寸进行检测。

此工序主要污染物:不合格品。

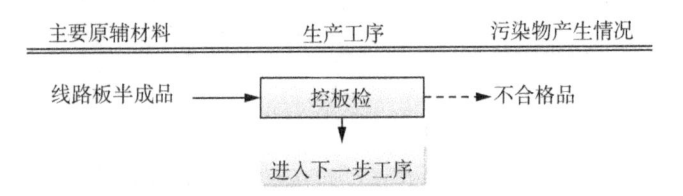

```
主要原辅材料            生产工序            污染物产生情况
线路板半成品  ──→   ┌────────┐  ---→  不合格品
                    │ 控板检 │
                    └────────┘
                         │
                         ↓
                    进入下一步工序
```

图 6-20　"控板检"工艺流程及产污情况图

(17) SMT 工序

该工序根据客户需求进行,如图 6-21 所示。

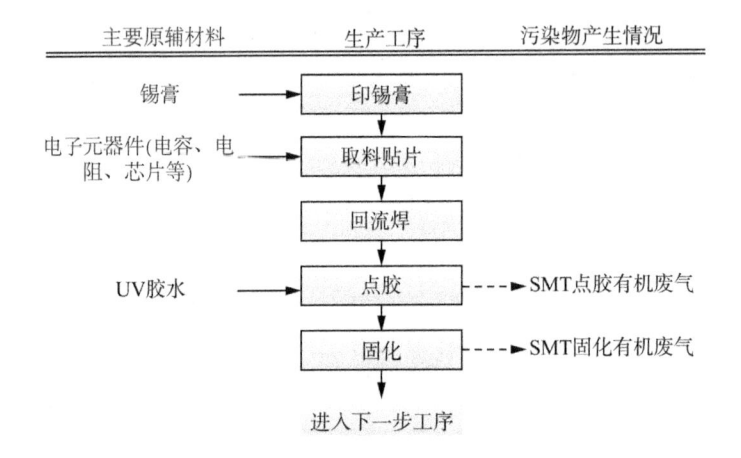

```
主要原辅材料              生产工序            污染物产生情况
锡膏           ──→    ┌────────┐
                      │ 印锡膏 │
                      └────────┘
                           │
电子元器件(电容、电        ↓
阻、芯片等)     ──→   ┌────────┐
                      │取料贴片│
                      └────────┘
                           │
                           ↓
                      ┌────────┐
                      │ 回流焊 │
                      └────────┘
                           │
                           ↓
UV胶水         ──→    ┌────────┐  ---→  SMT点胶有机废气
                      │  点胶  │
                      └────────┘
                           │
                           ↓
                      ┌────────┐  ---→  SMT固化有机废气
                      │  固化  │
                      └────────┘
                           │
                           ↓
                      进入下一步工序
```

图 6-21　"SMT 工序"工艺流程及产污情况图

工艺流程简述:

① 印锡膏:采用印浆机将锡膏涂覆在电路板指定位置上。

② 取料贴片:利用自动取料贴片机将各种片式电子元器件(电容、电阻、芯片等)放置于线路板上已涂覆锡膏的指定位置。

③ 回流焊:使用传送带将贴片好的印刷线路板送入回流焊机内,利用红外线、热风及激光等不同热源使印制电路板整体受热,让片式电子元件与印刷电路板间涂覆的锡膏固化,完成电子元器件的微互连。本项目回流焊机运营过程中回流炉为全密闭,加热方式为电加热,加热温度控制在 200℃。

④ 点胶:利用点胶机将 UV 胶水精确地点在贴合在线路板上的片式电子元器件四周,起到隔绝空气、防潮的作用。

此过程污染物:SMT 点胶有机废气。

⑤ 固化:将点胶完成后的线路板送入固化炉,通过电加热方式,固化炉内温度提升至 100℃左右,胶水固化。固化炉运行过程中炉体为全密闭。

此过程污染物:SMT 固化有机废气。

6.2.3 其他生产工序工艺流程

本项目线路板不进行退镀,挂具需进行退镀。

线路板电镀时采用挂具固定,线路板在镀铜的同时,挂具上也镀上了铜,为保证挂具能重复使用,必须将挂具上的电镀层用50%浓硝酸进行退镀,当金属与浓硝酸反应(即摩尔浓度在12~16 mol/L)时,其主要反应方程式为:

$$Cu + 4HNO_3 = Cu(NO_3)_2 + 2NO_2 + 2H_2O$$

根据工艺要求,当HNO_3浓度低于35%(或低于8 mol/L)时必须添加50%的浓硝酸,以维持工艺要求的HNO_3浓度,并控制稀硝酸与金属反应生成NO。据《环保工作者实用手册》(杨丽芬、李友琥主编),退镀铜产生的氮氧化物主要为NO_2,而退镀液经一定时间的退镀反应后,作为酸性废水由废水处理公司处理;挂具退镀后经清洗、风干即可再次使用,清洗过程将产生一定量综合废水。具体流程见图6-22。

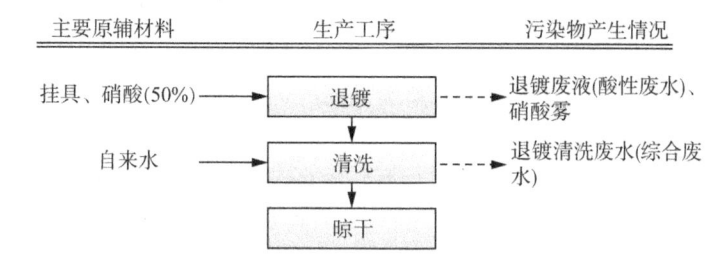

图6-22 "挂具退镀工序"工艺流程及产污情况图

退镀工序主要污染物:退镀废液(做酸性废水处理)、硝酸雾、退镀清洗废水(做综合废水处理)。

6.2.4 综合利用工序工艺流程

(1) 含金废液综合利用

本项目对运营过程中化学镀金和电镀金过程中产生的含金槽液进行综合利用,提取贵金属。

含金废液采用阴离子树脂吸附进行回收。含金废液经离子交换后,金被吸附在树脂上得以回收。该工艺无副产品产生。具体流程见图6-23。金回收率约为99%。

图6-23 含金废液处理工艺流程及产污情况图

(2) 含铜废液综合利用

本项目对运营过程中产生的电镀铜废液进行综合利用,回收废液中的铜。

项目微蚀废液、电镀铜废液及化学镀铜废液中含有大量的铜离子、硫酸根离子和少量双氧水;该系统通过调整槽,利用电解原理首先把废液中的双氧水破除掉,以免废液中的双氧水在铜离子的电积过程中攻击阳极板。将破除双氧水后的废液送入电解槽中,通过电积对废液中的铜离子进行回收,回收后的废水做综合废水处理。该工艺铜回收率约为99%,无副产品产生。具体流程见图6-24。

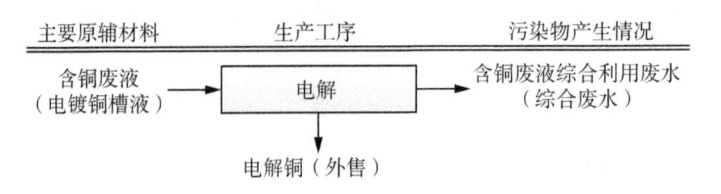

图 6-24 含铜废液处理工艺流程及产污情况图

6.2.5 其他产污工序

(1) 项目采用"二级反渗透+EDI(电去离子)"工艺进行纯水制备。纯水制备过程中将产生 RO 浓缩废水。

(2) 项目酸洗、微蚀、蚀刻、黑孔等各盛装槽液的槽体旁均设置对应的过滤机,用于对各槽体中槽液进行在线过滤处理,滤液重复使用,过滤机定期更换滤芯,产生废过滤机滤芯。

(3) 项目采用"活性炭吸附"的方式进行有机废气的处理,活性炭定期更换,产生废活性炭。

(4) 项目设置的洗涤塔(酸性废气洗涤塔、含氰废气洗涤塔)运营过程中将产生洗涤塔排水。

(5) 人员办公生活会产生一定量的生活污水、生活垃圾。

(6) 生活污水预处理池需定期清理,因为会产生生活污水预处理池污泥。

6.2.6 产污情况

根据对各生产工艺流程、生产设备和原辅材料的分析,确定本项目在运营期产生的污染因素如下。

废水:综合废水、酸性废水、低浓度有机废水、高浓度有机废水、含镍废水、含氰废水、生活污水。

废气:有机废气、工艺酸性废气、含氰废气、储罐区"大小呼吸"废气。

噪声:设备运行噪声。

固废:办公生活垃圾、生活污水预处理池污泥、PI覆铜板边角料、PI补强边角料、覆盖膜边角料、纯胶边角料、废铝板、废酚醛板、废干膜、废菲林底片、废阻焊油墨、废白字油墨、废线路板边角料、不合格线路板、废过滤机滤芯、废化学品包装、废活性炭等。

6.3 印染工业园区水污染物特征分析

6.3.1 印染行业污染特征介绍

根据印染行业产品种类及织造方式,下面将按"棉及棉混纺机织物印染"、"针织印染"、"化纤印染"、"毛印染"及"丝绸印染"等细分行业进行印染行业污染特征介绍。

(1) 棉及棉混纺机织物印染

棉及棉混纺机织物是以棉为主要纤维材料通过机织工艺得到的产品。机织主要以纱线为原料,经过织前准备,用织机把互相垂直的经、纬纱线按一定交织规律编织成织物的工艺过程。棉及棉混纺机织物印染的印染流程"棉坯布→烧毛→退浆→煮练→漂白→丝光→染色、印花→整理→成品"中大多会产生废水,例如退浆废水中含有高浓度的淀粉、聚乙烯醇等浆料,染色、印花废水中含有染料、表面活性剂等污染物,具有水量大、有机污染物浓度高、碱度大、色泽重等特点。棉及棉混纺机织物典型印染工艺流程及其产污环节如图6-25所示。

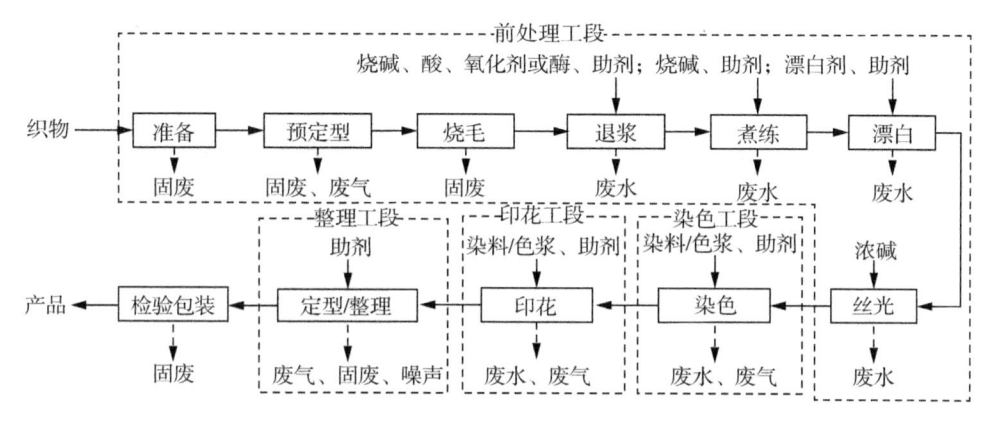

图6-25 棉及棉混纺机织物典型印染工艺流程及其产污环节

棉及棉混纺机织物印染的前处理工段包括退浆、煮练、漂白、丝光等工艺。棉织物的浆料是为了使经纱具备良好的抗张强度、耐磨性等可织性,在织造过程中防止经纱断头,提高经纱的强度、耐磨性和光滑度,保证织布能顺利进行。然而坯布上的浆料却妨碍织物吸水,没有渗透性,阻碍染料、化学药剂与纤维接触,并与染料及其他化学试剂发生物理化学反应。因此在煮漂前都要先去除坯布上的浆料。这个过程,在工艺上称为退浆。在棉及混纺织物的退浆废水中,含有浆料、浆料分解物、纤维屑、酸、碱和酶类等污染物,其废水量较小,但污染物浓度高,COD、BOD_5和悬浮固体(SS)高达每升数千毫克甚至更高。以用淀粉上浆的纯棉织物为例,退浆废水中的BOD_5可占整个印染加工废水中BOD_5的45%左右,BOD_5/COD_{cr}比值可大于0.6,有利于生物降解。但目前多数采用混合浆料,一般配方为:变性淀粉55%,聚乙烯醇(PVA)25.5%,其他为丙烯酸浆料等。为适应高速纺,现用PVA的聚合度和分子量较高,常用型号为1790和1799(指醇解度分别为90%和99%、聚合度为1700),这类PVA很难降解,退浆废水COD最高可达到70 000 mg/L,是棉机织物印染废水中主要污染源。煮练是指用化学的和物理的方法去除杂质、精练提纯纤维的过程。棉纤维生长时,有天然杂质(果胶质、蜡状物质、含氮物质等)一起伴生。棉织物经退浆后,大部分浆料及部分天然杂质已被去除,但还有少量的浆料以及天然杂质还残留在织物上。这些杂质的存在,使棉织布的布面泛黄,渗透性差。同时,由于有棉籽壳的存在,大大影响了棉布的外观质量。故需要将织物在高温的浓碱液中进行较长时间的煮练,以去除残留杂质。棉纤维一般采用烧碱和表面活性剂高温煮练,废水呈强碱性,颜色很深,呈褐色,COD 及 BOD_5 也高达每升数千毫克。漂白的目的是去除纤维表面和内部的有色杂质。一般情况下,常使用次氯酸钠、双氧水或亚氯酸钠等氧化剂来漂白。如果漂白液中不含有机性助剂,则漂白废水中 BOD_5 很低。如果采用清浊分流,漂白之后丝光之前的废水可循环使用。丝光是将织物浸泡在氢氧化钠浓溶液中进行处理,以提高纤维的张力,增加纤维的表面光泽,降低织物的潜在收缩率,提高对染料的亲和力。这类废水碱性很强,pH 高达 12~13,还含有纤维屑等悬浮物,但 BOD_5 较低,必须要考虑碱的回收。

染色废水主要包括未上染的染料及各类助剂,不同纤维原料需用不同的染料、助剂和染色方法,因此染色废水的变化十分频繁,污浊度差异很大。一般棉及棉混纺染色废水的 COD 较高,而 COD/BOD_5 比值较小。同时,染色废水碱性都很强,如使用硫化染料和还原染料,pH 可达 10 以上。不同染色工艺中,溢流染色工艺污染负荷较高,为气流染色的污染负荷的 1.5 倍左右。印花废水主要是色浆和各种染料,由于特殊工艺需要使用尿素,易造成氨氮负荷较高。

整理是通过物理作用或使用化学药剂改进织物的光泽、形态等外观,提高织物的服用性能或使织物具有拒水、拒油等特性。整理工序的废水,除了含纤维屑之外,还含有各种树脂、甲醛、油剂和浆料,废水量较小。

(2) 针织印染

针织产品可分为两大类:一是针织面料,包括染色和未染色的针织织物;二是针织制成品,指除针织或钩针编织服装以外的其他针织品,这些产品一般以棉、毛、丝、化纤纺成的本色纱线为原料,经织造、印染加工而成。以坯布而论,常见的棉坯布有汗布、棉毛布、罗纹布、绒布等,常见的化纤坯布有黏胶纤维布、涤纶布、腈纶布、锦纶布及涤纶、腈纶、锦纶、氨纶等与棉、黏胶纤维混纺或交织的织物。针织品的染色通常包括:对坯布进行染色;织造前对针织纱线染色,用染好色的纱线进行织造;纺纱前对纤维原料进行染色,然后将不同色彩的纤维按一定比例混纺,成为色纺。其流程与机织物的印染流程大致相同,但针织物的优势在于穿着舒适、富有弹性,其不足在于尺寸稳定性差于机织物。由于针织物和机织物的织物结构不同,所以针织物和机织物的本身生产性能不同,因此印染时的工艺条件有所不同。

前处理包括烧毛、煮练、漂白、丝光(碱缩)等工艺。①烧毛,针织物一般不烧毛,但对高级纱棉针织品,采取双烧、双丝前处理工艺,可以获得更高的品质;②煮练,由于针织纱在织造前不上浆,所以针织物不像机织物一样需要退浆,针织物和机织物的煮练成分大致相同,由于织物的结构不同,所以处理时的精练剂的浓度和处理时间不同;③漂白,有次氯酸钠漂白、过氧化氢漂白、亚氯酸钠漂白、过氧乙酸漂白、过氧化尿素漂白、气相漂白等;④丝光(碱缩),碱缩是棉针织物在松弛的状态下,用浓烧碱处理的过程,其目的不在于获得光泽,而是增加针织物的组织密度和弹性。碱缩主要用于汗布。

针织物和机织物的染色过程和机理大致相同。染色方法一般分为浸染和轧染,主要采用低张力的绳状染色,轧染设备有针织物连续染色机、热熔轧染机等。针织物印花的构成中要力图保证针织物低张力或无张力,要力图保证针织物布面平整,所以目前针织物印花以筛网印花为主。

整理包括物理机械整理、化学整理和物理化学联合整理。针织物的后整理大部分与机织物相同,针织物布身承受的张力没有机织物大,棉针织物还有上蜡的过程。

针织品印染废水主要产、排污特征与棉及棉混纺机织布印染类似,主要特点为废水排放量大、水质复杂、COD高、色度高及颜色多变。前处理过程中煮练、漂白、丝光(碱缩)等工艺需使用碱剂及漂白剂,漂洗后需多道水洗。因此前处理工艺消耗水量大、COD高、碱度强,污染物主要为纤维中被洗去的蜡质、油脂以及未反应的碱剂与漂白剂。与棉及棉混纺机织物的印染相比,针织物织造过程无须上浆,其前处理过程较机织物省去了退浆工艺,因此污染排放明显下降。前处理过程等标污染负荷仅为 363.97 m^3/t。

针织物的染色工艺以浸染为主。为了促染需用大量的元明粉、食盐,固色需用大量的纯碱,如染黑色、藏青等深色织物,元明粉用量可达 90%~100%(o. w. f),纯碱用量 20%~25%(o. w. f),造成染色废水中盐、碱残留浓度高,加上大量的残留染料(活性染料的上色率只有 70%~85%),构成了染色废水。其污水量大、色度高,加大了污水处理的难度,增加了处理成本。溢流染色及印花工序成为印染过程中污染产生的主要来源,等标负荷分别为 930.23 m^3/t、1 292.25 m^3/t。相较之下,气流染色工艺染色负荷较小(388.77 m^3/t),仅为溢流染色的污染负荷(930.23 m^3/t)的 1/3 左右。针织物印花主要采用平网印花、圆网印花、手工台板印花,而采用的印花工艺主要为涂料印花和活性染料印花,也有少量采用转移印花。平网或圆网印花等工艺的污染由漂洗废水及洗网(板)废水组成,主要污染物为未结合的涂料或染料。印花工序的总氮及总磷负荷也较高,负荷值达 115.98 m^3/t、131.37 m^3/t,与棉及棉混纺机织物的印花工序相似。

针织物的后整理一般采用圆筒和剖幅拉幅两种工艺。剖幅拉幅后整理工艺目前应用较为普遍,单、双面大圆机的坯布,特别是含有氨纶丝的坯布都经过拉幅定型整理,产生废气污染,主要污染物为颗粒物。若产品进行特种功能整理,如抗菌整理、防静电整理、吸湿速干整理等,污染物则包括以化学整理剂为主的少量整理废水。

(3) 化纤印染

印染行业中按棉、毛、丝、麻、化纤等原料分类,根据产能情况,化纤、棉纺织品等占据主要的产能。涤纶、腈纶、锦纶、氨纶、维纶、丙纶等合成纤维中,产量最大、发展最快的是涤纶。涤纶是一种含聚对苯二甲酸乙二酯(简称聚酯或PET)组分大于85%的合成纤维。聚对苯二甲酸乙二酯是由对苯二甲酸(PTA)和乙二醇(EG)进行酯化、缩聚反应合成的聚合物,再经过熔融纺丝和后加工而制成涤纶。其广泛用于服装、床上用品、各种装饰面料、国防军工特殊织物等纺织品以及其他工业用纤维制品。

化纤织物的印染流程与棉织物大致相同,不同的是涤纶织物为了改善手感,染色前需经过碱减量处理,其余工艺流程与棉机织物类似。

化纤织物的前处理包括精练及碱减量。精练主要是为了去除化学纤维织物上的杂质,与棉织物的退浆、煮练功能类似,化纤织物上的杂质一般为化学浆料和油剂。涤纶织物在印染加工前,往往需要进行碱减量处理,经过碱减量处理后的涤纶织物在染色性、吸湿性、手感和织物风格等方面都会有明显的改变,使织物具有真丝感。

化纤织物的印染废水主要产、排污特征为废水排放量大、水质复杂、COD高、色度高及颜色的多变。与棉织物的印染不同,在涤纶织物的碱减量处理过程中,聚酯纤维水解产生的乙二醇、对苯二甲酸和各种低聚物以及溶出的锑污染物为化纤印染过程的主要排放特征。化学纤维上浆率低,前处理工序产生废水的污染物浓度比棉织物前处理工序要低很多,前处理废水中主要含有浆料、油剂、碱等污染物。精练在碱性条件下进行,聚酯纤维在碱性条件下的精练过程也会发生水解反应。化纤织物印染生产过程中产生的精练废水COD浓度一般在1 000~8 000 mg/L,pH大于11。碱减量废水主要污染物成分是聚酯纤维水解产生的乙二醇、对苯二甲酸和各种低聚物,该类废水的特点是碱性强、COD浓度很高,混入印染废水后,形成具有特殊性质的碱减量印染废水。

此外,值得注意的是化纤印染过程中的锑污染物不可忽视,其污染负荷量3 276.3 m³/t,主要来源于碱减量工艺及气流染色工艺。为提高产率,锑(antimony,Sb)系催化剂因活性高、热稳定性好、价格便宜等优点,是目前最为常用的聚酯纤维催化剂之一。然而,生产结束后仍有150~350 μg/g的锑残留在PET中,当后序工艺使得PET分子链失去紧密规整的结构后,这些催化剂将从纤维内部游离到纤维表面,不断地溶解出来。碱减量工序中,高温强碱性环境使得超过20%的涤纶被溶解,固封在纤维中的锑系催化剂也会被溶解于废液中;高温高压染色工序中,远高于涤纶玻璃化温度的染色环境会使得PET分子链运动剧烈,纤维内部的催化剂析出溶解。

(4) 毛印染

毛印染是指对毛纺织品进行漂白、染色、印花等工序的染整精加工。毛纺分为精纺和粗纺两种生产工艺。精纺的主要生产工艺是羊毛原毛经过选毛、洗毛、烘干成为洗净毛,再经梳理成为纯毛毛条,然后经过混条、多次梳理成条,纺成粗纱,经细纱机后纺成毛纱线。粗纺生产工艺比精纺生产工艺短,不用制条,羊毛原毛成为洗净毛后经和毛、梳毛直接纺成粗纱,草刺较多的羊毛洗净后还需要碳化除草,经细纱机后纺成毛纱线。毛纱线经过络筒、整经、织布制成了毛机织物(也称呢绒)。毛纱线既可以用一种原料进行纺纱,也可以用多种原料经混合后进行纺纱。呢绒一般采用散毛染色、条染、纱染和匹染,为间歇式染色。

羊毛等毛纤维本身含有丰富的羧基、氨基和羟基等,因此主要采用上染率较高、染色牢度较好的酸性染料和媒介染料(含有铬等重金属)。因此毛染整废水中含有特征污染物铬,且毛纺织产品的染色过程大都在酸性或偏酸性条件下进行,其排放的废水经混合后,pH为6~7。染色过程中的各种助剂,如乙酸、硫酸、红矾(重铬酸钾)、元明粉、柔软剂、匀染剂、平平加等,在毛织物染色后,绝大部分进入废水中。在毛纺印染废水中,染色助剂是构成印染废水中有机污染的主要部分,经测定一般占80%以上。此外,毛纺印染废水中含有一定的悬浮物,其中毛精纺产品印染废水中含量低些,毛粗纺产品或绒线产品印染废水中含量较高。特别是采用散毛染色时,流失的毛纤维较多,需选用必要的预处理设备清除,一般采用滤毛机。

与棉印染、化纤印染等类似,毛印染过程中的污染物产生也是以COD为主,其等标污染负荷比占四类特征污染物总和的77.55%,主要来源于染色及印花过程。此外,毛印染过程中的总磷产生也相对较高,等标污染负荷为821.12 m³/t,主要来源于染色工序。

(5) 丝绸印染

丝绸印染子行业是指对蚕丝纺织品进行漂白、染色、轧光、起绒、缩水或印染等工序的加工。该行业主要产品分为两大类:一类是蚕丝长丝、丝纱线、丝绸、印染丝绸;另一类是绢纺短丝、绢纺纱线、绢纺绸、印染绢纺绸。丝纺织产品的主要原料是桑蚕丝，绢纺产品的主要原料是废茧、废丝。蚕茧经过选茧、煮茧、缫丝、复摇、整理制成了丝，然后经过挑选、浸渍、络丝、整经、穿筘、织造制成了白坯丝绸，经精练、染色或印花、水洗后整理制成印染丝绸。废茧、废丝经挑选、精练、水洗、开绵、切绵、梳绵、制条、练条、粗纱、细纱制成绢纺纱线。绢纺绸、印染绢纺绸的生产工艺与丝绸和印染丝绸基本相同，只是在织造之前需浆纱。

蚕丝在缫丝过程中去除部分丝胶，绢丝在纺丝过程中，通过精练也可去除部分丝胶，但在纤维上仍有残留，因此制成的坯布为便于染色需进行精练。丝绸精练除了去除剩余的丝胶外，还需去除捻丝和织造过程中沾的油脂、浆料、色浆、染料等，使丝纤维柔软。柞蚕丝坯布应先浸渍去浆，后采用皂碱法精练，经充分脱胶后得到略带棕黄色的柞蚕丝。精练过程中所用的酸、碱、漂白剂、表面活性剂和酶的种类很多，主要有乙酸、纯碱、烧碱、泡花碱、磷酸三钠、保险粉、双氧水、漂白粉、次氯酸钠、肥皂、合成洗涤剂、雷米邦A、净洗剂、分散剂、柔软剂、碱性蛋白酶和淀粉酶等。因此，丝绸精练(练漂)过程中主要污染物来源于所用的酸、碱、漂白剂、表面活性剂和酶，加工过程中排出的废液和废水组成练漂废水。练漂废水的有机物质含量高，色度低，偏碱性。丝绢纺织品在染成浅色或制成白色织物时还需进行漂白。漂白采用双氧水等氧化剂，漂白过程中产生一定量废水，但其污染物含量较低。

丝绸织物的染色废水主要含有残余的染料和助剂，废水的有机物含量低，但色度较深且多变。弱酸性染料是丝绸染色的主要染料，因此丝绸染色废水偏弱酸性。在印花过程中常用的浆料有小麦淀粉浆、白糊精浆、可溶性淀粉浆、海藻酸钠浆、膨润土浆、羟甲基纤维素等。采用的主要助剂有尿素、冰醋酸、增白剂、渗透剂等。印花织物蒸化后必须经过水洗，去除织物上的染浆、浮色及浆中其他助剂。印花废水主要是由水洗机排水组成，还有少量调浆和印花台板(机)的地面及设备的冲洗水等。

6.3.2 废水污染源分析

（一）生产工艺废水

废水中锑的来源：高档面料为100%涤纶，涤纶原料聚酯的合成过程中使用的催化剂主要为醋酸锑或乙二醇锑等化合物，在进行退浆精练、碱减量处理等过程中，会将涤纶中的锑带入废水中。

废水中苯胺类的来源：苯胺类主要来源于染料，染料的颜色由发色基团形成，部分染料具有苯环、氨基等；高档面料使用的是蒽醌类活性染料，具有氨基、苯基，因此本项目污水考虑苯胺类污染因子。

废水中阴离子洗涤剂(LAS)的来源：使用的退浆精练剂、CT软水剂等物质含有磺酸、磷酸酯等物质，属于阴离子表面活性剂，因此将考虑LAS污染因子。

根据《排污许可证申请与核发技术规范 纺织印染工业》(HJ 861—2017)中表1，印染废水污染物包括化学需氧量、悬浮物、五日生化需氧量、氨氮、总氮、总磷、pH值、六价铬、色度、可吸附有机卤素(AOX)、苯胺类、硫化物、二氧化氯、总锑。

（1）涤纶高档面料生产工艺废水

高档面料生产过程中的废水主要为退浆精练废水、碱减量废水、定型废水、染色废水、水洗废水、磨毛废水。

① 退浆精练废水和退浆精练后水洗废水

退浆精练工序的污染物主要来自液碱、退浆精练剂以及坯布原料上沾染的浆料等。退浆精练槽的废水碱液和污染物浓度较高,需定期排放至碱回收处理装置进行处理,以回收利用烧碱。

② 碱减量废水

碱减量工序的污染物主要来自碱液、退浆精练剂及坯布原料等。

③ 经高浓度废水处理站处理后污泥压滤废水

退浆精练废水和碱减量废水经高浓度废水处理装置处理后,清液回用于退浆精练和碱减量工序,回用率为90%,其他形成浓液进行进一步酸析、压滤处理,压滤后的废水进入综合废水处理站,污泥待鉴定。

④ 碱减量后水洗废水

碱减量处理后的废水需进行水洗;本项目采用逆流清洗,清洗过程中不添加任何清洗剂,水洗废水中污染物主要来源于布料上的碱液、退浆精练剂等。

⑤ 磨毛废水

采用水磨毛工艺时,会产生少量的磨毛废水,磨毛废水的污染物主要来自起毛剂、磨毛产生的短纤维等。

⑥ 染色废水

染色工序的污染物主要来自染料、助剂等。

⑦ 染色后水洗废水

水洗废水中污染物主要来源于布料上的染料、助剂等。

⑧ 定型/预定型废水

预定型工序需添加起毛剂、定型工序需添加无氟防水加工剂 TF-501M,这两个工序均用净化河水进行调配,布料从含有上述调配溶液的槽中平幅经过;当槽中溶液使用一段时间(时长视定型产品产量而定)后进行更换。

(2) 棉印染生产废水

① 煮漂、染色废水

棉印染产品煮漂和染色工序使用软化河水,结合原有棉印染产品实际生产情况,染色布的煮漂和染色工艺产生废水;涂料印花和活性印花工艺产生煮漂废水。

② 印花废水

结合原有棉印染产品实际生产情况,经建设单位确认每生产1 t印花布产生印花废水量约为5 t。

③ 皂化水洗废水

结合原有棉印染产品实际生产情况,每生产1 t活性印花布所需印皂化水洗水量约为12.67 t。

④ 开幅废水

棉印染生产开幅过程会产生少量废水,每生产1 t棉布开幅废水量约为1.5 t。

（3）制网废水

① 制平网冲洗废水

制平网使用新鲜自来水,制平网过程中每制作 1 000 张平网约产生 70 t 废水,改建后每年将制作平网 5 000 张,制平网废水产生量约为 350 t/a,其主要污染因子为 pH、COD、BOD_5、SS、LAS、氨氮、TN。

② 制圆网显影冲网废

制圆网使用新鲜自来水,制圆网过程中每制作 600 张圆网约产生 40 t 废水,改建后每年将制作圆网 2 100 张,制圆网废水产生量约为 140 t/a,其主要污染因子为 pH、COD、BOD_5、SS、LAS。

（二）制软水废水

生产用水部分来源于厂区内河水净化-软化系统,其中河水净化工艺采用"混凝反应装置(含加药系统)+高效气浮装置+中间水箱+提升泵+彗星过滤器",河水软化为对净化后的河水进一步采用"提升泵+袋式过滤器+钠离子交换器"工艺进行制备。河水净化过程无废水产生,损耗的主要为过滤的泥沙;制软水过程会产生反冲洗废水。

（三）废气处理设施废水

① 生产废气处理设施废水

生产废气采用 1 套"水洗+活性炭吸附装置"、4 套"水喷淋+水冷却+高压静电处理设施"进行处理,喷淋水经多次循环使用后产生喷淋废水。上述喷淋塔、水洗塔、冷却塔平均约每 7 天排放一次废水,每次废水排放总量约 80 t,则废气处理设施喷淋废水年产生量为 4 000 t/a,其主要污染因子为 COD、BOD_5、SS、石油类。

② 污水处理站废气处理设施废水

污水处理站废气经 1 套"一级氧化洗涤+一级碱洗+一级活性炭吸附装置"处理,喷淋塔约每 7 天排放一次废水,每次废水排放总量约 15 t,废气处理设施喷淋废水年产生量为 750 t/a,主要污染因子为 COD、SS、氨氮、TN 和硫化物。

（四）设备/地面/浆桶等冲洗水

设备、地面、浆桶等需要进行冲洗,使用回用水;地面冲洗水按照 1 L/(m² · d) 来计,车间建筑面积为 50 138 m²,则年用水量约为 15 040 t/a,产生废水量约 12 032 t/a;设备/浆桶年用水量约为 10 000 t/a,废水产生量为 8 000 t/a;上述冲洗废水主要污染因子为 pH、COD、BOD_5、SS、石油类、氨氮、TN、TP、LAS、硫化物、总锑、总锌、苯胺类和 AOX 等。

（五）循环冷却塔排水

冷却水主要用于回用水的冷却,年使用冷却水量为 250 t/h;冷却水给水温度约为 75℃,回水温度约为 40℃。

参照《工业循环水冷却设计规范》(GB/T 50102—2014),循环冷却塔的损耗量、排污量计算公式如下:

$$Q_e = K_{ZF} \cdot \Delta t \cdot Q$$

$$Q_w = \frac{P_w \cdot Q}{100}$$

$$Q_b = \frac{Q_e}{N-1} - Q_w$$

$$Q_m = Q_e + Q_b + Q_w$$

其中：Q_e——蒸发损失量，K_{ZF} 为蒸发损失系数，本报告以 0.001 5 计，Δt 为温差，本项目冷却塔给水和回水温差为 25℃；

Q_w——风吹损失量，P_w 为风吹损失率，本报告以 0.1 计；

Q_b——排水量，N 为浓缩倍数，本报告按照 5 倍来计；

Q_m——补水量；

Q——总循环水量，本项目循环量为 250 t/h。

根据企业提供资料，循环冷却水循环量为 1 800 000 t/a(250 t/h, 7 200 h/a)，经计算蒸发损失量 Q_e 为 67 500 t/a(9.375 t/h)，风吹损失量 Q_w 为 1 800 t/a(0.25 t/h)，冷却塔排水量 Q_b 为 15 075 t/a(2.09 t/h)，则冷却塔补水量 Q_m 为 84 375 t/a，均由河水软水进行补充。项目冷却塔需使用杀菌剂、除藻剂等药剂，循环冷却塔排水主要污染物及产生浓度为：pH6~9(无量纲)、COD200 mg/L、SS100 mg/L。

（六）空压机排水

空压机排气系统中配有水、气分离器，分离出的冷凝水定期排放，排入厂区内综合废水处理站。

（七）初期雨水

采用暴雨强度及雨水流量公式计算前 15 min 雨水量为初期雨水，初期雨水进行收集进入初期雨水收集池，初期雨水量的暴雨强度公式计算：

$$q = 2\,021.504(1 + 0.64\lg T)/(t + 7.2)0.698$$

其中：q——降雨强度，L/(s·ha)；

T——重现期，采用 2 年；

t——集水时间，以 15 min 计，计算得 q = 276.97 L/(s·ha)。

初期雨水的主要成分为 pH、COD、SS、BOD_5、氨氮、TN、TP、LAS、硫化物、苯胺类、AOX、总锌、总锑、石油类。

6.4 化工园区水污染物特征分析

江苏某集团是一家高速发展的大型化工企业集团，该集团以氯碱为基础，延伸发展氯化工(甲烷氯化物、聚氯乙烯)、氟化工(制冷剂、聚四氟乙烯、氟橡胶)、硅化工(有机硅系列产品)、氢化工(苯胺)等工业门类，主要产品多次获国家金奖、银奖和省部优质产品奖。

6.4.1 甲烷氯化物厂

厂内目前有四套甲烷氯化物生产装置，以三氯甲烷、四氯化碳总产量计算规模，分别为 30 kt/a、40 kt/a、80 kt/a 和 120 kt/a。

6.4.1.1 简介

甲烷氯化物生产装置主要产生 3 类废水，即尾气洗涤废水、氯化物精馏碱洗废水和地沟水。

6.4.1.2 反应方程式

主反应方程式：

$$CH_3OH + HCl \xrightarrow{Cat} CH_3Cl + H_2O$$
$$CH_3Cl + Cl_2 \longrightarrow CH_2Cl_2 + HCl$$
$$CH_2Cl_2 + Cl_2 \longrightarrow CHCl_3 + HCl$$
$$CHCl_3 + Cl_2 \longrightarrow CCl_4 + HCl$$

副反应方程式：

$$2CH_3OH \longrightarrow CH_3OCH_3 + H_2O$$
$$2CH_3OH + H_2SO_4 \longrightarrow (CH_3)_2SO_4 + 2H_2O$$

6.4.1.3 生产工艺流程及废水污染源排放节点分析

1. 工艺流程图

具体见图6-26。

2. 废水污染源排污节点分析

（1）尾气洗涤废水

来源：一氯甲烷压缩、冷凝分离过程中产生的尾气,热氯化反应出现故障、检修时释放气和甲烷氯化物精馏塔顶临时释放气用10% NaOH溶液吸收洗涤后产生的废水。

特点：工艺连续正常运行时,废水呈碱性,NaOH浓度在5%～10%波动,排放量约为60 t/d。可能含有的污染物有：NaOH,NaCl,CH_3Cl,CH_2Cl_2,$CHCl_3$,CCl_4,CH_3OH,CH_3OCH_3,NaClO,共聚物（碳化物,焦化物）,等等。

（2）氯化物精馏碱洗废水

来源：主要为甲烷氯化物与10% NaOH溶液混合反应分离后产生的废水。

特点：工艺正常运行时,废水呈碱性,排放量约为6 t/d,水质较为稳定,可能含有的污染物有：NaOH,NaCl、CH_2Cl_2,$CHCl_3$,CCl_4,共聚物,等等。

（3）地沟水

来源：主要为跑冒滴漏产生的泄漏水；装置清洗、检修、设备维护产生的检修水；设备事故、生产事故产生的事故水；厂房内部地面清洗和设备清洗产生的冲洗水；装置区域内接收的雨水。

特点：废水成分较为复杂,水量和水质由于不可预见性而波动较大,大多数情况下废水含有少量油类。废水水量初步估计为600～800 t/d。可能含有的污染物有：NaOH,NaCl,CH_3Cl,CH_2Cl_2,$CHCl_3$,CCl_4,CH_3OH,CH_3OCH_3,HCl,H_2SO_4,导热油,机油,共聚物,等等。

目前,甲烷氯化物厂尾气洗涤废水、氯化物精馏碱洗废水用储罐收集,地沟水流至地沟水池,分别用泵经两根总管间断输送至污水处理站处理。

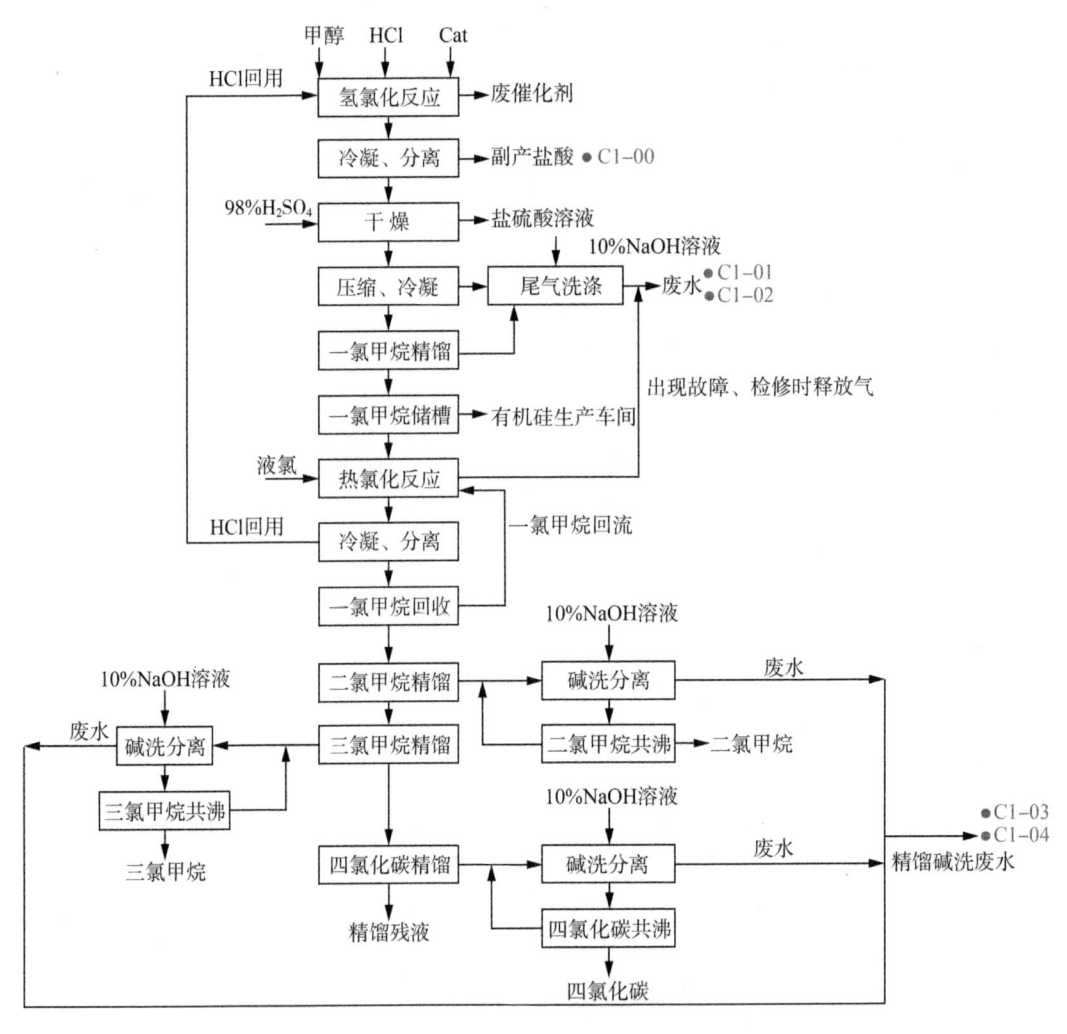

图 6-26 工艺流程图

6.4.1.4 废水样品分析结果汇总

甲烷氯化物厂废水污染源样品分析汇总如表 6-1。

6.4.1.5 环境保护现状分析及治理对策

此甲烷氯化物厂经过多次扩建和技术改造，其生产规模已跃居亚洲乃至世界最大，实现了装置的规模化、露天化和自动化，具有自己的技术特色。在扩建改造的同时投入大量的资金进行废气、废水综合治理和循环利用，实现了冷却水、蒸汽冷凝液回用。但在环保装置的运行管理上还存在以下问题：

（1）由于物料特别是氯化氢、氯气、盐酸、硫酸和甲烷氯化物等物质腐蚀性严重，导致设备管道内外锈蚀，装置泄漏点多，消漏和检修维修过程所用冲洗水量较大，大量冲洗水进入地沟。

表 6-1 甲烷氯化物厂废水污染源样品分析汇总*

废水名称	外观	pH	COD$_{cr}$ (mg/L)	色度(倍)	Cl$^-$ (mg/L)	CH$_2$Cl$_2$ (mg/L)	CHCl$_3$ (mg/L)	CCl$_4$ (mg/L)	CH$_3$OH (mg/L)	处理现状
地沟水		12.50	2.76×10^4		6.93×10^4	1.44	0	0	1.02×10^4	
		12.96	1.34×10^4		3.67×10^4	19.28	0	0	4.69×10^3	
		12.52	2.06×10^4		/	20.09	0	0	2.62×10^3	
	浅黄色浑浊液体,静置后底部有黄色沉淀	12.79	1.18×10^4		/	23.13	0.03	0.05	/	
		12.50	9.15×10^3		/	1.25×10^2	1.70	0.05	/	
地沟水		11.30	55.20	过滤后无色透明	9.09×10^2	1.49	0.50	0	/	TOC:2 996 mg/L
		7.53	/		73.70	1.30	1.54	0.51	/	
地沟水	淡黄色浑浊液体,静置后底部有少量沉淀	7.40	≤50.00			10.67	6.24	18.19	/	泵送污水处理站处理
地沟水	浅红色浑浊液体,静置后底部有红色沉淀	3.09	79.36			84.77	54.58	18.26	/	
地沟水	浅黄色浑浊液体,静置后底部有黄色沉淀	12.29	≤50.00		1.12×10^2	1.12	0.36	0	/	
		12.16	/		/	1.14	2.80	0.02	/	
精馏碱洗水	棕黄色浑浊液体,静置后底部有黑色沉淀	12.87	1.42×10^3		1.81×10^4	3.05×10^2	12.87	0	/	
		12.83	8.77×10^3		/	3.28×10^2	16.45	0	/	
		12.73	4.13×10^3		/	19.56	0.01	0.24	/	
尾气洗涤水	淡黄色浑浊液体,静置后底部有黄色沉淀	12.84	1.97×10^4		5.64×10^4	0	0	0	/	
	白色浑浊液体,静置后底部有白色沉淀	12.40	4.19×10^4		/	2.47	0	0.01	3.31×10^3	
		12.85	2.42×10^4		/	2.70	0.01	0.01	/	

续表

废水名称	外观	水质 pH	COD_{Cr} (mg/L)	色度(倍)	Cl^- (mg/L)	CH_2Cl_2 (mg/L)	$CHCl_3$ (mg/L)	CCl_4 (mg/L)	CH_3OH (mg/L)	处理现状
尾气洗涤水	黄色浑浊液体,静置后底部有黄色沉淀	12.80	1.58×10^4	过滤后无色透明	4.17×10^4	3.23	0	41.91	/	泵送污水处理站处理
	淡黄色浑浊液体,静置后底部有黄色沉淀	12.78	2.64×10^4		/	26.63	0	29.08	2.10×10^3	
	淡黄色浑浊液体,静置后底部有黄色沉淀	12.78	1.43×10^4		/	0.10	0.01	1.77	/	
甲烷氯化物储罐废水	无色浑浊液体,有悬浮物	12.66	9.47×10^2		3.49×10^3	14.38	8.36	95.90	/	污水站储水罐
	淡黄色浑浊液体,静置后有少量淡黄色沉淀	12.30	1.96×10^2		/	8.99	15.90	151.94	/	
	黄色浑浊液体,底部有少量红色沉淀	8.48	1.11×10^2		/	8.64	30.10	84.87	/	
甲烷氯化物出口管废水		12.71	3.52×10^2		/	8.15	15.48	0	/	
副产盐酸	无色透明液体	9.64	2.54×10^4		/	11.91	0	0	2.28×10^3	

* 废水中可能含有甲烷氯化物的副产物甲醚和共聚物,甲醚在水中的溶解度为35.3%(24℃,0.4 MPa)水,因没有标样,未进行测定。

(2) 压缩机、机泵冷却水本应全部收集到清净水池,用泵送到循环水系统,由于物料泄漏,清净水受污染不能回用于循环水而溢流到地沟。现场发现部分机泵冷却水出水管已损坏,冷却水直接流入地沟。

(3) 由于没有实行雨污分流,不只初期雨水而是全部雨水进入了地沟收集池。

(4) 地沟没有及时清理,杂物、淤泥很多,地沟水不畅通,部分地沟水溢流到清净下水道。

(5) 多次发现地沟水收集池废水输送泵有空气进入导致废水无法送出,池内废水溢流至清净下水道。

(6) 对 30 kt/a 装置地沟水进行多次取样分析,COD 的数值很高,经查明原因是该装置的尾气洗涤废水流到了地沟水池中。

由于上述原因使得地沟水水量远大于工艺废水量(工艺废水量为 66 t/d,地沟水水量不包括雨水已达 600~800 t/d),地沟水质波动极大,有时 COD 超万,有时 COD 仅几十。

从甲烷氯化物厂 2007 年 1—4 月份送往污水处理站的废水监测数据统计中可以得出日均污水量仅 424 t,COD、pH,以及难生物降解的三氯甲烷、四氯化碳含量波动很大,这样的废水不利于污水站进行生化处理,因此对甲烷氯化物厂的废水宜先进行预处理。

对于甲烷氯化物厂废水,必须采取管理和治理相结合的原则,一方面要强化现场管理,推行清洁生产,尤其要在实现无泄漏上下功夫,要整治地沟,严格实行清污分流,冷却冷凝水全部闭路循环,实现地沟水水量的大幅度削减;另一方面选择经济有效的治理办法,对高浓度的工艺污水和受污染的地沟水进行必要的预处理,去除其中的甲烷氯化物等难生物降解的特征污染物,从而提高废水的可生化性,再进行生化处理,确保达标排放。

6.4.2 氟单体厂

6.4.2.1 简介

氟单体厂有 HF、F22(二氟一氯甲烷)、TFE(四氟乙烯)、HFP(六氟丙烯)和 F125(五氟乙烷)生产装置,以及氟化物残液焚烧装置等,规模分别为 30 kt/a、70 kt/a、17 kt/a、3 000 t/a、1 000 t/a、100 kg/h。

6.4.2.2 反应方程式

1. HF
主反应:

$$CaF_2 + H_2SO_4 \longrightarrow 2HF + CaSO_4$$

副反应:

$$4HF + SiO_2 \longrightarrow SiF_4 + 2H_2O$$

2. F22($CHClF_2$)
主反应:

$$2HF + CHCl_3 \xrightarrow{Cat} CHClF_2 + 2HCl$$
$$(F22)$$

副反应：

$$HF + CHCl_3 \longrightarrow CHCl_2F + HCl$$
$$(F21)$$
$$HF + CHClF_2 \longrightarrow CHF_3 + HCl$$
$$(F23)$$

3. TFE($CF_2=CF_2$)

主反应：

$$2CHClF_2 \longrightarrow CF_2=CF_2 + 2HCl$$

副反应：

$$3CF_2=CF_2 \longrightarrow 2CF_3-CF=CF_2$$

4. HFP($CF_3-CF=CF_2$)

$$3CF_2=CF_2 \longrightarrow 2CF_3-CF=CF_2$$

5. F125(CF_3-CHF_2)

$$CF_2=CF_2 + HF \longrightarrow CF_3-CHF_2$$

氟化物残液焚烧

$$残液(八氟异丁烯等氟氯烃) + O_2 \longrightarrow HCl、HF、CF_4、CO_2、CO$$

6. 氟化物残液焚烧

主反应：

$$2CHClF_2 \longrightarrow CF_2=CF_2 + 2HCl$$

副反应：

$$3CF_2=CF_2 \longrightarrow 2CF_3-CF=CF_2$$

6.4.2.3 生产工艺流程及废水污染源排污节点分析

1. HF 生产装置

(1) 工艺流程图(图 6-27)

(2) 废水来源

① 污水池废水：混合槽泄漏或贮存过量时产生的事故废水，跑冒滴漏产生的泄漏水，装置检修、设备维护的检修水，该废水流入污水池 1，经调酸后回用到氟硅酸洗涤生产装置。每当生产不稳定导致水量较大，无法及时回用时就泵送总污水池，泵送水量及时间不定。可能含有的污染物有：HF、H_2SO_4、$CaSO_4$、CaF_2、SiO_2 等。

② 出渣冲洗水：回转炉产生的 $CaSO_4$ 废渣，分装时漏至地面和出渣场地附近的地面冲洗时产生的废水中，部分由地沟收集进污水池 0，其余会同装置区其他冲洗水流至水沟，直排入清净下水道。冲洗频率为 1 次/周，水量为 30 t/次。

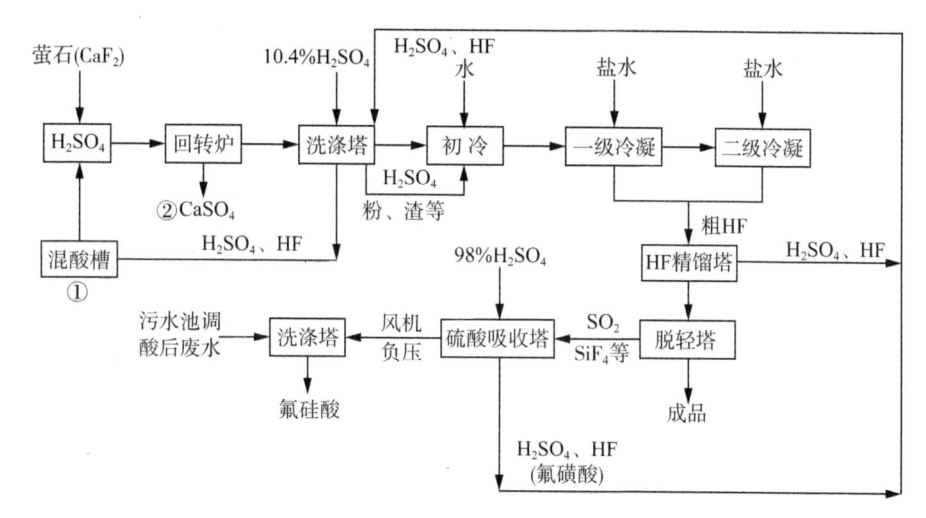

图 6-27 HF 工艺流程图

③ 地沟水:装置区内泄漏、检维修、其他冲洗水和排入地沟的蒸汽冷凝及机泵冷却水,水量为 2 t/d。

该装置"清污分流"工作不够彻底,大部分地面冲洗水(含较多 $CaSO_4$)直接排放。装置汇水面积为 60 m×40 m。

2. F22($CHClF_2$)生产装置

(1) 工艺流程图(图 6-28)

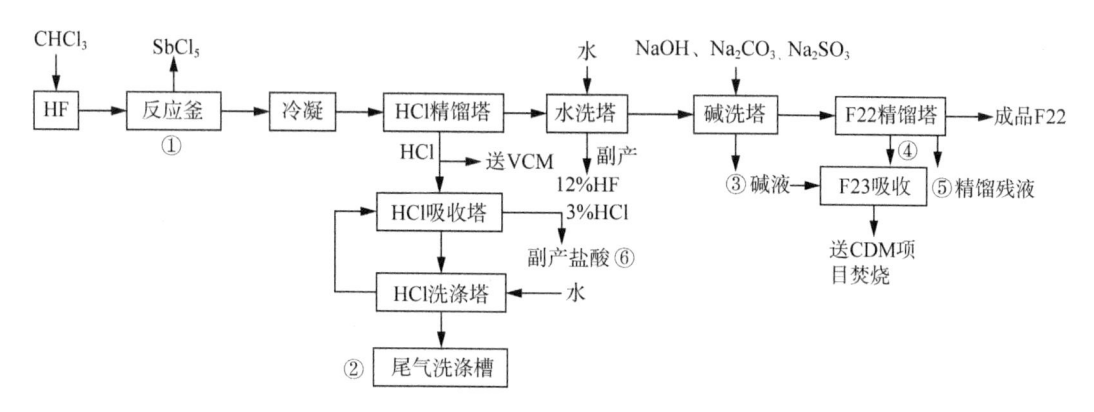

图 6-28 F22 工艺流程图

(2) 废水来源

① 反应釜催化剂排残废水:反应装置定期更换催化剂、清洗,水量约为 8 t/次、2 次/a,16 t/次、2 次/a,废水排放至 NaOH 溶液中,排放时间不定。可能含有的污染物有:F21、F22、NaF、NaCl、$SbCl_5$、$CHCl_3$、$SbCl_5$ 衍生物等。CF_3—CF=CF_2 废水和 CF_2=CF—CF=CF_2 废水分别经管道间歇送污水池2、污水池6。

② 洗涤塔废水:HCl 进行降膜吸收过程中有时不稳定,会有部分 HCl 排放,此时会利用洗涤塔进行吸收处理,一般情况下出现概率较小,不排放,为风险防范装置。非正常情

况间歇排放,经管道送污水池 2(CF_3—CF=CF_2 废水)、污水池 6(CF_2=CF—CF=CF_2 废水),其排放时间、排放量未知。可能含有的污染物有:HF、HCl、$CHCl_3$、F22 等有机氟化物。

③ 碱洗废水:为了去除剩余的 HCl、HF 气体,利用 NaOH、Na_2SO_4、Na_2CO_3 进行碱洗处理,碱液在塔内循环使用,直至不能满足要求时排放,重新配碱。CF_3—CF=CF_2、CF_2=CF—CF=CF_2 碱洗废水总计 30 t/d。可能含有的物质有 NaOH、NaF、NaCl、F21、F22、Na_2SO_4、Na_2CO_3 等。该废水间歇排至污水池 2(CF_3—CF=CF_2 废水)、污水池 6(CF_2=CF—CF=CF_2 废水)。

④ F23 碱洗废水:产生的 F23 在送至 CDM(清洁发展机制)项目进行高温燃烧前,需要进行碱洗处理,碱液循环使用,不能满足要求时排放,其中可能含有的污染物有 NaOH、NaF、NaCl、F21、F22、F23 等,该废水间歇排至污水池 2。频率和水量分别为 1 次/d、1 t/次。

⑤ F22 精馏塔残液:间歇排放 F22 精馏塔釜内的残液,排放量为 0.25 t/5 d~0.5 t/5 d。可能含有的物质有 F21、F22、Na_2SO_4、Na_2CO_3、水等,其中 CF_3—CF=CF_2 残液排往污水池 3、污水池 4,CF_2=CF—CF=CF_2 残液一起排往污水池 7。

⑥ HCl 储槽泄漏废水:围堰内的副产盐酸一旦发生泄漏,将会被引至污水池 5,然后输送至原水池。

⑦ 地沟水:装置区内泄漏、检维修、冲洗水和排入地沟的少量蒸汽冷凝及机泵冷却水,水量为 2 t/d。

3. TFE(CF_2=CF_2)生产装置(10 kt/a 开车,7 000 t/a 停运)

(1) 工艺流程图(图 6-29)

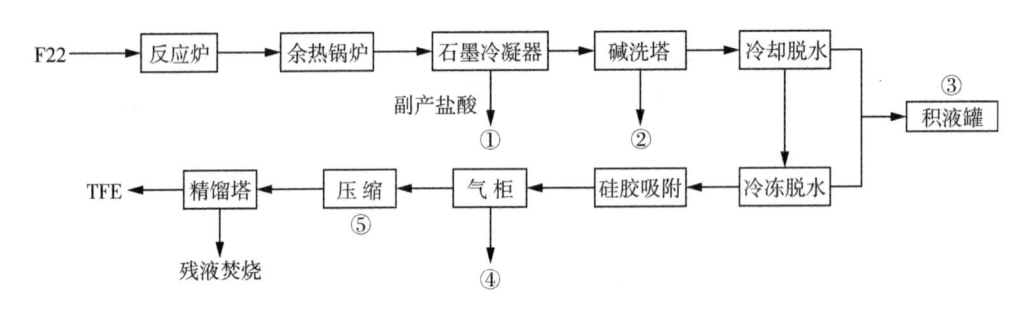

图 6-29 TFE 工艺流程图

(2) 废水来源

① 酸封废水:石墨冷凝器冷凝下来的副产酸会有 HCl 气体产生,生产中对其进行酸封处理,酸封过程中会产生溢流水。该废水只在设备运行不正常时产生,排放时间不定。可能含有的污染物有:HF、HCl、F22、TFE、HFP 等。该废水经管道间歇排至污水池 2,频率和水量分别为 1 t/次、1 次/月。石墨冷凝器用副产稀酸冲洗,不外排。

② 碱洗废水:为了去除石墨冷凝工序未完全冷凝下来的 HCl 气体,利用 10% NaOH 溶液进行洗涤,碱液在塔内循环使用,直至不能满足要求时排放。频率和水量分别为 2 次/d、5 t/次,可能含有的物质有 NaOH、NaF、NaCl、F22、TFE、HFP 等,该废水经管道间歇排至污

水池8(图3-1)。

③ 冷冻积液罐排水:利用循环水、冷冻盐水冷却过程中会在冷却器底部形成积液,产生的积液进入积液罐不定期排放。产生量为200 kg/d,排放时间不定,间歇排入地沟流往污水池8(图3-1)。可能含有的物质有HF、HCl、F22、TFE、HFP等。

④ 气柜积液废水:气柜在贮气过程中产生积水,水量小于1 t/月,不定期排放,间歇排入地沟流往污水池8(图3-1)。可能含有的物质有HF、HCl、F22、TFE、HFP等。

⑤ 地沟水:压缩机使用过程中部分冷却水、部分蒸汽冷凝水、设备管道泄漏、设备检修维修冲洗水等全部流入地沟,地沟与污水池8(图3-1)相连。调查过程中,污水输送泵损坏,导致废水流入清净下水道,排放量约为10 t/h。

4. HFP(CF_3—CF=CF_2)生产装置(3 000 t/a)

(1) 工艺流程图(图6-30)

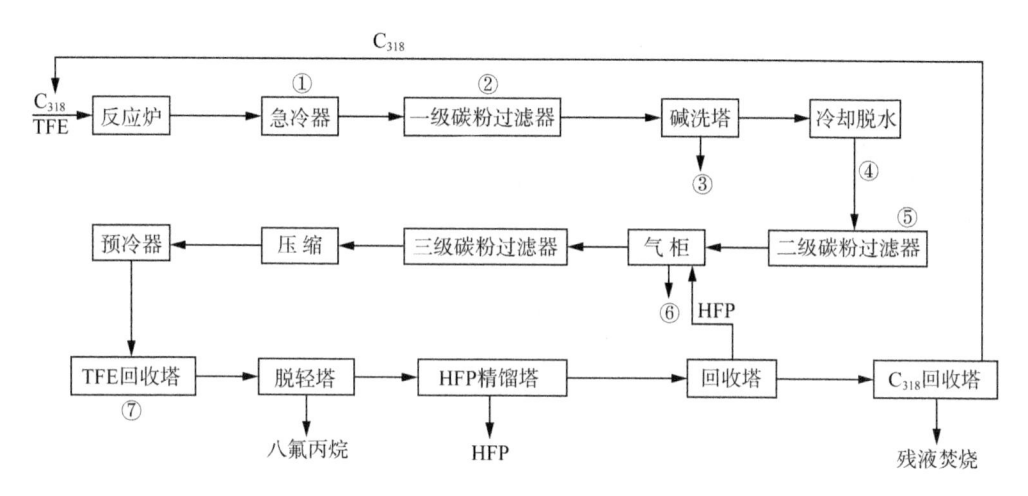

图6-30 HFP工艺流程图

(2) 废水来源

① 急冷器冲洗水:急冷器(间接冷却)长期使用,会有炭黑等结焦,需不定期清洗,排放洗水约1次/月,水量10~15 t/次,可能含有的污染物有炭黑、自聚物等高沸物,间歇排放至污水池9。

② 一级碳粉过滤器清洗水:不定期冲洗,频率约2次/月,水量为10 t/次。可能含有的污染物有炭黑、自聚物等高沸物,间歇排放至污水池9。

③ 碱洗废水:为了去除TFE裂解产生的HF等气体,利用KOH稀溶液进行碱洗处理,碱液在塔内循环使用,直至不能满足要求时排放。频率和水量分别为1次/d、5 t/次,可能含有的物质有KOH、KF、TFE、HFP等有机氟化物,间歇排放至污水池9。

④ 活化废水:冷冻盐水冷却过程中会在装置内部产生结冰现象,利用蒸汽进行冲洗活化,蒸汽使用量为2 h/d、1 t/h,使用及排放时间不定。可能含有的物质有HF、TFE、HFP等有机氟化物,间歇排放至污水池9。

⑤ 二级碳粉过滤器清洗水:不定期冲洗,频率约2次/月,水量10 t/次。可能含有的污染物有炭黑、自聚物等高沸物,间歇排放至污水池9。

⑥ 气柜积液废水:气柜在贮气过程中产生的积水,不定期排放,频率约 2 次/a,水量为 5 t/次。可能含有的物质有 HF、TFE、HFP 等有机氟化物,间歇排放至污水池 9。

⑦ TFE 回收塔清洗水:塔顶冷凝器不定期冲洗,频率约 2 次/a,3 d/次,水量为 10 h/d、2 t/h,可能含有的污染物为碳粉及高聚物等,废水间歇排放至污水池 9。

⑧ 地沟水:泄漏、设备清洗、检维修、地面冲洗水及部分排出的蒸汽冷凝液、压缩机及机泵冷却水经地沟进入污水池 9,水量为 7 t/h。

5. F125(CF_3—CHF_2)生产装置

(1) 工艺流程图(图 6-31)

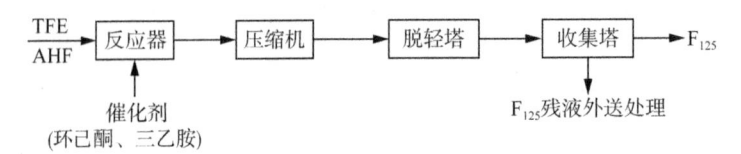

```
TFE/AHF → 反应器 → 压缩机 → 脱轻塔 → 收集塔 → F125
            ↑                        ↓
          催化剂                  F125残液外送处理
       (环己酮、三乙胺)
```

图 6-31　F125 工艺流程图

(2) 废水来源

地沟水:地沟水主要为泄漏水、设备清洗、检维修和地面冲洗水及排入地沟的少量蒸汽冷凝水和机泵冷却水,由于该装置无污水池,上述废水全部通过地沟排入清净下水道,正常生产时排放量约为 2 t/h。

由于市场原因,目前开工不足,调查时处在停工状态。

6. 氟化物残液焚烧装置

(1) 工艺流程图(图 6-32)

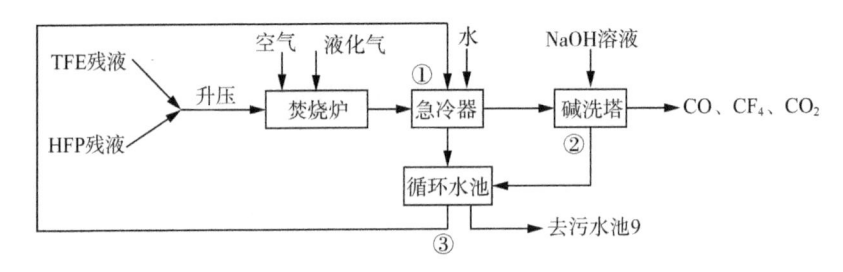

```
TFE残液 ↘              空气 液化气   水    NaOH溶液
          升压 → 焚烧炉 → 急冷器① → 碱洗塔 → CO、CF4、CO2
HFP残液 ↗                    ↓        ↓②
                         循环水池
                            ↓③
                         去污水池9
```

图 6-32　氟化物残液焚烧工艺流程图

(2) 废水来源

① 急冷器冲洗水:急冷器用水直接喷淋降温,内部会有结焦现象,形成碱盐、炭黑等,急冷器需定期清洗,频率为 1 次/d,水量为 5 t/d,冲洗水排入循环水池,可能含有的污染物有炭黑、自聚物等高沸物和 NaF、NaOH 等。

② 碱洗废水:碱液在碱洗塔内循环使用,直至不能满足要求时间歇排至循环水池,频率为 2 次/月,水量约 50 t/次(含碱洗塔冲洗水)。可能含有的物质有炭黑、自聚物等高沸物和 NaF、NaOH 等。

③ 循环水池废水:该废水池接纳残液焚烧装置的急冷器喷淋水和冲洗水、焚烧尾气的碱洗废水和碱洗塔冲洗水,经多级沉降后部分回用作为急冷器喷淋水,其余废水排入污

水池 9,排量约 8 t/d,可能含有的物质有 NaF、NaOH、少量炭黑、自聚物等高沸物。

污水池 9 接纳 HFP、残液焚烧装置(氟硅酸、硅橡胶)的所有废水。该污水池经沉淀、压滤后送至氟材料总污水池 12。总污水池 12 泵送污水站,泵输送能力为 100 t/h。

6.4.2.4　废水样品分析结果汇总

氟单体厂废水污染源样品分析汇总如表 6-2 所示。

6.4.2.5　环境保护现状分析及治理对策

氟单体厂有 HF、F22、F4、F6、F125 五个氟产品。这些生产装置的特点为:工艺过程产生的废水少;氟产品沸点低,水中溶解度小,废水中有机氟含量不高。但原料或产品中大多含有 HF、HCl 等气体,多用水吸收制成副产酸,再用稀碱洗涤。碱洗废水、设备清洗水中氟离子浓度高,为减少氟离子流失,将其全部收集进入废水池。氟单体厂环保重点是全部收集和输送含氟离子废水到污水处理站,这项工作 F22 工段做得较好。在调查中发现了不完善和管理不到位的情况,主要问题如下。

1. HF 装置清污分流不彻底,回转炉废渣冲洗水仅部分进入废水池,部分含渣较多的污水流入清净下水道。

2. F22 装置碱洗、精馏废水收集至废水池,和 HF 装置污水一同调节 pH 后送污水处理站,蒸汽冷凝液冷却后回用于配置清洗水,这样做是合理的,但问题在于未实施清污分流,泄漏、检维修、冲洗水进入了清净下水道。

3. TFE 装置地沟水与废水池相连,机泵冷却水、蒸汽冷凝液未全部回用,流入地沟的情况比较严重,地沟水量较大,废水输送泵损坏一度停开,导致约 10 t/h 废水流入清净下水道。

4. HFP 装置设备清洗频繁,清洗水中炭黑污染地面,冲洗水量较大。设备管道老化破损,蒸汽冷凝液,压缩机、机泵部分冷却水未进入回收系统,7~8 t/h 的水经地沟流入污水池。

5. F125 装置开工前准备不足,该装置没有实施清污分流,冷却水、蒸汽冷凝液、冲洗水全部流入地沟并流入清净下水道。

6. 配套的空压站、冷冻站检修维修后含油废水全部流入地沟,流入清净下水道。

从 2007 年 1—4 月份送往污水处理站的废水监测数据统计可以看出日均污水量为 180 t,但调查统计日产生污水(不包括雨水)仅 40.5 t,原废水稀释 4.5 倍(加 3.5 倍稀释水)后再输送到污水站。

分析数据表明氟单体厂废水 COD 不高,但氟离子浓度高,必须送污水处理站加 Ca^{2+} 降低氟离子浓度。治理的关键是各装置必须推行清洁生产,尤其要在设备整顿、实现无泄漏上下功夫。要整治地沟,严格实行清污分流,冷却水、蒸汽冷凝液要进循环利用系统(特别是 TFE、HFP 两个工段),工艺废水、设备清洗水、冲洗水和初期雨水全部收集送污水站,避免氟离子流失。从有利于氟离子沉降角度考虑,HF/F22 废水不要稀释,应在调整 pH 后直接送污水处理站。

表 6-2　氟单体厂废水污染源样品分析汇总

废水名称	外观	pH	水温(℃)	COD$_{cr}$(mg/L)	色度	Cl$^-$(mg/L)	F$^-$(mg/L)	TFE(mg/L)	HFP(mg/L)	F22(mg/L)	处理现状
AHF 出渣冲洗水	白色浑浊液体,静置底部白色沉淀	7.62	24.8	4.58×10²		4.76×10³	7.30	0	0	0	直排
AHF 污水池	灰色浑浊液体,静置底部黑色沉淀	1.68	24.8	2.05×10²	过滤后无色透明	1.91×10²	3.44×10³	0	0	0	
碱洗水	淡黄色浑浊液体	8.55	25.1	1.80×10³		1.03×10⁴	1.26×10³	0	0	24.68	
	黄色浑浊液体,静置底部黄色沉淀	9.59	25.0	2.54×10³	过滤后淡黄浑浊	1.62×10⁴	6.31×10³	0	0	1.86×10²	
	无色浑浊液体	9.09	24.0	3.14×10³		9.69×10³	1.79×10³	0	0	1.19×10²	泵送污水收集池,简单配水调酸后送总污水站
混合废水	黄色浑浊液体,静置底部黄色沉淀	9.62	24.1	2.81×10³	过滤后无色透明	1.29×10⁴	4.21×10³	0	0	32.58	
	黄色浑浊液体,静置底部翠绿色沉淀	8.24	24.2	8.36×10²	过滤后绿色浑浊	2.00×10³	1.01×10⁴	0	0	66.20	
		8.40	/	5.71×10²		1.30×10³	1.64×10⁵	/	/	/	
精馏塔排残	淡黄色浑浊液体,静置底部少量黄色沉淀	7.80	25.4	3.70×10²	过滤后无色透明	1.07×10³	1.15×10³	0	0	5.90	
	淡绿色乳浊液	5.56	25.1	8.05×10²	过滤后淡黄浑浊	1.40×10³	1.90×10²	0	0	2.39×10²	
混合废水	无色浑浊液体,静置底部棕色沉淀	9.49	25.0	1.45×10³	过滤后无色透明	9.48×10³	1.95×10²	0	0	17.93	
污水总收集池废水	棕色浑浊液体,静置底部棕色沉淀	12.21	24.6	1.80×10²	过滤后淡黄透明	1.01×10⁴	1.36×10³	0	0	0	泵送总污水站
污水总收集池废水经配水调酸后出水	灰色浑浊液体,静置底部棕色沉淀	6.98	24.1	4.10×10²	过滤后无色透明	3.51×10³	1.86×10²	0	0	0	
AHF、F22 均质罐内液	浅黄色浑浊液	9.37	24.4	4.58×10²		3.13×10³	21.02	0	0	0	污水站储水罐

续表

废水名称	外观	pH	水温(℃)	COD$_{cr}$(mg/L)	色度	Cl$^-$(mg/L)	F$^-$(mg/L)	TFE(mg/L)	HFP(mg/L)	F22(mg/L)	处理现状
AHF、F22均质罐出口液	黄色浑浊液	9.21	24.3	3.00×10^2		3.11×10^3	0.86	0	0	0	污水站储水罐
地沟水	浑浊液体,静置底部少量红色沉淀	12.18	/	7.10×10^2	过滤后无色透明	2.86×10^3	4.53×10^2	0	0	0	泵送污水收集池后送总污水站
碱洗水	浅黄色浑浊液体	12.55	/	6.23×10^2		2.16×10^4	3.01×10^2	0	0	0	
污水池废水	白色浑浊液体,静置底部少量白色沉淀	12.10	/	5.13×10^2		2.07×10^3	4.32×10^2	0	0	0	
碱洗水	墨绿色浑浊液体,上层黑色碳粉悬浮物	15.70	/	2.17×10^4	过滤后棕红色透明	2.77×10^3	5.35×10^4	0	0	0	泵送污水收集池,经碳粉压滤后送总污水站
碳粉压滤废水	浅黄色浑浊液体,静置底部少量沉淀	10.95	/	1.06×10^2	过滤后无色透明	2.01×10^3	3.24×10^2	0	0	0	泵送总污水站
焚烧急冷器出水	浓灰色浑浊液体	13.55	/	2.96×10^3	过滤后浓黄色油状黏稠液	2.70×10^4	8.24×10^2	0	0	0	配碱后循环使用,过量溢流至HFP污水收集池
TFE、HFP、偏氟乙烯、氟橡胶总汇池	无色浑浊液体,静置底部少量沉淀	12.39	24.8	≤1.50×10^2	过滤后浅黄色透明	7.80×10^2	13.09	0	0	/	泵送总污水站
*氟化物储罐罐内废水	灰色浑浊液	12.30	/	57.14	/	3.28×10^2	4.25×10^2	/	/	/	泵送污水站
*氟化物储罐出口管废水		12.28	/	63.49	/	3.04×10^2	4.49×10^2	/	/	/	泵送污水站

注：上表氟化物储罐废水包括氟材料厂和氟单体厂TFE、HFP、F125、氟化物残液焚烧的废水。

6.4.3 氯碱厂

6.4.3.1 简介

氯碱厂烧碱生产能力现为 300 kt/a,其中隔膜(DM 电解)烧碱为 120 kt/a(16 型槽 2 组、30 型槽 1 组),离子膜烧碱(IM 电解)为 180 kt/a(共 2 套)。

为满足隔膜和离子膜电解两种工艺需要,设有化盐、一次盐水精制、二次盐水精制、电解、蒸发、氯氢处理、液氯、合成盐酸等工段。

以卤水和固体盐为原料,经一次精制后盐水送隔膜电解,离子膜电解则需要二次盐水精制。电解生成 NaOH、氢气和氯气,离子膜碱(32% NaOH)送至液碱成品罐,隔膜电解液经蒸发制成 30%碱送成品罐。氢气送分配台作为 F23、HF、TFE 生产装置的燃料和苯胺装置原料。氯气经液化制成液氯,绝大部分液氯经汽化后成为纯度较高的氯气送甲烷氯化物厂,未液化含有 H_2 和 O_2 的尾氯送盐酸工段与 H_2 在石墨合成炉中反应生成 HCl,再经水吸收制成高纯盐酸(纯水吸收)和工业盐酸(工业水吸收)。

6.4.3.2 反应方程式

$$2NaCl + 2H_2O \longrightarrow 2NaOH + Cl_2 + H_2$$
$$Cl_2 + H_2 \longrightarrow 2HCl$$

6.4.3.3 生产工艺流程及废水污染源排污节点分析

1. 化盐工段

(1) 工艺流程图(图 6-33)

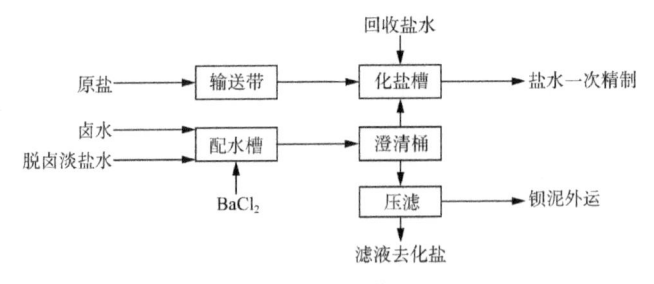

图 6-33 化盐工艺流程图

(2) 废水来源

盐库主要包括固体盐仓、卤水罐及化盐设备等。目前装置内设有一污水池,平时的地面水、设备泄漏冲洗水及泵的冷却水由地沟汇总于污水池内,但输送泵未运行,实际水排入了清净下水道,排水量为 10 t/h,可能含有的污染物有 NaCl 等。

2. 盐水一次精制装置

(1) 工艺流程图(图 6-34)

(2) 废水来源

蒸发工段送来的蒸汽冷凝液(热)用于配置 Na_2CO_3、$BaCl_2$、聚丙烯酸钠溶液,部分用

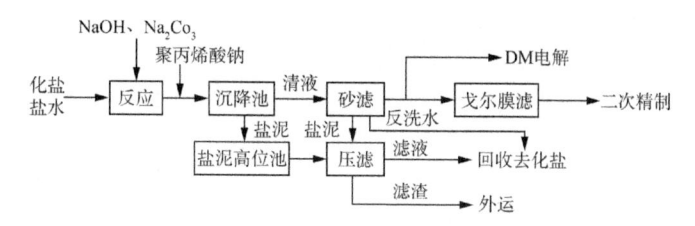

图 6-34　盐水一次精制工艺流程图

于化盐,多余水排入地沟。平时的泵冷却水、地面冲洗水、设备泄漏冲洗水由地沟汇入污水池(C3-02)内,但由于输送泵未运行,导致废水进入清净下水道,废水量为 5 t/h,可能含有的污染物有 NaCl、NaOH、Na_2CO_3、$BaCl_2$、聚丙烯酸钠等。

3. 盐水二次精制装置

(1) 工艺流程图(图 6-35)

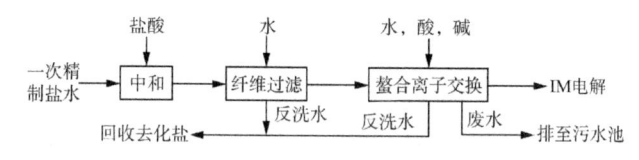

图 6-35　盐水二次精制工艺流程图

(2) 废水来源

① α-纤维素过滤器反洗水(C3-03、C3-05)送回化盐工段;螯合树脂再生水(C3-04、C3-06)头尾部分回化盐工段,中间段打入总污水池(C3-23),废水量为 80 t/d,因酸碱中和操作差异,废水中可能含有的污染物有 NaOH、NaCl、HCl 等。

② 位于该装置的去离子水罐有时存在溢流情况,溢流水连同蒸汽冷凝水、地面、设备冲洗水和泵冷却水经地沟(C3-07)流入清净下水道,废水量为 14 t/h,可能含有的污染物有 NaOH、NaCl。

4. 电解及氯氢处理装置(DM 电解为 120 kt/a、IM 电解为 180 kt/a)

(1) 工艺流程图

IM 电解工艺如图 6-36 所示。

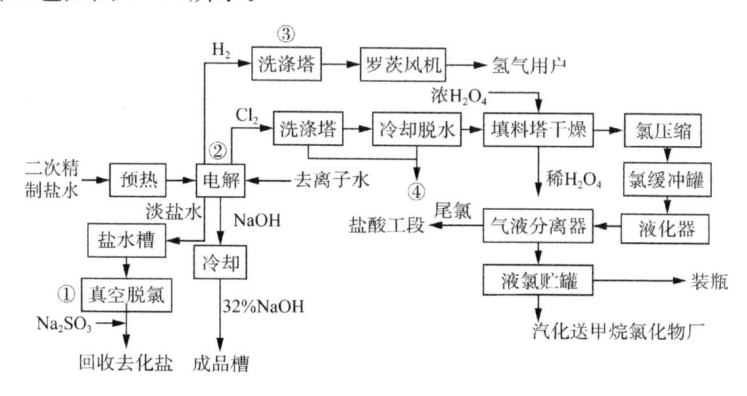

图 6-36　IM 电解工艺流程图

DM 电解工艺如图 6-37 所示。

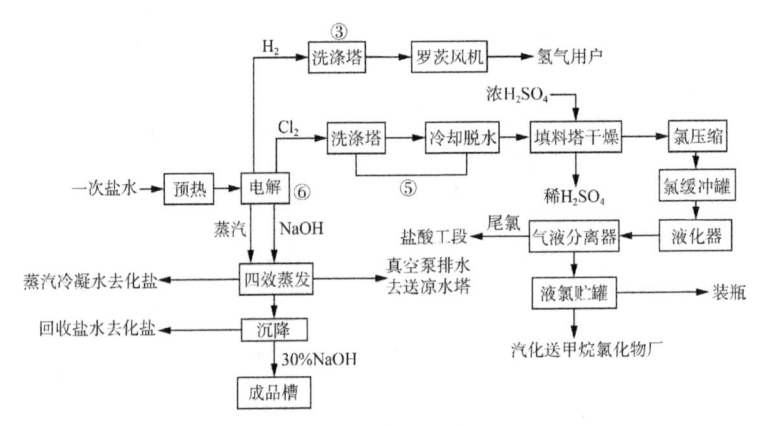

图 6-37　DM 电解工艺流程图

（2）废水来源

① 淡盐水脱氯用过的蒸汽冷凝水和泵冷却水流入地沟(C3-08)，水量为 13 t/h，可能含有的污染物有 Na_2SO_3、NaCl 等。

② IM 电解槽碱液用板式冷却器间接冷却，有时会发生碱液穿透状况，冷却水与氢气洗涤水合并接流入地沟，水量约 18 t/h，可能含有的污染物有 NaOH 等。

③ IM/DM 电解产生的氢气洗涤废水流入地沟(C3-11)，流量为 42 t/h，可能含有的污染物有 NaOH、NaCl。

④ IM 电解产生的氯气洗涤及冷却排出的含氯废水一部分送苯胺装置做氧化剂，其余送 NaClO 工段。该界区有一污水池(C3-09)，调查时无废水流入。

⑤ DM 电解产生的氯气洗涤及冷却排出的含氯废水、氯处理部分机泵冷却水、DM 电解氢换热冷凝液(C3-13)、DM 电解进槽盐水预热蒸汽冷凝液一起排入地沟(C3-10)，废水量为 56 t/h，可能含有的污染物有 NaCl、NaOH、NaClO 等。

⑥ DM 电解开、停车过程可能有电解液溢出，氢气和氯气总管水封溢流水等直接排放至地沟(C3-12)，废水量约 0.5 t/h，可能含有的污染物有 NaCl、NaOH、NaClO 等。

⑦ 氯气液化及汽化工段的机泵冷却水、蒸汽冷凝液排入地沟(C3-14)，水量约 3.5 t/h，可能含有的污染物有 $CaCl_2$ 等。

⑧ DM 电解槽隔膜制作和修理过程会产生含碱、含石棉废水，经三级沉淀后(沉淀池 C3-19)回收石棉，连同水环真空泵排水一起排放，排放量为 3 t/h，按 8 h/d 计，日排放废水 24 t，可能含有的污染物有 NaOH、NaCl、石棉绒等。

5. 蒸发装置

（1）工艺流程图(图 6-38)

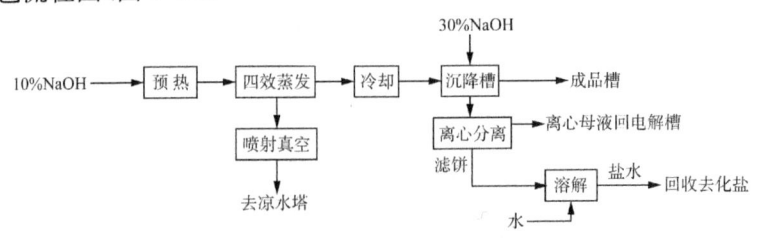

图 6-38　蒸发工艺流程图

(2) 废水来源

① 蒸发厂房内有一污水池(C3-21),收集泵的冷却水、泄漏碱液和地面冲洗水,废水量为 3 t/h,可能含有的污染物有 NaCl、NaOH 等。

② 喷射真空泵和碱液冷却使用循环水,循环水排放流入地沟(C3-22),废水量为 4 t/h,可能含有的污染物有 NaOH、NaCl 等。

③ 蒸发工段的蒸汽冷凝液(热)送化盐工段,配置 Na_2CO_3、$BaCl_2$、聚丙烯酸钠溶液,部分用于化盐,多余水排入地沟。

6. 合成盐酸装置

(1) 工艺流程图(图 6-39)

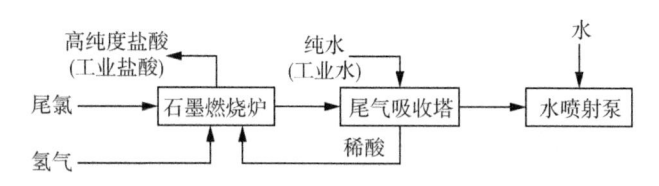

图 6-39 合成盐酸工艺流程图

(2) 废水来源

该装置设有一污水池(C3-15),通过地沟收集装置废水、泄漏水、冲洗水及雨水,废水量为 1 t/h。目前泵未运行,废水经地沟流入清净下水道,可能含有的污染物有 HCl 等。

位于盐酸装置西北角有两只湿式氢气柜,水封溢流水流入清净下水道(C3-16),废水产生量为 3 t/h,可能含有的污染物有 NaOH、NaCl 等。

7. 纯水站、空压机、制氮站

纯水站采用工业水过滤、反渗透和离子交换生产纯水,过滤器、离子交换器定期反洗,反渗透装置有一股含盐量较高的废水(C3-18)连续外排,流入清净下水道,水量为 20 t/h。空压站、制氮站压缩机采用循环水冷却,无废水排放。

8. NaClO 生产装置

(1) 工艺流程

设有一稀碱吸收池,尾氯、原氯(未经液化的氯气)经稀碱吸收生成 NaClO,事故氯产生的 NaClO 也送往该装置。

(2) 废水来源

装置运行时产生的泄漏水、冲洗水及雨水流入地沟(C3-17),最终流入清净下水道,可能含有的污染物有 NaOH、NaCl、NaClO 等,调查时该装置处于停车状态。

6.4.3.4 废水样品分析汇总结果

氯碱是某集团的龙头产品,氯碱厂烧碱总能力已达 300 kt/a,其中技术先进的离子膜烧碱接近 180 kt/a。氯碱厂是在某电化厂基础上发展的,由于历史原因,厂房相对拥挤,流程和设备布局不尽合理。氯碱厂排放的废水 COD 不高,废水治理的重点是控制 pH 和外排水量。

氯碱厂各工段都修建了污水池,通过地沟收集泄漏水、冲洗水。污水分类处理:悬浮物很高的盐泥冲洗水返回压滤,盐含量高的戈尔膜、α纤维过滤反洗水和螯合树脂再生头尾洗水送至化盐工段,其余污水送往污水处理站。现场调查发现仅螯合树脂再生中段水送往污水站,大多数污水池的输送泵均停用,污水直接流入清净下水道。氢气洗涤、DM电解氯气洗涤水、IM电解碱液冷却水等水量较大且相对干净的水直接流入地沟,很多机泵机械密封冷却水因位置相对分散或管道腐蚀未返回循环水,也直接流入地沟,因此氯碱厂外排废水量较大,总量超过 150 t/h。

附录 4-1 列出了氯碱厂 2007 年 1—4 月份送污水处理站废水监测数据,可以看出,日均输送量不足 150 t,且 pH 多为酸性,COD 超标严重(最高达 10 451 mg/L,经过同一废水 COD 和 TOC 分析对比确认为 Cl^- 离子干扰,实际 COD 数值不高)。现场调查及污染源监测结果表明,氯碱厂装有输送泵的污水池日输出量应在 500 t 以上(不含雨水),pH 总体呈碱性,而废水实际呈酸性的原因是螯合树脂用盐酸反洗后中和效果不佳,在调查期间的两天内两次测得 pH 为酸性,分别为 2.2、1.72。

综上所述氯碱厂环境保护的关键是推行清洁生产、强化现场管理、做好水平衡、控制外排水量。具体为以下几点。

① 搞好设备维护保养,做到"无泄漏"运行,减少物料流失,少用冲洗水。

② 严格清污分流。机泵机械密封冷却水、蒸汽冷凝水等清净水全部回循环水系统;学习同行经验,氢气洗涤水、IM电解碱液冷却水、淡盐水脱氯冷凝水要循环使用;隔膜修槽排放的废水碱性较强,应在沉降回收石棉绒后送污水处理站;加强对污水的监控,污水处理设施要长周期运行。

③ 目前清净下水道排放口太多,要归并排口,平时将部分排口关闭留作汛期雨水紧急出口。

④ 含氯废水要作为一种资源,结合集团公司环境整治予以利用,或者建脱氯装置回收氯气。

6.4.4 有机硅厂

6.4.4.1 简介

有机硅分厂现有 25 kt/a 生产能力,配套 20 kt/a 甲烷氯化物装置,生产一氯甲烷、一甲基氯硅烷(Me1)、二甲基氯硅烷(Me2)、三甲基氯硅烷(Me3)、一甲含氢氯硅烷(MeH)等。同时,利用二甲基氯硅烷水解、裂解生产八甲基环四硅氧烷(D4 和 DMC),并副产盐酸。

6.4.4.2 反应方程式

甲基单体合成:

$$4CH_3Cl + Si \longrightarrow (CH_3)_2SiCl_2 + CH_3SiCl_3 + (CH_3)_3SiCl + CH_3HSiCl_2 + SiCl_4$$
$$\quad\quad\quad\quad\quad\quad Me2 \quad\quad Me1 \quad\quad Me3 \quad\quad MeH$$

二甲基水解：

$$(n+m)(CH_3)_2SiCl_2+(n+m)H_2O \longrightarrow [(CH_3)_2SiO]_n+$$
$$(CH_3)_2SiO[Si(CH_3)_2O]_{(m-2)}OSi(CH_3)_3+2(n+m)HCl$$

二甲基裂解：

$$(CH_3)_2SiCl_2+H_2O \xrightarrow[\text{加热}]{\text{KOH,裂解}} C_8H_{24}O_4Si_4+DMC+HCl$$

6.4.4.3 生产工艺流程及废水污染源排污节点分析

1. 甲烷氯化物生产装置

(1) 工艺流程图(图6-40)

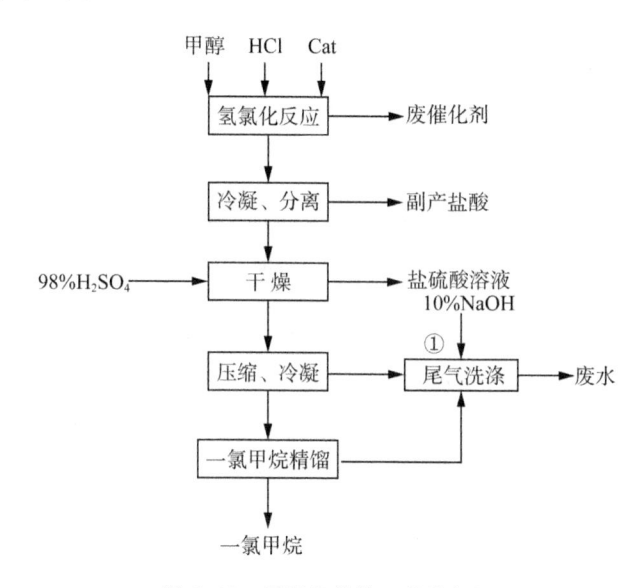

图 6-40 甲烷氯化物工艺流程图

(2) 废水来源

① 尾气洗涤水：主要为一氯甲烷合成后分离过程所产生的尾气洗涤废水，工艺连续正常运行时，废水呈碱性，NaOH浓度在5%~10%波动，排放量约为6 t/d。可能含有的污染物有：NaOH、CH_3Cl、CH_2Cl_2、$CHCl_3$、CCl_4、CH_3OH、CH_3OCH_3、NaClO、共聚物(碳化物、焦化物)，等等。

② 地沟水：地沟水主要包括地面冲洗水、泄漏水、雨水、机泵冷却水等，可能含有的污染物有 HCl、NaOH、H_2SO_4、NaCl、CH_3Cl、CH_3OH、CH_3OCH_3 等，调查时流量为8~15 t/h。

402装置的尾气洗涤水和地沟水均进入污水池，泵送905工段。

2. 硅粉加工装置(装置代号900)

硅粉加工装置主要是将硅块经破碎机破碎，再送入球磨机进行研磨，最后再进行风选分级，从而得到合格硅粉的过程。该过程无废水产生。

3. 有机硅单体合成装置

(1) 工艺流程图(图6-41)

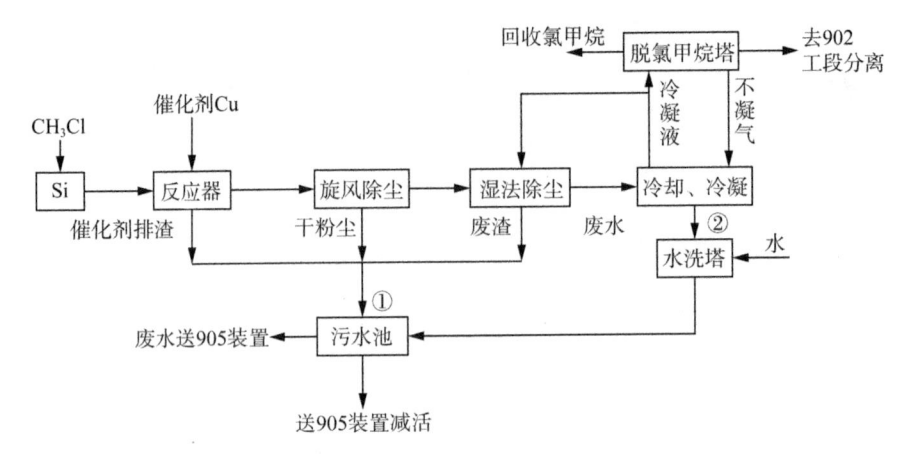

图6-41　有机硅单体合成工艺流程图

(2) 废水来源

① 残渣冲洗水：流化床反应器催化剂残渣（每月排放1～2次）、旋风除尘器残渣、湿法除尘废渣利用水冲洗排渣，排出的废水进污水池，残渣经水冲洗后送905装置减活，废水送905废水处理装置，可能含有的污染物有硅粉、碳粉、铜锌盐类、NaOH、CH_3Cl、硅氧烷等，水量最大时约25 t/h，经估算，平均约6 t/h。

② 尾气吸收水：反应过程中产生的合成尾气利用碱液进行循环洗涤，产生尾气吸收水，水量约2 t/d，废水送污水池，可能含有的污染物有一氯甲烷、NaCl等。

③ 地沟水：901装置地沟水主要包括装置泄漏水、检修冲洗水、部分机泵冷却水、蒸汽冷凝水、雨水、地面冲洗水等，水量约4 t/h，排往污水池，可能含有的污染物有硅粉、碳粉、NaOH、CH_3Cl、硅氧烷等。

污水池的废水泵送905工段。

4. 有机硅单体分离装置

(1) 工艺流程图(图6-42)

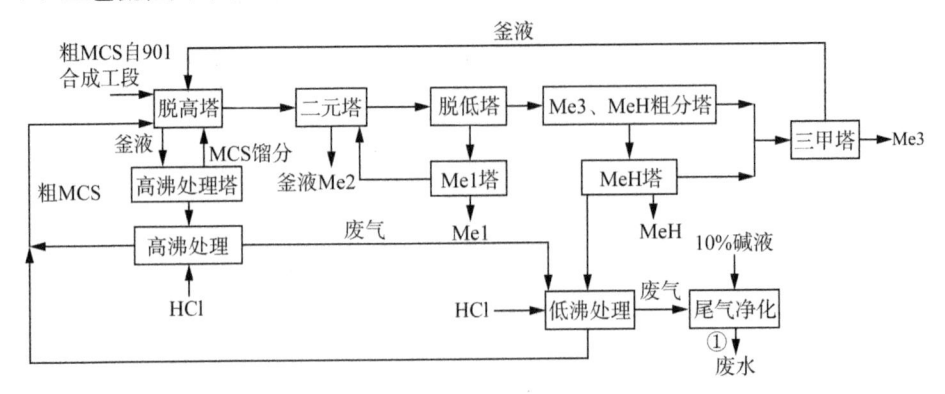

图6-42　有机硅单体分离工艺流程图

(2) 废水来源

① 尾气碱洗水：低沸处理工序产生的废气用10%的碱液洗涤产生碱洗水，水量约为3 t/d，废水送至污水池，可能含有的污染物有 NaCl、NaOH、硅氧烷、CH_3Cl 等。

② 地沟水：902装置地沟水主要包括装置泄漏水、检修冲洗水、部分机泵冷却水、蒸汽冷凝水、雨水、地面冲洗水等，水量约180 t/d，排往污水池，可能含有的污染物有 NaCl、NaOH、硅氧烷、CH_3Cl、硅氧烷等。

污水池的废水泵送905工段。

5. 二甲裂解、水解装置

(1) 工艺流程图（图6-43）

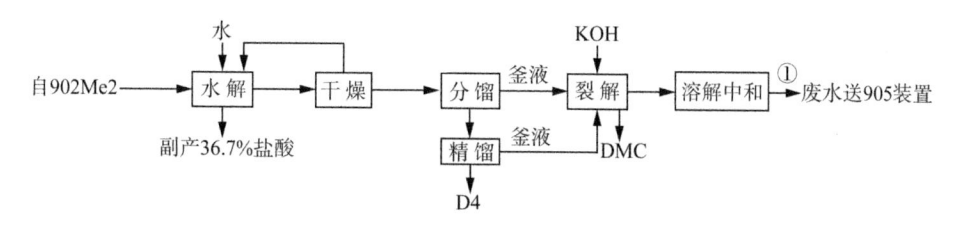

图6-43 二甲裂解、水解工艺流程图

(2) 废水来源

① 裂解残液溶解水：裂解反应器底部的残留物硅醇钾盐溶解后产生的废水，水量约3 t/d，送905工段处理。可能含有的污染物有 KOH、KCl、硅氧烷、高沸物等。

② 地沟水：903装置地沟水主要包括裂解、水解反应器冲洗水、泄漏水、检修冲洗水、部分机泵冷却水、蒸汽冷凝水、雨水、地面冲洗水等等，排往污水池，水量约160 t/d，可能含有的污染物有 KCl、KOH、硅氧烷、高聚物等。

污水池的废水泵送905工段。

6. 有机硅单体研发、中试装置

(1) 工艺流程图

生产深度研发工段，无详细工艺流程。

(2) 废水来源

904生产装置产生废水，来源实验室、中试装置，水量不明，可能含有污染物：HCl、乙醇等。

7. 废水预处理工段

905工段废水（C4-06）来源为402、901、902、903、904等工段，经中和、隔油、沉降处理后送污水处理站。另有废触体减活池，用以处理单体合成废催化剂等，该环节废水循环套用，不外排。

6.4.4.4 废水样品分析汇总结果

有机硅厂废水污染源样品分析汇总如表6-3所示。

表 6-3 有机硅厂废水污染源样品分析汇总

废水名称		外观	水质								处理现状
			pH	COD$_{cr}$ (mg/L)	色度	SS (mg/L)	Cl$^-$ (mg/L)	CH$_2$Cl$_2$ (mg/L)	CHCl$_3$ (mg/L)	CCl$_4$ (mg/L)	
污水池	上层有浮油	淡黄色浑浊液体,有悬浮物	1.70	1.10×10^3	过滤后浅黄色透明溶液	1.63×10^3	/	/	/	/	泵送 905 污水收集池
		淡蓝色乳状浑浊液体	10.43	2.06×10^2		/	1.16×10^3	5.38×10^3	12.35	0	泵送 905 污水收集池
		无色浑浊液体,有悬浮物	2.00	1.61×10^3		/	1.10×10^3	2.12×10^2	0	0.14	泵送 905 污水收集池
		灰色浑浊液体,有悬浮物,底部有黑色沉淀	10.10	4.73×10^2	过滤后无色透明溶液	7.79×10^2	/	/	/	/	泵送 905 污水收集池
			2.00	2.36×10^2		/	/	/	/	/	泵送 905 污水收集池
			1.71	2.28×10^2		/	/	/	/	/	泵送 905 污水收集池
			0.48	5.91×10^2		1.29×10^3	/	/	/	/	泵送 905 污水收集池
污水收集池		无色浑浊液体,有悬浮物	1.48	8.28×10^2		4.26×10^2	/	/	/	/	泵送总污水处理站

6.4.4.5 环境保护现状分析及治理对策

有机硅是甲烷氯化物的延伸加工品,是某集团近年来发展的新品种,25 kt/a 有机硅装置投入大、起点高,建设过程综合考虑了三废处理,配备了治理设施,每个工段的废水全部进污水池,各工段污水送污水处理工段集中进行中和、隔油、沉降等预处理。但有机硅厂目前生产很不稳定,还处在调试整改阶段,现场盐酸腐蚀比较严重,经常清洗,废水量很大。废水处理与生产不协调,存在以下问题:

① 402 工段清水池不清洁,泄漏出来的物料进入其中,循环水被污染,有时压缩机和换热器流出的冷却水水量太大,而输送泵来不及输送,冷却水溢流到地沟。

② 402 工段污水池收集尾气洗涤水、泄漏水、地沟水、雨水,但污水泵长期未开,地沟和清净下水道之间闸口全开,污水经地沟全部流入清净下水道,流量达 8~15 t/h。

③ 901 工段冲渣水量很大,瞬时最大流量超过 20 t/h,渣水内含有硅粉、碳粉、硅油和铜锌催化剂等污染物,呈黑色,在污水池(C4-02)沉降后呈浅蓝色,用泵送往 905 工段,因水量太大冲渣水有时直接排入清净下水道。

氯碱厂废水污染源样品分析汇总如表 6-4 所示。

④ 902 工段排放碱洗废水,该废水应呈碱性,但通过污水池(C4-03)取样分析,废水呈酸性,表面有一层硅油,估计是泄漏的硅烷遇水分解,生成 HCl 和硅氧烷所致,部分冷却水和蒸汽冷凝液进入地沟,导致水量增加,废水量高达 180 t/d。

⑤ 903 工段水解、裂解釜经常用水冲洗,水量为 160 t/d,水解釜含大量盐酸,废水应呈酸性;裂解釜为硅醇钾盐溶解水,废水应呈碱性,现经取样分析,废水酸度很大,估计是盐酸泄漏或硅烷水解所致。

⑥ 如果各污水池内废水全部送入 905 工段总污水池,总量高达 858 t/d,905 工段废水泵输送能力仅 15 t/h,不能满足需求,目前废水流失量很大。

有机硅厂的环保设施正在经受严峻考验,当务之急首先是稳定工艺、稳定生产。其次是要大幅度减少清净水的流失,流入地沟的机泵冷却水、蒸汽冷凝液要回收。最后是真正做到清污分流,禁止向清净下水道排放污水。

6.4.5 氟材料厂

6.4.5.1 简介

氟材料厂有聚四氟乙烯(PTFE,悬浮聚合)、偏氟乙烯(VDF)、氟橡胶(FKM)三套装置,规模分别为 3 kt/a、1 kt/a、1.5 kt/a。1 500 t/a 聚四氟乙烯(PTFE,乳液聚合)装置目前处于停车改造状态。

6.4.5.2 反应方程式

(1) PTFE

$$n\text{CF}_2{=}\text{CF}_2 \xrightarrow{\text{聚合}} \left[\text{CF}_2\text{—CF}_2\right]_n$$

表 6-4 氯碱厂废水污染源样品分析汇总

废水名称	外观	pH	水温(℃)	COD$_{cr}$(mg/L)	色度	Cl$^-$(mg/L)	全盐量(mg/L)	处理现状
地沟水	无色透明液体	7.95	26.2	1.16×10^2		1.23×10^3	2.00×10^3	流入清净下水道
污水池	无色洋浊液体,静置少量沉淀	11.05	24.1	5.17×10^3		5.02×10^4	1.71×10^5	流入清净下水道
地沟水		6.70	/	2.74×10^2		3.21×10^3	/	流入清净下水道
化盐α-纤维素管反洗水		7.87	42.2	/		TOC:2.49		流入清净下水道
树脂再生水		/	/	/		/	/	返回化盐
化盐α-纤维素管反洗水		/	/	/		/	/	头尾返回化盐
树脂再生水		/	/	/		/	/	返回化盐
污水池	无色洋浊液体,静置少量淡黄色沉淀	12.38	26.8	3.02×10^2		4.08×10^3	5.62×10^4	头尾返回化盐
IM 淡盐水脱氯		9.03	50.0	20.00	过滤后无色透明	/	/	泵送总污水站
IM 电解和氢气洗涤		9.80	55.0	24.00		1.75×10^2	1.00×10^2	
DM 氯处理	无色洋浊液体,静置少量沉淀	9.53	32.6					
石棉修槽三级沉淀		11.91	27.1	6.25×10^2		4.02×10^2	8.00×10^2	
DM 电解及氯气水封水		5.70	29.3	/		7.00×10^3	2.92×10^4	
氢气换热排水		10.80	71.8	/		/	/	
氯气液化和汽化地沟水	无色洋浊液体,静置少量沉淀	7.84	25.6	/		/	/	流入清净下水道
污水池		11.91	36.4	63.10		5.66×10^3	4.90×10^3	
循环冷却水	无色透明液体	9.20	26.0	/		/	/	
污水池		6.70	27.3	32.00		/	/	
H$_2$ 罐水封溢流		8.60	24.4	/		2.18×10^2	8.00×10^2	
地沟水	无色洋浊液体,静置少量沉淀	12.34	24.9	1.57×10^2		/	/	

第六章 典型工业集中区水污染物特点

续表

废水名称	外观	水质 pH	水温(℃)	COD_{Cr} (mg/L)	色度	Cl^- (mg/L)	全盐量 (mg/L)	处理现状
反渗透排水	/	8.07	25.9	/		/	/	流入清净下水道
废水池	无色浑浊液体，静置少量沉淀	1.88	/	87.00	过滤后无色透明	$9.59×10^2$	$1.56×10^5$	送污水总站调酸
		10.28	30.9	33.10		$9.31×10^4$	$1.90×10^3$	送污水处理站
总污水池		2.20	/	$1.42×10^3$		$1.59×10^4$	$4.12×10^4$	送污水处理站
		8.20	/	$3.40×10^2$		$3.60×10^3$	TOC:14.12	泵送总污水站
*罐内水	浅黄色透明液体	1.82	27.9	$7.41×10^2$		$5.38×10^3$	$8.80×10^3$	泵送总污水站
*罐进水口		1.72	32.9	$3.27×10^3$		$3.38×10^4$	$6.17×10^4$	泵送总污水站

* 注：上表中公司污水处理站储罐废水包括氯碱厂和有机硅厂废水，取样当天有机硅未送废水进站。

(2) VDF

$$CH_3-CClF_2 \longrightarrow CH_2=CF_2+HCl$$

(3) FKM

$$CH_2=CF_2+CF_3-CF=CF_2 \xrightarrow{聚合} FKM$$

6.4.5.3 反应工艺流程及排污节点分析

1. 聚四氟乙烯(PTFE,悬浮聚合)生产装置

(1) 工艺流程图(图 6-44)

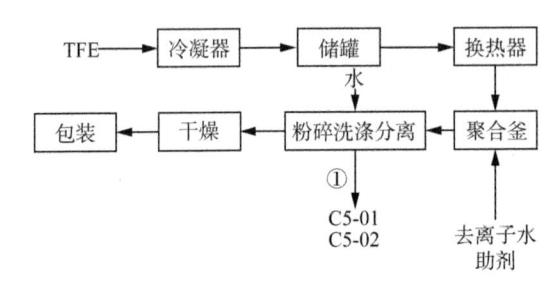

图 6-44 聚四氟(乙烯)工艺流程图

(2) 废水来源

① 洗涤废水:该生产装置废水主要为粉碎洗涤分离过程产生的废水,总量为 150~200 t/d,其中母液和前期洗水作为废水送污水池,水量约为 100 t/d,可能含有的污染物有 F^-、助剂、聚四氟乙烯、Fe 离子等;后期洗水过滤去掉聚四氟乙烯后由于水质较好,作为循环冷却水回用。

② 地沟水:主要为生产过程中的泄漏、检修和地面冲洗水,产生量约为 4 t/d,可能含有的污染物有 PTFE、助剂等。

2. VDF(偏氟乙烯)生产装置

(1) 工艺流程图(图 6-45)

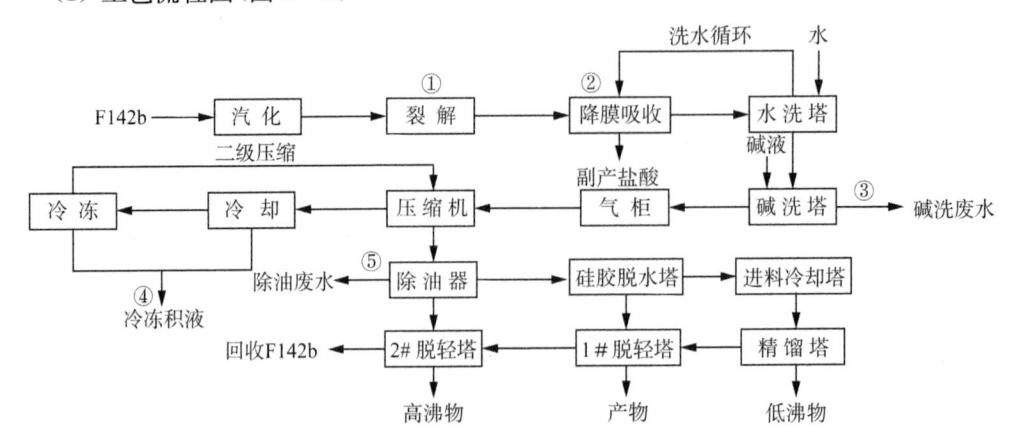

图 6-45 VDF 工艺流程图

(2) 废水来源

① 裂解炉清洗水：每月停车清洗1次，产生量约2 t/次，废水经地沟流入污水池，可能含有的污染物有碳粉、HCl、F142b等。

② 降膜吸收器清洗水：每月停车清洗1次，清洗水量约2 t/次，废水经地沟流入污水池，可能含有的污染物有碳粉、F142b、HCl等。

③ 碱洗废水：利用碱液循环吸收产生的盐酸尾气，接近中性后排放，2次/月，4 t/次，废水流入污水池，可能含有的污染物有NaOH、NaCl等。

④ 冷却、冷冻废水：一级压缩后排放的冷凝液，1次/d，100 kg/次，废水经地沟排入污水池，可能含有的污染物有氟化物、机油等。

⑤ 除油废水：每月停车利用蒸汽吹洗产生的废水，产生量约0.5 t/次，经地沟排入污水池，可能含有的污染物为氟化物、机油等。

⑥ 地沟水：主要为泄漏、检维修和地面冲洗水（约1次/周，4 t/次），少量蒸汽冷凝水等，合计约1.5 t/h。

VDF装置污水池内废水用泵送至氟单体厂的总污水池。

3. FKM（氟橡胶）生产装置

(1) 工艺流程图（图6-46）

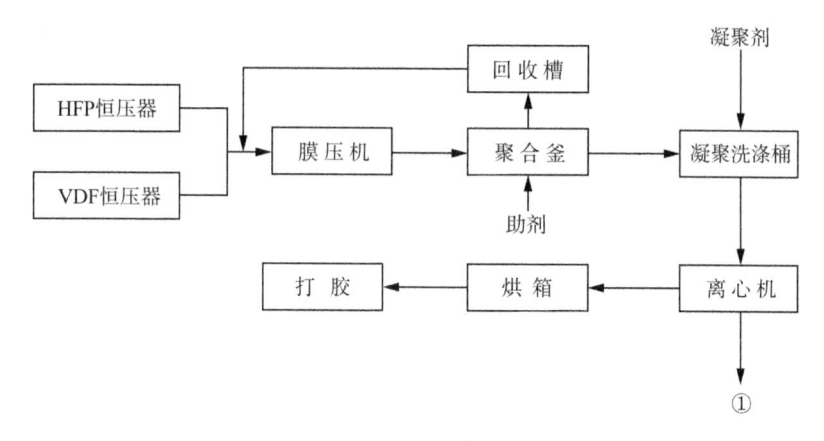

图6-46　FKM工艺流程图

(2) 废水来源

① 装置离心水：FKM生产过程中产生装置离心母液和洗涤水。该水产生量约为100 t/d，分析数据表明，该水水质较好，因此目前送凉水塔作为循环冷却水补水用。

② 地沟水：主要为泄漏、检维修及地面冲洗水及少量蒸汽冷凝液，废水产生量约为2 t/h，目前通过地沟流入VDF装置污水池。

6.4.5.4　废水样品分析汇总结果

氟材料厂废水污染源样品分析汇总如表6-5所示。

表 6-5 氟材料厂废水污染源样品分析汇总

废水名称	外观	水质 pH	水温 (℃)	COD_{cr} (mg/L)	色度	Cl^- (mg/L)	F^- (mg/L)	处理现状
粉碎洗涤废水	无色液体,液面有白色固体粉末	4.36	/	23.94	过滤后无色透明	/	1.42	过滤后回用
装置洗涤母液	无色液体,液面有大量白色固体粉末	5.57	/	27.90		/	1.85	泵送污水池 C2-21
污水池废水	无色液体,存在液面浮油	7.22	/	56.00		/	4.21	泵送总污水站
		11.53	/	/		$5.21×10^2$	/	
离心回用水	无色透明液体	4.22	53.4	59.16		/	9.40	回用
*氟化物储罐内废水	灰色浑浊液	12.30	/	57.14		$3.28×10^2$	$4.25×10^2$	泵送总污水站
*氟化物储罐出口管废水		12.28	/	63.49		$3.04×10^2$	$4.49×10^2$	泵送总污水站

* 注:上表氟化物储罐废水包括氟材料厂和氟单体厂 TFE、HFP、F125、氟化物残液焚烧的废水。

6.4.5.5 环境保护现状分析及治理对策

关于氟材料厂的废水管理规范,工艺废水、泄漏水、设备清洗和地面冲洗水均进入污水池,水质较好的离心洗水用作循环水的补充水,真正实现了清污分流,无组织排放现象较少。目前的废水处理方式和现场管理基本能满足环保要求。

但现状还存在一些问题,比如氟单体和氟材料厂配套的纯水、空压制冷站目前管理职责不明确,纯水站离子交换树脂再生水(2次/月,废水量8 t/次),空压站、冷冻站检维修产生的含油废水尚未处理,需明确责任、完善治理。PTFE、VDF聚合离心母液与洗涤水虽pH<5,但仍有少量盐类,当回用于循环水时可缓解对碳钢设备造成腐蚀。需要在使用前进行挂片试验,如发现腐蚀,需谨慎使用。

6.4.6 苯胺公司

6.4.6.1 简介

某公司有苯胺、乙炔、VCM、PVC、F32、F152a装置,规模分别为20 kt/a、20 kt/a、40 kt/a、40 kt/a、10 kt/a、5 kt/a。

6.4.6.2 反应方程式

(1) 苯胺

$$C_6H_6 + HNO_3 \xrightarrow{H_2SO_4} C_6H_5NO_2 + H_2O$$

$$C_6H_5NO_2 + 3H_2 \xrightarrow{Cu} C_6H_5NH_2 + 2H_2O$$

(2) 乙炔

$$CaC_2 + 2H_2O \xrightarrow{Cu/SiO_2} CH\equiv CH + Ca(OH)_2$$

(3) VCM

$$C_2H_2 + HCl \longrightarrow CH_2CHCl$$

(4) PVC

$$n CH_2CHCl \xrightarrow{Cat} \text{─}[CH_2\text{─}CHCl]_n\text{─}$$

(5) F32

$$CH_2Cl_2 + HF \xrightarrow{Cat} CH_2ClF + HCl$$

$$CH_2ClF + HF \xrightarrow{Cat} CH_2F_2 + HCl$$

(6) F152a

$$C_2H_2 + 2HF \xrightarrow{Cat} CH_3-CHF_2$$

6.4.6.3 生产工艺流程及排污节点分析

1. 苯胺生产装置

(1) 工艺流程图(图6-47)

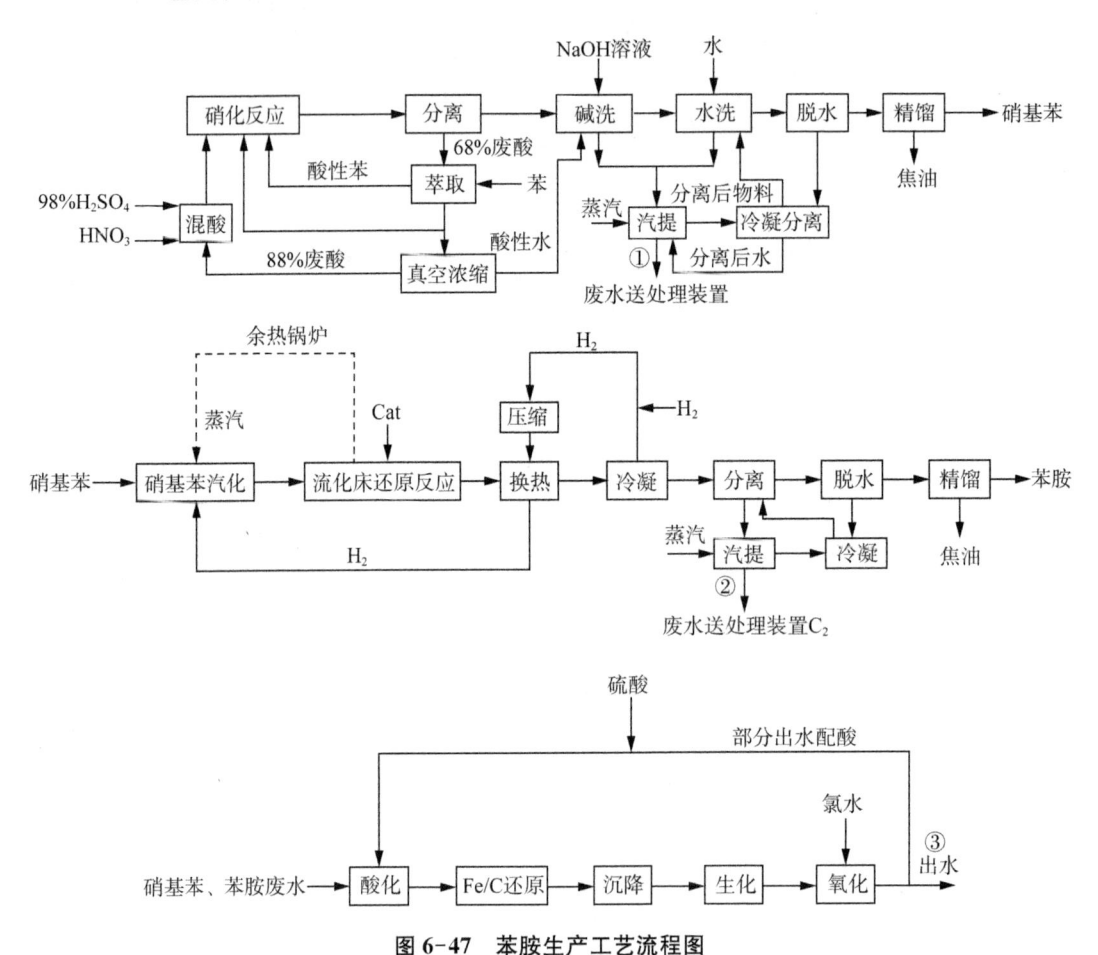

图6-47 苯胺生产工艺流程图

(2) 废水来源

① 硝基苯废水：为硝基苯生产时碱洗、水洗环节经汽提后产生的废水，可能含有的污染物有硝基苯、硝基酚盐、NaOH、Na_2SO_4等，每1 t硝基苯产生1.2 t废水，产生量约为120 t/d，由硝基苯废水罐送往苯胺污水处理装置。

② 苯胺废水：为苯胺生产时经冷凝分离、汽提后产生的废水，可能含有的污染物有苯胺类有机物等，每1 t苯胺产生废水0.4 t，产生量约为26 t/d，由苯胺废水罐送往苯胺污水

处理装置。

③ 污水处理装置出水:硝基苯废水和苯胺废水先酸化调节 pH,后经 Fe/C 还原、生化、氯水氧化后排放。其中在氯水氧化工段加入氯水(来自 IM 电解氯气洗涤水)3 t/h,最终日排放废水量 218 t。废水中可能含有的污染物有硝基苯类、苯胺类、硫酸钠等。

④ 硝酸罐区废水:硝酸罐区利用水喷射泵吸收硝酸尾气时产生的废水,约 48 t/d,硝酸输送泵冷却和地面清洗水约 36 t/d,合计 84 t/d,可能含有的污染物有硝酸等,该废水目前直接流入下水道至总排口。

⑤ 苯储罐、苯胺分离装置喷淋水:苯储罐和苯胺分离装置外表面冷却降温喷淋水 72 t/d(冬天不需要进行冷却),经地沟流入下水道至总排口。

⑥ 地沟水:苯胺装置泄漏水、检维修、地面冲洗水进入污水池水量为 2 t/d,可能含有的污染物有硝基苯、苯胺、苯、酸、碱等,污水池的输送泵未开,污水经地沟流入下水道至总排口。

2. 乙炔、VCM、PVC 合成装置

(1) 工艺流程图

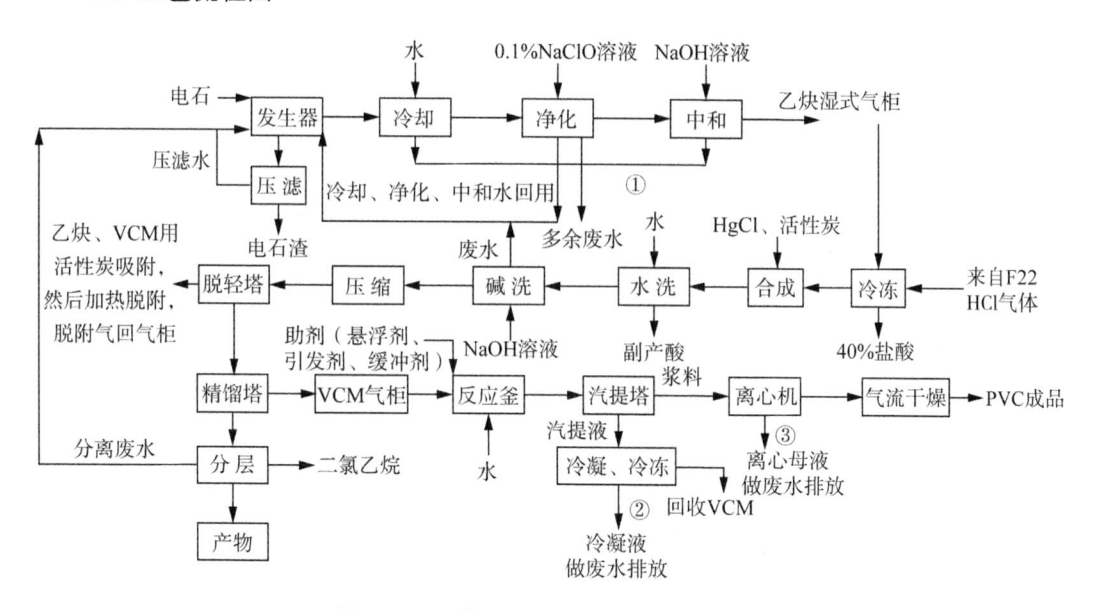

图 6-48　乙炔、VCM、PVC 合成工艺流程图

(2) 废水来源

① 乙炔气净化废水:利用 NaClO 净化乙炔气过程中,产生多余废水,产生量为 120 t/d,通过地沟流入下水道至总排口。可能含有的污染物有乙炔、NaClO、NaCl 等化合物。

② 汽提废水:PVC 生产中汽提塔冷凝液进污水池,水量约为 60 t/d,流入下水道至总排口,可能含有的污染物有 VCM、PVC 等。

③ VCM 离心母液:PVC 生产过程中,产生浆料离心母液约 408 t/d,废水进污水池,流入下水道至总排口,可能含有的污染物有 VCM、PVC 等。

④ 地沟水:主要为生产过程中的泄漏、检修和地面冲洗水,产生量约为 4 t/d,流入下水道至总排口,可能含有的污染物有 VCM、PVC 等。

3. F32生产装置

(1) 工艺流程图(图6-49)

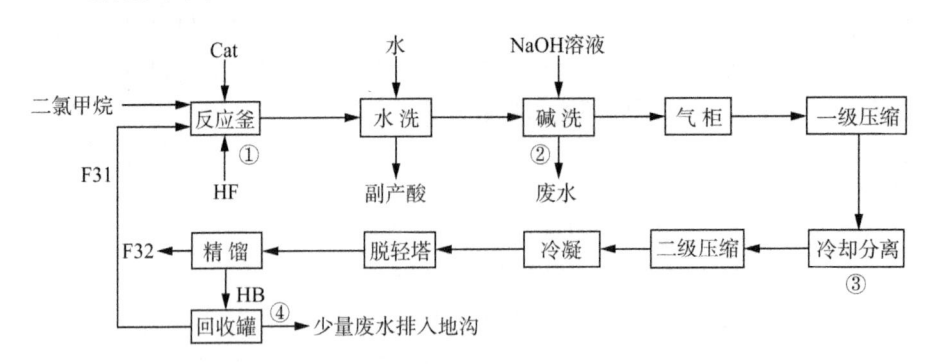

图6-49 F32生产工艺流程图

(2) 废水来源

① 反应釜清洗水:反应装置定期更换催化剂、定期进行清洗,所产清洗废水用槽车间歇送往F152a碱洗池。废水产生量和频率为8 t/次、2次/a,可能含有的污染物有:F31、F32、NaF、NaCl、$SbCl_5$、CH_2Cl_2、$SbCl_5$衍生物等。

② 碱洗废水:为了除去剩余的HCl、HF气体,利用NaOH进行碱洗处理,碱液在塔内循环使用,直至不能满足要求时排放,重新配碱。废水产生量约1 t/d,废水暂时进地沟,流入下水道至总排口。可能含有的污染物有F31、F32、NaF、NaCl、CH_2Cl_2等。

③ 冷却分离废水:循环水、冷冻水冷却过程中会在冷却器底部形成积液,产生的积液进入积液罐不定期排放。产生量100 kg/d,废水暂时进地沟,流入下水道至总排口。可能含有的物质有F31、F32、NaF、NaCl、CH_2Cl_2等。

④ 精馏塔排残:间歇排放精馏塔釜内的残液,排放量为50 kg/d,废水暂时进地沟,流入下水道至总排口。可能含有的污染物有F31、F32、NaF、NaCl、CH_2Cl_2等。

⑤ 地沟水:蒸汽冷凝液、部分机泵冷却水、地面冲洗、泄漏、检维修废水等,水量较大,约为8 t/h,流入下水道至总排口。可能含有的物质有F31、F32、NaF、NaCl、CH_2Cl_2等。

⑥ 酸储槽废水:副产盐酸、原料氢氟酸罐区地面冲洗水、部分机泵冷却水,产生量3 t/h,废水暂时进地沟,流入下水道至总排口。可能含有的污染物有HCl、HF、F32等。

4. F152a生产装置

(1) 工艺流程图(图6-50)

(2) 废水来源

① 反应釜清洗水:反应装置定期更换催化剂、定期进行清洗,产生清洗废水经地沟排入污水池。废水产生量和频率为8 t/次、2次/a,可能含有的污染物有F152a、HF、Cat等。

② 碱洗废水:为了除去剩余的HCl、HF气体,利用NaOH进行碱洗处理,碱液在塔内循环使用,直至不能满足要求时排放,重新配碱。可能含有的污染物有F152a、NaF、Cat等,废水排入污水池。

③ 冷却分离废水:循环水、冷冻水冷却过程中会在冷却器底部形成积液,产生的积液进入积液罐不定期排放。可能含有的污染物有F152a、NaF、Cat等,废水经地沟排入污

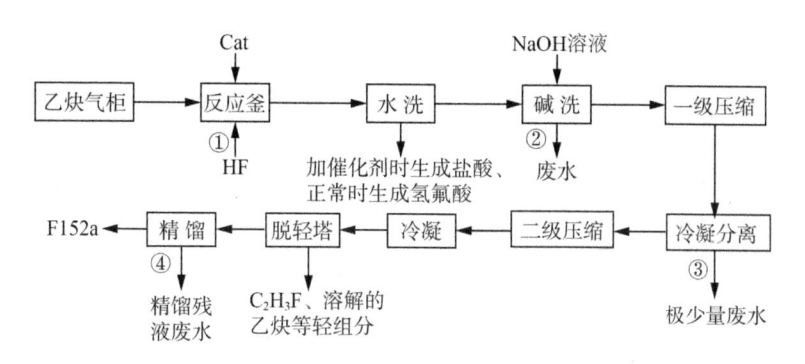

```
乙炔气柜 → 反应釜① ← HF(Cat) → 水洗(加催化剂时生成盐酸、正常时生成氢氟酸) → 碱洗②(NaOH溶液, 废水) → 一级压缩
F152a ← 精馏④(精馏残液废水) ← 脱轻塔(C₂H₃F、溶解的乙炔等轻组分) ← 冷凝 ← 二级压缩 ← 冷凝分离③(极少量废水)
```

图6-50　F152a生产工艺流程图

水池。

④ 精馏塔排残：间歇排放精馏塔釜内的残液，可能含有的污染物有 F152a、NaF、Cat 等，废水经地沟排入污水池。

②、③、④废水总产生量约 10 t/d。污水池和地沟相连，污水池输送泵未开，污水经地沟流入下水道至总排口。

⑤ 地沟水：蒸汽冷凝液、部分机泵冷却水、地面冲洗水、泄漏水、检维修废水等污水，水量较大，约为 8 t/h，入下水道至总排口。

6.4.6.4　废水样品分析汇总结果

某苯胺公司废水污染源样品分析汇总如表 6-6 所示。

6.4.6.5　环境保护现状分析及治理对策

某苯胺公司的环境保护工作开展较好，创造了一些有自身特色的处理办法。硝基苯和苯胺废水先进行铁碳还原，难降解的硝基变成了易生化的氨基。在乙炔气的生产中创造性地将压滤、乙炔洗涤、氧化、中和、VCM碱洗、精馏废水和地沟水全部循环套用，仅排放少量 NaClO 洗涤废水，使得废水总排放量和COD大幅下降，乙炔气废水排放量为同行最小。

但该公司离达标排放还有差距，主要由于废水直接外排，且排放的废水多项指标未达排放标准。例如苯胺废水尽管经铁碳还原和生化后又用氯水氧化，但排放废水的外观、pH、COD 不合格；乙炔装置排放的废水 COD 超过 800 mg/L；PVC 聚合离心母液的COD、F32 和 F152a 碱洗水，以及 F32 地沟水中的氟离子浓度均超标，这些不合格的废水都经过地沟直接排出。

建议该公司的废水分两路送集团公司污水处理站，一路将 F152a、F32 的废水送入氟单体(HF/F22)储罐，另一路将 PVC、苯胺废水送入氯碱或甲烷氯化物储罐。该公司的废水并入公司污水处理站经二级处理后达标排放。

该苯胺公司各装置的废水预处理还应做好以下工作：

① 苯胺废水处理要完善铁泥、生化污泥沉降和外排。如果苯胺废水送公司污水处理站，建议取消氯水氧化，含有过量氯水的废水有毒杀细菌的作用，不利于二级生化处理。氯水可用于公司污水处理站总出水的脱色和消毒。

表 6-6 某苯胺公司废水污染源样品分析汇总

废水名称	外观	pH	COD$_{cr}$ (mg/L)	色度	F$^-$ (mg/L)	Cl$^-$ (mg/L)	硝基苯 (mg/L)	苯胺 (mg/L)	处理现状
硝酸罐尾气吸收	无色透明液体	2.17	15.87	/	/	/	/	/	/
苯罐、苯胺分离装置冷却水	无色透明液体	7.82	55.60	/	/	/	/	/	流入清净下水道
地沟水	黄色浑浊液体	4.68	4.72×10^2	过滤后黄色透明液	/	/	/	/	/
硝基苯废水	棕红色浑浊油液体	10.35	1.35×10^3	/	/	/	1.50×10^2	0	/
		10.50	2.38×10^3	/	/	/	1.58×10^2	0	/
苯胺废水	棕色浑浊液体	7.31	8.21×10^2	/	/	/	91.74	17.09	泵送污水收集池
生化出水	黄色浑浊液体	6.40	2.48×10^2	/	/	/	0	0.30	/
生化+氧化出水	黄色浑浊液体,底部有棕红色沉淀	2.91	2.14×10^2	/	/	5.69×10^2	0	1.06	/
乙炔 NaClO 清洗水	无色透明液体	4.21	8.93×10^2	过滤后浓黑色浑浊液体	/	8.05×10^2	/	/	泵送总排口
VCM 精馏废水	墨绿色浑浊液体	2.26	30.95	/	/	3.84×10^2	/	/	/
PVC 汽提冷凝水+地沟水	无色浑浊液体	7.84	51.58	/	/	/	/	/	流入清净下水道
PVC 离心母液	无色浑浊液体	7.07	1.27×10^2	/	/	8.98×10^2	/	/	泵送总排口
污水池	黄色透明液体,有黑色块状物	12.75	1.43×10^3	过滤后淡黄色透明液体	9.98×10^4	6.63×10^2	/	/	/
碱洗水	橘黄色浑浊液体	12.79	4.68×10^3	过滤后浓黄色浑浊液体	6.08×10^4	4.09×10^4	/	/	/
		12.80	1.15×10^3		5.90×10^2				
总排口	黄色浑浊液体,底部有黄色沉淀	3.94	18.25	过滤后无色透明液体	3.32	3.03×10^2	/	/	/

② 苯胺装置区内的硝酸尾气宜用水循环吸收,吸收液不外排,可作为酸化剂送往废水酸化工序。

③ F32、F152a 装置的机泵冷却水、蒸汽冷凝液可进行回收,不要直接排入地沟,以减少废水量。而这些装置的设备清洗、地面冲洗水要经地沟进入污水池,真正做到清污分流。

第七章

工业园区污水处理工程设计实例

7.1 技术路线

7.1.1 规模论证

工业园区污水处理厂的污水来源主要包括企业的生产废水及生活污水、企业的清净下水、园区配套生活区的生活污水等。园区企业排放的生产废水是园区的主要污水来源，因此需对其水量和排放规律进行详细调研。对于现状园区，可针对各个企业的实际生产及污水排放情况进行分析，核算排污系数，同时结合未来园区的规划发展情况，预测该园区的总污水量。对于规划园区，可结合同类型园区的情况，预测规划面积范围内的污水量增长情况，统筹考虑园区污水厂的近远期规模。一般而言，园区依靠几家龙头企业形成相关产业链或集群，故对龙头企业的工业废水排放情况调研及预测极为重要，通常可以参考其项目前期的可研报告、环评文件、排污许可证等，并辅以类似生产企业的调研情况来综合确定。

此外，考虑企业废水排放多为间歇排放，并且可能根据其行业类型存在淡旺季，因此必须充分调研园区内各企业的生产和废水排放规律，以合理考虑园区污水收集处理系统的建设规模。

7.1.2 设计进出水水质确定

（1）设计进水水质

与城镇生活污水不同，不同行业类型的园区工业废水水质千差万别，如化学工业、纺织染整、电子光伏、食品加工等，均存在较大差异，其与企业生产产品的原材料及生产工艺等有关。

一般而言，园区污水处理厂上游的各企业已在企业内部对生产废水经过了预处理，污染物指标达到对应行业的间接排放标准后进行排放，故设计进水水质可结合主要排水企业环评报告中的废水排放水质及园区所属行业的间接排放标准等综合考虑确定。对于现状园区,可针对主要企业进行调研及取样分析等获取更为准确的参考信息。

由于园区企业废水水量、水质存在波动,且园区招商引资也存在一定发展过程,故需要考虑园区发展全周期的水量水质情况,根据重点排水户的排污强度,确定合适的设计进水水质。

(2) 设计出水水质

园区污水处理厂设计出水水质一般由环评报告及入河排污口设置论证报告确定。目前考虑到区域环境容量有限,各地对于工业废水处理要求越来越高,园区污水厂已不仅需满足行业污水处理排放标准,还对主要污染指标及个别特征污染物有更严格的要求。

在园区污水处理厂设计中,除了列出常规污染物指标去除要求外,对进出水中的特征污染物浓度也要加以限定,并在设计过程中考虑对其有效去除。

7.1.3 集中处理工艺流程的选择

(1) 收集与调节

即便是同一个园区内的企业,由于各家企业原材料及生产工艺的不同,所排放的废水也有较大差异,故为了便于后续的分质处理,在前端废水收集过程中就需要进行分类收集。针对水量较大、存在较难处理的特征污染物的废水可以采用专管专送,并根据污染物特征在厂内分设多个进水调节池,以承接不同类型的来水。

设计中,除了列出常规污染物指标去除要求外,对进出水中的特征污染物浓度也要加以限定,并在设计过程中考虑对其有效去除。

在建设调节池时,一般还需同步考虑厂区事故应急系统的设计,事故应急系统一般包括进水事故应急和出水事故应急系统。当进水监测存在严重超标对后续处理工段造成可能影响时,将来水输送至事故应急池暂存,同时对前端来水进行管控;当出水水质超标时,关闭出水闸门,将出水输送至事故应急池暂存,然后针对超标因子类型,将污水输送至相应的处理单元。

(2) 预处理工艺

根据企业来水特点,在厂区内可针对性设置预处理工段,用以对部分来水或全部来水进行预处理。如化工园区会针对高难废水进行分质预处理,其重点在于实现来水可生化性的提高和毒性的削减,减少对生化系统的冲击负荷,并最终提升出水水质;而对电子园区部分来水含有重金属的情况,也会在前端设置混凝沉淀池等分质预处理单元,针对性去除重金属离子。目前常用的预处理技术主要有混凝沉淀、高级氧化、水解酸化等。

在很多工程案例中,预处理的好坏实质性地影响着整个系统的处理效果。特别是污水处理系统中进水污染物浓度较高时,大部分污染物往往是在预处理单元中得到去除,再由后续的生化及深度处理系统进一步处理。此外,由于企业内已对工业废水进行了相关预处理,来水中可生化性物质基本反应殆尽,可生化性亟须提高,因此一般园区污水处理厂会设置水解酸化池,以提高可生化性并对来水水质进行缓冲。

(3) 二级处理工艺

工业废水中所含的污染物质主要以有机污染最为突出,目前普遍采用二级生物处理工艺,如活性污泥法的 A/O 工艺及其各类变形工艺、MBR 工艺、各类氧化沟工艺,以及生物膜法的曝气生物滤池、接触氧化池工艺等。目前活性污泥法占有绝对优势,采用生物膜法工艺的工业废水处理厂相对较少。

工业废水预处理及深度处理工艺单元相对完备,混凝沉淀等单元对总磷去除亦有保障,因此当进水总磷不高时,二级处理工艺可不考虑除磷功能,而选择具有良好脱氮功能的 A/O 生物处理工艺。

(4) 深度处理工艺

工业废水的进水成分复杂,水质和水量波动较大,可生化性差,要达到规定排放标准,在二级处理比较完善和运行良好的情况下,后续主要需要对 COD 和悬浮物等指标进行深度处理。常用的深度处理工艺主要有混凝沉淀、过滤、高级氧化、吸附工艺等。其中高级氧化是园区污水处理厂一般必备的处理工段。

在二级处理出水中残留的有机物基本都是难生化降解的有机物,若需要进一步去除,往往采用高级氧化的处理工艺。高级氧化工艺主要指利用游离羟基作为强氧化剂,破坏常规氧化剂不能氧化的化合物。可以对难生化降解的有机物进行断链,使其氧化分解或成为小分子的较易生物降解的有机物。具体工艺有臭氧氧化、Fenton 试剂氧化、光催化氧化等。高级氧化可单独使用,也可配合 BAF、BAC 等生化处理工艺,使污染物得到进一步的降解。

(5) 全厂设计

厂区总平面布置应当有明确的功能分区,构筑物布置紧凑,减少占地面积,可考虑上下叠池或组合建设。具体应根据城市主导风向、进水方向、排放水体、工艺流程特点及厂址地形、地质条件等因素进行布置,既要考虑流程合理、管理方便、经济实用,还要考虑建筑造型、厂区绿化及周围环境相协调等因素。

工业园区污水处理厂设计应充分结合园区实际情况,充分考虑中水回用,减少污水、臭气、废渣、污泥等污染物的排放,减少对周围环境的影响,同时在面积较大的池面及屋面考虑太阳能光伏设施的应用,体现循环经济、清洁生产的理念,打造绿色低碳污水处理厂。

7.2 化工园区污水处理工程设计

案例一 盐城某化工园区污水处理厂一级 A 提标改造工程

1. 概述

1.1 项目概况

1.1.1 项目建设地点

项目建设地点:江苏省某新材料产业园某公司预留用地内。

1.1.2 项目建设背景

根据产业园污水处理的需求,江苏联合公司设计在某新材料产业园南区建设污水处理厂(一期),建设规模为 2 万 t/d,项目于 2007 年 9 月经原盐城市环保局审批同意建设(盐环管〔2007〕48 号),并于当年建成,2009 年和 2010 年经当地原环保局批准后进行了改造和变更,于 2011 年 3 月经原盐城市环境环保局核准后同意试运行。为满足新增污水量的处理要求,2012年经属地原市环保局审批同意在污水厂预留地上扩建一套污水处理设施(二期),规模为2万t/d,并于2013年7月开始进行试生产。2014年经批准后进行技改并于当年开始进行试生产。于2016年5月19日完成二期项目验收(大环验〔2016〕21号)。

1.2 项目建设的必要性

根据《省政府办公厅关于印发全省沿海化工园区(集中区)整治工作方案的通知》(苏政办发〔2018〕46号)、《盐城市人民政府办公室关于印发全市化工园区整治工作实施方案的通知》(盐政办发〔2018〕46号)、《关于印发某区化工园区整治工作实施方案的通知》(大政办发〔2018〕66号)等文件精神,2019年8月起,某新材料产业园集中污水处理厂主要水污染物(主要污染物为COD、氨氮、总氮、总磷)排放执行《城镇污水处理厂污染物排放标准》(GB 18918—2002)中一级A标准。因此有必要对该有限公司进行一级A提标改造工程。

1.3 编制依据

(1)《省政府关于印发江苏省水污染防治工作方案的通知》(苏政发〔2015〕175号);

(2)《省政府办公厅关于印发全省沿海化工园区(集中区)整治工作方案的通知》(苏政办发〔2018〕46号);

(3)《盐城市人民政府办公室关于印发全市化工园区整治工作实施方案的通知》(盐政办发〔2018〕46号);

(4)《关于印发某区化工园区整治工作实施方案的通知》(大政办发〔2018〕66号);

(5)《某公司2万吨/日污水处理二期扩建工程项目可行性研究报告》;

(6)《某公司2万吨/日污水处理二期扩建工程项目环境影响评价报告(送审稿)》;

(7)污水厂运行数据资料;

(8)国家和地方相关法律法规;

(9)业主提供的其他资料。

1.4 编制原则

在《某区总体规划(2014—2030)》指导下,根据污水处理厂处理规模和尾水排放的要求,合理确定本次工程的规模及处理程度,与一、二期已建工程相匹配,使工程建设与城市的发展相协调,保护城市水体和环境,最大程度地发挥工程效益。

1.5 编制范围

(1)合同(或协议书)中所规定的范围;

(2)经双方商定的有关内容和范围。

编制范围:污水厂的提标改造工程。原出水标准水质采用《化学工业主要水污染物排放标准》(DB 32/939—2006)中一级标准。提标后出水水质采用《城镇污水处理厂污染物排放标准》(GB 18918—2002)中一级A标准。

主要内容:

① 提标改造规模为4.0万 m^3/d;

② 对工程提标改造工艺方案进行论证、设计和分析。

1.6 区域概况

1.6.1 地理位置

某市位于江苏省中部,盐城市东南,东濒黄海,南与东台市接壤,西与兴化市毗邻,北与盐都、射阳二县隔水交界。××是江苏中部唯一的出海大通道,目前已建成一类开放口岸——某港,是江苏省委、省政府重点建设的深水海港之一。某港经济区石化工业园位于某港经济区东南部。规划范围为:东至石化码头,南至横十五路、西至日月湖大道,北至南港路。拟建项目位于某港经济区石化工业园东南部位置,海港复河与横十五路交叉口的西北角。

1.6.2 地质、地貌

某港所在区域为滨海平原地区,工程地质岩组划分属滨海海积平原松散岩组,地表为灰黄色亚砂土,结构松散、压缩性小、含盐量高,再往下为厚层的亚黏土层或亚砂土。水文地质条件简单,地下水的赋存受地层、岩性及微地貌控制,类型属于松散岩类孔隙水,其中浅层水水质较咸,矿化度高,无供水意义,深层水水质微咸,矿化度由深至浅渐为淡水。海底沉积物分布均匀,王港河口因位于辐射沙洲区域,水动力条件极为活跃,深槽及水下沙脊大面积分布着细沙,西洋深槽向岸则主要是沙脊粉砂、粉砂和黏土质粉砂,具有典型的潮流沙特征。

1.6.3 气候、气象

某地区属北亚热带季风气候区,四季分明,寒暑显著,阳光充足,雨水充沛。由于某所处的地理位置,使其每年夏秋季节易受到台风的侵袭,从而引起风暴等灾害。

根据某气象站近20年(1989—2008年)部分常规气象观测资料进行统计,具体见表1.6.3-1～1.6.3-3。

表1.6.3-1 近20年基本气象要素统计

年平均风速(m/s)	3.77
最大风速(m/s)	18.0(1995年5月13日)
年平均气温(℃)	14.6
极端最高气温(℃)	38.4(2003年8月2日)
极端最低气温(℃)	−11.2(1990年2月1日)
年平均相对湿度(%)	79
年均降水量(mm)	1 083.8
降水量极大值(mm)	1 718.6(1991年)
降水量极小值(mm)	624.3(1995年)

表1.6.3-2 近20年月平均风温

月份	1	2	3	4	5	6	7	8	9	10	11	12
风速(m/s)	3.1	3.3	3.6	3.5	3.2	3.1	2.9	2.9	2.7	2.5	2.9	3.0
气温(℃)	1.9	3.6	7.7	13.5	18.8	23.1	26.8	26.4	22.4	16.6	10.4	4.3

表1.6.3-3 某市近20年四季及全年地面风频 (%)

	N	NNE	NE	ENE	E	ESE	SE	SSE	S	SSW	SW	WSW	W	WNW	NW	NNW	C
春	5	5	7	6	8	11	10	7	8	5	5	3	4	3	4	5	4

续表

	N	NNE	NE	ENE	E	ESE	SE	SSE	S	SSW	SW	WSW	W	WNW	NW	NNW	C
夏	3	4	7	8	12	13	11	8	7	4	4	3	2	2	3	3	6
秋	8	8	9	7	7	6	5	3	4	2	3	3	4	5	9	9	8
冬	8	8	7	5	6	3	5	3	4	3	3	3	4	4	11	11	5
全年	6	6	8	7	8	8	8	5	6	3	4	3	4	4	7	7	6

据某市气象站资料统计，某地区受台风侵袭频率平均为0.6次/a，多于7—9月发生，平均风力5~8级，阵风最大风速可达32 m/s，风向以NE和NNE为主；龙卷风发生频率平均为每三年发生一次。

2. 园区排水规划及现状

2.1 园区排水现状

2.1.1 污水排放现状

将规划范围内的污水排放单位划分为三大板块——工业园区、居住区和码头。各单位污水排放现状见表2.1.1-1。

表2.1.1-1 规划区各单位污水排放量现状表

序号	所属板块	单位名称	污水排放量(m^3/d)	污水去向
1	工业园区	农产品加工产业园	/*	/
2		石材产业园	/	/
3		海水淡化产业园	83.2	雨污合流
4		海晶工业园（北）	104	雨污合流
5		海晶工业园（南）	10.4	雨污合流
6		盐土大地农业科技园	993.2	雨污合流
7		黄海药谷园区	/	/
8		保税区物流园	/	/
9		造纸产业园（除博汇集团外）	/	/
10		某汇集团（含造纸、化工企业）	34 000	联合污水处理厂
11		木材产业园	416	雨污合流
12		重型装备产业园	/	/
13		特钢新材料产业园	102.4	循环利用
14		石化新材料产业园（除某集团外）	251	联合污水处理厂
15		石化物流园	52	雨污合流
16		华丰工业园	25 000	某污水处理厂
17	居住区	海港新城启动区	751.5	雨污合流
18		科教城	400	雨污合流

续表

序号	所属板块	单位名称	污水排放量(m^3/d)	污水去向
19	码头	通港大道以北码头(一期码头、三期粮食码头)	128	海域内排放
20		通港大道以南码头(二期码头、石化码头、大件码头、三期通用码头、通用码头内侧泊位)	384	海域内排放
合计	/	/	62 675.7	/

注:*表示园区暂无投产企业,无污水产生。

规划区内现状污水量约 6.27 万 t/a,除某集团废水和石化新材料产业园企业废水接管至联合水务污水处理厂、华丰工业园废水接管至丰港污水处理厂外,其他园区及居住区废水均通过雨水管网合流排放,码头废水在海域内排放。

2.1.2 污水处理设施现状

2.1.2.1 污水处理厂建设现状

目前规划范围内,已建污水处理厂共 2 座,分别为联合水务污水处理厂、某污水处理厂。联合水务污水处理厂位于特钢新材料产业园东南角,目前已建成两套污水处理装置,规模分别为 3.4 万 t/d 和 1.5 万 t/d,其中 3.4 万 t/d 部分用于接纳某汇集团污水,1.5 万 t/d 部分用于接纳石化新材料产业园的污水。丰港污水厂位于王港河以南、纬二路以北、华丰中心河以东,目前已建成 4.0 万 t/d 的污水处置规模,主要接收华丰工业园片区精细化工废水。

2.1.2.2 污水管网建设现状

规划范围内,石化新材料产业园、造纸产业园内的某汇集团和华丰工业园建有污水管网,主干管约 12.1 km,污水管网覆盖率仅 20.8%。

2.2 园区排水规划

2.2.1 污水量预测

根据预测,至 2030 年,规划区内污水排放量将达到 65.8 万 m^3/d。

2.2.2 污水厂规划

本次规划在通港大道以北的农产品加工产业园内新建 1 座污水处理厂,配置一套污水处理装置;某环境水务污水处理厂的现有 2 套污水处理装置进行扩建,同时新建 2 套污水处理装置。

3. 污水厂一期、二期工程概况

3.1 污水厂概况

3.1.1 服务范围

现有工程的服务范围为某港石化新材料产业园王港河以南部分的工业废水和生活污水,总面积约 17.5 km^2,主要接管规划服务范围内的 22 家企业产生的工业废水以及生活污水。

3.1.2 水量、水质

(1)水量

一期、二期设计规模均为 2 万 m^3/d,总设计规模为 4 万 m^3/d,目前实际运行水量约为 1.5 万 m^3/d。

(2) 水质

各企业排入污水处理厂需执行相应的接管标准[常规因子接管标准执行《污水综合排放标准》(GB 8978—1996)表 4 中的三级标准,特征因子执行《污水综合排放标准》(GB 8978—1996)表 4 中的一级标准];污水处理厂外排废水应达到《化学工业主要水污染物排放标准》(DB 32/939—2006)一级标准及《污水综合排放标准》(GB 8978—1996)表 4 中的一级标准。接管标准(设计进水水质与接管标准一致)及设计出水水质详见表 3.1.2-1、3.1.2-2。

表 3.1.2-1 接管标准(设计进水水质)

序号	污染物	接管标准值	备注
1	pH	6~9	二类污染物,三级标准
2	悬浮物	400	
3	化学需氧量(COD)	500	
4	石油类	20	
5	阴离子表面活性剂(LAS)	20	
6	动植物油	100	
7	色度(稀释倍数)	200	
8	氨氮	50	二类污染物,自定标准
9	磷酸盐(以 P 计)	2	
10	挥发酚	0.5	二类污染物,一级标准
11	总氰化合物	0.5	
12	硫化物	1	
13	氟化物	10	
14	甲醛	1	
15	苯胺类	1	
16	硝基苯类	2	
17	总铜	0.5	
18	总锌	2	
19	总锰	2	
20	有机磷农药(以 P 计)	不得检出	
21	乐果	不得检出	
22	对硫磷	不得检出	
23	甲基对硫磷	不得检出	
24	马拉硫磷	不得检出	
25	五氯酚及五氯酚钠(以五氯酚计)	5	
26	可吸附有机卤化物(AOX)(以 Cl 计)	1	
27	三氯甲烷	0.3	
28	四氯化碳	0.03	
29	三氯乙烯	0.3	

续表

序号	污染物	接管标准值	备注
30	四氯乙烯	0.1	
31	苯	0.1	
32	甲苯	0.1	
33	乙苯	0.4	
34	邻二甲苯	0.4	
35	对二甲苯	0.4	
36	间二甲苯	0.4	
37	氯苯	0.2	
38	邻二氯苯	0.4	
39	对二氯苯	0.4	二类污染物,一级标准
40	对硝基氯苯	0.5	
41	2,4-二硝基氯苯	0.5	
42	苯酚	0.3	
43	间甲苯	0.1	
44	2,4-二氯酚	0.6	
45	2,4,6-三氯酚	0.6	
46	邻苯二甲酸二丁酯	0.2	
47	邻苯二甲酸二辛酯	0.3	
48	丙烯腈	2	
49	总硒	0.1	
50	总汞	不得检出	
51	烷基汞	不得检出	
52	总镉	不得检出	
53	总铬	不得检出	
54	六价铬	不得检出	
55	总砷	不得检出	
56	总铅	不得检出	一类污染物,禁止排放
57	总镍	不得检出	
58	苯丙(a)芘	不得检出	
59	总铍	不得检出	
60	总银	不得检出	
61	总u放射性	不得检出	
62	总β放射性	不得检出	

表 3.1.2-2　设计出水水质

序号	污染物	接管标准值	备注
1	pH	6～9	二类污染物,三级标准
2	悬浮物	70	
3	化学需氧量(COD)	80	
4	生化需氧量(BOD_5)	20	
5	石油类	5	
6	色度(稀释倍数)	50	二类污染物,自定标准
7	氨氮	15	
8	磷酸盐(以P计)	0.5	
9	挥发酚	0.5	二类污染物,一级标准
10	总氰化合物	0.5	
11	硫化物	1	
12	苯胺类	1	
13	硝基苯类	2	

3.1.3　现状处理工艺流程

(1) 一期处理工艺

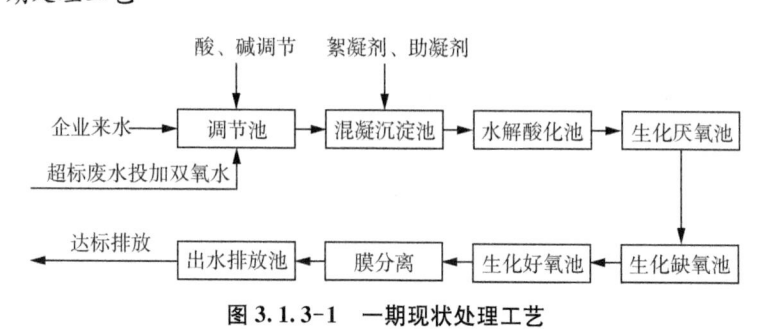

图 3.1.3-1　一期现状处理工艺

工艺流程如图 3.1.3-1 所示。由于工业废水排放具有水质、水量不均匀的特点，因此先对水质、水量进行均衡调节，保证后续处理单元的流量、水质的相对稳定，确保后续处理的稳定运行。进水包含农药、医药中间体、维生素、精细化工等企业所排放工业废水，比较难降解，先利用 30% 的双氧水先对来水进行氧化处理，然后进行混凝沉淀。经过混凝沉淀后的废水由水泵提升至 MP-MBR 处理系统，MP-MBR 系统由水解酸化-氧化沟-膜分离区三大部分有机结合。

(2) 二期处理工艺

工艺流程如图 3.1.3-2 所示。污水首先进入混凝沉淀池，在混合反应区投加芬顿试剂，一方面芬顿试剂作为混凝剂，可去除大部分悬浮物，另一方面可以作为氧化剂氧化污水中部分有毒有害的有机物质，减小对后续生化处理的影响。调节池污水由提升泵加压提升至水解酸化池的脉冲布水器，脉冲布水器由箱体、虹吸装置、出水管等部分组成，特点是连续进水、瞬间排水、对水解酸化池形成周期性的脉冲进水。由于水流速度很快，布水能在短时间内完成，达到脉冲的效果，搅起池底的污泥，使其与池内废水不断充分混合，微生物与废水中的有机物得到充分的接触反应。污水在水解酸化池内将大分子物质降解为小分子物质,提高了污水的可生化性。

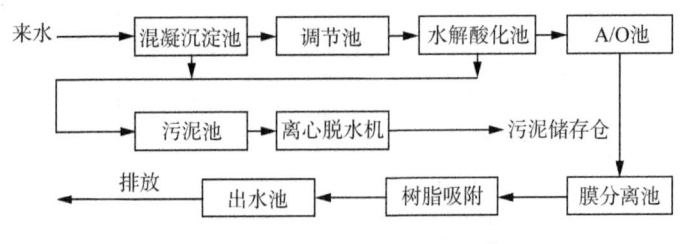

图 3.1.3-2　二期现状处理工艺

水解酸化池污水进入 MP-MBR 池。MP-MBR 池由 A/O 池和膜池组成,首先进入缺氧区,使硝酸盐在反硝化菌的作用下利用原水中的碳源完成反硝化,降解部分 BOD,同时部分大分子、长化学链的有机物质在兼性细菌的作用下得到初步降解——降解为易于生化的小分子、短链的有机物。经缺氧区初步降解的污水进入好氧区,污水在此区内活性污泥微生物的作用下对各种有机污染物、无机污染物进行充分生化降解,去除水中的 BOD,并实现氨氮的硝化。然后进入膜区,膜区为固液分离区,膜区内也设有曝气装置,曝气装置完成两种功能,一方面在膜周围对膜进行气水振荡清洗,保持膜表面清洁,另一方面又为继续在该段进行生物降解的生物提供所需的氧气,生物降解后的水在虹吸和出水泵的抽吸作用下通过膜组件,经由集水管汇集到原产水池。

3.1.4　现状主要建(构)筑物及工艺参数

3.1.4.1　一期工程

1) 混凝沉淀池

(1) 土建尺寸:$L \times B \times H = 30\ \text{m} \times 7.5\ \text{m} \times 6.2\ \text{m}$;

(2) 主要设备:

① 反应搅拌机 4 台;

② 刮泥机 1 台;

③ 软管泵 1 台。

2) 调节池

(1) 土建尺寸:$L \times B \times H = 35\ \text{m} \times 30\ \text{m} \times 5\ \text{m}$;

(2) 主要设备及仪表:

① 提升泵:4 台,其中 3 台 $N = 15\ \text{kW}$,1 台 $N = 22\ \text{kW}$;

② 在线 pH 仪表:1 台;

③ 超声波液位计:1 台。

3) 水解酸化池

(1) 土建尺寸:$L \times B \times H = 30\ \text{m} \times 30\ \text{m} \times 6.2\ \text{m}$;

(2) 主要设备及仪表:

① 回流泵:2 台,$N = 15\ \text{kW}$。

4) 配水池:

(1) 土建尺寸:$L \times B \times H = 15\ \text{m} \times 10\ \text{m} \times 4.7\ \text{m}$;

(2) 主要设备：

回流泵：2 台，$N=15$ kW。

5) A/O 生化池

(1) 土建尺寸：$\Phi 54$ m×5.5 m；

(2) 主要设备：

推进器：2 台，$N=7.5$ kW。

6) 膜池

(1) 土建尺寸：$\Phi 28$ m×5.7 m；

(2) 主要设备：

① 膜池产水泵：3 台，$N=15$ kW；

② MBR 反洗泵：2 台，$N=5.5$ kW；

③ MBR 化学清洗泵：2 台，$N=4$ kW；

④ 真空泵：1 台；

⑤ 污泥回流泵：3 台。

7) 出水池

(1) 土建尺寸：$L\times B\times H=20$ m×19 m×3.5 m，钢筋混凝土结构，共 1 座；

(2) 主要设备：

排海提升泵：5 台，$Q=450$ m³/h，$H=16$ m，$N=30$ kW，铸铁。

8) 鼓风机房

(1) 土建尺寸：$L\times B=12$ m×8 m，$L\times B=15$ m×8 m，框架结构，共 2 座；

(2) 主要设备及仪表：

① 膜区鼓风机：3 台；

② 好氧池鼓风机：3 台，$Q=41$ m³/min，$P=60$ kPa；

③ 电动葫芦：1 台；

④ 单轨行车：1 台；

⑤ 热质流量计：2 台。

9) 污泥储池

(1) 土建尺寸：$L\times B\times H=12$ m×6 m×3.5 m，钢筋混凝土结构，共 1 座；

(2) 主要设备及仪表：无。

10) 脱水机房

(1) 土建尺寸：$L\times B\times H=22.5$ m×12 m×6 m，框架结构，共 1 座；

(2) 主要设备：

① 离心脱水机：1 台，处理能力 $Q=1.5$ m³/h；

② 软管泵：2 台，$Q=11$ m³/h，$H=100$ m。

3.1.4.2　二期工程

1) 混凝沉淀池

(1) 工艺描述：污水首先进入混凝沉淀池，在混合反应区投加芬顿试剂，一方面芬顿试剂作为混凝剂，可去除大部分悬浮物，另一方面可以作为氧化剂氧化污水中部分有毒有害的有机物质,减小对后续生化处理的影响。

(2) 土建尺寸:$L \times B \times H = 36 \text{ m} \times 6 \text{ m} \times 4.5 \text{ m}$,1座;

(3) 主要设备:

① 混合搅拌器:4台,$N = 5.5$ kW,SS304;

② 反应搅拌器:4台,$N = 1.1$ kW,SS304;

③ 反应搅拌器:4台,$N = 0.75$ kW,SS304;

④ 反应搅拌器:4台,$N = 0.75$ kW,SS304;

⑤ 刮泥机:4台,$N = 0.75$ kW,碳钢防腐;

⑥ 污泥泵:4台,$Q = 10 \text{ m}^3/\text{h}$,$H = 20 \text{ m}$,$N = 0.75$ kW,铸铁。

2) 调节池

(1) 工艺描述:沉淀池出水进入调节池,对水质水量进行调节,在调节池内设置穿孔曝气管,一方面进行预曝气,另一方面进行搅拌,使污泥不沉淀。

(2) 土建尺寸:$L \times B \times H = 56 \text{ m} \times 30 \text{ m} \times 6 \text{ m}$,半地上钢筋混凝土结构,1座;

(3) 主要设备及仪表:

① 提升泵:3台,2用1备,$Q = 300 \text{ m}^3/\text{h}$,$H = 20 \text{ m}$,$N = 22$ kW,铸铁;

② 穿孔管曝气系统:1套。

3) 水解酸化池

(1) 工艺描述:调节池污水由提升泵加压提升至水解酸化池的脉冲布水器,由于水流速度很快,布水能在短时间内完成,达到脉冲的效果,搅起池底的污泥,使其与池内废水不断充分混合,微生物与废水中的有机物得到充分的接触反应。污水在水解酸化池内将大分子物质降解为小分子物质,提高了污水的可生化性。

(2) 土建尺寸:$L \times B \times H = 14 \text{ m} \times 14 \text{ m} \times 10 \text{ m}$,半地上钢筋混凝土结构,16座;

(3) 主要设备及仪表:

① 脉冲布水器:16台,$Q = 80 \text{ m}^3/\text{h}$,SS304;

② 填料:$V = 9\,500 \text{ m}^3$,$H = 3 \text{ m}$;

③ 布水系统:16套。

4) A/O池

(1) 工艺描述:水解酸化池污水进入MP-MBR池。MP-MBR池由A/O池和膜池组成,首先进入缺氧区,在缺氧区装有潜水搅拌机,提供原水与好氧区回流混合液均匀混合的动力,并使硝酸盐在反硝化菌的作用下利用原水中的碳源完成反硝化,降解部分BOD,同时部分大分子、长化学链的有机物质在兼性细菌的作用下得到初步降解——降解为易于生化的小分子、短链的有机物。经缺氧区初步降解的污水进入好氧区,好氧区内铺设有曝气装置不间断进行鼓风曝气,污水在此区内活性污泥微生物的作用下对各种有机污染物、无机污染物进行充分生化降解,去除水中的BOD,并实现氨氮的硝化。

(2) 土建尺寸:$L \times B \times H = 48 \text{ m} \times 15 \text{ m} \times 6 \text{ m}$,半地上式钢筋混凝土结构,4座;

(3) 主要设备:

① 潜水推进器:16台,$N = 2.2$ kW,SS304;

② 污泥回流泵(PP泵):4台,$Q = 500 \text{ m}^3/\text{h}$,$H = 1 \text{ m}$,$N = 2.2$ kW,铸铁;

③ 曝气系统:4套;
④ 铸铁镶铜闸门:4套,$\Phi 400$ mm;
⑤ 铸铁镶铜闸门:4套,$L \times B = 600$ mm$\times 600$ mm。

5) 膜池

(1) 工艺描述:膜区为固液分离区,其内设置膜生物反应器组件。膜区内也设有曝气装置,曝气装置完成两种功能,一方面在膜周围对膜进行气水振荡清洗,保持膜表面清洁,另一方面又为继续在该段进行生物降解的生物提供所需的氧气。膜的高效截留作用,将全部细菌及悬浮物截留在曝气池中,从而大大提高了生物相浓度。通过膜区剩余污泥泵定期排出剩余污泥,可控制系统内活性污泥的浓度及活性。为了保证膜组件具有良好水通量,能持续、稳定地出水,本系统设计使用了水反洗、化学反洗及离线化学清洗程序。

水反洗程序:按一定的周期,以产水单元为单位依次自动进行反洗,以恢复膜的水通量。

化学反洗程序:运行一段时间后将由PLC控制进行自动化学反洗,化学反洗的过程与清水反洗时相同,只是反洗采用的是常见的化学药剂。

离线化学清洗程序:化学清洗是在运行约半年至一年间(具体时间需根据进水水质以及设备运行情况确定)对膜组件进行的彻底清洗。

(2) 土建尺寸:$L \times B \times H = 20$ m$\times 7.5$ m$\times 4.5$ m,半地上式钢筋混凝土结构,8座;

(3) 主要设备及仪表:

① 膜组件:$Q = 5.8$ m^3/h,SS304,144套;
② 铸铁镶铜闸门:$L \times B = 600$ mm$\times 600$ mm,8套。

6) 设备间

(1) 工艺描述:设备间主要布置各类泵机。

(2) 土建尺寸:$L \times B = 60$ m$\times 9$ m,单层框架结构,1座;

(3) 主要设备:

① 产水泵:9台,8用1备,$Q = 120$ m^3/h,$H = 15$ m,$N = 11$ kW,铸铁;
② 反洗泵:2台,1用1备,$Q = 120$ m^3/h,$H = 15$ m,$N = 11$ kW,铸铁;
③ 混合液回流泵:9台,8用1备,$Q = 210$ m^3/h,$H = 10$ m,$N = 15$ kW,铸铁;
④ 真空泵:2台,1用1备,$Q = 27$ m^3/h,$N = 1.5$ kW,铸铁;
⑤ 排空泵:2台,$Q = 200$ m^3/h,$H = 20$ m,$N = 15$ kW,过流部分衬氟。

7) 鼓风机房

(1) 工艺描述:鼓风机房内设置好氧池曝气鼓风机与膜吹扫鼓风机,以提供微生物生化反应以及膜表面吹扫所需要的空气。鼓风机房进风廊道内设卷绕式空气过滤器,对进风廊道内的空气进行粗过滤。

(2) 土建尺寸:$L \times B = 15$ m$\times 9$ m,砖混,1座;

(3) 主要设备及仪表:

① 好氧曝气鼓风机:3台,2用1备,$Q = 120$ m^3/min,$P = 58.8$ kPa,$N = 185$ kW,铸铁;
② 膜吹扫鼓风机:2台,1用1备,$Q = 160$ m^3/min,$P = 49$ kPa,$N = 185$ kW,铸铁。

8) 混凝加药间

(1) 土建尺寸：$L\times B=12\,\text{m}\times 6\,\text{m}$，半地上式钢筋混凝土结构，1座；

(2) 主要设备及仪表：

① PAM 一体化溶解加药装置：1套，溶药能力：$2\sim 10\,\text{kg/h}$，$N=5\,\text{kW}$；

② PAM 加药泵：2台，1用1备，$Q=800\,\text{L/h}$，$H=20\,\text{m}$，$N=0.75\,\text{kW}$，PVC；

③ 药剂罐（带搅拌器）：2台，$V=10\,\text{m}^3$；

④ 加药泵：3台，2用1备，$Q=300\,\text{L/h}$，$H=20\,\text{m}$，$N=0.75\,\text{kW}$，PVC。

9) 膜池加药

① NaClO 反洗加药泵：2台，1用1备，$Q=400\,\text{L/h}$，$H=20\,\text{m}$，$N=0.75\,\text{kW}$；

② 加药泵：3台，2用1备，$Q=2\,\text{m}^3/\text{h}$，$H=20\,\text{m}$，$N=0.75\,\text{kW}$；

③ 储药罐：3台，$V=5\,\text{m}^3$。

10) 污泥池

(1) 工艺描述：混凝沉淀池污泥、水解酸化池和 MP-MBR 剩余污泥排入污泥池。

(2) 土建尺寸：$\Phi 10\times 4.5\,\text{m}$，半地上式钢筋混凝土结构，2座；

(3) 主要设备：

污泥浓缩机：2套，$N=2.2\,\text{kW}$。

11) 污泥脱水机房

利用一期工程现有建筑物及设备，不新增设备。

3.2 污水厂运行现状

3.2.1 污水处理现状

3.2.1.1 接管方式及进水水质监管实施现状

园区企业排水均采用"一企一管"形式，其中离污水厂较近的企业直接接入污水厂内进入一期工程工艺流程处理，离污水厂较远企业先通过"一企一管"排入中转水池，再通过提升泵接入污水厂内进入二期工艺流程处理。

所有企业"一企一管"设置在线监控，主要对企业来水的盐分等进行实时监测，企业超标就关停，并加收超标费。企业废水接入情况见表3.2.1-1。

表3.2.1-1 企业废水接管一览表

序号	企业名称	企业类型	接入情况	排水量(m^3/d)
1	某农化	农药		3 444
2	某医药	医药		889
3	某嘉诺	维生素		633
4	某药业	农药		330
5	某化学	化工	接入一期	197
6	某赛诺	医药		196
7	盐城某环保	固废处置		153
8	某新材料	化工		132
9	某医药	医药		107

续表

序号	企业名称	企业类型	接入情况	排水量(m³/d)
10	某药业	化工	接入一期	67
11	某实业	化工		19
12	某科技有限公司	溶剂染料		12
13	某化学	颜料		0
14	某集团	农药	接入二期	5 020
15	某公司	维生素系列产品		1 773
16	某皮革	皮革		1 398
17	某生物	化工		443
18	某化工	化工		443
19	某化工	化工		193
20	某化工	化工		110
21	某精细化工	化工		83
22	某生物	农药中间体		61
合计				15 703

注：各企业排水量数据以全年数据除以365天计算所得。

3.2.1.2 实际进出水水质

(1) COD_{cr}

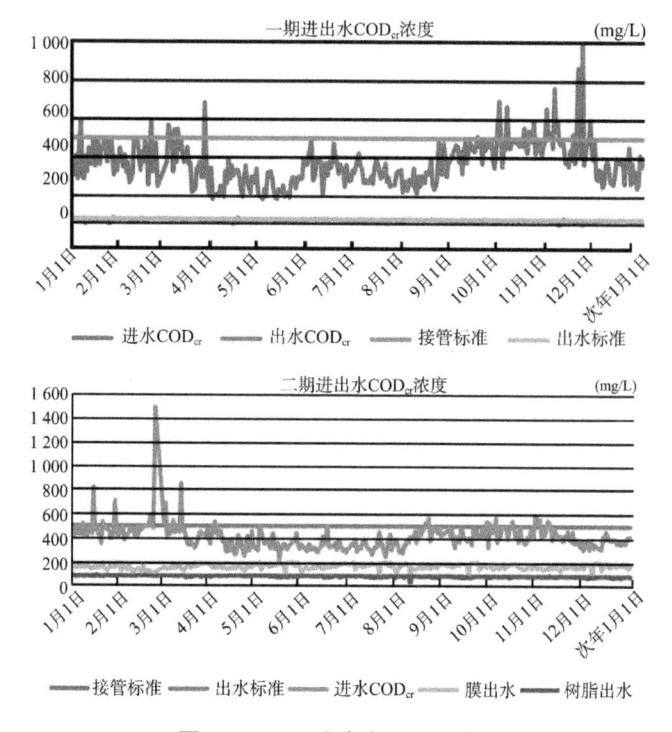

图 3.2.1-1 进出水 COD_{cr} 浓度

(2) NH₃-N

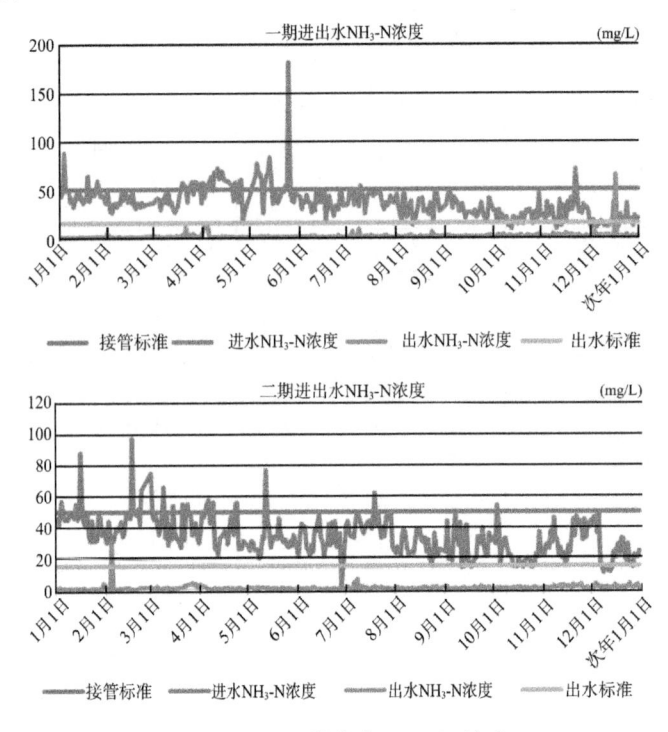

图 3.2.1-2　进出水 NH₃-N 浓度

(3) TP

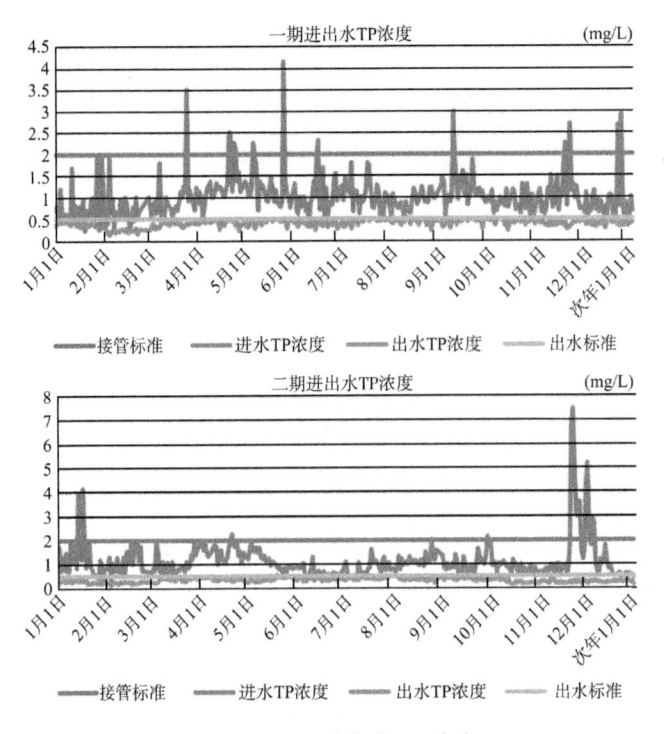

图 3.2.1-3　进出水 TP 浓度

3.2.2 污泥处理现状

(1) 脱水系统

目前一期、二期共用一套污泥脱水系统,采用离心脱水,整套系统包含:污泥浓缩系统、污泥脱水系统、污泥烘干系统,其建构筑物及设备组成详见3.1.4。目前实际污泥产生量约为500 t/a,含水率约为30%。

(2) 处置方式

厂内产生的污泥(生化污泥以及物化污泥)均按照危废处置,利用处置单位包括:泰州市某固废处置有限公司、浙江某环保科技有限公司以及连云港某环保科技有限公司,处置方式包含:填埋和协同水泥窑处置。

3.2.3 臭气处理现状

全厂臭气根据平面布置及产气类别分别进行生物滤池以及RTO处理,详见表3.2.3-1。

表3.2.3-1 臭气收集、处理现状

区域编号	收集单元	处理方式
区域1	一期:生化池、膜池、水解酸化池、调节池	生物除臭系统
区域2	一期:污泥浓缩池、混凝沉淀池、配水池、水解酸化池、混合反应池	RTO焚烧系统
区域3	二期:调节池、水解酸化池、混凝沉淀池	RTO焚烧系统
区域4	二期:污泥池、污泥干化间、膜池、生化池	生物除臭系统

4. 工程规模及水质

4.1 工程建设规模

4.1.1 工程服务范围

见3.1.1小节。

4.1.2 工程规模

本工程为提标改造工程,工程规模仍然维持4.0万 m³/d。

4.2 接管标准

本工程接管标准执行《盐城市化工园区污水处理厂接管标准(试行)》,其常规指标及某些特征因子排放限值见表4.2.1-1。考虑本工程为化工园区污水处理厂提标改造工程,且出水要满足一级A出水标准,标准中TN要求15 mg/L,因此需在接管因子中新增TN指标,并将TN接管标准设置为50 mg/L。

4.3 设计进出水水质

4.3.1 设计进水水质

设计进水水质仍按原进水水质考虑,详见表3.1.2-1。

4.3.2 设计出水水水质的确定

本工程出水主要指标(COD_{cr}、氨氮、TN、TP)执行《城镇污水处理厂污染物排放标准》(GB 18918—2002)中规定的一级排放标准A标准,其余指标仍执行原排放标准,详见表4.3.2-1。

表 4.2.1-1　盐城市化工园区污水处理厂接管标准(试行)

序号	项目	指标	序号	项目	指标
1	pH	6~9	14	可吸附有机卤化物(AOX,以Cl计)	1.0
2	色度	200	15	甲醛	1.0
3	SS	400	16	苯酚	0.3
4	COD_{cr}	500	17	氟化物	10
5	NH_3-N	50	18	苯	0.1
6	TN*	50	19	甲苯	0.1
7	磷酸盐(以P计)	2.0	20	二甲苯	0.4
8	石油类	20	21	氯苯	0.2
9	挥发酚	0.5	22	硝基氯苯	0.5
10	总氰化物	0.5	23	丙烯腈	2.0
11	硫化物	1.0	24	阴离子表面活性剂(LAS)	20
12	苯胺类	1.0	25	全盐	5 000
13	硝基苯类	2.0			

注：* 为进行调整的相关因子。

表 4.3.2-1　本工程设计出水水质

序号	项目	单位	设计出水水质
1	COD_{cr}	mg/L	≤50
2	BOD_5	mg/L	≤20
3	SS	mg/L	≤70
4	NH_3-N	mg/L	≤5(8)
5	TN	mg/L	≤15
6	TP	mg/L	≤0.5
7	色度(稀释倍数)	无量纲	50
8	pH	无量纲	6~9

注：括号外数值为水温＞12℃时的控制指标,括号内数值为水温≤12℃时控制指标。

4.4　污水厂厂址的确定

污水处理厂的厂址选择一般应遵循以下原则：

(1) 厂址地质条件较好,地基承载力较大,地下水位较低,以利于施工;

(2) 尽量少占或不占良田,同时需考虑今后留有适当的发展余地;

(3) 综合考虑周围环境卫生条件,污水处理厂应尽量设置在城镇夏季主风向的下方,距城镇或生活区有较大间距;

(4) 考虑排水、排泥的方便,处理厂应设置在交通方便的地方;

(5) 考虑供电的安全性和可靠性,处理厂应设置在靠近电源的地方;

(6) 处理厂应综合考虑防洪防潮措施,尽量选择在不受洪水和潮水威胁的地方。某境水处理有限公司一级 A 提标改造工程具体地址为现状厂区用地内。

4.5　污水厂排放口的确定

现状一期、二期排污口为同一个,型号为 DN1200 mm 排放至王港河口。本次提标改造工程拟继续利用此排放口排放,排放口无须扩大。

5. 工程方案论证

5.1　污水处理工艺方案论证

5.1.1　工艺方案选择原则

污水处理厂建设及运行受多种因素的制约和影响,其中工艺方案的确定是保证污水厂运行性能、确保出水水质、降低污水厂建设和运行费用的最关键因素。因此需根据确定的污水排放标准和一般性原则,从整体优化的观念出发,结合设计规模、污水水质特点以及当地的实际情况、条件和要求,选择多个切实可行且经济合理的工艺方案,经全面经济技术分析,选择最佳的总体工艺方案和实施方式。

根据以往工程的经验,在确定本污水处理厂工艺方案的过程中将遵照以下原则:

(1) 贯彻执行国家关于环境保护的政策,符合国家的有关法规、规范及标准;

(2) 从实际情况出发,在总体规划的指导下,使工程建设与城市发展相协调,兼顾环境保护和工程效益;

(3) 根据设计进水水质和出水水质要求,所选污水处理工艺力求技术先进成熟、处理效果好、运行稳妥可靠、节能高效、经济合理,并可减少工程投资及日常运行费用;

(4) 妥善处理和处置污水处理过程中产生的栅渣、沉砂和污泥,避免造成二次污染;

(5) 提高自动化水平,降低运行费用,减少日常维护检修工作量,改善工人操作条件,力求安全可靠、经济实用;

(6) 根据已有的工程经验和研究成果,优化选择处理工艺和设计参数;

(7) 为确保工程的可靠性及有效性,本工程的设备采用国内优质产品,关键设备采用进口设备。

5.1.2　进水水质分析

进水包含农药、医药中间体、维生素、精细化工等企业所排放工业废水,经过前端各企业预处理之后的废水往往具有生化性低、难生物降解等特点。

5.1.3　处理水质指标分析

根据上述,本小节将依据处理水质指标的难易程度对 TP、TN、NH_3-N、COD_{cr}、BOD_5、SS 进行逐一分析,并指出本次工程需要特别注意的重点水质指标。

(1) BOD_5

本工程要求的出水 BOD_5 指标为 10 mg/L,从目前常采用的污水处理工艺来看,特别是本工程废水主要以难生物降解的精细化工废水、农药废水为主,其生化性本身已非常之低,且当要求对污水进行硝化或者反硝化时,硝化的系统比单纯去除碳源 BOD_5 的系统需具有更长的泥龄或更低的污泥负荷,在此条件下 BOD_5 的去除率将有大幅度提高,根据本工程对出水 NH_3-N、TN 的要求,污水处理厂必须采用具有硝化和反硝化功能的污水处理工艺,因此按一级 A 排放标准确定的 BOD_5 出水值将不是处理工艺的重点控制指标,即 BOD_5 不是本工程的重点处理项目。

(2) COD_{cr}

从目前污水厂出水指标来看，COD_{cr} 去除效果良好，稳定在 80 mg/L 以下，但距离达到一级 A 标准的 50 mg/L 仍有一定距离，考虑到本次工程进水主要成分是化工污水，根据一期、二期来水情况，进水 COD_{cr} 存在超标排放的情况。因此在设计中应充分留有余量。同时工业园区污水处理厂出水 COD_{cr} 的稳定达标通常需要各个工段的协同处理，只有各工段充分发挥应有功能才能实现。因此 COD_{cr} 是本工程的重点处理项目。

(3) SS

从目前污水厂实际的运行情况以及工艺来看，厂区实际出水 SS 已经可以满足一级 A 标准中的 10 mg/L 要求，另外一期、二期工艺均采用 MBR 处理工艺，膜的物理截留作用可以充分保证 SS 的稳定达标排放。因此 SS 不是本工程处理的重点处理项目。

(4) NH_3-N

根据《城镇污水处理厂污染物排放标准》(GB 18918—2002)中的一级 A 标准，当水温高于 12℃时，出水 NH_3-N≤5 mg/L、TN≤15 mg/L。本项目进水 NH_3-N 的去除主要靠硝化过程来完成，NH_3-N 的硝化过程将成为控制生化处理好氧单元设计的主要因素。就本工程而言，现状好氧段停留时间为 13 h，后续还有 MBR 工艺的富集作用，污泥龄超过 24 天，NH_3-N 去除效果能得到很好保证。另外，一期、二期实际出水浓度仅为 1 mg/L 左右，远小于 5 mg/L，已经满足一级 A 标准对 NH_3-N 的出水要求。综上，NH_3-N 的去除相对可控，NH_3-N 不是本工程的重点处理项目。

(5) 磷酸盐(TP)

根据一级 A 排放标准，出水 TP 浓度需小于 0.5 mg/L，与现状排放标准一致。一般来讲，由于 MLSS 含磷量为 2%～5%，具有生物除磷功能的污水处理工艺通常能够使处理水中的磷含量低于 1.0 mg/L。但要满足"一级 A 标准"出水磷浓度低于 0.5 mg/L 的要求，除了采用具有生物除磷功能的污水处理工艺外，还需要进行深度处理，重点是要严格控制出水 SS 浓度。本工程进水总磷浓度低，平均进水浓度仅为 1.0 mg/L，平均出水浓度为 0.36 mg/L，且无超标排放情况，说明按目前工艺，其稳定达标已经相对可控。因此，TP 不是本工程的重点处理项目。

(6) TN

本项目 TN 设计进水浓度为 50 mg/L，设计出水浓度为 15 mg/L，去除率要求较高。TN 的去除主要依靠反硝化细菌的反硝化作用，这就要求废水中要有一定可供反硝化细菌利用的碳源，但本项目所处理废水主要为化工废水，废水本身可生化性极低，必须通过外加碳源的方式解决；另外，反硝化的顺利进行也与 pH、停留时间等息息相关。考虑本项目现状执行出水标准中未对 TN 进行要求，要保证 TN 也能满足一级 A 出水标准，就必须对现状设计参数、水质等进行详细论证。因此，TN 是本工程的重点处理项目。

综上所述，某环境水处理有限公司一级 A 提标改造工程的重点处理项目包括 COD_{cr}、TN，这些处理项目是需要在工艺设计中重点考虑的控制因素，其余指标则也需要兼顾考虑。

5.1.4 工程方案论证

根据 5.1.3 所述，本次提标工程的关键是要完成 COD_{cr} 以及 TN 的稳定达标排放，下

面分别针对 COD_{cr} 以及 TN 进行工艺方案的论证。

5.1.4.1 COD_{cr} 去除工艺方案论证

如 5.1.2.2 所述,本工程膜出水 COD_{cr} 主要为难生物降解物质,生化性极低,是典型的化工废水,一般而言,高浓度有机物经过二级处理后,BOD/COD 非常低,出水 COD 仍会偏高,废水水质大部分属于溶解性但不可生物降解,需要通过高级氧化技术来矿化有机物,使其中一部分被直接氧化成水和 CO_2 等小分子无机物。至今已发展的高级废水处理技术包括臭氧氧化法、活性炭吸附法、膜分离法、湿式氧化法及流体化床芬顿(FBR-Fenton)氧化法等。

从 2018 年上半年起,某环境水处理有限公司委托有关单位进行了提标方案的研究:方案一,拟在后端采用"活性炭吸附+臭氧催化氧化+BAF"深度处理工艺;方案二,结合以往项目经验"前芬顿后臭氧"处理工艺,又提出"芬顿+颗粒活性焦"深度处理工艺。下面通过已经进行的中试实验结果对两种方案进行对比,选择适合本工程的工艺。

1) 方案一:活性炭吸附+臭氧催化氧化+BAF

首先单独进行活性炭吸附和臭氧反应试验,活性焦投加量由 0.1~1.6 g/L 递增,确认最佳投加量为 0.3~0.4 g/L,臭氧试验投加量由 30~80 mg/L 递增,确定臭氧浓度 75 mg/L 最佳。

吸附装置:进水量 4 L/min(240 L/h),活性焦投加量 0.3~0.4 g/L。

臭氧反应:进水 4 L/min(240 L/h),氧气流量 3 L/min,臭氧投加量 75 mg/L。实验数据见表 5.1.4-1。

表 5.1.4-1 试验稳定后 10 天数据 单位:mg/L

日期	MBR 出水	吸附出水	臭氧出水	BAF 出水
2018.10.08	168	94	78	74
2018.10.09	172	113	86	72
2018.10.10	176	86	74	70
2018.10.11	172	94	74	70
2018.10.12	172	82	55	64
2018.10.13	168	116	68	60
2018.10.14	176	92	64	74
2018.10.15	156	88	76	68
2018.10.16	164	90	82	64
2018.10.17	156	86	80	72

通过试验可以看出,活性焦吸附和树脂吸附相吻合,COD 去除率约 50%。臭氧的去除有限,对后面 BAF 的影响也较小,可以判断最终出水不能稳定达到 50 mg/L 以下。

2) 方案二:芬顿+颗粒活性焦试验

(1) 芬顿实验

实验目的:确定 FBR-Fenton 工艺对该废水处理效果及经济高效的加药量。

实验工艺简介:FBR-Fenton 法是利用流体化床的方式使 Fenton 法所产生的三价铁

大部分得以结晶或沉淀披覆在流体化床之担体表面上，是一项结合了同相化学氧化、异相化学氧化、流体化床结晶及FeOOH还原溶解等功能的新技术，而流化床的方式同时促进了化学氧化反应及传质效率，使COD去除率提升。

实验工艺流程如图5.1.4-1所示。

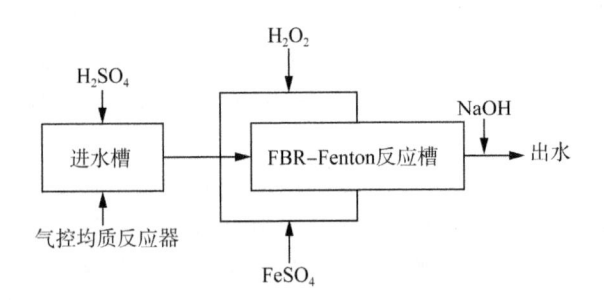

图 5.1.4-1　实验工艺流程

实验装置：1套FBR-Fenton反应器，实验进水流量50 L/h。实验试剂：中试过程药剂种类及规格如表5.1.4-2所示。

表 5.1.4-2　实验试剂

药剂名称	规格	品牌	生产厂家
双氧水	30%(wt)，500 ml/瓶	铁塔	莱阳经济技术开发区精细化工厂
七水硫酸亚铁	分析纯，500 g/瓶	华大	广东光华科技股份有限公司
浓硫酸	98%纯度	永立	兰溪市永立化工有限公司
氢氧化钠	分析纯，500 g/瓶	展云	无锡市展望化工试剂有限公司
聚丙烯酰胺	MW300万，250 g/瓶	ENOX	江苏强盛功能化学股份有限公司

实验步骤：反应过程定期记录FBR-Fenton槽的pH，确保反应槽中pH为3~4。若pH太高或太低，则适当调整原水槽pH。各项指标稳定后，反应2 h，取出水，调整pH至6~8，曝气30 min左右，取水样。水样加入PAM，混凝沉淀，静置取上清液测COD、色度等。

实验结果及成本：实验结果详见表5.1.4-3~5.1.4-5。

表 5.1.4-3　Day1 实验结果

序号	1	2	3	4
混合水 COD	160	160	160	160
芬顿出水 COD	68	58	72	52
去除率(%)	58	64	55	68
药剂投加量(‰)	0.5	0.6	0.8	1
总试剂费用(元/m³)	1.04	1.21	1.55	1.80

表 5.1.4-4　Day2 实验结果

序号	1	2	3	4	5	6
混合水 COD	170	170	170	170	170	170
芬顿出水 COD	82	92	90	76	88	82
去除率(%)	52	46	47	55	48	52
药剂投加量(‰)	0.6	0.6	0.6	0.8	0.8	0.8
总试剂费用(元/m³)	1.21	1.21	1.21	1.32	1.32	1.32

表 5.1.4-5　Day3 实验结果

序号	1	2	3	4	5	6
混合水 COD	177	177	177	177	177	177
芬顿出水 COD	90	66	92	72	88	84
去除率(%)	50	66	49	60	55	53
药剂投加量(‰)	0.6	0.6	0.8	0.8	1	1
总试剂费用(元/m³)	1.21	1.21	1.32	1.32	1.8	1.8

试验表明,芬顿的去除率在 50%～60% 之间,加药量 0.5‰ 即可达到处理效果,增加药剂量不会增加去除率。

(2) 芬顿出水活性焦实验

本实验采用活性焦吸附处理工艺,系统进水通过有压流进入活性焦吸附柱,吸附处理达标后出水,实验工艺流程如图 5.1.4-2 所示。

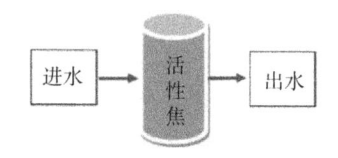

图 5.1.4-2　活性焦吸附实验工艺流程图

因芬顿实验出水水量仅为 50 L/h,故本实验采用间歇运行,每天运行 2 小时。每天采一次水样进行水质指标化验。

表 5.1.4-6　活性焦实验结果

日期	芬顿出水 COD_{cr} (mg/L)	活性焦出水 COD_{cr} (mg/L)	去除率(%)
2018.12.16	90	32	64
2018.12.17	82	40	51
2018.12.18	76	32	58
2018.12.19	66	34	48
2018.12.20	86	36	58

试验数据表明现有生化 MBR 出水+芬顿+活性焦工艺可稳定达标排放。

3) 小结

上述试验证明芬顿氧化去除率要明显高于臭氧催化氧化,活性炭吸附+臭氧催化氧化+BAF 工艺的出水 COD_{cr} 不能稳定达到一级 A 排放标准。芬顿+活性焦吸附工艺可以保证 COD_{cr} 达标排放,稳定性好,在 MBR 膜出水 COD_{cr} 小于 200 mg/L 的情况下,芬顿出水小于 100 mg/L,活性焦吸附小于 50 mg/L,并且操作简单、方便。因此本次提标改造工艺推荐采用"芬顿+活性焦吸附"尾水处理工艺。

5.1.4.2　TN 去除工艺方案论证

1) 注意事项

(1) 实际进水 B/C 约为 0.12,经过水解酸化之后 B/C 约为 0.3。按照平均进水 COD_{cr} 373 mg/L 来计算,进入缺氧段的 BOD_5 约为 112 mg/L,由此计算 BOD_5/TN 为 2.2,远小于规范大于 4.0 的要求。因此要确保 TN 稳定达标,必须要首先解决外加碳源的问题。

(2) 根据现场调研,缺氧池污泥浓度平均值约为 3 g/L,污水厂冬季有加温措施,水温可维持在 20℃,当脱氮速率取 $0.045[kg(NO_3^-)/kg(MLSS) \cdot d]$ 时,依据设计进出水水质计算,缺氧池的停留时间需要达到 6 h。而目前缺氧段停留时间约为 4.5 h,因此确保 TN 稳定达标,还要提高缺氧段的停留时间。

(3) 另外,反硝化反应还与废水的酸碱度、溶解氧、ORP 值、抑制性物质、硝化液回流比以及搅拌条件等有关,在设计中以上因素均需考虑。

2) TN 去除工艺方案

基于以上认识,本次提标改造工程的 TN 达标排放将从以下几个方面着手:

(1) 增加碳源投加,并且选择易于生物降解的溶解性的有机物,如醋酸钠,其有效投加平均浓度控制在 100 mg/L 左右。

(2) 通过改造,增加缺氧段池容,考虑污泥浓度降低以及其他因素对反硝化的影响,停留时间留一定余量,保证缺氧段停留时间在 7 h 以上。

(3) 设计中考虑碱度投加、在线 pH/ORP/MLSS 监测等因素,保证运营单位能实时掌握可能影响反硝化工艺段的各因素。当出现特殊情况时,便于其有针对性调整运行参数,并以最快的速度使生化系统恢复正常运行。

6. 工程设计

6.1　设计原则

(1) 针对本工程的进水水质和出水标准,做到工艺设计安全、可靠,保证污水稳定达标处理。

(2) 合理处理和处置提标改造过程产生的生化污泥、物化污泥、生产废水和厂区生活污水,避免二次污染。

(3) 合理配置机电设备和仪表及自控系统,确保污水厂运转安全可靠、节能,管理操作简便。

(4) 充分考虑污水厂现状布局情况,在总平面布置上综合工艺、结构、建筑等各专业,做到合理布局,以降低工程投资,减少施工难度。

(5) 工艺设计与仪表设置合理,设备选型恰当,以节约能耗,降低污水厂长期运行费用。

6.2 设备选型原则

(1) 在满足构筑物工艺要求的前提下,设备选型力求经济合理、实用可靠。

(2) 设备的工作能力符合设计规模和处理水质的要求,考虑运行的方式,并设有一定备用量。

(3) 仪表选用合资或进口的先进设备,其余设备拟选用国内生产并经实践证明运行效果良好的先进设备,以确保污水厂的正常运行。

(4) 机械设备尽可能成套考虑,包括就地控制箱、连结电缆及运行所必需的附件。

(5) 所有设备的供货按要求实行招标采购。

(6) 控制方式采用就地控制及控制室集中控制两种方式。

(7) 潜水泵电机的防护等级为 IP68,其他配套电机和就地控制箱防护等级不低于 IP65,室内电机防护等级不低于 IP55。室外就地控制箱采用不锈钢(304)室外防雨型。

(8) 考虑到污水的腐蚀性,淹没于水中的设备、部件所用材料采用 SS304 不锈钢。

6.3 工艺设计

6.3.1 工程规模

本次提标改造工程设计规模 $Q=4$ 万 m^3/d。

本次扩建工程主要新增建构筑物包括中间水池、中和散气絮凝池、化学沉淀池、中间水池2、二次沉淀池、辅助生产用房以及配套的设备基础等。

6.3.2 处理工艺

根据第 5 章的论证,本工程污水处理拟在现状膜处理出水之后新增"Fenton 流体化床"深度处理工艺,并设置活性焦吸附作为把关措施;污泥处理采用"污泥浓缩与调理+离心机"的污泥处理工艺;除臭采用碱洗和除臭剂喷淋、光催化氧化吸附工艺。

6.3.3 工艺流程

提标改造工艺流程如图 6.3.3-1 所示。

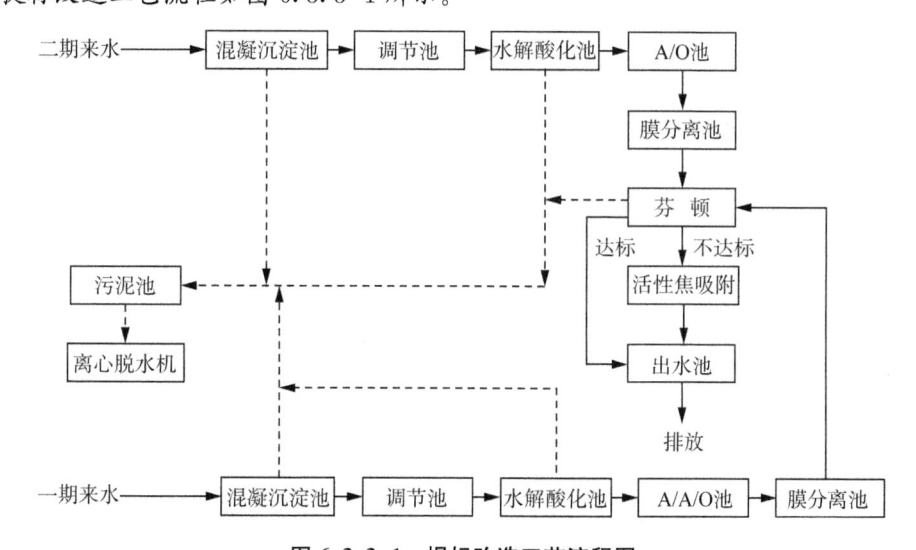

图 6.3.3-1 提标改造工艺流程图

6.3.4 主要建(构)筑物设计

6.3.4.1 中间水池

(1) 功能:收集一期、二期膜出水,并配水至后续 Fenton 流化床。

(2) 池体设计参数

① 设计规模:$Q=4.0$ 万 m^3/d;

② 设计停留时间:10 min;

(3) 池体尺寸:$L \times B \times H = 6.0\ m \times 6.0\ m \times 6.0\ m$。

(4) 配套设备

① 气控均质反应器系统

- 动力装置(尼可尼):2 台,$Q=40\ m^3/h$,$H=50\ m$,$N=18.5\ kW$;
- 溶气分离罐:2 台;
- 释放装置;
- 电控系统。

② 分水器

- 四向均布槽分水器,平均分配每槽格进芬顿氧化塔;
- 支撑架及液位开关;
- 平衡装配设备。

6.3.4.2 流体化床 Fenton 氧化塔

(1) 功能:对一期、二期膜出水进行处理,去除水中 COD_{cr}。

(2) 氧化塔设计参数

① 设计停留时间:21 min;

② 设备材质:316 L。

(3) 主要设备

① Fenton 塔尺寸:材质 316 L,$\Phi 3.85\ m \times 12.9\ m$;附属配件如下。

- 流体化床 Fenton 化学氧化处理槽分配板及分配板支撑架(材质 316 L,2 块/槽,$\phi 3.85\ m \times 10\ mm \times 721$ 个分配孔/块)。
- 流体化床 Fenton 化学氧化处理槽旋流布水器(721 个/槽×聚四氟材质(含 Teflon 垫片))。
- 流体化床 Fenton 化学氧化处理槽固/液分离装置及其固定装置(固液分离模块 1 组/槽;$\phi 3.85\ m \times 0.5\ m$ + 316 L 支撑架及固定装置)。
- 流体化床 Fenton 化学氧化处理槽检查维修装置平台(防腐+PP 格栅板)(1 座/槽)。
- 流体化床 Fenton 化学氧化处理槽担体(50 000 kg/槽×1 槽,0.3~0.5 mm,铁晶体催化剂)。

② Fenton 塔数量:4 座。

(4) 配套设备:

① 废水提升泵:采用卧式离心泵,3 台,2 用 1 备,过流采用铸铁,$Q=900\ m^3/h$,$H=20\ m$,$N=75\ kW$;

② 氧化塔循环泵:采用卧式离心泵,8 台,4 用 4 备,过流采用 SUS304,$Q=300\ m^3/h$,

$H=20$ m,$N=30$ kW;

③ 浓硫酸储槽:碳钢材质,2个,$V=20$ m³;

④ 98%硫酸加药泵:化工泵,2台,1用1备,过流采用 PVDF,$Q=0.5$ m³/h,$H=25$ m,$N=0.75$ kW;

⑤ 双氧水储槽:SUS304 材质,2个,$V=70$ m³;

⑥ 双氧水加药泵:化工泵,2台,1用1备,过流采用 SUS304,$Q=2.0$ m³/h,$H=25$ m,$N=1.5$ kW;

⑦ 硫酸亚铁加药泵:化工泵,2台,1用1备,过流防腐,$Q=20$ m³/h,$H=25$ m,$N=2.2$ kW;

⑧ 氢氧化钠储槽:碳钢防腐,2个,$V=70$ m³;

⑨ 氢氧化钠加药泵:化工泵,2台,1用1备,过流防腐,$Q=2$ m³/h,$H=25$ m,$N=1.5$ kW。

(5) 配套仪表

① 进水电磁流量计,2台,测量范围 0~900 m³/h,输出电流 0~20 mA;

② 超声波低液位开关,2台,测量范围 0~5 m;

③ 电磁流量计,8台,测量范围 0~300 m³/h,适用 pH 范围 2.5~4,输出电流 0~20 mA;

④ 在线 pH:4 台,测量范围 0~14;

⑤ 氧化槽 ORP 控制器:4 台,测量范围 -1 999~1 999 mV;

⑥ 双氧水电磁流量计:4 台,测量范围 0~5 m³/h,适用 pH 范围 2.5~6,输出电流 0~20 mA;

⑦ 硫酸亚铁电磁流量计:3 台,测量范围 0~20 m³/h,适用 pH 范围 2.5~6,输出电流 0~20 mA;

⑧ 氢氧化钠电磁流量计:3 台,测量范围 0~5 m³/h,适用 pH 范围 12~14,输出电流 0~20 mA。

6.3.4.3 中和散气絮凝池

(1) 功能:pH 调中性及 H_2O_2 散气。

(2) 设计参数

① 设计规模:$Q=4.0$ 万 m³/d;

② 设计停留时间:45 min,其中中和段、散气段及絮凝段各 15 min。

(3) 池体尺寸:钢筋混凝土防腐,$L\times B\times H=23.0$ m$\times 7.5$ m$\times 6.0$ m。

(4) 配套设备

① 絮凝池搅拌机:1 台,碳钢+衬胶材质,20 r/min,$N=0.75$ kW;

② PAM 一体化加药装置:1 台,PP 材质,$Q=1\,000$ L/h,$N=3.0$ kW;

③ 空气搅拌系统:5 套,其中中和段 2 套,散气段 2 套,絮凝段 1 套;

④ 反洗系统:2 套;

⑤ 锰碳催化填料:2 批,5~10 目。

(5) 配套仪表

① pH 仪表:2 台,测量范围 0~12。

6.3.4.4 化学沉淀池

(1) 功能:Fenton 反应后污泥沉淀。

(2) 设计参数

① 设计规模:$Q=4$ 万 m^3/d;

② 设计停留时间:1.8 h;

(3) 池体尺寸:钢筋混凝土,2 座,$L×B×H=30.0\ m×7.0\ m×6.2\ m$。

(4) 主要设备

① 行车式刮吸泥机:行走速度 1 m/min,1 台,$N=0.75\ kW$;

② 溢流堰:材质 SS304,2 套;

③ 污泥泵:$Q=20\ m^3/h,H=19\ m,N=1.5\ kW$;

④ 斜板填料:材质 PP,2 套。

6.3.4.5 中间水池 2

(1) 功能:化学沉淀池出水进入中间水池 2,作为进入活性焦吸附系统的缓冲段。

(2) 设计参数

① 设计规模:4 万 m^3/d;

② 设计停留时间:10 min;

(3) 池体尺寸:钢筋混凝土,1 座,$L×B×H=6.0\ m×6.0\ m×6.0\ m$;

(4) 主要仪表:超声波液位计 1 套。

6.3.4.6 活性焦吸附系统

(1) 功能:当 Fenton 出水不达标时,出水进入活性焦吸附系统作为出水最终保障系统。

(2) 设计参数

① 设计流速:$Q=6.25\ m/h$;

② 吸附塔材质:钢结构。

(3) 主要设备

① 活性焦吸附塔:28 座,$\Phi 3.5\ m×13\ m$;

② 活性焦再生装置:再生温度 680~720℃,1 套,再生能力 20 t/d,$N=1\,000\ kW$;

③ 全自动低磨耗液态高效排焦装置:1 套,规模 20 t/d,$\Phi=2.5\ m,h=4\ m$;

④ 再生活化装置:1 套,规模 20 t/d;

⑤ 湿焦分离及输送系统:1 套,规模 20 t/d;

⑥ 自动循环密封均匀配焦上焦装置:1 套,规模 2 t/d。

6.3.4.7 辅助生产用房

(1) 功能:配套 Fenton 氧化系统建设的储药加药间、变配电间以及控制中心;

(2) 建筑物尺寸:单层框架,1 座,$L×B×H=25.0\ m×9.0\ m×5.0\ m$。

6.4 厂区总平面及竖向设计

6.4.1 总平面布置原则

(1) 功能分区明确,构筑物布置紧凑,减少占地面积。

(2) 考虑近、远期结合便于分期建设,并使近期工程相对完整。
(3) 流程力求简短、顺畅,避免迂回重复。
(4) 变配电中心布置在既靠近污水厂进线,又靠近用电负荷大的构筑物处,以节省能耗。
(5) 辅助生产建筑物尽可能采用良好的朝向。
(6) 厂区绿化面积不小于30%,总平面布置满足消防要求。
(7) 交通顺畅,便于施工与管理。
(8) 方便人流、物流运输,主次道路分工明确。
(9) 设置回流管、局部超越管,各处理构筑物尽可能重力排空。

厂区总平面布置除了遵循上述原则外,具体还应根据城市主导风向、进水方向、排放水体、工艺流程特点及厂址地形、地质条件等因素进行布置,既要考虑流程合理、管理方便、经济实用,还要考虑建筑造型、厂区绿化及周围环境相协调等因素。

6.4.2 竖向设计

6.4.2.1 竖向设计原则

(1) 污水经提升泵房提升后能自流流经各处理构筑物,尽量减少提升扬程,节省能源。
(2) 出厂污水排入王港河口。
(3) 尽量减少厂区挖填方量,节省投资。
(4) 不受洪水淹没,防洪标准以50年一遇洪水标准设计。

6.4.2.2 厂区地面标高

根据上述防洪要求,并结合厂区自然地形标高,厂址目前地表高程在4.70~5.20 m(黄海高程系)左右。考虑到厂区排水方便,尽量减少填土方量并与周围道路相对衔接顺畅,厂区设计地面标高为5.00 m(黄海高程系)。

6.4.3 厂区管线

(1) 结合平面布置,依据工艺流程顺序依次布置生产构筑物,在保证生产工艺管线短捷、流程顺畅的同时,力求其他管线也短捷合理,并满足间距要求。
(2) 厂区生活用水取自市政供水管网,厂区供水管主要供门卫、加药间和污泥脱水间所用。考虑消防要求,污水厂的消防拟采用市政消防用水,并按规定距离设置消火栓,确保全厂安全。
(3) 厂区排水采用雨污分流制排水系统,厂区生活污水、生产废水经管道收集输送至粗格栅前池,与污水一道进行处理。
(4) 为避免发生积水事故,影响生产,在厂区设雨水管道,厂区雨水排入厂边雨水管网。
(5) 污泥管主要有化学沉淀的排泥管,设计考虑污泥的特点,尽量提高流速,以免淤积。
(6) 厂内电缆管线较为集中,设计采用电缆沟形式敷设,局部辅以穿管埋地方式敷设。

6.4.4 厂区道路及绿化

厂区路网按功能划分并按建、构筑物使用要求满足消防及运输要求。主干道宽6米,转弯半径9米，车间引道与门宽相适应，路面结构为沥青混凝土路面。污水厂通过两个出入口与厂外规划道路联通，交通便利。本工程建成后，厂内绿化率面积依然达到40%，并且厂区四周边界上已布置环状绿化带，形成一道防护屏障，以阻挡和削减污水可能散发的气味对厂界外的环境影响。

6.5 建筑设计

在建筑设计上，以"简洁、大方、时代性"为设计指导思想，以追求整体和谐为设计目标，解决好"人、建筑、环境"三要素的密切关系，使建筑与环境融为一体，相得益彰。

由于一二期已建设综合楼可供办公等需要，本工程不再重新建设，仅新建辅助生产用房。在整体风格上，建筑与一二期风格统一，同时通过适当的竖条窗来丰富立面，整体风格清新、时尚、简洁、大方。

6.5.1 总体布置

总体规划设计应从科学性、合理性和前瞻性三个方面出发，体现以人为本、与自然和谐共处，具有可持续发展潜力的花园式污水厂的设计思路，创造舒适、安全、实用、新颖的厂区环境，同时使规划设计符合国家有关技术标准、规范，符合城市总体规划框架，满足消防、安全、环保等要求。同时本污水处理厂场地紧邻之前两期工程场地，应尽量与之前工程项目保持一致。

在建筑总平面设计中，厂区在满足污水厂生产工艺流程优化、合理、高效、节能的前提下，通过不同宽度的道路，并结合污水处理厂场地的特点，合理地组织建筑总平面设计。把使用性质相近的建构筑物有机组合，使之既相对独立又各有区别，并便于管理联系的不同区域。

6.5.2 主要单体设计

污水处理厂综合楼使用一期已经建设的，本项目不再新建。污水处理厂设施的配套设备用房附属建筑设计，首先必须满足工艺的要求，然后再进行平面、立面的完善设计。根据工艺要求，附属建筑的平面基本上已经确定，功能布置也比较简单。故从建筑的角度出发，主要对其在立面上进行修饰，使之与全厂环境协调。对于这些建筑物的立面设计，应从材质、色调、建筑形式等方面出发，整体上与一二期建筑呈现同一风格。

6.5.3 建筑装修

在建筑装修环节，主要为附属水厂设备用房装修，具体装修部位是内外墙面、楼、地面、顶棚等。附属建筑装修风格与一二期保持一致。

6.5.4 建筑噪音控制、通风及防腐

1) 建筑噪音控制

(1) 合理进行总平面规划，本工程采用绿化隔离带把综合楼和鼓风机房隔开，鼓风机房开门方向远离办公楼，以减小鼓风机运转噪声对办公区域的影响。

(2) 通过在厂区周边位置以及建筑物周边种植绿化来隔离厂区外部噪音。

(3) 对于鼓风机房产生噪声，宜在建筑装修时，增加吸声材料。

2) 建筑通风措施

采光、通风是建筑节能设计的一个重要环节，应引起足够的重视，具体措施如下：

(1) 在总平面布局上，尽可能地把主要建筑朝向当地的夏季主导风向；

（2）通过合理设置门、窗等来满足建筑采光、通风、日照、视野等方面的要求。

3）建筑防腐蚀措施

（1）防止雨水、地下水、工业和民用的给排水、腐蚀性液体以及空气中的湿气、蒸气等侵入建筑物的主体材料，对建筑物的主要部位诸如屋面、墙面、地面等进行防水处理。

（2）对有防腐要求的建筑采用防腐涂料。

（3）对外露的铁件等进行防锈处理，喷涂防锈漆等。

6.5.5 景观及绿化设计

景观及绿化应尽量与一二期保持协调一致。

厂区与周围采用镂空围墙，临路侧采用钢格栅镂空围墙，形成开放空间，使污水厂内外既有分割又有联系。在厂区内适当位置设置景点，美化厂区内部环境。

生产区的绿化则以种植常绿灌木为主（如绿篱），同时在围墙四周和路边种植常绿高大乔木（株距5~6米）、藤木类植物及花卉，并铺小面积草坪衬托。在污水处理区为防止落叶不种植乔木。

厂区周围设防护绿化带，以乔木（常绿与落叶相间）和灌木间混栽植，一显绿色轮廓，二阻风沙的侵袭。间隙空地用草坪、花灌木、有当地特色的孤植观赏树木、宿根花卉等自然布植，绿化率大于30%。

6.5.6 建筑防火设计

根据《建筑设计防火规范》（GB 50016—2014）的要求对厂区整体规划及单体建筑进行防火设计，具体如下。

（1）根据厂区道路规划设计，合理布置消防车道，满足消防要求。

（2）对于厂区建筑，要满足防火间距要求。

（3）对于各个单体建筑，根据《规范》，明确建筑防火类别、火灾危险性分类、耐火等级和结构选型，建筑物构件的燃烧性能、耐火极限等均需满足规范要求。根据建筑的层数、长度和面积，合理划分防火分区、防火间距和疏散安全等。

6.6 结构设计

6.6.1 结构设计标准

在满足国家有关现行规范要求前提下，本工程项目设计应尽量满足其他各专业提出的要求，结构构件根据承载能力极限状态及正常使用极限状态的要求分别进行计算和验算。本工程设计使用年限为50年，结构安全等级为二级，抗震设防类别为标准设防类，框架抗震等级为四级。

6.6.2 设计主要参数

构筑物分别按池内有水、池外无土和池内无水池外有土工况设计。

回填土的重力密度为18 kN/m³；地下水位以下土的重力密度按有效密度10 kN/m³计。分项系数：对结构有利时为1，对结构不利时为1.27。

水池内的水压力按工艺设计提供最高水位计算，污水的重力密度为10.5 kN/m³，分项系数为1.27。

地面堆积荷载的标准值为10 kN/m³，分项系数为1.40；构筑物平台荷载一般取2.5~4.0 kN/m²，分项系数为1.40。其他按荷载规范及给排水结构规范采用。

地震条件：拟建场地抗震设防烈度为 8 度，设计地震分组为第三组，设计基本地震加速度值为 0.20 g，设计特征周期为 0.65 s。

6.6.3 构筑物防裂措施

结构按承载力极限状态验算强度和稳定性与在正常使用极限状态下的变形和裂缝，计算大偏拉构件和受弯构件裂缝开展，构筑物限制裂缝宽一般情况不超过 0.20 mm；对小偏拉和轴心受拉构建进行抗裂度验算。

6.6.4 主要建（构）筑物结构设计

本次建构筑物包含中间水池、中和散气絮凝池、化学沉淀池、中间水池 2、辅助生产用房以及配套的设备基础等。根据工艺提供水位、运行时所承担的作用、荷载以及大致尺寸等初步确定构（建）筑物的结构型式及材料。其中，中间水池、中和散气絮凝池、化学沉淀池、中间水池 2 为钢筋混凝土结构，辅助生产用房为钢筋混凝土框架结构。

6.6.5 地基基础

在建（构）筑物基础埋深较小时，无抗浮要求下，可将建（构）筑物基础或地板下方分布的软土挖除，采用砂石混合料换填，分层夯实至基底标高，以保证地基强度并减少建（构）筑物的沉降。

大型构筑物地下式或半地下式水池类结构，对地基不均匀沉降敏感以及荷载较大的建筑物，需验算其持力层承载力特征值是否满足设计要求，如不能满足要求需进行地基处理，具体由土质及环境等确定。

6.6.6 变形缝设计

（1）按《混凝土结构设计规范》(GB 50010—2010)、《给水排水工程构筑物结构设计规范》(GB 50069—2002)的要求，设置温度变化的伸缩缝，为了减少设置伸缩缝，需对超长构筑物设置加强带或后浇带的结构措施。

（2）按《建筑地基基础设计规范》(GB 50007—2011)的要求，根据建筑结构型式或基础类型的不同等设置沉降缝。

（3）按《建筑抗震设计规范》(GB 50011—2010)的要求，根据抗震设防烈度、建筑体型的复杂程度设置抗震缝。

（4）按《给水排水工程混凝土构筑物变形缝设计规程》(CECS 117—2000)的要求，设置变形缝。

6.6.7 主要材料

（1）混凝土强度等级：水池池壁、底板为 C30；平台、顶板、柱、基础为 C30；垫层、配重 C15。

混凝土抗渗等级：水池池壁、底板为 S6，混凝土水灰比≤0.5。外露的钢筋混凝土池体混凝土抗冻等级 F150。

砂石：骨料应级配良好，不得使用粉细砂，含泥量不超过 1‰，不得使用石灰岩等碱活性骨料，否则应控制混凝土中碱含量不得超过 3 kg/m³。

水泥：最小用量不得小于 320 kg/m³，不得使用火山灰质硅酸盐水泥和粉煤灰硅酸盐水泥，详见《给水排水工程钢筋混凝土水池结构设计规程》(CECS 138—2002)。

混凝土外加剂：不得采用氯盐作为防冻、早强的掺合料。应符合《混凝土外加剂应用技术规范》(GB 50119—2013)的规定。

(2) 钢筋及钢材

① 钢筋:直径 $d<12$,HPB235(Φ);$d\geqslant12$,HRB335,HRB400(Φ)。钢筋锚固长度及搭接长度按《混凝土结构设计规范》(GB 50010—2010)的规定进行计算。钢筋绑扎搭接、焊接应符合《混凝土结构设计规范》(GB 50010—2010)、《给水排水工程构筑物结构设计规范》(GB 50069—2002)。

② 钢材:Q235B。

③ 焊条:HPB235(Φ)采用 E430 系列焊条;HRB335,HRB400(Φ)采用 E500 系列焊条。

(3) 非承重墙体与砂浆:框架填充墙采用 MU10 空心砖,各层均为 M5 石灰水泥混合砂浆砌筑。

6.7 电气设计

6.7.1 设计范围

本次电气设计范围为污水处理厂提标改造工程供配电设计(包括 20 kV 高压变配电、380/220 V 低压配电)、工艺设备配电及控制、电缆敷设、照明及防雷接地设计等。

6.7.2 设计依据

(1) 其他现行国家设计规范和标准

(2) 其他相关专业提供的相关设计条件

(3) 当地供电部门规定、要求

(4) 业主提供的有关资料及所提要求

6.7.3 供电电源

本污水厂电力负荷按二级负荷考虑。两路 20 kV 电源进线,一用一备。

6.7.4 用电负荷

污水处理厂提标改造工程总装机功率约 1 303 kW,运行功率约 1 220 kW,有功功率约 996 kW,视在功率 1 066 kVA。变压器选取 SCB11-20/0.4 kV,2×1 600 kVA,66.6% 负载率。两台变压器,一用一备。

6.7.5 变配电设计

鉴于本工程的重要性,为了保证配电系统的可靠运行,设备选用优质产品。20 kV 变压器选用节能型干式变压器。在原高压间增设 20 kV 高压开关柜,选用中置式开关柜(具体与原有高压柜统一),20 kV 高压开关均选用真空断路器;柜内低压元器件(含变频调速设备)选用可靠性高的产品。

厂区内 0.4 kV 配电系统采用单母线分段方式。设置二台变压器,配置联络柜,两台变压器一用一备;当其中一台变压器故障时,母联断路器合闸,由另一台变压器承担两段母线上的二类负荷供电。

6.7.6 控制与保护

6.7.6.1 电气系统的控制方式

(1) 20 kV 线路断路器及变压器出线断路器均采用开关柜就地控制及微机综保后台机控制。

(2) 全厂参与工艺过程的用电设备电动机,其电气控制方式采用中控上位机操作和机旁就地控制相接合的两级控制方式。在所有电动设备附近均设有就地控制箱,就地控制箱上安装就地/远程转换开关、启动按钮、停机按钮,现场切换至就地,任何远控失权,现场可以实现安全的运行维护检修。

(3) 20 kV 系统

20 kV 受电回路设延时电流速断或过流保护,动作时限与上级变电站及下级馈线电流保护相配合。变压器回路设电流速断、过电流及变压器温度保护。20 kV 系统继电保护采用微机综合继电保护装置,保护监控单元按一次设备间隔就地安装,所有控制、保护、测量、报警等信号均在间隔的就地单元独立完成,并将工作信号、故障信号传送到水厂中控室计算机系统,实现 20 kV 配电系统的集中监视和打印报表。

(4) 低压系统

低压配电系统利用自动开关的过电流保护脱扣器实现对低压配电线路及用电设备的短路及过负荷保护,其中变压器低压侧总开关设过流速断、过流短延时、过负荷长延时以及单相接地故障(过流保护兼作接地故障)四段保护;配电开关及电动机保护开关设电流速断及过负荷长延时保护,拟利用自动开关的过电流保护兼作接地故障保护,当灵敏性不能满足要求时,设漏电保护;检修电源、空调插座、办公用插座的配电回路设漏电保护。

除上述电流保护外,变压器低压侧受电总开关还设置低电压保护,当变压器低压侧失电时,通过自动开关的失压脱扣器自动跳闸。

6.7.7 电力计量及功率因数补偿

根据地方电业部门规定,采用高供高计方式,在高压侧装设计量柜,对全厂用电进行计量,在低压侧装设专用照明计量抽屉柜,对全厂的生活照明进行计量。根据本工程高低压负荷均有的特点,本工程功率因数补偿采用低压侧集中自动补偿方式,补偿后的功率因数达到 0.92~0.95。

6.7.8 照明

照明电源采用 220/380 V 三相五线制系统,照明配电以树干式配电方式为主。本工程办公及生活场所以荧光灯照明为主,生产场所采用金属卤化物灯/节能荧光灯为光源的工厂灯照明。厂区道路照明选用高灯杆,光源为 150 W 高压钠灯(可根据实际情况考虑 LED 灯)。变电站等重要场所设置应急照明,确保停电后人员安全疏散。

6.7.9 防雷及接地

变电站等重要生产构筑物,按二类防雷建筑设避雷装置。其余辅助生产构筑物按三类建筑设防。

本工程接地系统为 TN-S 系统,防雷接地与保护接地采用联合接地系统,接地电阻不大于 1 Ω。

6.7.10 节能设计

为了使污水处理厂能够做到合理利用和节约能源,达到节能降耗、降低成本的效果,需采取以下节能措施:

(1) 设计优先选用低损耗变压器,力求降低用电设备自身损耗;

(2) 选用无功功率自动补偿装置,保证在大量感性负荷工作状态下,提高功率因数,

降低无功功率损耗,提高供电设备的能力;

(3) 合理选择变电站位置,力求使其处于负荷中心,从而最大限度减少配电距离,减少电缆线路损耗;

(4) 电缆采用铜导体,减少损耗。

6.8 自控及仪表设计

6.8.1 设计原则

全厂计算机自控系统采用工业界目前流行的控制模式,即开放的计算机网络系统加上流行通用的组态软件以及可靠通用的 PLC 模块。系统配置和功能设计按各工艺处理阶段少人值守的原则进行并遵循以下要求。

(1) 高可靠性:选用稳定可靠的工业控制系统产品,硬件上采用备用冗余技术,简化系统结构,减少出错环节。

(2) 先进性:控制系统应适应未来现场总线的技术的发展,性能价格比高。

(3) 灵活性:网络通信方式和系统组态灵活,扩展方便,可用性、可维护性好。并具有开放的软件通信协议。

(4) 实时性:控制系统对工况变化适应能力强,控制滞后时间短。

(5) 安全性:控制系统采用密码保护、程序所有人认定、程序文件/数据表格保护、存储器数据文件覆盖/比较/改写保护、通讯通道保护锁定等手段确保控制系统安全正常运行。

6.8.2 设计范围

本工程设计范围为污水处理厂内的计算机监控系统、仪表检测系统、安防系统及调度系统设计。

6.8.3 系统设计

6.8.3.1 系统结构设计

根据设计原则,本工程自控系统设计采用一个开放式结构体系的自动化系统,将系统与设备有机结合在一起用于监控生产。将信息流扩展到整个生产过程,利用企业的其他信息将工厂各车间连接成网络,从而实现过程控制数据与信息方便可靠地在 PLC 与外部设备之间交换。

作为一个开放式结构体系的自动化系统,其网络结构采用两层,即控制层和信息管理层。其中控制层用于各车间级 PLC 监控单元,信息管理层用于中控级监控主机单元。根据污水处理厂厂区生产性构、建筑物的平面布置,全厂设置若干 PLC 控制分站。

(1) 信息管理层

服务器、厂长办公室终端、工程师站、化验室终端及其他辅助设备组成信息管理层。信息管理层通信网络采用标准 TCP/IP 协议的以太网,由于网络电缆敷设条件较好,网络不采用双网冗余结构,通信电缆介质采用对绞屏蔽电缆,通信速率为 10 M/100 M 自适应。

厂部生产管理层由中、高档微机担当的工厂自动化综合服务体系和办公自动化系统组合而成,负责有关的生产管理、成本控制、质量管理等方面的综合处理,达到优化组合的目标。为使厂部管理人员更好、更直接地了解全厂生产情况,在厂部设置了三个计算机终端,即厂长室、工程师办公室和化验室计算机终端作为厂部生产管理层。

厂长室终端:可使厂长全面直接地了解全厂的生产情况,下达生产调度指令。

工程师办公室终端:可使工程师了解生产情况,及时处理生产过程中出现的一些技术问题及软件的二次开发。

化验室终端:化验人员将一些通过化验获取的水质参数输入计算机网络,以便计算机监控系统获取和保存更多的信息,为今后的生产运行提供更多的有参考价值的历史参数。

(2) 控制层

厂区内各现场PLC控制分站通过主干网络环形连接起来,作为控制层。主干网络介质采用单模铠装光纤电缆,网络光纤通信电缆可不受电缆间距限制敷设于电缆沟或电缆架桥中,避免通信电缆受到电力电缆的电磁干扰和防止雷电波沿通信电缆窜入损坏自控系统。

(3) 中心控制室

控制中心以操作监视为主要内容,兼有部分管理功能。

这一层是面向系统操作员和控制系统工程师的,因此需要配备功能强、手段全的计算机系统、确保系统操作员和系统工程员能对系统进行组态、监视和有效的干预,实现优化控制、自适应控制等功能,保证生产过程正常地运行。

控制中心设在中心控制室,控制中心由两台工业控制计算机、一台服务器组成。两台工控机一台用作监控计算机,一台用作管理计算机,两台计算机互为备用。本工程控制系统布线采用环网结构,信息系统布线采用星形结构,两者之间采用服务器连接及协调,以进一步提高整个计算机监控系统和信息系统的可靠性。

在中心控制室设置一套大型电子显示屏,与监控计算机及闭路电视监控系统通讯,以使值班人员更清晰地监视全厂的生产实况。两台打印机用于系统报表、报警信息及其他系统文件信息的打印输出。

(4) 自控系统管理功能

① 动态图形及实时数据显示图形

系统可以处理所有屏幕上的输入输出信号。可根据用户需要,利用其图形工具,对工艺图、动态曲线、历史趋势图、棒图及表格进行动态或静态显示。各种操作指导信息显示包括操作说明、操作步骤提示、设备代号说明等。这些画面将按最接近实际工艺流程的形式进行设计,使操作人员对现场有更客观的认识,以便于操作。

② 数据处理功能

系统从生产流程中提取数据,并加工成相关形式,数据也可以被写回生产路程。即数据控制与应用软件之间应采用双向(全双工)通讯方式。系统与生产流程中的PLC设备之间不需要增加专门的硬件接口,监控软件提供覆盖绝大多数专用PLC设备的软件接口。系统通过关系数据库将生产过程监控及数据处理能力与批量作业的高层描述管理功能集成,构成开放系统,便于对生产周期中的所有组合批量作业,进行自动化监控。

③ 生产报表的打印

系统提供丰富的报表功能。可根据用户要求,将各种信息以多种可选格式周期性打印(如日报、月报、年报、设备运行记录等)或随机性打印输出。

系统中任何数据点上的数据都可以按照操作员指定的速率进行采样并存贮在一个数据文件中,数据至少能保存一年不溢出,数据文件中的数据可以随时作为历史数据趋势显示,以供管理和操作人员分析和判断。数据文件支持流行的关系式数据库,数据归档支持分布式结构,并支持故障时的就地存储和转发。

系统能支持以工业标准数据交换协议来存取数据。操作员能用电子表格应用软件如 Microsoft Excel、Access 生成各类生产流程和系统运行状态的详细报表。报表包含所属的实时及历史数据。

控制系统能够对采集来的数据进行累计值、平均值、最大值、最小值的分析计算,能够定时、即时和条件打印生产报表;能够实时记录运行人员操作步骤,记录故障条件和时间。

根据建设单位管理需要,定制各类数据报表,以便分析管理,提高数据处理能力,降低运行费用。报表包括各类时段生产报表、电耗报表、矾耗报表、氯耗报表、水质报表、水泵运行参数报表等。

④ 日志功能

监控系统具有日志功能。对每天操作人员的交接班记录和各种操作进行日志登记工作,以便将来进行事故或故障的分析。

⑤ 趋势图的显示

生产过程定时采集的数据可自动制成实时、历史变化曲线。

⑥ 管理和维护功能

采用分级操作与维护的工作方式。所有人员进入系统操作必须首先进行登录,登录包括用户名称和口令,系统根据登录人的级别开放相应的功能;对于一般操作员只能进行简单的、系统正常情况下的操作;而对于系统的维护则应由系统管理员来完成。

⑦ 报警系统

报警系统提供过程中出现的故障、操作状态以及自动化过程中的综合信息,可帮助操作人员及时发现危险情况,以减少水厂运行过程中的严重事故和故障。这些信息以可见和可听的方式提醒操作人员,如某一监控回路出现故障,系统中相应监控画面中的回路部分会变色和闪烁,并伴有音响和报警信息提示操作员注意,同时将报警信息存储及打印输出。系统具有不同的信息类型和信息等级,以帮助操作人员能以最快的速度确认最重要的报警信息。

6.8.4 防雷及接地

系统防雷通过在设备电源和仪表信号处设置避雷器并通过接地系统的等电位连接,以达到最佳的防雷效果。

(1) 电源部分:在中央控制室设备和各 PLC 柜现场控制器的电源进线处均设置避雷器或电压保护器。

(2) 信号部分:在 PLC 的通信网络端口及 4~20 mA 模拟量信号的设备进线和出线端口设信号过电压保护装置。

(3) 为进一步提高系统的可靠性和稳定性,在系统中加入隔离继电器对所有的 DO/DI 模块进行防雷隔离,在系统中加入防雷模块对所有的 AO/AI 模块进行防雷隔离。

(4) 所有的"I/O"模块可在线检修,且具有热拔插功能,所有公共端隔离。

（5）在UPS监控设备前设置电源防雷过电压保护装置。

（6）仪表及监控设备安全接地可利用电气保护接地系统，但工作接地原则上自成系统，接地电阻不大于4Ω，接地极与电气接地装置之间距离不小于15 m。当现场限制工作接地必须与电气保护接地系统合用时，接地电阻不大于1Ω。

6.8.5 仪表、PLC及计算机的设计与选型

（1）仪表的选型

仪表的选型主要要考虑其工作环境的适应性，特别是传感器直接与污水接触，极易腐蚀结垢。一旦传感器失灵，再好的控制系统也无济于事，故传感器尽量选用非接触式、无阻塞隔膜式、电磁式和可自动清洗式。

根据工艺流程和现代化管理的需要，在工艺流程的各个部分分设电磁流量计、超声波液位计、压力、pH酸度计、温度计、浊度计等检测仪表和各类电量变送仪表。这些仪表均选用工业级在线式仪表，并根据安装环境的要求具有相应的防护等级。

（2）PLC的选型

目前生产PLC的厂家很多，各个厂家的PLC性能也千差万别，从地域来看可分为欧美、日本、国内三大类。国产公司的产品在国内的应用也相当普遍，其PLC在性能、通讯等方面都满足水厂自动化控制的要求，其售后服务响应速度均优于进口品牌。本工程建议采用国产高性价比可靠产品。

（3）工业控制计算机的选型

工业控制计算机选用全钢结构标准机箱带滤网和减震、加固压条装置，在机械震动较大的环境中能可靠运行。其电源采用大功率高可靠性电源装置，能保证其在电网不稳、电气干扰较大的环境中可靠运行。为解决散热及减少现场粉尘进入工控机还采用了高功率双冷风扇装置，同时工控机的通用部件采用标准化部件，且经严格测试及老化试验，确保整机质量。

综上所述，通过性能及价格等方面的比较，工业控制计算机建议采用进口产品中性价比较高的产品。

6.8.6 控制系统、检测仪表、配线及安装

进水、出水均设置在线监控仪表，包括：流量，悬浮颗粒浓度，pH，氨氮，COD。

各工段设置专用仪表配电箱，放射式向仪表供电。

仪表配线采用屏蔽电缆以抗外界信号干扰，敷设时与强电线路分开布置。在室内采用沿电缆桥架、电缆沟或穿管敷设相结合的方式，在室外采用穿管埋地暗敷。

检测仪表应尽可能地靠近取样点，以提高检测数据的实时性和准确性。室外变送单元置于仪表保护箱内。

PLC分站环境温度不超过35℃，中心控制室安装防静电地板和空调。

6.8.7 闭路电视监控系统

1）系统目标与要求

监控系统兼有工艺设备监视和厂区安全保卫两种功能，该系统采用计算机多媒体技术，组成一个全方位、全天候实时监视、控制系统，监控系统与计算机自动控制系统有机结合，以便管理人员及时掌握现场情况，实现科学、安全、高效的生产调度及管理系统。

2) 系统功能

监控系统建成后能满足以下功能要求：

(1) 每个监控点将图像信号、声音信号和报警信号准确无误地传送到中心控制室；

(2) 中心控制室对所有监控点的设备进行控制和操作；

(3) 中心控制室可对每个摄像机的图像进行存储和回放；

(4) 监控系统中传输通道选用有线双工光缆传输模式，同时在系统设置时充分考虑系统的可靠性、适用性、先进性、可扩容性和经济性。

3) 系统构成

本工程监控系统由三大部分组成：前端子系统、信号传输系统、中心控制显示系统。

(1) 前端子系统

监控前端子系统由摄像机、镜头、云台、调制解码器、音频采集装置、防护罩和安装支架等组成。

① 摄像机（包括镜头）

摄像机通过镜头把监控范围内的现场情况实时摄取后将光信号转换成电信号输出标准的视频信号。摄像机要求全方位360°摄取图像。

② 云台

云台要求具有上、下、左、右自动旋转的功能，根据现场情况中心控制室操作人员可以控制摄像机所摄取图像画面的大小及角度，令景象更加清晰可辨，监视所控范围内的现场情况。

③ 调制、解码器

调制、解码器由调制和解码两部分组成，调制器可将摄像机产生的视频信号转换成高频射频信号并通过混合器将多个信号混合在同一通道中传输。解码器是系统前端子控制信号的接收和转发装置，它负责接收中心控制室发出的各种控制指令，并将控制指令解码，然后分别送到相应的被控制设备上。

④ 防护罩及安装支架

防护罩及安装支架的安装应能有效防止摄像机被雨水侵蚀和外力损伤，防止灰尘污染镜头，保证所摄取的图像清晰。防护罩及安装支架的材质应具有防腐能力。

(2) 信号传输系统

信号传输系统包括传送各种视频、音频信号和控制、报警信号所需的各种接口、放大器和干线光缆传输系统应配备的各种调制解码器、混合器，实现用一根光缆传输多种信号的功能。

(3) 中心控制室显示系统

中心控制室显示系统由主控制器、视频、音频接口、监视器和多媒体电脑等组成。

主控制器包括中心视频、音频数据切换器，控制信号发生器，声光报警相应器、多画面分割器、时间日期发生器，控制键盘、长时间录像机（40天）等设备，将各种信号处理转换进行发送分配和接收分配时主控器的核心部分。

另外，控制中心还应设置一台专用的多媒体电脑与系统控制器相连。其不仅可以控制所有监控点的设备，还可以记录和保存所有的图像、语音信息。在中心控制室还应配置一台多媒体服务器与厂区PLC自动化系统进行数据交换。

利用中心控制室设置的大型电子显示屏显示控制点的图像。同时设置一台主监视器,主监视应能对所有的前端图像信号进行切换观看或调度指挥。

以上所有设备及传输系统都设置防雷击保护及过电压保护,保护监控系统设备的正常工作,避免雷击损坏设备。

6.8.8 通信设计

利用原有一二期厂区通信系统。

6.9 防腐

6.9.1 防腐重要性

在诸多灾难中腐蚀给人类带来的危害数不胜数。此外,腐蚀造成资源和能源的损失也是严重的,管道因腐蚀、结垢造成管径变小、摩阻增大、泵功率增加,导致的跑、冒、滴、漏现象不仅浪费了资源还引起严重的污染环境,甚至造成人身的伤亡事故,腐蚀的严重性不单是经济问题也是一个严重的社会问题。做好防腐工作有重要意义,它可以控制腐蚀灾难的发展进程,消除腐蚀事故,减少环境污染,节约生产成本。只要我们采取有效的防腐措施就可以夺回1/3的经济损失,这直接关系到国家现代化进程。

6.9.2 建(构)筑物防腐

(1) 为提高钢筋混凝土抗污水的侵蚀能力,我们将有针对性选择钢筋混凝土的外加剂,使其能与水泥的水化产物形成不溶凝胶,阻塞混凝土的毛细通路,以提高混凝土的密实度,达到混凝土防腐,钢筋防锈蚀的作用。

(2) 外露锈件:除锈后刷两遍无毒环氧防腐涂料。

6.9.3 设备及管道防腐

(1) 设备防腐

有针对性地选择抗老化不易锈蚀的材料以增加设备的耐久性,水下部分均采用加强防腐或不锈钢材料,水上部分采用铝合金或碳钢除锈后喷漆加强防腐。

(2) 管道防腐

根据不同的用途选择一些不需要进行特殊防腐处理的管道。如厂区的雨水、污水管道,采用 HDPE 管道;生产污水管、污泥管采用钢管,钢管采用环氧沥青防腐;给水管道采用塑料管既经济也不需要特殊防腐。

7. 环境保护

7.1 主要污染因素分析

本工程施工及营运时不可避免地产生一些局部的环境问题。在工厂设备正常运行情况下,将产生废气、污泥、设备噪声及生活污水、生活垃圾等,其主要污染如下。

施工期对环境造成的污染:

① 对征地的污染;

② 对生态的污染;

③ 对空气环境的污染;

④ 对声环境的污染。

营运期对环境造成的污染:

① 污泥等固体废弃物产生、处置对环境的污染;

② 恶臭对周围空气环境的污染；
③ 事故性排放、尾水集中排放对纳污水体水环境的污染；
④ 设备噪声对周围声环境的污染。

7.2 项目建设造成的环境污染及对策

7.2.1 项目施工期的环境污染及对策

1) 施工期产污来源及污染物种类

(1) 基础工程施工

在基础工程施工阶段（包括挖方、填方、地基处理、基础施工等），产生的污染源主要有打桩机、挖掘机、打夯机、装载机等运行时产生的噪声、弃土和扬尘。

(2) 主体工程施工

在主体工程施工过程中将产生混凝土搅拌、混凝土振捣及模板拆除等施工工序的运行噪声，以及运输过程中的扬尘等问题。

(3) 装修工程施工

在对建筑物的室内外进行装修时（如表面粉刷、油漆、喷涂、裱糊、镶贴装饰等），钻机、电锤、切割机等产生噪声，油漆和喷涂产生废气、废弃物料及污水。

综上所述，施工期环境污染问题主要是：建筑扬尘、施工弃土、施工期噪声、生活污水和混凝土搅拌废水。这些污染存在于整个施工过程，但不同污染因子在不同施工阶段污染强度不同。

2) 施工期污染物治理措施

(1) 扬尘

影响起尘量的因素包括：基础开挖起尘量、施工渣土堆场起尘量、进出车辆携带泥沙量、水泥搬运量，以及起尘高度、采取的防护措施、空气湿度、风速等。

治理措施：①进、出施工场地路口地面硬化；②干季适当洒水降尘；③及时清除运输车辆泥土和路面尘土；④建筑主体用密目安全网围护；⑤建材及建渣运输车辆密闭。

(2) 施工弃土

施工期间，基础工程挖土方量与回填土方量在场内周转，就地平衡、用于绿地和道路等建设，无外运弃土，但在施工期间有少量临时堆方。

处理措施：回填和绿化用土集中堆置，预备遮盖措施。管道施工弃土及时外运，临时堆放期间堆置于施工围栏内，预备遮盖措施。

(3) 施工期废水

施工期废水主要为工地生活污水和混凝土搅拌废水。

建设施工期间，施工单位不是同时进入现场，而是根据工期安排，分批入驻工地，因此，高峰时施工人员及工地管理人员合计近百人。

① 生活污水：施工期间，工地设简易住宿，工地生活污水按 20 L/人·d 计，产生量为 2 m³/d，以排放系数 0.8 计，排放量约为 1.6 m³/d。

治理措施：污水经简易旱厕处理后作农肥，不排放。

② 混凝土搅拌废水：施工期间产生少量混凝土搅拌废水。

治理措施：修简易沉淀池，经沉淀处理后循环使用，不排放。

(4) 施工期噪声

施工用机械设备有:推土机、打桩机、挖掘机、混凝土搅拌机、混凝土振捣器、摇臂式起重机、装载机、铆钉枪、夯土机以及运送建材、渣土的载重汽车等,均系强噪声源。

治理措施:①除主体连续浇注外,高噪声工种避免夜间施工;②高噪声的施工材料加工点(锯木、锯钢筋等)尽量远离厂外敏感点;③对拆模等工序加强管理,避免人为因素造成的施工撞击噪声;④进、离场运输工具限速,禁止鸣笛。

(5) 施工期生活垃圾

高峰时施工人员及工地管理人员近百人。工地生活垃圾按 0.4 kg/人·d 计,产生量为 40 kg/d。

处理措施:日产日清,由环卫车运至城市垃圾处理场。

(6) 水土流失

施工过程中场地临时堆方因结构松散,可能被雨水冲刷造成水土流失。

处置措施:管道施工:①及时清运多余弃土;②挖方作业避开雨季;③在场内雨水排放通道上建简易沉沙函;④管道工程完工后及时恢复施工迹地。

厂区施工:严格控制临时堆方堆置地点,不得沿河堆置。

7.2.2 项目营运期的环境污染及对策

(1) 固体废弃物

本项目固废产生分为两类,第一类是物化污泥,第二类主要为生活垃圾。

第一类固废主要产生于 Fenton 反应絮凝沉淀阶段,被截留在厂内。污泥经离心脱水机进行机械脱水,烘干后外运处置,包括填埋和协同水泥窑处置两种处置措施。

第二类固废为办公生活垃圾,厂区工作人员新增 10 人,办公生活垃圾产生量不多,对环境影响较小。

(2) 恶臭

本项目为提标改造工程,新建建(构)筑物基本不产生臭气,且现状臭气产生单元所产生臭气一部分通过管道收集进入 RTO 无害化处理,一部分收集进入生物滤池处理。

(3) 噪声

提标改造噪声源主要为泵类,声源强度 75~85 dB,可通过设置隔声、减震等方式降噪。

(4) 生活污水

项目新增劳动定员 10 人,厂区生活污水约 0.5 m³/d(最大小时 0.16 m³/h)。其主要污染物为 COD、BOD_5、SS,产生 COD_{cr} 浓度为 400 mg/L、BOD_5 为 200 mg/L、SS 为 200 mg/L。

治理措施:本项目产生的污水汇入厂区工艺单元,一并处理。

8. 劳动保护及安全卫生

污水处理厂生产过程中产生的危害,包括有害、火灾爆炸事故、机械伤害、噪声振动、触电事故、坠落及碰撞等。

8.1 主要危害因素分析

本工程的主要危害因素可分为两类:其一,为自然因素形成的危害和不利影响;一般包括地震、不良地质、暑热、雷击、暴雨等因素;其二,为生产过程中产生的危害,包括火灾爆炸事故、机械伤害、噪声振动、触电事故、坠落及碰撞等各种因素。

(1) 自然危害因素分析

① 地震

地震是一种能产生巨大破坏的自然现象,对构筑物的破坏作用更为明显。其作用范围大,威胁人员和设备的安全。

② 暴雨和洪水

暴雨和洪水威胁污水处理厂安全,其作用范围大,但出现的机会不多。

③ 雷击

雷击能破坏建、构筑物和设备,并可能导致火灾和爆炸事故的发生,其出现的机会不大,作用时间短暂。

④ 不良地质

不良地质对建、构筑物的破坏作用较大,甚至影响人员安全。同一地区不良地质对建、构筑物的破坏作用往往只有一次,作用时间不长。

⑤ 风向

风向对有害物质的输送作用明显,若人员处于危害源的下风向,则极为不利。

⑥ 气温

人体有最适宜的环境温度,当环境温度超过一定范围,会产生不适感,气温过高则会中暑;气温过低,则可能造成冻伤。对于设备而言,气温过高有可能损坏电气设备;气温过低则可能冻坏设备。

自然危害因素的发生基本是不可避免的,因为它是自然形成的;但可以对其采取相应的防范措施,以减轻人员、设备等可能受到的伤害或损坏。

(2) 生产危害因素分析

① 高温辐射

当工作场所的高温辐射强度大于 $4.2 J/(cm^2 \cdot min)$ 时,会使人体过热,产生一系列生理功能变化,使人体体温调节失去平衡,水盐代谢出现紊乱,对消化及神经系统造成影响,表现为注意力不集中,动作协调性、准确性差,极易发生事故。

② 振动与噪声

振动能使人体患振动病,主要表现为头晕、乏力、睡眠障碍、心悸、出冷汗等。

噪声除损害听觉器官外,对神经系统、心血管系统亦有不良影响。长时间接触,会使人头痛头晕,易疲劳,记忆力减退,使冠心病患者发病率增加。

③ 火灾、爆炸

火灾是一种剧烈燃烧现象,当燃烧失去控制时,便形成火灾事故,火灾事故能造成较大的人员及财产损失。

④ 次氯酸钠泄漏

次氯酸钠是一种强氧化药剂,发生泄漏有可能造成环境污染危害。人体接触后会对皮肤黏膜有腐蚀作用,引起皮肤红肿、疼痛和黏膜充血,长时间接触或暴露在高浓度条件下可能导致皮肤或黏膜的腐蚀性损伤,出现皮肤溃疡或坏死。

⑤ 其他安全事故

压力容器的事故会造成设备损失,危及人身安全。此外,触电、碰撞、坠落、机械伤害等事故均会导致人身伤害,严重时可造成人员的死亡。

8.2 措施

为保证生产安全运行,设计采取如下措施:

(1) 污水处理厂处理设施均按8度设防,其建、构筑物抗震设计严格按国家设计的有关规范要求进行。

(2) 污水处理厂厂址在防洪堤内且地势较高,不须考虑防洪。为防止大雨时厂内地面积水,影响正常生产巡检,厂内设雨水管道,及时排除雨水,保证安全生产。

(3) 辅助生产用房加药间内会散发有害气体,设计采用通风设施,提高加药间内的空气质量,以免气味造成不利影响。

(4) 为防止机械伤害及坠落事故的发生,生产厂所用的梯子、平台及高处通道均设置安全护栏,栏杆的高度和强度符合国家有关的劳动安全保护规定,设备的可动部件设置必要的防护网、罩,地沟、水井设置盖板,有危险的吊装孔、安装孔等处设安全围栏,水池边设置必要的救生圈,在有危险性的场所设置相应的安全标志、警示牌及事故照明设施。

(5) 各种用电设备均按国家标准作接零接地保护。建筑物按有关规定采取防雷措施。

(6) 电器设备的布置均留有足够的安全操作距离。

(7) 厂内给水系统及综合楼考虑消防要求,按规范要求设置足够的消火栓。

(8) 厂区总平面布置,各生产区域、装置及建筑物的布置均留有足够的防火安全间距,道路设计满足消防车通道的要求。

(9) 污水处理厂的设计中,应符合《工业企业设计卫生标准》(GBZ 1—2010)等有关规定,对含有害气体的单元应考虑风向和排除措施。

(10) 建筑物的设计要考虑给排水、采暖通风、采光照明等卫生要求。

(11) 绿化对净化空气、降低噪声具有重要作用,是改善卫生环境、美化厂容的有效措施之一。设计将充分利用厂区的空地,扩大绿化面积。

(12) 污水处理厂在运行前应制定相应的安全法规以确保处理厂的正常运行。

9. 消防

9.1 火灾危险性及防火措施

正常情况下,本工程不会发生火灾,只有在错误操作、违反规程、管理不当及其他非正常生产情况或意外事故下,才会由各种因素引发火灾。为预防火灾发生、减少火灾损失,应根据"预防为主、防消结合"的方针设计相应的防范措施和扑救设施。

9.2 总体布置

本次新建各建(构)筑物不应占用原消防通道,尽量保证消防通道的通畅。在火灾危险性较大的场所设置安全标志及信号装置,新增各类介质管道应刷相应的识别色。

9.3 建筑

本工程建构筑物的耐火等级均至少达到Ⅱ级。主要厂房均设两个出入口。本工程建构筑物的防火设计均严格按《建筑设计防火规范》(GB 50016—2014)的有关规定进行。

9.4 电气

本工程消防设施采用双回路电源供电,其配电线采用非延燃铠装电缆,明敷时置于桥架内或埋地敷设,以保证消防用电的可靠性。

建、构筑物的设计均根据其不同的防雷级别按防雷规范设置相应的避雷装置,防止雷击引起的火灾。

在爆炸和火灾危险场所严格按照环境的危险类别或区域配置相应的防爆型电器设备和灯具,避免电气火花引起的火灾。

电气系统具备短路、过负荷、接地漏电等完备保护系统,防止电气火灾的发生。

9.5 通风

辅助生产用房自然通风装置,自然通风换气次数≥3次/h。

非爆炸危险性厂房屋面设风帽进行自然通风,轴流风机采用防爆型。

经采取以上通风措施后,室内爆炸危险性气体浓度低于爆炸下限,是安全的。

9.6 消防给水

(1) 厂区利用现状消防系统,由室外消火栓系统组成,采用低压给水系统,最不利点的消火栓水压不低于10 m。厂区消防按同一时间内发生1起火灾考虑,室外消火栓用水设计流量为15 L/s,火灾持续时间2 h,消防水量为108 m³。

(2) 在厂区内铺设室外消防给水管网,管径DN100,接自厂内现状市政给水管道。室外消火栓沿道路布置,消火栓间距不大于120 m、距离路边不大于2 m、距离建筑外墙不宜小于5 m。

(3) 建筑物内按相关规范配置灭火器。

10. 节能

10.1 能源构成

某环境水处理某有限公司一级A提标改造工程处理工艺采用水解酸化、改良A2O生化池、MBR膜过滤、Fenton氧化、活性焦吸附工艺对进厂污水进行处理,处理过程中消耗的能源主要是水、电和部分药剂。

10.2 能源药剂消耗分析

本项目主要消耗的能源包括:

(1) 污水、污泥处理设备的电耗:水泵、搅拌设备、活性焦再生设备等;

(2) 生活及照明等能耗;

(3) 流体化床Fenton、絮凝沉淀、尾水消毒所需的药耗;

(4) 生产、生活及消防用水。

10.3 节能措施

在工程设计中应采取行之有效的节能措施,主要有:

(1) 提升泵采用变频设计,根据水池内液位高度调整水泵转速;污泥回流泵采用高效节能潜水泵,提高水泵效率。

(2) 厂区道路照明采用感光自动控制,建筑物内灯具控制根据生产要求及自然采光情况分组控制。照明灯具采用高效节能灯具。

(3) 厂区绿化、道路浇洒、冲洗车辆等采用污水处理厂处理后尾水,减少地下水的开采。

(4) 供电设计采用低损耗干式变压器及新型无功补偿装置,提高功率因数。

(5) 本工程建筑采用节能技术,外墙采用新型保温材料,门窗采用双层真空玻璃,使建筑具有较好的隔热保温性能,确保建筑物环保节能。

10.4 新工艺的应用

(1) 采用流体化床Fenton深度处理技术+活性焦吸附保障工艺,出水稳定,可靠。

(2) 本污水处理厂采用先进的PLC控制技术,污水处理厂自动化控制水平高,完全做到集中监控,使本污水处理厂成为真正意义上的现代化污水处理厂的典范。

10.5 新技术的应用

(1) 自控设计方案对全厂进行分散控制和集中管理,大大地提高了系统的可靠性和稳定性。各现场控制单元还可独立运行,并通过通讯总线与中央控制室连接,组成全厂集中管理系统。

(2) 自控仪表多选择具有免维护特性的设备、水质分析仪表,多采用具有自动清洁、清洗功能的传感器,大大降低其运行维护工作量和费用,为自控仪表长期可靠的运行提供了技术保证。

10.6 新材料的应用

结合实际需要,在本工程中管材选用新型材料,大大减少今后运行管理中维修工作量,使污水厂运行更有保证,更为可靠。

根据以往的设计与施工经验,在大型污水处理厂的贮水钢筋混凝土构筑物中,添加高效外加剂在减水增强,抗渗,补偿混凝土的温度应力,抗腐蚀等方面都获得较为明显的效果,而且可将伸缩缝的长度由20米加长到80米左右。

11. 土地利用、征地、拆迁与社会稳定

根据有关重大事项社会稳定风险评估工作方案,建设项目在可行性研究阶段需要对"有可能在较大范围内对人民群众生产、生活造成影响的市政规划、重大工程项目建设和环境建设"等,必须对社会稳定风险进行评估。

11.1 污水处理厂土地利用

污水处理厂用地属于工业用地,本工程用地符合总体规划中工业用地的用地性质。

11.2 征地

污水厂提标工程在现有征地范围内进行,无须新征用地。

11.3 拆迁

本工程不存在拆迁。

11.4 风险防范措施

(1) 重视施工期的环境保护工作,尤其重视施工期夜间作业的噪声扰民,严格执行当地有关部门制定的各项规定,同时要求建设单位加强文明施工,尽量缩短工期,最大限度减少建设施工对周围环境的不利影响。

施工期间主要的环境影响有噪声、扬尘、弃土、土壤、植被、生活垃圾及生活污水的影响,以及对交通和现有排水体系的影响。

(2) 公安部门在工程全过程加强综合治理工作,保持征地涉及区域日常治安环境的良好。

11.5 结论

本工程用地性质符合规划要求,建设用地是在现状用地范围内进行,不存在征地、拆迁等问题,在做好12.5小结内容基础上,风险在可接受范围内。

12. 项目建设计划与实施管理

12.1 实施原则与步骤

首先,工程项目的实施应符合基本建设项目的审批程序。其次,成立专门机构作为项目法人,负责项目实施和今后的运行管理工作。最后,项目法人会同设计、施工、监理等承包方协商制订项目实施计划。

12.2 项目建设进度

为保证本工程的顺利进行,应设立工程项目部,专门负责工程建设的组织、协调、实施等工作。

12.3 计划主要履行单位的选择

由于本工程对参与履行项目供货、设计、施工安装的单位均要进行严格的资格审查,并应将审查程序和结果以书面形式报告各有关部门,并存档备案。

(1) 供货设备的供货将采用国内招标的方式来确定供货商。

(2) 为确保本项目工程的顺利进行,建议选择国内知名度较高并且具有丰富经验的设计单位承担工程设计工作。

(3) 土建施工

土建施工必须从具有城市污水处理厂施工经验的专业施工单位中选择。本工程建议由项目执行单位对各施工单位进行资格审查后,通过招标方式确定。

(4) 设备和电气仪表自控系统的安装应分别选择专业安装单位,由项目执行单位进行资格审查后,通过招标方式确定。

12.4 工程招投标

依据《中华人民共和国招标投标法》,为了保护国家利益、社会公共利益和招标人具相当规模活动作为当事人的合法权益,提高经济效益,本工程对土建工程、设备和材料的供货与安装等进行招标。

(1) 招标范围

主要招标范围为提标改造工程的土建工程、设备和材料的采购与安装工程等。

(2) 招标组织形式

招标工作小组由项目建设单位委托具有法人资格的代理招标单位负责组成,负责承办招标的技术性和事务性工作,决策仍由项目建设单位决定。

(3) 招标方式

采用公开招标的方式,由招标单位通过报刊、广播、电视等方式发布招标信息,投标单位根据招标信息,在规定的日期内向招标单位申请投标。

(4) 工程分包

根据本工程的组成,拟分2个合同包进行招标:

① 污水处理厂土建工程包;

② 污水处理厂设备和材料的采购、安装、调试及试运行包。

12.5 设计施工与安装

污水处理厂工程的设计、施工和安装必须按照国家现行的专业技术规范与标准执行。所有进行的设计联络和技术谈判将在业主方的主持下,由承担项目设计的单位会同项目执行单位一同参加,设计联络的安排及设计资料的提供将在商务合同中明确。设备的安装与调试必须在供货商的指导下进行,有关设备安装与调试的详细资料与供货清单应在设备到货前提供,有关的细节将在商务合同中明确。所有关于项目设计、施工、安装等方面的技术文件都应存入技术档案以备查用。

12.6 调试与试运转

(1)国内配套设备的调试可根据有关的技术标准进行或由供货单位派人进行技术指导。

(2)进口设备的调试必须由供货商指导进行,有关的细节可在商务谈判中商定并写入商务合同。

(3)试运转工作应邀请供货商、设计单位、安装单位共同参加。试运转操作人员上岗前必须通过专业技术培训。

(4)有关设备调试,通水试运转以及验收等工作的技术文件必须存档备查。

12.7 运行管理及人员编制

(1)组织管理措施

① 建立健全完善的生产管理机构。
② 对入厂职工进行必要的资格审查。
③ 组织操作人员进行上岗前的专业技术培训。
④ 聘请有经验的专业技术人员负责厂内的技术管理工作。
⑤ 选派专业技术人员到外厂进行技术培训。
⑥ 建立健全包括岗位责任制和安全操作规程在内的工厂管理规章制度。
⑦ 对职工进行定期考核并实行奖惩制度。
⑧ 组织专业技术人员提前进岗,参与施工、安装、调试、验收的全过程,为今后的运转奠定基础。

(2)技术管理措施

① 会同环保部门监测进水水质,监督工厂企业按要求排放,排放标准严格按照国家标准《污水综合排放标准》(GB 8978—1996)《污水排入城市下水道水质标准》(GB/T 31962—2015)及当地环保部门的批复要求执行。

② 对污水处理厂的进出水水量、水质进行检测、化验、分析,根据水量水质的变化调整运行工况。

③ 及时整理汇总分析运行记录,建立运行技术档案。
④ 建立施工验收与交接档案。
⑤ 建立设备使用、维修档案。
⑥ 建立设备使用、维护制度。
⑦ 建立信息交流制度,定期总结运行经验。

(3) 人员编制

污水处理厂人员编制系根据住房和城乡建设部2001年实施的《城市污水处理工程项目建设标准》确定。因此,参照国内同行业及现有污水处理厂定员情况,同时考虑工程规模及自控水平,本次工程人员编制在《城市污水处理工程项目建设标准》规定的总人员定额的基础上进行了适当调整,减少总人数。按照上述分析,提标改造工程增加人员总数为10人,劳动定员组成见表13.7-1。

表13.7-1 人员编制表

序号	机构设置		人员(人)	比例(%)	备注
1	管理及工程技术人员		2	20	新增人员
2	直接生产人员	值班、维修工人	4	60	新增人员
		中心控制室	1		
		化验室	1		
3	辅助生产人员		2	20	新增人员
	合计		10	100	

13. 工程投资及运行费用

13.1 编制依据

(1) 建设部关于印发《市政工程投资估算编制办法》的通知(建标〔2007〕164号)。

(2) 建设部关于印发《市政工程投资估算指标(第四册 排水工程)》的通知(HGZ 47—104—2007)。

(3) 国家、省、地方其他有关规定和取费标准。

(4) 当地建设工程材料现行市场价。

(5) 相关设备厂家询价文件。

(6) 同类工程投资指标。

13.2 费用计算

13.2.1 工程费用

建筑安装工程造价按照《市政工程投资估算指标》及同类工程投资指标计算,其中材料费、人工费、机械费按照现行价格调整。设备购置费根据生产厂家提供的设备参考价及有关价格资料综合计算。

13.2.2 工程建设其他费用

(1) 建设用地费:本项目实施过程中永久性占用各种土地的征地费、拆迁补偿费以及施工临时占地的征地拆迁费均不包括在本次投资估算中。

(2) 建设单位管理费、项目建设管理费:按财政部《基本建设财务管理规定》(财建〔2002〕394号)文件执行。建设工程监理费:按国家发改委、建设部《建设工程监理与相关服务收费管理规定》(发改价格〔2007〕670号)文件执行。

(3) 建设项目前期工作咨询费:参照国家计委《建设项目 前期工作咨询收费暂行规定》(计价格〔1999〕1283号)文件,结合市场相关价格。

(4) 工程勘察费:参照按建设部《市政工程投资估算编制办法》(建标〔2007〕164号)文

件执行,按工程费用的0.8%计。工程设计费:参照按国家计委、建设部发布的文件执行。施工图预算编制费:按设计费的10%计。

(5) 环境影响咨询服务费:结合市场相关价格取定。

(6) 劳动安全卫生评价费:按建设部《市政工程投资估算编制办法》(建标〔2007〕164号)文件执行,按工程费用的0.1%计。

(7) 场地准备费及临时设施费:按建设部《市政工程投资估算编制办法》(建标〔2007〕164号)文件执行,按工程费用的0.5%计。

(8) 工程保险费:按建设部《市政工程投资估算编制办法》(建标〔2007〕164号)文件执行,按工程费用的0.3%计。

(9) 生产准备费:按设计定员人数的60%,6个月培训期计。办公及生活家具购置费:按每人1000元计。工器具及生产家居购置费:按设备购置费的1%计。

(10) 联合试运转费:按建设部《市政工程投资估算编制办法》(建标〔2007〕164号)文件执行,按设备购置费的1%计。

(11) 招标代理服务费:参照建设部《市政工程投资估算编制办法》(建标〔2007〕164号)文件执行。

(12) 施工图设计审查费:按工程费用的0.06%计。

(13) 市政公用设施费:考虑本项目可能需要电网增容,估算相关费用。

(14) 工程造价咨询服务费:考虑本项目可能需要委托造价咨询单位进行招标控制价/工程量清单编制,驻场跟踪审计,结算审计等工作。

13.2.3　预备费

预备费为基本预备费,按工程费与其他费用之和的5%计。价差预备费根据《国家计委关于加强对基本建设大中型项目概算中"价差预备费"管理有关问题的通知》(计投资〔1999〕1340号)文件,暂不计。

13.2.4　建设期贷款利息

资金来源中,自有资金为30%,银行贷款占70%。建设期1年。

13.2.5　铺底流动资金

全部流动资金的30%计入工程总投资。流动资金按详细估算法估算。

13.3　投资估算

工程总投资:9 997.45万元。

投资估算表

项目名称：某环境水处理有限公司一级A提标改造工程

序号	工程或费用名称	概算金额（万元）				投资比例	技术经济指标			备注
		建筑工程	安装工程	设备及工器具购置	其他费用	合计		单位	数量	单位价值（元）	
	建设项目总投资（Ⅰ+Ⅱ+Ⅲ+Ⅳ+Ⅴ）	750.00	7 000.00	624.00	1 623.44	9 997.44	100.0%				
	固定资产投资＝工程造价（Ⅰ+Ⅱ+Ⅲ+Ⅳ）	750.00	7 000.00	624.00	1 558.44	9 932.44	99.3%				
Ⅰ	工程费用	750.00	7 000.00	624.00		8 374.00	83.8%				
1	Fenton反应系统	550.00	2 800.00	252.00		3 602.00	36.0%				
2	活性焦系统	100.00	3 800.00	342.00		4 242.00	42.4%				
3	生化池改造	70.00	50.00	10.00		130.00	1.3%				
4	其他改造	30.00	350.00	20.00		400.00	4.0%				
Ⅱ	工程建设其他费用				925.97	925.97	9.3%				
1	建设用地费				0.00	0.00	0.0%				暂不考虑
2	建设管理费				228.78	228.78	2.3%		差额累进法		
	建设单位管理费				96.74	96.74	1.0%		内插法		按财政部：财建(2002)394号文件执行
	建设工程监理费				132.04	132.04	1.3%				按国家发改委/建设部：发改价格(2007)670号文件执行
	建设项目前期工作咨询费				40.00	40.00	0.4%				参照国家计委：计价格(1999)1283号文件执行
	编制项目可行性研究报告				30.00	30.00	0.3%				
3	评估项目可行性研究报告				10.00	10.00	0.1%				参照国家计委：计价格(1999)1283号文件执行

续表

序号	工程或费用名称	概算金额(万元)					投资比例	技术经济指标			备注
		建筑工程	安装工程	设备及工器具购置	其他费用	合计		单位	数量	单位价值(元)	
	项目申请报告					0.00	0.0%		内插法		参照国家计委:计价格(1999)1283号文件执行
	评审项目申请报告					0.00	0.0%		内插法		参照国家计委:计价格(1999)1283号文件执行
4	勘察设计费				333.40	333.40	3.3%				
	工程勘察费				46.89	46.89	0.5%				参照建设部:建标(2007)164号文件执行
	工程设计费				260.46	260.46	2.6%		内插法		参照国家计委、建设部:计价格(2002)10号文件执行
	施工图预算编制费				26.05	26.05	0.3%				按建设部:建标(2007)164号文件执行
5	环境影响咨询服务费				15.00	15.00	0.2%				按实际发生费用计入
6	劳动安全卫生评价费				0.00	0.00	0.0%				按建设部:建标(2007)164号文件执行
7	场地准备费及临时设施费				41.87	41.87	0.4%				按建设部:建标(2007)164号文件执行
8	工程保险费				25.12	25.12	0.3%				按建设部:建标(2007)164号文件执行
9	生产准备及开办费				93.24	93.24	0.9%				
	生产准备费				9.00	9.00	0.1%	人	5	5 000	按建设部:建标(2007)164号文件执行
	办公及生活家具购置费				0.50	0.50	0.0%	人	5	1 000	按建设部:建标(2007)164号文件执行

续表

| 序号 | 工程或费用名称 | 概算金额（万元） ||||投资比例| 技术经济指标 |||备注|
		建筑工程	安装工程	设备及工器具购置	其他费用	合计		单位	数量	单位价值（元）	
10	工器具及生产家具购置费				83.74	83.74	0.8%				按建设部：建标（2007）164号文件执行
	联合试运转费				6.24	6.24	0.1%				参照建设部：建标（2007）164号文件执行
11	招标代理服务费				27.30	27.30	0.3%		差额累进法		参照国家发改委：发改办价格（2003）857号文件执行
12	施工图审查费				5.02	5.02	0.1%				按苏价服（2004）26号文件执行
13	市政公用设施费				30.00	30.00	0.3%				
14	工程造价咨询服务费				80.00	80.00	0.8%				苏价服（2014）383号文
15	防洪影响评价报告				0.00	0.00	0.0%				
16	入河排污口设置论证报告				0.00	0.00	0.0%				
Ⅲ	预备费				465.00	465.00	4.7%				
1	基本预备费				465.00	465.00	4.7%				按建设部：建标（2011）1号文件执行5%
2	价差预备费				0.00	0.00	0.0%				不计取
Ⅳ	建设期利息				167.47	167.47	1.7%				按建设部：建标（2007）164号文件执行
	其中：可抵扣固定资产进项税额	68.18	636.36	86.07		790.61					
Ⅴ	铺底流动资金				65.00	65.00	0.7%				

13.4 运行费用

依据详细计算法,对本项目的运行成本进行分析计算,具体见表13.4-1。

表13.4-1 提标改造工程运行成本表

序号	费用名称	总价(万元)	数量(万 m^3)	单价(元/m^3)
1	药剂	19.72	4.0	4.93
2	污泥处置费	6.80	4.0	1.70
3	电费	5.00	4.0	1.25
4	设备维修保养费	0.92	4.0	0.23
5	人员工资	2.04	4.0	0.51
总计	/	34.48	20.0	8.62

综上,提标后,每天新增运行成本为8.62元/t污水。

14. 工程效益评价

14.1 环境效益

某环境水处理有限公司一级A提标改造工程主要出水水质指标能稳定达到甚至优于出水标准。

本工程建成后,将大大降低污水对开发区环境的污染,预计工程建成后污染物质每年的削减量(按照4.0万 m^3/d 核算)如表14.1-1所示。

表14.1-1 主要污染物年去除表

项目	COD_{cr}(mg/L)	NH_3-N(mg/L)	TN(mg/L)
现状设计出水水质	80	15	/
本次设计出水水质	50	5(8)	15*
污染物指标	COD_{cr}(t)	NH_3-N(t)	TN(t)
去除量	438	146	511

14.2 经济与社会效益

该工程的实施,使盐城某港区范围内水环境得到进一步改善,尽管污水治理工程并不直接产生经济效益,但污水厂的建设可显著提高区域内投资环境,有利于区域经济的可持续发展。

15. 结论与建议

15.1 结论

(1)根据《省政府办公厅关于印发全省沿海化工园区(集中区)整治工作方案的通知》(苏政办发〔2018〕46号)、《盐城市人民政府办公室关于印发全市化工园区整治工作实施方案的通知》(盐政办发〔2018〕46号)、《关于印发某区化工园区整治工作实施方案的通知》(大政办发〔2018〕66号)等文件精神,2019年8月起,某港石化新材料产业园集中污水处理厂主要水污染物(主要污染物为COD、氨氮、总氮、总磷)排放执行《城镇污水处理厂污染物排放标准》(GB 18918—2002)中一级A。因此有必要对某环境水处理有限公司进行一级A提标改造工程。

(2)本工程服务范围:现有工程的服务范围为某港石化新材料产业园王港河以南部

分的工业废水和生活污水,总面积约 17.5 km²,主要接管规划服务范围内的 22 家企业产生的工业废水以及生活污水。

(3) 某环境水处理有限公司一级 A 提标改造工程进、出水水质见表 15.1-1。

表 15.1-1　工程进、出水水质

序号	水质指标	进水水质设计值(mg/L)	出水水质设计值(mg/L)
1	化学需氧量(COD_{cr})	500	≤50
2	生化需氧量(BOD_5)	150	≤20
3	悬浮物(SS)	400	≤70
4	氨氮(NH_3-N)	50	≤5(8)
5	总氮(TN)	50	≤15
6	总磷(TP)	2	≤0.5
7	pH	6~9	6~9

(4) 联合水处理有限公司一级 A 提标改造工程规模为 4.0 万 m³/d,处理工艺拟在现状 MBR 膜池后增加"流化体床 Fenton+活性焦吸附"深度处理工艺,并对现状 A/O 生化池进行改造以满足脱氮需求,污泥处理采利用现状离心脱水工艺,尾水排放至王港河。

(5) 联合水处理有限公司一级 A 提标改造工程建成后,每年可减少排入河道的污染物总计:COD_{cr} 438 t/a,NH_3-N 146 t/a,TN 511 t/a。

(6) 联合水处理某有限公司一级 A 提标改造工程总投资为 9 997.44 万元,其中工程费用 8 374.00 万元,工程建设其他费用 925.97 万元,工程预备费 465.00 万元,建设期利息 167.47 万元,铺底流动资金 65.00 万元。

15.2　建议

(1) 尽快落实项目建设资金;

(2) 尽快进行环境影响评价和各项审批手续办理等前期工作,为项目的尽快实施创造有利条件;

(3) 本工程实施后,经济效益、社会效益和环境效益显著,应尽快建成,并投入使用。

7.3　纺织染整园区污水处理工程设计

案例二　苏南某印染园区污水处理厂工程设计

1. 概况

根据项目业主提供的废水资料及现场踏勘情况,本项目印染废水处理系统设计处理规模 20 000 m³/d,中水回用处理系统设计处理规模 20 000 m³/d,深度处理系统设计处理规模 10 000 m³/d,中水回用率为 50%;尾水排放量为 10 000 m³/d,年工作时间按 300 天计,则年尾水排放量为 300 万 t。

2. 规模论证

根据项目业主提供的废水资料及现场踏勘情况,本项目印染废水处理系统设计处理规模 20 000 m³/d,中水回用处理系统设计处理规模 20 000 m³/d,深度处理系统设计处理规模 10 000 m³/d,中水回用率为 50%;尾水排放量为 10 000 m³/d,年工作时间按 300 天计,则年尾水排放量为 300 万 t。

3. 设计进出水水质确定

3.1 设计进出水水质

3.1.1 设计进水水质

为明确本项目设计进水水质,以期为项目工艺设计提供依据,本方案根据项目业主方提供的拟入驻企业资料,并按照机织类、针织类、纱线类和毛织类分别挑选了 1~2 家有代表性的企业进行了现场采样送检分析,上述调研企业排放的生产废水水质情况详见表 3.1-1~3.1-4。

表 3.1-1 机织类调研企业生产废水水质情况一览表

企业名称	废水排放量 (t/a)	pH (无量纲)	COD$_{cr}$ (mg/L)	NH$_3$-N (mg/L)	TN (mg/L)	TP (mg/L)
江阴市某纺织印染有限公司印花分公司	800 000	11.20	1 750	28.90	97.80	10.10
江阴市某染织有限公司	430 000	6.53	546	5.20	9.70	4.25
合计水量/平均水质	1 230 000	11.00	1 329	20.61	67	8.05

表 3.1-2 针织类调研企业生产废水水质情况一览表

企业名称	废水排放量 (t/a)	pH (无量纲)	COD$_{cr}$ (mg/L)	NH$_3$-N (mg/L)	TN (mg/L)	TP (mg/L)
江阴市某纺织印染有限公司	850 000	6.72	465	5.5	10.6	4.79
江阴市某印染有限公司	250 000	9.34	578	3.7	12.7	1.5
合计水量/平均水质	1 100 000	8.68	491	5.09	11.07	4.04

表 3.1-3 纱线类调研企业生产废水水质情况一览表

企业名称	废水排放量 (t/a)	pH (无量纲)	COD$_{cr}$ (mg/L)	NH$_3$-N (mg/L)	TN (mg/L)	TP (mg/L)
江阴市某纺织有限公司	252 000	6.45	998	23.5	28.6	3.58
江阴市某染整有限公司	640 000	7.01	222	1.6	3.9	0.58
合计水量/平均水质	892 000	7.00	441.22	7.78	10.87	1.42

表 3.1-4 毛织类调研企业生产废水水质情况一览表

企业名称	废水排放量 (t/a)	pH (无量纲)	COD$_{cr}$ (mg/L)	NH$_3$-N (mg/L)	TN (mg/L)	TP (mg/L)
江阴市某羊绒有限公司	60 000	5.8	1 945	23.9	25.3	2.1

根据前述表 3.1-1~3.1-4 各类型调研企业生产废水实际水质情况,结合各类生产废

水的水量情况,本项目混合废水水质情况详见表3.1-5。

表3.1-5 混合废水水质情况一览表

项目	水质指标				
	pH(无量纲)	COD_{cr}(mg/L)	NH_3-N(mg/L)	TN(mg/L)	TP(mg/L)
混合废水	10.72	818.04	11.98	32.24	4.80

根据表3.1-5所示混合废水水质情况,结合《印染行业废水治理工程技术规范》(DB44/T 621—2009)中针对棉纺织印染废水和毛纺织印染废水相关污染物指标数据,本项目印染废水设计进水水质情况详见表3.1-6。

表3.1-6 印染废水设计进水水质

序号	指标	数值	单位
1	pH	≤11	无量纲
2	SS①	≤200	mg/L
3	COD_{cr}	≤1000	mg/L
4	$BOD_5$②	≤300	mg/L
5	氨氮	≤20	mg/L
6	总氮	≤40	mg/L
7	总磷	≤5	mg/L
8	总锑③	≤0.3	mg/L

注:① SS数据来源于《印染行业废水治理工程技术规范》(DB44/T 621—2009)中棉针织印染废水污染物指标;② BOD_5/COD_{cr}取0.3,该数值参照《印染行业废水治理工程技术规范》(DB44/T 621—2009)中棉针织、棉机织和毛纺织印染废水污染物指标;③ 本项目以棉织物为主,化纤织物为辅,总锑数据参考张家港某印染集中区印染废水水质数据。

另外,由于本项目废水水质调研所涉企业均不涉及碱减量、退浆、丝光等产生高浓废水的生产工序,故本方案无法获得高浓废水的实际水质资料。同时,本项目建设单位表示园区前期入驻的针织类生产企业均不涉及产生高浓废水的生产工序,后续引入的其他类生产企业可能会产生少量高浓废水。为了便于后续高浓废水预处理工艺设计,本方案引用本项目环评文件中高浓废水相关水量(约1 000 m³/d)和水质数据作为设计依据,本项目高浓废水水质情况详见表3.1-7。

表3.1-7 高浓废水设计水质

序号	指标	数值	单位
1	pH	>10	无量纲
2	SS	≤4 000	mg/L
3	COD_{cr}	≤5 000	mg/L
4	氨氮	≤100	mg/L
5	总氮	≤150	mg/L

续表

序号	指标	数值	单位
6	总磷	≤3	mg/L
7	总锑	≤1.5	mg/L

3.1.2 设计出水水质

1) 印染废水设计出水水质

根据相关要求,本项目出水水质执行《纺织染整工业水污染物排放标准》(GB 4287—2012)及其修改单、《太湖地区城镇污水处理厂及重点工业行业主要水污染物排放限值》(DB 32/1072—2018)和《纺织染整工业废水中锑污染物排放标准》(DB 32/3432—2018)中的相关要求;项目工程设计出水水质执行《城镇污水处理厂污染物排放标准》(DB 32/4440—2022)中的相关要求,本项目出水水质详见表3.1-8。

表3.1-8 印染废水设计出水水质

序号	指标	出水水质限值	设计出水水质限值	单位
1	pH	6~9	6~9	无量纲
2	COD_{cr}	≤50	≤30	mg/L
3	BOD_5	≤10	≤10	mg/L
4	悬浮物	≤10	≤10	mg/L
5	色度	≤30	≤30	稀释倍数法
6	氨氮	≤4(6)[①]	≤1.5(3)[②]	mg/L
7	总氮	≤12(15)[①]	≤10(12)[②]	mg/L
8	总磷	≤0.5	≤0.3	mg/L
9	总锑	≤0.08	≤0.08	mg/L

注:① 括号外数值为水温>12℃时的控制指标,括号内数值为水温≤12℃时的控制指标;② 每年11月1日至次年3月31日执行括号内排放限值。

2) 印染废水设计中水水质

根据《城镇污水再生利用 工业用水水质》(GB/T 19923—2024)中"工艺与产品用水"水质标准要求,并结合张家港某印染园区集中式中水回用水质要求,本项目印染废水设计中水水质详见表3.1-9。

表3.1-9 印染废水设计中水水质

序号	指标	限值	单位
1	pH	7.0~8.0	无量纲
2	悬浮物	≤1	mg/L
3	浊度	≤0.1	NTU
4	色度	0	稀释倍数法
5	COD_{cr}	≤20	mg/L

续表

序号	指标	限值	单位
6	氨氮	≤1	mg/L
7	总磷	≤0.1	mg/L
8	铁	≤0.1	mg/L
9	电导率	≤300	μs/cm

4. 集中处理工艺流程的确定

4.1 水质特性分析

1) 可生化性分析（BOD_5/COD_{cr} 指标）

污水生物处理是以污水中所含污染物作为营养源，利用微生物的代谢作用使污染物被降解，污水得以净化的一种最经济实用同时也是首选的污水处理工艺。而对污水可生化性的判断是污水处理工艺选择的前提。

BOD_5 和 COD_{cr} 是污水生物处理过程中常用的两个水质指标，采用 BOD_5/COD_{cr} 比值评价污水的可生化性是广泛采用的一种最为简易的传统方法。一般情况下，BOD_5/COD_{cr} 值越大，说明污水可生物处理性越好。目前国内外多按照表 4.1-1 所列的数据来评价污水的可生物降解性能。

表 4.1-1 污水可生化性评价标准

BOD_5/COD_{cr}	$x>0.45$	$0.3<x\leqslant 0.45$	$0.25\leqslant x\leqslant 0.3$	$x<0.25$
可生化性	好	较好	较难	不宜生化

结合表 4.1-1，本项目印染废水原水 $BOD_5/COD_{cr}=0.3$，处于较难生化范围，因此，需要预处理去除一部分 COD_{cr}，以保证生化处理效果。

2) 生物脱氮可行性分析（BOD_5/TN 指标）

废水的 BOD_5/TN 指标是衡量废水能否采用生物脱氮的主要指标，由于反硝化细菌是在分解有机物的过程中进行反硝化脱氮的，在不投加外来碳源条件下，废水中必须有足够的有机物（碳源），才能保证反硝化的顺利进行。理论上，$BOD_5/TN\geqslant 2.86$ 就能进行生物脱氮处理，但工程设计中，一般当 $BOD_5/TN>3\sim 5$ 才认为废水中有足够的碳源供反硝化细菌利用。

本项目印染废水原水 TN 设计值为 40 mg/L，BOD_5 设计值为 300 mg/L，$BOD_5/TN=7.5$，可采取生物脱氮工艺。考虑到印染废水原水水质波动较大的特点，且出水 TN 指标要求达到≤12 mg/L，应考虑外加碳源措施以保证出水 TN 的稳定达标。

4.2 污染物去除分析

1) COD_{cr} 和 BOD_5

废水中有机污染物主要通过 COD_{cr} 和 BOD_5 体现。从降解性能的角度，有机物可分为易生物降解和难生物降解两类；从溶解性能角度，有机物可分为溶解性和非溶解性两类。有机物的去除依靠微生物的吸附作用和代谢作用，然后对污泥与水进行分离来完成的。活性污泥中的微生物在有氧的条件下将污水中的一部分有机物用于合成新的细胞，将另一部分有机物进行分解代谢以便获得细胞合成所需的能量，其最终产物是 CO_2 和

H_2O 等稳定物质。在这种合成代谢与分解代谢过程中，易降解的有机物首先被微生物吸收、利用、降解，溶解性易降解的有机物（如低分子有机酸等易降解有机物）直接进入细胞内部被利用，而非溶解性易降解的有机物则首先被吸附在微生物表面，然后被酶水解后进入细胞内部被利用，但对于难生物降解的有机物去除则较为困难。

根据污水处理厂的运行经验，COD_{cr}、BOD_5 的稳定达标除了与生化处理段的设计有关外，还与进水有机物的组成有关。本项目处理的污水主要为印染废水，其具有水质成分复杂、水质波动较大的特点。

本项目废水 BOD_5 指标较低，可将 BOD_5 指标作为一般关注的指标。对于 COD_{cr} 指标，尤其是难生物降解的 COD_{cr} 的进一步去除存在一定难度，并且由于 COD_{cr} 是国家节能减排考核的指标，是去除重点，因此将 COD_{cr} 列为重点及难点控制项目。

本项目在设计时主要从以下几个方面保障 COD_{cr} 指标的稳定达标：

（1）前段采取预处理工艺去除绝大部分非溶解性 COD_{cr} 和一部分溶解性 COD_{cr}，以降低后段处理单元的处理负荷；

（2）二级生化处理中适当延长停留时间等措施强化生物降解作用；

（3）深度处理采用高级氧化工艺或活性炭吸附技术，通过强氧化性或者吸附作用去除废水中大部分的难降解有机物。

2）SS

一般污水中均含有大量悬浮物，对于无机颗粒杂质和大粒径的有机颗粒依靠粗、细格栅和自然沉淀作用就能去除，而对于小粒径的有机颗粒则要依靠活性污泥等微生物的吸附降解作用去除，一般可满足二级出水的要求，但要取得更高的悬浮物去除率，就得借助于深度处理措施。同时，污水处理系统对悬浮物的去除作用不仅仅体现在 SS 指标上，因为 COD_{cr}、BOD_5 等指标本身就与 SS 相关，SS 含量高，则 COD_{cr} 和 BOD_5 的浓度也会增加，因此，去除 SS 的同时也是在进一步降低出水的有机污染物含量。

本项目设计进水 SS 浓度为 200 mg/L，经过前段预处理工艺可大幅度降低 SS 浓度，但出水 SS 要求不得高于 10 mg/L。为此，须借助深度处理措施，保障出水悬浮物达标。根据多座污水厂的运行经验，在深度处理段能有效降低出水 SS，因此 SS 可作为重点控制指标。

3）NH_3-N

本项目设计进水 NH_3-N 为 30 mg/L，出水指标要求为 ≤4 mg/L，NH_3-N 的去除要求为 87%。NH_3-N 硝化后还需要进行反硝化脱氮，以降低水体里的氮含量，现在越来越多的污水厂在生产运行中发现氮的去除和稳定达标难度较高，而工艺系统能否完成较彻底的脱氮，应该具备以下条件：

（1）生化处理段设有硝化和反硝化单元，且硝化和反硝化单元的池容应保证充足；

（2）对生化段的供氧量应能保障硝化反应的正常运行；

（3）进入生化段污水中碳源和碱度充足。

NH_3-N 的去除主要靠硝化过程来完成，氨氮的硝化过程是控制生化处理系统好氧单元设计的主要因素。在曝气量充足、泥龄足够的条件下，NH_3-N 能够得到硝化去除，因此 NH_3-N 可作为一般控制指标。

4) TN

生物脱氮是在缺氧条件下，由反硝化菌作用，并有外加碳源提供能量，使硝酸盐氮变成氮气逸出。反硝化反应的条件是：硝酸盐的存在，缺氧条件，充足碳源，足够长的污泥龄。

本项目设计进水 TN 为 40 mg/L，出水指标要求为 ≤12 mg/L，TN 的去除要求为 70%。在设计时根据进出水水质要求池容、供氧量基本都能满足；一般情况下只要进水 pH 在 7 左右，碱度也不是影响脱氮的主要因素，难度较大的就是多数污水厂的进厂污水中的碳源不充足。从理论上讲，$BOD_5/TN>2.86$ 才能有效地进行脱氮，但实际运行资料表明，$BOD_5/TN>3$ 时才能使反硝化正常运行，而在 $BOD_5/TN=4\sim5$ 时，氮的去除率可大于 60%。本项目设计进水水质中，$BOD_5/TN=7.5$，考虑到实际进水水质波动以及预处理单元对部分 BOD_5 的去除，生化进水 BOD_5/TN 较难稳定达到该值，而且 TN 和 BOD_5 没有严格的相关性，进水中经常出现因可利用的碳源不足而影响反硝化过程的问题，建议考虑增加碳源补充措施作为辅助，提高脱氮效率。本项目在设计时需考虑设置碳源投加装置，以保障碳源不足时的脱氮效果，因此将 TN 作为本次设计的一般控制指标。

5) TP

本项目设计进水中 TP 为 5.0 mg/L，要求出水 TP ≤0.5 mg/L，TP 的去除要求为 90%。由此可知，本项目对 TP 的去除率要求较高，鉴于进水浓度较低，因此 TP 可作为一般控制指标。

综上所述，本项目各项控制指标重要性及其拟采取的对策与措施详见表 4.2-1。

表 4.2-1　各项控制指标重要性及针对措施

项目	重点控制优先次序	对策与措施
COD_{cr}	①	前端处理、高级氧化、深度处理
SS	②	前端处理、深度处理
TP	③	化学除磷、深度处理
TN	③	补充碳源、强化反硝化
NH_3-N	③	完全硝化、充分曝气
BOD_5	③	生物降解

4.3　工艺路线的确定

根据上述章节对各项污染指标的去除原理、控制策略分析可知，本工程具有以下特点：

(1) 能够妥善应对来水水量水质的波动；

(2) 综合废水 COD_{cr} 浓度较高，且可生化性较差，选用合理的工艺保证出水 COD_{cr} 达标；

(3) 出水水质要求较高；

(4) 要求污水处理系统运行稳定，保障出水达标。

因此，在工艺选择时，应针对上述特点，选择合适的工艺，以达到如下目标：

(1) 根据进水水量水质及处理要求，本项目应针对不同类型的低浓度印染废水设置低浓调节池调节水质水量,针对高浓度印染废水设置高浓收集池,以应对来水负荷波动。同时,为应对事故性的水质水量冲击,需设置事故应急池,保障污水站安全运行;

(2) 为保证COD_{cr}稳定达标,设置合理的前端预处理工艺及深度处理工艺;

(3) 为保证TN稳定达标,应合理设计废水在生化单元硝化反硝化功能区停留时间;

(4) 为保证TP稳定达标,必须控制出水SS指标,应在生物除磷的基础上辅以化学除磷及深度处理设施;

(5) 为保证SS稳定达标,应在混凝沉淀预处理系统基础上增加深度过滤设施;

(6) 生物处理设施具备较强抗冲击负荷的能力。

4.3.1 一级处理工艺比选

1) 低浓调节池、高浓收集池及事故应急池

预处理作为污水处理厂的第一个处理单元,对于保证后续处理设施的稳定运行具有重要作用。工业污水含量较高的城市污水处理厂或工业污水处理厂,需要设置调节池,其主要功能为调节水质和水量,降低后续处理单元的冲击负荷。

本项目接纳的主要是各类印染废水,因此应针对印染废水的浓度设置低浓调节池和高浓收集池,用于废水的集中收集,水量和水质调节。

另外,由于本项目进水水量、水质具有不确定性的特性,在后期运行的过程中,不排除有其他的超标指标出现,因此需设置事故应急池。事故池设置为工艺处理后端事故池,考虑处理系统具有一定的抗负荷能力,一般超标来水仍可以通过完整处理系统确保达标出水,超系统负荷指标经处理后在工艺末端无法达标则排入后端事故池。后端事故池设置在工艺深度处理之后,外排水之前。

2) 预处理工艺

本项目印染废水原水中非溶解态有机物较高,应设置初沉池、混凝沉淀池(或混凝气浮池)或水解酸化池。

(1) 初沉池

初沉池一般设置在格栅、沉砂池之后,主要去除可沉固体物质,去除效果可达90%以上;在可沉物质沉淀过程中,悬浮固体中一小部分不可沉漂浮物质(约10%)会黏附在絮体上一起沉淀。另外,漂浮物质的大部分也将在初沉池内漂浮在污水表面作为浮渣去除,沉下去的物质作为污泥被排出。

(2) 混凝沉淀池(或混凝气浮池)

混凝沉淀池(或混凝气浮池)通过投加药剂去除SS以及顺带去除不溶解的COD_{cr},提高废水可生化性,以降低后续生化处理单元处理负荷,混凝沉淀池(或混凝气浮池)处理负荷高于初沉池。

(3) 水解酸化池

对于城市污水而言,水解酸化工艺的主要目的是将原水中的非溶解态有机物截留并逐步转变为溶解态有机物;对于工业废水,主要是将其中难生物降解物质转变为易生物降解物质,提高废水的可生化性,以利于后续的好氧生物处理。

上述三种预处理工艺比选情况详见表4.3-1。

表 4.3-1 预处理工艺比选分析表

序号	对比类型	初沉池	混凝沉淀池（或混凝气浮池）	水解酸化池
1	主要功能	适应水质	适应水质	将其中难生物降解物质转变为易生物降解物质，非溶解态有机物截留并逐步转变为溶解态有机物
2	对后续工艺的承接性	在去除 SS 的同时，去掉了一定量的不溶解性有机物	在去除 SS 的同时，去掉了一定量的不溶解性有机物	去除废水有机物，降低后续处理负荷
3	适应水质	进水 SS 含量较高，或者易沉降 COD 偏高的水质	进水 SS 含量较高，或者易沉降 COD 偏高的水质	适应于难生物降解物质或非溶解态有机物较高的水质，特别适应于工业废水含量较高的污水处理厂
4	占地	较大	较小	较大

根据表 4.3-1 所述，结合同类型印染废水不同预处理工艺运行情况，混凝沉淀（或混凝气浮）工艺对 COD_{cr} 去除效率可达到 60% 左右，可见采用混凝沉淀（或混凝气浮）工艺可以取得较为理想的去除效果，结合生化处理和深度处理工艺，可以稳定保证出水达标，因此本项目选用混凝沉淀池（或混凝气浮池）作为预处理工艺。

4.3.2 生物处理工艺比选

污水处理工艺的选择直接关系到处理后出水的各项水质指标能否稳定可靠地达到排放标准的要求、占地指标是否较低、建设投资和运行成本是否节省、运行管理及维护是否方便。因此，污水处理工艺的选定是污水处理厂成功与否的关键。

传统上污水处理厂一般都采用好氧生物处理技术，如传统活性污泥法、延时曝气法、氧化沟、各种类型的生物膜法等；对脱氮有要求的污水，应采用二级强化处理，如 A/O 工艺、MBR 工艺等。

根据前述对各项污染物的去除分析，结合本项目原水水质中 TN、NH_3-N 浓度较高、TP 浓度较低的特点，以及本项目的出水执行标准严格的要求，本项目选取以下两种成熟生物处理工艺路线进行比选。

（1）"A/O+二沉池"工艺

传统的 A/O 工艺是一种典型的生物脱氮工艺，其生物反应池由 Anoxic(缺氧)和 Oxic(好氧)两段组成，这是一种推流式的前置反硝化型 BNR 工艺，其特点是缺氧和好氧功能明确，界限分明，可根据进水条件和出水要求，人为地创造和控制两段的时空比例和运转条件，只要碳源充足便可根据需要达到比较高的脱氮率；当碳源不完全充足时，则可对其进行改进。

常规生物脱氮工艺呈缺氧(A)/好氧(O)的布置形式。

从好氧池回流的污泥混合液和部分进水在预缺氧池内混合，首先利用进水碳源进行快速反硝化，将混合液中富含的硝态氮转化为 N_2，大大降低进入厌氧池的硝酸盐浓度，减少对厌氧释磷的影响。有研究证实，在预缺氧池中，不仅存在常规的缺氧反硝化过程，同时还发生厌氧氨氧化反应，节约碳源和能耗，降低运行成本，强化了系统的脱氮功能。

综上，A/O 工艺具有以下优点：在 A/O 生物池中，缺氧池和好氧池仍然是相对独立的系统,各自的溶解氧浓度、污泥浓度及营养物质比例等保持适当的平衡,有利于具有不同功能的微生物的生长繁殖,具有良好的脱氮及去除有机物效果。

(2) "A/O+MBR"工艺

MBR工艺是悬浮培养生物处理法(活性污泥法)和膜分离技术的结合,其中膜分离工艺代替传统的活性污泥法中的二沉池,起着把生物处理工艺所依赖的微生物从生物培养液(混合液)中分离出来的作用,从而使微生物得以在生化反应池内保留下来,同时保证出水中基本上不含微生物和其他悬浮物。MBR工艺生物单元通常采用A/O形式从而构成A/O+MBR工艺,由于膜过滤的存在强化了A/O工艺活性污泥的生物降解能力,同时膜过滤作用几乎滤除所有悬浮物使出水澄清,彻底净化污水。

与传统生化工艺相比,A/O+MBR工艺在技术方面具有以下优势。

在有机物降解方面,膜生物反应器对有机物的去除机理是基于反应器中悬浮生长的活性污泥的生物降解作用和膜的物理截留作用。膜生物反应器中膜的高效截留作用使微生物全部截留于生物反应池中,维持了较高的活性污泥浓度和微生物量,使A/O+MBR工艺对有机物的去除表现为容积负荷相对较高的延时曝气系统的特征。与传统生物法相比,A/O+MBR工艺对有机物去除效率高(一般大于90%),而且可以在较短的水力停留时间内达到更好的去除效果,在提高出水水质和处理能力方面表现出较大的优势。

含难降解有机物用常规生物法处理时效率低下,原因一方面在于能有效降解这类物质的微生物世代期较长而难以在常规生物反应系统中大量存在,而膜生物反应器可完全截留微生物,实现水力停留时间和污泥龄的完全分离,并有利于某些专性菌(特别是优势菌群)的出现,提高了生化反应速率和系统对有机物的降解作用。另一方面,由于膜的存在将大分子有机物有效地截留在生物反应器内,增加了有机物与微生物的接触反应时间,有利于难生物降解有机物的去除。

在脱氮方面,对于A/O+MBR工艺脱氮而言,目前多数仍然建立在传统的硝化-反硝化机理之上,同时,新的脱氮理念如短程硝化-反硝化、同步硝化-反硝化也深入到了A/O+MBR工艺中。

从硝化角度,由于膜的高效截留作用,使微生物完全截留在反应器内,实现了反应器水力停留时间(HRT)和污泥龄(SRT)的完全分离,有利于增殖缓慢的亚硝酸菌和硝酸菌的截留、生长和繁殖,反应器中硝化菌总量较多。同时,A/O+MBR反应器中微生物菌胶团的平均粒径较常规活性污泥法更加细小,硝化速率更高,而且供氧量也比常规工艺大。因此,A/O+MBR反应器的硝化过程更彻底。有研究证明,A/O+MBR的平均硝化反应程度比相应的活性污泥法高两倍以上,由此带来的是反硝化过程的电子受体硝酸根和亚硝酸根离子的基质浓度将更丰富。

从反硝化角度,在硝酸盐充足的条件下决定反硝化速率的主要有两个因素:反硝化菌数量和有机碳源。在A/O+MBR反应器中,由于膜的高效截留作用,反应器内可维持很高的污泥浓度,相应的反硝化菌数量就较多,重要的是,反硝化菌可利用的有机碳源的量也相应增多。这是因为随着MLSS的增高,微生物量也就增加,根据细菌死亡-再生(death-regeneration)理论,微生物衰减时会产生二次基质(PHA),这些二次基质可供微生物生长使用。微生物量的增加,必然引起内源代谢物质的增多,因此,反硝化反应所需要的另一底物——有机碳源浓度也随之增大,这也是常规工艺在低污泥浓度条件下运行所无法实现的;不仅如此,MBR系统中反硝化菌利用有机碳源的能力也较强,可以利用进水中部分非快速降解的有机物作为反硝化碳源,这对于可生化性较差的污水进行生物脱氮具有很好的效果。总的来说,反硝化菌数量多、电子受体硝酸根、亚硝酸根和电子供体有机碳源的基质浓度丰富等几个因素的协同作用下,最终使得MBR系统反硝化速率加快。

在去除病菌方面,MBR对病毒和细菌的去除主要通过膜表面沉积层的截留作用实现。由于在过滤过程中,膜表面形成了凝胶层,使膜的实际过滤孔径进一步减小,从而能去除小于膜孔径的病毒和细菌。MBR工艺能有效去除病毒和致病菌,如肠道病毒、总大肠杆菌、类大肠杆菌等均低于检测限,甚至检不出。MBR工艺的这种物理消毒作用,也是其用于再生水回用处理的一大优势。

(3) 工艺方案比选

本项目拟选生物处理工艺比选分析详见表4.3-2。

表4.3-2 生物处理工艺比选分析

序号类项		评比项目	内容含义	AO及二沉池	膜生物反应器(MBR)
一				技术可行性	
	1	技术适应情况	应用广泛性及工艺成熟情况	应用广泛、工艺成熟	应用广泛、工艺成熟
	2	技术进步状况	处于何等程度,对各种水质适应程度	技术成熟,有较强的抗水量冲击负荷能力	技术成熟,有较强的抗水质冲击负荷能力
二				水质目标	
	1	出水水质	达标保证程度	好	好
	2	脱氮除磷效果	稳定性	各功能区独立运行,便于功能性微生物繁殖,出水水质较稳定	各功能区独立运行,便于功能性微生物繁殖,出水水质较稳定
	3	难降解有机物	去除能力	前端的混凝沉淀池+A/O及二沉池工艺强化了生物降解的功能,同时在后端设置深度处理单元进一步去除难降解有机物从前端、中端、后端多方位保障难降解有机物的去除	水力停留时间和污泥龄的完全分离,以及膜的存在将大分子有机物有效地截留在生物反应器内,增加了有机物与微生物的接触反应时间,强化了对可溶性难降解有机物的去除
三				环境影响	
	1	对周围环境的影响	噪音、嗅味等	一般	一般
	2	产泥量	产泥量多少	一般	少
四				费用指标	
	1	设备费用	高、低	一般	较高
	2	工程投资	大、小	一般	较高
	3	运行费用	高、低	一般	较高

续表

序号 类/项		评比项目	内容含义	AO及二沉池	膜生物反应器(MBR)
五			工程实施		
	1	施工难易	施工难易及进度保证情况	建构筑物多,稍难	建构筑物少,但配套管道较多,较复杂
六			能耗		
	1	电耗	动力消耗多少	一般	较高
七			占地		
	1	占地面积	大、小	一般	较小
八			二沉池		
	1	泥水分离	是否需要二沉池	需要	不需要
九			运行管理		
	1	运转操作	难易程度	简单	工艺较先进,需要一定技能,工业废水水质的复杂性,容易膜污染
	2	维修管理	维修量及难易程度	构筑物多,设备维护管理较复杂	系统附属设备较多,维修难度极大
	3	自动化程度	高、低	高	高
十			建设周期		
	1	建设周期	时间长短	短	较短

由以上两种工艺各自的特点及技术经济比较可知:

① 在技术可行性方面,两种工艺在技术上都是可行的,方案二 MBR 工艺抗水质冲击较好,方案一工艺抗水量冲击较好,而本项目进水主要为难生物降解的有机物,生化段对难生物降解有机物的去除能力有限,因此,相比较而言,方案一在技术方面更加合理适用;

② 在占地面积方面,方案一需要建设二沉池,占地面积较大;方案二不需要建设二沉池,一体化组合池节省占地;

③ 在建设周期方面,方案二流程短、构筑物少,土建工程量较少,而方案一流程长、构筑物相对较多,土建工程量较多,方案二总体建设周期相对较短;

④ 在运行成本方面,因方案二 MBR 工艺增加了膜成本,且电耗较高,因此后期运行成本较方案一高。

(4) 比选结果

经以上的分析比较,A/O+二沉池工艺应用成熟,具有较强的脱氮以及去除有机物的能力,运行稳定性强,投资及运行成本相比较低;A/O+MBR 工艺出水品质更为优良,出水无须进行预处理可直接进入深度回用膜处理工艺(反渗透),与后续深度回用处理工艺联用,更具合理性与经济性。为满足中水回用的需求,本项目建议采用 A/O+MBR 工艺,出水进入中水回用深度处理系统,中水回用深度处理系统产浓水再进入污水深度处理系统处理排放。

由于本项目印染废水原水中 TP 含量较低,系统在具备良好的预处理系统的基础上,通过絮凝沉淀与深度过滤处理可以保证 TP 稳定达标,无须专门设置生物除磷功能区,提高工艺处理体系的针对性与经济性。

4.3.3 深度处理工艺比选

1) 出水 COD_{cr} 达标保障工艺

为确保出水 COD_{cr} 稳定达标,根据各工业废水水质有机物降解程度的不同,考虑增设高级氧化工艺,该种处理工艺在工业污水处理厂中较为常见。

高级氧化工艺是以产生具有强氧化能力的羟基自由基(·OH)为特点,将大分子难降解有机物转化为小分子有机物或直接氧化去除。由于高级氧化工艺的实施均伴随着药剂投加或能耗的增加,导致运行费用的大幅提高。因此,其主要用于废水可生化性的提高,而非有机污染物的彻底去除。根据产生自由基的方式和反应条件的不同,可将其分为 Fenton 氧化、湿式催化氧化、臭氧氧化、铁碳微电解、超声波氧化、光催化氧化、超临界水氧化及电解催化氧化。

(1) Fenton 氧化法

Fenton 氧化法是利用 Fe^{2+} 和 H_2O_2 之间的链反应催化生成·OH 自由基,而·OH 自由基具有强氧化性,能氧化各种有毒和难降解的有机化合物,以达到去除污染物的目的。该方法操作简单、效果明显,但是药剂费用较高。

(2) 光催化氧化

光催化氧化包括光激发氧化法和光催化氧化法。光激发氧化法主要以臭氧、双氧水、氧气和空气作为氧化剂,在光辐射作用下产生羟基自由基。光催化氧化法则是在反应溶液中加入一定量的半导体催化剂,使其在紫外光的照射下产生羟基自由基。两者都通过羟基自由基的强氧化作用对难降解有机物进行处理。其中氧化效果较好的为紫外光催化氧化法。光催化氧化法的优点为条件温和,氧化能力强,但该法需要解决透光度及催化剂的选用问题。

(3) 电解催化氧化法

电解催化氧化法是指通过阳极表面上放电产生的羟基自由基的氧化作用,氧化难降解有机污染物,达到去除污染物的目的。该方法设备简单、操作简单、控制方便,并且根据不同电极材料的选取,可有针对性地进行特定污染物的降解。此外,该方法还可以进行废水中的重金属的回收。然而,较大的设备投资及过大的能源限制了该方法的广泛应用。

(4) 湿式催化氧化法

湿式催化氧化法是指在高温(123～320℃)、高压(0.5～10 MPa)和催化剂(氧化物、贵金属等)存在的条件下,将污水中的有机污染物氧化分解成 CO_2、N_2 和 H_2O 等无害物质的方法。该法虽然无二次污染,但是运行控制较难,耗电量高,废水水量大时运行成本较高。

(5) 臭氧氧化法

臭氧氧化法主要运用直接反应和间接反应,通过臭氧分子或者臭氧分解产生的·OH 自由基与有机物发生作用,降解有机物。臭氧氧化法虽然具有较强的脱色和去除有机污染物的能力,但该方法的运行费用较高,对有机物的氧化具有选择性,在低剂量和短时间内不能完全矿化污染物,且分解生成的中间产物会阻止臭氧的氧化进程。

(6) 铁碳微电解技术

铁碳微电解技术是一种利用电池原理的电化学反应来处理复杂废水的污水处理技术。它利用铁-碳颗粒之间存在的电位差形成了无数个细微原电池。这些细微电池以电位低的铁为负极,电位高的碳作正极,在含有酸性电解质的水溶液中发生电化学反应,反应的结果是铁受到腐蚀变成二价的铁离子进入溶液。由于铁离子有混凝作用,它与污染物中带微弱负电荷的微粒异性相吸,形成比较稳定的絮凝物(也叫铁泥)去除废水中悬浮物。该方法反应速度快、运行费用低、COD 去除效率高,但是反应装置容易发生填料板结,且反应过程中可能会产生大量难以去除的气泡。

(7) 超临界水氧化法

超临界水氧化法与湿式氧化法一样,也是以水为液相主体,以空气中的氧为氧化剂,在高温高压条件下发生反应,但其改进与提高之处在与其利用水在超临界状态下性质发生较大变化,介电常数减少至与有机物和气体一样的特点,从而使气体及有机物完全溶于水,气液相界面消失,形成均相氧化体系,由氧气攻击最初的有机物而产生有机自由基,进一步反应生成羟基自由基,再氧化分解有机物。由于消除了相际传质的阻力,且在均相氧化体系中,使其氧化能力显著提高。该方法优点是反应速率快,无中间产物、无二次污染,而其缺点主要是需要在高温高压条件下进行,需特别设备,投资较大。

(8) 超声波氧化法

超声波氧化法主要是利用频率在 15 kHz~1 MHz 的声波,在微小的区域内瞬间高温高压条件下产生的氧化剂去除难降解有机物。另一种为超声波吹脱,主要用于废水中高浓度难降解有机物的处理。该方法设备易得、操作简单、使用方便、降解速度快,不造成二次污染,但超声波的产生需消耗大量能量,且该方法大部分处于试验室阶段,成功案例较少。

上述高级氧化工艺的对比分析详见表 4.3-3。

表 4.3-3 高级氧化工艺比选分析

序号	名称	优点	缺点	运行成本	适用范围
1	Fenton 氧化	效率高、稳定;适用范围广;反应条件适宜;设备简单	药剂费用高;产生化学污泥	2.0~3.0 元/t	各种规模污水预处理
2	湿式催化氧化	反应迅速;氧化能力强;无二次污染	运行能耗高;操作复杂;运行条件严格	25.0~60.0 元/t	成功案例较少应用范围较窄
3	臭氧氧化	反应迅速;脱色效果好;氧化能力强;无二次污染	氧化介质利用率低;运行能耗高;投资成本高;设备复杂	3.2~5.8 元/t	污水深度处理脱色、消毒
4	超声波氧化	操作方便;反应速率快;无二次污染	运行能耗大;应用范围小	4.5~6.7 元/t	处于试验阶段成功案例较少

续表

序号	名称	优点	缺点	运行成本	适用范围
5	超临界水氧化	反应迅速;氧化能力强;无二次污染	运行能耗高;操作复杂;运行条件严格;投资成本高;需特殊设备	5.8~7.6元/t	成功案例较少应用范围较窄
6	光催化氧化	反应条件适宜;氧化能力强	需解决透光度问题;催化剂选用问题多	1.2~2.8元/t	污水深度处理成功案例较少
7	电解催化氧化	设备简单;操作方便;反应速率快;可回收重金属	运行能耗高;投资成本高	2.8~4.3元/t	成功案例较少应用范围较窄
8	铁碳微电解	反应迅速;效果好;运行费用低	填料板结、钝化;需投加大量调节药剂	1.0~2.0元/t	小规模高浓度废水处理

根据水质调研可知,本工程进水 BOD_5/COD_{cr} 值较低,废水可生化性较差,且主要为难生化降解的有机物,生化去除能力有限。因此,本项目方案设计建议采取高级氧化,去除大部分难生物降解的有机物。根据工艺比选可知,Fenton氧化工艺相对较为成熟,对多种废水中的难降解 COD_{cr} 均有较高的氧化作用,且在印染废水深度处理中成功案例较多,所以本项目方案设计推荐采用Fenton氧化工艺。

本项目印染废水经过高级氧化处理后的出水中污染物指标大幅下降,但TP、SS指标与出水标准相比仍有一定差距,同时 COD_{cr} 也存在一定的超标风险。

2) 出水SS达标保障工艺

为保障出水SS稳定达标,本方案建议在Fenton氧化沉淀单元后配套滤布滤池单元,保证出水SS≤10 mg/L。其中,从滤布滤池实际运行情况来看,应严格控制PAM投加量,PAM投加量应作为滤布滤池运行保证的关键控制因素。

4.3.4 中水回用深度处理工艺方案

1) 膜分离工艺

膜分离是在20世纪初出现,60年代后迅速崛起的一门分离技术。膜分离技术由于兼有分离、浓缩、纯化和精制的功能,又有高效、节能、环保、分子级过滤及过滤过程简单、易于控制等特征,目前已广泛应用于食品、医药、生物、环保、化工、冶金、能源、石油、水处理、电子、仿生等领域,产生了巨大的经济效益和社会效益,已成为当今分离科学中最重要的手段之一。

膜分离技术以选择透过性膜为分离介质,在其两侧造成推动力(压力差、电位差、浓度差),原料组分选择性通过膜,从而达到分离的目的。由于不同的目的,膜的分类方式有多种,按定义分有微滤(MicroFiltration,MF)、超滤(UltraFiltration,UF)、纳滤(NanoFiltration,NF)、反渗透(Reverse Osmosis,RO)、渗析(Dialyses)、电渗析(Electro Dialyses,ED)等。膜的种类及分离过程见表4.3-4。

表 4.3-4　膜的种类及分离过程一览表

膜的种类	膜的功能	分离驱动力	透过物质	被截留的物质
微滤	多孔膜、溶液的微滤、脱微粒子	压力差	水、溶剂和溶解物	悬浮物、细菌类、微粒子
超滤	脱除溶液中的胶体、各类大分子	压力差	溶剂、离子和小分子	蛋白质、各类酶、细菌、病毒、乳胶、微粒子
反渗透和纳滤	脱除溶液中的盐类及低分子物	压力差	水、溶剂	液体、无机盐、糖类、氨基酸、BOD、COD 等
渗析	脱除溶液中的盐类及低分子物	浓度差	离子、低分子物、碱	液体、无机盐、糖类、氨基酸、BOD、COD 等
电渗析	脱除溶液中的离子	电位差	离子	无机、有机离子
渗透气化	溶液中的低分子及溶剂间的分离	压力差、浓度差	蒸汽	液体、无机盐、糖类、氨基酸、BOD、COD 等
气体分离	气体、气体与蒸汽分离	浓度差	易透过气体	不易透过气体

截留分子量是反映膜孔径大小的替代参数，以压力为推动力的膜分离技术有反渗透、纳滤、超滤以及微孔过滤。以压力为推动力，各种膜与分离对象的关系如图 4.3-1 所示。

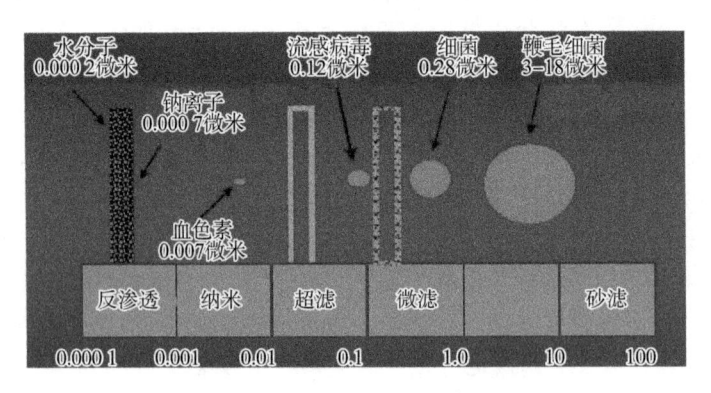

图 4.3-1　膜孔径与截留的关系

与传统的深度处理工艺相比,膜分离技术有不可比拟的优点:
(1) 阵列设计,容易扩容,占地面积小;
(2) 出水水质稳定,脱盐率高;
(3) 程序化控制,管理简单;
(4) 膜的稳定性高,清洗可程序控制;
(5) 易于实现过程控制和过程分析。

2) 超滤工艺比选

超滤工艺常用的膜处理工艺,目前主要有内置式和外置式两种方式。

(1) 外置式超滤

在外置式超滤工艺中生物反应器与膜单元相对独立,通过混合液循环泵使得处理水通过膜组件后外排;其中的生物反应器与膜分离装置之间的相互干扰较小。目前在垃圾处理的生产污水中通常采用的是外置式膜生化反应器,超滤膜一般均选用错流式管式超滤膜,即循环泵为混合液(污泥)提供一定的流速(3.5~5 m/s),使混合液在管式膜中形成紊流状态,避免污泥在膜表面沉积。

(2) 内置式超滤

内置式超滤技术中膜浸没在生物反应器内,出水通过负压抽吸经过膜单元后排出。

(3) 外置式和内置式超滤比较说明

① 反应器污泥浓度

由于外置式超滤工艺采用错流式管式超滤膜,每条超滤环路设有循环泵,该泵在沿膜管内壁提供一个需要的流速(3.5~5 m/s),从而使活性污泥在膜管中形成紊流状态,即高流速的活性污泥不断的冲刷膜表面,使的膜表面附近很难产生浓差极化层,避免污泥在膜管中的堵塞,该项特性也使超滤膜可以承受较高的污泥浓度,工程实例表明外置式超滤工艺污泥浓度为 15~30 g/L。

而内置式超滤工艺由于膜组件内置于生化反应器中,采用自吸泵使膜清液端产生负压使膜内外形成压力差,从而产水,为了避免污泥在膜表面由于浓差极化产生沉积,底部设计曝气,利用空气气泡的扰动减少污泥在膜表面的沉积,工艺的污泥浓度一般为 8~10 g/L 左右。

② 管理维护和基础建设

外置式超滤需要建造单独的设备间,内置式超滤利用和生化池串联池体直接安装发挥作用,其对于生化池的污泥回流控制,污泥浓度的控制都比外置式超滤更为方便简单。

③ 运行能耗

由于外置式超滤工艺需在膜管内壁保证一定的流速,故其所选进水泵的扬程均较大,功率较高,能耗费用较高;而内置式超滤工艺只需设置自吸泵或仅依靠膜池和出水池的内外水位差即可实现出水,出水泵功率较低,能耗费用也较低。

外置式超滤和内置式超滤工艺对比分析详见表 4.3-5。

表 4.3-5 外置式和内置式超滤工艺对比分析

序号	内容	外置式超滤工艺	内置式超滤工艺
1	反应器污泥浓度	15~30 g/L	8~10 g/L
2	使用膜类型	错流式管式膜	中空纤维膜、陶瓷膜
3	超滤膜安装	外置式	内置式
4	膜通量	60~80 L/m² · h	10~30 L/m² · h
5	占地	需配备膜处理车间	生化池与膜池合建,无须占用污水处理车间地方
6	膜寿命	3~5 年	2~5 年(陶瓷膜 15~20 年)
7	出水方式	连续出水	间歇出水
8	清洗方式	CIP 在线清洗	CIP 在线清洗+离线清洗
9	能耗	较高	较低

外置式与内置式超滤膜系统各有优势,考虑到内置式超滤膜对预处理要求低,对水量水质波动适应性好,投资运行更经济的优点,本项目采用内置式超滤系统,强化生化去除效果,将内置式超滤系统与生化池联合为 A/O+MBR 工艺,出水进入中水回用深度处理系统。

3) MBR膜产品比选

目前市面上使用较多的内置式超滤膜（MBR膜）分别是以中空纤维膜为代表的有机膜以及平板陶瓷膜代表的无机膜两类，为了选用质量最好、通量最高、适用性最强的超滤膜，本方案分别对有机平板膜、中空纤维膜与陶瓷平板膜的产品性能进行对比分析，详见表4.3-6。

表4.3-6 MBR膜产品性能对比分析表

膜种类	纳米陶瓷平板膜	有机平板膜	中空纤维膜	中空纤维膜
主要材质	Al_2O_3、TiO_2、ZrO	PVDF、PE	PVDF	PTFE
药洗周期	在线:15~30天/次 离线:18月/次	在线:5~7天/次 离线:12月/次	在线:1~7天/次 离线:3~6月/次	在线:7~15天/次 离线:3~6月/次
使用寿命	15~20年	3~6年	3~5年	5~10年
孔径分布	均匀,分布范围窄	分布范围宽	分布范围宽	分布范围较宽
机械强度	高	一般	容易断丝	较高
耐污染性	亲水性好,好	一般	一般,易缠结纤维	亲水性好
耐腐蚀性	耐强酸强碱	不耐强酸强碱	不耐强酸强碱	耐强酸强碱
维护操作	全自动反冲洗; 全自动在线药洗; 膜表面可擦洗	一般不可反冲洗	反冲洗效果差	全自动反冲洗; 全自动在线药洗; 无须空气擦洗
运行通量	20~40 LMH	15~20 LMH	12~15 LMH	20~30 LMH
循环利用	可作为原材料直接循环利用	危废 焚烧后循环利用	危废 焚烧后循环利用	危废 焚烧后循环利用

根据不同超滤膜产品的对比，由于PTFE中空纤维膜具有使用寿命较长、运行通量较高、安装维护简单、耐污染性能强、耐强酸强碱以及无须空气擦洗等特点，本方案推荐采用PTFE中空纤维膜。因此，本项目MBR膜组件选择PTFE中空纤维膜。

4) 反渗透处理工艺

（1）反渗透原理

将淡水和盐水用一种只能透过水而不能透过溶质的半透膜隔开，淡水会自然地透过半透膜至盐水一侧，这种现象称为渗透。当渗透进行到盐水一侧的液面达到某一高度而产生压力，从而抑制了淡水进一步向盐水一侧渗透，渗透的自然趋势被压力所抵消而达到平衡，这一平衡压力称为渗透压，在这种情况下，如果在盐水一侧施加上一个大于渗透压的压力，盐水中的水分就会从盐水一侧透过半透膜至淡水一侧（盐水一侧浓度增大，即浓缩），这一现象称为反渗透。

反渗透是用足够的压力使溶液中溶剂（一般常指水）通过反渗透膜而分离出来，它和自然渗透方向相反。根据各种物料不同渗透压，就可使用大于渗透压的反渗透法进行分离、提纯和浓缩。

（2）反渗透功能及结构

反渗透的主要作用是去除水中的离子类物质和有机化合物，特别是去除溶解性固体、矿物质、溶解性有机物和活性硅等物质。

反渗透装置是由卷式膜组件组成的,卷式膜组件是由卷式膜元件组成的,卷式膜元件是根据反渗透法原理,将反渗透膜、导流层、隔网按一定排列黏合及卷制在有排水孔的中心管上,形成元件。原水从元件一端进入隔网层时,在外界压力下,一部分水通过膜的孔,渗透到导流层内,在顺导流层水道,流到中心管的排孔,经中心管流出,剩余部分(浓水)从隔网另一端排出。而将一个或数个反渗透元件装在耐压容器中即形成组件。工作时,原水从一端流入组件,依次逐个流经各个元件,原水全部进入第一个元件,第一个元件的出水作为第二个元件的进水,第二个元件的出水作为第三个元件的进水……,直至最后浓水排出组件;将数个组件串联、并联组合,配以必要的管线和仪表即形成装置。反渗透膜组件结构情况详见图 4.3-2。

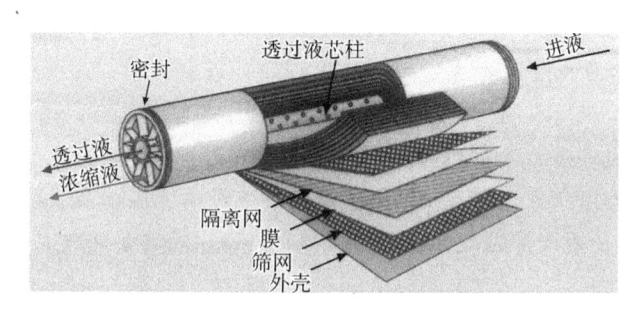

图 4.3-2　反渗透膜元件结构示意图

反渗透系统的运行通过自动控制系统自动进行。每套反渗透装置的滤出液流量和浓缩液流量(以及相应回收率)由进水泵和浓缩液控制阀自动调节来进行控制。在正常运行一定时间后,反渗透膜会受到进水中胶体或极少量溶解物的污染。因此分别采用定期低压冲洗、化学清洗等方式。对于污水回用要求一天冲洗一次,每次 15 min 左右。对于主要回用于工业的再生水,反渗透在正常情况下,化学清洗一般 1～3 月清洗一次。

(3) 反渗透系统特点

每套反渗透装置均配有能满足单套装置可独立运行的阀门及仪表,因此,当进水水质较好或低温下反渗透脱盐效率较高时,可单独停机部分反渗透装置从而实现超越运行。

反渗透系统不作任何防止微生物生长保护措施的最长停运时间为 24 h,如果无法做到每隔 24 h 冲洗一次但又必须停运 48 h 以上时,必须采用化学药品进行封存。

反渗透系统在停机保存前应进行一次化学清洗,典型的清洗包括碱洗、短时酸洗。清洗后,用反渗透产水配置保护液(1%～3%亚硫酸氢钠),将保护液充满系统,使元件完全浸泡在保护液中。确认系统完全被保护液充满后关闭所有阀门,使系统隔绝空气。

反渗透装置停机时,应定期检查、更换保护液。在停机保护期间,系统环境温度不得超过 45℃。

5) 中水回用工艺

膜过滤工艺具有流程简单、占地面积小、阵列分布便于扩容、出水水质稳定等特点,本项目针对印染行业回用水水质要求,推荐中水回用工艺采用超滤+反渗透工艺。

6) 反渗透浓水处理工艺

反渗透技术是一种先进和有效的膜分离技术,被广泛应用于废水的深度处理和回用工程中。但反渗透单元产水率只有75%左右,有25%左右的反渗透浓水需排放。排放的反渗透浓水具有以下特点:①COD$_{cr}$质量浓度高,一般在180 mg/L以上;②可生化性差,主要是一些如高级脂肪烃、多环芳烃、多环芳香化合物等难降解有机污染物;③色度高,污染物分子中含有偶氮基、硝基、硫化羟基等双键发色团;④含盐量高。

如果直接回流至废水处理工段,会造成难生物降解有机物不断的积累,长此以往对于生化处理段的处理效率和尾水达标排放极为不利,因此需要单独建设反渗透浓缩液的处理工段,专门对反渗透浓缩液进行预处理。目前,反渗透浓缩液处置的典型方法有回灌、蒸发、高级氧化等。

(1) 回灌

回灌工艺是指将膜深度处理产生的浓缩液运到垃圾填埋场进行垃圾堆体的渗流处理,一般用于垃圾渗沥液经反渗透处理后的浓缩液处理。

由于浓缩液成分的复杂性,从实际运行经验来看,短期内是可以达到设计处理效果,而长期的运行只会造成整个系统中难降解有机物的无限积累,长时间运行会造成渗沥液处理中的生物反应部分无法正常运行;同时,高含盐量的浓缩液无限回流,造成盐分积累,导致运行操作压力上升、膜使用寿命缩短、运行能耗增加等问题,对整个处理工艺带来严重的影响。

(2) 蒸发

浓缩液的蒸发处理,解决了浓缩液无限回流带来的弊端。目前蒸发工艺存在的主要问题是费用高和蒸发器发生严重的腐蚀问题;理论计算蒸发处理的费用在150元/t,实际远远高于这个值,一般成本在200~800元/t,而且蒸发器遭受的酸腐蚀和液相中的盐腐蚀相当严重,造成设备投资和维护费用大,运行时设备故障率也较为频繁,设施无法稳定持续运转。

(3) 高级氧化

高级氧化技术是泛指反应过程有大量·OH参与的化学氧化技术,主要有Fenton氧化法、臭氧氧化法、次氯酸钠法等。

① Fenton氧化法

Fenton氧化能有效氧化去除传统废水处理技术无法去除的难降解有机物,其实质是H_2O_2在Fe^{2+}的催化作用下生成具有高反应活性的·OH,·OH的氧化性不具有选择性,所以可与大多数有机物作用使其降解。反应过程中,溶液的pH、反应温度、H_2O_2浓度和Fe^{2+}的浓度是影响氧化效率的主要因素,一般情况下,pH 3~5为Fenton试剂氧化的最佳条件,pH的改变将影响溶液中铁的形态的分布,改变催化能力。目前Fenton氧化法在很多印染废水处理厂或以印染废水为主的污水厂尾水深度处理部分得到了应用。采用Fenton氧化法需要投加酸调节反应池内的pH,在末端为了达到排放标准,需投加碱进行pH回调,药剂成本高,药剂的运输及储存存在一定的困难,优点是设备相对简单。

② 臭氧氧化法

臭氧氧化有机物的途径有2种:直接反应和间接反应。直接反应是臭氧通过环加成、亲电或亲核作用直接与污染物反应;间接反应是臭氧在碱、光照或其他因素作用下,生成氧化性更强的·OH。臭氧氧化主要针对印染废水的脱色处理,臭氧可以破坏染料发色基团,同时破坏构成发色基团的苯、萘、蒽等环状化合物,从而使废水脱色。目前臭氧氧化工艺在尾水深度处理部分得到了应用,其主要缺点是初期投资大,配套设施复杂,运行成本略高。

本项目深度处理采用 Fenton 高级氧化工艺,反渗透浓液可直接进入 Fenton 高级氧化系统进行处理,经济合理。

4.3.5 碳源补充方案

(1) 生物脱氮的可行性

由于生物脱氮是通过微生物的生命活动实现的,所以影响这些微生物活性的参数,如温度、pH、溶解氧、毒物浓度等,都对其去除率产生重要的影响。一般来说,生物脱氮除磷系统在 5℃~40℃,pH 在 7.0~7.5,溶解氧含量不大于 0.5 mg/L,污泥龄设计合理时,C/N 值就成了脱氮效果的制约因素。

本工程设计进水 NH_3-N 指标为 30 mg/L,TN 指标为 40 mg/L,要求出水 NH_3-N≤4 mg/L,TN≤12 mg/L。从进水水质条件看,氨氮和总氮浓度比较高,且去除率要求高,因此,要求所采用的一体化 A/O 工艺必须发挥其硝化反硝化脱氮能力,而工艺系统能否完成较彻底的反硝化,除了生化段工艺的优化设计,还取决于污水中的碳源是否充足。

反硝化细菌在分解有机物的过程中进行反硝化脱氮,在不投加外碳源的条件下,污水中必须有足够的有机物(碳源),才能保证反硝化的顺利进行。从理论上讲,BOD_5/TN>2.86 才能有效地进行生物脱氮,但实际运行资料表明,BOD_5/TN>3 时才可使反硝化正常运行,在 4≤BOD_5/TN≤5 时,氮的去除率可大于 60%。本工程设计进水 BOD_5/TN=7.5,进水中实际可利用的碳源可能更少,因此建议考虑外碳源补充,以确保生化段反硝化脱氮效果,同时在缺氧区和后缺氧区根据需要投加部分碳源使出水 TN 达标。

(2) 外加碳源选择

在污水生物处理过程中,常用的反硝化碳源包括甲醇(CH_3OH)、乙酸(CH_3COOH)和乙酸钠(CH_3COONa),这三类碳源都是易生物降解的有机物,能够很好地满足反硝化脱氮的要求。本方案分别针对这三种碳源的使用效果、运输以及安全等方面进行比较分析,具体详见表 4.3-7。

表 4.3-7 三种常用外加碳源综合性能比较分析表

分项性能	碳源种类		
	甲醇	乙酸	乙酸钠
分子式	CH_3-OH	CH_3COOH	CH_3COONa
分子量	32	60	136(三水),82(无水)
作为碳源的特点	对微生物有毒性; 低分子易于用; 投加量较小; 应用广泛	乙酸易溶于水和乙醇; 其水溶液呈弱酸性; 分子量较大,投加量较大; 应用较为广泛	用量大; 极易溶解; 反硝化反应速度快; 水溶液为碱性; 应用较为广泛
投加 1 mg 对于水中 BOD_5 增加值	1.5 mg	1.07 mg	0.42 mg(三水) 0.68 mg(无水)

续表

分项性能		碳源种类		
		甲醇	乙酸	乙酸钠
投加量计算方法		转化1g亚硝酸盐需要有机物(BOD_5)1.71g，转化1g硝酸盐需要有机物(BOD_5)2.86g。所需碳源（以BOD_5计算）理论计算值为：$c=2.86[NO_3\text{-}N]+1.71[NO_2\text{-}N]+DO$，本方案进行简化计算，假设出水中需要反硝化的全部为硝酸盐且DO忽略，则需要投加的BOD_5浓度为硝酸盐浓度的2.86倍。但实际上，好氧呼吸作用会消耗一部分有机碳源，即碳源投加还存在一个效率因子f(C/N)，故实际投加值要大于理论计算值		
投加比例	理论	2.47∶1	2.67∶1	4.16∶1（无水）
	实际	3.0∶1	3.2∶1	5.0∶1（无水）
物化性质		相对密度0.792，熔点−97.8℃，沸点64.5℃，闪点12.22℃，自燃点463.89℃。蒸汽与空气混合物爆炸下限6%～36.5%。能与水、乙醇、乙醚、苯、酮、卤代烃和许多其他有机溶剂相混溶。遇热、明火或氧化剂易着火。遇明火会爆炸	常温下是一种有强烈刺激性酸味的无色液体，熔点16.6℃，沸点为117.9℃，相对密度为1.05，纯乙酸在低于熔点时会冻结成冰状晶体，所以无水乙酸又称为冰醋酸。乙酸易溶于水和乙醇，其水溶液呈弱酸性，乙酸盐也易溶于水	无色透明结晶或白色颗粒。一般为三水物。密度1.45 g/cm^3，熔点58℃。在干燥空气中风化，123℃失去结晶水。无水物熔点324℃，密度1.528 g/cm^3。稍溶于乙醇、乙醚。水溶液呈弱碱性反应
运输		远距离运输，常采用装有甲醇槽车的火车运输。一般短途运输用装有卧式甲醇贮槽的汽车运输。要防止甲醇渗漏，严防明火。装运甲醇的容器要有易燃和有毒的标志	塑料桶包装，每桶净含量：50 kg,200 kg；或用槽车发运	可按一般化学盐类储运
注意事项		由于甲醇着火点低、易爆、有毒，因此，贮槽要安装在阴凉通风处。气温高时，贮槽外壁要淋水冷却，并有静电接地。对甲醇罐区应采取的防火防爆措施	储存于阴凉、通风的仓间内。远离火种、热源。仓温不宜超过30℃。冬天要做好防冻工作，防止冻结，保持密封。应与氧化剂、碱类分开存放。储存间内的照明、通风等设施应采用防爆型，开关设在仓外。配备相应品种和数量的消防器材。禁止使用易产生火花的机械设备和工具	存放于阴凉、通风、干燥的库房内；注意防晒、防潮；严禁与腐蚀性物质接触
危险等级		易燃易爆	第8.1类酸性腐蚀品	/

由表4.3-7可知，甲醇作为反硝化用碳源的优点是投加量小，液态易于投加，相同投加重量的条件下，产生的BOD_5最高，国内外应用最为广泛。但是甲醇的闪点低，属于甲类危险品，在污水处理工程中，会对消防安全带来极大的麻烦，因此本方案不推荐采用甲醇作为外加碳源。

乙酸作为碳源的主要问题是：投加量较大，低温时存在结晶问题，对工程应用影响较大，液态药剂存储较为麻烦。因此本方案不推荐采用乙酸作为外加碳源。

综合考虑到投加成本、效率和贮存运输的安全消防问题及便利性，本方案推荐采用乙酸钠作为补充外加碳源。

4.4 消毒工艺方案

在污水处理过程中,由于水中的致病微生物大多数黏附在悬浮颗粒上,因此如混凝、沉淀和过滤一类的过程也可去除相当部分的致病微生物。例如,采用明矾混凝可除去 95%～99%的柯萨基(Coxsackievirus)病毒,而 $FeCl_3$ 的去除率为 92%～94%。另外,其他处理过程中所加入的化学药剂,如苛性碱、酸、氯、臭氧等,也同时对致病微生物有杀灭作用。因此,对尾水施加消毒,必须结合整个处理过程,确定其必要性、适应性和处理程度。

目前,国内的主要消毒方法有液氯消毒、臭氧消毒、次氯酸钠、二氧化氯消毒和紫外线消毒等几种方式。

(1) 液氯消毒

液氯消毒效果可靠,投配设备简单,投量准确,价格便宜,是应用最广的消毒剂,已经积累了大量的实践经验。但其也存在下列缺点:

① 安全方面存在潜在的危险性;
② 与水中腐殖酸类物质反应形成致癌的卤代烃;
③ 与酚类反应形成带有怪味的氯味;
④ 与水中的氨反应易形成消毒效力低的氯胺,且排入水体后对鱼类有害;
⑤ 在 pH 较高时消毒效力大幅度下降;
⑥ 对病毒灭活效果较差。

(2) 臭氧消毒

臭氧的氧化性极强,其氧化还原电位仅次于 F_2,比氧、氯、二氧化氯及高锰酸钾等氧化剂都高,说明臭氧是常用氧化剂中氧化能力最强的。同时,臭氧反应后的生成物是氧气,所以臭氧是高效的无二次污染的氧化剂。臭氧灭菌消毒属于溶菌剂,即可以达到"彻底、永久地"消灭物体内部所有微生物。

同时,可用臭氧氧化法对印染、染料废水脱色。这类废水中往往含有重氮、偶氮或带苯环的环状化合物等发色基团,臭氧氧化能使染料发色基团的双价键断裂,同时破坏构成发色基团的苯、萘、蒽等环状化合物,从而使废水脱色。臭氧对亲水性染料脱色速度快、效果好,但对疏水性染料脱色速度慢、效果较差。

臭氧制备设备系统组成复杂,投资大、电耗大、运行成本高,对运行操作技术要求严格。

(3) 次氯酸钠

次氯酸钠的消毒原理同液氯,作为一种真正高效、广谱、安全的强力灭菌、杀病毒药剂,它同水的亲和性很好,能与水任意比互溶,它不存在液氯、二氧化氯等药剂的安全隐患,且其消毒效果被公认为和氯气相当,加之其投加准确,操作安全,使用方便,易于储存,对环境无毒害,不存在跑气泄漏,故可以在任意工作环境状况下投加。

(4) 二氧化氯

二氧化氯具有杀菌、灭病毒,去除微量有机污染物等功能,但其投资和运行成本较高,对运行操作要求较严;另外,使用二氧化氯消毒也存在一些其他问题:

① 加入水中的二氧化氯有 50%～70%转变为 ClO_2^-、ClO_3^-,试验表明 ClO_2^-、ClO_3^- 对血红细胞有损害;

② 使消毒水有特殊的气味;
③ 二氧化氯化学性质不稳定,见光极易分解,不能充分发挥消毒作用。

(5) 紫外线消毒

紫外线消毒速度快,效率高,操作简单,便于管理,易于实现自动化,无二次污染,占地面积小及无副产物等优点。但紫外线应用于污水消毒也有一定局限性,具体如下。

① 紫外线无持续消毒能力,消毒后污水难以达标。据调查,目前多数采用紫外线消毒的污水处理厂出水粪大肠菌群数不能稳定达标。

② 紫外线灯管和石英灯管需要定期清理,去除结垢;需要定期检测老化系数,并更换老化灯管;这样就使得日常运行管理难度增大,如果运行管理不善,会导致紫外消毒达不到预期效果。

③ 待消毒污水的色度、浊度等对杀菌效果有影响。

④ 装机功率大,电耗较高。

⑤ 灯管报废后处置困难。

上述五种消毒工艺的优缺点对比分析详见表4.4-1。

表4.4-1 消毒工艺方案比较表

消毒技术	优点	缺点	适用条件
液氯消毒	效果可靠,成本较低; 投配设备简单,投量准确	易产生"三致"物质; 氯化形成的余氯及某些含氯化合物对水生物有毒害,储存安全性要求高	常规二级生化处理后的污水、再生水; 大、中、小型污水处理厂
臭氧消毒	消毒效率高; 可脱色,不产生难处理或生物积累性残余物	投资大,成本高; 设备管理复杂	常规二级生化处理后的污水、再生水; 小型污水处理厂
次氯酸钠消毒	消毒效果好、效率高、能持续杀菌; 储存管理灵活方便; 无安全隐患	成本稍高; 储存周期不宜过长	常规二级生化处理后的污水、再生水; 大中小型污水处理厂,尤其适用于采用有深度处理和回用要求的水厂
二氧化氯消毒	具有较好的消毒效果; 不会产生"三致"物质	不能储存,现制现用;制取设备复杂,成本较高,制备原材料安全管理要求高	常规二级生化处理后的污水、再生水; 中、小型污水处理厂
紫外线消毒	消毒速度快,效率高; 不影响水的物理和化学成分; 模块化设备操作简单,便于管理,易于实现自动化	电耗较大,无持续杀菌能力,杀菌效率受水体浊度影响较大	低质污水、常规二级生化处理后的污水、合流管道溢流废水和再生水; 大、中、小型污水处理厂

综合考虑以上几种污水消毒工艺的适用性、成熟性、安全性、可靠性、二次污染问题、消毒副产物、操作运行的简单易行和运行费用等因素,本方案推荐采用次氯酸钠消毒作为本工程的尾水、中水消毒方式。

4.5 污泥处理工艺

1) 污泥处理要求

污水生物处理过程中将产生大量的生物污泥,有机物含量较高且不稳定,易腐化,并含有寄生虫卵,若不妥善处理和处置,将造成二次污染。

污泥处理要求如下：
① 减少有机物，使污泥稳定化；
② 减少污泥体积，降低污泥后续处置费用；
③ 减少污泥中有毒物质；
④ 利用污泥中可用物质，化害为利；
⑤ 应选用生物脱氮除磷工艺，尽量避免磷的二次污染。

总之，污泥处理处置的最终目的是实现污泥的"四化"，即减量化、稳定化、无害化、资源化，从而达到长期稳定并对生态环境无不良影响。污泥处理是污泥处置的前提和准备，污泥处理包括污泥的厌氧或好氧消化、浓缩、脱水和干化；污泥处置包括污泥卫生填埋、焚烧和农林土地、工业利用等。

2）污泥处理工艺设计原则

根据污水处理工艺，按其产生的污泥量、污泥性质，结合当地的自然环境及处置条件选用符合实际的污泥处理工艺。根据污水厂污泥排出标准，采用合适的脱水方法、脱水后污泥含固率大于40%。妥善处置污水处理过程中产生的污泥，避免二次污染。尽可能利用污泥中的营养物质，变废为宝。

3）污泥处理工艺

通常，污水处理厂完善的污泥处理工艺详见图4.5-1。

剩余污泥 → 污泥浓缩 → 污泥消化 → 污泥脱水 → 泥饼

图 4.5-1 常规污水厂污泥处理工艺图

在实际应用中，需要结合污水处理方案、规模、当地条件、环保要求、运行费用、维护管理及污泥处置方法等因素，合理确定处理工艺。一般来说，对于采用泥龄较长、污泥性质稳定的污水处理工艺，其处理可直接采用浓缩、脱水的方式，而不采用消化处理，这样可以减少增加消化池、加热、搅拌和沼气处理利用等一系列构筑物及设备带来的投资成本。

本项目污水处理污泥来源主要包括化学污泥和生物污泥。生物污泥来源于生化工艺，该工艺在低污泥负荷和长泥龄的条件下运行，使其生物污泥产量较低。化学污泥主要来源于絮凝沉淀、Fenton氧化工艺，全厂污泥量以化学污泥为主，生物污泥为辅。因此，本项目污泥不作消化处理，而直接进行浓缩、脱水。

污泥浓缩方式主要有重力浓缩、气浮浓缩、机械浓缩等几种。重力浓缩在国内外使用普遍，国内大部分污水处理厂都使用污泥浓缩池作为污泥处理的手段。重力浓缩较气浮浓缩、机械浓缩基础投资低，运行费用少。且根据以往工程建设经验，采用适当的浓缩池停留时间，重力浓缩的运行效果较佳，同时在延时曝气活性污泥法中，生化反应段停留时间较长，致使污泥浓缩池中有效碳源严重不足，释磷菌释磷动力不足，磷的释放有限，不会对系统造成大的冲击。因此，本项目污泥浓缩工艺采用重力浓缩。

4）污泥脱水工艺选择

污泥脱水工艺按照脱水原理可分为真空过滤脱水、压滤脱水及离心脱水三大类。主要设备形式有：带式压滤机、离心脱水机和板框压滤机。

(1) 带式压滤脱水机

带式压滤脱水机是由上下两条张紧的滤带夹带着污泥层,从一连串有规律排列的辊压筒中呈S形经过,依靠滤带本身的张力形成对污泥层的压榨和剪切力,把污泥层中的毛细水挤压出来,获得含固量较高的泥饼,从而实现污泥脱水。

(2) 离心脱水机

离心脱水机主要由转鼓和带空心转轴的螺旋输送器组成,污泥由空心转轴送入转筒后,在高速旋转产生的离心力作用下,立即被甩入转鼓腔内。污泥颗粒比重较大,因而产生的离心力也较大,被甩贴在转鼓内壁上,形成固体层;水密度小,离心力也小,只在固体层内侧产生液体层。固体层的污泥在螺旋输送器的缓慢推动下,被输送到转鼓的锥端,经转载周围的出口连续排出,液体则由堰口连续溢流排至转鼓外,汇集后排出脱水机。

(3) 板框压滤机

板框压滤机是通过板框的挤压,使污泥内的水通过滤布排出,达到脱水目的。它主要由凹入式滤板、框架、自动—气动闭合系统测板悬挂系统、滤板震动系统、空气压缩装置、滤布高压冲洗装置及机身一侧光电保护装置等构成。

上述三种污泥脱水设备的优缺点对比分析详见表4.5-1。

表 4.5-1 污泥脱水工艺比较表

方法	优点	缺点	使用范围
带式压滤机	①连续脱水; ②机械挤压	①机器制造容易,附属设备少、能耗较低; ②连续操作,管理方便,脱水能力大	①聚合物价格贵,运行费用高; ②脱水效率不及框板压滤机; ③现场环境差	①特别适用于无机性污泥的脱水; ②有机性污泥不适用
离心式脱水机	①连续脱水; ②离心力作用	①基建投资少,占地少,设备结构紧凑; ②处理能力大且效果好; ③总处理费用较低自动化程度高,操作简便、卫生	①价格偏贵; ②电力消耗大; ③设备有一定噪声	①不适于密度差很小或液相密度大于固相的污泥脱水; ②对粒径有要求,需大于0.01 mm
板框压滤机	①间歇脱水; ②液压过滤	①滤饼含固率高; ②固体回收率高; ③药品消耗少	①间歇操作,过滤能力较低; ②基建设备投资大; ③劳动强度大	①其他脱水设备不适用的场合; ②需要减少运输、干燥或焚烧费用; ③降低填埋费用的场合

通过以上比较,结合本项目的实际情况,本方案采用隔膜板框压滤脱水作为污泥处理手段。隔膜板框压滤脱水技术成熟,运用广泛,具有适用范围广、滤饼含固率高、运输成本低、药品消耗少等优点,脱水至含水率60%后,外运进一步处理。

4.6 除臭工艺

4.6.1 废气排放标准

本项目污水处理厂大气污染物排放执行二级标准,具体详见表4.6-1和4.6-2。

表 4.6-1 厂界废气排放最高允许浓度标准值准

控制项目	氨	硫化氢	臭气浓度(无量纲)	甲烷
浓度(mg/m^3)	1.5	0.06	20	1

表 4.6-2　恶臭(异味)污染物排放限值

序号	控制项目	排气筒高度(m)	排放速率(kg/h)
1	硫化氢	15	0.33
2	甲硫醇	15	0.04
3	甲硫醚	15	0.33
4	二甲二硫醚	15	0.43
5	二硫化碳	15	1.50
6	氨	15	4.90
7	三甲氨	15	0.54
8	苯乙烯	15	6.50
9	臭气浓度	15	2000(无量纲)

恶臭物质在空气中浓度小于嗅觉阈值时,感觉不到臭味;空气中浓度等于嗅觉阈值时,勉强可感到臭味。根据类似污水厂相关资料及类似工程经验,恶臭污染物的组成主要为硫化氢及氨,另外含有甲硫醇、三甲基胺等,以上恶臭物质的嗅阈值详见表 4.6-3。

表 4.6-3　恶臭物质的嗅阈值

恶臭污染物	臭气性质	嗅阈值(ppm)	嗅阈值(mg/m³)
硫化氢	腐烂性蛋臭	0.000 47	0.000 70
氨	特殊的刺激性臭	0.100 0	0.076 00
甲硫醇	腐烂性洋葱臭	0.001 0	0.002 40
甲硫醚	不愉快气味	0.000 1	0.000 28
三甲基胺	腐烂性鱼臭	0.000 1	0.000 26

从恶臭影响范围及程度分析,结合本项目平面布置,废水调节池、缺氧池、污泥浓缩调理池、污泥脱水机房、泥饼堆存车间等构筑物的恶臭强度较大,因此这些构筑物需考虑加盖除臭。

4.6.2　除臭工艺介绍

对于臭气的净化治理,目前国内外常用的臭气处理方法主要有:生物臭气处理法、离子氧法、紫外光催化氧化法、低温等离子体法、活性炭吸附法、化学洗涤法等。

(1) 生物臭气处理法

生物臭气处理法,是将污染场所的臭气通过管道收集至末端生物滤池臭气处理设备,臭气通过生物滤池时,与附着在填料上的生物进行接触,利用微生物降解气体中的致臭成分,气体流经生物活性滤料,滤料上面的生物菌就会分解致臭物质,将被处理臭气中的恶臭污染物组分吸收,转化为二氧化碳、水,维持生物体新陈代谢。

在过去的 30 年内,生物臭气处理技术在欧洲垃圾处理行业臭气处理应用较为广泛。其利用微生物的对有机臭气因子的生物降解以完成臭气处理过程。生物臭气处理法的优点是技术成熟稳定,处理效果有保障,其对于大、中型臭气处理工程都有较多的应用实绩,运行费用低,相对物理、化学等臭气处理方法,生物法臭气处理的运行费用最低;其缺点是占地面积相对较大,需要对微生物进行驯化。

(2) 离子臭气处理法

离子氧法是利用氧离子等物质的强氧化性,氧化分解空气中的污染因子,从而达到臭气处理的目的。由离子发生器通过低高压界面放电,使空气中部分氧分子离子化,形成有极高化学活性的正、负离子氧群和强氧化性自由基,如·O、·OH、·H$_2$O等。臭气分子与离子氧群混合,离子氧群将有机污染物、甲硫醇、氨、硫化氢等致臭污染物降解成臭气阈值高的物质,以降低恶臭浓度、去除异臭味。

(3) 紫外光催化氧化法

紫外光催化氧化法,利用臭氧和羟基自由基等强氧化剂的特点,使臭气中的化学成分氧化,达到臭气处理的目的。紫外光催化氧化法有气相和液相之分,由于氧化产生的化学反应较慢,对氨的处理能力有限,一般先通过其他臭气处理方法,去除大部分恶臭物质,然后再进行氧化。为提高臭氧的化学反应速率,常用臭氧和紫外光辐射结合的处理工艺,故又称"光化学臭气处理法"或"光催化氧化法",即利用两种不同波长的高能级紫外辐射相互协同作用和臭氧与紫外辐射相互协同作用,产生羟基自由基(·OH),对臭气进行除味净化、消毒灭菌,使臭氧净化更具优势,速度更快、净化气体范围更广。紫外光催化氧化法的优点是适用于VOCs废气治理,可适应风量范围宽,可以高效净化绝大多数工业排放的VOCs气体;其缺点是对臭气的湿度有一定的要求。

(4) 低温等离子体法

低温等离子体是继固态、液态、气态之后的物质第四态,当外加电压达到气体的放电电压时,气体被击穿,产生包括电子、各种离子、原子和自由基在内的混合体。放电过程中虽然电子温度很高,但重粒子温度很低,整个体系呈现低温状态,所以称为低温等离子体。低温等离子体降解污染物是利用这些高能电子、自由基等活性粒子和臭气中的污染物作用,使污染物分子在极短的时间内发生分解,并发生后续的各种反应以达到降解污染物的目的。等离子体中能量的传递大致如下。

放电过程中,电子从电场中获得能量,通过碰撞将能量转化为污染物分子的内能或动能,这些获得能量的分子被激发或发生电离形成活性基团,同时空气中的氧气和水分在高能电子的作用下也可产生大量的新生态氢、臭氧和羟基氧等活性基团,这些活性基团相互碰撞后便引发了一系列复杂的物理、化学反应。从等离子体的活性基团组成可以看出,等离子体内部富含极高化学活性的粒子,如电子、离子、自由基和激发态分子等。臭气中的污染物质与这些具有较高能量的活性基团发生反应,最终转化为CO_2和H_2O等物质,从而达到净化臭气的目的。

低温等离子体法的优点是占地面积小,无二次污染,运行费用低;其缺点是对臭气的湿度要求较高。

(5) 活性炭吸附法

由于固定表面上存在着分子引力或化学键力,能吸附分子并使其浓缩富集在固定表面上的现象叫吸附。其中固定物质为吸附剂,被吸附的物质为吸附质。常用的吸附剂有活性炭、沸石分子筛、活性氧化铝等,一般多采用活性炭进行吸附。通过活性炭的吸附作用,将产生恶臭的VOCs等吸附在活性炭微孔中,其中乙醛、吲哚、3-甲基吲哚等恶臭成分可通过物理吸附去除,其他一些致臭成分(例如硫醇等)则是在活性炭表面进行氧化反应(需配置前段氧化工艺)而进一步吸附去除。活性炭达到饱和后,需通过热空气、蒸汽或苛性碱浸没进行再生或替换。活性炭吸附法与化学洗涤法相比较,具有较高的效率,常用于低浓度臭气或臭气处理装置的后续处理。

活性炭吸附法的优点是可吸收不同的有害气体,应用范围最广,对于废气成分比较复杂的气体效果明显,恶臭分子去除率高;其缺点是由于设备运行时吸附剂会饱和,需定期更换吸附剂,运行费用高。

(6) 化学洗涤法

化学洗涤法是利用化学介质(NaOH、NaCl、NaClO 或植物液)或水与 H_2S、NH_3 等无机类致臭成分进行反应,变成液态或无害的气体,从而达到处理臭气目的。现使用最为成熟和广泛的工业设备是填料塔,特别是逆流填料塔。填料塔是一种筒体内装有环形、波纹形、空心球形等形状的填料,吸收剂自塔顶向下喷淋于填料上,气体沿填料间隙上升,通过气液接触使有害物质被吸收的净化设备。

化学洗涤法的优点是通过选用不同的溶液和溶剂,可吸收不同的有害气体,应用范围广,耐冲击负荷强,可间歇工作,工作方式灵活。对于废气流量大、成分比较简单的气体效果明显;其缺点是净化效率不高,吸收液排放会造成二次污染,需要进行处理。

4.6.3 除臭工艺选择

根据前述除臭工艺介绍,上述除臭工艺优缺点对比分析详见表 4.6-4。

表 4.6-4 除臭工艺比选分析

臭气处理工艺	适用范围	特点	处理成本	设备投资	占地面积	处理效果
生物臭气处理法	中低浓度各类臭气	臭气处理效率稳定,对臭气去除率较高	较低	中等	大	好
		有一定的臭气处理效率极限				
		占地面积大,更适合于连续运行工况				
离子氧法	中低浓度各类臭气,含较高有机组分臭气	适用于中低浓度、相对湿度≤80%的臭气处理	较低	中等	较小	一般
		对较高湿度臭气处理效率有限				
紫外光催化氧化处理法	中低浓度各类臭气,含较高有机组分臭气	适用于中低浓度、相对湿度≤80%的臭气处理	较低	较高	较小	好
		对较高湿度臭气处理效率有限				
		可配合多种臭气治理工艺进行深度处理				
低温等离子体法	中低浓度各类臭气,含较高有机组分臭气	适用于中低浓度、相对湿度≤80%的臭气处理	一般	中等	较小	好
		臭气需要进行充分的预处理				
		存在爆炸风险				

续表

臭气处理工艺	适用范围	特点	处理成本	设备投资	占地面积	处理效果
活性炭吸附法	各类浓度臭气或其他臭气处理工艺的后序处理	臭气处理效率较高 需定期更换活性炭，成本较高 常用于串联其他工艺后做强化处理	高	较低	较小	好
化学洗涤法	中高浓度化学稳定性差的臭气	处理效果与选用药剂有关 对硫化氢、氨等无机气体处理效果好	中等	较低	较大	较好

由表4.6-4可知，生物臭气处理法具有处理效果稳定、运行费用低等优点，虽然占地面积稍大，但根据现场条件，生物滤池除臭装置可布置于调节池顶部。

根据本项目的恶臭气体成分及特点，采用分区收集，分质处理，恶臭气体处理工艺采用生物滤池除臭工艺。

4.7 推荐工艺技术路线

根据前述工艺比选，确定本项目印染废水处理工艺路线，具体如下：印染废水处理规模20 000 m³/d，采用"调节预处理系统（20 000 m³/d）＋A/O＋MBR系统（20 000 m³/d）＋反渗透系统（20 000 m³/d）＋中水池（10 000 m³/d）"组合工艺，中水消毒采用次氯酸钠；反渗透浓水进入污水深度处理系统，采用"反渗透浓水（10 000 m³/d）＋反硝化滤池系统（10 000 m³/d）＋芬顿氧化系统（10 000 m³/d）＋粉碳吸附系统（10 000 m³/d）＋深度过滤系统（10 000 m³/d）"组合工艺，尾水消毒采用次氯酸钠。本项目印染废水处理工艺流程详见图4.7-1。

5. 工程设计

根据前述工艺比选，确定本项目印染废水处理工程工艺处理路线，具体如下：

印染废水处理规模20 000 m³/d，采用"调节预处理系统（20 000 m³/d）＋A/O＋MBR系统（20 000 m³/d）＋反渗透系统（20 000 m³/d）＋中水池（10 000 m³/d）"组合工艺，中水消毒采用次氯酸钠；反渗透浓水进入污水深度处理系统，采用"反渗透浓水（10 000 m³/d）＋反硝化滤池系统（10 000 m³/d）＋芬顿氧化系统（10 000 m³/d）＋粉碳吸附系统（10 000 m³/d，提标预留）＋深度过滤系统（10 000 m³/d）"组合工艺，尾水消毒采用次氯酸钠。

本项目印染废水处理系统具体工艺手段如下。

调节预处理系统（设计规模20 000 m³/d）：新建高浓收集池、高浓絮凝反应池、高浓溶气气浮装置、低浓调节池、1#絮凝反应池和初沉池。

A/O＋MBR生化系统（设计规模20 000 m³/d）：新建A/O生化池和MBR生化池。

RO膜处理系统（设计规模20 000 m³/d）：新建中水回用车间和中水池。

反硝化滤池系统（设计规模10 000 m³/d）：新建反硝化滤池和滤液收集池。反硝化滤池系统处理对象为反渗透浓水。

芬顿氧化系统（设计规模10 000 m³/d）：新建硫酸、硫酸亚铁、双氧水、石灰加药系统、芬顿氧化塔、芬顿吹脱池、2#絮凝反应池、二沉池。

粉碳吸附系统（设计规模10 000 m³/d）：预留粉碳加药系统、PAC加药系统、粉碳吸附池、3#絮凝反应池、高密度沉淀池。

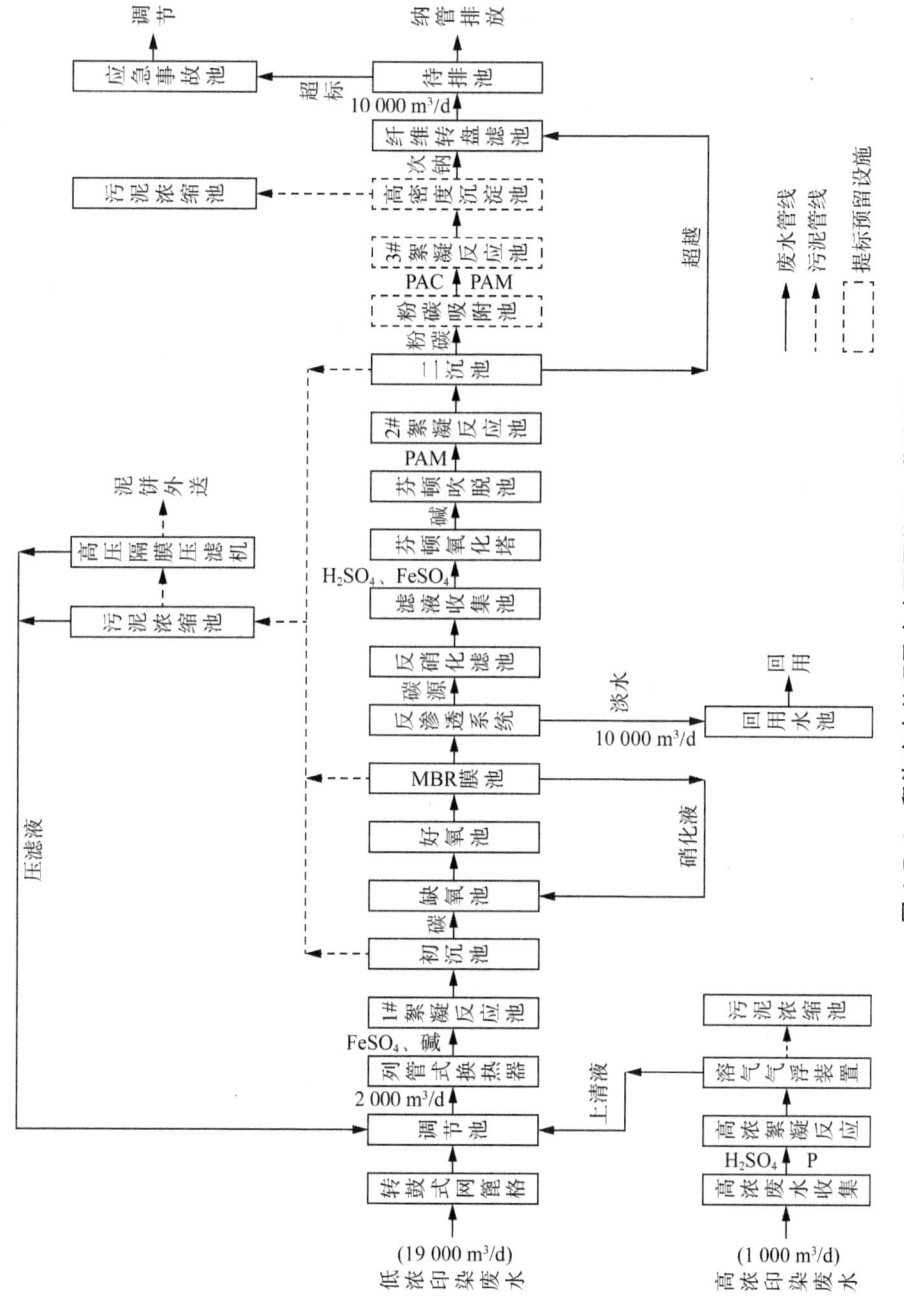

图 4.7-1 印染废水处理及中水回用处理工艺流程图

深度过滤系统(设计规模10 000 m³/d):新建纤维转盘滤池、待排池和应急事故池。

污泥处理系统(设计规模20 000 m³/d):新建污泥调质浓缩池、高压隔膜板框压滤系统和泥饼堆存车间。

除臭处理系统(设计规模30 000 m³/h):新建废气收集系统和生物滤池除臭系统。

5.1 各工艺单元处理效果预测分析

根据设计进水水质和出水水质要求,结合前述工艺流程设计,本项目印染废水处理系统各工艺单元处理效果预测分析详见表5.1-1。

表5.1-1 各工艺单元处理效果预测分析一览表

工艺单元	工段	SS	COD$_{cr}$	BOD$_5$	NH$_3$-N	TN	TP	总锑
调节池	进水	200	1 000	300	30	40	5	0.3
混凝+初沉	进水	200	1 000	300	30	40	5	0.3
	出水	40	500	150	30	32	1	0.06
	去除率(%)	80	50	50	/	20	80	80
A/O+MBR	进水	40	500	150	30	32	1	0.06
	出水	1	80	20	1.5	10	1	0.06
	去除率(%)	98	84	87	95	69	/	/
RO	进水	/	80	20	1.5	10	1	0.06
	浓水①	/	140	36	2	19	1.9	0.12
	去除率(%)	/	/	/	/	/	/	/
反硝化滤池	进水	/	140	36	2	19	1.9	0.12
	出水	10	120	30	2	7	1.9	0.12
	去除率(%)	/	15	17	/	63	/	/
芬顿氧化+混凝+二沉	进水	10	120	30	2	7	1.9	0.12
	出水	18	40	8	2	7	0.2	0.06
	去除率(%)	/	67	74	/	/	90	50
粉碳吸附+混凝+高密度沉淀池	进水	18	40	8	2	7	0.2	0.06
	出水	18	25	6	2	7	0.2	0.06
	去除率(%)	/	38	25	/	/	/	/
滤布滤池+次钠消毒	进水	18	25	6	2	7	0.2	0.06
	出水	7.2	25	6	1	6	0.2	0.06
	去除率(%)	60	/	/	50	15	/	/
排放标准		/	10	30	10	1.5	10	0.3	0.08

注:① RO浓水水质数据基于50%回收率和回用水水质要求预测而得。

5.2 总图设计

5.2.1 总平面布置

(1) 平面布置原则

① 结合污水站进出水方向,布局合理,水流顺畅;

② 通过工艺单元组合的方式，使构(建)筑物布置紧凑、顺直；
③ 功能分区明确，以便管理；
④ 充分利用空间，节省用地；
⑤ 注重设备、药剂的运输以及人员的交通组织；
⑥ 各种管线布置应顺直，便于检修维护，且不得影响交通；
⑦ 结合消防，布置人员疏散楼梯及通道。

(2) 影响平面布置的因素
① 污水站进出水方向和高程已经确定，因此处理工艺流程方向也大体确定；
② 充分利用现有地块，结合竖向布置，利用现有地块形状，尽量减少占地，节省工程投资；
③ 根据站区所在地块的位置，应考虑药剂、污泥等运输便利性，减少对厂前区的影响；
④ 构(建)筑物的组合对总图布置影响极大，应合理组合，达到充分利用空间、减少占地、减少构(建)筑物之间的连接管道(相应减少水头损失)的目的；
⑤ 需考虑风向，尽量减少站区对厂前区的空气环境影响。

(3) 站区平面布置
根据项目业主方提供的污水站所在地块，本项目印染废水处理系统占地面积约为 3 200 m²。

本项目构(建)筑物包括：高浓收集池、低浓调节池、高浓絮凝反应池、高浓溶气气浮装置、低浓调节池、1#絮凝反应池、初沉池、A/O 生化池、MBR 膜池、反硝化滤池、滤液收集池、芬顿氧化塔、芬顿吹脱池、2#絮凝反应池、二沉池、粉碳吸附池(提标预留)、3#絮凝反应池(提标预留)、高密度沉淀池(提标预留)、纤维转盘滤池、待排池、应急事故池、中水回用车间、回用水池、化药池、储药池、污泥调质浓缩池、污泥脱水机房、泥饼堆存车间、中控室、会议室、化验室、配电间、药剂堆存间、机修储物间、卫生间、在线监测间、一般固废库和危险废物库等。

其中，高浓收集池、低浓调节池、回用水池、化药池、污泥调质浓缩池位于地下一层；高浓絮凝反应池、高浓溶气气浮池、中水回用车间、污泥脱水机房、泥饼堆存车间、中控室、会议室、化验室、配电间、药剂堆存间、机修储物间、卫生间、在线监测间、一般固废库和危险废物库位于地上一层；A/O 生化池、MBR 膜池和风机房位于地上二层；1#絮凝反应池、初沉池、反硝化滤池、滤液收集池、芬顿氧化塔、芬顿吹脱池、2#絮凝反应池、二沉池、粉碳吸附池(提标预留)、3#絮凝反应池(提标预留)、高密度沉淀池(提标预留)、纤维转盘滤池、待排池、应急事故池、储药池位于地上三层。

本项目地下一层、地上一层、地上二层和地上三层平面布置设计详见图 5.2-1~5.2-4。

5.2.2 工程建设内容一览表
根据前述工艺设计，本项目印染废水处理系统工程建设内容详见表 5.1-1。

5.2.3 总图竖向设计
(1) 竖向布置原则
① 充分利用地形，降低能耗；
② 尽量减少挖填方量，节省工程投资；
③ 对外交通顺畅，满足生产、运输及消防要求；

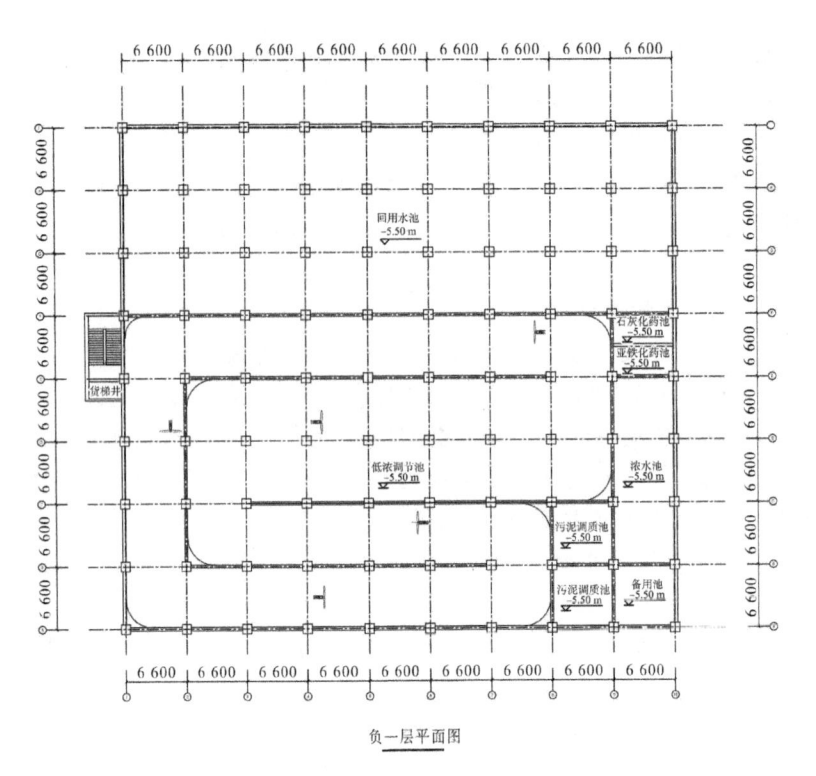

图 5.2-1　地下一层平面布置图

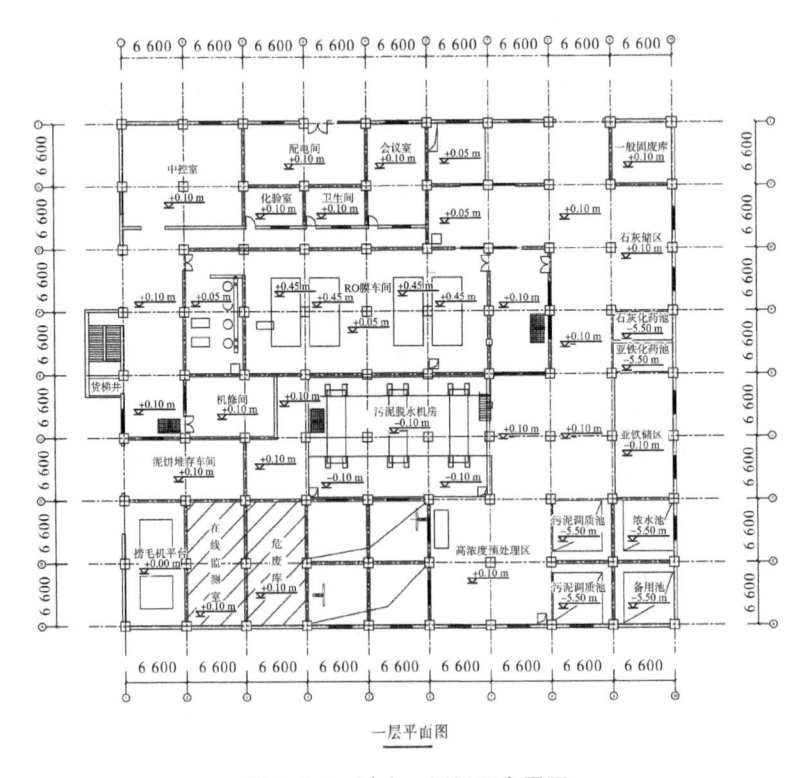

图 5.2-2　地上一层平面布置图

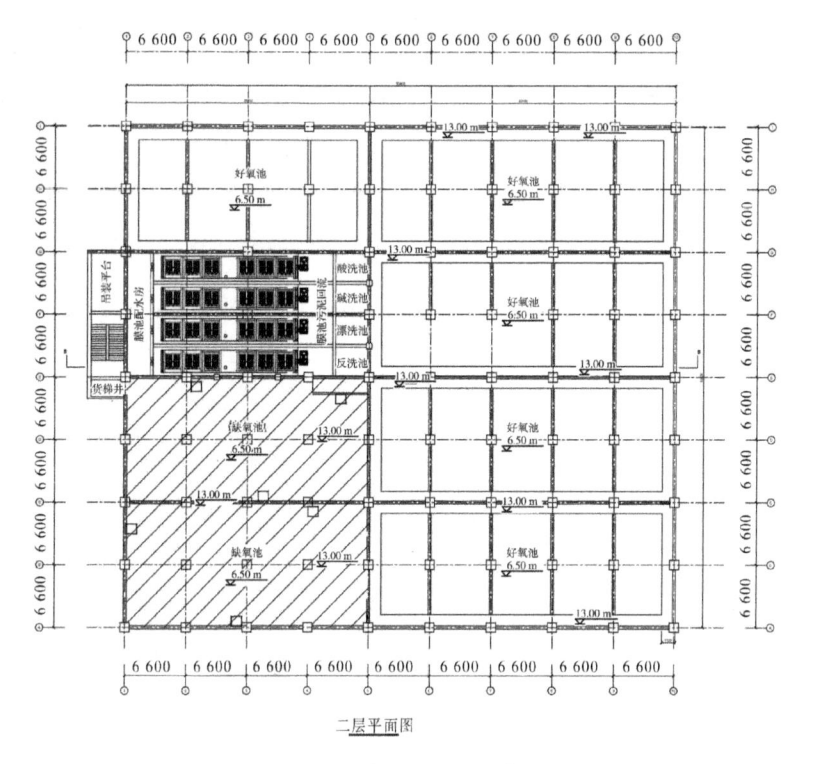

图 5.2-3 地上二层平面布置图

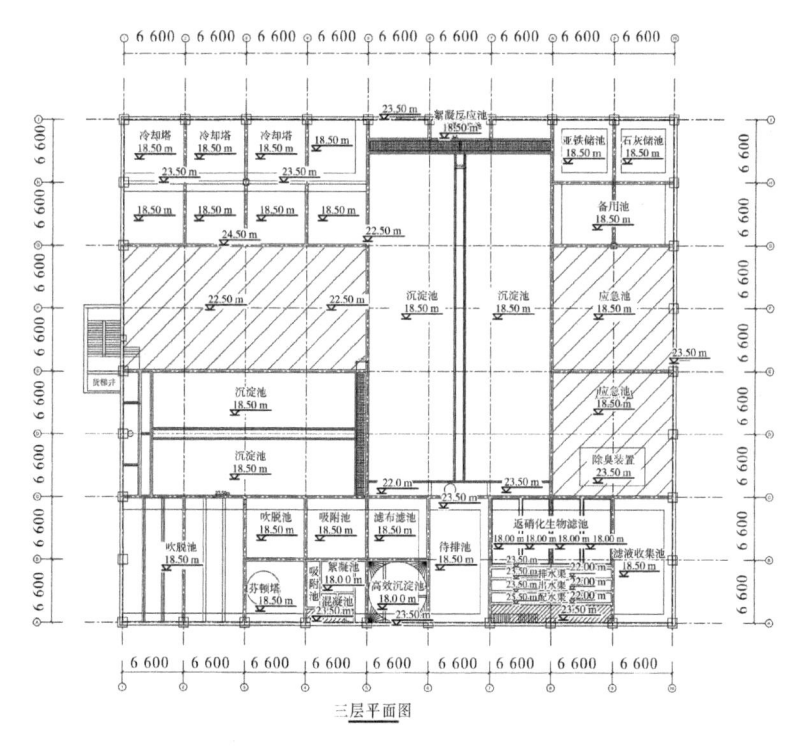

图 5.2-4 地上三层平面布置图

表 5.2-1 工程建设内容一览表

序号	名称	规格尺寸	备注
	废水处理单元		
1	高浓收集池	19.50 m×6.40 m×5.50 m	设计规模 800 m³/d
2	高浓絮凝反应池	3.00 m×1.00 m×3.00 m	设计规模 800 m³/d
3	高浓溶气气浮装置	5.50 m×2.00 m×2.50 m	设计规模 800 m³/d
4	低浓调节池	52.60 m×19.50 m×5.50 m+46.00 m×12.90 m×5.50 m	设计规模 20 000 m³/d
5	1#絮凝反应池	6.30 m×2.00 m×5.00 m×3	设计规模 20 000 m³/d
6	初沉池	37.20 m×9.65 m×5.00 m	设计规模 20 000 m³/d
7	A/O 生化池	A段:26.10 m×12.90 m×6.50 m×2 O段:32.70 m×12.90 m×6.50 m×4+26.10 m×12.90 m×6.50 m×1	设计规模 20 000 m³/d
8	MBR 膜池	26.10 m×3.00 m×6.50 m×4	设计规模 20 000 m³/d
9	反硝化滤池	配水渠12.90 m×1.00 m×3.50 m,出水渠12.90 m×1.10 m×1.50 m,排水渠12.90 m×0.90 m×1.50 m,滤池区12.90 m×6.90 m×5.50 m	设计规模 10 000 m³/d
10	滤液收集池	13.00 m×6.40 m×5.00 m	设计规模 10 000 m³/d
11	芬顿氧化塔	ϕ3.20 m×13.00 m	设计规模 10 000 m³/d
12	芬顿吹脱池	6.30 m×6.30 m×5.00 m+13.00 m×13.00 m×5.00 m	设计规模 10 000 m³/d
13	2#絮凝反应池	12.90 m×1.60 m×5.00 m	设计规模 10 000 m³/d
14	二沉池	24.30 m×6.30 m×5.00 m	设计规模 10 000 m³/d
15	粉碳吸附池(提标预留)	6.30 m×6.30 m×5.00 m×1 格+4.80 m×1.40 m×5.50 m×1 格	设计规模 10 000 m³/d
16	3#混凝反应池(提标预留)	1.60 m×1.40 m×5.50 m×2 格	设计规模 10 000 m³/d
17	3#絮凝反应池(提标预留)	3.40 m×3.20 m×5.50 m	设计规模 10 000 m³/d
18	高密度沉淀池(提标预留)	7.70 m×6.40 m×5.50 m	设计规模 10 000 m³/d
19	纤维转盘滤池	6.30 m×6.30 m×5.00 m	设计规模 10 000 m³/d
20	待排池	12.90 m×6.30 m×5.00 m	设计规模 10 000 m³/d
21	应急事故池	12.90 m×12.90 m×5.00 m×2	设计规模 10 000 m³/d
	中水回用系统		
1	中水回用车间	32.70 m×12.90 m×5.00 m	
2	回用水池	59.30 m×19.60 m×5.50 m	
	加药单元		
1	地下一层硫酸亚铁化药池	6.30 m×3.00 m×5.50 m	

续表

序号	名称	规格尺寸	备注
2	地下一层石灰化药池	6.30 m×3.00 m×5.50 m	
3	地下一层聚铁加药装置	Φ2.65 m×3.40 m	
4	地上二层碳源加药装置	Φ2.65 m×3.40 m	
5	地上三层PAM化药加药装置	4 000 L/h	
6	地上三层硫酸亚铁储药池	6.30 m×6.30 m×5.00 m	
7	地上三层石灰储药池	6.30 m×6.30 m×5.00 m	
8	地上三层双氧水储罐区	6.30 m×6.30 m×2.00 m	
9	地上三层硫酸储罐区	6.30 m×6.30 m×2.00 m	
10	地上三层次钠加药装置	Φ2.65 m×3.40 m	
11	地上一层粉碳加药装置(提标预留)	Φ3.00 m×8.50 m,30 m³	
12	地上三层PAC加药装置(提标预留)	Φ2.65 m×3.40 m	
污泥脱水单元			
1	污泥调质浓缩池	7.93 m×6.30 m×5.50 m	
2	污泥脱水机房	26.10 m×6.45 m×5.00 m+22.80 m×6.45 m×5.00 m	
3	泥饼堆存车间	12.90 m×6.30 m×5.00 m	
除臭单元			
1	废气集输单元		
2	生物除臭单元		
其他公辅单元			
1	中控室	13.00 m×10.60 m×5.00 m	
2	会议室	10.60 m×6.30 m×5.00 m	
3	化验室	6.30 m×4.00 m×5.00 m	
4	配电间	12.90 m×6.30 m×5.00 m	
5	机修储物间	9.60 m×6.30 m×5.00 m	
6	药剂堆存间	13.20 m×6.30 m×5.00 m×2	
7	卫生间	6.30 m×4.00 m×5.00 m	
8	在线监测室	13.00 m×6.30 m×5.00 m	
9	一般固废库	6.30 m×6.30 m×5.00 m	
10	危险废物库	13.00 m×6.30 m×5.00 m	

④ 考虑满足防洪要求。

另外,对于站区道路,在设计过程中,应根据主要控制点、工程经济等多方面因素进行道路平、纵、横、路基面等设计。如结合站前区现状道路和站区地块情况,合理确定道路标准横断面;合理运用平纵指标,进行平纵组合设计,以保证良好的视觉效果,提高行车舒适性。

(2) 防洪标准

本项目尾水采用压力输送外排,收纳水体防洪水位不作为站区高程递算依据值。本项目站区地坪及构(建)筑物满足城市周边防洪标准。

(3) 竖向布置

① 设计地面高程

本项目设计地坪与站前区现状地坪高程保持一致。

② 设计构(建)筑物高程

本项目构(建)筑物高程以工艺单元布置为依据,考虑处理构(建)筑物内部及处理设施沿途传播水头损失,结合一定安全余量,合理选取。

5.2.4 站区道路设计

为了便于交通运输和设备的安装、维护,本工程部分主要道路宽 6 m,次要道路宽 4 m。道路转弯半径一般为 4~6 m。道路布置成环状的交通网通过每个构(建)筑物。路面结构采用沥青混凝土。

5.2.5 站区管网设计

本项目站区管网设计范围包括工艺水管、工艺泥管、空气管、给水管、雨水管、污水管、电力管、加药管等管线,共计十余种。管线的走向交叉、错综复杂。

布置原则:尽量保证足够的管道布置空间;重力管道应充分利用地形坡度,尽可能顺坡布置,以达到经济实用的目的;各构(建)筑物之间连接管道,尽量以直线形式连接,缩短距离,减少交叉;当交叉管线高程发生矛盾时,应按照小管让大管、压力管让重力管的原则布置。

5.3 工艺单体设计

1) 废水处理单元

(1) 高浓收集池

功能:收集厂区各个车间的高浓印染废水,以便进行预处理,预处理后排入低浓废水调节池。

规格尺寸:19.5 m×6.4 m×5.5 m

有效水深:5 m

有效容积:624 m³

停留时间:15 h

数量:1 座

主要设备:

a. 潜水搅拌机

规格参数:桨叶直径 Φ400 mm,转速 740 r/min,1.5 kW

材质:SUS304

数量:2 台

b. 废水提升泵

规格参数:$Q=42$ m³/h,$H=14$ m,$N=3.75$ kW

材质:氟塑料

形式：自吸泵

数量：2台，1用1备

c. 液位计

规格参数：0~6 m，4~20 mA

材质：SUS304

形式：静压式

数量：1套

(2) 高浓絮凝反应池

功能：对从高浓收集池提升的废水通过依次投加硫酸溶液、PAC和PAM溶液进行絮凝反应，以去除废水中悬浮物和不溶性有机物。

材质：碳钢内衬玻璃钢防腐

规格尺寸：3 m×1 m×3 m

有效水深：2.5 m

有效容积：7.5 m³

水力停留时间：10.8 min

数量：1座

主要设备：

a. 机械搅拌机

规格参数：桨叶直径Φ400 mm，转速30~60 r/min，1.5 kW

材质：碳钢衬塑

数量：3台

b. 在线pH监控仪

规格参数：0~14，4~20 mA

材质：组合件

数量：1套

(3) 高浓溶气气浮装置

功能：对高浓絮凝反应池出水利用溶气系统产生的微小气泡的黏附作用实现固液分离，以有效去除絮凝反应后高浓废水中的悬浮物。

材质：碳钢防腐

规格尺寸：5.5 m×2 m×2.5 m

处理能力：42 m³/h

数量：1座，成套设备，装机功率7.2 kW

(4) 低浓调节池

功能：收集厂区各个车间产生的低浓印染废水和经预处理后的高浓印染废水，调节池内分为多个推流式廊道，廊道内设置有潜水推流器，使廊道末端水回流至前端，保证进水在池内混合均匀。调节池廊道末端安装有潜水提升泵，将废气集中输送至后续处理单元。调节池前端进水渠设置机械格栅，以去除废水中的大块杂物和毛絮物，确保后续处理单元机泵的连续稳定运行。

结构型式:地下式钢筋混凝土结构

规格尺寸:52.6 m×19.5 m×5.5 m＋46 m×12.9 m×5.5 m

有效水深:5 m

有效容积:8 095 m³

水力停留时间:9.7 h

数量:1 座

主要设备:

a. 转鼓式机械格栅

规格参数:处理规模 210 m³/h

材质:SUS304

数量:4 套

b. 潜水推流器

规格参数:桨叶直径 Φ1800 mm,转速 56 r/min,5 kW

材质:SUS304

数量:5 台

c. 废水提升泵

规格参数:$Q=400$ m³/h,$H=33$ m,$N=55$ kW

材质:过流材质 SUS304

形式:潜水泵

数量:3 台,2 用 1 备

d. 电磁流量计

规格参数:DN400,PN10,4～20 mA

材质:碳钢防腐＋橡胶衬里

数量:1 台

e. 液位计

规格参数:0～6 m,4～20 mA

材质:SUS304

形式:静压式

数量:1 套

f. 列管式换热器

规格参数:处理能力 840 m³/h

材质:SUS304

数量:1 座

g. 配套管阀

形式:进水管、出水管等

材质:PE＋SUS304

数量:1 批

(5) 1#絮凝反应池

功能:对从调节池提升的废水,通过依次投加硫酸亚铁溶液、碱液和PAM溶液进行絮凝反应,以去除废水中易络合的染料大分子和悬浮物,降低后续处理单元的处理负荷。

结构型式:地上式钢筋混凝土结构

规格尺寸:6.3 m×2 m×5 m×3 格

有效水深:4.5 m

有效容积:170 m³

水力停留时间:12.2 min

数量:1 座

主要设备:

a. 气力搅拌装置

规格参数:Φ200 mm

材质:工程塑料+SUS304

数量:12 套

b. 在线pH监控仪

规格参数:0~14,4~20 mA

材质:组合件

数量:1 套

(6) 初沉池

功能:对絮凝反应池出水通过重力作用实现泥水分离,沉淀污泥通过桥式刮吸泥机定期提升至污泥浓缩池进行重力浓缩,泥水分离后上清液通过出水槽溢流至后续处理单元。

结构型式:地上式钢筋混凝土结构

规格尺寸:37.2 m×9.65 m×5 m

有效水深:4.5 m

表面负荷:1.16 m³/(m²·h)

数量:2 座

主要设备:

a. 桥式刮吸泥机

规格参数:跨度9.9 m,H=5 m,N=1.5 kW,含轨道

材质:SUS304

数量:2 套

b. 排泥泵

规格参数:Q=10 m³/h,H=15 m,N=1.5 kW

材质:铸铁

形式:潜水泵

数量:13 台,12 用 1 冷备

c. 出水堰槽

规格尺寸:19.5 m×0.8 m×0.8 m

材质:SUS304
数量:1套
d. 配套管阀
形式:进水管、出水管等
材质:SUS304
数量:1批

(7) A/O 生化池

功能:对初沉池出水利用 A/O 工艺处理,即缺氧-好氧组合工艺进行处理,强化生物脱氮效果,其中好氧末段设置为可好氧、可缺氧区域,方便在必要的时候进一步强化脱氮效果。其中缺氧区借助潜水推流器形成完全混合的水力条件,优先最大限度地利用进水碳源与回流硝化液快速完成反硝化过程,去除大部分的硝态氮;好氧区底部布置有微孔曝气器充氧,使混合液充分接触反应,完成好氧降解和硝化过程。本设计设置了 200% 硝化液回流至前置缺氧区。

结构型式:地上式钢筋混凝土结构
规格尺寸:前置缺氧区 26.1 m×12.9 m×6.5 m×2 格
好氧区 32.7 m×12.9 m×6.5 m×4 格+26.1 m×12.9 m×6.5 m×1 格
有效水深:6 m
有效容积:前置缺氧区 4 040 m³,好氧区 12 140 m³
水力停留时间:缺氧区 4.8 h,好氧区 14.6 h
数量:1座
主要设备:

a. 潜水推流器
规格参数:桨叶直径 Φ400 mm,转速 980 r/min,4 kW
材质:SUS304
数量:9 台

b. 可提升式微孔曝气装置
规格参数:服务面积 2~4 m²,空气流量 12~24 m³/h
材质:工程塑料+SUS304
数量:864 套

c. A/O 曝气风机
规格参数:$Q=150$ m³/min,$H=7\,000$ mm,$N=200$ kW
材质:组合件
形式:空气悬浮风机
数量:3 台,2 用 1 备

d. 气体流量计
规格参数:DN500,4~20 mA
材质:SUS304
形式:热式

数量:1 台

e. 在线 DO 监控仪

规格参数:0~20 mg/L,4~20 mA

材质:组合件

数量:3 套

f. 配套管阀

形式:空气管

材质:SUS304

数量:1 批

(8) MBR 膜池

功能:对 A/O 生化池出水利用 MBR 系统强化生物处理。首先,充分利用 MBR 膜的高效泥水分离特性,阻止废水中的悬浮物、胶体和微生物等大分子物质通过,确保 MBR 出水浊度满足后续处理单元要求;其次,充分利用 MBR 系统中高微生物浓度的特性,进一步强化微生物对废水中有机污染物的降解去除效果,提升 MBR 出水水质。

结构型式:地上式钢筋混凝土结构

规格尺寸:26.1 m×3 m×6.5 m×4 格,含进水渠、出水渠、离线清洗池等

有效水深:5 m

有效容积:1 560 m^3

水力停留时间:1.9 h

数量:1 座

主要设备:

a. MBR 膜组件

规格参数:2 200 m^2/套

尺寸:$L \times B \times H = 1\,810$ m$\times 1\,940$ m$\times 3.680$ m

材质:膜帘 PTFE+框架 316 L

数量:24 套

b. 膜产水泵

规格参数:$Q=450$ m^3/h,$H=32$ m,$N=55$ kW

材质:铸铁

形式:离心泵

数量:2 台

c. 膜反冲洗泵

规格参数:$Q=160$ m^3/h,$H=18$ m,$N=11$ kW

材质:铸铁

形式:离心泵

数量:2 台,1 用 1 备

d. 清水泵

规格参数:$Q=7$ m^3/h,$H=20$ m,$N=2.2$ kW

材质:铸铁

形式:离心泵

数量:2台,1用1备

e. 硝化液回流泵

规格参数:$Q=400$ m^3/h,$H=7$ m,$N=11$ kW

材质:铸铁

形式:轴流泵

数量:6台,4用2备

f. 次氯酸钠加药桶

规格参数:$V=2$ m^3

材质:PE

数量:1座

g. 次氯酸钠加药泵

规格参数:$Q=100$ L/h,$P=5$ bar[①],$N=0.37$ kW

材质:铸铁+PVC

形式:隔膜计量泵

数量:2台,1用1备

h. 柠檬酸加药桶

规格参数:$V=2$ m^3

材质:PE

数量:1座

i. 柠檬酸加药泵

规格参数:$Q=100$ L/h,$P=5$ bar,$N=0.37$ kW

材质:铸铁+PVC

形式:隔膜计量泵

数量:2台,1用1备

j. 管道混合器

规格参数:DN50,PN10

材质:UPVC

数量:1套

k. 液位计

规格参数:0~5 m,4~20 mA

材质:SUS304

形式:静压式

数量:4套

---

① 1 bar=10^5 Pa

l. 电磁流量计

规格参数:DN400,PN10,4~20 mA

材质:碳钢防腐+橡胶衬里

数量:1套

m. 电磁流量计

规格参数:DN150,PN10,4~20 mA

材质:碳钢防腐+橡胶衬里

数量:8套

n. 压力变送器

规格参数:-100~100 kPa,4~20 mA

材质:碳钢防腐

数量:1套

o. 行车

规格参数:宽度13 m,起吊高度5 m,起吊重量5 t,行走电机功率1.5 kW×2,起吊电机7.5 kW,葫芦行走电机0.8 kW

材质:碳钢防腐

数量:2套

p. 配套管阀

规格参数:产水管、反洗管、清水管、加药管、空气管等

材质:UPVC+SUS304

数量:1批

(9) 反硝化滤池

功能:对反渗透浓水利用反硝化滤池工艺,进一步提升生物脱氮效果。生物滤池工艺中,硝化液和活性生物之间的接触时间比常规活性污泥处理中的接触时间短,因此,反硝化细菌所需的可用同化碳源数量更为重要。为确保生物脱氮效果,本设计考虑了外加碳源投加。

结构型式:地上式钢筋混凝土结构

规格尺寸:配水渠12.9 m×1 m×3.5 m,出水渠12.9 m×1.1 m×1.5 m

排水渠12.9 m×0.9 m×1.5 m,滤池区12.9 m×6.9 m×5.5 m

有效水深:5.5 m

过滤面积:83.84 m^2

平均滤速:5 m/h

滤料高度:2.5 m

反硝化容积负荷:0.96 kg NO$_3$-N/(m^3·d)

数量:1座

主要设备:

a. 等流量配水堰

规格参数:$L×B=1\,000$ mm×250 mm

材质：SUS304

数量：4套

b. 进水蝶阀

规格参数：DN300，气动双作用

材质：铸钢

数量：4台

c. 冲洗水蝶阀

规格参数：DN400，气动双作用

材质：铸钢

数量：4台

d. 冲洗废水排放蝶阀

规格参数：DN500，气动双作用

材质：铸钢

数量：4台

e. 冲洗气蝶阀

规格参数：DN300，气动双作用

材质：铸钢

数量：4台

f. 排气气阀

规格参数：DN125，气动双作用

材质：铸钢

数量：4台

g. 滤板

规格参数：960 mm×960 mm×200 mm

材质：防腐混凝土

数量：84套

h. 滤头及固定件

规格参数：1 m^3/个

材质：ABS

数量：1 029套

i. 卵石承托层

规格参数：4~8 mm 卵石 100 mm，8~16 mm 卵石 100 mm

材质：卵石

数量：16.8 m^3

j. 滤料层

规格参数：2~4 mm 石英砂，2.5 m

材质：石英砂

数量：209.6 m^3

k. 反冲洗泵

规格参数：$Q=320 \text{ m}^3/\text{h}, H=12 \text{ m}, N=18.5 \text{ kW}$

材质：铸铁

形式：离心泵

数量：3台，2用1备

l. 反冲洗风机

规格参数：$Q=38.6 \text{ m}^3/\text{min}, H=8\,000 \text{ mm H}_2\text{O}, N=75 \text{ kW}$

材质：铸铁

形式：罗茨式

数量：2台，1用1备

m. 配套管阀

规格参数：进水管、排水管、冲洗管、空气管、排气管等

材质：碳钢＋SUS304

数量：1批

(10) 滤液收集池

功能：用于收集、暂存反硝化滤池产生的滤过液，并兼做反硝化滤池反冲洗水池。

结构型式：地上式钢筋混凝土结构

规格尺寸：13 m×6.4 m×5 m

有效水深：4 m

有效容积：332.8 m^3

数量：1座

主要设备：

a. 废水提升泵

规格参数：$Q=420 \text{ m}^3/\text{h}, H=12 \text{ m}, N=22 \text{ kW}$

材质：铸铁

形式：潜水泵

数量：2台，1用1备

b. 液位计

规格参数：0～6 m，4～20 mA

材质：SUS304

形式：静压式

数量：1套

c. 配套管阀

形式：排水管等

材质：碳钢

数量：1批

(11) 芬顿氧化塔

功能：通过在废水中投加芬顿试剂，生成强氧化性的羟基自由基，在废水中与难降解

有机物生成有机自由基使之结构破坏,最终氧化分解,从而降低废水中的有机物浓度,同时对总磷和总锑也具有一定的去除效果。芬顿氧化塔首先根据在线 pH 检测仪的检测数值,通过投加硫酸溶液将废水 pH 控制在 2.5～3.5 范围内,然后定量投加硫酸亚铁溶液和过氧化氢溶液以形成芬顿体系。芬顿氧化塔内设置内回流装置,以加强废水在塔内的接触反应效果。

结构型式:2205

规格尺寸:Φ3.2 m×13 m

处理规模:420 m^3/h

数量:1 座

主要设备:

a. 电磁流量计

规格参数:DN250,PN10,4～20 mA

材质:氟塑料衬里,316 L 电极

数量:1 套

b. 在线 pH 检测仪

规格参数:0～14,4～20 mA 输出

材质:组合件

数量:1 套

c. 配套管阀

形式:进水管、循环管等

材质:UPVC+SUS304

数量:1 批

(12) 芬顿吹脱池

功能:芬顿吹脱池主要是为芬顿氧化塔出水提供残余芬顿试剂完全氧化的环境,并利用碱性环境吹脱去除废水中过剩的双氧水。

结构型式:地上式钢筋混凝土结构,内衬玻璃钢防腐

规格尺寸:6.3 m×6.3 m×5 m×1 格+13 m×13 m×5 m×1 格

有效水深:4.5 m

有效容积:820 m^3

水力停留时间:2 h

数量:1 座

主要设备:

a. 旋流曝气器

规格参数:Φ260 mm

材质:工程塑料

数量:250 套

b. 在线 pH 检测仪

规格参数:0～14,4～20 mA

材质：组合件

数量：1套

c. 配套管阀

形式：进水管、出水管、空气管等

材质：UPVC+SUS304

数量：1批

(13) 2#絮凝反应池

功能：对芬顿吹脱池出水通过投加PAM进行絮凝反应，以去除废水中的悬浮物、胶体和重金属锑。

结构型式：地上式钢筋混凝土结构

规格尺寸：12.9 m×1.6 m×5 m

有效水深：4.5 m

有效容积：92 m³

水力停留时间：13.2 min

数量：1座

主要设备：

a. 气力搅拌装置

规格参数：Φ200 mm

材质：工程塑料+SUS304

数量：9套

(14) 二沉池

功能：对2#絮凝反应池出水通过重力作用实现泥水分离，沉淀污泥通过桥式刮吸泥机定期提升至污泥浓缩池进行重力浓缩，泥水分离后上清液通过出水槽溢流至后续处理单元。

结构型式：地上式钢筋混凝土结构

规格尺寸：24.3 m×6.3 m×5 m

有效水深：4.5 m

表面负荷：1.36 m³/(m²·h)

数量：2座

主要设备：

a. 桥式刮吸泥机

规格参数：跨度13.2 m，高度5 m，1.5 kW，含轨道

材质：SUS304

数量：1套

b. 排泥泵

规格参数：$Q=10$ m³/h，$H=15$ m，$N=1.5$ kW

材质：铸铁

形式：潜水泵

数量:8台

c. 出水堰槽

规格参数:长度12.9 m,宽度600 mm,深度600 mm

材质:SUS304

数量:1套

d. 配套管阀

形式:进水管、出水管等

材质:UPVC+SUS304

数量:1批

(15) 粉碳吸附池(提标预留)

功能:利用粉末活性炭对芬顿氧化出水进行吸附,以进一步去除废水中残留的有机污染物,确保外排废水COD_{cr}指标浓度满足提标要求。

结构型式:地上式钢筋混凝土结构

规格尺寸:6.3 m×6.3 m×5 m×1格+4.8 m×1.4 m×5.5 m×1格

有效水深:4.5 m

有效容积:212.2 m³

水力停留时间:30 min

数量:1座

主要设备:

a. 机械搅拌机

规格参数:桨叶直径Φ1 600 mm,转速36 r/min,$N=11$ kW

材质:碳钢衬塑

数量:1套

b. 气力搅拌装置

规格参数:Φ200 mm

材质:工程塑料+SUS304

数量:2套

(16) 3#混凝反应池(提标预留)

功能:对粉碳吸附池出水通过投加PAC混凝剂进行混凝反应。

结构型式:地上式钢筋混凝土结构

规格尺寸:1.6 m×1.4 m×5.5 m×2格

有效水深:5 m

有效容积:22.4 m³

水力停留时间:3.2 min

数量:1座

主要设备:

a. 机械搅拌机

规格参数:桨叶直径Φ600 mm,转速30~60 r/min,1.5 kW

材质:碳钢衬塑

数量:2 台

(17) 3#絮凝反应池(提标预留)

功能:对混凝反应池出水通过投加PAM絮凝剂进行絮凝反应。

结构型式:地上式钢筋混凝土结构

规格尺寸:3.4 m×3.2 m×5.5 m

有效水深:5 m

有效容积:54.4 m³

水力停留时间:7.83 min

数量:1 座

主要设备:

a. 机械搅拌机

规格参数:桨叶直径 Φ1 100 mm,转速 0～30 r/min,3 kW

材质:碳钢衬塑

数量:1 台

b. 絮凝反应桶

规格参数:Φ1 400 mm,含聚合物投加环

材质:SUS304

数量:1 座

(18) 高密度沉淀池(提标预留)

功能:对絮凝反应池出水进行泥水分离。

结构型式:地上式钢筋混凝土结构

规格尺寸:7.7 m×6.4 m×5.5 m

有效水深:5 m

表面负荷:17.6 m³/(m²·h)

数量:1 座

主要设备:

a. 刮泥机

规格参数:Φ6.4 m,N=0.37 kW

材质:SUS304

数量:1 座

b. 斜管填料

规格参数:Φ50 mm,L=1 000 mm

材质:PP

数量:23.7 m³

c. 污泥循环泵

规格参数:Q=20 m³/h,H=20 m,N=5.5 kW

材质:铸铁

形式:螺杆泵

数量:2台,1用1备

d. 污泥排放泵

规格参数:$Q=20 \text{ m}^3/\text{h}, H=20 \text{ m}, N=5.5 \text{ kW}$

材质:铸铁

形式:螺杆泵

数量:1台

e. 配套管阀

规格参数:污泥管等

材质:碳钢

数量:1批

(19) 纤维转盘滤池

功能:利用纤维转盘滤池配套滤盘对悬浮物、胶体的截留作用,进一步有效去除废水中的悬浮物和胶体,确保外排废水达标。

结构型式:地上式钢筋混凝土结构

规格尺寸:6.3 m×6.3 m×5 m

数量:1座

主要设备:

a. 纤维转盘滤池

规格参数:滤盘直径Φ2 000 mm,滤盘数量6个,处理能力5 000 m^3/d,3.1 kW,含过滤系统、泵阀系统、传统系统、反冲洗系统和排泥系统

材质:组合件

数量:2套

b. 液位计

规格参数:0~5 m,4~20 mA

材质:SUS304

形式:静压式

数量:1套

(20) 待排池

功能:储存纤维转盘滤池出水,以便通过检测分析判断水质是否达标,并根据检测结果确定池内废水的去向。

结构型式:地上式钢筋混凝土结构

规格尺寸:12.9 m×6.3 m×5 m

有效水深:4 m

有效容积:325 m^3

数量:1座

主要设备:

a. 废水排放泵

规格参数：$Q=420 \text{ m}^3/\text{h}, H=25 \text{ m}, N=37 \text{ kW}$

材质：铸铁

形式：潜水泵

数量：2台，1用1备

b. 电磁流量计

规格参数：DN300，PN10，4～20 mA

材质：碳钢防腐＋橡胶衬里

数量：1台

c. 液位计

规格参数：0～5 m，4～20 mA

材质：SUS304

数量：1套

d. 配套管阀

形式：排水管

材质：碳钢

数量：1批

(21) 应急事故池

功能：当进水出现较大冲击负荷，经过处理系统出水难以达标时，待排池废水排入应急事故池。

结构型式：地上式钢筋混凝土结构

规格尺寸：12.9 m×12.9 m×5 m×2格

有效水深：4.5 m

有效容积：1 500 m³

数量：1座

主要设备：

a. 配套管阀

形式：排水管

材质：碳钢

数量：1批

2) 中水回用单元

(1) 中水回用车间

功能：用以放置与中水回用系统相配套的精密过滤器、高压泵、反渗透主机、杀菌剂加药装置、阻垢剂加药装置和反渗透膜在线清洗装置等设备。

结构型式：砖混

规格尺寸：32.7 m×12.9 m×5 m

数量：1座

主要设备：

a. 精密过滤器

规格参数:设计流量 320 m³/h,Φ680 mm×2 260 mm

材质:SUS304

数量:4 套

b. 大通量滤芯

规格参数:过滤精度 5 μm,长度 40″

材质:组合件

数量:32 支

c. 高压泵

规格参数:$Q=260$ m³/h,$H=150$ m,$N=150$ kW

材质:接液材质 SS316L

形式:立式多级离心泵

数量:4 台

d. 反渗透机架

规格参数:设计流量 260 m³/h,一级二段式,回收率≥50%

材质:SUS304

数量:4 套

e. 反渗透膜

规格参数:BW30FR-400,有效膜面积 37 m²

材质:聚酰胺复合膜

数量:1 080 支

f. 反渗透膜壳

规格参数:8 寸、6 芯、300PSI

材质:玻璃钢

数量:180 支

g. 杀菌剂加药箱

规格参数:$V=1.0$ m³

材质:PE

数量:1 座

h. 杀菌剂加药泵

规格参数:$Q=20$ L/h,$P=10$ bar,$N=0.25$ kW

材质:接液材质 PVC

数量:5 台,4 用 1 冷备

i. 阻垢剂加药箱

规格参数:$V=1$ m³

材质:PE

数量:1 座

j. 阻垢剂加药泵

规格参数:$Q=10$ L/h,$P=10$ bar,$N=0.18$ kW

材质:接液材质 PVC

数量:5 台,4 用 1 冷备

k. 盐酸加药箱

规格参数:$V=10\ m^3$

材质:PE

数量:1 座

l. 盐酸加药泵

规格参数:$Q=530\ L/h, P=4\ bar, N=0.37\ kW$

材质:接液材质 PVC

数量:2 台,1 用 1 备

m. 管道混合器

规格参数:DN400,PN10

材质:SS316L

数量:1 套

n. 在线 pH 监控仪

规格参数:$0\sim14, 4\sim20\ mA$

材质:组合件

数量:1 套

o. 反渗透膜在线清洗水箱

规格参数:$V=10\ m^3$

材质:PE

数量:1 座

p. 精密过滤器

规格参数:设计流量 $320\ m^3/h, \Phi680\ mm \times 2\ 260\ mm$

材质:SS316L

数量:1 套

q. 大通量滤芯

规格参数:过滤精度 $5\ \mu m$,长度 $40''$

材质:组合件

数量:8 支

r. 清洗水泵

规格参数:$Q=280\ m^3/h, H=30\ m, N=30\ kW$

材质:过流部分 SS316L

数量:1 台

s. 配套仪表

形式:液位计、压力表、压力变送器、压力开关、电导率仪、ORP 计、流量计等

材质:组合件

数量:1 套

t. 配套管路

形式:进水管、产水管、浓水管、清洗管、加药管等

材质:UPVC+316

数量:1套

u. 冷却塔

规格参数:设计流量840 m³/h,30 kW

材质:组合件

形式:闭式冷却塔

数量:1座

(2) 回用水池

功能:收集储存反渗透单元的产水,通过恒压供水系统回用于车间生产。

结构型式:地下式钢筋混凝土结构

规格尺寸:59.3 m×19.6 m×5.5 m

有效水深:5 m

有效容积:5 810 m³

数量:1座

配套设备:

a. 恒压供水装置

规格参数:$Q=600$ m³/h,$H=45$ m,$N=75$ kW

材质:过流介质SS316L

形式:离心泵

数量:3台,2用1备

b. 液位计

规格参数:0~6 m,4~20 mA

材质:SUS304

数量:1套

c. 配套管阀

规格参数:回用水管

材质:PE+SUS304

数量:1批

3) 加药单元

(1) 地下一层硫酸亚铁化药池

功能:将硫酸亚铁固体溶解形成硫酸亚铁溶液,并储存硫酸亚铁溶液。

结构型式:地下式钢筋混凝土结构,内衬玻璃钢防腐

规格尺寸:6.3 m×3 m×5.5 m

有效水深:5 m

有效容积:95 m³

数量:1座

配套设备：

a. 机械搅拌器

规格参数：桨叶直径 $\Phi1\,600$ mm,转速 60 r/min,$N=15$ kW

材质：接液材质碳钢衬塑

数量：2套

b. 硫酸亚铁转料泵

规格参数：$Q=80$ m^3/h,$H=35$ m,$N=15$ kW

材质：接液材质316L

形式：耐酸碱自吸泵

数量：2台,1用1备

c. 液位计

规格参数：0~6 m,4~20 mA

材质：SUS304

数量：1套

d. 配套管阀

形式：加药管

材质：UPVC

数量：1批

(2) 地下一层石灰化药池

功能：将石灰固体溶解形成石灰水溶液,并储存石灰水溶液。

结构型式：地下式钢筋混凝土结构

规格尺寸：6.3 m×3 m×5.5 m

有效水深：5 m

有效容积：95 m^3

数量：1座

配套设备：

a. 机械搅拌器

规格参数：桨叶直径 $\Phi1\,600$ mm,转速 60 r/min,$N=15$ kW

材质：SUS304

数量：2套

b. 石灰浆液转料泵

规格参数：$Q=80$ m^3/h,$H=35$ m,$N=15$ kW

材质：接液材质铸铁

形式：离心泵

数量：2台,1用1备

c. 液位计

规格参数：0~6 m,4~20 mA

材质：SUS304

数量:1套
d. 配套管阀
形式:加药管
材质:PE
数量:1批

(3) 地上一层聚铁加药装置
功能:储存聚铁并进行聚铁投加。
材质:PE
规格尺寸:$\Phi 2.65 \text{ m} \times 3.4 \text{ m}$
有效容积:15 m^3
数量:1座
主要设备:
a. 聚铁卸料泵
规格参数:$Q=25 \text{ m}^3/\text{h}, H=32 \text{ m}, N=5.5 \text{ kW}$
材质:接液材质氟塑料
形式:离心泵
数量:1台
b. 高浓聚铁加药泵
规格参数:$Q=330 \text{ L/h}, P=5 \text{ bar}, N=0.37 \text{ kW}$
材质:接液材质PVC
形式:隔膜计量泵
数量:2台,1用1备
c. 液位计
规格参数:$0 \sim 5 \text{ m}, 4 \sim 20 \text{ mA}$
材质:氟塑料
形式:静压式
数量:1套
d. 配套管阀
形式:输送管、加药管等
材质:UPVC
数量:1批

(4) 地上二层碳源加药装置
功能:储存碳源并进行碳源投加。
材质:PE
规格尺寸:$\Phi 2.65 \text{ m} \times 3.4 \text{ m}$
有效容积:15 m^3
数量:2座
主要设备:

a. 碳源卸料泵

规格参数:$Q=25 \text{ m}^3/\text{h}, H=32 \text{ m}, N=5.5 \text{ kW}$

材质:接液材质氟塑料

形式:离心泵

数量:1台

b. 碳源加药泵(前置缺氧)

规格参数:$Q=330 \text{ L/h}, P=5 \text{ bar}, N=0.37 \text{ kW}$

材质:接液材质PVC

形式:隔膜计量泵

数量:2台,1用1备

c. 碳源加药泵(后置缺氧)

规格参数:$Q=330 \text{ L/h}, P=5 \text{ bar}, N=0.37 \text{ kW}$

材质:接液材质PVC

形式:隔膜计量泵

数量:1台

d. 碳源加药泵(反硝化滤池)

规格参数:$Q=330 \text{ L/h}, P=5 \text{ bar}, N=0.37 \text{ kW}$

材质:接液材质PVC

形式:隔膜计量泵

数量:1台

e. 液位计

规格参数:$0\sim 5 \text{ m}, 4\sim 20 \text{ mA}$

材质:氟塑料

形式:静压式

数量:1套

f. 配套管阀

形式:加药管

材质:UPVC

数量:1批

(5) 地上三层PAM化药加药装置

功能:进行PAM干粉自动化药和储药。

结构型式:成套设备,SUS304

制备能力:4 000 L/h

数量:1套

配套设备:

a. PAM自动化药装置

规格参数:制备能力4 000 L/h,干粉投加机0.37 kW,机械搅拌机0.75 kW×2

材质:SUS304

数量:1套

b. 高浓絮凝反应池加药泵

规格参数:$Q=220$ L/h,$P=7$ bar,$N=0.37$ kW

材质:过流介质PVC

形式:隔膜计量泵

数量:2台,1用1备

c. 1#絮凝反应池加药泵

规格参数:$Q=750$ L/h,$P=4.5$ bar,$N=0.55$ kW

材质:过流介质PVC

形式:隔膜计量泵

数量:2台,1用1备

d. 2#絮凝反应池加药泵

规格参数:$Q=330$ L/h,$P=5$ bar,$N=0.37$ kW

材质:过流介质PVC

形式:隔膜计量泵

数量:2台,1用1备

e. 3#絮凝池加药泵(提标预留)

规格参数:$Q=330$ L/h,$P=5$ bar,$N=0.37$ kW

材质:过流介质PVC

形式:隔膜计量泵

数量:1台

f. 液位计

规格参数:0~5 m,4~20 mA

材质:SUS304

数量:1套

g. 配套管阀

形式:加药管

材质:UPVC

数量:1批

(6) 地上三层硫酸亚铁储药池

功能:储存硫酸亚铁水溶液。

结构型式:地上式钢筋混凝土结构

规格尺寸:6.3 m×6.3 m×5 m

有效水深:4.5 m

有效容积:178 m^3

数量:1座

配套设备:

a. 硫酸亚铁储池机械搅拌器

规格参数:转速 42 r/min,11 kW

材质:接液材质 316L

数量:1 台

b. 1#絮凝反应池加药泵

规格参数:$Q=30 \text{ m}^3/\text{h}, H=20 \text{ m}, N=7.5 \text{ kW}$

材质:氟塑料

形式:耐酸碱自吸泵

数量:2 台,1 用 1 备

c. 芬顿氧化硫酸亚铁加药泵

规格参数:$Q=3.2 \text{ m}^3/\text{h}, H=20 \text{ m}, N=1.1 \text{ kW}$

材质:接液材质氟塑料

形式:离心泵

数量:2 台,1 用 1 备

d. 芬顿氧化硫酸亚铁电磁流量计

规格参数:DN32,PN10,4~20 mA 输出

材质:氟塑料衬里,钽电极

数量:1 套

e. 液位计

规格参数:0~5 m,4~20 mA

材质:SUS304

数量:1 套

f. 配套管阀

形式:加药管

材质:UPVC

数量:1 批

(7) 地上三层石灰储药池

功能:储存石灰水溶液。

结构型式:地上式钢筋混凝土结构

规格尺寸:6.3 m×6.3 m×5 m

有效水深:4.5 m

有效容积:178 m³

数量:1 座

配套设备:

a. 石灰储池机械搅拌器

规格参数:转速 42 r/min,11 kW

材质:接液材质碳钢

数量:1 台

b. 1#絮凝反应石灰加药泵

规格参数:$Q=30 \text{ m}^3/\text{h}, H=18 \text{ m}, N=4 \text{ kW}$

材质:铸铁

形式:自吸泵

数量:2台,1用1备

c. 芬顿吹脱石灰加药泵

规格参数:$Q=6 \text{ m}^3/\text{h}, H=13 \text{ m}, N=0.55 \text{ kW}$

材质:接液材质304不锈钢

形式:离心泵

数量:2台,1用1备

d. 液位计

规格参数:$0\sim5 \text{ m}, 4\sim20 \text{ mA}$

材质:SUS304

数量:1套

e. 配套管阀

形式:加药管

材质:PE

数量:1批

(8) 地上三层双氧水储罐区

功能:储存双氧水储罐和配套加药装置。

结构型式:地上式钢筋混凝土结构

规格尺寸:$6.3 \text{ m} \times 6.3 \text{ m} \times 2 \text{ m}$

数量:1座

配套设备:

a. 双氧水储罐

规格参数:$\Phi 3.2 \text{ m} \times 6 \text{ m}$

材质:SUS304

数量:1座

b. 双氧水卸料罐

规格参数:$\Phi 0.8 \text{ m} \times 0.9 \text{ m}$

材质:SUS304

数量:1座

c. 双氧水卸料泵

规格参数:$Q=25 \text{ m}^3/\text{h}, H=32 \text{ m}, N=5.5 \text{ kW}$

材质:接液材质氟塑料

形式:离心泵

数量:2台,1用1备

d. 芬顿氧化双氧水加药泵

规格参数:$Q=3.2 \text{ m}^3/\text{h}, H=20 \text{ m}, N=1.1 \text{ kW}$

材质:接液材质氟塑料
形式:离心泵
数量:2台,1用1备

e. 双氧水电磁流量计
规格参数:DN32,PN10,4～20 mA
材质:氟塑料衬里,钽电极
数量:1套

f. 压力变送器
规格参数:-100～100 kPa,4～20 mA
材质:膜片材质钽材
数量:1套

g. 配套管阀
形式:加药管
材质:SUS304
数量:1批

(9) 地上三层硫酸储罐区
功能:储存硫酸储罐和配套加药装置。
结构型式:地上式钢筋混凝土结构
规格尺寸:6.3 m×6.3 m×2 m
数量:1座
配套设备:

a. 浓硫酸储罐
规格参数:Φ2.5 m×4 m
材质:碳钢防腐
数量:1座

b. 浓硫酸卸料罐
规格参数:Φ0.8 m×0.9 m
材质:碳钢防腐
数量:1座

c. 浓硫酸卸料泵
规格参数:$Q=25 \text{ m}^3/\text{h}, H=32 \text{ m}, N=5.5 \text{ kW}$
材质:接液材质氟塑料
形式:离心泵
数量:1台

d. 硫酸定量罐
规格参数:Φ1.5 m×2.5 m
材质:碳钢防腐
数量:1座

e. 稀硫酸配备罐

规格参数：$\Phi 3.2\text{ m}\times 5\text{ m}$

材质：碳钢防腐，内衬 PO

数量：1 座

f. 硫酸配料泵

规格参数：$Q=25\text{ m}^3/\text{h}, H=20\text{ m}, N=4\text{ kW}$

材质：接液材质氟塑料

形式：离心泵

数量：1 台

g. 硫酸转运泵

规格参数：$Q=50\text{ m}^3/\text{h}, H=20\text{ m}, N=7.5\text{ kW}$

材质：接液材质氟塑料

形式：离心泵

数量：2 台，1 用 1 备

h. 稀硫酸储罐

规格参数：$\Phi 3.4\text{ m}\times 6.41\text{ m}$

材质：PE

数量：1 座

有效容积：50 m^3

i. 高浓絮凝池硫酸加药泵

规格参数：$Q=330\text{ L/h}, P=5\text{ bar}, N=0.37\text{ kW}$

材质：过流介质 PVC

形式：隔膜计量泵

数量：2 台，1 用 1 备

j. 芬顿氧化硫酸加药泵

规格参数：$Q=3.2\text{ m}^3/\text{h}, H=20\text{ m}, N=1.1\text{ kW}$

材质：接液材质氟塑料

形式：离心泵

数量：2 台，1 用 1 备

k. 硫酸电磁流量计

规格参数：DN32，PN10，4～20 mA 输出

材质：氟塑料衬里，钽电极

数量：1 套

l. 压力变送器

规格参数：－100～100 kPa，4～20 mA

材质：膜片材质钽材

数量：4 套

m. 配套管阀

形式:加药管

材质:UPVC/碳钢内衬 PO

数量:1 批

(10) 地上三层次氯酸钠加药装置

功能:储存次氯酸钠并进行次氯酸钠投加。

材质:PE

规格尺寸:$\Phi 2.65 \text{ m} \times 3.4 \text{ m}$

有效容积:15 m^3

数量:1 座

主要设备:

a. 次钠卸料泵

规格参数:$Q=25 \text{ m}^3/\text{h}, H=32 \text{ m}, N=5.5 \text{ kW}$

材质:接液材质氟塑料

形式:离心泵

数量:1 台

b. 中水次钠加药泵

规格参数:$Q=20 \text{ L/h}, P=10 \text{ bar}, N=0.25 \text{ kW}$

材质:接液材质 PVC

形式:隔膜计量泵

数量:2 台,1 用 1 备

c. 尾水次钠加药泵

规格参数:$Q=80 \text{ L/h}, P=10 \text{ bar}, N=0.37 \text{ kW}$

材质:接液材质 PVC

形式:隔膜计量泵

数量:2 台,1 用 1 备

d. 液位计

规格参数:0~5 m,4~20 mA

材质:氟塑料

形式:静压式

数量:1 套

e. 配套管阀

形式:输送管、加药管等

材质:UPVC

数量:1 批

(11) 地上一层粉碳加药装置(提标预留)

功能:储存粉炭,配置粉碳溶液,并进行粉碳溶液投加。

材质:碳钢防腐

规格尺寸:$\Phi 3 \text{ m} \times 4 \text{ m}$

有效容积:30 m³
数量:1座
主要设备:
a. 料位计
规格参数:电源24VDC,叶片转速1 rpm,测量扭矩1 N·m
材质:组合件
数量:4套
b. 气动破拱系统
规格参数:24 V
材质:碳钢
数量:1套
c. 星形卸料阀
规格参数:DN200,1.5 kW
材质:碳钢
数量:1套
d. 脉冲除尘器
规格参数:Φ800 mm×1 600 mm,2.2 kW
材质:碳钢防腐
数量:1套
e. 振动锥
规格参数:Φ1 000 mm,1.1 kW
材质:碳钢防腐
数量:1套
f. 称量模块
规格参数:KC-500
材质:组合件
数量:1套
g. 螺旋输送机
规格参数:Φ114 mm,4 000 mm,3 kW
材质:SUS304
数量:1套
h. 其他配套设备
形式:软连接、插板阀、安全阀、防潮保护投加器、防尘罩、检修平台等
材质:组合件
数量:1套
i. 粉碳制备罐
规格参数:2.8 m×1.4 m×1.8 m
材质:碳钢防腐

数量:1座

j. 机械搅拌机

规格参数:桨叶直径Φ600 mm,转速60 r/min,1.5 kW

材质:碳钢衬塑

数量:2套

k. 转料泵

规格参数:$Q=12$ m³/h,$H=12$ m,$N=1.1$ kW

材质:铸铁

形式:离心泵

数量:2台,1用1备

l. 加药泵

规格参数:$Q=1.5$ m³/h,$H=30$ m,$N=0.75$ kW

材质:铸铁

形式:螺杆泵

数量:2台,1用1备

m. 流量计

规格参数:4 m³/h,PN10

材质:组合件

数量:1台

n. 液位计

规格参数:0~5 m,4~20 mA

材质:SUS304

形式:静压式

数量:2台

o. 配套管阀

形式:转料管、加药管等

材质:UPVC

数量:1批

(12) 地上三层PAC加药装置(提标预留)

功能:储存PAC溶液并进行PAC溶液投加。

材质:PE

规格尺寸:Φ2.65 m×3.4 m

有效容积:15 m³

数量:2座

主要设备:

a. PAC卸料泵

规格参数:$Q=25$ m³/h,$H=32$ m,$N=5.5$ kW

材质:接液材质氟塑料

形式:离心泵

数量:1台

b. PAC加药泵

规格参数:$Q=530\ \text{L/h}, P=4\ \text{bar}, N=0.37\ \text{kW}$

材质:过流介质PVC

形式:隔膜计量泵

数量:2台,1用1备

c. 液位计

规格参数:$0\sim 5\ \text{m}, 4\sim 20\ \text{mA}$

材质:SUS304

数量:1套

d. 配套管阀

形式:输药管、加药管等

材质:UPVC

数量:1批

4) 污泥脱水单元

(1) 污泥调质浓缩池

功能:储存废水处理系统产生的污泥,在进行重力浓缩的同时,通过投加化学药剂进行化学调理。

结构型式:地下式钢筋混凝土结构

规格尺寸:$7.93\ \text{m}\times 6.3\ \text{m}\times 5.5\ \text{m}$

有效容积:$250\ \text{m}^3$

数量:2座

配套设备:

a. 机械搅拌机

规格参数:桨叶直径$\Phi 1\,600\ \text{mm}$,转速$36\ \text{r/min}, N=11\ \text{kW}$

材质:SUS304

数量:2套

b. 液位计

规格参数:$0\sim 6\ \text{m}, 4\sim 20\ \text{mA}$

材质:SUS304

形式:雷达式

数量:2套

c. 配套管阀

形式:污泥管

材质:碳钢

数量:1批

(2) 污泥脱水机房

功能：用以放置于污泥脱水系统相配套的污泥进料泵、高压隔膜压滤机、压榨泵、空压机、冷干机和储气罐等设备。

结构型式：砖混结构

规格尺寸：26.1 m×6.45 m×5 m＋22.8 m×6.45 m×5 m

数量：1 座

配套设备：

a. 污泥进料泵

规格参数：$Q=120\ m^3/h, P=1.5\ MPa, N=15\ kW$

材质：碳钢防腐

形式：液压活塞式增压泵

数量：2 台

b. 高压隔膜压滤机

规格参数：过滤面积 $200\ m^2$，进料压力≤1.2 MPa，压榨压力≤1.6 MPa，油缸工作压力<20 MPa，液压泵站电机功率 11 kW，拉板电机功率 0.75 kW

材质：组合件

数量：3 台

c. 压榨水箱

规格参数：$V=15\ m^3$

材质：PE

数量：1 座

d. 压榨泵

规格参数：$Q=20\ m^3/h, H=160\ m, N=15\ kW$

材质：过流介质 SUS304

形式：立式多级离心泵

数量：2 台

e. 空压机

规格参数：$Q=3\ m^3/min, P=1\ MPa, N=22\ kW$

材质：组合件

数量：1 台

f. 冷干机

规格参数：$Q=3\ m^3/min, N=0.9\ kW$

材质：组合件

数量：1 台

g. 储气罐

规格参数：$V=10\ m^3, P=1\ MPa$

材质：碳钢防腐

数量：1 座

h. 皮带输送机

规格参数:带宽 800 mm,长度 10 m,7.5 kW

材质:组合件

数量:3 套

i. 皮带输送机

规格参数:带宽 1 000 mm,长度 22 m,15 kW

材质:组合件

数量:1 套

j. 单轨行车

规格参数:长度 10 m,起吊高度 4 m,起吊重量 2 t,起吊电机 3 kW,葫芦行走电机 0.4 kW

材质:组合件

数量:3 套

k. 配套管阀

形式:进泥管、压榨管、压缩空气管、排水管等

材质:UPVC+SUS304

数量:1 批

(3) 泥饼堆存车间

功能:用以堆存污泥脱水机房产生的泥饼,定期外运处置。

结构型式:砖混

规格尺寸:12.9 m×6.3 m×5 m

数量:1 座

配套设备:

a. 装载机

规格参数:额定载重量 3 t

材质:碳钢防腐

数量:1 台

b. 叉车

规格参数:额定载重量 3 t

材质:碳钢防腐

数量:1 台

5) 除臭单元

(1) 废气集输单元

功能:收集输送废水处理站臭气产生单元产生的臭气,包括水池顶部的加盖、臭气输送管道及阀门等。

材质:玻璃钢

数量:1 批

(2) 生物除臭单元

功能:利用微生物的降解作用去除臭气中的恶臭有机污染物,净化废气。

材质:组合件

数量:1套

主要设备:

a. 生物除臭设备本体

规格参数:预估处理风量 30 000 m^3/h,15 m×10 m×3 m,含洗涤段和生物过滤段。

材质:碳钢骨架+玻璃钢+聚氨酯保温层+不锈钢面板

数量:1台

b. 洗涤段填料

规格参数:空心球填料,Φ50 mm

材质:PP

数量:15 m^3

c. 生物过滤段填料

规格参数:惰性填料

材质:组合件

数量:190 m^3

d. 循环水箱

规格参数:2 m×1 m×1 m

材质:PE

数量:2座

e. 循环喷淋泵

规格参数:$Q=50$ m^3/h,$H=25$ m,$N=7.5$ kW

材质:接液材质氟塑料

数量:3台,2用1备

f. 防腐离心风机

规格参数:$Q=30 000$ m^3/h,$P=2 500$ Pa,$N=45$ kW

材质:玻璃钢

数量:1台

g. 排气筒

规格参数:Φ1 m×15 m,含井字架

材质:玻璃钢+碳钢防腐

数量:1套

h. 配套管阀

形式:进气管、出气管、喷淋管等

材质:玻璃钢+UPVC

数量:1批

i. 电控单元

规格参数:配套生物除臭装置

材质:组合件

数量:1套

6) 其他公辅单元

(1) 中控室

功能:污水处理站运营操作人员进行污水处理系统运行控制的场所。

结构型式:砖混结构

规格尺寸:13 m×10.6 m×5 m

数量:1座

(2) 会议室

功能:站区人员召开会议的场所。

结构型式:砖混结构

规格尺寸:10.6 m×6.3 m×5 m

数量:1座

(3) 化验室

功能:污水处理站化验分析人员进行水质化验分析的场所。

结构型式:砖混结构

规格尺寸:6.3 m×4 m×5 m

数量:1座

(4) 配电间

功能:放置污水处理站配套的高低压配电柜、PLC柜等电气设备的场所。

结构型式:砖混结构

规格尺寸:12.9 m×6.3 m×5 m

数量:1座

(5) 机修储物间

功能:进行与污水处理站配套机电设备维修和保养的场所。

结构型式:砖混结构

规格尺寸:9.6 m×6.3 m×5 m

数量:1座

(6) 药剂堆存间

功能:储存污水处理用化学药剂的场所。

结构型式:砖混结构

规格尺寸:13.2 m×6.3 m×5 m+13.2 m×6.3 m×5 m

数量:1座

(7) 卫生间

功能:站区人员正常如厕的场所。

结构型式:砖混结构

规格尺寸:6.3 m×4 m×5 m

数量:1座

(8) 在线监测室

功能：放置在线监测仪器的场所。

结构型式：砖混结构

规格尺寸：13 m×6.3 m×5 m

数量：1座

(9) 一般固废库

功能：暂存一般固废的场所。

结构型式：砖混结构

规格尺寸：6.3 m×6.3 m×5 m

数量：1座

(10) 危险废物库

功能：暂存危险废物的场所。

结构型式：砖混结构

规格尺寸：13 m×6.3 m×5 m

数量：1座

7.4 电子光伏园区污水处理工程设计

案例三 高邮经济开发区工业污水处理厂污水厂项目

1. 概述

1.1 项目背景

江苏省高邮经济开发区是省级开发区、江苏省生态工业示范区，其综合发展水平名列江苏省近百家省级开发区前茅。经过多年发展，江苏省高邮经济开发区拥有江苏省高性能电池特色产业基地、江苏省高端装备特色产业基地和江苏高邮光伏产业园，具有光伏＋储能的先发优势。为进一步彰显区域产业特色，抢抓新能源产业发展机遇，开发区加速布局光储充产业园区建设，完善产业链条，强化产业集群集聚，加快形成高邮市光储充产业新优势、新动能。江苏省高邮经济开发区制定了《高邮开发区光储充产业发展规划》(2020—2025)，进一步发展光储充产业。

产业园区涵盖了江苏省唯一以电池工业为主导的电池工业园及江苏高邮光伏产业园，并依托高邮经济开发区新能源汽车产业的快速发展，积极构建光储充一体化产业园区。近年来，产业园发展势头良好，配套政策设施不断完善，在规模拓展、产业集聚、科技创新、招商引资等方面发展成效显著。

2019年，为贯彻落实党中央、国务院和省委、省政府关于打好污染防治攻坚战的重要决策部署，加快推进环境基础设施重点工程项目建设，提高设施运行效率，江苏省人民政府办公厅制定了《江苏省环境基础设施三年建设方案(2018—2020年)》(苏政办发〔2019〕25号)，提出了完善生活污水处理设施，促进生态环境质量提升；强化工业废水全处理，确保稳定达标排放等要求。

高邮经济开发区污水处理厂为现有水厂，厂址位于江苏省高邮经济开发区北关河东侧、经十七路西侧，总处理规模4.5万t/d，目前实际处理量接近4.0万t/d。现有工业企业排放污水主要纳入该污水厂进行处理。开发区污水处理厂污水处理工艺采用一般生活污水处理厂的A2O工艺，《高邮经济开发区污水处理厂综合评估报告》显示，污水厂现有工艺很难降解工业污水中含有的氟化物、重金属等有毒有害物质，在浓度较高时生化系统的微生物自身会被毒害或抑制。污水处理厂进水可生化性、微生物营养比例及抗冲击能力都受到一定程度影响，尤其随着新建工业企业污水排入，工业废水量将超过环评批复的30%，污水处理厂将面临更大影响。可见，随着高邮经济开发区各产业的发展，现有污水处理厂的处理规模和处理能力已无法满足需求。《城乡排水工程项目规范》(GB 55027—2022)明确要求:"工业企业应向园区集中，工业园区的污水和废水应单独收集处理，其尾水不应纳入市政污水管道和雨水管渠。"另外，根据江苏省人民政府办公厅文件《省政府办公厅关于加快推进城市污水处理能力建设 全面提升污水集中收集处理率的实施意见》(苏政办发〔2022〕42号)的要求，扬州市应逐步推进工业废水与生活污水分类收集、分质处理，到2025年实现应分尽分。因此高邮经济开发区内的工业企业应接入专门的工业污水处理厂进行集中处理，新建一座具有更强处理能力的工业污水厂势在必行。

高邮经济开发区工业污水处理厂及配套生态安全缓冲区工程拟建于江苏省高邮经济开发区，G233东侧、波司登大道南侧、赵倪路北侧地块。污水厂服务范围为江苏省高邮经济开发区，分两期建设，近期服务范围为光储充产业园(东至G233，南至凌波路，西至珠光北路，北至东平河)，远期计划把江苏省高邮经济开发区内的排水企业大户纳入本污水厂。一期设计规模为3.0万 m^3/d，二期实施后总规模为6.0万 m^3/d。排放标准按照江苏省地方标准《城镇污水处理厂污染物排放标准》(DB 32/4440—2022)中A标准。

1.2　主要经济技术指标

1) 本工程总规模为6.0万 m^3/d，分两期实施，一期规模为3.0万 m^3/d，二期规模3.0万 m^3/d。

2) 污水厂的设计进出水水质见表1.2-1。

表1.2-1　污水厂设计进出水水质

污染物指标	COD_{cr} (mg/L)	SS (mg/L)	TN (mg/L)	NH_3-N (mg/L)	TP (mg/L)	氟化物 (mg/L)
设计进水水质(mg/L)	220	160	40	30	3	8
设计出水水质(mg/L)	≤30	≤10	≤10(12)	≤1.5(3)	≤0.3	≤1.5

3) 工程所采用的主体工艺为：粗格栅及提升泵房+调节及应急池+高密度沉淀池1+水解酸化池+AAO生化池+二沉池+高密度沉淀池2+臭氧氧化单元+生物滤池+滤布滤池+消毒池。企业污水收集管采用重力管。

4) 污泥处理采用重力浓缩+污泥调理+高压隔膜板框脱水工艺，污泥脱水后，含水率≤65%，最终外运进行处理。

2. 光储充产业园概况

2.1　园区简介

高邮市光储充产业发展以高邮市光储充产业园(以下简称"产业园")为主导，产业园区涵盖了江苏省唯一以电池工业为主导的电池工业园及江苏高邮光伏产业园,并依托高邮经济开发区新能源汽车产业的快速发展,积极构建光储充一体化产业园区。近年来,产业园发展势头良好,配套政策设施不断完善,在规模拓展、产业集聚、科技创新、招商引资等方面发展成效显著。

光储充产业园面积约 4 km²,四至范围为:东至国道G233、西至珠光北路、北至东平河、南至凌波路。

高邮电池工业园是江苏省高端装备制造业特色产业基地、江苏省高性能电池特色产业基地,是江苏省唯一以电池工业为主题的专业化产业园,也是江苏省首家通过省环保厅批复的电池工业园。电池工业园位于高邮市光储充产业园内,规划四至范围为南至波司登大道,北至东甘路,西至矍社路,东至国道G233。

图 2.1-1　光储充产业园及电池产业园区位图

2.2　园区规划

依据"布局集中、用地集约、产业集聚"的原则,结合高邮开发区光储充产业园区空间现状和发展导向,强化各功能分区"特色鲜明、配置统筹、弹性开放"发展,进一步加快产业聚集,提高专业化协作水平,完善产业配套功能,构建园区产业发展"2核2中心"格局,即光伏产业核心区、储能充电产业核心区、总部经济中心区、公共服务配套及展示中心区。

产业园力争通过3年培育,5年发展,形成具有区域带动力、省内竞争力、国内影响力的光储充产业创新发展高地。预计到2025年,建立起特色突出、产业链完善、创新驱动的光储充产业体系,将产业园区打造成为全省一流、国内领先的光储充特色产业示范基地。

通过规划布局发展,产业园力争未来实现以下发展目标:

(1)产业规模初步形成。到2025年,产值规模达到500亿元,光储充规上企业超过70家,产业规模影响力逐步提升;产值超过50亿元的企业达到2~3家,超过10亿元的企业有 10~15 家。

(2) 主导产业地位突出。重点引进发展储能、光伏、充电制造等三大产业链，提高产业链内部协作配套能力，逐步培育形成具有较强研发创新能力、产品技术先进、配套完善的光储充产业体系。光储充产业产值占园区工业总产值的比重超过 70%。

(3) 创新能力明显增强。企业主体创新体系进一步完善，培育 2~3 个具有较强自主创新能力的省级工程实验室、企业技术中心或研发机构，建设 3 个以上具有较强影响力的专业化公共服务平台，骨干企业研发投入占销售收入比重达到 3% 以上。

(4) 绿色集约水平稳步提升。到 2025 年，单位增加值能耗、工业固体废物综合利用率等指标达到国内先进水平，能源资源利用效率、清洁生产水平明显提升，工业固体废物综合利用率达到 95% 以上。新建项目工业土地投资强度不低于 240 万元/亩，亩均税收不低于 16 万元/a。

(5) 发展环境不断优化。统筹推进一批园区公共服务平台建设，完善园区基础设施建设，不断完善商贸、科技、医疗、金融、餐饮等配套设施，实现产城融合、协同发展的光储充产业示范园区。

对于电池工业园，目前电池园总体以第二产业为主导。经过多年发展，园区内工业已经形成一定规模，目前已入驻开发区的工业企业以铅酸电池制造为主，涉及少量的锂离子电池制造，扬州某科技有限公司生产铅蓄电池添加剂，配套园区铅酸电池生产，江苏某科技有限公司生产敏感原件及传感器制造，区内无第三产业。

3. 方案论证

3.1 设计规模

3.1.1 收水范围

高邮经济开发区工业污水处理厂及配套生态安全缓冲区工程一期工程建成后主要收集处理光储充产业园光伏企业的工业生产废水、电池工业园的不含铅废水；二期工程建设后考虑将目前接入高邮经济开发区污水处理厂的部分工业废水分离接入本工程。一期、二期收水范围见图 3.1-1 和 3.1-2，剩余可用地见图 3.1-3，产业分布图见图 3.1-4。

3.1.2 排水构成

新建污水处理厂的日处理规模主要考虑以下几方面：光储充产业园现有光伏企业排水量；拟建设光伏企业排水量；原接入高邮经济开发区污水处理厂的工业企业排水量（不含光伏企业）；规划预留排水量。

1) 光储充产业园现有光伏企业废水

目前现有光伏企业主要有以下几家：扬州晶樱光电科技有限公司、中环艾能（高邮）能源科技有限公司、江苏德润光电科技有限公司、江苏晶旺新能源科技有限公司、扬州中环半导体科技有限公司。

(1) 扬州晶樱光电科技有限公司

扬州晶樱光电科技有限公司研发、生产、加工太阳能电池硅片、单晶硅棒、多晶硅锭，销售公司自产产品；从事光伏应用产品的研发、技术服务及技术转让，从事自有生产设备的租赁业务；从事太阳能光伏产品和生产设备及零配件、太阳能发电设备及软件的批发及进出口业务。年产 4.5 GW 高效太阳能用单多晶硅片及铸锭清洗工艺技术改造项目环评

图 3.1-1　高邮经济开发区工业污水处理厂及配套生态安全缓冲区工程一期收水范围

图 3.1-2　高邮经济开发区工业污水处理厂及配套生态安全缓冲区工程二期收水范围

批复污水排放量为 1 284 490.09 t/a，年生产天数为 360 天，日均产生废水量为 3 568 m³/d。厂区污水处理站处理工艺为混凝沉淀，出水 COD 约 100 mg/L。考虑到企业生产规律不确定，个别天数不生产，因此纳入污水厂水量适当放大，按 4 000 m³/d 考虑。

企业产生的废水包括酸废水、清洗废水。酸洗主要使用硝酸和氢氟酸。生产废水中的氟化物主要来自氢氟酸的使用，而硝酸的使用贡献了废水总氮的硝态氮部分。

(2) 中环艾能(高邮)能源科技有限公司

中环艾能(高邮)能源科技有限公司(简称"中环艾能")成立于2020年4月10日，位于高邮经济开发区G233西侧、洞庭湖路南侧，主要从事太阳能发电技术服务；光伏设备及元器件制造；光伏设备及元器件销售；非金属矿物制品制造；半导体器件专用设备制造；半导体器件专用设备销售；电子专用材料研发；电子专用材料制造；电子专用材料销售；太阳能热发电产品销售；太阳能热发电装备销售；技术服务、技术开发、技术咨询、技术交流、技术转让、技术推广。

企业目前共产生以下七种废水：①含氟废水；②酸碱废水；③纯水清洗废水；④废气喷淋洗涤废水；⑤冷却塔弃水；⑥纯水制备弃水；⑦工人生活污水。其中含氟废水、酸碱废水、纯水清洗废水、废气喷淋洗涤废水为生产废水。根据现场调查，含氟废水经除氟预处理后和酸碱废水、清洗废水、废气处理废水一道经污水处理站处理，废水中pH、COD、氨氮、SS、总磷、氟化物、总氮排放浓度达到《电池工业污染物排放标准》(GB 30484—2013)表2中间接排放标准，然后和经化粪池处理后的生活污水一道接入甓社路区域污水管网送高邮开发区污水处理厂集中处理，目前出水COD平均在100 mg/L以下，从中环艾能生产工艺流程图中可以看出，由于生产过程未使用硝酸等含氮物质，因此出水基本不含TN，氨氮浓度在7~9 mg/L。

中环艾能年产4 GW PERC电池片、1 GW组件、1 GW切片，环评批复水量为1 499 573 t/a，年生产天数为330天，日均排放水量约4 544 m³/d。根据现场调研结果，厂区污水排放量有一定波动性，日排放量经常会超过5 000 m³/d，因此接入高邮经济开发区工业污水厂的水量按照5 000 m³/d计。

(3) 江苏德润光电科技有限公司、江苏晶旺新能源科技有限公司、江苏耀焜恒银新材料有限公司

江苏德润光电科技有限公司(简称"德润公司")，在高邮经济开发区波司登大道99号。年产10 000多t晶铸锭、5.5亿片太阳能级多晶硅片。环评批复水量为1 117 215 t/a，年生产天数为350天，日均排放水量约3 192 m³/d。

江苏晶旺新能源科技有限公司(简称"晶旺公司")成立于2019年2月，主要从事研究、开发、生产、加工单晶硅棒、单晶硅片、多晶铸锭、多晶硅片、黑硅、PERC高效太阳能电池、组件和光伏发电系统的研发、加工、制造、安装和销售，太阳能光伏发电及其应用系统工程的设计、鉴证咨询、集成、工程安装、调试等业务。环评批复水量为311 980 t/a，年生产天数为330天，日均排放水量约945.5 m³/d。晶旺公司租赁江苏德润光电科技有限公司现有厂房生产，同时租赁德润公司污水站5个闲置的池子并对其进行适应性改造，其他池子新建，处理生产废水，共用药剂间(但设备不共用)，并设置独立排口。

江苏耀焜恒银新材料有限公司主要生产太阳能电池电极导体银粉银浆。环评批复水量为30 208.2 t/a，年生产天数为300天，日均排放水量约100.7 m³/d。

目前，江苏德润光电科技有限公司、江苏晶旺新能源科技有限公司、江苏耀焜恒银新材料有限公司排水量共4 238.2 m³/d，污水站设计规模5 000 m³/d，当前出水COD为

150 mg/L 以下,氨氮为 30 mg/L 以下,氟浓度 10 mg/L 以下。企业目前无扩建计划,由于生产废水存在波动,因此本次设计水量取 5 000 m³/d。

(4) 扬州中环半导体科技有限公司

扬州中环半导体科技有限公司年产 5 GW TOPCON 电池片。环评批复水量为 1 972 019 t/a,年生产天数为 330 天,日均排放水量 5 975.8 m³/d。排放浓度达到《电池工业污染物排放标准》(GB 30484—2013)表 2 中间接排放标准后,送至高邮开发区污水处理厂进一步处理。

2) 拟建设光伏企业废水

(1) 同翎新能源科技(高邮)有限公司

同翎新能源科技(高邮)有限公司拟投资 25 亿元,新增用地 229.6 km²,新建厂房、综合仓库、办公楼及其他约 227 km²,新上主要设备 160 台(套),印刷烧结测试分选线 16 条,年产 5 GW 单晶 N 型 TOPCon 高效电池片。项目分期实施,本期为其一期,产能为 0.8 GW。

根据环评,本项目废水产生情况包括:①含氟废水;②酸碱废水;③纯水清洗废水;④废气喷淋洗涤废水;⑤冷却塔弃水;⑥纯水制备弃水;⑦工人生活污水;⑧绿化用水;⑨厂区道路浇洒用水。其一期环评批复废水量为 419 940 t/a,年生产天数为 330 天,日均排放废水量为 1 272.5 m³/d。考虑到项目远期情况,满产后(年产 5 GW 单晶 N 型 TOPCon 高效电池片)排放废水量将达到 8 000 m³/d。

经企业废水站处理后,各污染因子排放浓度达到《电池工业污染物排放标准》(GB 30484—2013)表 2 中间接排放标准,最终与生活污水一并接入区域污水管网送至污水处理厂集中处理。

(2) 扬州新瑞光电科技有限公司

扬州新瑞光电科技有限公司年产 12 GW 新型高效光伏电池项目。目前该项目正在筹建之中,预计 2024 年可实现投产。排污量暂按照每生产 1 GW 高效光伏电池产生 1 200 m³/d 废水,12 GW 全部达产后日排放水量约 14 400 m³/d。排放浓度达到《电池工业污染物排放标准》(GB 30484—2013)表 2 中间接排放标准后,输送至本工程进一步处理。

3) 目前接入高邮经济开发区污水处理厂工业废水(不含光伏废水)

根据江苏省人民政府办公厅文件《省政府办公厅关于加快推进城市污水处理能力建设 全面提升污水集中收集处理率的实施意见》(苏政办发〔2022〕42 号)的要求,已接管城市污水集中收集处理设施的工业企业组织全面排查评估,认定不能接入的限期退出,认定可以接入的须经预处理达标后方可接入,扬州市应逐步推进工业废水与生活污水分类收集、分质处理,到 2025 年实现应分尽分。根据《江苏省高邮经济开发区污染物排放限值限量管理实施方案》,现主要有 85 家企业,其中 73 家企业废水排入高邮经济开发区污水处理厂,日污水排放量约为 8 877.9 m³/d。

通过调研及分析现状管网可知,高邮经济开发区内工业企业分布较为分散,且与生活污水混合接入现状市政污水管网。若将全部工业企业接入新建污水处理厂,则管网改造建设工程量巨大,投资成本较高。

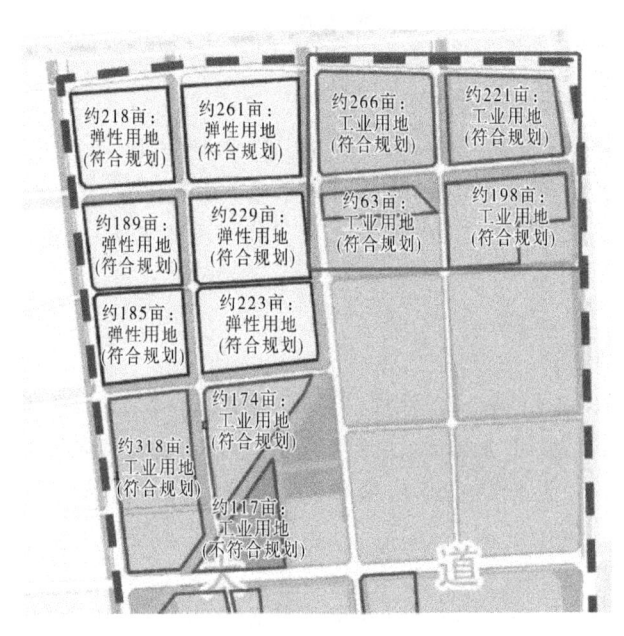

图 3.1-3　电池工业园剩余可用地范围图

通过分析可知,高邮经济开发区内接入的不含氟化物工业污水主要源于扬州宏远电子股份有限公司,其排水量为 6 115.97 m³/d,占不含氟工业废水总水量的 68.8%,本工厂拟将扬州宏远电子股份有限公司及其收水管网附近的企业污水接入本工程。此外,电池园位于本工程北部,其管道相对独立,易于改造,因此拟将电池园内的不含铅等重金属的企业接入本工程。

4) 规划预留排水量

(1) 光储充产业园规划预留排水量

按照单位光伏产业排污量估算。根据 3.1.2 小结可知,目前光储充产业园已确定光伏产业装机量约 35 GW,光储充产业园远期规划装机量为 40 GW,此类废水预留排水量为:5 GW×1 200 m³/(GW·d) = 6 000 m³/d。

(2) 电池园规划预留排水量

园区未开发工业用地的新增废水接管量采用单位用地面积排污系数法计算,本轮规划未开发用地主要发展新型电池,现有铅蓄电池实际排水系数无参考意义,本轮规划新型电池行业排水系数参照常熟经济技术开发区 1 号产业园(以电力能源、新能源、新型建材为主)用地单位面积排水系数为 1.16 万 t/(hm²·a),锂电池回收利用区排水系数参照江苏涟水经济开发区循环经济产业园地块排放系数,估算结果见表 3.1-1。可知,远期电池工业园增加污水量 25.1 万 t/a,年生产天数为 330 天,即 761 m³/d。

表 3.1-1　电池工业园新增工业废水接管量估算表

序号	分区	污水量指标[m³/(hm²·a)]	可用地面积(hm²)	废水量(万 t/a)
1	锂电池拓展区	0.380	21.93	8.3
2	锂电池回收利用区	0.105	14.73	1.5

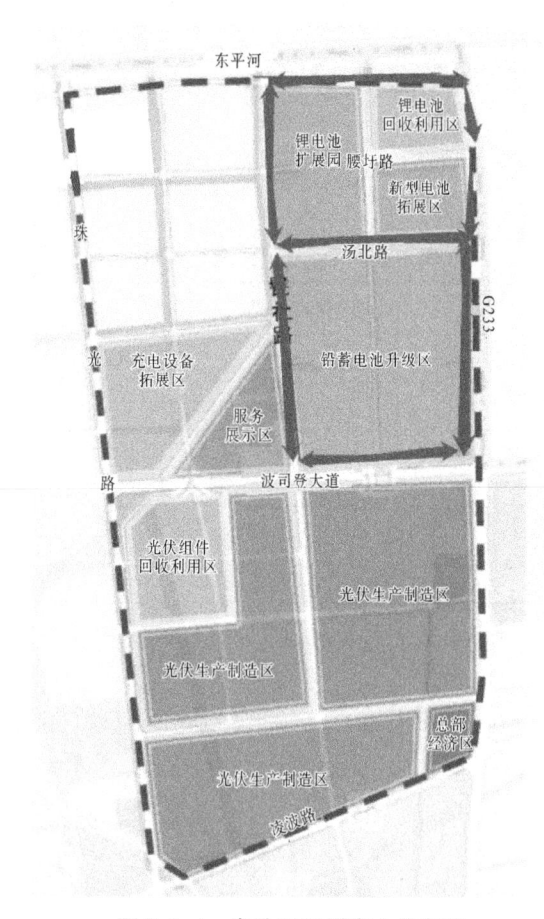

图 3.1-4　电池园规划产业分布图

续表

序号	分区	污水量指标[m³/(hm²·a)]	可用地面积(hm²)	废水量(万 t/a)
3	新型电池拓展区	1.160	13.20	15.3
	总计		49.86	25.1

（3）高邮经济开发区其他片区规划预留排水量

根据高邮经济开发区产业空间规划，高邮经济开发区接下来着重发展的产业及预估排水量见表 3.1-2。

表 3.1-2　着重发展产业及预估排水量

序号	分区	污水量指标[m³/(hm²·d)]	可用地面积(hm²)	废水量(t/d)
1	电子信息产业	15	84.00	1 260.0
2	生命健康产业	20	36.00	720.0
3	机械制造产业园	10	7.54	75.4
4	港口物流产业园	10	28.70	287.0
	总计		156.24	2 342.4

(4) 规划预留排水量汇总

根据本小节的分析,此部分水量约 9 103.4 m³/d。

3.1.3 设计规模确定

(1) 总规模确定

各股废水量统计如表 3.1-3 所示。

表 3.1-3 污水产生量估算表

废水构成	设计水量(m³/d)	备注
光储充产业园现有光伏企业废水量	20 000.0	目前接入高邮经济开发区污水处理厂处理
拟建光伏企业废水	22 400.0	
拟从高邮经济开发区污水处理厂转移至本工程的非光伏废水	6 433.1	
规划预留排水量	9 103.4	
总计	57 936.5	

考虑到不可预见的水量,本工程总规模设置为 60 000 m³/d。

(2) 一期规模确定

经过分析,本工程总规模为 60 000 m³/d,考虑到污水处理厂应遵循统一规划、分期建设的原则,避免后续开发区产业结构调整造成预估的水量、水质发生较大改变,本工程分两期实施。

一期高邮经济开发区工业污水处理厂规模应着重考虑拟建企业的排水情况,不能影响企业的落地和园区的发展。基于上述原则,一期工程首先考虑接纳拟建设光伏企业废水,即 22 400 m³/d。考虑到扬州晶樱光电科技有限公司铸锭清洗工艺技术改造工程正在实施过程中,实施完成后企业排水量约 4 000 m³/d,一期工程拟将此股废水一并纳入。则近期废水量为 26 400 m³/d,考虑不可预见水量,一期工程按照 30 000 m³/d 设置。

3.2 处理程度确定

3.2.1 设计进水水质

纳入高邮经济开发区工业污水处理厂及配套生态安全缓冲区工程的一期污水中 80% 为光伏废水,根据现有企业的环评报告,目前均执行《电池工业污染物排放标准》(GB 30484—2013)中表 2 间接排放标准(表 3.2-1)。

表 3.2-1 《电池工业污染物排放标准》表 2 间接排放标准

污染物指标	COD_{cr}(mg/L)	SS(mg/L)	TN(mg/L)	NH_3-N(mg/L)	TP(mg/L)	氟化物(mg/L)
水质	150	140	40	30	2	8

本工程光伏工业企业接管标准保持现状不变,即执行《电池工业污染物排放标准》(GB 30484—2013)中表 2 间接排放标准。考虑到园区除了光伏企业还有其他类型的企业,其他类型企业水量占比约 20%,接管标准参照现状高邮经济开发区污水处理厂接管标准执行,具体见表 3.2-2。

表 3.2-2　高邮经济开发区污水处理厂接管标准

污染物指标	COD$_{cr}$ (mg/L)	BOD$_5$ (mg/L)	SS (mg/L)	TN (mg/L)	NH$_3$-N (mg/L)	TP (mg/L)
水质	400	150	200	40	30	4

综上,本工程设计进水水质取表 3.2-1 和表 3.2-2 的加权平均值,并适当调整,具体见表 3.2-3。

表 3.2-3　设计进水水质

污染物指标	COD$_{cr}$ (mg/L)	SS (mg/L)	TN (mg/L)	NH$_3$-N (mg/L)	TP (mg/L)	氟化物 (mg/L)
加权平均值(mg/L)	180	147.2	40	30	2.2	7
设计进水水质取值(mg/L)	220	160	40	30	3	8

注:此表内数值为光伏废水 2.64 万 m³/d(水质参考表 3.2-1)、其他行业废水 0.36 万 m³/d(水质参考表 3.2-2),水质、水量的加权平均值,并适当调整。

为了保障污水厂后续的稳定达标排放,对企业排水的以下两个指标作出限定。

① 盐度:盐度过高会影响到活性污泥的活性,甚至使其无法存活,结合活性污泥对盐度的耐受性并参考同类型园区要求,将企业排水盐度限定在 4 000 mg/L 以下,其中氯离子不应高于 2 000 mg/L。

② 钙含量:现场调研发现,企业内部除氟均采用钙盐沉淀法。如无节制的投加过量钙盐会导致收水管网及污水厂设备严重结垢,不利于后期的运维。根据经验,钙盐除氟废水法的排水中钙离子含量一般为 300 mg/L 左右,因此本工程将企业排水钙离子浓度限定在 300 mg/L 以下。

3.2.2　设计出水水质

本工程主要为接纳工业废水的工业污水处理厂,出水要求较严格,设置出水水质指标时,主要参考江苏省地标《城镇污水处理厂污染物排放标准》(DB 32/4440—2022)中 A 标准。

按照江苏省地标《城镇污水处理厂污染物排放标准》(DB 32/4440—2022)中 A 标准,COD$_{cr}$ 为 30 mg/L,总氮为 10(12) mg/L,氨氮为 1.5(3) mg/L,总磷为 0.3 mg/L,BOD$_5$ 和悬浮物为 10 mg/L,氟化物为 1.5 mg/L。具体见表 3.2-4。

表 3.2-4　污水厂设计出水水质

污染物指标	COD$_{cr}$ (mg/L)	BOD$_5$ (mg/L)	SS (mg/L)	TN (mg/L)	NH$_3$-N (mg/L)	TP (mg/L)	氟化物 (mg/L)
设计出水水质	≤30	≤10	≤10	≤10(12)	≤1.5(3)	≤0.3	≤1.5

根据前文所述的设计进、出水水质,确定本工程污水处理程度。具体见表 3.2-5。

表 3.2-5　主要污染物处理程度及要求

污染物指标	COD$_{cr}$ (mg/L)	SS (mg/L)	TN (mg/L)	NH$_3$-N (mg/L)	TP (mg/L)	氟化物 (mg/L)
设计进水水质	220	160	40	30	3	8

续表

污染物指标	COD_{cr} (mg/L)	SS (mg/L)	TN (mg/L)	NH_3-N (mg/L)	TP (mg/L)	氟化物 (mg/L)
设计出水水质	≤30	≤10	≤10(12)	≤1.5(3)	≤0.3	≤1.5
处理程度	≥86.4%	≥93.8%	≥75.0%	≥95.0%	≥90.0%	≥81.3%

3.3 工艺论证

3.3.1 工艺论证原则

（1）贯彻执行国家关于环境保护的政策，符合国家的有关法规、规范及标准。

（2）从实际情况出发，在总体规划的指导下，使工程建设与城市发展相协调，兼顾环境保护和工程效益。

（3）根据设计进水水质和出水水质要求，所选污水处理工艺力求技术先进成熟、处理效果好、运行稳妥可靠、节能高效、经济合理，并减少工程投资及日常运行费用。

（4）对于不可生物降解或者难生物降解的COD_{cr}要有深度处理措施，需要采用高级氧化工艺如臭氧氧化或者芬顿氧化等，以确保出水COD_{cr}达标。

（5）妥善处理和处置污水处理过程中产生的污泥，避免造成二次污染。

（6）提高自动化水平，降低运行费用，减少日常维护检修工作量，改善工人操作条件，力求安全可靠、经济实用。

3.3.2 处理重点分析

（1）主要污染因子

依据处理水质指标的难易程度对TN、NH_3-N、COD_{cr}、SS、氟化物进行逐一分析，并指出本次工程需要特别注意的重点水质指标。

① COD_{cr}

由于来水基本为工业企业生产废水，其难降解有机物含量高，可生化性不佳，处理存在一定难度，考虑到高邮经济开发区工业污水处理厂及配套生态安全缓冲区工程进水主要成分是工业污水和少量生活污水，因此在设计中应充分留有余量。工业园区污水处理厂出水COD_{cr}的稳定达标通常需要各个工段的协同处理，只有各工段充分发挥应有功能才能实现。因此在设置生化处理单元的基础上，还需要有额外深度处理工艺来保证COD_{cr}出水达标，因此COD_{cr}是本工程的重点处理项目。

② SS

目前SS进水浓度设置为160 mg/L，要使出水SS稳定在10 mg/L以下，可通过在一级处理和深度处理时设置去除SS的单元实现，难度不是很大。因此SS不是本工程处理的重点处理项目。

③ NH_3-N

本次新建污水处理厂要求将NH_3-N由进水的30 mg/L处理至1.5(3)mg/L，NH_3-N的处理难度的要求较高。NH_3-N的去除主要靠硝化过程来完成，NH_3-N的硝化过程将成为控制生化处理好氧单元设计的主要因素。传统AO法是目前普遍采用的脱氮除有机物的工艺，它是在传统活性污泥法的基础上增加了一个缺氧段。要满足1.5(3)mg/L出水要求，必须要求生化处理过程中硝化单元具有良好的处理效果，因此

NH$_3$-N 是本工程的重点处理项目。

④ TN

通过调研及环评报告可知，各企业生产污水总氮含量不高，且主要以氨氮形式存在。由于使用硝酸的企业数量有限，因此硝态氮含量不高。但是总氮冬季去除效果难以保证，所以 TN 是本次工程的重点处理项目。

⑤ 氟化物

本次新建污水处理厂的主要作用之一就是去除光伏企业生产污水中的氟，常规处理对氟的去除效果不佳，因此本项目需专门设置除氟的工艺单元，投加除氟剂，以保证出水氟 $\leqslant$ 1.5 mg/L 的要求。所以氟化物也是本工程的重点处理项目。

(2) 重点污染物去除（氟化物的去除）

除氟常采用化学沉淀法。化学沉淀法是将一定量的化学试剂投加到含氟废水中，使其与废水中的氟生成氟化物沉淀或者氟化物被吸附于所形成的沉淀物中而共同沉淀，然后用过滤或自然沉降等方法使沉淀物与水分离，达到除氟的目的。采用钙盐沉淀法，即向废水中投加石灰和 CaCl$_2$，利用氟离子与钙离子反应生成难溶的氟化钙（CaF$_2$）沉淀，以固液分离手段从废水中去除沉淀从而达到除氟的目的。其反应原理如下：

$$Ca^{2+} + 2F^- \Longrightarrow CaF_2 \downarrow$$

采用钙盐沉淀法或其他的沉淀法，常常需要解决如何有效克服氟化物胶体性质的问题，使之快速絮凝并提高固液分离效果。常采用的无机絮凝剂有铝盐和铁盐。

除了化学沉淀法，混凝沉淀法也是除氟的常用方法。混凝沉淀法脱氟的基本原理是通过在含氟废水中投加混凝剂，因混凝剂为电解质，会在水中形成带电的胶粒，吸附水中的氟离子而相互并聚为絮状物沉淀，以达到除氟的目的。混凝沉淀法一般只适用于低氟的废水处理，可通过与化学沉淀法的配合使用，实现对高氟废水的处理。混凝沉淀法与化学沉淀法类似，有着操作容易、设备简单、经济实用的优点。

混凝剂大体分为无机混凝剂和有机混凝剂两类，常用的无机混凝剂包括铝盐和铁盐，铝盐主要有硫酸铝、明矾、三氯化铝及碱式氯化铝，铁盐主要有硫酸亚铁、硫酸铁、三氯化铁。有机混凝剂包括聚丙烯酰胺类和天然高分子化合物，如淀粉、纤维素等。不同混凝剂的作用机理不同，除氟效果也不同。铝盐絮凝去除氟离子机理比较复杂，主要有物理吸附、离子交换、络合沉降三种作用机理。铝盐在絮凝除氟过程中，通过电离和水解等化学作用生成具有很大表面积的无定性 Al(OH)$_3$ 膜，很容易对半径小、电负性强的氟离子产生氢键吸附。由于氟离子与氢氧根的半径及电荷相近，在絮凝除氟过程中，投加到水中的铝盐聚阳离子及水解后形成的无定性 Al(OH)$_3$ 沉淀中的 OH$^-$，在等电荷条件下都会与 F$^-$ 发生离子交换从而达到除氟目的。F$^-$ 还能与 Al^{3+} 等形成 AlF^{2+}、AlF$_3$、AlF$_6^{3-}$ 等六种铝氟络合物，经沉降达到除氟的目的。铝盐絮凝沉淀法具有处理量大、腐蚀性小、一次处理后可达排放标准的优点。本工程来水氟化物低于 8 mg/L，已无法通过钙沉淀法去除，必须通过投加除氟剂除氟。

3.3.3 总体工艺流程论证

本工程设计进、出水水质指标，其要求达到的处理程度如表 3.2-5 所示。

我国现行《室外排水设计标准》(GB 50014—2021)对各种常用处理单元推荐处理率见

表3.3-1。

表3.3-1　常用处理单元推荐处理率表

处理级别	处理方法	主要工艺	处理效率(%) SS	处理效率(%) TN	处理效率(%) TP
一级	沉淀法	沉淀(自然沉淀)	40～55	/	5～10
二级	生物膜法	初次沉淀、生物膜反应、二次沉淀	60～90	60～85	/
二级	活性污泥法	初次沉淀、生物膜反应、二次沉淀	70～90	60～85	75～85
深度处理	混凝沉淀过滤	/	90～99	65～90	80～95

从表3.2-5可知,COD_{cr}的去除率需达到86.4%、NH_3-N去除率需达到95%、TN去除率需达到75%。这对污水厂的处理能力要求较高。同时,由于污水厂进水主要为工业污水,水中的难降解污染物含量较高,可生化能力较差,因此二级生化处理所能达到的处理效率与本污水厂所要求的处理效率还存在一定的差距。仅靠一级、二级处理不能满足出水水质要求,需进行深度处理,本工程污水处理总体工艺流程应包括一级处理段、二级处理段和深度处理段,同时应具有脱氮除磷的功能。

3.4　类似园区工艺路线

3.4.1　鄂尔多斯蒙苏经济开发区零碳产业园工业污水处理厂项目

(1) 设计进、出水水质

污染物指标	COD_{cr}(mg/L)	TN(mg/L)	NH_3-N(mg/L)	TP(mg/L)	盐度(mg/L)	钙离子(mg/L)	氟化物(mg/L)
进水水质	250	50	10	1.5	2 850	350	14
出水水质	50	15	5	0.7	1 000	180	8

(2) 处理工艺

该项目废水组成和本工程类似,均为电池工业废水,主要特征污染物为氟化物(氟化物由14 mg/L降至8 mg/L)。采用主体处理工艺为:调节池＋高密度沉淀池除硅除硬＋A/O生化＋高效沉淀池除氟＋臭氧催化氧化＋磁混凝沉淀池＋双膜法回用。由于采用了双膜法工艺,因此对硬度和硅进行了预处理,如图3.4-1所示。

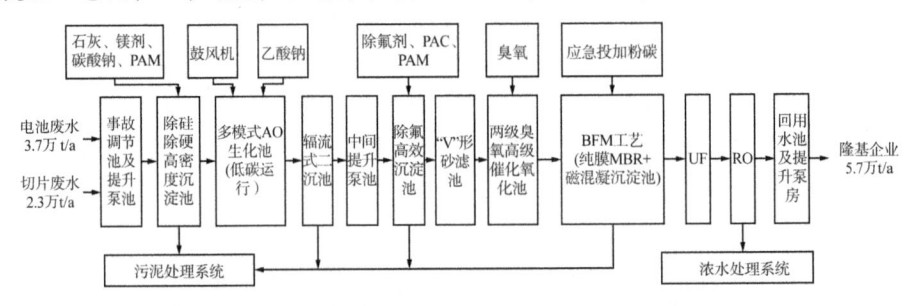

图3.4-1　鄂尔多斯蒙苏经济开发区工业污水处理厂

3.4.2 武德净水厂二期工程

(1) 设计进、出水水质

污染物指标	COD_{cr} (mg/L)	SS (mg/L)	TN (mg/L)	NH_3-N (mg/L)	TP (mg/L)	氟化物 (mg/L)
设计进水水质	150	140	40	30	2	9
设计出水水质	40	10	10(12)	1.5(3)	0.3	4

(2) 处理工艺

该项目废水组成主要为太阳能光伏废水。采用主体处理工艺为：调节池＋高密度沉淀池除硬＋预臭氧＋除氟沉淀池＋A/O生化＋碳吸附澄清池（类高密池）＋深床滤池＋臭氧催化氧化池。与高邮经济开发区工业污水处理厂项目不同的是，其将深床滤池置于臭氧催化氧化池之前，虽然强化了脱氮效果，但是无法利用臭氧氧化提供的少量碳源，详见图3.4-2。

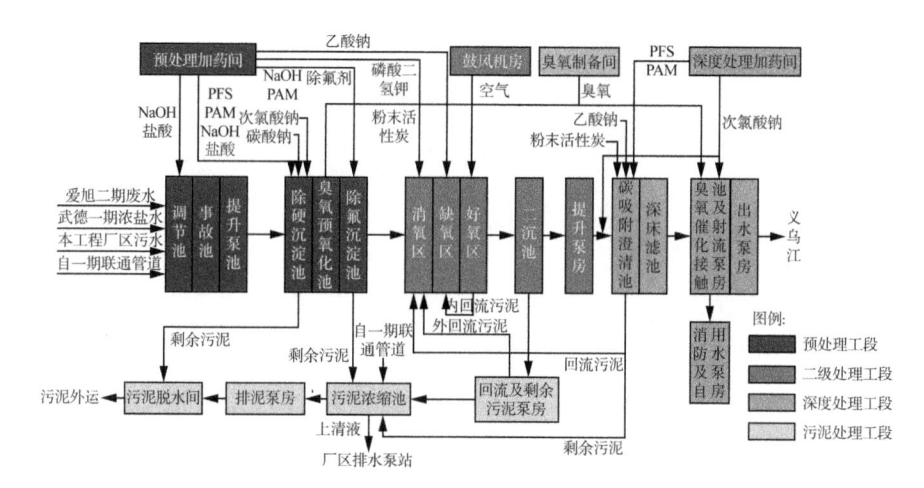

图3.4-2 武德净水厂二期工程

3.4.3 连云港赣榆污水处理厂

(1) 设计进、出水水质

污染物指标	COD_{cr} (mg/L)	SS (mg/L)	TN (mg/L)	NH_3-N (mg/L)	TP (mg/L)	氟化物 (mg/L)
设计进水水质	500	320	45	35	7	8
设计出水水质	50	10	10	1.5	0.3	1.5

(2) 处理工艺

该项目总废水量为30 000 m³/d，其中含氟废水约5 000 m³/d，采用主体处理工艺为：粗细格栅沉砂池＋调节池＋水解酸化池＋AAO生化＋芬顿氧化＋高密度沉淀池＋反硝化深床滤池。此项目处理工艺相对简单，预处理无除氟和除硬工艺，除氟主要依靠深度处理阶段的高密度沉淀池。

3.5 处理工艺流程

根据比选,并结合类似园区工艺路线,确定本次污水厂设计工艺流程如图3.5-1所示。

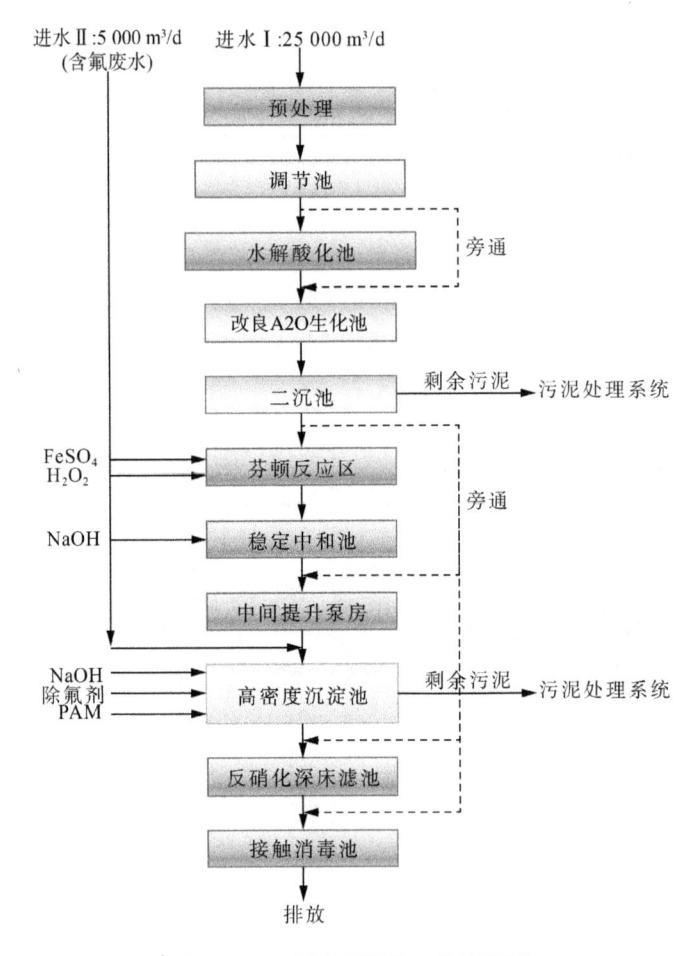

图3.5-1 污水厂设计工艺流程图

说明:
① 调节池前端组合细格栅;
② 臭氧氧化池、生物滤池、滤布滤池可根据现场运行情况选择是否超越;
③ 为了强化脱氮效果,A2O生化池推荐采用倒置形式;
④ 粗格栅及进水泵房、调节池、高密度沉淀池1、水解酸化池、A2O厌氧段和缺氧段及污泥浓缩池、污泥调理池、污泥脱水机房设置除臭。

4. 工艺设计

4.1 工程规模

高邮经济开发区工业污水处理厂及配套生态安全缓冲区的新建工程设计总规模为6.0万 m³/d,分两期实施。

一、二期工程全部实施后4.2万 m³/d达标排放,1.8万 m³/d回用于企业或者进行生态补水(回用部分另行论证)。本工程污水处理工艺流程见图 4.1-1,各构(建)筑物的设计规模见表 4.1-1。

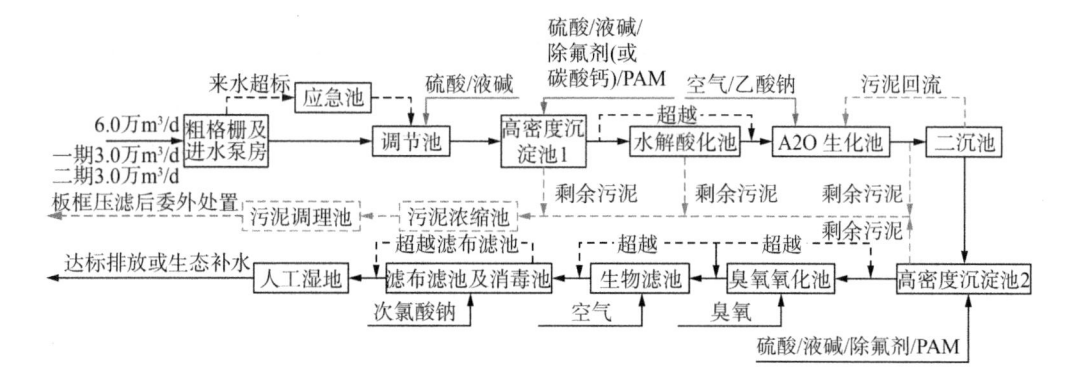

图 4.1-1　污水处理工艺流程图

表 4.1-1　工程建成后厂内主要建(构)筑物

编号	构筑物	土建规模（万 m³/d）	数量（座）	备注
1	粗格栅及进水泵房	6.0	1	土建一期实施,设备分 2 期
2	调节及应急池	6.0	1	土建一期实施,设备分 2 期
3	高密度沉淀池 1	3.0	2	一期、二期各 1 座
4	组合生化池	3.0	2	一期、二期各 1 座
5	二沉池	1.5	4	一期、二期各 2 座
6	高密度沉淀池 2	3.0	2	一期、二期各 1 座
7	臭氧氧化池	3.0	2	一期、二期各 1 座
8	生物滤池	3.0	2	一期、二期各 1 座
9	消毒及提升池	6.0	1	土建一期实施,设备分 2 期
10	污泥浓缩池	3.0	2	一期实施完毕
11	污泥调理池	6.0	1	一期实施完毕
12	污泥脱水机房	6.0	1	土建一期实施,设备分 2 期
13	鼓风机房及变配电间	6.0	1	土建一期实施,设备分 2 期
14	加药间及维修间	3.0	1	土建一期实施,设备分 2 期
15	臭氧发生间	6.0	1	土建一期实施,设备分 2 期
16	变配电间 2	3.0	2	一期、二期各 1 座
17	液氧站	6.0	1	土建一期实施,设备分 2 期
18	综合楼	6.0	1	一期实施完毕
19	门卫	6.0	1	一期实施完毕
20	除臭系统	3.0	2	一期、二期各 1 座
21	配套生态安全缓冲区	4.2	1	一期实施完毕

4.2 设计进、出水水质

设计进、出水水质见表 4.2-1。

表 4.2-1 设计进、出水水质一览表

污染物指标	COD$_{cr}$ (mg/L)	SS (mg/L)	TN (mg/L)	NH$_3$-N (mg/L)	TP (mg/L)	氟化物 (mg/L)
设计进水水质	220	160	40	30	3	8
设计出水水质	≤30	≤10	≤10(12)	≤1.5(3)	≤0.3	≤1.5

4.3 处理工艺

根据第 3 章的论证,本工程污水处理拟采用"粗格栅及进水泵房＋调节及应急池＋高密度沉淀池 1＋水解酸化池＋A2O 生化池＋二沉池＋高密度沉淀池 2＋臭氧氧化单元＋生物滤池＋滤布滤池及消毒池"的主体处理工艺。污泥处理采用"重力浓缩＋污泥调理＋高压隔膜板框压滤机"的污泥处理工艺。除臭采用"生物滤池"工艺。

4.4 主要建(构)筑物设计

1) 粗格栅及进水泵房

提升泵房一座,土建规模为 6 万 t/d,设备分两期实施,变化系数 1.6。

(1) 功能:拦截直径大于 20 mm 的杂物,以保证水泵和后续处理构筑物的正常运行;同时将污水一次性提升到设计水位高程,靠重力流进入后续构筑物,进行污水处理。

(2) 主要参数

提升泵房平面尺寸:8.3 m×4.6 m×9.9 m(地下格栅渠)＋16.1 m×8.5 m×9.9 m(地下集水池)＋15.3 m×2.4 m×2.4 m(阀门井)＋16.1 m×8.5 m×6.5 m(地上建筑)。

过栅流速:v_{max}＝0.6 m/s;

栅前水深:h＝0.6 m;

安装倾角:75°;

栅条间隙:b＝20 mm。

(3) 主要设备见表 4.4-1。

表 4.4-1 粗格某进水某主要设备

序号	设备名称	规格型号	数量	单位	备注
一期设备					
1	潜污泵	Q＝1 000 m^3/h,H＝18 m,N＝75 kW	3	台	2 用 1 备
2	电动葫芦	T＝2.0 t,N＝3.0/0.4 kW	1	台	
3	回转式格栅除污机	设备宽 B_0＝1.3 m,N＝1.5 kW,e＝20 mm	2	台	
4	无轴螺旋压榨机	L×B＝3 500 mm×260 mm,N＝1.5 kW	1	台	
5	栅渣斗	V＝0.5 m^3,PE	1	台	
6	方形闸门	L×B＝1 000 mm×1 000 mm,N＝1.5 kW,配手电两用启闭机	7	台	
7	超声波液位计	量程 0~10 m	1	台	

续表

序号	设备名称	规格型号	数量	单位	备注
二期设备					
1	潜污泵	$Q=1\,000 \text{ m}^3/\text{h}, H=18 \text{ m}, N=75 \text{ kW}$	2	台	

2) 调节及应急池

土建规模为6万 t/d，设备分两期实施。

(1) 功能：调节池暂存各个企业来水，起到均质、均量作用，在调节池进水端设置内进流细格栅；应急池暂存超标来水。应急池及调节池内部设置过水廊道。

(2) 设计参数

停留时间：调节池4 h，应急池3 h。

(3) 构筑物：

调节池与应急池合建，56.2 m×47.4 m×7.5 m（调节及应急池）+30.0 m×6.9 m×7.5 m（配电间及提升泵房）+17.4 m×6.9 m×8.0 m（细格栅渠），调节及应急池有效水深7.0 m。

(4) 主要设备见表4.4-2。

表4.4-2 调节及应急池主要设备

序号	设备名称	规格型号	数量	单位	备注
一期设备					
1	调节池离心泵	$Q=660 \text{ m}^3/\text{h}, H=10 \text{ m}, N=30 \text{ kW}$	3	台	2用1备
2	应急池离心泵1	$Q=100 \text{ m}^3/\text{h}, H=10 \text{ m}, N=4 \text{ kW}$	1	台	
3	应急池离心泵2	$Q=320 \text{ m}^3/\text{h}, H=10 \text{ m}, N=15 \text{ kW}$	2	台	1用1备
4	内进流格栅系统	渠宽2 000 mm，渠深3 200 mm，$\Phi=3$ mm，$N=2.2$ kW	2	套	含高低压冲洗泵
5	高排水螺旋压榨机	输送量：160 m³/h，$L=7$ m，$N=2.2$ kW	1	台	格栅厂家配供
6	双曲面搅拌机	$\Phi 2\,000$ mm，转速30～60 r/min，$N=3$ kW	1	台	设于pH调节池
7	潜污泵	$Q=10 \text{ m}^3/\text{h}, H=12 \text{ m}, N=1.1 \text{ kW}$	1	台	安装在提升泵房集水坑内，配浮球
8	潜水推流器	$D=2\,500$ mm，$N=7.5$ kW	6	台	应急池2台，调节池4台
9	电动葫芦	CD1，$T=145$ kg，$N=1.5$ kW	1	台	
10	COD在线监测	测量范围：0～1 000 mg/L，$N=0.18$ kW	1	台	配供数采仪等
11	氨氮在线监测	测量范围：0～50 mg/L，$N=0.18$ kW	1	台	
12	总磷在线监测	测量范围：0～10 mg/L，$N=0.18$ kW	1	台	
13	总氮在线监测	测量范围：0～50 mg/L，$N=0.18$ kW	1	台	
14	氟化物在线监测	测量范围：0～15 mg/L，$N=0.18$ kW	1	台	
15	水质采样器	带超标留样功能	1	台	
16	在线pH计	测量范围：0～14	1	台	

续表

序号	设备名称	规格型号	数量	单位	备注
17	电磁流量计	量程 0~1 000 m³/h	1	台	
18	超声波液位计	量程 0~10 m	2	台	
二期设备					
1	调节池离心泵	$Q=660$ m³/h,$H=10$ m,$N=30$ kW	2	台	
2	内进流格栅系统	渠宽 2 000 mm,渠深 3 200 mm,$\Phi=3$ mm,$N=2.2$ kW	1	套	含高低压冲洗泵

3) 高密度沉淀池 1

设计规模为 6 万 m³/d,一期、二期均为 3 万 m³/d。

(1) 功能:通过加药混凝沉淀作用,去除废水中 SS、氟化物或钙。

(2) 设计参数

混合区停留时间:15 min(含 pH 调节等);

絮凝区停留时间:15 min;

斜管表面上升流速:7.5 m/h;

污泥回流比:4%;

Na_2CO_3 投加量:636 kg/d(按照 20 mg/L 碱度投加量);

除氟剂投加量:1 000 mg/L(按照除氟量 5 mg/L 计,从 8 mg/L 降至 3 mg/L,去除 1 mg/L 氟需投加 200 mg/L 成品除氟剂液体);

PAM 投加量:2 mg/L;

硫酸投加量:20 mg/L(50%硫酸,暂估量);

液碱投加量:280 mg/L(32%液碱)。

(3) 构筑物

高密度沉淀池一期、二期各一座,单池尺寸 26.2 m×21.5 m×8.2 m。

(4) 主要设备见表 4.4-3。

表 4.4-3 高密度沉淀池 1 主要设备

序号	设备名称	规格型号	数量	单位	备注
一期设备					
1	1#混合搅拌机	直径 1.8 m,外缘线速度 3 m/s,$N=7.5$ kW,IP55,F 级,变频调速	10	套	单层桨叶
2	2#混合搅拌机	直径 2.7 m,外缘线速度 3 m/s,$N=9$ kW,IP55,F 级,变频调速	4	套	双层桨叶
3	絮凝反应提升搅拌装置	上升桶直径 2.5 m,配套搅拌器 $N=15$ kW,变频	2	套	
4	中心传动浓缩机	$\Phi=10$ m,池深 6 m,外缘线速度 2 m/min,$N=0.55$ kW	2	套	
5	污泥回流泵	$Q=20\sim40$ m³/h,$H=30$ m,$N=15$ kW,铸铁,防护等级 IP55,F 级	3	套	2 用 1 备,变频控制

续表

序号	设备名称	规格型号	数量	单位	备注
6	剩余污泥泵	$Q=8\sim25$ m³/h, $H=30$ m, $N=11$ kW, 铸铁, 防护等级 IP55, F级	3	套	2用1备, 变频控制
7	轴流风机	$Q=2\,000$ m³/h, $P=130$ Pa, $N=0.37$ kW	2	套	
8	电动葫芦	起重=1 t, 起升高度=1.5 m, $N=1.5$ kW+0.2 kW	2	套	
9	潜污泵	$Q=10$ m³/h, $H=15$ m, $N=1.5$ kW	1	套	配套浮球液位计
10	斜管填料	斜管斜长1.2 m, 孔径为$\Phi80$ mm, 聚丙烯, 140 m², 含填料支架	2	套	
11	在线pH计	测量范围:0~14	8	台	
12	泥位计	量程:0~8	2	台	
二期设备					
1	1#混合搅拌机	直径1.8 m, 外缘线速度3 m/s, $N=7.5$ kW, IP55, F级, 变频调速	10	套	单层桨叶
2	2#混合搅拌机	直径2.7 m, 外缘线速度3 m/s, $N=9$ kW, IP55, F级, 变频调速	4	套	双层桨叶
3	絮凝反应提升搅拌装置	上升桶直径2.5 m, 配套搅拌器$N=15$ kW, 变频	2	套	
4	中心传动浓缩机	$\Phi=10$ m, 池深6 m, 外缘线速度2 m/min, $N=0.55$ kW	2	套	
5	污泥回流泵	$Q=20\sim40$ m³/h, $H=30$ m, $N=15$ kW, 铸铁, 防护等级 IP55, F级	3	套	2用1备, 变频控制
6	剩余污泥泵	$Q=8\sim25$ m³/h, $H=30$ m, $N=11$ kW, 铸铁, 防护等级 IP55, F级	3	套	2用1备, 变频控制
7	轴流风机	$Q=2\,000$ m³/h, $P=130$ Pa, $N=0.37$ kW	2	套	
8	电动葫芦	起重=1 t, 起升高度=1.5 m, $N=1.5$ kW+0.2 kW	2	套	
9	潜污泵	$Q=10$ m³/h, $H=15$ m, $N=1.5$ kW	1	套	配套浮球液位计
10	斜管填料	斜管斜长1.2 m, 孔径为$\Phi80$ mm, 聚丙烯, 140 m², 含填料支架	2	套	
11	在线pH计	测量范围:0~14	8	台	
12	泥位计	量程:0~8	2	台	

4) 组合生化池

设计规模为6万 m³/d,一期、二期均为3万 m³/d。

(1) 水解酸化池

一、二期规模均为3万 t/d。

① 功能:利用微生物将不溶性有机物水解成溶解性有机物,将大分子物质分解成小分子物质,使污水更适宜后续的好氧处理。同时起到调节进水的水质、水量、水温的作用。

② 设计参数

停留时间：HRT＝12 h(含沉淀区)；

有效水深：H＝8.4 m；

超高：0.5 m；

沉淀时间：2 h。

③ 构筑物

与 A2O 生化池合建，尺寸见(二)A2O 生化池。

④ 主要设备

见表 4.4-4。

(2) A2O 生化池

一、二期规模均为 3 万 t/d。

① 功能：组合式生化池为污水处理厂生物处理的核心单元，采用充氧和混合力传递相对独立的方式，结合氧化沟和推流曝气生物池的优点，利用厌氧、缺氧、好氧区的不同功能，进行生物脱氮除磷，同时去除 BOD_5。具有传氧效率高、适应水质波动大、节约能耗与占地较少的特点。

② 设计参数

停留时间：24 h(厌氧段 2 h，缺氧段 7 h，好氧段 15 h)；

污泥负荷：0.08 kg(BOD_5)/[kg(MLSS)·d]；

MLSS(X)：2.5 g/L；

硝化液回流比：300%。

③ 构筑物

组合生化池 2 座，一期、二期各一座，单座尺寸 $L×B×H$＝89.4 m×28.6 m×8.9 m＋89.4 m×54.7 m×7.8 m，半地上钢筋混凝土。

④ 主要设备见表 4.4-4。

表 4.4-4　组合生化池主要设备

序号	设备名称	规格型号	数量	单位	备注
一期设备					
1	潜水推流器	QJB7.5/4-2500/2-43，N＝7.5 kW	12	套	安装位置水解酸化池
2	铸铁镶铜圆闸门	DN1000，配手动启闭机	4	套	安装位置水解酸化池
3	斜管填料	Φ80 mm，PP 材质	504	m²	安装位置高密度沉淀池
4	污泥回流泵	立式离心泵，型号 200-200(Ⅰ)A，Q＝358 m³/h，H＝5 m，N＝18.5 kW	6	套	安装位置水解酸化池，4 用 2 备，变频
5	剩余污泥泵	立式离心泵，型号 65-100(Ⅰ)A，Q＝50 m³/h，H＝12.5 m，N＝3 kW	4	套	安装位置水解酸化池，2 用 2 备
6	调节堰门	$L×H$＝2 000 mm×500 mm，调节高度 500 mm，配手动启闭机	8	套	安装位置进水渠、污泥回流渠
7	潜水搅拌机	QJB5.0/21-620/3-480/S，N＝5 kW	2	套	安装位置厌氧池

续表

序号	设备名称	规格型号	数量	单位	备注
8	潜水推流器	QJB7.5/4-2500/2-43,$N=7.5$ kW	8	套	安装位置缺氧池
9	潜水搅拌机	QJB10/12-620/3-480/S,$N=11$ kW	4	套	安装位置好氧池
10	硝化液回流泵	穿墙泵 DN600,$Q=833$ m^3/h,$H=2$ m,$N=4$ kW	6	套	安装位置好氧池,互为备用,变频
11	污泥回流泵	泵出口直径 DN250,$Q=400$ m^3/h,$H=3.5$ m,$N=7.5$ kW	6	套	安装位置污泥泵房,4用2备,变频
12	剩余污泥泵	潜水排污泵,$Q=50$ m^3/h,$H=10$ m,$N=5.5$ kW	4	套	安装位置污泥泵房,2用2备
13	电动葫芦	起吊高度9 m,起吊重量1 t,$N=1.7$ kW	1	套	安装位置污泥泵房
14	微孔曝气系统	单个曝气量1.86 Nm^3/h,膜片 EPDM,支撑体增强 PP,曝气管路 UPVC	3 228	套	安装位置好氧池,含曝气管道等
15	ORP 在线检测仪	$\pm 2\,000$ mV,4~20 mA 信号输出	2	套	安装位置水解酸化池
16	在线污泥浓度仪	量程 0~20 g/L,4~20 mA 信号输出	4	套	水解酸化池2台,好氧池2台
17	在线溶氧仪	0~10 mg/L,4~20 mA 信号输出	2	套	好氧池2台
18	超声波液位仪	0~8 m,4~20 mA 信号输出	1	套	污泥泵房1台
二期设备					
1	潜水推流器	QJB7.5/4-2500/2-43,$N=7.5$ kW	12	套	安装位置水解酸化池
2	铸铁镶铜圆闸门	DN1000,配手动启闭机	4	套	安装位置水解酸化池
3	斜管填料	$\Phi 80$ mm,PP 材质	504	m^2	安装位置高密度沉淀池
4	污泥回流泵	立式离心泵,型号 200-200(Ⅰ)A,$Q=358$ m^3/h,$H=5$ m,$N=18.5$ kW	6	套	安装位置水解酸化池,4用2备,变频
5	剩余污泥泵	立式离心泵,型号 65-100(Ⅰ)A,$Q=50$ m^3/h,$H=12.5$ m,$N=3$ kW	4	套	安装位置水解酸化池,2用2备
6	调节堰门	$L \times H=2\,000$ mm$\times 500$ mm,调节高度500 mm,配手动启闭机	8	套	安装位置进水渠、污泥回流渠
7	潜水搅拌机	QJB5.0/21-620/3-480/S,$N=5$ kW	2	套	安装位置厌氧池
8	潜水推流器	QJB7.5/4-2500/2-43,$N=7.5$ kW	8	套	安装位置缺氧池
9	潜水搅拌机	QJB10/12-620/3-480/S,$N=11$ kW	4	套	安装位置好氧池
10	硝化液回流泵	穿墙泵 DN600,$Q=833$ m^3/h,$H=2$ m,$N=4$ kW	6	套	安装位置好氧池,互为备用,变频
11	污泥回流泵	泵出口直径 DN250,$Q=400$ m^3/h,$H=3.5$ m,$N=7.5$ kW	6	套	安装位置污泥泵房,4用2备,变频
12	剩余污泥泵	潜水排污泵,$Q=50$ m^3/h,$H=10$ m,$N=5.5$ kW	4	套	安装位置污泥泵房,2用2备
13	电动葫芦	起吊高度9 m,起吊重量1 t,$N=1.7$ kW	1	套	安装位置污泥泵房

续表

序号	设备名称	规格型号	数量	单位	备注
14	微孔曝气系统	单个曝气量1.86 Nm³/h,膜片EPDM,支撑体增强PP,曝气管路UPVC	3 228	套	安装位置好氧池,含曝气管道等
15	ORP在线检测仪	±2 000 mV,4~20 mA信号输出	2	套	安装位置水解酸化池
16	在线污泥浓度仪	量程0~20 g/L,4~20 mA信号输出	4	套	水解酸化池2台,好氧池2台
17	在线溶氧仪	0~10 mg/L,4~20 mA信号输出	2	套	好氧池2台
18	超声波液位仪	0~8 m,4~20 mA信号输出	1	套	污泥泵房1台

5) 二沉池

设计规模为6万 m³/d,一期、二期均为3万 m³/d。

(1) 功能:作为组合生化池泥水分离构筑物。

(2) 设计参数

数量:4座,一期、二期各2座;

水力负荷:0.6 m³/(m²·h);

有效水深:4 m。

(3) 主要构筑物

二沉池4座,单座平面尺寸Φ36 m,钢筋混凝土结构。

(4) 主要设备见表4.4-5。

表4.4-5 二沉池主要设备

序号	设备名称	规格型号	数量	单位	备注
一期设备					
1	半桥式中心传动刮吸泥机	池体直径36 m,池深4.5 m,外缘线速度3 m/min,N=0.75 kW	2	套	304
二期设备					
1	半桥式中心传动刮吸泥机	池体直径36 m,池深4.5 m,外缘线速度3 m/min,N=0.75 kW	2	套	304

6) 高密度沉淀池2

设计规模为6万 m³/d,一期、二期均为3万 m³/d。

(1) 功能:通过所加药物混凝沉淀效果,去除废水中SS、氟化物。

(2) 设计参数

混合区停留时间:20 min;

絮凝区停留时间:25 min;

斜管表面上升流速:7.5 m/h;

污泥回流比:4%;

除氟剂投加量:400 mg/L(按照除氟量2 mg/L计,从3 mg/L降至1 mg/L,去除1 mg/L氟需投加200 mg/L成品除氟剂液体);

PAM 投加量:2 mg/L。

(3) 构筑物

高效沉淀池 2 座,一期、二期各 1 座,尺寸 27.5 m×26.1 m×6.7 m+15.5 m×4.0 m×6.7 m。

(4) 主要设备见表 4.4-6。

表 4.4-6 高密度沉淀池 2 主要设备

序号	设备名称	规格型号	数量	单位	备注
一期设备					
1	混合搅拌机	直径 1.7 mm,外缘线速度 3 m/s,$N=7.5$ kW,IP55,F 级,变频调速	10	套	SS304
2	絮凝反应提升搅拌装置	上升桶直径 2 500 mm,配套搅拌器 $N=15$ kW,变频	2	套	SS304
3	中心传动浓缩机	$\Phi=13$ m,$H=6$ m,外缘线速度 2 m/min,$N=0.75$ kW	2	套	碳钢防腐
4	污泥回流泵	螺杆泵,$Q=60$ m^3/h,$P=0.3$ MPa,$N=15$ kW,变频	4	套	铸铁
5	剩余污泥泵	螺杆泵,$Q=45$ m^3/h,$P=0.3$ MPa,$N=11$ kW,变频	2	套	铸铁
6	提升泵	轴流泵,$Q=700$ m^3/h,$H=5$ m,$N=15$ kW	3	套	SS304(轴流泵)
7	电动葫芦	起吊高度 6 m,起吊重量 1 t,$N=1.7$ kW	1	套	铸铁
8	轴流风机	$Q=5 375$ m^3/h,$P=279$ Pa,$N=0.75$ kW	1	套	铸铁
9	泵坑放空泵	潜水排污泵,$Q=10$ m^3/h,$H=10$ m,$N=1$ kW	1	套	铸铁
10	斜管填料	斜管斜长 1.2 m,孔径为 Φ80 mm,聚丙烯,160 m^2,含填料支架	2	套	
11	在线 pH 计	测量范围:0~14	2	台	
12	泥位计	量程:0~8	1	台	
二期设备					
1	混合搅拌机	直径 1.7 mm,外缘线速度 3 m/s,$N=7.5$ kW,IP55,F 级,变频调速	10	套	SS304
2	絮凝反应提升搅拌装置	上升桶直径 2 500 mm,配套搅拌器 $N=15$ kW,变频	2	套	SS304
3	中心传动浓缩机	$\Phi=13$ m,池深 6 m,外缘线速度 2 m/min,$N=0.75$ kW	2	套	碳钢防腐
4	污泥回流泵	螺杆泵,$Q=60$ m^3/h,$P=0.3$ MPa,$N=15$ kW,变频	4	套	铸铁
5	剩余污泥泵	螺杆泵,$Q=45$ m^3/h,$P=0.3$ MPa,$N=11$ kW,变频	2	套	铸铁
6	提升泵	轴流泵,$Q=700$ m^3/h,$H=5$ m,$N=15$ kW	3	套	SS304(轴流泵)
7	电动葫芦	起吊高度 6 m,起吊重量 1 t,$N=1.7$ kW	1	套	铸铁
8	轴流风机	$Q=5 375$ m^3/h,$P=279$ Pa,$N=0.75$ kW	1	套	铸铁

续表

序号	设备名称	规格型号	数量	单位	备注
9	泵坑放空泵	潜水排污泵,$Q=10$ m³/h,$H=10$ m,$N=1$ kW	1	套	铸铁
10	斜管填料	斜管斜长 1.2 m,孔径为 $\Phi 80$ mm,聚丙烯,160 m²,含填料支架	2	套	
11	在线pH计	测量范围:0~14	2	台	
12	泥位计	量程:0~8	1	台	

7) 臭氧氧化池

设计规模为 6 万 m³/d,一期、二期均为 3 万 m³/d。

(1) 功能:进一步去除水中难降解 COD_{cr},为后续滤池挖掘碳源,保证出水水质。

(2) 设计参数

臭氧投加量:36~72 mg/L(COD_{cr} 由 50 mg/L 降低至 30 mg/L);

臭氧氧化停留时间:1.9 h(氧化池 0.9 h,分解池 1 h)。

(3) 构筑物

臭氧氧化池 2 座,一期、二期各 1 座,单座尺寸 27.4 m×13.4 m×8.0 m。

(4) 主要设备见表 4.4-7。

表 4.4-7 臭氧氧化池主要设备

序号	设备名称	规格型号	数量	单位	备注
一期设备					
1	钛材曝气器系统	适配 45 kg/h 臭氧发生器系统	2	套	
2	臭氧尾气破坏器	处理气量≥315 Nm³/h,$Q=15$ kW	2	台	
		配套,玻璃钢盖板	5 714	m²	
二期设备					
1	钛材曝气器系统	适配 45 kg/h 臭氧发生器系统	2	套	
2	臭氧尾气破坏器	处理气量≥315 Nm³/h,$Q=15$ kW	2	台	
		配套,玻璃钢盖板	5 714	m²	

8) 生物滤池

设计规模为 6 万 m³/d,一期、二期均为 3 万 m³/d。

(1) 功能:进一步去除水中氨氮、COD_{cr}、SS,保证出水水质。

(2) 设计参数

设计滤速:3.44 m/h;

强制滤速:4.13 m/h。

(3) 构筑物:生物滤池 2 座,一期、二期各 1 座,单座尺寸 $L×B×H=33.7$ m×26.3 m×8.4 m(水池)+26.3 m×10.6 m×6.0 m(建筑)

(4) 主要设备见表 4.4-8。

表 4.4-8　生物滤池主要设备

序号	设备名称	规格型号	数量	单位	备注
一期设备					
1	内进流格栅	孔隙 1 mm，$N=1.5$ kW	2	台	系统成套设备含冲洗水箱、冲洗水泵、溜槽、压榨机等附件
2	中压冲洗水泵	$Q=28$ m³/h，$H=68$ m，$N=11$ kW	2	台	1用1备
3	高排水型压榨机	$N=2.2$ kW	1	台	
4	叠梁闸	渠宽 1 200 mm，渠深 2 500 mm	4	台	
5	反冲洗布气系统	$\Phi355$ mm，$L=7.6$ m（暂定），高分子材料	6	套	单池1套，长度据实调整
6	反冲洗风机	$Q=61.9$ m³/min，$P=0.08$ MPa，$N=132$ kW（暂定）	2	台	自重2.3 t（含隔音罩）；转速1 485 rpm；1用1备，含隔音罩、安全阀、止回阀、卸荷阀等
7	潜污泵	$Q=545$ m³/h，$H=10$ m，$N=22$ kW（暂定）	3	台	2用1备
8	潜污泵	$Q=145$ m³/h，$H=10$ m（暂定），$N=7.5$ kW（暂定）	2	台	
9	单孔膜空气扩散器	$\Phi60\times45$ mm，膜孔 $\Phi1$ mm，含曝气支管	1	批	
10	曝气分配器	DN80，$L=7\ 100$ mm，SS304，每池2套	12	套	每个脱炭池2套
11	曝气风机	$Q=5.21$ m³/min，$P=0.065$ MPa，$N=15$ kW（暂定）	7	台	曝气风机6用1备，含隔音罩、安全阀、止回阀等
12	立式污水泵	$Q=150$ m³/h，$H=10$ m（暂定），$N=7.5$ kW（暂定）	1	台	滤池检修放空用
13	潜水泵	$Q=10$ m³/h，$H=10$ m（暂定），$N=0.75$ kW（暂定）	1	台	管廊积水排空用
14	整浇滤板	C30钢筋混凝土	362.9	m²	
15	防堵长柄滤头	$\Phi21$ mm，$L=440$ mm	1	批	
16	鹅卵石承托层	$\Phi8\sim16$ mm，厚度 150 mm	54.5	m³	
17	鹅卵石承托层	$\Phi16\sim32$ mm，厚度 150 mm	54.5	m³	
18	球形轻质多孔生物滤料	$\Phi3\sim5$ mm	1	批	
19	栅型稳流板	$L=7\ 200$ mm	6	套	栅板UPVC，骨架SS304方钢管
20	超声波液位计	$0\sim8$ m，一体式	2	台	清水池1个＋废水池1个
21	压力变送器	$0\sim2$ bar	6	台	放气管
22	压力变送器	$0\sim10$ bar	1	台	气源总管
23	浮球液位开关	$0\sim1$ m，常开常闭双信号	1	台	管廊集水坑

续表

序号	设备名称	规格型号	数量	单位	备注
24	电动单梁悬挂起重机	$G=2$ t, $S=7.2$ m, $H=18$ m, $N=2\times 0.4$ kW	1	台	
25	电动葫芦	$G=2$ t, $H=18$ m, $N=3$ kW+0.4 kW	1	台	
二期设备					
1	内进流格栅	孔隙 1 mm, $N=1.5$ kW	2	台	系统成套设备含冲洗水箱、冲洗水泵、溜槽、压榨机等附件
2	中压冲洗水泵	$Q=28$ m³/h, $H=68$ m, $N=11$ kW	2	台	1用1备
3	高排水型压榨机	$N=2.2$ kW	1	台	
4	冲洗水箱		1	台	
5	叠梁闸	渠宽 1 200 mm, 渠深 2 500 mm	4	台	
6	反冲洗布气系统	$\Phi 355$ mm, $L=7.6$ m(暂定), 高分子材料	6	套	单池1套, 长度据实调整
7	反冲洗风机	$Q=61.9$ m³/min, $P=0.08$ MPa, $N=132$ kW(暂定)	2	台	自重2.3 t(含隔音罩); 转速 1 485 rpm; 1用1备, 含隔音罩、安全阀、止回阀、卸荷阀等
8	潜污泵	$Q=545$ m³/h, $H=10$ m, $N=22$ kW(暂定)	3	台	2用1备
9	潜污泵	$Q=145$ m³/h, $H=10$ m(暂定), $N=7.5$ kW(暂定)	2	台	
10	单孔膜空气扩散器	$\Phi 60\times 45$ mm, 膜孔 $\Phi 1$ mm, 含曝气支管	1	批	
11	曝气分配器	DN80, $L=7\ 100$ mm, SS304, 每池2套	12	套	每个脱炭池2套
12	曝气风机	$Q=5.21$ m³/min, $P=0.065$ MPa, $N=15$ kW(暂定)	7	台	曝气风机6用1干备, 含隔音罩、安全阀、止回阀等
13	立式污水泵	$Q=150$ m³/h, $H=10$ m(暂定), $N=7.5$ kW(暂定)	1	台	滤池检修放空用
14	潜水泵	$Q=10$ m³/h, $H=10$ m(暂定), $N=0.75$ kW(暂定)	1	台	管廊积水排空用
15	整浇滤板	C30 钢筋混凝土	362.9	m²	
16	防堵长柄滤头	$\Phi 21$ mm, $L=440$ mm	1	批	
17	鹅卵石承托层	$\Phi 8\sim 16$ mm, 厚度 150 mm	54.5	m³	
18	鹅卵石承托层	$\Phi 16\sim 32$ mm, 厚度 150 mm	54.5	m³	
19	球形轻质多孔生物滤料	$\Phi 3\sim 5$ mm	1	批	
20	栅型稳流板	$L=7\ 200$ mm	6	套	栅板 UPVC, 骨架 SS304 方钢管
21	超声波液位计	$0\sim 8$ m, 一体式	2	台	清水池1个+废水池1个

续表

序号	设备名称	规格型号	数量	单位	备注
22	压力变送器	0～2 bar	6	台	放气管
23	压力变送器	0～10 bar	1	台	气源总管
24	浮球液位开关	0～1 m,常开常闭双信号	1	台	管廊集水坑
25	电动单梁悬挂起重机	$G=2$ t,$S=7.2$ m,$H=18$ m,$N=2\times 0.4$ kW	1	台	
26	电动葫芦	$G=2$ t,$H=18$ m,$N=3$ kW$+0.4$ kW	1	台	

9) 消毒及提升池

(1) 功能:设置滤布滤池进一步截留SS,滤布滤池后通过投加次氯酸钠杀灭尾水中的大肠杆菌,保证出水水质达标。消毒池上设置出水在线监控间。

(2) 设计参数

设计规模:6万 m³/d;

滤布滤池滤速:7 m/h;

停留时间:消毒30 min;

回用提升池停留时间:1.5 h;

消毒池设置出水在线监测装置。

(3) 构筑物

消毒及提升池一座,平面尺寸 $L\times B\times H=37.1$ m$\times 31.7$ m$\times 5.0$ m(地下水池)$+16.1$ m$\times 5.1$ m$\times 4.5$ m(地上建筑)

(4) 主要设备见表4.4-9。

表4.4-9 消毒及提升池主要设备

序号	设备名称	规格型号	数量	单位	备注
一期设备					
1	尾水提升泵	$Q=375$ m³/h,$H=10$ m,$N=18.5$ kW	3	台	2用1备
2	超声波液位计	0～5 m量程	2	台	
3	COD在线监测	测量范围:0～100 mg/L,0.18 kW	1	台	配供数采仪等
4	氨氮在线监测	测量范围:0～10 mg/L,0.18 kW	1	台	
5	总磷在线监测	测量范围:0～5 mg/L,0.18 kW	1	台	
6	总氮在线监测	测量范围:0～40 mg/L,0.18 kW	1	台	
7	氟化物在线监测	测量范围:0～5 mg/L,0.18 kW	1	台	
8	水质采样器	带超标留样功能	1	台	
9	滤布滤池系统	$D=3\,000$ mm,12片,过水量30 000 t/d	2	套	含反洗泵等系统
二期设备					
1	滤布滤池系统	$D=3\,000$ mm,12片,过水量30 000 t/d	1	套	含反洗泵等系统

10) 污泥浓缩池

按照 6 万 t/d 设计。

(1) 功能：对生化剩余污泥及其他物化污泥进行浓缩，浓缩后的污泥重力排放至污泥调理池。

(2) 设计参数

设计流量：生化绝干污泥 6 t/d，含水率约 99.2%；

含氟物化污泥：7.8 t/d；

SS 物化污泥 9 t/d，物化污泥含水率约 98%；

总绝干污泥量约 22.8 t/d。

(3) 构筑物

污泥浓缩池 2 座，$\Phi 17\ m \times 4.5\ m(H)$。

(4) 主要设备见表 4.4-10。

表 4.4-10 污泥浓缩池主要设备

序号	设备名称	规格型号	数量	单位	备注
1	中心传动浓缩机	$\Phi 17\ m, P=1.5\ kW$	2	台	水下不锈钢，含工作桥
2	污泥泵	$Q=200\ m^3/h, H=12.5\ m, N=15\ kW$	3	台	
3	泥位计	量程：0~8	2	台	

11) 污泥调理池

土建规模为 6 万 t/d，设备规模为 3 万 t/d。

(1) 功能：通过投加 PAC、PAM 药剂对污泥进行调理，改善污泥脱水性能。

(2) 设计参数

PAC 投加量：绝干污泥 50 kg/t；

阳离子聚丙烯酰胺投加量：干固体 3 kg/t。

(3) 构筑物

新建调理池 1 座，19.0 m×6.5 m×5.0 m。

(4) 主要设备见表 4.4-11。

表 4.4-11 污泥调理池主要设备

序号	设备名称	规格型号	数量	单位	备注
一期设备					
1	桨叶式搅拌机	$\Phi 5.0\ m, N=7.5\ kW$	2	套	
2	液位计	量程：0~6	2	台	
二期设备					
1	桨叶式搅拌机	$\Phi 5.0\ m, N=7.5\ kW$	1	套	
2	液位计	量程：0~6	1	台	

12) 脱水机房

(1) 功能：将污水处理过程中产生的剩余污泥进行浓缩脱水，降低含水率，便于污泥运输和最终处置。土建一次建成，设备分期实施。

（2）设计参数

剩余污泥干重：22.8 t/d；

压滤脱水后污泥量：65.14 t/d，含水率为65%；

阳离子聚丙烯酰胺投加量：干固体3 kg/t；

PAC投加量：干固体50 kg/t；

平面尺寸：38.5 m×8.5 m×6.6 m+22.2 m×18.5 m×17.4 m(此区域2层)+7.7 m×18.5 m×10.9 m(此区域2层)。

（3）主要设备见表4.4-12。

表4.4-12 脱水机房主要设备

序号	设备名称	规格型号	数量	单位	备注
一期设备					
1	高压隔膜压滤机	过滤面积600 m², 滤室容积10.3 m³, $N=31$ kW	2	套	成品
2	导料仓	$V=25$ m³, $N=2.2$ kW, 配套压滤机	2	台	碳钢
3	低压进泥泵	$Q=100$ m³/h, $H=60$ m, $N=30$ kW	2	台	成品
4	高压进泥泵	$Q=30$ m³/h, $H=120$ m, $N=22$ kW	2	台	成品
5	压榨泵	$Q=20$ m³/h, $H=160$ m, $N=11$ kW	2	台	成品
6	压榨水箱	$V=20$ m³, 配超声波液位计	1	只	PE
7	洗布泵	$Q=20$ m³/h, $H=400$ m, $N=37$ kW	1	套	成品
8	洗布水箱	$V=10$ m³, 配超声波液位计	1	只	PE
9	PAC泵	$Q=500$ L/h, $H=30$ m, $N=0.55$ kW, 工频控制	4	台	成品
10	PAC储罐	$V=15$ m³, 配超声波液位计	2	台	PE
11	PAM泵	$Q=0.5$ m³/h, $H=30$ m, $N=0.75$ kW, 变频控制	2	台	成品
12	PAM制备装置	PT10000, 制备量10 000 L/h, 材质SS304, $N=4.7$ kW	1	只	成品
13	空压机	6.3 Nm³/min, $P=0.8$ MPa, $N=37$ kW	2	台	成品
14	反吹气储罐	$V=10$ m³, $P=1$ MPa	1	台	成品
15	冷干机	2.4 Nm³/min, 1 MPa, $N=0.585$ kW	1	台	成品
16	仪表气储罐	$V=1$ m³, $P=1$ MPa	1	台	成品
17	电动葫芦	$G=2$ t, $N=3$ kW+0.4 kW, 起吊高度6 m	1	台	成品
18	HD型电动单梁起重机	$G=5$ t, 轨底标高14.3 m, $LK=16.5$ m	1	台	成品
19	轴流风机	$Q=5 000$ m³/h, $P=167$ Pa, $N=0.55$ kW	7	台	成品
20	水平螺旋输送机	$L=11$ m, $N=7.5$ kW	2	台	成品
21	水平螺旋输送机	$L=13.5$ m, $N=7.5$ kW	1	台	成品
22	倾斜螺旋输送机	$L=9.5$ m, $N=7.5$ kW, 倾斜角21°	1	台	成品

续表

序号	设备名称	规格型号	数量	单位	备注
23	卸料泵	$Q=50 \text{ m}^3/\text{h}, H=20 \text{ m}, N=7.5 \text{ kW}$	1	台	成品
二期设备					
1	高压隔膜压滤机	过滤面积 600 m^2,滤室容积 10.3 m^3,$N=31 \text{ kW}$	1	套	成品
2	导料仓	$V=25 \text{ m}^3, N=2.2 \text{ kW}$,配套压滤机	1	台	碳钢
3	低压进泥泵	$Q=100 \text{ m}^3/\text{h}, H=60 \text{ m}, N=30 \text{ kW}$	1	台	成品
4	高压进泥泵	$Q=30 \text{ m}^3/\text{h}, H=120 \text{ m}, N=22 \text{ kW}$	1	台	成品
5	水平螺旋输送机	$L=11 \text{ m}, N=7.5 \text{ kW}$	1	台	成品

13) 鼓风机房及变配电间

包括鼓风机房、变配电间,土建规模为 6 万 t/d,设备分两期实施。

(1) 功能:鼓风机房、变配电间为各个单元提供所需曝气量、电力。

(2) 设计参数

曝气风机按照气水比 5∶1 确定风机参数。

(3) 建筑物

总尺寸:$L \times B \times H = 23.2 \text{ m} \times 16.7 \text{ m} \times 5.5 \text{ m}$

(4) 主要设备见表 4.4-13。

表 4.4-13 鼓风机房及变配电间主要设备

序号	设备名称	规格型号	数量	单位	备注
一期设备					
1	曝气悬浮鼓风机	$Q=50 \text{ m}^3/\text{min}, P=80 \text{ kPa}, N=80 \text{ kW}$	3	台	2用1备
二期设备					
1	曝气悬浮鼓风机	$Q=50 \text{ m}^3/\text{min}, P=80 \text{ kPa}, N=80 \text{ kW}$	2	台	

14) 加药间及维修间

按照 6 万 t/d 设计。

(1) 功能:为高密度沉淀池等单元提供所需药剂,兼做维修间。

(2) 设计参数

① 次氯酸钠:5 ppm,最大 10 ppm,10% 溶液投加;

② PAC

污泥调理用量:绝干污泥量的 5%,10% 溶液投加;

③ PAM

PAM 阴离子:2 ppm,最大 5 ppm,0.2% 溶液投加;

PAM 阳离子:干污泥 3 kg/t,0.2% 溶液投加;

④ 碳酸钠

高密度沉淀池 1 投加量:补充 20 mg/L 碱度;

⑤ 除氟剂:按照去除氟量 200 倍计(成品液体)。

(3) 建筑物

总尺寸：$L \times B \times H = 42.5 \text{ m} \times 17.7 \text{ m} \times 7.6 \text{ m}$

(4) 主要设备见表 4.4-14。

表 4.4-14　加药间及维修间主要设备

序号	设备名称	规格型号	数量	单位	备注
一期设备					
1	PAM 泡药机	配置浓度 2‰，干粉投加量 240 kg/d，加药量 6 000 L/h，$N = 6$ kW	2	台	厂家配套
2	PAM 加药螺杆泵	$Q = 2\,000$ L/h，$P = 0.4$ MPa，$N = 3$ kW，变频	6	台	
3	NaClO 储罐	$V = 25 \text{ m}^3$	1	个	
4	NaClO 加药泵	$Q = 150$ L/h，$P = 0.4$ MPa，$N = 0.25$ kW	2	台	机械隔膜计量泵
5	NaClO 卸料泵	$Q = 60 \text{ m}^3/\text{h}$，$H = 8$ m，$N = 3$ kW	1	台	
6	乙酸钠储罐	$V = 40 \text{ m}^3$	3	个	
7	乙酸钠加药泵	$Q = 800$ L/h，$P = 0.4$ MPa，$N = 0.55$ kW	3	台	机械隔膜计量泵
8	乙酸钠卸料泵	$Q = 60 \text{ m}^3/\text{h}$，$H = 8$ m，$N = 3$ kW	1	台	
9	硫酸储罐	$V = 20 \text{ m}^3$	1	个	
10	硫酸加药泵	$Q = 100$ L/h，$P = 0.4$ MPa，$N = 0.25$ kW	5	台	泵头过流部件 PVDF
11	硫酸卸料泵	$Q = 60 \text{ m}^3/\text{h}$，$H = 8$ m，$N = 3$ kW	1	台	
12	NaOH 储罐	$V = 50 \text{ m}^3$	2	个	
13	NaOH 加药泵	$Q = 500$ L/h，$P = 0.4$ MPa，$N = 0.25$ kW	8	台	泵头过流部件 PVDF
14	NaOH 卸料泵	$Q = 60 \text{ m}^3/\text{h}$，$H = 8$ m，$N = 3$ kW	1	台	
15	除氟剂储罐	$V = 50 \text{ m}^3$	6	个	
16	高密池 1 用除氟剂加药泵	$Q = 1\,000$ L/h，$P = 0.4$ MPa，$N = 0.55$ kW	3	台	机械隔膜计量泵
17	高密池 2 用除氟剂加药泵	$Q = 500$ L/h，$P = 0.4$ MPa，$N = 0.37$ kW	3	台	机械隔膜计量泵
18	除氟剂卸料泵	$Q = 60 \text{ m}^3/\text{h}$，$H = 8$ m，$N = 3$ kW	1	台	
19	碳酸钠料仓	$V = 30 \text{ m}^3$，$\Phi 3.5$ m，$H = 10$ m，底仓直径 1.1 m，$N = 20$ kW	1	台	厂家配套，含螺旋输送机、称重料斗等
20	碳酸钠溶液池搅拌机	折桨搅拌机，桨叶直径 $D = 1\,200$ mm，$N = 4$ kW	2	台	
21	碳酸钠加药泵	$Q = 1\,200$ L/h，$P = 0.4$ MPa，$N = 0.55$ kW	2	台	机械隔膜计量泵
22	电磁流量计（PAM 加药）	$Q = 0 \sim 4\,000$ L/h	4	台	
23	电磁流量计（NaClO 加药）	$Q = 0 \sim 200$ L/h	1	台	
24	电磁流量计（硫酸加药）	$Q = 0 \sim 100$ L/h	3	台	

续表

序号	设备名称	规格型号	数量	单位	备注
25	电磁流量计(NaOH加药)	$Q=0\sim200$ L/h	5	台	
26	电磁流量计(除氟剂加药)	$Q=0\sim800$ L/h	4	台	
27	电磁流量计(乙酸钠加药)	$Q=0\sim800$ L/h	2	台	
28	电磁流量计(碳酸钠加药)	$Q=0\sim1\,200$ L/h	1	台	
29	MD1-9D电动葫芦1	$G=1.0$ t,$H=9$ m,$N=1.5$ kW+0.2 kW	1	套	
30	轴流通风机	$Q=2\,685$ m^3/h,$N=0.18$ kW,$P=173$ Pa,$r=2\,900$ r/min	18	台	配套进风口
二期设备					
1	PAM加药螺杆泵	$Q=2\,000$ L/h,$P=0.4$ MPa,$N=3$ kW,变频	6	台	
2	乙酸钠加药泵	$Q=800$ L/h,$P=0.4$ MPa,$N=0.55$ kW	3	台	机械隔膜计量泵
3	硫酸加药泵	$Q=100$ L/h,$P=0.4$ MPa,$N=0.25$ kW	3	台	泵头过流部件PVDF
4	NaOH加药泵	$Q=500$ L/h,$P=0.4$ MPa,$N=0.25$ kW	6	台	泵头过流部件PVDF
5	高密池1 用除氟剂加药泵	$Q=1\,000$ L/h,$P=0.4$ MPa,$N=0.55$ kW	3	台	机械隔膜计量泵
6	高密池2 用除氟剂加药泵	$Q=500$ L/h,$P=0.4$ MPa,$N=0.37$ kW	3	台	机械隔膜计量泵
7	碳酸钠料仓	$V=30$ m^3,$\Phi 3.5$ m,$H=10$ m,底仓直径1.1 m,$N=20$ kW	1	台	厂家配套,含螺旋输送机、称重料斗等
8	碳酸钠加药泵	$Q=1\,200$ L/h,$P=0.4$ MPa,$N=0.55$ kW	2	台	机械隔膜计量泵
9	电磁流量计(PAM加药)	$Q=0\sim4\,000$ L/h	4	台	
10	电磁流量计(硫酸加药)	$Q=0\sim100$ L/h	2	台	
11	电磁流量计(NaOH加药)	$Q=0\sim200$ L/h	4	台	
12	电磁流量计(除氟剂加药)	$Q=0\sim800$ L/h	4	台	
13	电磁流量计(乙酸钠加药)	$Q=0\sim800$ L/h	2	台	
14	电磁流量计(碳酸钠加药)	$Q=0\sim1\,200$ L/h	1	台	

15) 臭氧发生间

土建按照6万 t/d,设备分两期实施。

(1) 功能:为臭氧氧化池提供所需的臭氧。

(2) 设计参数

臭氧投加量:36~2 mg/L(COD由50 mg/L降至30 mg/L)。

(3) 建筑物

总尺寸:$L\times B\times H=22.4$ m$\times 12.7$ m$\times 6.0$ m。

(4) 主要设备见表4.4-15。

表 4.4-15 臭氧发生间主要设备

序号	设备名称	规格型号	数量	单位	备注
一期设备					
1	臭氧发生器	45 kg/h	2	套	含冷却系统、换热系统、管道系统、电控系统等
二期设备					
1	臭氧发生器	45 kg/h	1	套	含冷却系统、换热系统、管道系统、电控系统等

16) 液氧站

土建按照 6 万 t/d 设计,设备分两期实施。

(1) 功能:为臭氧发生间提供所需的氧气。

(2) 设备基础

平面尺寸:$L \times B \times H$

(3) 主要设备见表 4.4-16。

表 4.4-16 液氧站主要设备

序号	设备名称	规格型号	数量	单位	备注
一期设备					
1	液氧系统	$V=50 \text{ m}^3$,配套汽化器,SUS304	1	套	
二期设备					
1	液氧系统	$V=50 \text{ m}^3$,配套汽化器,SUS304	1	套	

17) 综合楼

厂区设置综合楼 1 座。三层框架结构,平面尺寸:$L \times B \times H = 32.4 \text{ m} \times 13.0 \text{ m} \times 13.4 \text{ m}$,建筑面积约 1 200 m^2。配备化验室设备。

18) 门卫室

门卫室 1 座,平面尺寸:$L \times B \times H = 4.0 \text{ m} \times 4.0 \text{ m} \times 3.5 \text{ m}$,建筑面积 16 m^2。

19) 除臭系统

(1) 功能:本项目主要针对污水厂的预处理单元、污泥处理单元等臭气进行除臭处理。

(2) 设计参数见表 4.4-17。

表 4.4-17 除臭系统设计参数

序号	项目	参数	单位	计算方法	备注
一	粗格栅及进水泵房				
1	池数量	1	个		
2	每池表面积	101.50	m^2		
3	单位水面积风量指标	10	m^3/(m^2·h)		
4	水面积除臭风量	1 015.00	m^3/h	(1)×(2)×(3)	
5	水面至池顶距离	6.30	m		

续表

序号	项目	参数	单位	计算方法	备注
6	池内容积	639.45	m³	(1)×(2)×(5)	
7	池内换风次数	2	次/h		
8	池内除臭风量	1 278.90	m³/h	(6)×(7)	
9	格栅机密封内风量	1 206.58	m³/h	密封空间×12 次换风	粗格栅区域考虑加罩
10	安全系数	1.10			
11	除臭风量合计	3 850.53	m³/h	[(4)+(8)+(9)]×(10)	0.33
二				高密度沉淀池1	
1	池数量	1	个		
2	每池表面积	446.04	m²		
3	单位水面积风量指标	3	m³/(m²·h)		
4	水面积除臭风量	1 338.12	m³/h	(1)×(2)×(3)	
5	水面至池顶距离	0.62	m		
6	池内容积	276.54	m³	(1)×(2)×(5)	
7	池内换风次数	2	次/h		
8	池内除臭风量	553.09	m³/h	(6)×(7)	
9	安全系数	1.10			
10	除臭风量合计	2 080.33	m³/h	[(4)+(8)]×(9)	0.24
三				调节池	
1	池数量	1	个		
2	每池表面积	1 430.00	m²		
3	单位水面积风量指标	3	m³/(m²·h)		
4	水面积除臭风量	4 290.00	m³/h	(1)×(2)×(3)	
5	水面至池顶距离	1.00	m		
6	池内容积	1 430.00	m³	(1)×(2)×(5)	
7	池内换风次数	1.5	次/h		
8	池内除臭风量	2 145.00	m³/h	(6)×(7)	
9	细格栅机密封内风量	1 032.00	m³/h	密封空间×12 次换风	细格栅区域考虑加罩
10	安全系数	1.10			
11	除臭风量合计	8 213.70	m³/h	[(4)+(8)+(9)]×(10)	0.49
四				组合生化池水解酸化厌、缺氧区	
1	池数量	1	个		
2	每池表面积	3 813.80	m²		

续表

序号	项目	参数	单位	计算方法	备注
3	单位水面积风量指标	3	$m^3/(m^2 \cdot h)$		
4	水面积除臭风量	11 441.40	m^3/h	(1)×(2)×(3)	
5	水面至池顶距离	1.50	m		
6	池内容积	5 720.70	m^3	(1)×(2)×(5)	
7	池内换风次数	1.5	次/h		
8	池内除臭风量	8 581.05	m^3/h	(6)×(7)	
9	安全系数	1.10			
10	除臭风量合计	22 024.70	m^3/h	[(4)+(8)]×(9)	0.80
五			污泥脱水机房		
1	容积	1 400.00	m^3		设备尺寸长×宽×高=13.9 m×4.7 m×11.5 m。加罩尺寸16.0 m×12.5 m×7.0 m,加罩顶部采用可移动形式
2	换气次数	10.00	次/h		
3	安全系数	1.10			
4	风量	15 400.00	m^3/h	(1)×(2)×(3)	0.67
5	其他部分	5 000.00			污泥料仓、输送机等部位
6	除臭风量合计	20 400.00	m^3/h		
六			污泥浓缩池		
1	池数量	2	个		
2	每池表面积	226.98	m^2		半径8.5 m
3	单位水面积风量指标	3	$m^3/(m^2 \cdot h)$		
4	水面积除臭风量	1 361.88	m^3/h	(1)×(2)×(3)	
5	水面至池顶距离	0.50	m		
6	池内容积	226.98	m^3	(1)×(2)×(5)	
7	池内换风次数	2	次/h		
8	池内除臭风量	453.96	m^3/h	(6)×(7)	
9	安全系数	1.10			
10	除臭风量合计	1 997.42	m^3/h	[(4)+(8)]×(9)	0.24
七			污泥调理池		
1	池数量	2	个		
2	每池表面积	36.00	m^2		

续表

序号	项目	参数	单位	计算方法	备注
3	单位水面积风量指标	3	$m^3/(m^2 \cdot h)$		
4	水面积除臭风量	216.00	m^3/h	(1)×(2)×(3)	
5	水面至池顶距离	0.50	m		
6	池内容积	36.00	m^3	(1)×(2)×(5)	
7	池内换风次数	2	次/h		
8	池内除臭风量	72.00	m^3/h	(6)×(7)	
9	安全系数	1.10			
10	除臭风量合计	316.80	m^3/h	[(4)+(8)]×(9)	0.09
八			合计		
1	理论除臭总风量	58 883.48	m^3/h		
2	设计风量	60 000	m^3/h		

(3) 设备情况

① 一期设备情况

处理风量:60 000 m^3/h,$N=120$ kW;

设备基础尺寸:13.0 m×42.0 m;

设备类型:生物滤池,配套密封罩、收集管道等。

② 二期设备情况

处理风量:30 000 m^3/h,$N=80$ kW;

设备基础尺寸:13.0 m×42.0 m;

设备类型:生物滤池,配套密封罩、收集管道等。

20) 配套生态安全缓冲区

人工湿地的工艺流程包括表流湿地以及一体化提升泵站。

(1) 表流人工湿地

表流湿地具有近天然湿地的特点,通过其独特的湿地环境富集大量的微生物,从而达到净化经流污水的效果。结合国内外的建设经验以及本工程的实际情况,选取该表流人工湿地的建设面积为12 500 m^2。表流人工湿地上层设计水深一般为0.3~0.6 m,长宽比宜大于3∶1,超高应大于风浪爬高,宜大于0.5 m。

结合现场实际情况,因地制宜的对表流湿地进行设计,相关参数如下:上层设计水深为0.3 m,基质高度为0.3 m。因此,表流人工湿地水深为0.6 m。此外,考虑防洪库容的需要以及降雨、风浪等因素的影响,表流人工湿地床体设1.6 m超高。根据以上参数计算,水力停留时间为10 h。

(2) 结构型式

表流湿地单元池体采用素土结构,池体底部素土夯实铺设防渗土工膜,湿地底部和侧面的渗透系数应不大于10^{-8} m/s。为了表流人工湿地的结构稳定性,池体边坡采用斜坡的型式。

该表流湿地的基质层主要作用是为植物提供生长介质，因此，对表流人工湿地的基质填料一般没有特殊的要求，以易得、廉价为主。该工程中所用基质可以在场地周边就近取材，例如种植土和沙子。表流人工湿地一般不考虑堵塞的影响，其基质高度为 0.3 m，由两层组成，表层为种植土层，厚 0.15 m，粒径分布为 2～4 mm；下层为河沙层，铺设厚度 0.15 m，粒径分布为 2～6 mm；总厚度为 0.3 m。为了保证表流湿地的集配水功能，在湿地单元前端应设置配水区，设置配水渠道，底部设置集水坑，采用溢流堰板的方式均匀布水。周边搭配景观石，营造优美的生态景观效果。

(3) 植物配置

前期研究结论和国内外大量工程实践结论表明，相对于潜流人工湿地，植物在表流人工湿地内的作用更为重要。应选择当地或本地区天然湿地中存在的适生植物进行配置，以保障表流人工湿地的生态净化作用和景观效果。

在表流湿地中应用较多的有浮叶植物、浮游植物和挺水植物。例如：芦苇、香蒲、蕹草、水葫芦和莲花等。此外，为了更好地突出该湿地单元的景观效果，可搭配木栈道、景观石及汀步等景观小品，增强其亲水性，为周边居民提供更广阔的休闲娱乐空间。

第八章

工业园区生态安全缓冲区规划建设

8.1 生态安全缓冲区研究进展

8.1.1 生态安全缓冲区定义及类型

为进一步改善生态环境质量,降低治污成本,充分发挥自然生态系统对达标污染物的净化降解功能,提高生态环境容量,近年来江苏省政府大力推进生态安全缓冲区的建设。生态安全缓冲区是指生态空间中具有消纳、降解和净化环境污染,抵御、缓解和降低生态影响的过渡地带,具有涵养水源、维护生物多样性、稳定生态功能与碳中和等功能。生态安全缓冲区主要包括以下四种类型:

(一)生态净化型。在污水集中处理厂边缘,通过建设自然湿地或修复人工湿地等途径,对达标处理后的尾水进行生态降解削减,进一步减轻氮、磷等污染物对河流湖泊水体的冲击。

(二)生态涵养型。在重要江河湖海出入口、重要水源涵养区、清水通道维护区等处,通过修筑生态岸线(驳岸)、建设浅滩湿地、退渔(田)还湿、种植耐污植物等途径,建设河湖生态缓冲带,打造生态廊道,进一步降低污染负荷,提升生态功能,提高生态环境承载力,改善流域水环境质量。

(三)生态修复型。针对生态安全缓冲区内已腾退、搬迁的重污染区块,开展受污染土壤、水体的治理修复,消除有毒有害物质,实现污染物的达标排放,使区块满足生态安全缓冲功能要求。

(四)生态保护型。在工业聚集区、聚集的生产型村落、城郊接合部、农村连片整治地等外围边缘地带,划出一定的生态保护范围,整合湿地、水网、林草等自然要素,以郊野公园建设为主体,建设生态隔离带,维护生态平衡。

8.1.2 工业园区生态净化型安全缓冲区

本书论述内容主要针对工业园区污水处理的规划设计,故本章节重点对生态净化型安全缓冲区建设进行进一步探讨,即为工业园区污水处理尾水净化人工湿地规划设计提供方案。

人工湿地在我国各类水处理中得到广泛的应用,同时也将水处理人工湿地与景观、生态环境保护与修复相结合,既强调水处理效果,也注重景观与生态效应。近年来,大量园区污水处理厂、工业污水集中处理设施末端建设了人工湿地,既对尾水进行了深度净化,又在污水处理厂站与下游水体之间构成了安全缓冲带,使"工程水"转变为"生态水"。

采用人工湿地对园区污水处理厂尾水进行深度净化,在全国范围内有较多案例,尤其在用地条件相对充裕的地区,人工湿地作为一种生态友好型污水处理技术,具有投资成本低、生态服务性价比高、负荷变化适应性强以及兼具美学价值等优点。江苏省虽然建设用地相对紧张,但近年来陆续出台了相关文件推进生态安全缓冲区建设,在《省政府办公厅关于加快推进城市污水处理能力建设全面提升污水集中收集处理率的实施意见》(苏政办发〔2022〕42号)中明确提出"强化生态安全缓冲区建设。针对城市污水处理厂、工业污水集中处理设施,因地制宜建设尾水湿地净化工程,对处理达标后的尾水进行再净化,进一步削减氮磷等污染负荷,支持建设生态净化型安全缓冲区。加强尾水资源化利用,鼓励将净化后符合相关要求的尾水,用于企业和园区内部工业循环用水,或用于区域内生态补水、景观绿化和市政杂用等"。

本章节将围绕工业园区污水处理厂站生态净化型安全缓冲区的建设,从尾水人工湿地建设的基础理论、园区应用、设计要点、设计实例等方面进行论述。

8.2 生态净化型人工湿地技术应用

8.2.1 人工湿地定义及类型

根据生态环境部组织制定的《人工湿地水质净化技术指南》相关内容,人工湿地指模拟自然湿地的结构和功能,人为地将低污染水投配到由填料(含土壤)与水生植物、动物和微生物构成的独特生态系统中,通过物理、化学和生物等协同作用使水质得以改善的工程;或利用河滩地、洼地和绿化用地等,通过优化集布水等人工强化措施改造的近自然系统,实现水质净化功能提升和生态提质。

人工湿地按照填料和水的位置关系,分为表面流人工湿地和潜流人工湿地,潜流人工湿地按照水流方向,分为水平潜流人工湿地和垂直潜流人工湿地。

1. 表面流人工湿地

在表面流人工湿地系统中,废水在湿地的土壤表层流动,水深较浅(一般在0.3~0.5 m),土壤表层是由气生根、水生根和枯枝落叶等形成的根毡层,该层与水体中植物茎叶为微生物提供附着生长表面,以参与污染物的去除。水体中氧气来源主要是通过水体形成均匀推流,使污水流动时空气中氧气扩散,水生植物根也能传输部分氧气,对悬浮物、有机物的去除效果较好。与潜流人工湿地系统相比,其优点是投资小,缺点是负荷低,占地面积大,北方地区冬季水体表面会结冰,夏季会滋生蚊蝇,散发臭味。

图 8.2-1　表面流人工湿地剖面图

2. 水平潜流人工湿地

在水平潜流人工湿地系统中,污水从湿地的一端进入,以水平流经过基质,从另一端出水。水平潜流人工湿地污水以水平方式在基质空隙中流动,污染物在微生物、基质和植物的共同作用下,通过一系列的物理、化学和生物作用得以去除。与表面流湿地相比,水平潜流湿地水力负荷高,对 BOD、COD、SS、重金属等污染物的去除效果较好,且无恶臭和蚊蝇滋生,是目前采用最广泛的一种湿地形式。但控制相对复杂,N、P 去除效果不如垂直潜流人工湿地。

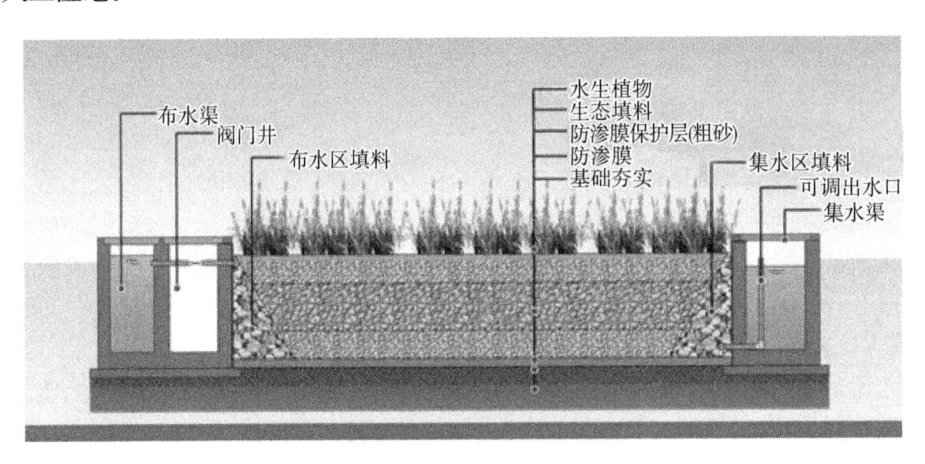

图 8.2-2　水平潜流人工湿地剖面图

3. 垂直潜流人工湿地

在垂直潜流人工湿地中,上行流湿地污水从池体底部流入,从顶部流出,下行流湿地中污水则是从顶部流入,从底部流出。一般下行流湿地采用较多,污水从湿地表面流入,逐步经基质垂直渗流到底部,在进水间歇期,空气可进入填料空隙,使系统内充氧更充分,更有利于硝化反应的进行,而且提高了有机物的去除能力。垂直潜流人工湿地的优势在于不仅能有效降低 BOD、COD 等指标,而且由于内部充氧更充分,硝化作用明显,有较好的去除氮、磷能力,但是单一基底填料的垂直潜流人工湿地在有机物的去除上存在着缺陷。

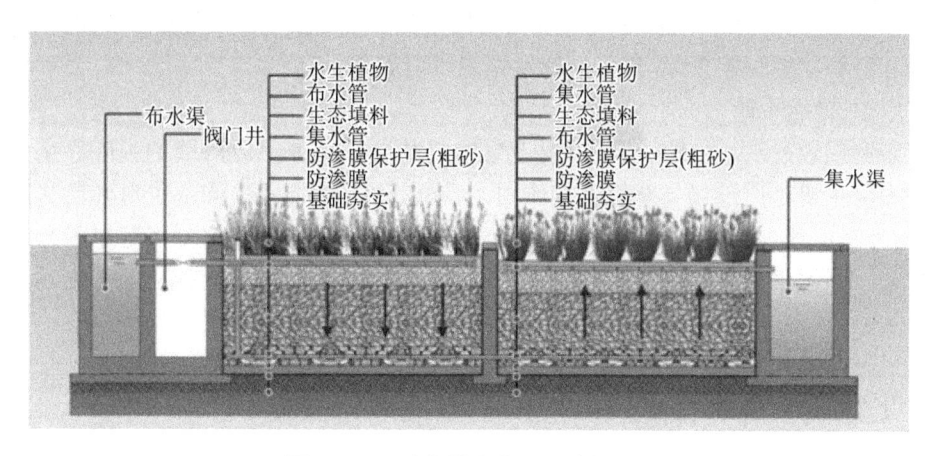

图 8.2-3　垂直潜流人工湿地剖面图

4. 复合型人工湿地

由于不同的人工湿地工艺具有各自的特点，也具有相应的应用侧重点，所以单一的人工湿地系统很难达到高污染物去除率。为了提高人工湿地的处理功效，工程上经常采用多级、多种类型人工湿地的组合工艺进行污水处理，这种人工湿地可以称为复合型人工湿地。复合型人工湿地同时利用了表面流人工湿地的投资低、生态效果好，以及潜流人工湿地的保温效果好、去污能力强的优点。经过合理的优化设计，复合型人工湿地通常能够具有较好的污染物去除效果。同时，复合型人工湿地具有多种布水形态，抗冲击负荷能力强，植物搭配更加丰富。因此，复合型人工湿地是目前污水净化型人工湿地的主要应用类型，已在全国范围内进行了大量的工程应用和推广。

8.2.2　人工湿地净化机理

人工湿地系统净化污染水体，是利用生态系统中的物理、化学和生物的三重协同作用，通过过滤、吸附、沉淀、离子交换、植物吸收和微生物分解来实现对污染水体的高效净化，具有效率高，投资、运行及维护费用低，适用面广，耐冲击，负荷强等优点。

人工生态湿地对废水的净化处理是湿地的植物、基质和内部微生物之间的物理、化学、生物过程相互作用的过程。人工湿地净化的机理主要包含三个方面：

1. 有机物降解

有机污染物在进入湿地单元后，绝大多数难溶性有机污染物在湿地前端即以 SS 的形式通过沉淀、过滤、吸附等作用被截留在填料中。随后，这部分有机污染物逐渐被微生物降解、矿化，或向底部沉积而趋于稳定，从而首先从污水中被去除。有机物的去除既有填料截留、微生物降解等的单独作用，又有植物、微生物、填料在根际系统内的协同净化。湿地系统的各组成部分通过这种协同配合实现了对有机污染物的降解。

2. 人工湿地脱氮

人工湿地的脱氮途径主要有三种：植物和其他生物的吸收作用、微生物的氨化、硝化和反硝化作用以及氨气的挥发作用。其中，微生物的硝化和反硝化作用是人工湿地主要的脱氮方式，特别是当污水中 NO_3-N 含量比较高时，它是最主要的脱氮方式。在人工湿地处理系统中,约有90%的氮是通过微生物的硝化、反硝化作用去除的,10%的氮通过植物吸收和沉积物的积累去除,氨气的挥发作用可以忽略不计。

3. 人工湿地除磷

人工湿地通过水生植物、填料以及微生物的共同作用来完成对磷的去除。水生植物对磷的去除主要是通过其自身的吸收作用,不同植物及植物的不同部位对磷的去除能力不同,另外对湿地植物的收割频率也会影响对磷的去除率。微生物可将有机磷分解成无机磷酸盐。当污水流经湿地时,填料可通过吸附、过滤、沉淀、离子交换功能等使污水中的磷得以去除。

8.3 工业园区尾水特点及对应人工湿地净化探究

近年来,人工湿地用以进一步净化工业废水的案例逐渐增多,尤其是在江苏地区,生态环境部门一般都要求具备用地条件的园区工业污水厂配套相应的尾水人工湿地。由于工业园区污水厂尾水相较于生活污水厂尾水存在较多特征污染物,如盐分、微量重金属、难降解有机物等,故在应对不同类型园区的污水厂尾水时需要对应考虑水质特点,并对植物选择、基质填料配置等进行针对性考虑。本节以高盐尾水、含重金属尾水、化工尾水为例,论述目前国内外相关研究及应用进展。

8.3.1 人工湿地净化高盐尾水探究

8.3.1.1 人工湿地净化高盐度污水的适用性及研究进展

工业生产过程中通常会产生含有大量盐分的废水,不同行业类型所产生的高盐废水中含盐量有所差异,但通常都含有较高浓度的氯化物、硫酸盐、碳酸盐等盐类物质。工业高盐度废水的主要来源包括石油化工、纺织印染、食品加工、造纸制浆、采矿选矿等。

在工业废水处理过程中,常用的除盐方法有反渗透法、离子交换法、蒸发结晶法等,运行成本均较高。因此,在园区污水处理厂工艺中基本不涉及除盐工段,而常用的生化处理或者高级氧化处理等并不能去除盐度,甚至药剂的投放会增加水中的盐度。

水中盐度对人工湿地的影响主要有两方面,一方面是对湿地植物的影响,另一方面是对于湿地微生物的影响,这两方面直接影响到人工湿地的运行和净化效能。

1. 盐度对人工湿地植物生长及净化效能的影响

水中的盐度会对植物产生胁迫作用,尤其是在高含盐量的水中,一般植物难以存活。盐的胁迫通常会对植物造成三个方面的危害:

(1) 离子胁迫。水中高浓度的单一或几种离子如钠离子、氯离子等会影响植物对其他有益元素离子如钾离子、钙离子等的吸收,进而影响植物细胞的离子稳态,造成细胞代谢失调。

(2) 渗透胁迫。土壤中高浓度的盐离子会使水势降低,使植物吸水困难,会对植物造成渗透胁迫。

(3) 次生伤害。当过多的盐离子进入植物体内,会降低植物光合作用速率,并影响酶的活性以及蛋白的功能等,干扰植物正常的生命活动,使细胞内积累大量活性氧等物质,对植物造成氧化胁迫、细胞膜系统损伤等次生伤害。

2. 盐度对微生物净化效能的影响

微生物群落是人工湿地的重要组成部分,它的存在特征和分布情况对湿地系统中有机污染物的降解、含氮化合物的脱氮过程等都有很大的影响。高盐度会对微生物的净化能力造成影响,虽然微生物对盐度有一定耐受性,但高浓度盐离子的高渗透压会引起微生物细胞脱水,造成质壁分离和细胞失活,降低微生物存活率。在高盐环境下不论是好氧微生物还是厌氧微生物,代谢酶活性普遍受到抑制,污染物降解速率下降。

3. 植物对高盐环境的适应性

在高盐度为主要环境限制因素的情况下,部分植物可以进化出许多生物化学和分子机制以适应这种外界的盐胁迫。例如有些植物在高盐环境中可以通过特异机构(盐腺和盐毛等)主动排盐或是利用质膜对盐的不透性阻止盐分进入植物体内。除此之外,部分植物的细胞自身还能合成许多有机小分子物质,作为渗透调节剂共同进行渗透调节以降低细胞水势。

4. 微生物对高盐环境的适应性

淡水环境中的微生物在受到高盐度冲击时,会通过自身的渗透压调节机制来平衡细胞内的渗透压或保护细胞内的原生质,这些调节机制包括细胞聚集低相对分子质量物质来形成新的保护层、调节自身新陈代谢、改变遗传基因等,以适应高盐度环境条件。此外,在自然界高盐环境中广泛生存着许多耐盐嗜盐菌,这些微生物普遍具有特殊的蛋白质和细胞壁结构,其上含有大量的带负电荷的氨基酸和脂类物质,在细胞内能积累大量带正电荷的物质。研究表明将这种耐盐嗜盐菌接种到污水处理构筑物中能有效地去除高盐废水中的污染物[1]。

8.3.1.2 耐盐挺水植物的筛选

孙萍[2]以芦苇、香蒲、黑麦草、荻、黄菖蒲为植物材料进行试验,结果发现,5种植物的耐盐能力由大到小依次为芦苇、香蒲、荻、黑麦草、黄菖蒲。其中香蒲比荻耐水湿,黄菖蒲景观效果较其他植物好。虽然黑麦草耐盐性相对较弱,但发芽迅速,成活率高,有较好的抗不利环境的能力,也可作为一个备用的选择。

刘小川[3]选取了8种常见挺水植物进行耐盐能力的评价。在1.0%盐度水平下,千屈菜、芦苇和香蒲可作为挺水植物引种的先锋植物,其中千屈菜具有良好的景观效果。在0.5%的盐度水平下,除上述三种植物外,可引入水葱、黄花鸢尾和黑三棱,其中黄花鸢尾景观效果也非常好。

8.3.2 人工湿地净化重金属尾水探究

工业废水中重金属的主要来源包括冶金、化工、电镀等。虽然经过企业端和园区污水处理厂处理后,尾水中重金属含量已经较低,但仍然与城镇生活污水处理厂排放标准有一定差距。以江苏地区为例,化工类园区污水处理厂排水各指标主要参照《城镇污水处理厂污染物排放标准》(GB 18918—2002)一级 A 标准、《污水综合排放标准》(GB 8978—

1996)一级标准、《化学工业水污染物排放标准》(DB 32/939—2020)中的相关要求,在重金属指标方面,与江苏省新地标《城镇污水处理厂污染物排放标准》(DB 32/4440—2022)中表4的标准存在一定差距。为了进一步减少重金属污染物的排放,在设计工业废水处理厂尾水生态缓冲区时,亦需要兼顾考虑对重金属的削减去除。

8.3.2.1 人工湿地处理重金属研究进展

1. 人工湿地植物对重金属的去除

水体中的重金属会对人工湿地植物产生胁迫,影响植物的生长、发育、繁殖等方面。生长于重金属含量高的水体中的植物,本身会发生一系列生理生化及分子生物学方面的变化,形成特定的耐性机制,以适应含有重金属的环境,如:植物通过限制对重金属的吸收,降低体内的重金属浓度;重金属超量富集植物可把重金属贮存在叶片表皮的表皮毛中,避免重金属对叶肉细胞的直接伤害;植物对进入细胞内的重金属通过区域化、形成沉淀及螯合方式解毒;植物中的多种抗氧化防卫系统清除重金属胁迫产生的活性氧自由基,使细胞免受氧化胁迫伤害。

通过植物修复污染水体中的重金属污染主要通过以下途径:水生植物从污染水体中直接吸收、吸附、富集重金属;重金属在植物中由根部向地上部分迁移,通过收割植物地上部分去除重金属;通过植物降低重金属活性,以便于重金属沉淀从而抑制其迁移。根据人工湿地中植物去除重金属污染物的机理不同,可分为植物过滤、植物钝化、植物提取。

(1) 植物过滤。水生植物的根系将周围污染水体中的重金属吸附在根系表面或者使其沉淀称之为植物过滤。

(2) 植物钝化。利用水生植物来降低重金属活性促使其沉淀,从而减少重金属在环境里的迁移能力,并防止其通过淋滤及径流等方式在环境中迁移扩散。植物的分泌物和腐殖质和重金属结合生成多种螯合物或沉淀,进而降低重金属的生物有效性和可移动性。

(3) 植物提取。植物提取是指利用植物吸收环境中的重金属,使得环境中的重金属得到去除的方法。植物各个部位对重金属的富集作用按递减顺序依次为根尖>根茎>叶>茎。除植物直接吸收之外,在植物去除重金属的过程中,其根部的分泌物同时也会促进重金属沉淀。

2. 人工湿地基质对重金属的去除

重金属离子会被人工湿地的基质填料吸附,同时发生一系列的物理、化学等过程。

(1) 物理过程:主要方式为吸附、过滤、沉积作用。物理过程对重金属废水的净化有很重要的作用。基质是一个有活性的过滤器,当含重金属废水进入人工湿地以后,经过基质层时,悬浮物会被截留、过滤使之沉积在基质中。此种转移过程处于动态平衡,重金属一方面可以由水体向基质中转移,与此同时基质中的重金属也可能在一定条件下转移到水体中。

(2) 化学过程:主要有吸附、沉淀、离子交换、氧化、水解等作用。这一系列的化学过程对重金属的去除有很重要的作用。这些化学过程发生的强度和速度主要取决于基质的种类、基质中微生物的数量和种类。

3. 微生物对重金属的去除

微生物对重金属的去除原理主要为以下几方面：

(1) 微生物从外界吸收或吸附生存所需的重金属离子到细胞内；

(2) 微生物释放蛋白质等物质将可溶性离子转化为不溶性化合物沉淀去除；

(3) 植物根区好氧微生物的活动可强化湿地对重金属的吸附和富集作用。

8.3.2.2 应对重金属尾水的植物及基质的筛选

1. 人工湿地植物筛选

葛光环[4]根据表面流人工湿地中重金属的迁移及累积规律在皂河进行了试验研究。研究发现重金属均易富集于植物的根中，按季节定期收割湿地中植物的地上部分可去除相对较多Cu和Zn，而对Cd、Cr、Ni和Pb的去除意义不大。通过分析污水、水生植物、基质之间重金属浓度相关性及重金属的累积规律，得出水中Cd、Cr、Ni、Pb、Zn易于向基质中累积，Cd和Pb易于在植物根部累积，不易在植物体内迁移，Cu和Zn易被植物茎富集，易于由茎向叶迁移。

李星[5]在垂直流-水平潜流人工湿地试验植物对电镀废水的去除效果，研究发现藨草、美人蕉、黄菖蒲、千屈菜是值得推荐的修复中低浓度电镀废水优势种。与此同时，他通过水培法在冬季研究了黑藻、水芹、灯芯草、石菖蒲、鹅观草在不同稀释倍数的模拟电镀废水中的耐性和吸收累积的差异，结果表明，Cr、Zn、Fe、Mn主要累积于植物的地下部分，Ni、Cu主要累积于植物的地上部分，水芹、石菖蒲对各金属的吸收量最大。综合分析，水芹最适合于在冬季修复低、中浓度电镀废水，石菖蒲、黑藻、灯芯草次之。

2. 人工湿地基质筛选

曹婷婷[6]通过现场试验发现垂直潜流工艺豆石＋碎石空心砖基质、水平潜流工艺沙＋炉渣＋碎石空心砖基质对Zn的累积效果较好；垂直潜流工艺豆石＋砾石基质对Pb的累积效果较好；各工艺不同基质对Cu、Cr的累积效果差异不明显；水平潜流处理单元沙＋炉渣＋砾石基质对Cd的累积效果好于沙＋炉渣＋碎石空心砖基质，表面流处理单元沙＋粉煤灰基质对Cd的累积效果明显好于沙＋煤渣基质。

当需进一步强化去除尾水中重金属时，可针对性选取对其吸附性强的基质填料，并通过优化不同填料的组合及配比提升对重金属离子的去除率。

8.3.3 人工湿地净化化工尾水探究

化工尾水主要产生于化工、化学制药、农药、医药中间体以及染料化工等行业，该类尾水往往具有污染物浓度高、难降解、含盐量高、色度高和毒性高的特点，对于水体以及人体健康方面均有极大的危害。虽然经过了企业及园区污水处理厂的处理，但尾水中仍然含有一定痕量的特征污染物，对下游水体环境存在潜在的负面影响。

江苏省最早的化工园区可追溯至1988年，最多时江苏共有70余家化工园区。近年来江苏逐渐加大了对化工园区的规范和管理力度。2020年10月30日，江苏省人民政府发布《省政府关于加强全省化工园区化工集中区规范化管理的通知》（苏政发〔2020〕94号），提出化工园区及化工集中区规范发展管理条款，并发布14家化工园区和15家化工集中区名单。考虑到化工尾水的潜在风险,在其后端增加生态安全缓冲区十分必要,通过尾水人工湿地的自净能力和调蓄能力,可最大限度地减轻尾水外排对下游水环境的冲击。

许明等[7]在江苏某新材料产业园采用垂直流人工湿地＋生态塘＋表面流湿地＋水平流湿地组合工艺处理化工园污水处理厂尾水,工程运行结果表明一级A标准的尾水通过人工湿地深度净化处理,出水水质优于地表水Ⅳ类标准。气相色谱-质谱法结果显示组合湿地对尾水中难降解有机物去除效果较好,经垂直流湿地和表面流湿地后,尾水中有机物仅浓度有所降低,其种类变化不大,而经水平流湿地后,酸类、脂类和烷烃类有机物含量明显降低。

唐运平等[8]对人工湿地去除芳香族化合物的研究进展进行了总结:基质对污染物的吸附作用包括分配作用和表面吸附,由于很多芳香族化合物都是非极性或极性较弱的分子,这就使得范德华力成为最主要的表面吸附力。当基质中有机质含量很低时,矿物质就对吸附起到很大的作用。火山岩、沸石等新型材料由于结构上电荷分布不均匀仍可对极性、不饱和、易极化的分子具有强选择吸附作用。此外,芳香族化合物的亲疏水性决定了它能否被植物摄取及其在植物体内的传输状况;植物对芳香族化合物最主要的去除途径是依靠根系分泌物的络合、降解。

杨春生等[9]通过中试试验分析了人工湿地对化工尾水中常规污染物及Cu、挥发酚、AOCl等去除效果,试验表明在做好进水污染负荷及停留时间的控制时,人工湿地中的芦苇及填充基质对水中的污染物有较好的处理效果。

8.4 工业园区尾水人工湿地设计要点

8.4.1 水量水质及净化目标

工业园区污水处理厂尾水人工湿地的设计规模及来水水质应根据环境影响评价及排污口设置论证报告等相关文件要求的排放规模及污水处理厂排放标准确定,若为现状污水处理厂则应同时结合尾水实测值综合考虑。

尾水人工湿地的净化目标主要根据环境影响评价及排污口设置论证报告等相关文件要求确定。由于目前对工业园区污水处理厂尾水排放标准的考核日趋严格,加之考虑到处理效果的稳定性,故环境影响评价等文件等更多是对前端污水处理厂尾水提出达标要求,对后续人工湿地并无严格考核指标。因此,由于江苏部分园区污水处理厂尾水主要指标已经达到准Ⅳ类,后续尾水人工湿地主要作用为在污水处理厂与受纳水体之间预留缓冲空间,形成对水量及水质的调蓄,并对达标处理后的尾水进行生态降解削减,进一步减轻氮、磷等污染物对河流湖泊水体的冲击。综合考虑,尾水人工湿地建设工程的净化目标可以在污水厂尾水排放标准基础上对氮、磷等指标提出相应的去除率考核要求。

8.4.2 总体布置

人工湿地选址应符合当地国土空间规划和生态环境保护规划的要求,综合考虑交通、土地权属、土地利用现状及规划、污水处理厂规划等因素。

一般选择离污水处理厂与尾水排放口较近的地点，便于湿地进水及处理后出水排放或利用。

考虑到工业园区的建设用地经济价值较高，故选址应当充分考虑利用坑塘、洼地、荒地等经济价值低的边角地；当无较为合适的整块用地时，也可以结合周边支流支浜建设河道型尾水人工湿地，但应符合相关防洪排涝的规定，且不影响河道原有使用功能。

8.4.3 工艺路线

考虑到工业污水处理厂尾水的特点，其尾水人工湿地深度净化工艺路线建议选择表面流人工湿地＋潜流人工湿地、生态塘＋潜流人工湿地等组合工艺模式，前端通过表面流人工湿地或生态塘对污水厂尾水进行缓冲调蓄，后端建设潜流人工湿地以达到高效净化尾水污染物的目的。

8.4.4 填料选择

人工湿地填料应选择机械强度高、比表面积大、稳定性好、具有合适孔隙率及粗糙度的材料，并且根据园区污水厂尾水特点及污染物处理要求的不同，选择使用不同功能的填料。出水水质对总磷要求较高时，使用具有吸磷功能的填料强化除磷；出水水质对氨氮要求较高时，使用附载复合微生物菌剂的陶粒、沸石、硅石等强化除氨除氮；当需进一步强化尾水中重金属去除时，可针对性选取对其吸附性强的基质填料，并通过优化不同填料的组合及配比提升对重金属离子的去除率；针对表面流人工湿地，可在植物收割以后，根据需求在其底层铺设氮、磷等吸附能力较强的填料，增强处理效果。

8.4.5 植物选择

人工湿地植物一般选择根系发达、茎叶茂密、成活率高、输氧能力强、适合当地气候环境的植物，优先选择本土植物。选择适宜的植物既可以提高湿地系统的景观效果，还可以增强系统对污染物的去除能力。除了对有机物及氮磷的去除外，植物对重金属也有一定的去除效果，且不同类型的植物对重金属的吸收能力也有所不同。此外，在选择植物时需要考虑污水处理厂尾水中的含盐量。工业尾水中通常会含有大量盐分，而园区污水处理厂工艺中基本不涉及除盐工段，因此需结合尾水情况筛选耐盐植物，最大程度地发挥植物的净化效能，如芦苇、香蒲、鸢尾、黑麦草等均有较好的耐盐性。

8.4.6 调控措施

当进水存在异常造成出水水质不达标时可采用出水回流的调控措施，能在一定程度上提高水力传导速率，改善传质条件，延长污染物与植物根际微生物的接触时间，还可引入部分氧气，提高溶氧水平。

潜流人工湿地可采用跌水曝气、机械曝气或潮汐水位运行等工程措施进行辅助充氧，强化对有机物及氨氮的去除。

潜流人工湿地可选择补充投加碳源、合理设置好氧-厌氧区间等措施强化对总氮的去除。

8.5 设计实例

8.5.1 实例一：苏南某污水处理厂尾水生态安全缓冲区建设工程设计

8.5.1.1 项目特点

苏南某污水处理厂尾水生态安全缓冲区建设工程是该市新材料产业园的重点环境工程，位于宜兴市官林镇，规模为1万 m^3/d。针对化工污水处理厂的尾水，该项目采用氧化塘＋表面流湿地＋水平流潜流湿地的复合型人工湿地，并采取一定的强化优化措施，以获得较好的氮、磷去除效果，同时针对化工尾水高盐度的问题，本工程也优选相关水生植物品种。

8.5.1.2 项目区位及发展现状

8.5.1.2.1 园区规划定位

本项目所在的新材料产业园，结合自身发展基础条件和周边市场发展趋势，根据产业发展定位，拟打造成为"国内最具竞争力的高性能、功能性新型涂料和高端新材料特色产业基地、节能环保型智慧工业园区"，并确定以下两个主要产业链：

（1）以绿色高端涂料产业为特色的新型涂料产业链。重点发展高固分、低VOCs含量的环境友好、资源节约型涂料及绿色涂料助剂。

（2）发展为战略性新兴产业配套的高端新材料产业链。规划发展以电子信息材料配套产业为主的高端新材料产业链。

8.5.1.2.2 重点企业排污情况

目前园区已经入驻二十余家化工生产企业，细分领域主要集中在精细化工、合成树脂和化工新材料三个方向,基本形成了以涂料、合成材料助剂、胶粘剂等产品为主的专用化学品和以高吸水性树脂、聚氨酯为主的化工新材料两大产业体系。

8.5.1.3 污水处理厂简介及尾水情况

该污水处理厂处理园区内约80%的化工废水及约20%的区外非化工废水。其中园区各企业污水通过"一企一管"、明管输送的方式输送至污水处理厂;不超过20%的区外非化工废水主要为临近生活污水处理厂调配的生活污水。

图 8.5.1-1 园区"一企一管"现场情况

图 8.5.1-2 污水厂内"一企一管"进调节池

该污水处理厂设计处理规模1万 m^3/d,污水处理工艺为:芬顿氧化池+芬顿沉淀池+生化调节池+水解酸化池+A/O+二沉池+混凝沉淀池+臭氧催化氧化池+曝气生物滤池+纤维转盘过滤+消毒池,尾水达到江苏省《太湖地区城镇污水处理厂及重点工业行业主要水污染物排放限值》(DB 32/1072—2018)中表 2 标准、《城镇污水处理厂污染物排放标准》(GB 18918—2002)一级 A 标准、江苏省《化学工业水污染物排放标准》(DB 32/939—2020)中表 2 和表 4 标准后排入都山河。实际运行污水厂尾水主要指标 COD、NH_3-N 及 TP 基本可达到《地表水环境质量标准》(GB 3838—2002)Ⅳ类标准。

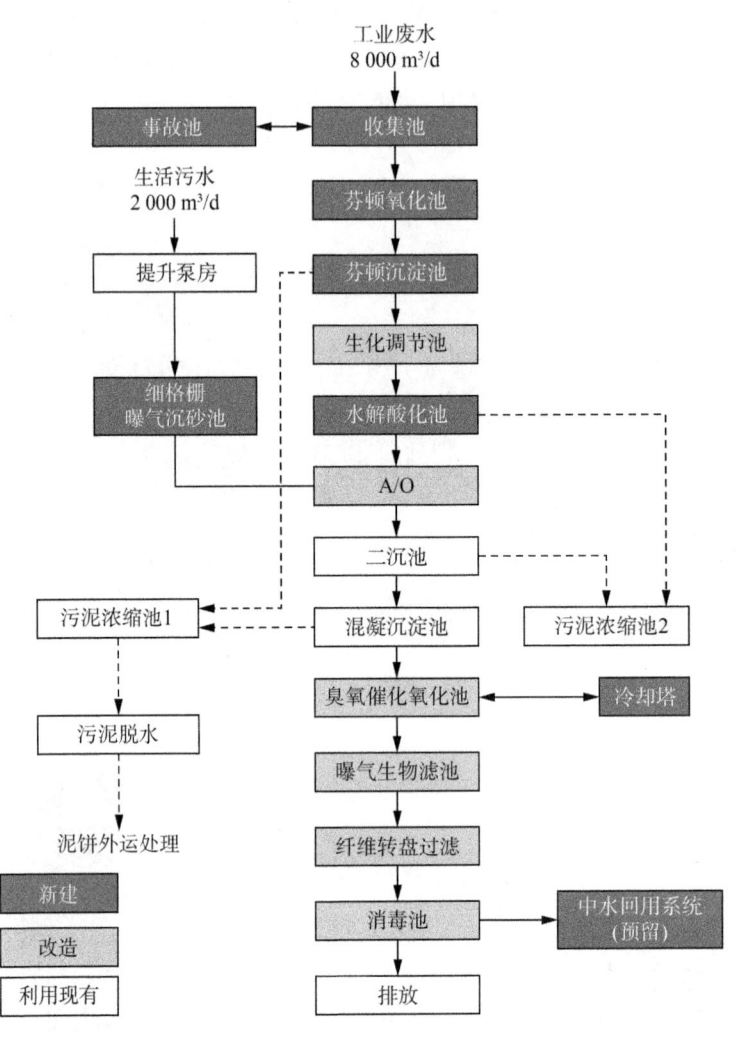

图 8.5.1-3　污水厂处理工艺流程

8.5.1.4　现状区域水环境情况

现状园区范围水体环境功能及保护目标如下：

表 8.5.1-1　水环境保护敏感目标一览

敏感目标名称	方位	距离(m)	环境功能及保护目标
都山河	/	/	Ⅳ类标准
积梅河	S	482	Ⅳ类标准

续表

敏感目标名称	方位	距离(m)	环境功能及保护目标
东新河	/	/	Ⅳ类标准
西孟河	/	/	Ⅲ类标准
孟津河	E	1 350	工业、农业用水,Ⅲ类标准
中干河湖㳇桥省控断面	NNE	6 900	Ⅲ类标准
滆湖南国控断面	NNE	9 100	

该污水处理厂尾水排入的都山河属于孟津河工业、农业用水区。根据该污水处理厂的入河排污口论证报告,该水功能区入河 COD 污染物主要来源于污水处理厂和畜禽养殖,氨氮主要来源于农田种植。

该尾水排口下游距离滆湖南国控断面直线距离约 9 900 米,距离湖㳇桥省控断面直线距离约 6 400 米。考核目标均为Ⅲ类水,两个断面 2023 年水质如下表,其中 4 月份滆湖南国控断面化学需氧量略有超标。

表 8.5.1-2　2023 年逐月主要水质数据

时间	滆湖南 氨氮 (mg/L)	滆湖南 化学需氧量 (mg/L)	滆湖南 总磷 (mg/L)	湖㳇桥 氨氮 (mg/L)	湖㳇桥 化学需氧量 (mg/L)	湖㳇桥 总磷 (mg/L)
2023.01	0.04	17	0.08	0.08	15	0.06
2023.02	0.03	13	0.1	0.19	16	0.1
2023.03	0.07	14	0.14	0.08	11	0.05
2023.04	0.03	26	0.15	0.15	11	0.08
2023.05	0.02	13	0.04	0.05	15	0.05
2023.06	0.03	19.5	0.14	0.47	15	0.06
2023.07	0.06	17	0.07	0.28	16	0.04
2023.08	0.05	13	0.11	0.07	18	0.04
2023.09	0.03	19.5	0.15	0.06	18	0.06
2023.10	0.05	16	0.14	0.32	16	0.05
2023.11	0.02	14	0.145	0.18	14	0.04

8.5.1.5　建设规模及目标

(1) 工程选址及规模

本工程安全生态缓冲区规模为 1 万 m^3/d,占地 4.89 公顷。同步配建污水厂新老厂转输管道约 1.8 km,并在现污水厂芬顿集水池新增提升水泵、配建安全生态缓冲区出水管道 De500～De630 约 2 公里,同时在缓冲区内新建尾水提升泵站。

图 8.5.1-4　工程总体布置图

图 8.5.1-5　缓冲区平面区位图

(2) 项目用地情况

拟建生态缓冲区场地现状主要为沟塘、农田及田间道路。与国土部门对接确认,本项目用地符合要求。

(3) 水质目标

污水厂来水以化工废水为主,具有毒性大、盐度高、难降解等特性,经污水厂处理后尾水中基本为难降解有机物,可生化性差,故尾水人工湿地对COD不做考核,对NH_3-N及TP考虑不低于10%的去除率。项目主要目标是将"工程水"转化为"生态水",作为排入自然水体前的有效生态屏障,减小对都山河的污染冲击。

图 8.5.1-6 场地现状卫星图叠图

图 8.5.1-7 项目用地现状情况

8.5.1.6 尾水湿地净化技术路线

本项目的建设坚持系统化思维,以自然生态保护和修复为核心,坚持尊重自然、顺应自然、保护自然,坚持节约优先、保护优先、自然恢复为主的方针,充分利用自然降解和恢复能力,降低治污成本,有效保护自然生态禀赋,持续增加碳汇能力,扩大生态环境容量。

考虑到本项目进水特征,为保证缓冲区的净化效果,处理工艺采用氧化塘+表面流湿地+水平潜流湿地的复合型人工湿地,并采取一定的强化优化措施,同时选择针对性的植物以获得较好的氮、磷去除效果。通过对人工湿地进行功能区划分、生化强化处理与生态涵养并行的治理措施,实现花园式的水质提升及生态缓冲系统。本项目同时考虑配置在线自动监测设备等,结合日常精细化管理和智慧化管理,实现湿地的高效运维。

本项目新建生态安全缓冲区规模为 1.0 万 m^3/d,占地 4.89 公顷。其中有氧化塘 3 座,总面积 7 779.94 m^2,单座直径 59 m,池深 4.5 m,边坡比 1∶5;潜流湿地总面积 2 326.8 m^2,池深 1.5 m;表面流湿地 5 座,总面积 10 110 m^2,池深 0~0.5/1.0 m;水下森林涵养区 1 座,总面积 2 894 m^2,池深 0~0.5/1.0 m。

表 8.5.1-3　安全生态缓冲区各工艺单元设计参数

工艺单元	面积(m^2)	总水力停留时间(d)	池深(m)
生化生态池	7 779.94	1.17	4.5
表面流湿地	10 110	0.81	0~0.5/1.0
潜流湿地	2 326.8	0.35	1.5
水下森林涵养区	2 894	0.23	0~0.5/1.0

表 8.5.1-4　生态安全缓冲区各工艺单元去除率指标

工艺单元	进水氨氮(mg/L)	出水氨氮(mg/L)	氨氮削减负荷 g/(m^2·d)	进水总磷(mg/L)	出水总磷(mg/L)	总磷削减负荷 g/(m^2·d)
生化生态池	1.5	1.44	0.08	0.3	0.288	0.02
表面流湿地	1.440	1.411	0.03	0.288	0.282	0.01
潜流湿地	1.411	1.369	0.18	0.282	0.274	0.04
水下森林涵养区	1.369	1.355	0.05	0.274	0.271	0.01

(1) 氧化塘工艺优化

在氧化塘内增加循环造流平台,不再局限于将氧化塘作为一种预处理工艺,而是作为人工湿地的重要组成部分与水质净化的重要处理环节。

增加循环造流平台后,氧化塘的抗污染冲击能力大大增强,单位占地面积处理能力增加且运行成本降低,能够快速适应不同的水体负荷,同时循环造流平台的生物载体、植物根系、生化菌种融合为一体,平衡下部循环污泥菌种的厌氧、缺氧、好氧比例,达到循环 A2O 效果。利用植物根、茎、叶作为生物载体,通过植物光合作用充氧,节约造流设备供氧量;污染物通过生化消减的同时被植物根、茎、叶吸收、消化,实现生物迁移,降低能耗。同时利用科氏力进行低能耗、大面积循环造流,形成流水不腐的良好生境,以达到高效深度低耗降解污染物的目的。

图 8.5.1-8　氧化塘优化效果图

(2) 水平潜流湿地优化

水平潜流湿地作为湿地处理系统的重要组成单元，在对污染物去除方面有着良好的作用。经优化后，采用防淤堵型潜流湿地技术，解决传统潜流湿地采用建筑砾石材料从而产生的建设成本高、易淤堵、维护成本高、反冲洗污染转移等问题，利用潜流湿地的超细纤维载体、植物根系载体、生长在载体上的巨量生物膜以及菌种的厌氧、缺氧、好氧及生物膜污泥削减减量状态，通过曝气，实现循环反复生化处理，对污染物进行强化降解，进一步提高系统透明度，减少人工管理工作量。

图 8.5.1-9　防淤堵型潜流湿地

(3) 水下森林涵养区优化

在水下森林涵养区种植大量沉水植被，其作为水体生态系统的主要初级生产者之一，不仅自身具有氮、磷吸收能力，还能通过植物光合作用给附着在植物根茎叶上的好氧微生物提供原生态纯氧，在不用人工曝气的条件下，利用太阳光能进行生化处理，处理污染物更彻底，同时也是水体生物多样性赖以维持的基础。因此水下森林涵养区的沉水植物群落是预防与治理水体富营养化工作的重要一环。

8.5.1.7 总体布局及参数设计

项目位于污水厂西北区域,利用已有的河道、沟渠池塘等自然条件,因地制宜建设污水处理厂尾水生态安全缓冲区。具体平面布置及流向如图 8.5.1-10 所示。

1. 氧化塘:氧化塘共 3 座,总面积 7 779.94 m², 单座直径 59 m,池深 4.5 m,边坡比 1∶5。

2. 潜流湿地:总面积 2 326.8 m², 池深 1.5 m。

1♯潜流湿地:沿长度方向进水,前端设置多孔滤砖,后端设置溢流堰。2、3♯潜流湿地:侧边进水,软隔离开口。

3. 表面流湿地及水下森林:设置表面流湿地 5 座,总面积 10 110 m², 池深 0.5/1.0 m。水下森林 1 座,总面积 2 894 m², 池深 0.5/1.0 m,并在水下森林内设置 2 座曝气喷泉。

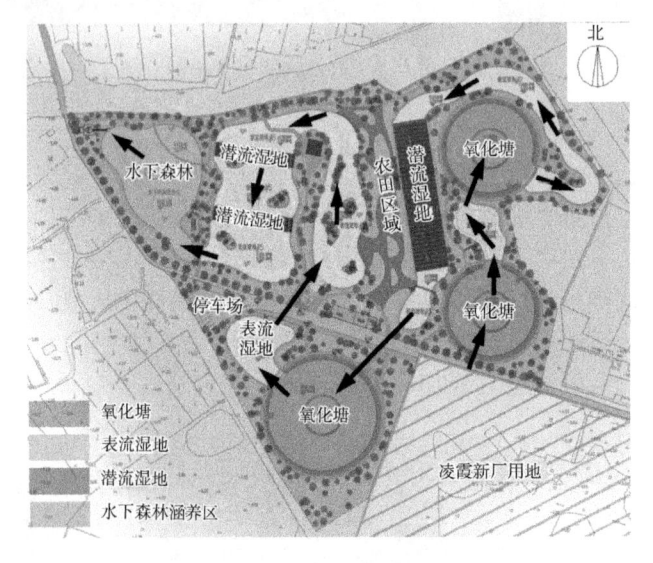

图 8.5.1-10 总体布置及流向图

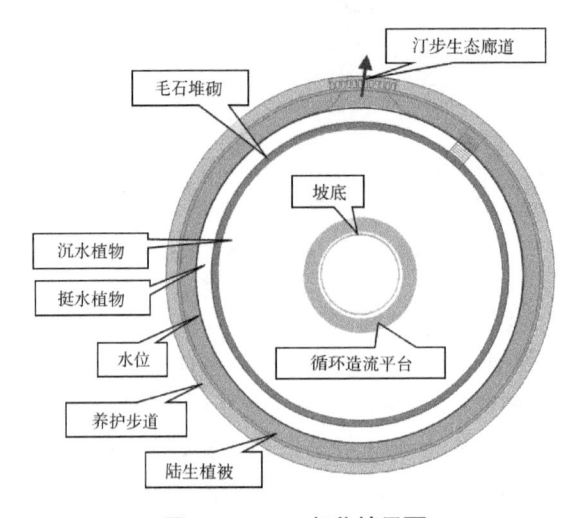

图 8.5.1-11 氧化塘平面

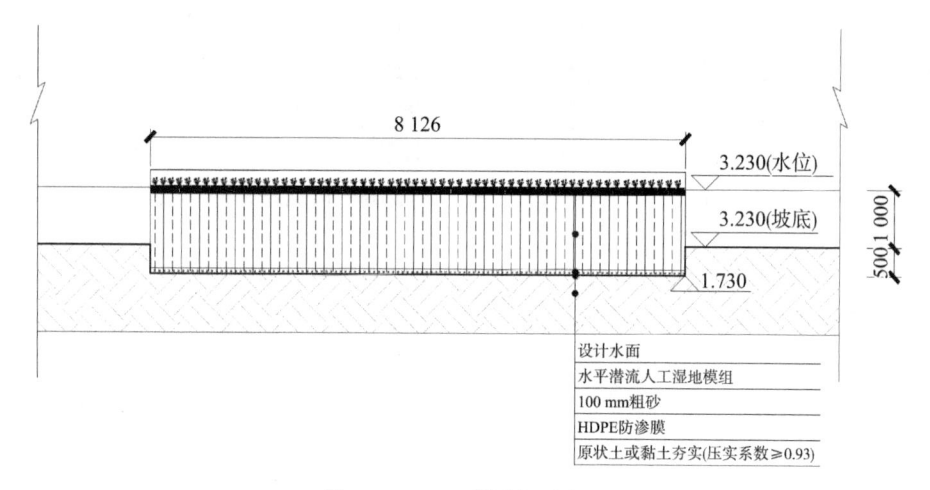

图 8.5.1-12 潜流湿地剖面

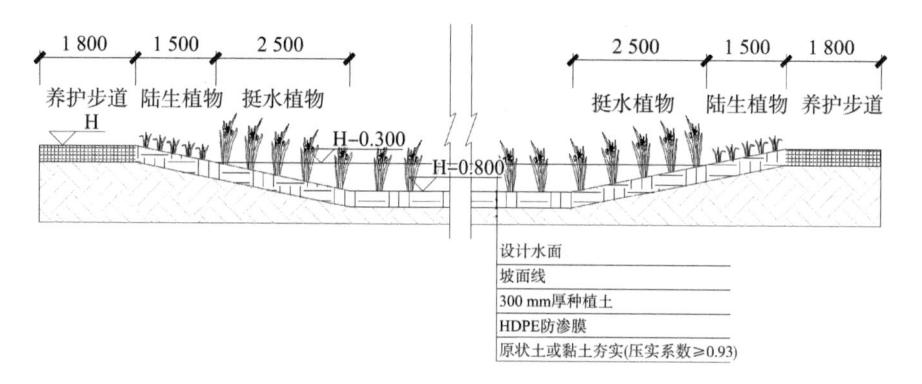

图 8.5.1-13 表面流湿地剖面

8.5.1.8 平面设计

(1) 设计原则

配合整体工程设计原则,结合实际运维需求进行设计。

因地制宜原则。方案设计尽可能与附近的地形地貌结合,充分配合生态池设计方案,利用现有地形地貌,针对该污水厂尾水安全生态缓冲区工作性质以及需求进行设计。

协调统一的原则。在设计过程中注意不同的要素配合不同的湿地以及生化池所设植物群落,二者要做到协调统一,做到景观与生态功能兼具。

(2) 设计思路

① 人工湿地与地形地貌相结合。根据尾水生态处理工程的建设内容,在人工湿地设计中需要做到与地形地貌相结合,充分考量人工湿地与园区陆地的竖向布局,以提高湿地的生态价值。改变水流的流动方向,使直向水流转变为迂回水流,以此增加水流在湿地中的停留时间,并借助多样化的河道交互提高湿地水体的观赏性。

② 人工湿地与植被资源相结合。植被是湿地重要的组成部分。设计人员合理利用场地现有植被,并搭配种植适宜的水生植物,可有效提升人工湿地的生态价值与水质处理

效果。在此次湿地植被设计中,除保留场地现有植被外,还引入不同植被组团,以达到去除水体污染物的最终目的。研究表明,在水生植被中,香蒲、水葱、芦苇、荷花等挺水植物积累重金属的能力较为优异,可优先选择;紫萍、满江红等漂浮植物的根茎积累重金属能力较强,可与挺水植物搭配使用;菱、睡莲等浮叶植物对特定的含氮磷的化合物的去除效果较好,狐尾藻、菹草等沉水植物蓄积水体重金属的能力也较强。因此,合理搭配种植不同的植物,可切实提高水体治理效果。

③ 人工湿地与周边居民休闲健身需求相结合。为进一步提升湿地的社会效能,湿地建设也需要做到与周边居民需求相结合。可立足人工湿地良好的生态环境与丰富的生物资源,通过铺设健体步道、开展生态科普活动,向居民展示湿地完备的生态系统与丰富的物种,使人工湿地成为生态科普教育的宣讲地,切实提高大众的生态保护意识以及对生态保护的重视程度,使其自觉参与保护人工湿地。

(3) 平面布置

平面布置设计在主要的水体基础上展开,以简洁、大方、便民、美化环境为主旨,使绿化与水处理相融合,相辅相成。在设计规划布局上以水处理功能池(氧化塘)为主体,利用人工湿地和场地绿化,将水治理、湿地和休闲进行衔接。厂区内的湿地巡护生态步道设计得蜿蜒曲折,同时连接各个水体,使得整个区域形成一个整体。

(4) 跌水生态廊道

利用尾水生态缓冲区生化池,结合尾水湿地的工艺需求以及地形条件,充分利用水体之间的高差设计跌水来提升水体的含氧量。同时为了减少生态阻隔,维持系统的连贯性,本项目设置跌水生态廊道(跌水汀步)。

图 8.5.1-14　跌水汀步意向图

8.5.1.9　植物选择

湿地植物选用《江苏省河湖生态缓冲带划定及综合管控技术指南》推荐的耐污、吸附截流污染物效果好的品种。功能依据"陆生植物带→湿生植物带→水生植物带"的搭配顺序遵循不同类型的植物的水质净化功能进行设计。

(1) 乔木品种

池杉:落羽杉属落叶乔木,花期3月,果期11月,强阳性树种。不耐庇荫,适宜于年均温度12~20℃地区生长,温度偏高更有利于生长,耐寒性较强。有较强的耐湿性,长期浸在水中也能正常生长;也具有一定的耐旱性。枝干富有韧性加之冠形较窄,故抗风能力强。萌芽力强,为速生树种。

香樟:樟属常绿大乔木,亚热带常绿阔叶树种,花期4—5月,果期8—11月。喜光稍耐阴,喜温暖湿润气候,耐寒性不强,根系发达,深根性,抗倒能力强,是重要的环保树种。香樟树形雄伟壮观,四季常绿,树冠开展,枝叶繁茂,浓荫覆地,枝叶秀丽而有香气,是作为行道树、庭荫树、风景林、防风林和隔音林带的优良树种。

枇杷:枇杷属常绿小乔木,花期10—12月,果期5—6月。适宜温暖湿润的气候,在生长发育过程中要求较高温度。土壤适应性强,较耐盐碱,喜排水能力良好、富含腐殖质的中性或酸性土壤,因其土层深厚、土质疏松、含腐殖质多、保水保肥能力强而又不易积水。

(2) 地被品种

常绿鸢尾:鸢尾属多年生草本植物,温带常绿植物,花期4—5月,果期6—8月。根茎粗壮;花为蓝紫色,上端膨大呈喇叭形,外花披裂片圆形或宽卵形。喜阳光充足,气候凉爽的环境,耐寒能力强,喜适度湿润、排水性能良好、富含腐殖质、略带碱性的黏性石灰质土壤。鸢尾叶片碧绿青翠,花形大而奇特,宛若翩翩彩蝶,是庭园中的重要花卉之一。

金叶石菖蒲:多年生常绿草本植物,花期4—5月。硬质的根状茎横走,多分枝,全株具香气。不耐暴晒,不耐荫;耐寒;喜阴湿环境,不耐旱;不择土壤。匍匐根状茎不明显,叶色金黄,做地被及盆栽有良好的观赏价值,可在较密的林下作地被植物。

麦冬:百合科多年生草本植物,花期5—8月。叶片细长,花小而呈淡紫色。多用作地被植物,具有抗旱性。其多年生的草本性质和地被特性使其在庭园中具有较高的实用价值。

(3) 水生植物品种

挺水植物:

在浅水区(平均水深0.5 m)设置挺水植物种植区。挺水植物生物量较大,能短期储存氮磷等营养物质,通过人工收割可将其固化的氮磷转移出水体。挺水植物在水质净化方面的作用机理:①直接吸收水体中的N、P、重金属,降低水体污染元素浓度;②附着于植物体表的微生物能形成生物膜系统,净化水质;③利用同生态位的竞争,释放生物因子,抑制藻类的生长;④通过物理化学作用,拦截、吸附和沉降污染物。

根据耐污、生态、去污以及管理方便等需要,结合本项目的水深情况,挺水植物选用黄菖蒲、再力花、西伯利亚鸢尾、梭鱼草、美人蕉等7种挺水植物。

黄菖蒲:鸢尾科鸢尾属多年生草本植物,花黄色,花期5月,果期6—8月,中国各地常见栽培,耐热,耐旱,极耐寒,喜生于河湖沿岸的湿地或沼泽地上,喜温暖水湿环境,喜肥沃泥土。观赏价值极高,因它的茎秆挺直细长,叶状苞片簇生于茎秆,呈辐射状,姿态潇洒飘逸,不乏绿竹之风韵。

再力花:竹芋花卉植物,花期4—10月,通常作为夏季花园的彩色亮点。花朵颜色丰富,包括红色、橙色、黄色、粉红色等。再力花适合作为花坛的夏季花卉,也可作为切花材料,为庭院和室内增添色彩。

旱伞草:莎草科观赏性水生植物,8—11月开花结果。其茎细长,叶片形状独特,像伞的形状,因此得名。花序呈伞状,花色通常为棕红色。旱伞草适合种植在水池边缘或浅水区,可以为水景花园增添垂直层次感和独特的形态美。

西伯利亚鸢尾:鸢尾科鸢尾属多年生草本植物,花药紫色,花丝淡紫色,花期4—5月,果期6—7月。西伯利亚鸢尾耐寒又耐热,在浅水、湿地、林荫、旱地或盆栽均能生长良好,而且抗病性强,尤其抗根腐病。花色丰富,有很大的观赏价值;另外,它还可以用于治理污染水体,在人工湿地和浮岛有应用。

梭鱼草:雨久花科梭鱼草属多年生挺水或湿生草本植物,5—10月开花结果。梭鱼草可用于家庭盆栽、池栽,也可广泛用于园林美化,栽植于河道两侧、池塘四周、人工湿地,与千屈菜、花叶芦竹、水葱、再力花等相间种植,具有观赏价值。

美人蕉:属美人蕉科美人蕉属的多年生草本植物,花、果期3—12月。因其叶似芭蕉且花色艳丽,故名美人蕉。美人蕉喜温暖湿润气候,不耐霜冻,不耐寒,对土壤要求不高,能耐瘠薄,在肥沃、湿润、排水良好的沙壤土中生长较好。美人蕉能吸收二氧化硫、氯化氢等有害物质,是美化、净化环境的理想花卉。

水兰:泽泻科慈姑属多年生水生或沼生草本植物,花果期7—9月。叶片较厚,不易失水,是优良的切叶原料,常用于园林水景及盆景栽培,也可于水边缘或浅水处种植,具有良好的观赏价值。

沉水植物:

沉水植物是指植株全部或大部分沉没于水下的植物,是水体生物多样性赖以维持的基础,它的恢复是水生态修复的关键,其所产生的环境效应是生态系统稳定和水环境质量改善的重要依据。

作为清水态水体的主要初级生产者,沉水植物在水生生态系统中有着不可替代的作用。当沉水植物丰富时,水体表现为水质清澈、溶解氧浓度高、藻类密度低、生物多样性高等特点,即"草型清水态";反之,当沉水植物消失,水体处于较高营养状态时,容易发生藻类疯长、生物多样性降低、水质浑浊、环境恶劣等现象,即"藻型浊水态"。

沉水植物在水质净化方面的五个作用机理:①直接吸收水体的N、P、重金属,降低水体污染元素浓度;②与附着于植物体表的微生物形成生物膜系统,净化水质;③利用同生态位的竞争,释放生物因子,抑制藻类的生长;④光合作用产生的次生氧能杀灭有害菌;⑤强光合作用能使水中有机絮凝体形成气浮效应,并使其快速氧化分解,降低BOD_5、COD。

研究表明,沉水植物在低流速条件下(小于0.1 m/s),生物量较高,物种多样性丰富;在中流速范围(0.1～0.9 m/s),生物量较低,物种多样性较少;在高流速条件下(大于0.9 m/s),沉水植物生物量衰减。沉水植物的种植以数个优势种为主的群落设计为主,种植方式有营养植株移栽、种子撒播、营养繁殖体(根茎、块茎、球茎、冬芽等)播种。

根据耐污、生态、去污以及管理方便等需要,结合本项目的水深情况,本方案沉水植物选择四季常绿苦草,以20~40丛/m^2(3株/丛)的密度种植。

8.5.1.10 冬季强化措施

本项目的主要工程设施包含氧化塘、潜流湿地、表面流湿地、水下森林,受冬季影响较为明显,主要体现在植物的枯萎。因此为保障冬季生态安全缓冲区稳定运行,需要提前采取以下措施:

(1) 种植耐寒植物:工程设计植物的选择应搭配具有耐寒功能的品种,确保冬季也能具备一定的净化效果。水生植物是水生态系统修复的关键核心部分,维持水生植物种群是保障修复效果的必要环节。为保证冬季运行效率,在水生植物方案设计上,冬季选择耐寒、适应性强的植物(如伊乐藻、黑麦草),确保在冬季,水生植物仍能具备较好的污染物去除能力。

(2) 及时清理枯萎植物:进入秋冬季前需要对挺水植物进行合理的收割,收割水面以上的植物枯败的残体,避免因植物枯死腐烂影响水质;每年深秋、冬季轮流对全部水生植物收割1次,一方面促使植株形成二次生长高峰,另一方面及时清理枯萎植物,防止枯萎植物残叶腐化释放氮磷污染物,影响冬季水质;河底的沉水植物不进行收割,让其自行繁衍。

(3) 及时补种植物:对于成活率不能达到设计要求的植物要进行补植,补植方法同设计种植方法。

(4) 冬季水面结冰时,加强人工巡查频率,及时破冰。植被选择繁殖能力强、氧气传输能力好的耐寒性植物。冬季使用新型易降解地膜或直接利用在冬季枯败的植物作为覆盖保温材料,可有效提高植被在冬季的存活率。针对生态保护过程中植物更替的问题,在植物的选取上应选择多种耐污、耐寒、生命周期长、繁殖能力强的植物。当植物开始衰败、枯萎时,应及时清理易腐植物,防止其腐败、糜烂,进一步污染水体;对于不易腐烂的植物,可收集贮存,作为冬季保温覆盖材料,实现生物资源的循环利用。

(5) 收割的植物应统一进行资源化利用,不得任意遗弃在岸坡或道路上。

(6) 应对曝气增氧设备通气管道采取防冻保温措施,例如包裹泡沫隔温层。

(7) 岸坡上的植被养护主要涉及草皮和乔、灌木,草皮和灌木需要定期修剪维护,绿地坡面保证整洁,无明显垃圾、落叶等杂物,入冬前需修剪整理。

8.5.1.11 生态缓冲区结构设计

根据工艺、景观设计要求,湿地内部水系形式多样,设计全部采用生态化的驳岸工程技术。采用生态护岸,可以促进地表水和地下水的交换,滞洪补枯、调节水位,维持河中动植物的生长,利用动植物自身的功能净化水体。这种护岸既能稳定河床,又能改善生态和美化环境。应考虑水系坡度、水生植物种植、亲水平台等因素,采用不同的自然驳岸形式。

驳岸均采用缓于1:3(常用坡比为1:4或1:5)的边坡,抗滑稳定性均满足设计要求。根据工艺、景观设计要求,湿地内水域均为永久性集中水域,依地形适度开挖湿地池底,挖深约1.0~1.5 m不等,局部中心最深处为4.5 m。开挖出的土方用于堆岛,完善湿地形态,增加景观层次、微地形营造等,保持场地内的土方平衡。

湿地内局部位置新建观鸟瞭望台,主体采用钢结构,基础采用独立基础或条形基础。

局部位置新建凉亭，采用木结构，基础采用独立基础。局部位置新建亲水栈道，采用钢筋混凝土框架结构，基础采用独立基础。

防渗措施：采用两布一膜 600 g/m² 长丝有纺土工布铺设，膜上覆种植土 30 cm，对生态缓冲区进行防渗处理。

8.5.1.12 应急及长效管护措施

1. 应急措施

应急情况主要为进水水质超标。当进水水质超标幅度较小时，可通过调整氧化塘工艺参数，保证水质达到要求。若上游企业排水出现重大超标，则立即启动企业、污水厂事故应急池，防止高污染水体进入缓冲区。若仍有大量高污染性水体进入缓冲区或发现污染下游时，应立即按规定上报，同时关闭进出水口，采取内回流措施，将高污染水体控制在有限范围内，同时检测各工序生物活动情况、化学或毒理学指标，并向相关部门汇报。

2. 长效管护

项目实施后不仅要有良好的水质净化能力，还要有持续性，避免出现设备故障、植物枯死、生态灾变，要做到提前监测，提前预案，提前执行。对设备定期维护，对生态系统做好实时监测、修复、收割、补栽、菌种补给等一系列工作，引导生境演变，形成具有生物多样性的健康水体系统。

① 监测：管理人员每日巡检，观察植物生长情况，对生长不良或者疯长现象提前采取措施。

② 修复：对生态平衡进行动态维护，及时对生态缺位物种进行修复，避免生态破坏扩大。

③ 收割：在不同季节对不同植物进行集中人工收割，避免植物季节性衰败、腐坏，以实现污染源迁移，收割的同时需保证不破坏原有生态占位，确保再生。每年秋季应对缓冲区中的植物进行收割，保证植物能在春天旺盛地生长。植物残骸会漂浮，若不去除，会堵塞水位控制结构和溢流堰。定期进行植物收割能够有效维持湿地中的水流，提高湿地植物吸收污染物的能力、避免植物腐烂造成二次污染。人工湿地水热条件好且富含营养，杂草极易生长。控制杂草，让优选的高效植株的生长占优，有助于改善整体外观，保护生物多样性，维系生态系统的平衡。同时，需及时清除植物的枯枝落叶，以防止腐烂等污染。暴风雨后，缓冲区植物发生歪倒要及时扶正。

④ 补栽：对季节更替补位不全的生态植被进行人工补栽，以确保生物多样性及生态功能。

⑤ 菌种补给：每月对水体进行有益微生物菌补给，如复合芽孢杆菌，提前增强水体抗冲击能力，保证生态系统平衡。

8.5.2 实例二：苏北某县新港电子产业园尾水生态安全缓冲区工程设计

8.5.2.1 项目定位及排污情况

（1）园区规划定位

某电子产业园位于苏北某县经济开发区的北部，规划成为苏北地区最具发展潜力的PCB产业制造基地，成为该经济开发区经济发展、产业升级、结构优化的推动器，成为功能定位明确、产业特色鲜明、环保设施齐全、生态环境优美的特色产业园。园区以集中、高效的大规模化电子工业生产方式,配套集中式的环保设施,构建规模化的电子产业园。以节能降耗、加强三废处理和绿色生产为战略任务,在园区大力开展清洁生产、减少污染物排放、加强废弃物的回收再用。

(2) 重点企业排污情况

目前入驻电子产业园的企业共计 21 家,其中产生 PCB 废水的企业共计 15 家(剩余 6 家产生的一般工业废水及生活污水排入开发区西区污水处理厂,不在本工程收水范围内)。由于目前园区已有部分企业签订入驻协议,并根据某电子产业科技园开发建设规划环境影响报告书园区产业定位:"电子电气产业园是该经济开发区的有机组成部分,是大中小型 PCB 企业集中、科技含量高、污染受控、环境优美、社会公用服务设施和生活设施配套齐全的 PCB 产业基地。"规划确定园区的主导产业为 PCB 制造业以及与 PCB 相关的上下游产业(模具、模具零件以及外壳组件制造等,不涉及材料化工生产)。

(3) 污水处理厂简介及尾水排放情况

本工程尾水湿地主要用于处理新港电子产业园废水集中处理厂(1.2 万 m^3/d)及新港电子产业科技园第二污水处理厂(1.5 万 m^3/d)尾水,由于污水厂要求中水回用率为 55%,则剩余排放的尾水处理规模为 1.215 万 m^3/d。

① 新港电子产业园废水集中处理厂

该县经开区新港电子产业园废水集中处理厂(新港电子产业园配套污水处理厂)位于旺旺二路与北环路交汇处东南侧,一期工程建设规模 0.6 万 m^3/d,二期工程建设规模 0.6 万 m^3/d,一期及二期工程总占地 $27\,602.01\ m^2$(合 41.40 亩)。服务范围为新港电子产业园(北至北环路、南至兴隆路、西至涟水路、东至港口路),规划面积约 $2.07\ km^2$(一期服务面积 $1.47\ km^2$,二期服务面积 $0.6\ km^2$)。

新港电子产业园废水集中处理厂一期、二期排污口为同一排污口,污水处理厂尾水达标排放经人工湿地系统处理后,通过污水排放管排入永权沟后汇入盐河,入河排污口位于永权沟与盐河交叉口(盐河朱码闸上游 1.4 km 左岸)上游约 200 米处永权沟沟首。

新港电子产业园废水集中处理厂主要收集电子产业园现状已建及近期规划建设企业 PCB 工业废水。具体水量情况详见下表:

表 8.5.2-1 一期设计规模

序号	废水种类	设计处理能力 (m^3/d)	废水比例 (%)	废水来源
1	综合废水	2 480	41.33	含 Cu^{2+} 的酸性清洗水及电镀清洗水、磨板废水
2	含氰废水	60	1.00	/
3	含镍废水	60	1.00	电镀镍、化学镀镍后的清洗水
4	络合废水	640	10.67	含铜氨、EDTA 等络合物
5	酸性废液	60	1.00	显影、去膜废液酸化处理等
6	有机废液	120	2.00	显影、除胶、剥膜废液
7	有机废水	580	9.67	显影、除胶、剥膜清洗水

续表

序号	废水种类	设计处理能力 (m³/d)	废水比例 (%)	废水来源
8	企业预处理排水	2 000	33.33	/
9	合计	6 000	100	/

表 8.5.2-2　二期设计规模

序号	废水种类	设计处理能力 (m³/d)	废水比例 (%)	废水来源
1	综合废水	2 800	46.67	内外层前处理线、镀件清洗水等
2	络合废水	800	13.33	显影去膜、湿膜翻洗等清洗水
3	酸性废水	400	30.0	化学镀铜及其他络合剂工序清洗水
4	有机废水	1 800	6.67	棕化线、退膜等酸性冲洗水
5	碱性废水	200	3.33	显影去膜等工艺末次清洗水
6	合计	6 000	100	/

污水处理系统出水水质达到《电镀污染物排放标准》(GB 21900—2008)表三标准后，向东南先排入永权沟尾水湿地后再进入盐河，具体进出水水质指标详见下表：

表 8.5.2-3　污水处理厂设计出水水质标准

序号	水质指标	单位	设计出水指标	备注
1	总铬	mg/L	≤0.5	车间或生产设施废水排放口
2	六价铬	mg/L	≤0.1	车间或生产设施废水排放口
3	总镍	mg/L	≤0.1	车间或生产设施废水排放口
4	总镉	mg/L	≤0.01	车间或生产设施废水排放口
5	总银	mg/L	≤0.1	车间或生产设施废水排放口
6	总铅	mg/L	≤0.1	车间或生产设施废水排放口
7	总汞	mg/L	≤0.005	车间或生产设施废水排放口
8	总铜	mg/L	≤0.3	企业废水总排放口
9	总锌	mg/L	≤1.0	企业废水总排放口
10	总铁	mg/L	≤2.0	企业废水总排放口
11	总铝	mg/L	≤2.0	企业废水总排放口
12	pH	无量纲	6～9	企业废水总排放口
13	SS	mg/L	≤30	企业废水总排放口
14	COD$_{cr}$	mg/L	≤50	企业废水总排放口
15	NH$_3$-N	mg/L	≤8	企业废水总排放口

续表

序号	水质指标	单位	设计出水指标	备注
16	TN	mg/L	≤15	企业废水总排放口
17	TP	mg/L	≤0.5	企业废水总排放口
18	石油类	mg/L	≤2.0	企业废水总排放口
19	氟化物	mg/L	≤10	企业废水总排放口
20	总氰化物(以CN⁻计)	mg/L	≤0.2	企业废水总排放口

一期及二期污水处理厂主体工艺采用"分质收集＋物化处理＋生化处理＋深度处理＋中水回用"的处理方式。

一期共有9个处理系统及2个中水回用系统，分别为综合废水处理系统、含氰废水处理系统、含镍废水处理系统、络合废水处理系统、有机废液处理系统、有机废水处理系统、RO浓水处理系统、络合生化处理系统、RO生化处理系统、综合废水回用系统、络合废水回用系统。

二期工艺流程主要分为以下五个系统，分别为有机废水、综合废水、络合废水处理系统，酸碱废水处理系统，膜浓水处理系统，生化处理系统，应急物化处理系统。

② 新港电子产业科技园第二污水处理厂

新港电子产业科技园第二污水处理厂项目服务范围为新港电子产业科技园，占地约178公顷，位于新港电子产业园东侧，北临北环路(235省道)，西至港口路，东、南被兴隆路围合。园区主要发展PCB制造业和PCB相关的上下游产业，工业污染源主要分布在235省道南侧。主要的废水污染源来自PCB及其相关的上下游产业生产过程中的工业废水，主要污染物包括：COD_{cr}、石油类、氨氮、挥发酚、悬浮物、总氰、铜和镍。第二污水处理厂服务范围内已签约数家重点企业(其中部分企业已经开工建设)。

新港电子产业科技园第二污水处理厂规模为1.5万 m³/d，其中重点企业A公司废水量7 200 m³/d，其他企业废水7 800 m³/d。根据《清洁生产标准 印制电路板制造业》(HJ 450—2008)的要求，规划园区的PCB工业废水回用率为55%。污水处理厂厂址位于新港电子产业园旺旺二路与北环路交汇处东南侧，现状一期、二期污水处理厂的北侧。

第二污水处理厂在新港电子产业园废水集中处理厂原有排污口基础上进行扩建调整(一期、二期、第二水厂总规模2.7万 m³/d，中水回用率55%)，扩建后排污口规模1.215万 m³/d(第二污水处理厂设计规模1.5万 m³/d，中水回用率55%)。

第二污水处理厂出水指标达到江苏省《城镇污水处理厂污染物排放标准》(DB 32/4440—2022)表1A标准。出水中重金属指标达到《电镀污染物排放标准》(GB 21900—2008)表3标准。

表8.5.2-4 第二污水处理厂出水水质标准

序号	水质指标	单位	设计出水指标
1	总镍	mg/L	≤0.05
2	总铜	mg/L	≤0.3

续表

序号	水质指标	单位	设计出水指标
3	pH	无量纲	6~9
4	SS	mg/L	≤10
5	COD_{cr}	mg/L	≤30
6	BOD_5	mg/L	≤10
7	NH_3-N	mg/L	≤1.5(3)
8	TN	mg/L	≤10(12)
9	TP	mg/L	≤0.3
10	石油类	mg/L	≤1.0
11	动植物油类	mg/L	≤1.0
12	总氰化物	mg/L	≤0.2

8.5.2.2 尾水生态缓冲区建设必要性

(1) 项目建设是保障省考断面水质达标的需要

即使规划建设企业内部的全部工业污水处理工程都能建成和运转,仍可能有事故排放的可能。这些突发性事故的发生可能导致园区污水处理厂出水水质不稳定,加之园区废水含有多种重金属,将威胁当地河流水质。在园区污水厂末端建设人工湿地,既对尾水进行了深度净化,又在下游水体之前构成了安全缓冲带,可有效抗击突发性污染事故的冲击,最大限度地削减污染负荷,有效地保障盐河水质。

(2) 项目建设是保护与改善区域生存环境的需要

园区污水厂处理后的尾水中仍然含有痕量污染物,用其进行农灌存在一定污染风险,生态安全缓冲区可有效降低尾水生物毒性影响,使"工程水"转变为"生态水",减少污染物在区域生态环境中的积累,因而从长远发展来看,建设本项目是保护与改善区域生存环境的需要。

8.5.2.3 技术方案

8.5.2.3.1 设计规模

新港电子产业科技园第二污水厂尾水湿地,主要用于处理新港电子产业园废水集中处理厂(1.2 万 m^3/d)及新港电子产业科技园第二污水厂(1.5 万 m^3/d)尾水,中水回用率55%。尾水处理规模为1.215 万 m^3/d。

8.5.2.3.2 设计进出水水质

本工程来水为新港电子产业园废水集中处理厂(1.2 万 m^3/d)及新港电子产业科技园第二污水厂(1.5 万 m^3/d)尾水,污染物按照江苏省地标表 1A 标准执行,因此设计进水水质按准污水厂出水标准设置。本次人工湿地设置将保障污水厂出水水质稳定达到出水标准,抵御、缓解和降低生态影响,具体指标详见下表。

表 8.5.2-5　设计进、出水水质指标

项目	pH	COD$_{cr}$ (mg/L)	BOD$_5$ (mg/L)	TN (mg/L)	NH$_3$-N (mg/L)	TP (mg/L)
设计进水水质	6～9	≤30	≤10	≤10	≤1.5	≤0.3
设计出水水质	6～9	≤25	≤6	≤8	≤1.2	≤0.3

8.5.2.3.3　工艺选择原则

1. 水质达标原则

本项目的主要目标是采用人工湿地生态技术对污水处理厂尾水进行深度净化处理，确保污水厂出水水质进一步提升。人工湿地的设计需充分考虑污染物的去除效果，可考虑采用功能性复合填料构建人工湿地，强化脱氮功能单元。

2. 经济可行原则

在保证人工湿地系统出水水质稳定达标的基础上，尽可能地选择建设投资少、运行费用低、维护管理方便的人工湿地处理工艺。同时，人工湿地的设计应充分考虑现场实际地形地势，因地制宜地进行人工湿地各个处理单元的布设，从而最大限度地降低成本。

3. 生态修复原则

结合污水处理厂周边生态环境现状，因地制宜地进行人工湿地建设，充分利用现场实际地形条件，重视生态植被建设，构建区域生态走廊。同时注重水域内不同水生植物群落的构建，引进水生动物，提高水体生物净化功能。既要实现水体污染物的高效去除，又要兼具改善项目周边生态环境，提高区域生物多样性的作用。将治理、净化、修复与生态环境有机统一，营造人水和谐的生态空间。

4. 景观营造原则

人工湿地的设计应充分考虑景观营造的需求，合理规划不同人工湿地的单元组合，结合水体景观设计，使其尽显回归自然的生态功能。将水体净化与周围环境有机结合，营造优美的生态景观效果，从而满足周边居民的休闲娱乐与亲水空间需求，提升城市品位及区域发展竞争力。

8.5.2.3.4　工艺理论依据

1. 基质分类

人工湿地可采用基质的种类较多，以下对几种常见基质做简要介绍：

（1）火山岩

火山岩为形状不规则的颗粒，颜色为红黑褐色，表面粗糙多微孔，平均孔隙率在40%左右，具有比表面积大、生物化学稳定性好的特点，适合微生物在其表面生长和繁殖，能够保持较多的微生物量。一般人工湿地填料（基质）选取的火山岩粒径范围为5～50 mm。

（2）陶粒

陶粒多由黏土或页岩经高温处理所得，表面粗糙，内部多孔，有较大的比表面积，有利于生物的附着生长，现已被广泛用于水处理填料。丁建彤等研究了四种陶粒复合潜流人工湿地在不同季节处理生活污水的运行情况，结果表明陶粒复合人工湿地对COD、TP、NH$_3$-N均有很好的去除效果。随着不断的研究和改进，制作陶粒的原材料也不断丰富，使用粉煤灰、底泥、污泥、高炉渣、垃圾等各种固体废弃物用于烧制陶粒作为湿地填料，能

够起到以废治废的作用。由于陶粒比表面积大,且富含钙、铁、铝等元素,能与污水中的磷酸盐形成不溶性沉淀,有助于氮磷的去除。

图 8.5.2-1　火山岩

图 8.5.2-2　陶粒

(3) 石灰石

石灰石作为一种矿物原料,主要成分是碳酸钙,其大量用于建筑材料。近年来,石灰石颗粒由于具有价格低廉、强度较高、有较大的比表面积等优势,在人工湿地中得到了广泛的推广和应用。同时,石灰石中含有大量的钙离子,易形成磷酸钙沉淀,作为人工湿地填料,石灰石具有较强的污染物去除能力。

(4) 碎石

碎石是由天然岩石、卵石或矿石经机械破碎、筛分制成的,是一种多棱角、表面粗糙、粒径大于 4.75 mm 的岩石颗粒。碎石作为传统的人工湿地填料,由于其透水性较好、价格相对低廉、分布广泛、便于就地取材,在人工湿地工程中得到了广泛的应用。

图 8.5.2-3　石灰石

图 8.5.2-4　碎石

(5) 沸石

沸石结构由硅氧四面体与铝氧四面体组成,构架中有一定孔径的空腔和孔道,这也决定了其具有吸附和离子交换性能,可快速截留污水中的氨氮。沸石内部结构的松散程度是影响沸石吸附容量的主要因素,孔径大、结构松散且分布均匀的沸石吸附量较高。研究表明,沸石的结构特点对氨氮等阳离子有很好的去除效果,且吸附饱和后的吸附位点可以通过植物和微生物的协同作用得到再生。

(6) 蛭石

蛭石是一种自然界天然存在的多孔性含水铝硅酸盐晶体矿物,内部含有大量孔穴和通道,开口的通道彼此相连,使蛭石的比表面积很大,具有良好的吸附及离子交换性能。研究表明,蛭石与沸石类似,对氨氮具有选择性吸附能力,吸附效果主要受温度和 pH 值的影响。

图 8.5.2-5　沸石 　　　　　　图 8.5.2-6　蛭石

(7) 砾石

砾石是风化岩石经水流长期搬运而形成的无棱角的天然粒料。按照粒径大小,又可把砾石分为粗砾、中砾和细砾三种,粗砾(又叫卵石)粒径为 64～256 mm,中砾为 8～64 mm,细砾为 2～8 mm,目前常用的人工湿地砾石填料的粒径范围为 5～50 mm。

2. 植物分类

人工湿地可采用的植物多种多样,以下对几种常见植物做简要介绍:

(1) 芦苇

多年水生或湿生的高大禾草,常生长在灌溉沟渠旁、河堤沼泽地等,世界各地均有分布,芦叶、芦花、芦茎、芦根等均可入药。由于芦苇的叶、叶鞘、茎、根状茎和不定根都具有通气组织,所以它在净化污水中起到重要的作用。

图 8.5.2-7　砾石 　　　　　　图 8.5.2-8　芦苇

(2) 香蒲

香蒲科香蒲属的多年生水生或沼生草本植物,根状茎乳白色,地上茎粗壮,向上渐细,叶片条形,叶鞘抱茎,雌雄花序紧密连接,果皮具长形褐色斑点。种子褐色,微弯。因为香

蒲能耐高浓度的重金属且具有适应能力强、生长快、富集能力强等优点,所以已经受到重视和关注,被较多地应用在处理工矿废水污染的环境中。

(3) 菖蒲

也叫作白菖蒲、藏菖蒲。多年生草本植物,根状茎粗壮。叶基生,剑形,中脉明显突出,基部叶鞘套折,有膜质边缘。

图 8.5.2-9 香蒲　　　　　　　　　　图 8.5.2-10 菖蒲

(4) 旱伞草

又名水竹、风车草等,莎草科莎草属多年生草本植物,其茎秆挺直细长,叶状总苞片簇生于茎秆,呈辐射状,姿态潇洒飘逸。旱伞草喜温暖、阴湿及通风良好的环境,适应性强,对土壤要求不严格,生长于保水性强的肥沃的土壤最为适宜。在沼泽及长期积水地也能生长良好。生长适宜温度为 15~25℃,不耐寒冷,冬季室温应保持在 5~10℃。

图 8.5.2-11 旱伞草　　　　　　　　图 8.5.2-12 美人蕉

(5) 美人蕉

多年生草本植物,高可达 1.5 米,全株绿色无毛,被蜡质白粉覆盖。具块状根茎。地上枝丛生,单叶互生;具鞘状叶柄;叶片卵状呈长圆形。喜温暖湿润气候,不耐霜冻,生长适温为 25~30℃,喜阳光充足、土地肥沃,在原产地无休眠性,周年生长开花;性强健,适应性强,几乎不择土壤,以湿润肥沃的疏松沙壤土为好,稍耐水湿。畏强风。能吸收二氧化硫、氯化氢、二氧化碳等气体,叶片虽易受害,但在受害后能重新长出新叶,很快恢复生长。

(6) 水葱

匍匐根状茎粗壮,具许多须根。秆高大,圆柱状,最上面一个叶鞘具叶片。叶片线形。苞片1枚,为秆的延长,直立,钻状。最佳生长温度15～30℃,10℃以下停止生长。能耐低温,北方大部分地区可露地越冬。对污水中有机物、氨氮、磷酸盐及重金属有较高的去除率。

(7) 灯芯草

根状茎直立或横走,须根纤维状。茎多丛生,圆柱形,直立,表面常具纵沟棱,内部具充满或间断的髓心或中空,常不分枝,绿色。叶全部为低出叶,呈鞘状或鳞片状,包围在茎的基部,叶片退化为刺芒状。聚伞花序假侧生,含多花,花被片线状披针形,顶端锐尖,背脊增厚突出,黄绿色,边缘膜质,外轮者稍长于内轮。

图 8.5.2-13　水葱　　　　　图 8.5.2-14　灯芯草

(8) 水芹

多年生草本植物,高15～80厘米,茎直立或基部匍匐。性喜凉爽,忌炎热干旱,25℃以下母茎开始萌芽生长,15～20℃生长最快,5℃以下停止生长,能耐-10℃低温;常生长在河沟、水田旁,以土质松软、土层深厚肥沃、富含有机质保肥保水力强的黏质土壤为宜;长日照有利于匍匐茎生长和开花结果,短日照有利于出叶生长。

图 8.5.2-15　水芹　　　　　图 8.5.2-16　茭白

(9) 茭白

为多年生挺水型水生草本植物。具根状茎。属喜温性植物,生长适温10～25℃,不耐寒冷和高温干旱。

(10) 再力花

在微碱性的土壤中生长良好。好温暖潮湿、阳光充足的气候环境,不耐寒,耐半阴,怕干旱。生长适温20~30℃,低于10℃停止生长。冬季温度不能低于0℃,能耐短时间的一5℃低温。入冬后地上部分逐渐枯死,根茎在泥中越冬,再力花在众多的公园景观及小区景观植物中比较常见。

图8.5.2-17 再力花　　　　　　　　　图8.5.2-18 凤眼莲

(11) 凤眼莲

也就是常说的"水葫芦",浮水草本植物。须根发达,棕黑色。茎极短,匍匐枝淡绿色。喜欢温暖湿润、阳光充足的环境,适应性很强。适宜温度18~23℃,超过35℃也可生长,气温低于10℃停止生长;具有一定耐寒性。喜欢生于浅水中,在流速不大的水体中也能够生长,随水漂流,繁殖迅速。凤眼莲是监测环境污染的良好植物,它可监测水中是否有砷存在,还可净化水中汞、镉、铅等有害物质。在生长过程中能吸收水体中大量的氮、磷等营养元素以及某些重金属元素,凤眼莲对净化含有机物较多的工业废水或生活污水效果较为理想。

(12) 睡莲

睡莲又称子午莲、水芹花,是属于睡莲科睡莲属的多年生水生植物。睡莲是水生花卉中的名贵花卉,外形与荷花相似,不同的是荷花的叶子和花挺出水面,而睡莲的叶子和花浮在水面上。根状茎,粗短。叶丛生,具细长叶柄,浮于水面,纸质或近革质,近圆形或卵状椭圆形,直径6~11厘米,全缘,无毛,上面浓绿,幼叶有褐色斑纹,下面暗紫色。花单生于细长的花柄顶端,多白色,漂浮于水,直径3~6厘米。萼片4枚,宽披针形或窄卵形。聚合果球形,内含多个椭圆形黑色小坚果。长江流域花

图8.5.2-19 睡莲

期为5月中旬至9月,果期7—10月。睡莲的根能吸收水中的铅、汞、苯酚等有毒物质,是难得的水体净化植物,因此在城市水体净化、绿化、美化建设中倍受重视。

8.5.2.4 工艺方案比选

8.5.2.4.1 预处理工艺方案

预处理工艺指为满足工程总体要求、人工湿地进水水质要求及减轻湿地污染负荷,在人工湿地前设置的处理工艺,如格栅、沉砂、初沉、均质、水解酸化、稳定塘、厌氧、好氧等。当湿地进水的水量波动大、泥沙含量多或悬浮物浓度高(如潜流湿地进水悬浮物浓度高于 20 mg/L)时,宜设生态滞留塘、生态砾石床、沉砂池、沉淀池或过滤池等,本次项目进水悬浮物浓度低于 10 mg/L,浓度较低,预处理阶段可不设置以上设施;一般情况下当进水中存在漂浮物时,宜设置格栅,本次项目湿地进水为污水处理厂尾水,已经过格栅等漂浮物拦截设施,因此湿地预处理设施可不设置格栅。

(1) 调节池

污水厂尾水水质具有很明显的波动性,这种波动性对后续人工生态湿地功能具有一定的影响。同样,对于物化处理设施而言,水质波动越大,过程参数越难以控制,处理效果越不稳定;反之,波动越小,效果就越稳定。在这种情况下,应在尾水后设置调节池,用于进行水质的均化和水量的调节,以保证尾水处理的正常进行。

(2) 气浮

气浮是一种固液或液液分离工艺,主要用来处理废水中靠沉降难以去除的乳化油或相对密度接近水的微小悬浮物和胶体。气浮过程中形成大量微细而均匀的气泡($5\sim80~\mu m$),这些微细气泡作为载体,与水中悬浮絮体颗粒充分混合、接触、黏附,形成夹气絮体上浮到液体表面。气泡、水、絮体(油)三相混合体,通过刮沫机收集泡沫或浮渣从而分离杂质,通过降低水中的 SS 和非溶解性的 COD 来达到净化水质的目的。除传统的加压溶气气浮工艺外,近年来涡凹气浮(CAF)、旋切气浮(MAF)得到了广泛的应用。单气浮一般适用于去除水中的疏水性颗粒,对于亲水性颗粒可以加入絮凝剂来改变颗粒的亲水性能,通过抱团增大絮体的办法来去除。因而气浮可以广泛用于炼油、造纸、纺织、印染、电镀、金属加工、食品加工,化工等行业的废水处理。

市场上气浮的种类很多,目前使用最多的就是溶气气浮。其占地面积小,结构紧凑,出厂时已经调试完成,后期安装调试方便。自动化程度高,日常维护运行成本也比较低。溶气气浮最主要的部件就是溶气系统,其采用射流吸气原理,当工作压力为 0.4 MPa 左右时,高压进水通过在射流器中的高速喷射,在极短时间内把空气吸入,并在混合管中高速切割成微气泡并最大限度地溶入水中,从而形成超饱和的溶气水,通过后续设备的减压,释放出含有大量直径为 $10\sim30~\mu m$ 微气泡的溶气水,与污水中的絮体相结合,形成稳定的夹气絮体,一起上浮至水面,完成悬浮物的分离,从而去除水中的悬浮物和悬浮油。气浮主要由四个步骤组成:加药絮凝、加压射流、气泡黏附上浮、撇渣去除。气浮价格较高,需要定期加药,且本次工程对 SS、COD 的去除率要求不高,因此暂不采用气浮技术。

(3) 沉淀池

沉淀池是应用沉淀作用去除水中悬浮物 SS 的一种构筑物。沉淀池在废水处理中广为使用。它的类型很多,按池内水流方向可分为平流式、竖流式和辐流式三种。沉淀池有各种不同的用途。如在曝气池前设初次沉淀池可以降低污水中悬浮物含量,减轻生物处理负荷;在曝气池后设二次沉淀池可以截流活性污泥;此外,还有在二级处理后设置的化学沉淀池,即在沉淀池中投加混凝剂,用以提高难以生物降解的有机物、能被氧化的物质和产色物质等的去除效率。近年新型的斜板或斜管沉淀池在池中加设斜板或斜管,可以大大提高沉淀效率,缩短沉淀时间,减小沉淀池体积。沉淀池价格较高,需要定期加药,且本次湿地工程对 SS 去除率要求不高,因此暂不采用沉淀技术。

(4) 生态塘

生态塘主要依靠水域自然生态系统净化污水,一般可通过动植物的合理组合,对污水产生净化效果。水生植物的换季及动物排泄物存在污染水质的风险,但若将生态塘布置于人工湿地起点,水生植物的换季及动物的排泄物反而可以补充水体碳源,提升后续主体工艺的处理效果。同时,由于动植物组合具有多样性,可随当地特色打造人工湿地景观,大大提高人工湿地的美观度。生态塘也具有水质、水量调节功能,满足预处理需求,因此本次工程推荐生态塘为预处理工艺。

8.5.2.4.2 主体工艺方案

不同类型人工湿地比选结果如下:

表 8.5.2-6　不同类型人工湿地的主要特征

指标	人工湿地类型			
	表面流人工湿地	水平潜流人工湿地	上行垂直流人工湿地	下行垂直流人工湿地
水流方式	表面漫流	水平潜流	上行垂直流	下行垂直流
水力与污染物削减负荷	低	较高	高	高
占地面积	大	一般	较小	较小
有机物去除能力	一般	强	强	强
硝化能力	较强	较强	一般	强
反硝化能力	弱	强	较强	一般
除磷能力	一般	较强	较强	较强
堵塞情况	不易堵塞	有轻微堵塞	易堵塞	易堵塞
季节气候影响	大	一般	一般	一般
工程建设费用	低	较高	高	高
构造与管理	简单	一般	复杂	复杂

考虑到垂直潜流人工湿地构造与管理较为复杂,易堵塞,建设费用高,因此本次工程推荐主体工艺采用水平潜流人工湿地。

8.5.2.4.3 填料方案

人工湿地的三大组成部分包括水生植物、填料和微生物,其中,填料是人工湿地最重要的组成单元。填料作为微生物附着的基面以及水生植物的载体,在人工湿地水质净化过程中发挥着非常重要的作用。由于不同填料的组成及性质不同,对不同污染物的去除效果差异较大。因此,选择合适的填料是保证人工湿地水质净化效果的关键。

人工湿地填料根据来源可分为天然材料、工业副产品和人造产品三大类。传统天然材料包括土壤、粗砂、碎石等,后经研究发现沸石、蛭石、石灰石作为填料用于人工湿地的污水处理能力远远优于传统天然材料。工业副产品主要包括灰渣、粉煤灰、钢渣等；人造产品主要包括陶粒、陶瓷滤料等。随着技术的发展以及研究的不断深入，各种新型填料不断应用于人工湿地。人工湿地填料的种类很多，各种填料性能差异较大，应结合湿地项目的特点选择合适的填料组合，以充分发挥填料的特性。下表为人工湿地相关标准中推荐采用的填料种类及要求。

表 8.5.2-7 人工湿地不同标准推荐的填料种类及要求

序号	规范名称	建议种类	基本要求
1	人工湿地污水处理工程技术规范（HJ 2005—2010）——前环保部	功能性基质	孔隙率宜控制在 35%～40%
2	人工湿地处理分散点源污水工程技术规程（DB33/T 2371—2021）——浙江	碎石、砾石、粗砂、火山岩、沸石、陶粒等	较强的机械强度、较大的孔隙率、比表面积和表面粗糙度
3	污水处理厂尾水人工湿地工程技术规范（DB41/T 1947—2020）——河南	石灰石、砾石、蛭石、沸石等，出水水质考虑总氮时，可填充缓释碳源填料或自养反硝化填料	机械强度高、比表面积大、稳定性好、具有合适孔隙率及粗糙度，有效粒径比例不宜小于80%
4	人工湿地水质净化工程技术规范（DB13/T 5184—2020）——河北	碎石、石灰石、页岩、陶粒、沸石、矿渣、炉渣等	孔隙率应保持30%～45%
5	人工湿地水质净化工程技术指南（DB37/T 3394—2018）——山东	砾石、碎石、火山岩、陶粒、沸石、石英砂、石灰石、矿渣、炉渣等	具有一定机械强度、比表面积较大、稳定性良好并具有合适孔隙率及表面粗糙度，孔隙率宜控制在35%～50%
6	农村生活污水人工湿地处理工程技术规范（DB11/T 1376—2016）——北京	碎石、土壤、砂子等，应加入含钙、镁、铁较为丰富的固磷基质	良好的透水性，孔隙率宜为30%～40%
7	天津市人工湿地污水处理技术规程（DB/T 29—259—2019）——天津	石灰石、页岩、陶粒、沸石、矿渣、炉渣等	较强的机械强度、较大的孔隙率、比表面积、表面粗糙度、良好的生物和化学稳定性。
8	生态安全缓冲区生态净化型项目建设技术指南	加气混凝土、土壤、砂砾、沸石、石灰石、页岩、陶粒、塑料等	潜流人工湿地基质层的初始孔隙率宜控制在35%～40%，潜流人工湿地的基质厚度应大于植物根系所能达到的最深处，保证湿地单元中植物的生长及必要的好氧条件。

1. 天然产物类材料

（1）天然惰性材料

天然惰性材料是指材料结构稳定、表面活性较差、基本没有孔隙结构、污染物截留效果较差的一类物质，但其大多数机械性能较好、渗透系数较大，在人工湿地应用中主要作为床体支撑、过滤和挂膜材料，有时为满足粒径配级，也常与其他填料混用。常见的天然惰性材料有沙、砾石、白云石等。

（2）天然活性材料

天然活性材料往往本身具有一定活性，孔隙结构发达、孔隙率较高、表面官能团较丰富，有一定离子交换容量和机械强度，渗透性较强，与水接触不仅能形成表面流，还能形成内部孔隙流。通常天然活性材料特异性较大，不同材料对氮、磷、重金属等污染物的吸附截留效果差异较大。

2. 工业/农业副产物类填料

（1）工业副产物

工业生产过程中，一些副产物有良好的物理化学性能，机械强度高、孔隙率较大、产量丰富，具有一定的特异性吸附功能。但工业副产物随原材料和生产工艺不同，其成本、性质、去污能力差异较大，在使用过程中其本身携带的污染物可能会被释放，往往有二次污染风险，使得工业副产物的应用和推广受到质疑和限制，因此目前该类填料多以试验研究为主。

（2）农业副产物

农业副产物是指在农业生产过程中或者农副产品（食物）消耗过程中所产生的废物。该类物质的木质素、纤维素、半纤维素含量较高，应用在湿地系统中除了有一定截留污染物作用外，还可作为缓释碳源释放溶解性有机质，改善湿地系统碳氮比（C/N），提高系统脱氮效率。

3. 人工制备类填料

人工制备类填料是一些原生材料经过一系列加工，如碳化、煅烧、改性等，制备（合成）出具有去污能力、孔隙结构与物理化学性质稳定的材料，其去污性能和透水性能相对较好，但成本也相对较高。就性能而言，人工制备类填料（特别是富碳类填料和陶粒）受生产工艺、原材料、改性方法的影响，其理化性质差异非常大；而改性填料（包括酸改性、碱改性、交联-耦合及磁化等）在一定程度上能提高对污染物的去除效果，如通过镧改性的物质，其对磷的吸附能力有很大提升，但目前受制备工艺限制，该类填料成本较高。

新港电子产业科技园第二污水厂项目尾水湿地与景观型人工湿地不同，其主要针对的是污水处理厂排放的尾水，力求水质的深度净化。正常情况下，由于前序水处理工艺的净化作用，绝大多数污染物特别是COD已被降解，尾水中的有机物浓度较低，对于以去除氮、磷为主的人工湿地而言，低C/N条件不利于系统的脱氮作用。因此，在人工湿地填料的选择上，除了考虑来源、成本、透水性、安全性、截污能力外，还应有针对性地考虑电子转移促进、碳源补充、自养反硝化、抗堵塞等问题。结合上述人工湿地技术规范及各种填料的特征，可以采用石灰石、沸石以及砾石的搭配方案，以实现新港电子产业科技园第二污水厂项目尾水生态缓冲区深度脱氮除磷的功能，进一步提升出水水质。

8.5.2.4.4　主体植物方案

1. 单物种确定

在工程实际应用中，对于表面流人工湿地来讲，挺水植物是最为广泛使用的植物类型；对于潜流人工湿地，其水面位于填料以下的工艺特征使其在水生植物选择时仅能选择挺水植物，因此国内相关规范/指南中对于潜流人工湿地以推荐挺水植物为主。已有研究表明，相比于仅有漂浮植物或沉水植物的人工湿地，种植挺水植物的人工湿地具有更好的氮、磷去除效果。在收集的465个植物组合数据中，用于营养盐去除且包含挺水植物的组合数高达274个，远超其他类型的水生植物。挺水植物具有较高的氮、磷去除效果，因此挺水植物往往是研究者在进行水生植物组合时的优选植物。根据上述工程实际应用和文献分析结果，在单物种确定时，应首先确保选择1种挺水植物作为主要功能植物来承担主要的净化功能。作为承担净化功能的优势物种，应满足去污能力强和气候适应能力强的要求。因此通过对465个植物组合进行分析,确定可选用的挺水植物清单,即主要功能植物可选用清单。从出现次数来看,菖蒲、美人蕉、芦苇、香蒲、鸢尾5种水生植物由于其高效的净化能力在植物组合中出现次数较多,包含这5种挺水植物的植物组合占所有挺水植物组合的86.50%。从所应用的地理位置来看,5种挺水植物均可在《人工湿地水质净化技术指南》中划分的寒冷地区、夏热冬冷地区、夏热冬暖地区与温和地区广泛使用,说明其均可广泛应用于我国南方不同气候条件的人工湿地中。因此,从科学研究和气候适应角度,这5种挺水植物均可承担人工湿地中的营养盐去除功能,可作为主要功能植物入选单物种确定的配置清单。

表 8.5.2-8　主要挺水植物覆盖的气候分区

气候分区	菖蒲	美人蕉	芦苇	香蒲	鸢尾
严寒地区	·	/	·	·	/
寒冷地区	·	·	·	·	·
夏热冬冷地区	·	·	·	·	·
夏热冬暖地区	·	·	·	·	·
温和地区	·	·	·	·	·

2. 组合搭配

组合搭配的作用是在单物种确定的基础上,使人工湿地植物配置实现高效的净化功能。包含5种主要功能植物的植物组合中,以由2种或3种不同植物组成的植物组合居多,由4种或5种不同植物组成的植物组合出现的次数非常少。因此在组合搭配时,应在确定了1种挺水植物作为主要功能植物的基础上,形成由2种或3种不同植物组成的植物组合,配置的植物种类不宜过多。

根据本次进水浓度,本次搭配组合主体选取美人蕉+菖蒲+芦苇。

3. 系统搭建

在主要功能植物和高效组合搭配确定的基础上,对植物组合进行补充,以构建稳定的人工湿地系统。系统搭建的主要目的:丰富水生植物类型,补充漂浮植物、浮叶植物和沉水植物,以提高人工湿地生态系统在抗虫害、抗气候变化以及在营养盐去除方面的稳定性;补充冬季植物,包括夏季休眠、耐寒性好的水生植物,避免人工湿地的净化和景观功能在冬季弱化,维持人工湿地全年稳定运行。

在补充不同类型的水生植物时,可以选择浮萍、大藻、香菇草、槐叶萍、紫萍等漂浮植物,睡莲、芡实、菱、水鳖、荇菜、王莲等浮叶植物,狐尾藻、苦草、黑藻、金鱼藻、伊乐藻等沉水植物。在进行冬季植物的补充时,可选择补充旱伞草、鸢尾、灯芯草等耐寒性较好的植物,或伊乐藻等冬季生长、夏季休眠的植物。

4. 景观配置

人工湿地除了强调净化功能,景观功能也很重要。此类人工湿地应包含不同色彩、植株高度与观赏特性的植物,以呈现丰富且协调的视觉效果。景观配置应注重搭配不同花期的水生植物,保障人工湿地景观功能在全年的稳定性。例如可选择水葱、美人蕉、鸢尾、再力花、梭鱼草、千屈菜等不同花期、花色的水生植物,提高整体景观配置的观赏价值。

8.5.2.4.5 工艺的确定

综上所述,结合本项目的实际情况和各种工艺的技术特点,新港电子产业科技园第二污水厂项目尾水生态缓冲区工程拟采用"生态滞留塘＋水平潜流人工湿地＋景观生态塘"工艺。各级处理单元依次相连,对水体中的污染物进行逐级净化去除,最终达到水质改善的目标。其中水平潜流人工湿地是最为核心的功能单元,水平潜流人工湿地内部填充有不同级配的功能性填料,对有机物、氮、磷有显著的去除效果。工艺中不同处理单元的功能作用如下表所示。

表 8.5.2-9　人工湿地不同处理单元功能

序号	处理单元	功能作用
1	生态滞留塘	预处理单元,实现水质水量的调节,搭配各种类型水生植物、动物与景观小品,营造生态环境优美的亲水空间
2	水平潜流人工湿地	填料优化组合的高负荷湿地单元,实现有机物氧化与脱氮耦合
3	景观生态塘	末端水质净化效果展示单元,融合景观及生态净化效果

图 8.5.2-20　人工湿地景观效果图

8.5.2.5　处理效果预测

鉴于以上分析内容,本次湿地处理单元主要为:生态滞留塘＋水平潜流人工湿地,预测水质处理效果如下表所示。

表 8.5.2-10　各单元前后水质参数　　　　单位:mg/L(pH 为无量纲)

水质参数	设计进水水质	生态滞留塘	水平潜流人工湿地
pH 值	6～9	6～9	6～9

续表

水质参数	设计进水水质	生态滞留塘	水平潜流人工湿地
COD_{cr}	≤30	≤28	≤25
氨氮	≤1.5	≤1.2	≤1.0
总氮	≤10	≤10	≤8

本工程处理单元对COD_{cr}、BOD_5、氨氮、总氮、总磷具有削减效果,预测削减量如下:

表 8.5.2-11　污染物削减量:t/a

水质参数	污染物削减量 t/a
COD_{cr}	31.5
氨氮	3.15
总氮	12.6

8.5.2.6　工程方案

8.5.2.6.1　总体设计

1. 工程规模

新港电子产业科技园第二污水厂尾水湿地项目设计规模为 1.215 万 m^3/d。

2. 进出水水质

表 8.5.2-12　设计进出水水质

项目	pH	COD_{cr} (mg/L)	BOD_5 (mg/L)	SS (mg/L)	TN (mg/L)	NH_3-N (mg/L)	TP (mg/L)
设计进水水质	6~9	≤30	≤10	≤10	≤10	≤1.5	≤0.3
设计出水水质	6~9	≤25	≤6	≤10	≤8	≤1.2	≤0.3

3. 总平面布置

平面设计原则如下:

(1) 布局合理,水流顺畅,布置紧凑,尽量少占地;

(2) 布局的总体考虑为:方便运行管理,建(构)筑物可实现组合,方便施工和检修,各主要构筑物均留有施工间距;

(3) 应充分利用自然环境的有利条件,按构筑物使用功能和流程要求,结合地形、气候、地质条件,便于施工、维护和管理等因素,合理安排,紧凑布置;

(4) 厂区的高程布置应充分利用原有地形,符合排水通畅、降低能耗、平衡土方的要求;多单元湿地系统高程设计应尽量结合自然坡度,采用重力流形式,需提升时,宜一次提升。

总平面布置主要分为以下功能区:

(1) 生态滞留塘:确保尾水均质均量。

(2) 水平潜流人工湿地区域:以水质净化为主,采用水平潜流人工湿地。

(3) 景观生态塘:以水质净化为主。

本次人工湿地具体布置详见下图:

图 8.5.2-21　平面效果图

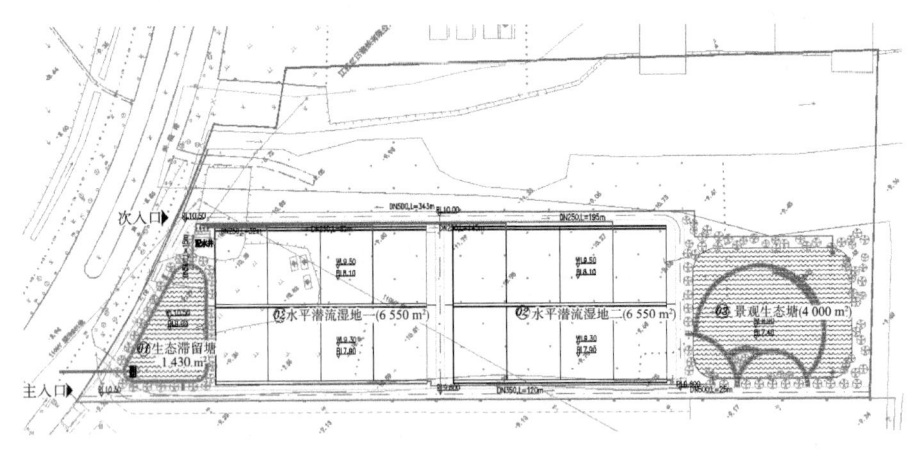

图 8.5.2-22　人工湿地平面布置图

8.5.2.6.2　工艺设计

1. 生态滞留塘

(1) 设计参数

设计平均水深 $h=1.4$ m，深水区水深 1.6 m，超高 0.7 m

有效表面积 $A=1\,430$ m²

有效容积 $V=2\,145$ m³

水力停留时间 $t=4.2$ h

(2) 结构形式

生态滞留塘池体采用素土结构，池体底部素土夯实，铺设 HDPE 土工膜（规格：600 g/m²）以增强底部和侧面的防水性，为了保证池体的结构稳定性，沉水植物区边坡采用斜坡的形式，坡比为 1∶3，超高设计为 0.7 m。

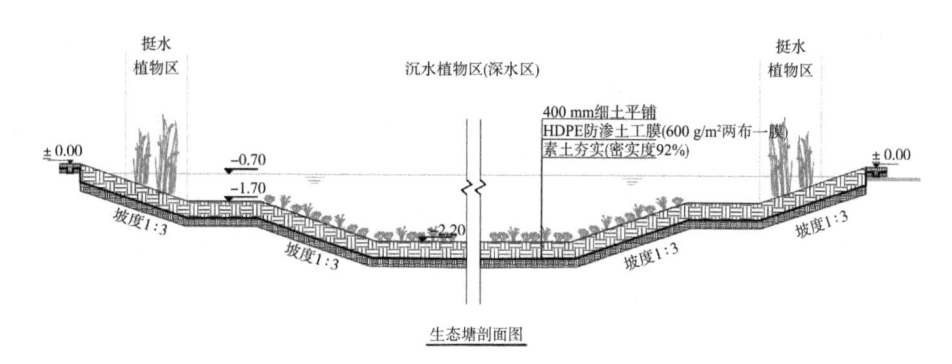

图 8.5.2-23　生态塘剖面图

（3）填料配置

该生态滞留塘的基质层主要作用是为植物提供生长介质，因此，以易得、廉价为主。该工程中所用基质可以在场地周边就近取材，例如种植土和沙子。设计基质高度为 0.4 m，为种植土层，粒径分布为 2～4 mm。

（4）植物配置

沿岸边设置挺水植物，中心设置沉水植物、浮水植物。

2. 水平潜流人工湿地

（1）设计参数

根据《生态安全缓冲区生态净化型项目建设技术指南》规定，本项目人工湿地主要涉及参数可根据如下表格选取。

设计有效水深 $h=1.4$ m

有效表面积 $A=12\,480$ m^2

表 8.5.2-13　人工湿地主要设计参数

项目	水平潜流人工湿地
水力停留时间 d	0.2～3.0
表面水力负荷 m^3/(m^2·d)	0.2～1.0
COD$_{cr}$ 削减负荷 g/(m^2·d)	0.5～10.0
氨氮削减负荷 g/(m^2·d)	0.1～3.0
总氮削减负荷 g/(m^2·d)	1.5～5.0
总磷削减负荷 g/(m^2·d)	0.2～0.5

有效容积 $V=17\,472$ m^3

孔隙率 0.4

水力停留时间 $t=34.5$ h

表面水力负荷 $q=0.97$ m^3/(m^2·d)

COD$_{cr}$ 削减负荷取 6.9 g/(m^2·d)

氨氮削减负荷取 0.41 g/(m^2·d)

总氮削减负荷取 2.76 g/(m^2·d)

(2) 结构形式

水平潜流人工湿地池体及配水渠道采用 C30 钢筋混凝土结构，中间隔墙采用 MU10 浆砌灰砂砖，池体及四周素土夯实后铺设 HDPE 防渗土工膜（规格：600 g/m²），底部及侧面的渗透系数应不大于 8~10 m/s。

该潜流湿地单元的主要处理区域由承托层和填料层组成，其中承托层起到支撑上层填料的作用，在承托层中亦可布置收集排空管，所以承托层应采用强度较大的大粒径鹅卵石。填料层的作用主要是对水中污染物进行吸附和截留，并为植物的生长和微生物生物膜的形成提供载体。

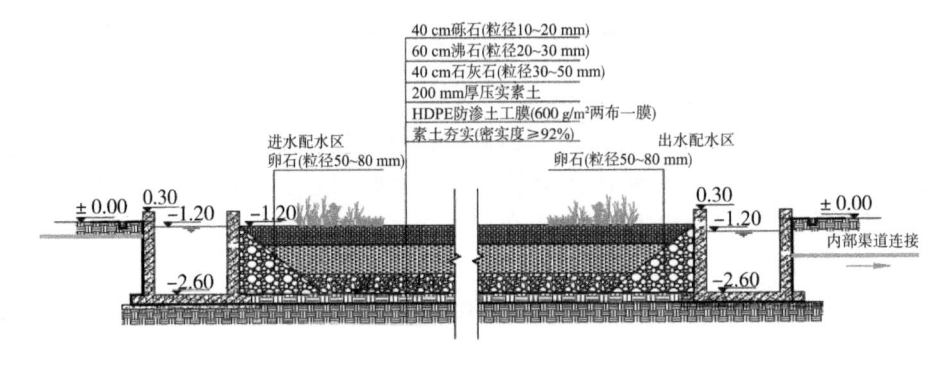

图 8.5.2-24　水平潜流人工湿地剖面图

(3) 填料配置

作为潜流人工湿地最为重要的组成部分，填料的选择直接影响着滤池的净化效率。因此，必须针对目标污染物的去除，选择适宜的填料类型和铺设方式。该项目尾水中污染物的去除对象包括 COD、BOD、氨氮及 TP，结合前期技术研发和实际工程应用经验，考虑同时搭配多种类型填料的组合，实现有机物、N、P 的深度去除。因此，设计沿水平潜流湿地长度方向填充不同的填料，沿水流方向依次为石灰石、沸石、石灰石、火山岩。其中火山岩具有较大的孔隙率和比表面积，以及耐腐蚀、抗冰冻、质坚、高强度等优点，易于生物膜附着，也易于使污水均匀流动；而石灰石和沸石则具有较好的污染物吸附功能，能够强化潜流人工湿地的脱氮除磷效果。

为了最大限度地延缓湿地单元的堵塞及保证配水均匀性，在进水和出水穿孔管位置布设较大粒径的填料，粒径为 50~80 mm，作为湿地单元的进、出配水区。滤池填料宜自上而下采用均匀的粒径配比，上部填料层高度为 0.4 m，选取粒径大小为 10~20 mm 的填料；中间填料层高度为 0.6 m，选取粒径大小为 20~30 mm 的填料，底部承托层高度为 0.4 m，选取粒径大小为 30~50 mm 的鹅卵石；设计超高 0.3 m，比周边道路高 0.2 m，进出水采用穿孔管，保障布水均匀。

(4) 植物配置

植物作为潜流人工湿地的重要组成部分，在生态强化过滤中的主要作用包括：直接吸收去除污染物、改变湿地内部微环境，为微生物等提供适宜的生长条件和发挥处理系统的景观作用。植物一般选用当地或本地区天然存在的适生植物，同时遵循以下几点要求：

图 8.5.2-25　人工湿地填料

① 具有良好的生态适应能力和生态景观功能；
② 具有较强的生命力和旺盛的生长势；
③ 具有较强的耐污染能力和较为发达的根系；
④ 年生长期较长；
⑤ 不会对当地生态环境构成威胁，具有生态安全性；
⑥ 具有一定的经济效益、文化价值、景观效益和综合利用价值。

水平潜流人工湿地常用的植物种类以挺水植物为主，本工程所选植物应结合除污和景观需求，因此选择以美人蕉＋香蒲＋芦苇为主体，搭配其余挺水植物，构成丰富的景观层次。

3. 景观生态塘

(1) 设计参数

设计平均水深 $h=1.5$ m，深水区水深 1.6 m，超高 0.7 m

有效表面积 $A=4\,000$ m^2

有效容积 $V=6\,000$ m^3

水力停留时间 $t=11.9$ h

(2) 结构形式

景观生态塘池体采用素土结构，池体底部素土夯实，铺设 HDPE 土工膜（规格：600 g/m^2）以增强底部和侧面的防水性，为了保证池体的结构稳定性，沉水植物区边坡采用斜坡的形式，坡比为 1∶3，超高设计为 0.7 m。

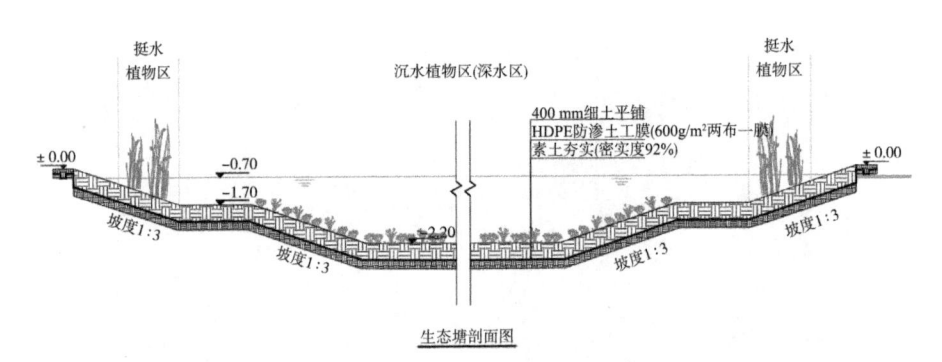

图 8.5.2-26　生态塘剖面图

(3) 填料配置

该生态塘的基质层主要作用是为植物提供生长介质,因此以易得、廉价为主。该工程中所用基质可以在场地周边就近取材,例如种植土和沙子。设计基质高度为 0.4 m,为种植土层,粒径分布为 2~4 mm。

(4) 植物配置

沿岸边设置挺水植物,中心设置沉水植物、浮水植物。

4. 防渗设计

本项目人工湿地防渗工艺采用膜料防渗工艺,膜料防渗具有较好的防渗效果,一般可减少 90% 以上的渗漏损失,同时具有施工方便、工期短、造价低等优点。常用的膜料有 PE、PVC 及其改性塑膜、PVC 复合防渗布和沥青玻璃丝布油毡等。膜料防渗性能好,适应变形能力强,南北方均可采用,特别是北方冻胀变形较大的地区,效果理想。但是,防渗膜较薄,在施工、运行期易被刺穿,使得防渗能力大大降低。膜料防渗首先应保证渠道基槽开挖平整,然后根据渠道大小将膜料加工成大幅,自渠道下游向上游、由渠道一岸向另一岸铺设膜料,膜料应留有小褶,并平贴渠基,然后保护层回填夯实,可用压实法或浸水泡实法填筑。

8.5.2.6.3　景观设计

1. 设计原则

人工湿地景观整体设计包括景观形式、生态系统功能、水循环处理系统功能等,生态、美观及可参与性是人工湿地景观设计的基本目标。因此,对于本工程进行景观设计,除了应遵循景观设计的基本原则外,还需要满足水处理技术要求与环保设计原则。

人工湿地景观设计的基本原则是生态、科技和安全原则。生态原则是保持湿地系统的完整性、连续性和关联性;科技原则是遵循生态学的原理和要求,采用适宜的生态和环境技术;安全原则是在考虑人工湿地生态安全的同时兼顾人的安全。

2. 植物景观设计

(1) 水生植物景观设计

人工湿地不仅具有污水处理功能,同时具有显著的生态景观效果,其中水生植物是其景观功能的重要组成部分。在人工湿地水生植物种植设计中,需要充分考虑实际现场地形地势及相应的生境类型,按照植物的生态习性和生长规律,按挺水植物、浮叶植物、漂浮植物及沉水植物进行分类,并遵循生物多样性原则、景观个性原则、整体协调原则进行设计，因地制宜、合理配置各种类型植物，充分发挥不同植物种类的景观与生态效益，形成具有一定层次、厚度和色彩的稳定生态系统。需要注意的是，人工湿地应以污水处理功能为核心，在此基础上配套湿地植物、道路及相关绿化景观。

结合当地水生植物生长状态及习性，不同的湿地功能单元搭配有不同类型的水生植物，总体上以当地适生的植物为主。各级湿地单元具体的植物搭配类型如下所示：

① 水平潜流人工湿地

图 8.5.2-27　水平潜流人工湿地植物配置推荐图

② 生态塘

图 8.5.2-28　生态塘植物配置推荐图

（2）乔木和灌木景观设计

除了水生植物外，人工湿地中乔木和灌木的搭配也是不可或缺的重要组成部分。乔木高大挺拔，一般布置在道路的两侧以及湿地区域周边；灌木低矮，一般布置在道路与各级湿地池体之间区域，进行景观点缀和颜色补充。结合该人工湿地各级功能单元的具体实际情况，乔木和灌木主要布置在生态沉淀池以及中部功能湿地单元周边，与水生植物相互搭配，构成整个人工湿地系统的景观色带与绿色生态空间。

（3）观花和草木

观花和草木是人工湿地单元的色彩补充部分，结合该湿地具体情况，主要布设在人工湿地内部园路的两侧，进行道路绿化及景观搭配。

图 8.5.2-29　乔木、灌木配置推荐图

（水杉、鸡爪槭、樱花、垂柳、桂花、紫叶李、广玉兰、垂叶榕、木槿、大叶黄杨、水杨梅、红花檵木）

图 8.5.2-30　观花、草木配置推荐图

（碧桃、榆叶梅、腊梅、芍药、扶桑花、茉莉花、紫薇、悬铃花、美人蕉、萱草、麦冬、八宝景天）

3. 景观小品

景观小品主要包括木栈道、汀步、景观石等，也是人工湿地景观设计的重要组成部分。在该人工湿地系统中，生态塘由于具有较大的水面面积，可考虑在适当位置设计景观栈道及汀步。景观石拟布设在生态塘四周，增加生态景观效果。值得注意的是，景观设计需要在保障人工湿地污水处理功能的基础上进行，不能一味地追求景观效果，而影响人工湿地系统的水处理功能。

（1）景观栈道

在现代景观设计中，景观栈道已经成为一种不可取代的增添场地趣味性和情调的媒介。它是对自然景观藏与露玄机的解读,凭借其展现的美景或终点的吸引力,可以将人从一点引至另一点,在景观中起着引人入胜的轴线功能,这就是景观栈道的魅力。

人工湿地设计中的水体景观栈道常见的有立柱护栏式与凹槽式等,这种栈道是介于水体和驳岸之间的一种景观构筑物,它可以使人们的行走线路随着视线延伸,让人们的视觉感受从硬质的陆地空间过渡到软质的水体空间,抓住人们对水的亲近性,进而让人们对湿地有一种身临其境的感觉。

图 8.5.2-31 景观栈道

(2) 水中汀步

水中汀步是人工湿地在水面上的主要点缀方式之一。作为湿地内部连接步道的一部分,汀步是步石的一种类型。在浅水中按照一定间距布设块石,微露水面,使人跨步而过。汀步在湿地中的设置显得质朴自然,别有情趣。汀步多选用石块较大,外形不整而其上又比较平的山石,散置于水浅处,石与石之间高低参差、疏密相间,取自然之态,既便于临水,又能使池岸形象富于变化。

图 8.5.2-32 水中汀步

(3) 文化宣传引导牌

在人工湿地中不同处理单元入口处设置简介及处理机理介绍牌,使人们了解人工湿地对水质净化的机理。常规介绍如下:

人工湿地水质净化机理:人工湿地对污水的处理综合了物理、化学和生物的三种作用。湿地系统成熟后,填料表面和植物根系将由于大量微生物的生长而形成生物膜。污水流经生物膜时,大量的 SS 被填料和植物根系阻挡截留,有机污染物则通过生物膜的吸收、同化及异化作用而被除去。湿地系统中因植物根系对氧的传递释放,其周围的环境中依次出现好氧、缺氧、厌氧状态,保证了污水中的氮磷不仅能通过植物和微生物作为营养被吸收,还可以通过硝化、反硝化作用被除去。最终,通过收割湿地系统的植物可以将污染物排出。

① 文化宣传牌设计

可在人工湿地各处理单元分别设置一处,分别介绍各处理单元水质净化机理,如图 8.5.2-33 所示。

图 8.5.2-33　宣传牌设计意向图

② 引导指向牌设计

人工湿地引导指向牌应以最少的数量,最准确的位置,最及时、充分地发挥导向的作用。要想合理地布局导向,就需要对人工湿地的地理环境、景点布局、道路设置、游人游玩心理等进行研究。导向标识牌、出入口标识牌、道路引导标识牌、服务设施指示牌等应设置在道路交叉口、出入口。

③ 文明标识牌设计

应在人工湿地中存在较大片绿地的醒目位置设置文明标识牌。

8.5.2.6.4　结构设计

1. 设计原则及结构的安全等级

结构设计应满足工艺要求,遵循结构安全可靠、施工方便、造价合理的原则,根据拟建场地的工程地质、水文资料及施工环境,优化结构设计,选择合理的施工方案,遵循现行国家和地方设计规范和标准,使结构在施工阶段和使用阶段均满足承载力、稳定性和抗浮等承载极限要求,以及变形、抗裂度等正常使用要求。

本工程的建筑物、构筑物的安全等级均为二级,合理使用年限为50年。

2. 主要材料

(1) 混凝土

盛水构筑物采用C30防水混凝土(内掺HEA抗裂防水剂,占水泥用量的8%);抗渗等级P8;且限制膨胀率为水中14天≥0.025%、水中28天≤0.1%、空气中21天≥−0.02%;其他采用C30普通混凝土;二次灌浆层均采用H40无收缩灌浆料;基础垫层采用C20素混凝土;池内素混凝土填料均为C20混凝土。混凝土中碱含量≤3 kg/m³,最大氯离子含量≤0.15%(水泥量),水胶比不得大于0.5,并不得采用氯盐作为防冻掺合料。

(2) 钢筋及钢材

钢筋采用HRB400、HPB300级钢筋。钢制构件:均采用Q235B,其抗拉强度、伸长率、屈服点、冷弯,及碳、硫、磷等极限含量应符合GB/T 700—2006中有关标准。焊条:E43系列(用于HPB300钢筋);E50系列(用于HRB400钢筋),最小焊缝高度h_f≥6 mm,最小焊缝长度l_f≥120 mm或者1.5倍角钢长肢尺寸。

(3) 混凝土结构的环境类别及耐久性的基本要求

① 本工程各单体基础部分及储水构筑物耐久性按《混凝土结构设计标准》(GB/T 50010)中二(b)类环境进行设计。混凝土最大水胶比不得大于0.50,水泥用量不得少于320 kg/m³;掺有活性掺合料时,水泥用量不得少于280 kg/m³。最大氯离子含量不得超过0.15%,最大碱含量不得超过3.0 kg/m³。

② 受弯构件的挠度限值为l_0/300。结构构件的裂缝控制等级为三级,最大裂缝宽度限值为0.20 mm。

③ 混凝土中骨料的最大粒径不应大于40,且不得超过构件截面最小尺寸的1/4,也不得超过钢筋最小净间距的3/4。

④ 混凝土中应掺适量防渗、抗裂的低碱性外加剂,外加剂中不得含有氯盐,掺量应经配比试验后确定。

8.5.2.7 人工湿地管理

1. 管理职责

(1) 按工程管理规范的要求,进行工程的检查、维修、养护、观测,确保工程状态完好,安全运行;

(2) 要专人负责建立起定期和不定期的湿地水质、工程质量、环境状况检查与汇报制度,以便发现问题,及时研究解决;

(3) 结合环境美化要求,做好湿地的绿化工作;

(4) 积极应用现代化管理技术,提高管理工作的科技含量,建立现代化工程调度系统,促进工程高效运行。

2. 管理范围和保护范围

为确保工程安全和正常运行,应根据工程所在地的自然条件和土地利用情况,规划确定工程的管理范围和保护范围,作为工程建设和管理运行的依据。

工程管理范围为本工程各组成部分的覆盖范围、建筑场地和管理区用地等。工程保护范围是为保证工程安全,在工程管理范围以外划定的一定宽度,不能进行征用。在范围内严禁进行开挖、打井、爆破等危害工程安全的活动。

3. 工程管理设施

（1）交通运输设施

为满足工程管理的需要,工程应配备完善的交通设施,包括对外交通、内部交通及相应的附属设施和交通工具。

（2）通信设施

为了工程控制运行需要,管理单位必须配置良好的通信设施,建立对外、对内通信系统,以确保调度运行快速灵活。

（3）水文水质监测设施

为保证工程进水水量与水质,需对其进行监测,为工程进水和出水提供及时、准确的水情、水质等信息,工程需布设相应的水文、水质等水环境监测体系,及时、准确掌握水质情况,如果水质没有达到预定指标范围,必须立即查出原因,以便采取有针对性的措施加以治理。

（4）公共教育设施

采用媒体宣传、公众参与等方式,不断增强公众对保护水源水质、保护人工湿地的意识,加大湿地处理工艺宣讲和教育设施的投入,提高湿地文化水准。

4. 湿地运行管理

（1）运行控制

人工湿地的运行要保证各处理单元的连续运行,确保出水水质。这就要求要保证各处理单元的布水均匀性和水位控制。水量和水位的改变不仅会影响人工湿地处理系统的水力停留时间,还会对大气中的氧向水相扩散的速率造成影响。因此,人工湿地的运行要根据污水厂出水水质水量的变化调节各处理单元的进水水量和运行水位,保证各处理单元的净化功能。此外,运行中还应注意水生植物的生长状况、各构筑物的渗漏和耐压情况,确保人工湿地的正常运行。

冬季因为温度低,微生物活性降低,为促进湿地效果需要延长水力停留时间。冬天湿地中的大型植物可作为覆盖层来保护根围结构,使其免于冰冻。从湿地类型来考虑,潜流湿地的保温效果优于表面流湿地。

为了获得人工湿地处理系统预期的处理效果,保持进出水流量的均衡性是非常必要的,这就要求管理者对进出水装置进行定期维护。对进出水装置要进行周期性的检查并对流量进行校正。同时要定期去除容易堵塞进出水管道的残渣。当湿地系统的漫流情况非常糟糕时,需要将系统前端1/3部分的植物挖走,并挖出填料,更换上新的填料并重新种植植物。

（2）人工湿地植物维护

人工湿地植物栽种后应根据实际情况采取措施确保栽种植物的成活率。湿地植物栽种最好在春季,植物容易成活;如果不是在春季,如冬季时应做好防冻措施,夏季则应做好遮阳防晒。植物栽种初期为了使植物的根扎得比较深,需要通过控制湿地的水位,促使植物根茎向下生长。对不耐寒的植物在冬季来临之前要做好防冻措施或及时收割掉,降低负荷。

(3) 景观植物维护

景观植物维护必须一年四季不间断地进行,其主要内容有浇水与排水、施肥、中耕除草、整形与修剪、防寒、病虫害防治等。此外,还要定期检查植物生长状况,及时补种和修枝剪叶。

(4) 气味控制

人工湿地作为复杂的微生物系统,生物活动的代谢可能会产生令人不愉快的气味,影响人工湿地的景观生态功能。对于潜流型人工湿地来说,基本不会存在气味问题。而表面流人工湿地如果进水负荷过高,会形成厌氧的水域,发生厌氧反应,从而释放出难闻的气体,这种情况主要是由进水的有机负荷过高或氨氮负荷过高造成的。

另外,植物能够将氧气传输到湿地系统中,因此在布局上可以考虑在开阔的水域分散种植较多植物,从而创造充氧环境。如果人工湿地由于厌氧情况使出水中含有较多的硫化氢,那些本来用于向出水中传输氧气并作为景观的跌水等结构,就会将水中的硫化氢解析出来,使这种难闻的气味弥漫到附近的空气中,对此应加强对湿地系统的实时监控和管理。

(5) 蚊蝇控制

人工湿地,特别是表面流湿地,由于具有较大的水域面积以及潮湿的环境,为蚊蝇的生长创造了环境。蚊子能够传播疾病,危害人类的健康,因此蚊蝇的控制是必须考虑的问题。人工湿地建成后就是一座湿地公园,蚊蝇问题如果得不到解决,会引起参观游客的反感。通过大量的实验和实际工程经验,已经形成了如下几种比较成熟的控制蚊蝇的方法:

保持人工湿地系统中水体流动是非常有利于减少蚊蝇数量的,可以通过水泵提取或在水面安装机械曝气设备来强化边缘水域的水体流动,这可以抑制蚊蝇幼虫的发育,同时会增加水中的溶解氧含量,有利于提高出水水质。

在人工湿地系统中设置洒水装置,通过向水面洒水来阻碍蚊蝇向水中产卵,这样不仅可以达到控制蚊蝇的目的,还可以和水景观结合起来增加湿地系统的观赏性。

湿地系统中高大的挺水植物成熟后容易发生弯曲或倒伏在水面上,这种生境非常有利于蚊蝇的滋生。因此可以通过加强湿地植物的管理来控制蚊蝇,在水边不种植水生植物,或种植低矮的植株并每年进行收割。

必要时可以在蚊蝇产卵的季节使用杆菌杀死虫卵,或使用能够导致其幼虫发育衰减的激素来控制蚊蝇。实践证明,向系统中投放食蚊鱼和蜻蜓的幼虫也是一种非常有效的方法。这不仅可用在气候温暖的地域,在寒冷的北方,也可以使用食蚊鱼。不过由于其无法越冬,来年需要重新投放。有时候由于植物的叶片堆积得过于密集,食蚊鱼可能无法达到湿地的所有部分,当出现这种情况时可以适当稀疏植被。同时,其他的自然控制方法,如造蝙蝠穴和构筑燕巢引来蝙蝠和燕子来控制蚊虫也非常有效。

(6) 野生生物控制

人工湿地系统运行起来后,会慢慢出现一些野生生物,如鸟类、哺乳动物、爬行动物和昆虫等。这些野生生物能形成湿地系统特有的食物链,丰富了湿地系统的生物多样性。

野生生物通常具有维护湿地环境功能,因为它们从湿地植物中获取营养物质,随后将这些营养物质带走,分布到整体的环境中。然而,针对某些会对湿地系统及周围环境带来不良影响的野生生物,则必须加以控制。如麝鼠等啮齿类动物会严重损坏湿地系统中的植物,它们将香蒲和芦苇等植物作为食物,并用其枝叶做窝。同时麝鼠也喜欢在护堤和湿地中打洞,这会危害护堤的结构稳定性。有关研究表明,将堤面坡度设置成3:1或更小,可以有效地防止护堤上出现洞口。临时提升运行水位可以有效阻止这些动物,同时采用捕鼠夹来诱捕也是行之有效的控制手段。昆虫也会造成危害,人工湿地处理系统中种植的植物会像农作物一样感染病虫害。虽然植物的病虫害不会影响水处理效果,但会影响人工湿地的美观性。因此,病虫害的防治也非常重要。使用农药等化学药剂并不是防治病虫害的好方法,因为施用农药会向人工湿地处理系统中引入新的污染物。可以在湿地附近营造一些鸟巢,吸引麻雀或燕子等鸟类入住,这些天然的捕食者可以在控制昆虫中发挥积极的作用。

(7) 冬季运行保温控制

植物覆盖是将植物的地上部分割去就地覆盖,操作较为简单,但植物腐烂会释放出一定量的污染物,有可能造成二次污染,因此必须在第二年开春前将覆盖植物清除。此外植物的枯叶会随风飘扬,可能会影响周围的环境卫生。

冰层覆盖不存在二次污染的问题,但需定期对冰层进行检查,当出现较大面积的冰层融化时,则需重新进行冰层形成的操作,故操作较为复杂。

地膜覆盖法在农业中应用较多,技术成熟,但与其他两种方法相比,覆盖膜易破、铺设操作较为复杂、投资较高,且来年必须清理并妥善处理,否则会造成白色污染,因此难以在野外大面积应用。

综上所述,在实际运行工程中,要根据具体情况选择适宜的湿地保温方法。

参考文献

[1] 邱金泉,王静,张雨山.人工湿地处理高盐度污水的适用性及研究进展[J].工业水处理,2009,29(11):1-3.

[2] 孙萍.滨海重盐碱区几种水培植物的耐盐碱性及其净化氮磷效果的研究[D].青岛:中国海洋大学,2015.

[3] 刘小川.耐盐挺水植物的筛选及水质净化效果研究[D].天津:天津大学,2014.

[4] 葛光环.表流人工湿地中重金属的迁移及累积规律研究[D].西安:长安大学,2014.

[5] 李星.人工湿地及湿地植物对电镀废水的净化和修复效果研究[D].金华:浙江师范大学,2008.

[6] 曹婷婷.人工湿地不同工艺对重金属的去除研究[D].西安:长安大学,2015.

[7] 许明,谢忱,刘伟京,等.组合湿地处理化工园区污水处理厂尾水工程示范[J].给水排水,2019,55(02):75-81.

[8] 唐运平,王玉洁,段云霞,等.人工湿地去除芳香族化合物的研究进展[J].天津工业大学学报,2015,34(02):64-68.

[9] 杨春生,金建祥,丁成,等.人工湿地处理化工尾水试验研究[J].盐城工学院学报(自然科学版),2009,22(01):28-31+34.

第九章

工业集中区废水处理工程控制及运行要素分析

9.1 工业集中区废水处理系统控制必要性

9.1.1 污水处理系统具有的特性

和其他工业处理系统相比,污水处理系统具有以下特性:
(1) 每日处理的废水量较大。
(2) 每日进水水质、水量波动大。
(3) 整个处理过程由许多单元组成,在不同的单元有可能发生不同的反应,如化学、物理、生物的反应。
(4) 系统的许多变量不易或不能调节,如进水水质和水量的变化、工业废水毒性负荷以及污水温度。
(5) 进入污水厂的污水必须处理,不存在将其返回排放者的情况。
(6) 污水生物处理性取决于微生物的生理机能,许多情况下我们无法改变其生理机能。
(7) 必须实现泥水的有效分离。
(8) 污水的经济价值非常低。
(9) 系统处于复杂的干扰环境下,无法保持系统的稳定运行状态。

污水处理过程存在许多干扰因素,这是污水处理系统的主要特性,也是污水处理采取过程控制或自动控制的主要原因。

几乎没有污水处理厂是以恒定组分、流量进水的。进水的基本特性、流量、污染物负荷,甚至水温,都存在至少2~10个干扰因素。图9.1-1所示为典型的原水水质和水量变化曲线。

除了进水每日发生变化以外,还有周变化、年变化。许多污水处理厂还存在内部干扰,如浓缩池中清液回流至初沉池造成的干扰[图9.1-2(a)]。由于一般没有调节池,这也给生物处理系统带来很大的干扰(如给厌氧区带入DO),也会给二沉池带来干扰(水力干扰),水力干扰是最常见的也是最难控制的干扰。不仅进水流量的变化会产生干扰,水泵运行工况的变化也会产生干扰,沉淀池的扰动通常是由水泵的运行工况发生变化引起。进水流量突然增加,就必须开多个泵,这样会使得整个污水处理厂出现近 1 h 的水力波动。

(a) 大型污水处理厂

(b) 小型污水处理厂

图 9.1-1 大型和小型污水处理厂原水水质、水量的变化曲线图

还有一些不可预见的干扰[图 9.1-2(b)],如下暴雨、冰雪消融、工业废水带入有毒有害物质等,实际上,污水处理厂从未处于稳定运行状态。干扰可以分为内部干扰和外部干扰两类,内部干扰来自污水处理厂本身,外部干扰来自污水处理厂外部环境。图 9.1-2 给出了污水处理厂产生干扰的主要位置,外部干扰只有一处:原污水。表 9.1-1 是图 9.1-2 对应的不同干扰源。

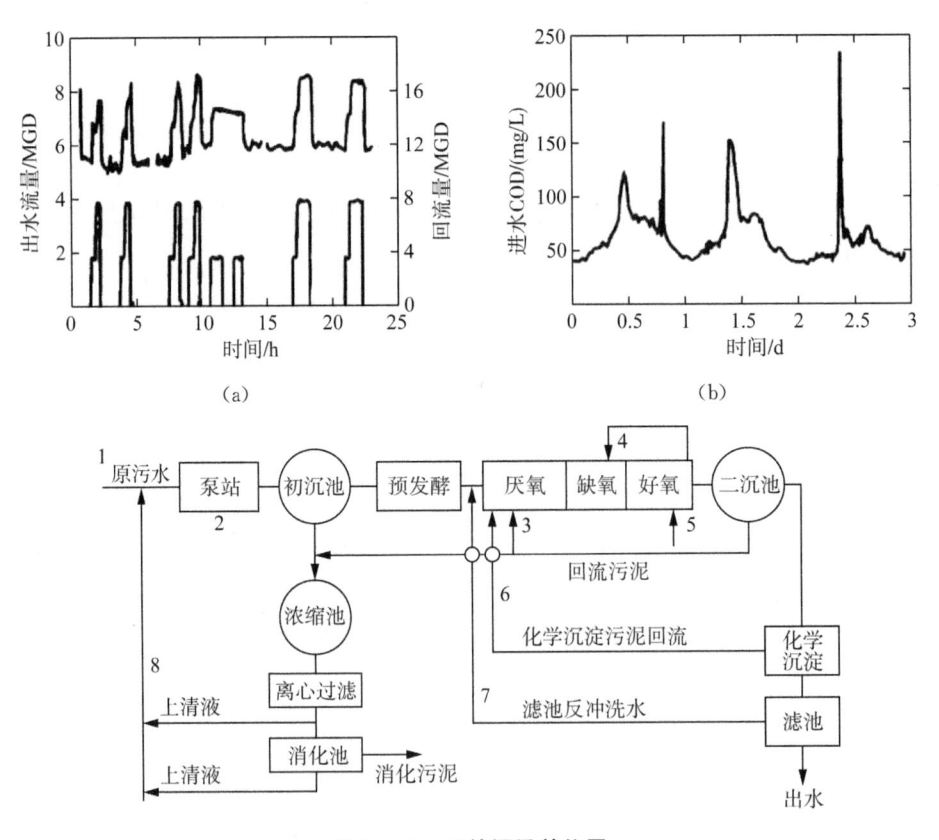

(a)

(b)

图 9.1-2 干扰源及其位置

表 9.1-1　图 9.1-2 对应的干扰源及其特性

序号	位置	特性	序号	位置	特性
1	原污水	流量、组分、浓度	5	压缩空气	空压机干扰
2	泵站	流量	6	化学沉淀污泥	污泥量
3	回流污泥	流量、COD、N、P	7	滤池反冲洗水	流量、DO
4	硝态氮回流	流量、硝态氮、DO	8	上清液	硝态氮

9.1.2　加强污水处理系统过程控制的必要性和重要性

加强污水处理系统的过程控制具有重要的意义,现总结如下:

(1) 我国水资源短缺,对污水的回用需求越来越迫切。

(2) 我国水污染问题的日益严峻,对污水治理提出越来越高的要求。

(3) 污水排放标准的逐步严格,对污水处理工艺及其运行提出了越来越高的要求。

(4) 污水处理的运行费用是庞大的、长期的,如果通过有效的控制能将城市污水处理厂的运行费用节省 1%,也是个天文数字。因此,加强城市污水处理系统过程控制非常必要。

(5) 污水处理系统是一个典型的非线性、多变量、不稳定、时变系统,因此对污水厂运行管理提出了更高要求,迫切需要实现污水处理的过程控制,从而实现达标、稳定、高效、低耗的目标。

(6) 城市污水处理厂的一个显著趋势是工艺运行由经验判断向定量分析发展,将在线仪表与 PLC 应用于各种污水处理工艺过程中,来确定工艺参数、优化运行方案、预测运行过程中可能出现的问题及应采取的防范措施。

(7) 与发达国家相比,我国在污水处理的基本理论、工艺流程和工程设计等方面并不明显落后,但是在运行管理与过程控制方面却存在着较大的差距。目前,我国城市污水处理厂的吨水耗电量是发达国家的近两倍,而运行管理人员数又是其若干倍,大部分已建的污水处理厂仍处于人工操作状态,这严重影响了城市污水处理的质量,进而导致污水处理效率低下、成本增加、出水水质不稳定等问题,带来了不可预料的后果。

(8) 富营养化问题是当今世界面临的最主要的水污染问题之一。近年来,虽然我国污水处理率不断提高,但是由氮、磷污染引起的水体富营养化问题不仅没有缓解,而且有日益严重的趋势。污水处理的主要矛盾已由有机污染物的去除转变为氮、磷污染物的去除。目前我国污水处理厂脱氮除磷普遍存在着能耗高、效率低以及运行不稳定的缺点。提高传统工艺脱氮除磷的效果,以解决我国日益严重的水污染问题,在我国现阶段无论从节省资金、提高污水处理效果方面,还是从优化污水脱氮除磷工艺等方面都有重大的理论意义和现实意义。

发达国家在污水二级处理普及以后投入大量资金和科研力量加强污水处理设施的检测、运行和管理,实现了计算机控制、报警、计算和瞬时记录。美国在 20 世纪 70 年代中期开始实现污水处理厂的自动控制,目前污水处理厂已实现了工艺流程中主要参数的自动测试和过程控制。与国外相比,我国污水处理自动化控制起步较晚,20 世纪 90 年代以后污水处理厂才开始引入自动控制系统,国产自动控制系统在污水处理厂中的应用较少。

9.2 化工园区废水处理工程运行案例分析

案例一 苏中某化工园区污水厂工程运行分析

苏中某园区污水厂建成于 2011 年 5 月,占地 44.22 亩,投资 7 420 万元,现有职工 20 人。污水处理厂设计规模为 20 000 m³/d,目前主要用于产业园台玻大道以东的企业工业废水处理,实际处理量不足 10 000 m³/d。

1 污水处理厂调研现状
1.1 来水接管情况
1. 接管基本情况

根据该产业园的相关资料,园区内的发展产业主要以化工为主,包括盐化工、精细化工、农药化工和新材料等。

(1) 接管企业数量、废水类别

园区污水处理厂主要处理园区台玻大道以东的化工企业废水,其中长期接管的企业约 10~13 家,废水类型为精细化工、盐化工和农药化工废水,主要污染物包括 COD_{cr}、BOD_5、SS、氨氮、石油类、甲苯、氰化物、挥发酚、氯苯类等。

除以上化工废水以外,园区污水处理厂还接管了某化工企业的清下水,清下水水量约 2 000~3 000 m³/d。目前,污水处理厂接管水量在 8 000~10 000 m³/d,不超过设计处理能力的 50%。

(2) 接管管网模式

园区废水收集未实现"一企一管"和"明管"输送,所有废水采用统一地埋管线,混合接入园区污水处理厂。主要排水企业排口均已安装了 COD 在线监测仪,并与园区环境污染源自动监控平台联网运行,但废水量较小的少部分企业未能与监控平台实施联网。

(3) 接管废水水质及可生化性

污水处理厂接管标准按照原环评的要求实施,一段时间内的接管废水来水水质见下表:

表 9.2-1 3 个月的接管废水进水自测平均值 (mg/L)

时间	COD_{cr}	BOD_5	SS	氨氮	总磷
2016 年 3 月	339.2	77.7	92.2	102.0	3.7
2016 年 4 月	227.8	55.3	72.6	46.5	4.7
2016 年 5 月	206.1	51.3	110.2	24.2	4.1
接管标准	500	270	300	35	3

根据测试,污水处理厂进水接管 B/C 平均值在 0.24 左右,盐分自测值在 1 300 mg/L 左右。

1.2 废水收集体系评估

现状废水收集体系评估如下:

(1) "一企一管"建设和明管压力输送方面

园区"一企一管"和"明管建设"工程正在实施中,2016 年 5 月已完成招标工作。目前仍在使用以往的混合地埋暗管,无法对上游企业废水形成有效监管,对接管废水超标和偷排等问题难以形成有效控制。

(2) 进水水质水量方面

根据调研,某污水处理厂运行受进水水质影响严重,园区接管废水时有超标现象,接管废水的 B/C 约为 0.24,盐分约为 1 300 mg/L,2016 年 3—5 月的进水水质自测数据中氨氮、TP 略有超标,且由于企业未实现"一企一管",污水厂仍未能杜绝超标废水接管排放;对于园区存在的环保问题,某产业园管委会已开展园区环保专项整治工作。在 2016 年 4 月以后,各个企业的排水得到了一定控制,超标现象得到一定遏制,但仍难以杜绝。

污水处理厂运行 5 年至今,废水量长期低于 10 000 m^3/d,实际废水量低于设计水量的 50%。

总体而言,进水水质氨氮和总磷存在一定超标现象,COD 常常忽高忽低,废水量长期低于设计水量的 50%,污水处理厂运行负荷较低,对后续运行造成一定影响。

(3) 输送监控方面

园区对企业废水的监控依靠各企业安装的 COD 在线监测系统,并已建设了园区环境污染源自动监控平台,但仍有部分企业未能同监控平台联网;即便安装了在线监测,也未能形成较好的互动效应,未能对超标废水采取相应的阻截行动。

2 污水处理厂运行现状

2.1 处理工艺流程概述

某污水处理厂的工艺流程为"粗格栅/提升泵房+细格栅/曝气沉砂池+调节池+高效沉淀池+水解酸化池+二级曝气生物滤池+反冲洗水池+紫外消毒池",出水排入清安河。具体工艺流程如下:

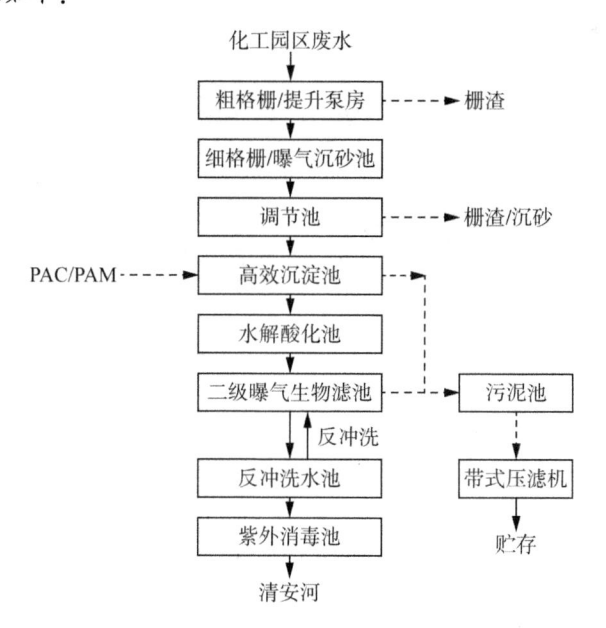

图 9.2-1 污水处理厂工艺流程图

具体说明:

(1) 预处理:污水厂预处理包括"格栅＋曝气沉砂池＋高效沉淀池",化工园区企业废水接入格栅去除浮渣后,经曝气沉砂池沉砂处理;沉砂池废水进入高效沉淀池,通过投加PAC和PAM,形成絮凝作用,去除废水中的悬浮物、不溶性有机物、胶体等,出水接入生化系统中。

(2) 生化处理:某污水处理厂生化处理为"水解酸化池＋二级曝气生物滤池",水解酸化池中悬挂填料保持污泥浓度,主要用于分解大分子污染物,提高废水的可生化性;二级曝气生物滤池中滤料为陶粒,用以进一步去除COD、氨氮、总氮等污染物。

(3) 消毒处理:废水经紫外消毒处理后,排入清安河。

具体现场如下:

曝气沉砂池 　　　　　　　　高效沉淀池

水解酸化池 　　　　　　　　二级曝气生物滤池

图 9.2-2　某污水处理厂现场图

2.2　设计工艺单元及设备参数

某污水处理厂主要构筑物尺寸(水力停留时间)和主要设备参数情况见表 9.2-2 和表 9.2-3。

表 9.2-2　主要构筑物一览表

序号	构筑物名称	构筑物尺寸(m³)	数量(座)	结构形式	停留时间(h)
1	粗格栅及提升泵房	2.4×5.0×6.3＋12.8×7.5×7.9	1	钢筋混凝土	/

续表

序号	构筑物名称	构筑物尺寸(m³)	数量(座)	结构形式	停留时间(h)
2	细格栅及曝气沉砂池	1.6×4.5×1.55+3.6×13.3×3.7	1	钢筋混凝土	/
3	调节池	33.0×32.4×5.5	1	钢筋混凝土	5.3 h
4	高效沉淀池	23.6×16×7.5	1	钢筋混凝土	40 min
5	水解酸化池	41.4×32.4×7	1	钢筋混凝土	7.8 h
6	二级曝气生物滤池	42.6×43×7.3	1	钢筋混凝土	4.3 h
7	反冲洗水池	18.0×18.5×4.5	1	钢筋混凝土	1.5 h
8	鼓风机房	20.0×7.2×4.0	1	框架	/
9	脱水机房及污泥池	19.8×7.5×6.0+5.0×5.0×4.5	1	框架	/

表9.2-3 主要设备一览表

序号	构筑物名称	设备名称	数量	设备参数	备注
1	粗格栅及提升泵房	粗格栅	2套	$B=1\,200$ mm, $b=20$ mm, $N=1.1$ kW	
2		潜污泵	3台	$Q=621$ m³/h, $H=12$ m, $N=30$ kW	
3	机械细格栅及砂水分离器	机械细格栅	2台	$B=800$ mm, $b=5$ mm	
4	调节池	潜水搅拌机	2台	桨叶直径0.58 m, $N=9.44$ kW	
5		潜污泵	3台	$Q=600$ m³/h, $H=15$ m, $N=37$ kW	
6	高效沉淀池	浓缩刮泥机	2台	$\phi 8.4$ m	
7	二级曝气生物滤池	回流泵	3台	$Q=1\,522$ m³/h, $H=9.7$ m, $N=55$ kW	
8	反冲洗水池	反洗水泵	3台	$Q=800$ m³/h, $H=16$ m, $N=45$ kW	
9	鼓风机房	鼓风机	1台	$Q=57.36$ m³/min, $P=49$ kPa, $N=75$ kW	一级BAF
10			2台	$Q=51$ m³/min, $P=75$ kPa, $N=90$ kW	一级BAF
11			2台	$Q=19$ m³/min, $P=75$ kPa, $N=37$ kW	二级BAF
12			3台	$Q=31.14$ m³/min, $P=68.6$ kPa, $N=55$ kW	反冲洗用
13	脱水机房及污泥池	带式压滤机	2台	DYA2000, $B=2.0$ m, $N=1.5$ kW	

2.3 运行参数

某污水处理厂的主要运行参数见表9.2-4。

表9.2-4 某污水处理厂主要运行参数表

构筑物名称	参数类别	主要参数
水解酸化池	溶解氧浓度	0.5 mg/L
二级曝气生物滤池	溶解氧浓度	4 mg/L
	好氧系统气水比	2.9∶1
	硝化液回流比	100%

2.4 工况仪表设置

某污水处理厂的工况仪表设置情况如下：

(1) 预处理及进水：温度计、pH计、泥位计；流量计、氨氮、总磷和COD在线监测仪。

(2) 生化处理:溶解氧。
(3) 出水:流量计,氨氮、总磷和COD在线监测仪。

表 9.2-5　某污水处理厂在线监控装置统计表

序号	构筑物仪表设置点	仪器名称	是否正常运行
1	提升泵房	温度计	是
2	提升泵房	液位计	是
3	提升泵房	pH计	是
4	提升泵房	流量计	是
5	调节池	液位计	是
6	调节池	温度计	是
7	调节池	pH计	是
8	曝气沉砂池	COD、氨氮、总磷在线监测仪	是
9	高效沉淀池	泥位计	是
10	高效沉淀池	加药流量计	是
11	二级曝气生物滤池	DO仪	是
12	二级曝气生物滤池	COD在线监测仪	否
13	反冲洗水池	液位计	是
14	出水渠	COD、氨氮、总磷在线监测仪	是

2.5　药剂投加情况

某污水处理厂按月平均的药剂投加情况见表9.2-6。

2.6　耗电量一览表

某污水处理厂各工段月平均的用电情况见表9.2-7。

2.7　实际处理成本

某污水处理厂的运行费用约为2.67元/吨废水。

2.8　中水回用情况

某污水厂中水回用于滤池反冲洗、脱水机冲洗和绿化用水,2015年回用量约为4 350 t。

3　废气二次污染控制

某污水处理厂恶臭产生节点主要在调节池、水解酸化池、污泥池和脱水机房等,目前均未加盖,也无废气收集和处理设施。

4　污泥二次污染控制

4.1　污泥产生量

某污水处理厂污泥主要是来源于高效沉淀池、二级曝气生物滤池的污泥,目前厂区脱水污泥量(80%含水率)约为506.54 t,污泥入库一览表如下。

4.2　污泥浓缩及压滤情况

某污水处理厂物化污泥和生化污泥未分质浓缩和压滤,目前均采用带式压滤机脱水后,贮存在厂区内,污泥含水率约为80%。

表 9.2-6　某污水处理厂药剂投加情况

药剂表剂		2015.5	2015.6	2015.7	2015.8	2015.9	2015.10	2015.11	2015.12	2016.1	2016.2	2016.3	2016.4	平均值
PAC	月投加量(t)	23.01	27.54	22.92	14.44	19.12	12.45	10.59	5.42	9.48	14.40	7.58	3.80	14.23
	单耗(kg/m³)	47.00	49.00	60.00	54.00	40.00	31.00	34.00	49.00	43.00	52.00	29.00	19.80	42.32
PAM 阴	月投加量(kg)	42.70	43.00	70.00	25.10	27.90	0.00	8.50	11.70	20.60	60.40	47.10	14.50	30.96
	单耗(kg/m³)	0.09	0.08	0.18	0.09	0.06	0.00	0.03	0.11	0.09	0.22	0.18	0.08	0.11
PAM 阳（脱水机房）	月投加量(kg)	110.60	96.80	3.00	0.00	0.00	43.20	5.50	58.50	0.00	10.00	366.50	201.10	74.60
	单耗(kg/m³)	0.98	1.48	1.00	0.00	0.00	0.98	1.00	1.83	0.00	0.00	1.39	1.02	1.21

表 9.2-7　某污水处理厂耗电情况一览表

项目表剂	2015.5	2015.6	2015.7	2015.8	2015.9	2015.10	2015.11	2015.12	2016.1	2016.2	2016.3	2016.4	平均值
总电量(kWh)	189 000	173 832	118 500	94 140	126 536	119 256	122 208	58 260	118 692	111 144	127 032	92 040	121 720
生产电量(kWh)	145 850	129 336	85 148	68 438	96 110	86 562	95 990	49 748	102 269	89 604	104 116	74 252	939 520
生产电耗(kWh/m³)	0.295	0.228	0.223	0.256	0.200	0.216	0.306	0.448	0.464	0.324	0.404	0.387	0.313

表 9.2-8　每月耗电情况一览表

序号	费用类别		用量	单价(元/吨)
1	药剂费	PAC	42.32 kg/m^3	0.015 7
		PAM 阴	0.11 kg/m^3	0.000 8
		PAM 阳	1.21 kg/m^3	0.004 5
2	电费		0.313 kWh/m^3	0.24
3	人工费		20 人	0.49
4	易耗品(材料、备品备件)		/	0.04
5	维修		/	0.03
6	物业管理		/	0.01
7	其他		/	0.15
8	管理费		/	1.66
	合计		/	2.641

备注：污泥处置费不包含在污水处理厂费用里。

表 9.2-9　污泥入库量一览表

月份	入库数量(立方)	库存量(立方)	库存量(吨)
2015.5	113.1	131	100.46
2015.6	65.5	196	150.85
2015.7	2.5	198.5	152.69
2015.8	0	198.5	152.69
2015.9	0	198.5	152.69
2015.10	44	242.5	186.54
2015.11	5.5	248.0	190.77
2015.12	32	280.0	215.38
2016.1	0	280.0	215.38
2016.2	0	280.0	215.38
2016.3	222.5	502.5	386.54
2016.4	156	658.5	506.54
合计	641.1	658.5	506.54
月平均	53.4		

4.4　污泥的危废鉴别

目前，暂未对污泥实施危险废物鉴别。

4.5　污泥的处置

厂区脱水污泥主要堆放在厂内，仅在 2015 年 5 月进行过一次处置，主要委托洪泽蓝天化工科技有限公司处理，处置量约为 85 吨，并已办理了转移联单等相关手续。

5 污水处理厂控制系统

(1) 某污水处理厂有中央控制系统,能同时实现中央控制和现场控制,具有视频监控、报警和反控功能,但反控功能不完全,大多还需现场操作;

(2) 工况在线仪表和水质监测已和中控系统联网,数据能实现部分采集;

(3) 中控系统运行维护正常,主要维护方式为自行维护。

中控室工艺流程界面 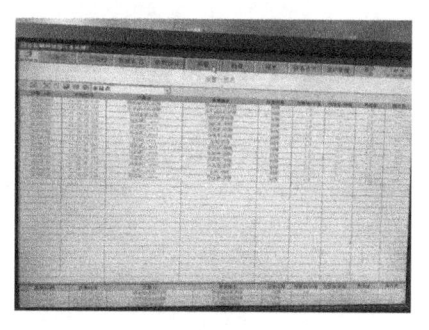　　　　　报警一览表

视频监控点 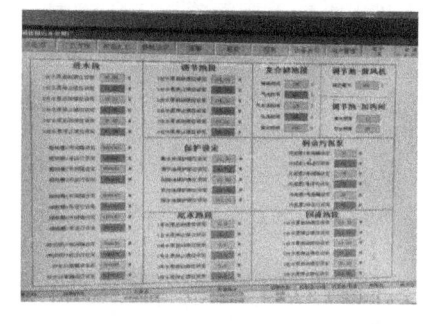　　　　　中控参数设定

图 9.2-3　中控系统

4.3　暂存库的设置

污水处理厂污泥暂存库总面积为 66 平方米(L11 m×B6 m),其容量远小于厂内污泥的存放量。由于目前存在污泥暂存库容积不足、污泥难转移的问题,某污水处理厂将沉淀池、水解池等产生的污泥排至提升泵房,由提升泵房使污泥在系统内循环,长期运行下,给污水处理厂运行带来了极大不便。

调节池泥位(接近 4 米高) 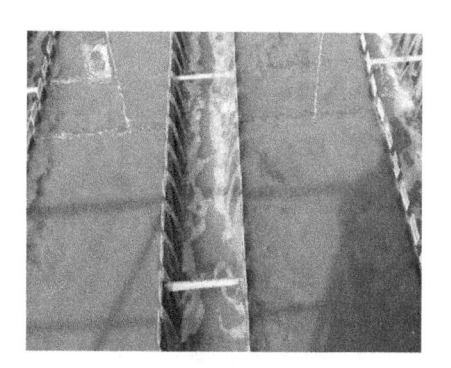　　　　　高效沉淀池出水浑浊

污泥堆放(a) 　　　　　　　　　污泥堆放(b)

图 9.2-4　某污水处理厂污泥

6　污水处理厂监测情况

6.1　厂内监测机构

(1) 厂区实验室情况

某污水处理厂已设置了厂区实验室,可测试的主要指标包括 COD_{cr}、BOD_5、SS、pH、含盐量。

(2) 委托淮安某水务有限公司四季青污水处理厂情况

除自行测定的污染物外,氨氮、TP 和氯离子委托淮安市区的四季青污水处理厂代为日测。

(3) 在线监测

厂区已安装进出水的 COD、氨氮和 TP 在线监测系统。

图 9.2-5　某污水处理厂在线监测设备及实验室

6.2　水质监测系统

(1) 接管企业的水质控制

园区主要排水企业基本已安装了 COD 在线监测仪,并与园区环境污染源自动监控平台联网运行,目前在线监控平台主要由某公司进行管理。由于未实现"一企一管"等措施,接管废水超标时,处置措施仍具有一定滞后性,难以杜绝超标废水的接管排放。

(2) 输送管路的水质监控

污水输送过程采用混合地埋管,未对各企业的废水实施水质监控。

(3) 污水处理厂水质监测情况

污水处理厂的水质在线监测和手工日测主要以常规指标为主,包括COD、BOD、氨氮、TP、SS、盐分、氯离子和pH,无特征因子的手工日测。具体见下表:

表9.2-10 水质监测情况

监测机构	监测指标	监测点位	监测频次
厂区实验室	COD_{cr}	进出水	每日1次
	BOD_5	进出水	每日1次
	SS	进出水	每日1次
	pH	进出水	每日1次
	含盐量	进出水	每日1次
淮安市四季青污水厂代监测	氨氮	进出水	每日1次
	TP	进出水	每日1次
	氯离子	进出水	每周1次
厂区在线监测	COD	进出水	每2小时1次
	氨氮	进出水	每2小时1次
	TP	进出水	每2小时1次
监督性监测(管委会委托淮安市华测检测技术有限公司)	pH	进出水	每月1次
	COD	出水	每月1次
	氨氮	出水	每月1次
	苯胺	出水	每月1次

6.3 实际出水指标情况

(1) 污水处理厂在线监测设施

污水处理在线监测结果表明,近一个月内出水COD平均值在23.18 mg/L、氨氮平均值在0.53 mg/L,指标均可满足《化学工业主要水污染物排放标准》(DB 32/939—2006)的要求。

表9.2-11 在线监测数据出水情况

监测时间	监测指标	平均水质(mg/L) 范围	平均水质(mg/L) 平均值
2016.5.27—6.22	COD	4.1~64.3	23.18
	氨氮	0.03~3.95	0.53

(2) 污水处理厂手工日测出水水质

根据某污水处理厂手工日测数据,2016年4月出水COD_{cr}平均值为51.95 mg/L、BOD_5平均值为8.56 mg/L、氨氮平均值为2.85 mg/L、TP平均值为0.34 mg/L,均可满足达标要求。但日测数据中,总磷仍会出现偶尔超标现象。

2016年5月出水COD_{cr}平均值为60.77 mg/L、BOD_5平均值为7.79 mg/L、氨氮平均值为2.38 mg/L、TP平均值为0.45 mg/L,均可满足达标要求。但日测数据中,总磷仍会出现偶尔超标现象。

表 9.2-12 手工监测数据出水情况

监测时间	监测指标	平均水质(mg/L) 范围	平均值
2016.4.1—4.30	COD_{cr}	4.1~77.2	51.95
	氨氮	0.27~17	2.85
	BOD_5	4.6~15	8.56
	TP	0.158~0.587	0.34
2016.5.1—5.31	COD_{cr}	30.5~77.9	60.77
	氨氮	0.14~9.49	2.38
	BOD_5	2~17	7.79
	TP	0.18~1.28	0.45

（3）监督性监测情况

某污水处理厂的监督性监测由园区管委会委托淮安市华测检测技术有限公司开展，2015 年 9 月—2016 年 4 月出水数据均可满足达标排放的要求。

表 9.2-13 监督性监测出水情况

年度	月份	COD(mg/L)	氨氮(mg/L)	pH	苯胺类(mg/L)
2015	9	32.7	0.222	7.90	ND
	10	28.9	1.26	7.89	ND
	11	31.2	3.34	7.95	/
	12	35.6	4.26	8.08	/
2016	1	23.3	5.74	7.58	/
	2	48.6	11.9	7.52	/
	3	25.5	0.818	7.06	/
	4	48.5	1.5	7.58	/
平均		34.25	3.63	7.70	

备注：第三方数据由华测提供，苯胺检测中的 ND 表示未检出，涉及项目检测限为：0.03 mg/L。

6.4 污染物去除效果

参考污水厂 2016 年 4 月、5 月正常运行的手工日测数据，污水处理厂进出水 COD 等污染物的去除率如下：

表 9.2-14 污染物去除效果分析

指标		COD_{cr}	BOD_5	氨氮	总磷
2016 年 4 月	进水(mg/L)	227.8	55.33	46.5	4.7
	出水(mg/L)	51.95	8.56	2.85	0.34
	去除率(%)	77.19%	84.53%	93.87%	92.77%
2016 年 5 月	进水(mg/L)	206.1	51.3	24.2	4.1
	出水(mg/L)	60.77	7.79	2.38	0.45
	去除率(%)	70.51%	84.81%	90.17%	89.02%

6.5 采样监测情况

2016年6月1日调研当日,对某污水处理厂的水质进行了现场采样分析,结果如下:

表 9.2-15　现场采样数据

指标		COD_{cr}(mg/L)
2016年6月1日	格栅池进水	76.6
	高效沉淀池出水	71.8
	一级滤池进水	89
	二级滤池出水	58.5

根据实测数据,由于进水 COD_{cr} 较低,污水处理厂进出水 COD_{cr} 的去除率较低,仅为24%。

图 9.2-6　现场取样监测过程

6.6 标准符合性

(1) 进水水质方面

某污水处理厂目前接管废水主要为实联化工污水和清下水,占比超过50%,实联化工废水的水质变化对某污水处理厂的影响较为明显。2016年3月,进水水质偏低,氨氮等部分污染物超过接管标准,导致某污水处理厂的出水水质变差。2016年4—5月,园区实施环保综合整治,实联化工废水污染物浓度降低,某污水处理厂接管水质相对较好。

整体而言,由于园区未能实现"一企一管",某污水处理厂对进水的监控能力相对薄弱,虽能满足接管标准的要求,但仍有一定超标接管现象。

(2) 出水水质方面

根据调研,污水处理厂在线监测和第三方监测的出水数据均可正常满足标准要求,手工日测数据中月平均值虽能满足达标排放的要求,但TP仍有少量超标现象。

(3) 去除率方面

园区污水处理厂的工艺缺乏针对性,停留时间等参数相对较短,因此,整体废水中COD的去除率偏低。特别是在本次调研期间,进水COD浓度偏低,对污水处理厂的影响较为明显。

目前,园区污水处理厂出水中TP等指标略有超标,COD_{cr} 暂能维持达标排放的现状,但其达标的原因是废水主要由实联化工废水和清下水组成,实联化工产品为联碱,废水中污染物类型简单、浓度相对较低。一旦园区大规模发展化工企业,当实联化工清下水不再接入某污水处理厂时,污染物浓度将大幅度增加,毒性增强,届时污水厂工艺缺乏针对性、参数偏低的缺点将会放大,废水稳定达标存在极大风险。

7 污水处理厂管理

7.1 环境风险控制及应急处理

(1) 风险应急预案

某污水处理厂已完成风险应急预案的编制工作,但由于未能完成环保竣工验收,暂未能备案。

此外,某污水处理厂定期开展了应急演练:

| 2015年6月防汛演练 | 2015年12月消防演练 |

图 9.2-7 污水厂应急演练

(2) 进水水质异常的处置方案及实施情况

① 污水处理厂未建设事故应急池或采用事故应急工艺;

② 污水处理厂应对水质异常的措施主要是依靠现有的模块化2组进行处理,检修期间将废水送入另一套处理装置中。

但运行至今,对超标废水基本未实施有效的应急处理。

(3) 安全管理制度落实情况

某污水处理厂基本已落实安全管理制度,具体如下:

表 9.2-16 安全管理制度

序号	安全管理制度
1	设备维修管理
2	安全生产岗位职责
3	安全生产管理制度
4	安全生产操作规程
5	安全生产应急预案

(4) 双回路供电和事故应急池

某污水处理厂未实现双回路供电,未建成事故应急池。

7.2 现场管理

1. 人员配备

某污水处理厂全厂人员配备共20人,其中管理人员5人,操作人员9人,化验人员4人,辅助人员2人。

2. 持证上岗及人员培训

持证人员超过70%,主要证书包括安全管理人员上岗证、污水处理操作证、污水化验工操作证、电工证、专职安全员证、焊工证等。

3. 设备备品备件的情况

现场备有泵管、药剂等,仓库备有一定数量的关键设备备件。备品备件的收发记录齐全及时,有专人负责。

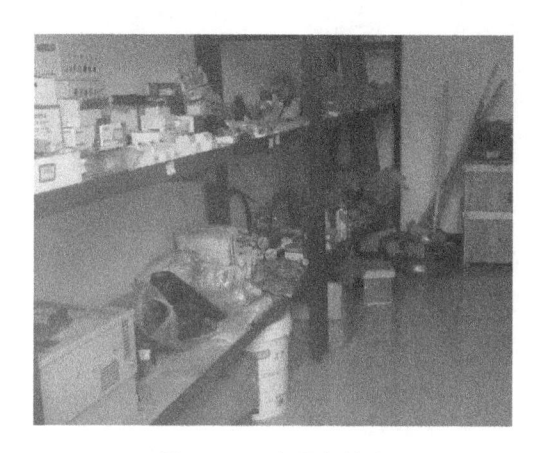

图 9.2-8　备品备件室

4. 管理制度、操作规程、管理要求及考核制度

污水厂根据实际情况已制定全面的管理制度、操作规程和管理要求,部分已上墙。

图 9.2-9　部分管理制度、操作规程上墙

5. 标准化管理

未通过ISO9001和ISO14001认证。

7.3 台账管理

某污水处理厂的主要台账包括运行记录、水质监测记录、主要设备及仪表运行维护记录、加药量和污泥产生量等，档案数据主要以纸质存档为主。

7.4 厂容厂貌

厂区设备腐蚀、生锈等现象较少，并具有一定绿化面积；但污泥在厂区内堆放不规范，从一定程度上对厂容厂貌造成影响。

厂区污泥随意堆放　　　　　　　　厂区绿化

图 9.2-10　厂容厂貌

8　污水处理厂存在的问题及整改措施

8.1　园区污水收集监控体系问题

某污水处理厂主要服务淮安某产业园（园区东侧）企业，目前污水收集监控方面存在的问题如下：

(1) 未实现"一企一管、明管建设"

目前，淮安盐化新材料产业园中废水采用统一地埋管线合并接管，所有企业废水在管网中混合，当污水处理厂进水发生超标事故时，无法在短时间内找出超标源头，不利于污水处理厂的稳定运行。

此外，废水输送至某污水处理厂时，采用地埋管排放，无法监控发现管网的破损现象，偷排、误排等事故无法及时阻止。

(2) 接管废水"清污分流"不彻底

某污水处理厂实际处理量为 8 000～10 000 m³/d，其中大部分废水来源为实联化工的污水和清下水。实联化工清下水水量约 2 000～3 000 m³/d，在厂区未经水质监测，直接并入其废水处理站排口（在线监测后），导致污水处理厂的接管废水水质忽高忽低，影响运行效果。

(3) 上游企业接管水质在线监测装置未被有效利用

上游企业虽在废水排放口安装了在线监测装置，但存在以下问题：一方面在线监测不全，部分企业未同园区监控平台联网，无法进行监管；另一方面上游在线监测装置未能和污水处理厂形成联动，在线监测装置主要为管理部门日常监管使用，未考虑污水处理厂的运行，进水超标时，污水处理厂难以杜绝超标废水。

(4) 长期运行废水量不足

由于园区某大道以东的区域开发时间较晚，大多数企业正在建设中，运行多年以来，园区污水处理厂接管废水量偏少，清下水＋化工污水量共计 8 000～10 000 m³/d，未超过设计能力的 50%。

8.2 污水处理厂问题

(1) 工艺参数相对滞后,尾水稳定达标困难

由于设计时间较早,某污水处理厂工艺略偏向城镇污水处理,对化工废水中冲击性强、高盐、高毒、可生化性低、进水水质不稳定等因素考虑较少,治理工艺和参数均缺乏针对性。

① 工艺缺乏针对性

化工企业废水重金属浓度高、可生化性低、毒性较强,在经过企业内部污水站预处理后,剩余的污染物基本为难降解污染物和毒性污染物。某污水处理厂采用的工艺为"曝气沉砂池＋高效沉淀池＋水解酸化池＋二级曝气生物滤池",该工艺对特征污染物的处理无针对性,废水经后端曝气生物滤池处理后难降解污染物仍较多,想要继续降低 COD 很难,稳定达标存在极大困难。

② 设计参数不足

水解酸化过程采用厌氧折流板反应池,分为 4 组建设,每组分为 3 格,各格停留时间分别为 2.67 h、2.6 h、2.53 h,总停留时间为 7.8 h,在前端缺乏预处理的前提下,在反应池停留时间相对较短,上升流速偏高,反应池中的污泥可能存在被冲刷出反应池的风险,出现水解酸化效果不佳等现象。

曝气生物滤池的停留时间仅为 4.3 h,反应时间严重不足;在调节池的停留时间仅为 5.3 h,对水质水量的调节效果较差。

③ 污泥脱水工艺落后

某污水处理厂污泥处置采用带式压滤机,脱水工艺较为落后,污泥经脱水后的含水率基本在 80% 左右,导致污泥量较大,化工废水污泥根据危险废物的要求管理,高含水污泥的处置费用昂贵,园区难以承担。

(2) 运行方式不合理

由于园区污泥无去向,厂区无可堆放污泥的场所,某污水处理厂便将沉淀池、水解池的污泥排至提升泵房,由提升泵房使污泥在系统内循环,长期运行下,造成以下问题:

① 调节池、曝气沉砂池中存放大量污泥

整治期间,调节池有效水深 5 m,但污泥泥位已接近 4 m,池内推流器等设备均已拆除,基本失去水质水量调节的作用;曝气沉砂池内存积大量污泥,沉砂效果较差。

② 高效沉淀池和水解酸化功能失效

高效沉淀池内积累了大量污泥,絮体在沉淀池中难以沉淀,出水明显浑浊、颗粒物较多,流向水解酸化池后附着在填料上,影响水解酸化池的微生物活性,大分子物质难以得到降解,进一步影响后续曝气生物滤池的处理效果。

③ 长期达标存在风险

污水厂在线监测未和园区在线监测平台联网运行,监督性监测也未监测 TP 指标,但手工监测中出水 TP 指标未能稳定达标。此外,污水处理厂的单位运行成本仅为 2.67 元/m³,在同行业中略低,现有 COD 等指标可实现达标主要是因为现在的进水水质污染物浓度较低,一旦未来园区其他精细化工企业大规模发展,污染物浓度将大幅度

增高，毒性和难降解物质将持续增多，届时现有的工艺参数及运行模式想长期达标存在较大困难。

（3）废气未得到有效收集和治理

目前某污水处理厂产生恶臭单元包括调节池、高效沉淀池、水解酸化池、污泥池等，目前以上构筑物均未采取废气收集和治理措施。

（4）污泥未实现合理贮存和处置

① 厂区无规范化的污泥贮存场所，污泥随意露天堆放现象较为严重。

② 厂区仍有大量污泥未得到转移，其中构筑物内存放几百吨污泥，厂内（构筑物外）存放了近500吨污泥，并有超期贮存现象。

（5）监测监控体系不全

在污水处理厂工况监测过程中，部分工况监测仪表被发现存在损坏现象，水解酸化池缺乏ORP等重要的监测仪表。

在污染物监测方面，仅对进出水开展了在线监测和手工日测，常规因子虽较齐全，但无特征因子的监测内容，难以了解特征因子是否得到达标处理。此外，未对各构筑物进出水进行过监测，难以及时掌握各构筑物的处理效果和运行状况。

（6）其他方面问题

① 2011年至今，由于接管废水量长期不足，一直未能通过竣工环保验收。

② 缺乏必要的事故应急池，应急预案未能通过备案，无双回路供电，难以应对废水处理过程中的风险。

8.3 污水处理厂整改建议

8.3.1 园区污水收集体系建议

（1）实施"一企一管"和"明管建设"工程

考虑到园区面积较大，企业废水应通过"一企一管＋区域监控收集池"方式，将废水接入某污水处理厂。同时，企业在线监测数据应与污水处理厂管理形成联动，一旦发现超标，污水处理厂立即切断超标企业的废水，同时将管路中的超标废水排入应急池中，从根源上避免超标废水的接管。

同时，企业接入污水厂的管线应采用管廊或管沟铺设，实现明管化建设；企业内部污水应实现明管化、雨水实现明渠化，避免偷排、漏排等现象发生。

（2）完善园区监测监控平台

要求未安装在线监测的企业完成在线监测设备的安装，在线监测设备应与园区监控平台实现联网并能正常运行。在线监测平台管理部门与污水处理厂的管理部门应及时互动，一旦相关事故发生，园区监控平台管理部门应将企业超标废水信息立即传送给污水处理厂，以便污水处理厂做好应对措施。

8.3.2 污水处理厂整改建议

（1）优化现有工艺参数

某污水处理厂现有工艺参数较为滞后，建议完成工艺改造，强化水解酸化、好氧生化段的工艺参数，后续的二级曝气生物滤池可改造为"曝气生物滤池＋臭氧氧化池＋曝气生物滤池"，使好氧生化废水的难降解污染物得到进一步处理，提高整体的废水处理效果。

同时考虑到现有污泥脱水设施为传统的带式压滤机,污泥含水率较高,大量污泥贮存在厂内,建议污水处理厂增加污泥干化设施,彻底降低污泥的含水率,减少处置费用。

(2) 加强运行维护,保障设施正常运行

对现有调节池、曝气沉砂池、高效沉淀池和水解酸化池中存放的污泥实施清理,脱水后合理存放,避免影响以上构筑物的运行效果。同时调节池的推流器应正常安装,水解酸化池的污泥需重新培养,必要时更换水解酸化池的部分填料,保障污水处理厂全流程的正常运行。

(3) 强化二次污染的治理

① 调节池、高效沉淀池、水解酸化池、污泥池等恶臭产生单元应加盖密闭,同时收集废气,采用吸附、吸收或生物除臭等方法进行处理后达标排放。

② 建设规范化的污泥暂存库,暂存库的设计应结合厂区实际的污泥量,过量的厂区污泥应尽快合理委托第三方处置,避免露天随意堆放。

(4) 强化风险应对措施

应急预案应尽快完成备案,尽可能设置双回路供电,并建设事故应急处理设施,降低进水超标、出水超标等事故情况下造成的影响。

(5) 健全监测监控体系

一方面,污水处理厂应建立园区企业排污清单,了解各企业排放的特征因子类别,同时筛选特征因子,对进出水的特征因子实施在线或手工监测;另一方面,应健全内部监测体系,除总进出水外,应加强内部构筑物的进出水数据监测和构筑物的工况监测,便于了解构筑物的运行状况。

(6) 其他方面

进一步完善环境管理手续,尽早完成环境验收等工作。

9.3 综合园区废水处理工程运行案例分析

案例一 南京某综合园区污水厂工程运行分析

1. 污水处理厂接管标准及排放标准

某污水处理厂 COD_{cr}、BOD_5、氨氮、总氮、总磷的接管标准为 350 mg/L、170 mg/L、35 mg/L、45 mg/L、3 mg/L,具体见表 9.3-1。污水处理厂一二期工程均执行《城镇污水处理厂污染物排放标准》(GB 18918—2002)一级 A 标准,尾水排河、再生回用水根据用途同时执行《再生水回用于景观水体的水质标准》(CJ/T 95—2000)的相关限值。具体见表 9.3-1、9.3-2、9.3-3。

表 9.3-1 污水处理厂接管标准

污染指标	石油类	COD_{cr}	BOD_5	SS	氨氮	总氮	总磷	阴离子表面活性剂
标准值(mg/L)	30	350	170	250	35	45	3	20

表 9.3-2　某污水处理厂现有项目出水水质标准

项目	排放标准值(mg/L)	标准来源
pH	6～9	《城镇污水处理厂污染物排放标准》(GB 18918—2002)表1中一级A标准
COD_{cr}	≤50	
BOD_5	≤10	
SS	≤10	
氨氮	≤5(8)	
总氮	≤15	
总磷	≤0.5	
动植物油	≤1	
石油类	≤1	
色度	30 倍	
粪大肠菌群数	10^3 个/L	
阴离子表面活性剂	≤0.5	

注：氨氮标准括号外数值为水温大于12℃的控制指标，括号内数值为水温小于等于12℃的控制指标。

表 9.3-3　某污水处理厂再生回用水标准

项目	再生回用水标准(mg/L)	标准来源
阴离子表面活性剂	≤0.3	《再生水回用于景观水体的水质标准》(CJ/T 95—2000)
COD	≤60	
色度	30	
pH	6.5～9.0	
BOD_5	≤20	
SS	≤20	
总磷	≤2.0	
石油类	≤1.0	
大肠菌群(个/L)	$1×10^3$	

2．污水处理工艺

2.1　一期工程(4 万 m^3/d)处理工艺

采用以 A/O 池脱氮＋纤维转盘滤池过滤的以深度处理为主的污水处理工艺，污泥采用带式浓缩脱水机，除臭采用生物滤池除臭工艺。其主要工艺流程图见图 9.3-1 所示。

2.2　污泥产排情况

根据该污水处理厂提供的相关数据，2019 年污水处理厂累计产生污泥 5 352.54 吨，2020 年污水处理厂累计产生污泥 3 536.56 吨，污泥含水率约为 80%，污水厂处理后外运至南京江宁国联环保科技有限公司处理，经浓缩高干脱水后将含水率降至 60% 以下后送至中联水泥厂烧制成水泥。

2.3　主要构筑物及设备

某污水处理厂主要设备及建(构)筑物情况见表 9.3-4、9.3-5。

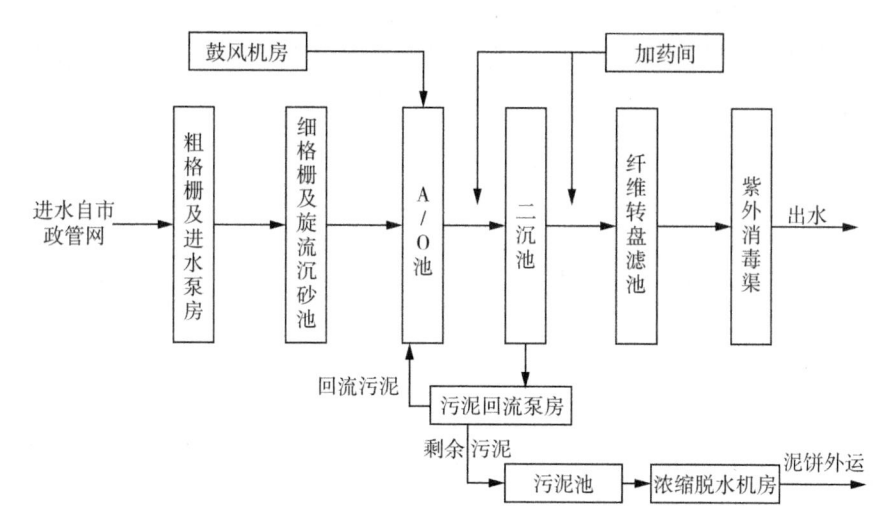

图 9.3-1　污水处理厂项目工艺流程图

表 9.3-4　现有项目主要建(构)筑物情况表

类别	名称	数量	规格	备注
主体工程	进水泵房	1	$L \times B \times H = 12 \times 7.5 \times 6$ m	一期工程土建已按 4 万 m^3/d 规模建成,本期仅安装设备
	粗格栅间	1	$L \times B \times H = 10 \times 4.5 \times 6$ m	
	细格栅间	1	$L \times B \times H = 12 \times 6.5 \times 6$ m	
	旋流沉砂池	1	$D = 3$ m,砂斗深度 1 m	
	生化反应池	2	$L \times B \times H = 56.2 \times 44.2 \times 5.5$ m;厌氧池有效容积 4 583 m^3,好氧池有效容积 7 084 m^3	/
	二沉池	2	$D \times H = 28 \times 6$ m	/
	鼓风机房	1	$L \times B = 24 \times 10$ m	/
	污泥回流泵房	1	$D \times B \times H = 10 \times 3 \times 5.5$ m	/
	纤维转盘滤池	2	$L \times B \times H = 12 \times 11 \times 3.5$ m	一期工程土建已按 4 万 m^3/d 规模建成,现用 1 座
	紫外消毒渠	2	$L \times B = 9.5 \times 6.5$ m	一期工程土建已按 4 万 m^3/d 规模建成,现用 1 条
	出水泵房	1	$L \times B = 15 \times 5.5$ m	一期工程土建已按 4 万 m^3/d 规模建成
	加药间	1	$L \times B = 18 \times 10$ m	/
	污泥池	1	$D \times H = 10 \times 4.8$ m	/
辅助工程	综合楼	1	建筑面积 800 m^2	包括食堂、化验室,办公、会议室等
	仓库	1	建筑面积 50 m^2	/
	传达室	1	建筑面积 20 m^2	/

表 9.3-5　现有项目主要设备情况表

序号	工艺单元	名称	规格	参数	数量	备注
1	格栅	粗格栅	格栅宽度 1 200 mm，配电功率 1.5 kW	过栅流速 $V=0.6$ m/s	2 台	
2	格栅	细格栅	格栅宽度 1 200 mm，配电功率 1.5 kW	过栅流速 $V=0.6$ m/s	2 台	
3	旋流沉砂池	砂水分离器	配电功率 0.55 kW	处理量 $Q=5\sim15$ L/s	2 套	
		鼓风机	配电功率 4 kW		2 台	
4	生化反应池	潜水搅拌器	QJB1.5/6-260/3-980C	污泥负荷：0.08 kg BOD_5/(kg MLSS·d) 总水力停留时间：14.5 h（其中缺氧 5.8 h，好氧 8.7 h）	2 台	
		污泥回流泵	配电功率 7.5 kW		7 套	
		低速潜水推流器	配电功率 2.2 kW		4 台	
		低速潜水推流器	配电功率 4 kW		4 台	
5	二沉池	刮吸泥机	配电功率 0.5 kW	停留时间 5.8 h	1 台	
6	鼓风机房	鼓风机	配电功率 110 kW		3 台	2 用 1 备
7	纤维转盘滤池	污泥回流泵	100QW-100-10-5.5		1 台	
8	紫外消毒渠	紫外消毒设备	/		1 台	
9	出水泵房	潜水轴流泵	配电功率 11 kW	$Q=600$ m^3/h	2 台	
		潜水轴流泵	配电功率 22 kW	$Q=1 200$ m^3/h	2 台	
10	加药间	隔膜计量泵	配电功率 0.75 kW	$Q=400$ L/h	2 台	1 用 1 备
		耐腐蚀泵	配电功率 1.1 kW	$Q=2$ m^3/h	2 台	
		溶液搅拌机	配电功率 1.1 kW		4 台	
11	浓缩脱水机房	浓缩脱水装置	/		1 套	
		除臭设备	/		1 套	

2.4　厂区平面布置

厂区分为污水预处理区、生物处理段、污泥区、厂前区等，主要是由综合楼、生产用房、泵房以及生化反应池、二沉池、纤维转盘滤池等构筑物组成。厂前区和生产区用绿化带隔开。污水预处理区和污泥区用道路隔开。

厂区主干道为 6 m 宽，次干道为 4 m 宽。主次干道相互交织形成环路，满足交通、运输、消防等要求。

（1）受场地用地限制，厂区功能分区明确，构筑物布置紧凑；

（2）构筑物尽可能布置为南北朝向，并在夏季主导风向的上风向；

（3）结合本工程除臭要求高、占地非常紧张的特点，本项目采用生物滤池除臭工艺作为除臭方案，设于厂坪的圆形风管直接铺设在绿化带中，局部地段无管位时，架空铺设。

3.　工艺符合性分析

3.1　原水水量、水质特征分析

3.1.1　主要纳管企业污水处理工艺及水质分析

（1）典型企业 1

典型生产工艺：

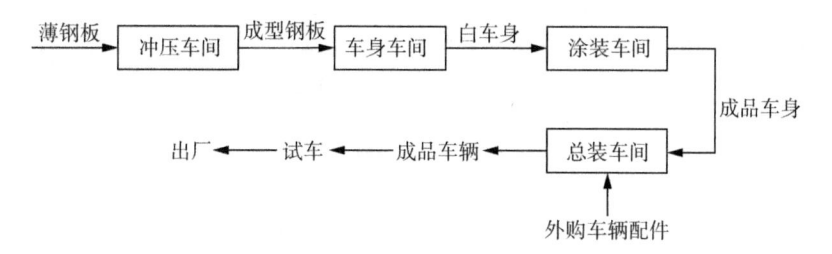

图 9.3-2　整体生产工艺流程图

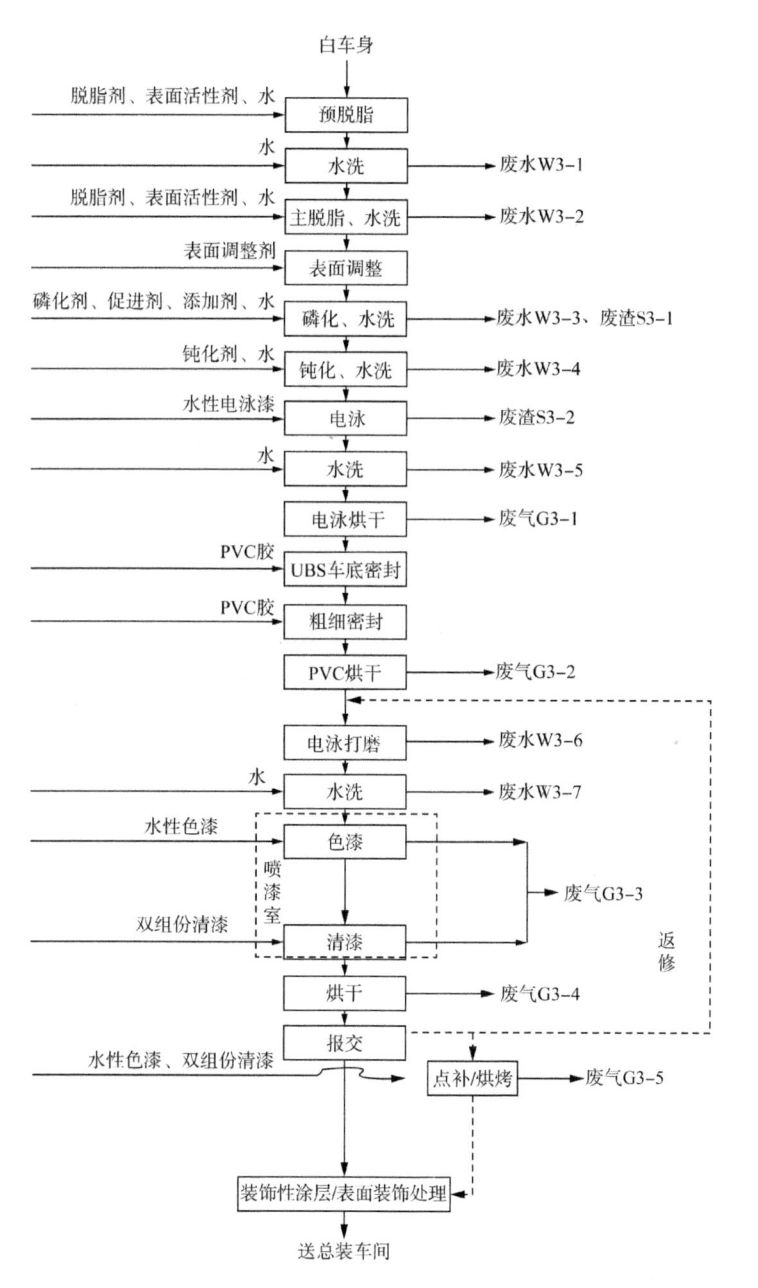

图 9.3-3　涂装车间生产工艺流程图

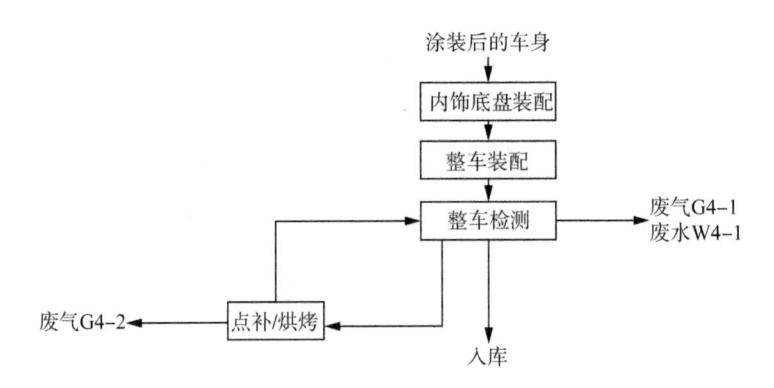

图 9.3-4 总装车间生产工艺流程图

现有项目废水主要为脱脂废水、钝化废水、打磨水洗废水、磷化废水、雪橇清洗水、生活污水、公辅工程排水等。

废水治理工艺：

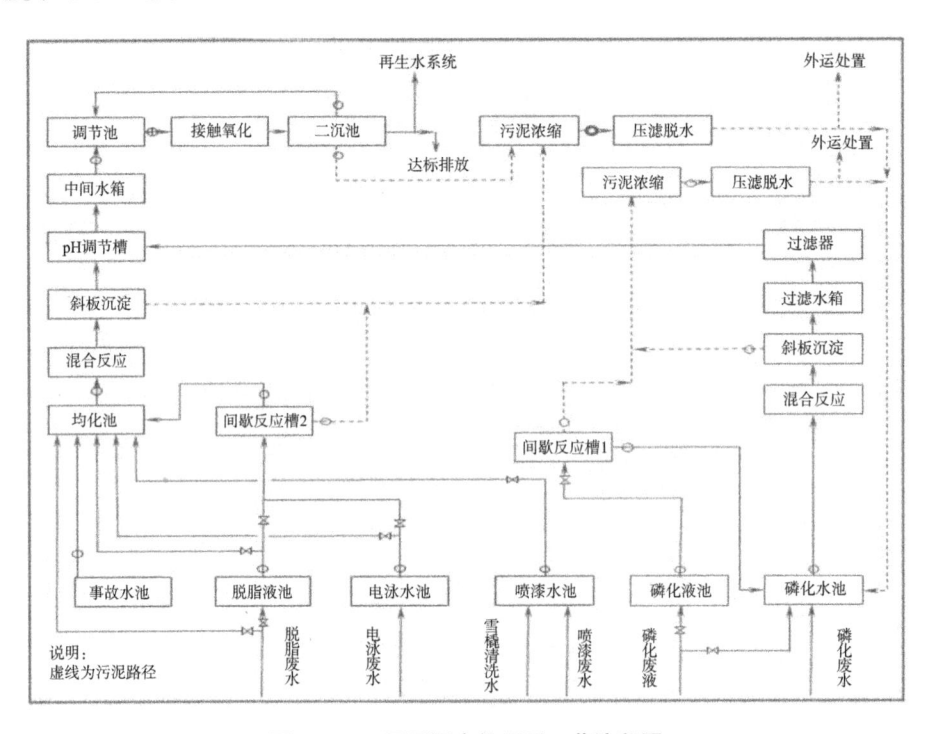

图 9.3-5 厂区污水处理厂工艺流程图

本套废水处理系统主要处理磷化废水、磷化废液、脱脂废水、电泳废水、喷漆废水、雪橇清洗水等。处理工艺采用物化+生化相结合的工艺，包括磷化废水的物化处理线，脱脂废水、电泳废水、雪橇清洗水、废水性溶剂等废水的物化处理线，以及混合废水的生化处理线。

项目生产过程中产生的磷化废水、磷化废液经投加重金属捕集剂，能够与废水中的镍离子发生螯合反应，产生不溶性镍金属盐沉淀，从而去除水中络合镍离子，可使得总镍浓度达到车间排口标准要求。重金属捕集剂是一种液状的高分子有机化合物，是一种可以迅速将废水中各种金属离子沉淀去除的化学药剂。螯合反应去除镍、锌离子后废水排入斜板沉淀池，经过滤器出水排至 pH 调节槽。

生产过程中产生的喷漆废水、雪橇清洗水、电泳废水、脱脂废水于均化池内均化后加药混凝，经斜板沉淀池过滤，由斜板沉淀池出水排至 pH 调节槽与处理后的磷化废水一起调整 pH 值至中性，pH 调节槽出水送至调节池混合后进入生化处理系统。

厂区现有污水处理厂生化处理系统采用接触氧化工艺，接触氧化池出水排至二沉池，最终出水一部分进入再生水系统，一部分达到开发区污水处理厂接管标准后排放。

根据 2019 年 11 月生态环境局对企业废水总排口及车间排口监督性监测结果，该公司废水经处理，pH 值、化学需氧量、氨氮、悬浮物等常规因子以及苯、对二甲苯、甲苯、总锌、总镍等特征因子均可达标。

表 9.3-6　2019 年 11 月监督性监测结果

企业名称	监测位置	监测项目	标准名称	限值	监测结果	单位	是否达标
上汽大众汽车有限公司南京分公司	废水总排口	pH 值	污水综合排放标准（GB 8978—1996）	6～9	7.56	无量纲	是
		氨氮（NH$_3$-N）		/	3.08	mg/L	/
		苯		0.5	<0.000 1	mg/L	是
		动植物油		100	0.12	mg/L	是
		对-二甲苯		1.0	<0.000 11	mg/L	是
		化学需氧量		500	29	mg/L	是
		甲苯		0.5	<0.000 12	mg/L	是
		间-二甲苯		1.0	<0.000 11	mg/L	是
		磷酸盐（以 P 计）		/	0.55	mg/L	/
		邻-二甲苯		1.0	<0.000 11	mg/L	是
		石油类		20	0.10	mg/L	是
		悬浮物		400	6	mg/L	是
		阴离子表面活性剂（LAS）		20	0.11	mg/L	是
		总锌		5.0	0.056	mg/L	是
	车间排口	总镍		1.0	0.064	mg/L	是

（2）典型企业 2

典型生产工艺：

全厂现有废水可分为生产废水、生活污水及循环冷却系统排水，其中，生产废水包括纯水制备系统浓水、超声波清洗废水、panel（面板）清洁废水，生活污水包括生产区、生活区职工生活污水，职工食堂废水。

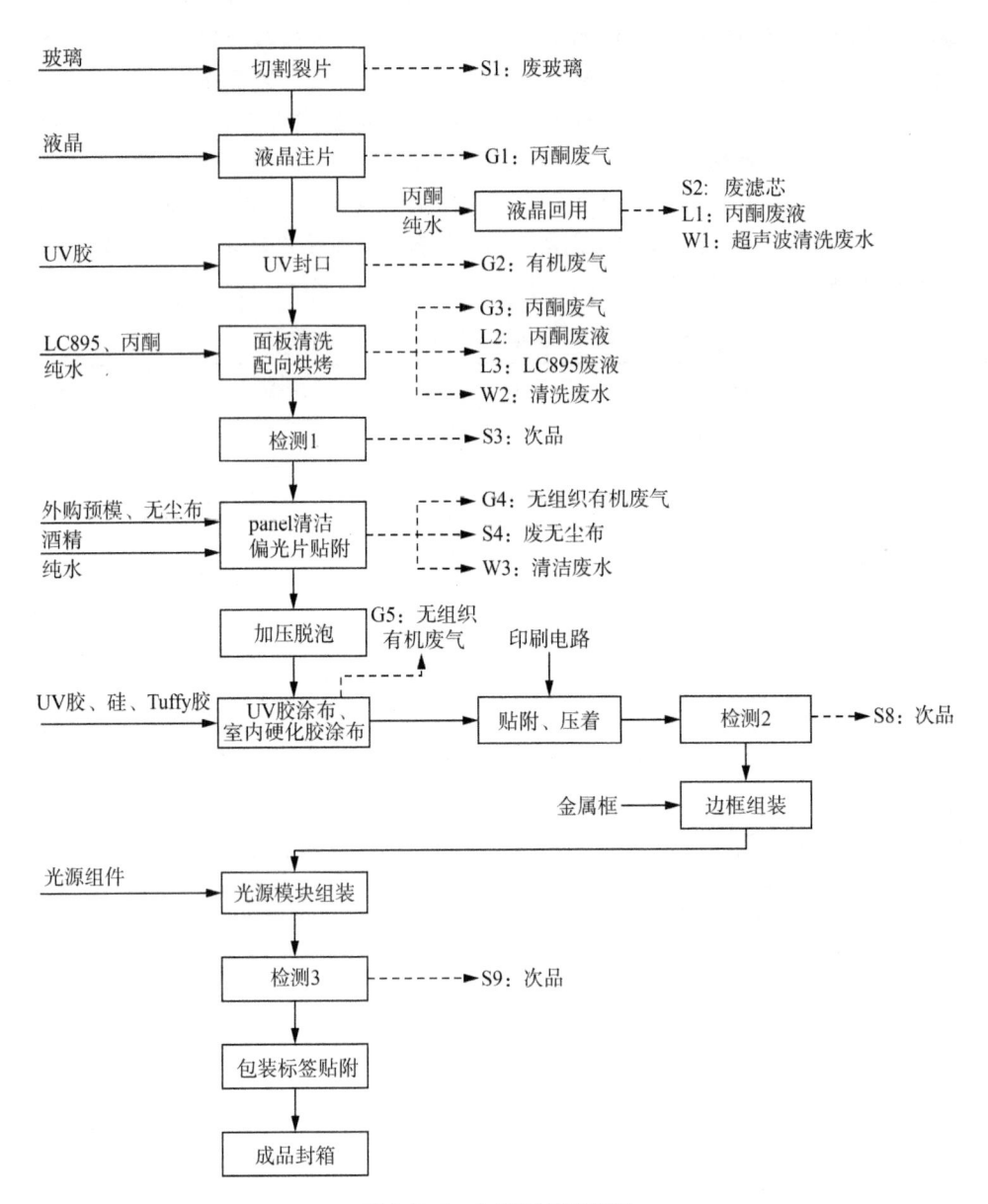

图 9.3-6　生产工艺流程图

污(废)水治理工艺：

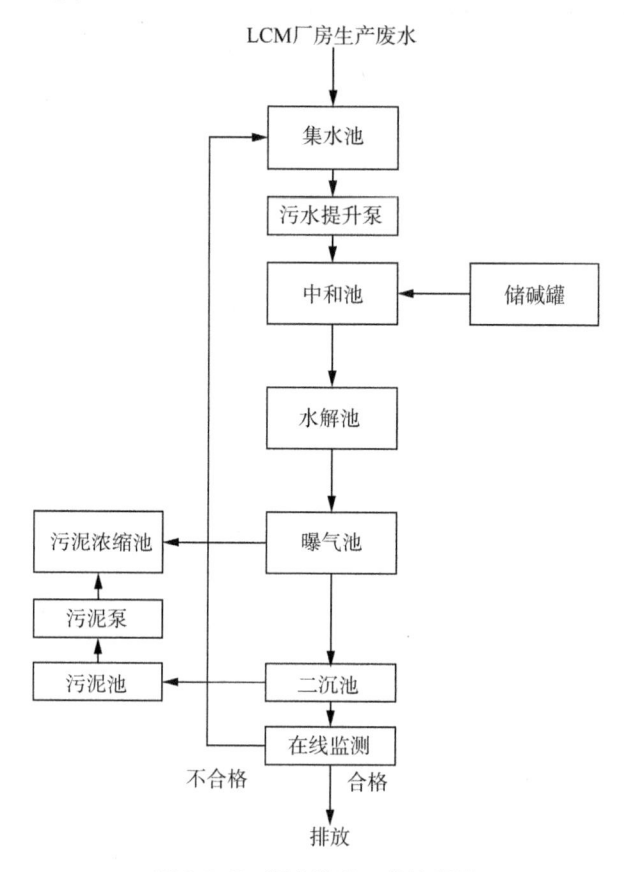

图 9.3-7　污水治理工艺流程图

污水处理站工艺说明：

(1) 集水池：各股废水在集水池内暂存、调节，稳定水质水量。

(2) 中和(调节)池：集水池中废水通过污水提升泵进入中和池，进水量通过流量计实时控制，向中和池中加入液碱，调节废水酸碱度，并由在线 pH 监测设备调控液碱添加量。

(3) 水解池及曝气池：采用水解酸化好氧曝气处理工艺。由于项目废水有机物浓度较高，可生化性较差，为了改善废水的可生化性，提高好氧生化处理的效率，采用厌氧-好氧工艺，将工业废水中难生物降解的有机物转变为易生物降解的有机物。本项目采用水解(酸化)池作为一级处理单元，能够有效提高废水的可生化性，同时可取代初沉池，减少污水处理站构筑物，使处理站的格局更加紧凑。采用(好氧)曝气池作为污水生化二级处理单元，通过鼓风机向池内供氧，使污水与活性污泥充分接触混合，从而去除废水中大部分可降解有机物。

(4) 二沉池及污泥池：曝气池出水后进入二沉池，澄清后的废水经溢流堰排出，底部污泥排入污泥池，并由污泥泵送至污泥浓缩池。

污水处理站出水口设有在线监测设备，监控废水的 pH、COD 值，以确保出水满足接管标准，如污染物浓度出现超标，则关闭阀门，将废水泵入集水池，重新处理，直到出水达标。根据生态环境局 2019 年 5 月监督性监测结果，化学需氧量、氨氮、磷酸盐、悬浮物、阴离子表面活性剂(LAS)等均可达到排放标准。

表 9.3-7 2019 年 5 月监督性监测结果

企业名称	监测点	监测项目	标准名称	限值	监测日期	监测结果	单位	是否达标
南京群志光电有限公司	LCM废水排放口	pH 值	《污水综合排放标准》表4三级标准	6～9	2019-05-11	7.42	无量纲	是
		氨氮（NH$_3$-N）		/		5.09	mg/L	—
		动植物油		100		0.44	mg/L	是
		化学需氧量		500		34	mg/L	是
		石油类		20		<0.06	mg/L	是
		悬浮物		400		11	mg/L	是
		阴离子表面活性剂（LAS）		20		0.98	mg/L	是
		磷酸盐（以 P 计）		/		0.62	mg/L	/

(3) 典型企业 3

典型生产工艺：

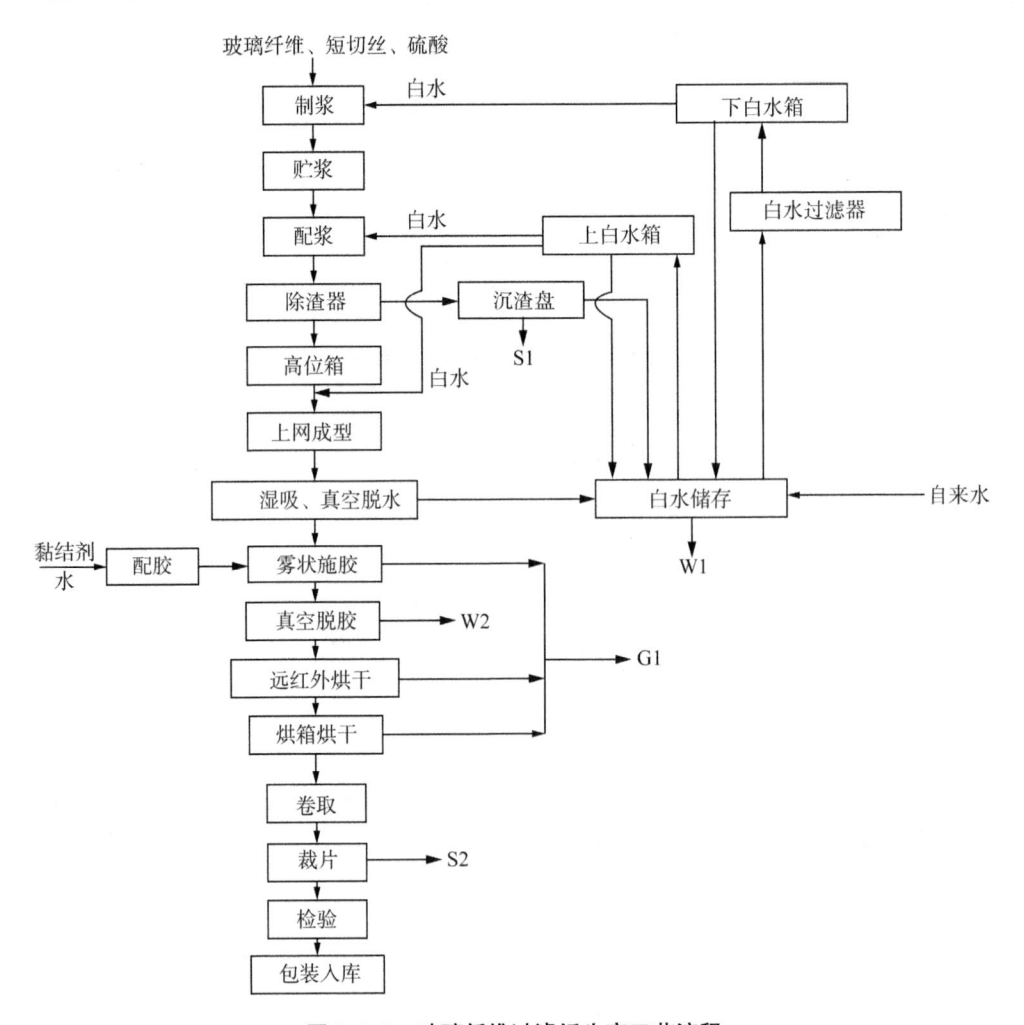

图 9.3-8 玻璃纤维过滤纸生产工艺流程

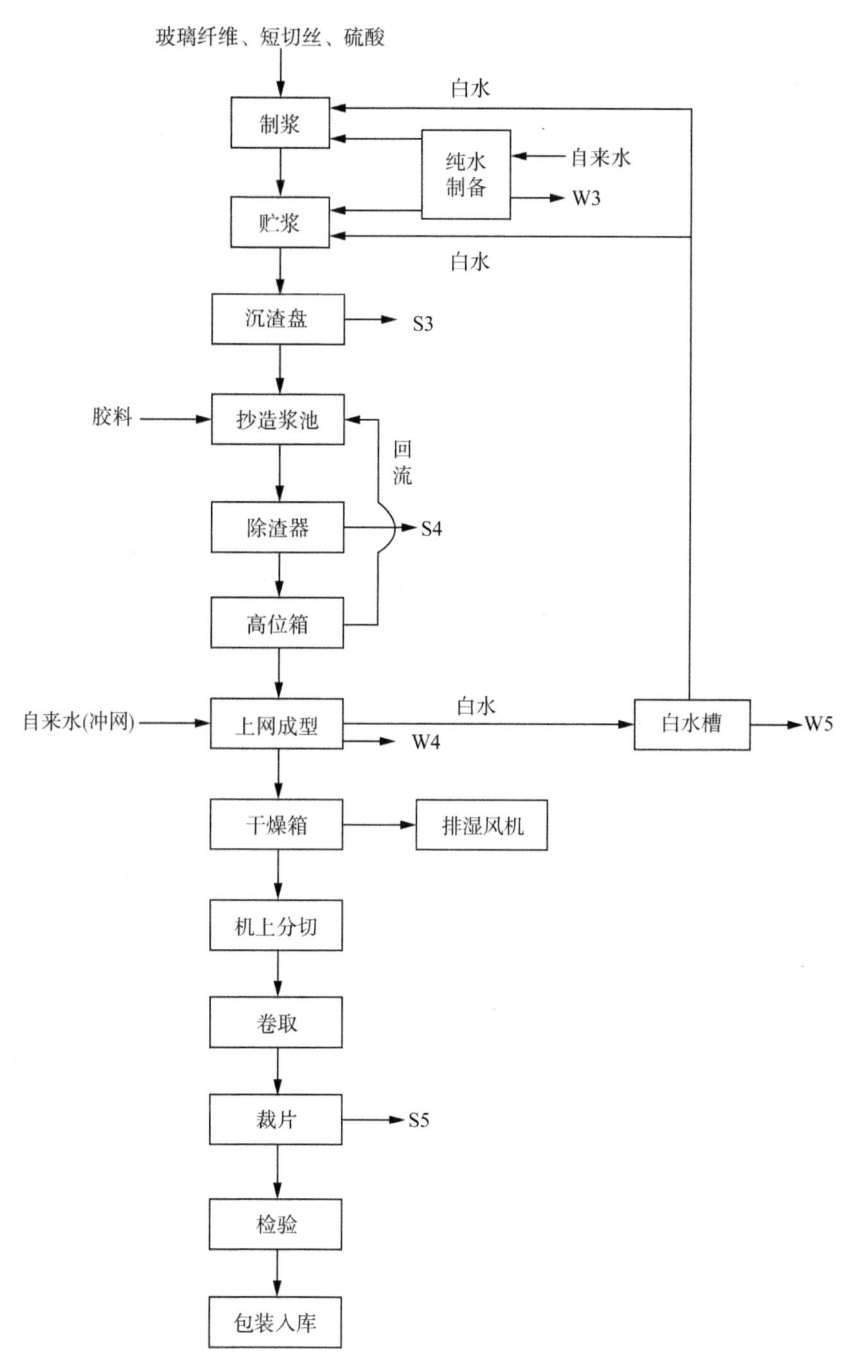

```
玻璃纤维、短切丝、硫酸
            ↓
           制浆 ←――――――― 白水
            ↓            ↑
                     纯水制备 ← 自来水
           贮浆 ←―――――    → W3
            ↓        白水
          沉渣盘 → S3
            ↓
  胶料 → 抄造浆池 ←
            ↓      回流
          除渣器 → S4
            ↓
          高位箱
            ↓
自来水(冲网)→ 上网成型 ―白水→ 白水槽 → W5
                    ↓
                    W4
            ↓
          干燥箱 → 排湿风机
            ↓
         机上分切
            ↓
           卷取
            ↓
           裁片 → S5
            ↓
           检验
            ↓
         包装入库
```

图 9.3-9　AGM 隔板生产工艺流程

现有厂区内项目产生的生产废水主要包括排放的白水、冲网产生的废水、脱胶产生的含胶废液、纯水制备产生的浓水、锅炉软水设备产生的反冲洗水及锅炉清洗水、锅炉硬水等。

废水治理工艺：

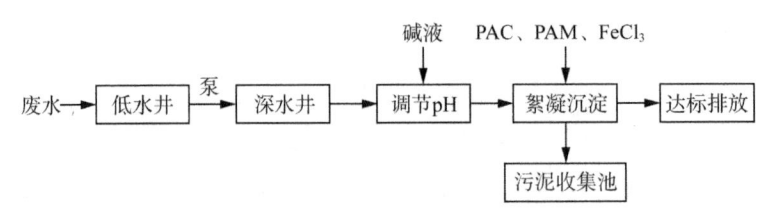

废水 → 低水井 →（泵）→ 深水井 →（碱液）→ 调节pH →（PAC、PAM、FeCl₃）→ 絮凝沉淀 → 达标排放；絮凝沉淀 → 污泥收集池

图 9.3-10　废水处理工艺流程图

现有厂区项目生产过程中产生的白水、冲网废水及车间内破乳处理后的含胶废水，经收集后由低水井经泵打至深水井中，进行水质和水量的调节。

在(提升)泵前投加烧碱(碱液)调节废水 pH 值至 7.5～8.0，在泵后投加 PAC 及 FeCl₃，在絮凝反应池进水口投加 PAM；烧碱与废水的反应通过叶轮搅拌。PAC 及 FeCl₃ 与废水的反应采用管道混合，PAM 与废水的反应采用机械搅拌，絮凝后产生的絮状颗粒粗大，易于沉淀。

污泥处理单元：沉淀池的污泥进入污泥收集池，并定期采用自动厢式压滤机进行污泥脱水。

絮凝-沉淀法运行流程简单、技术可靠、管理方便，且容易进行改造。采用絮凝剂 PAC 对洗涤废水进行絮凝沉淀，节约了水资源，降低了洗涤废水的处理成本。类比同类型企业出水水质，本项目絮凝沉淀工艺对 COD 的处理效率为 75%，SS 的处理效率为 90%。根据 2019 年 8 月生态环境局监督检测结果，化学需氧量、氨氮、总磷、悬浮物、石油类等均可达标排放。

3.1.2　纳管企业水量水质分析

某开发区污水处理厂来水主要为开发区工业企业排放的工业废水及开发区内居民、职工生活污水。根据实际调研情况，目前开发区污水处理厂主要接管企业 65 家，日均污水排放量 9 951.40 t。

根据 2019 年开发区污水处理厂在线监控数据，一、二期进水口平均日进水量 34 342.2 t，三期进水口平均日进水量 34 702.2 t，合计日均进水量 69 044.4 t，目前纳管工业企业污水排放量占总处理水量的 14.4%。

根据各企业 2019 年在线监控数据、例行监测数据、监督性监测数据以及环境统计数据等，统筹分析接管企业的排水水质情况详见图 9.3-11 及图 9.3-12，其中有 19 家企业采用在线监测数据，占比为 29%，有 46 家企业采用例行监测数据，占比为 71%。通过分析可知，目前接管企业均设置预处理设施，工业废水排放企业预处理达标后接入污水处理厂，各工业废水排放企业均具备废水处理台账，排水水质基本可满足污水接管标准；特征污染物也可满足相应排放标准，仅有个别企业生活污水存在氨氮、总磷超标的情况，主要原因与三级化粪池等预处理设施运行维护不到位有关，需进一步加强管理。

3.1.3　总进水水量分析

根据某污水处理厂的进水在线监控数据，2019 年最大日进水量为 24 072 m³，占设计处理量的 120.36%，2019 年最小日进水量为 8 394 m³，占设计处理量的 41.97%，年平均运行负荷 88.88%，日均进水量 17 775.61 t。2020 年 1—9 月最大日进水量为 25 792 m³，占设计处理量的 128.96%，2020 年最小日进水量为 7 520 m³，占设计处理量的 37.60%，年平均运行负荷88.38%,日均进水量17 675.6 t。

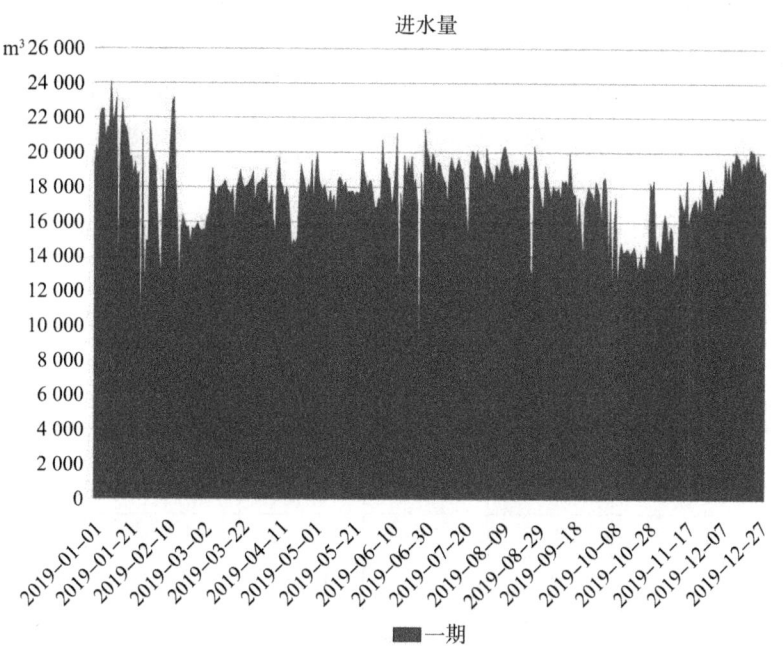

图9.3-11　2019年某污水处理厂日变化情况图

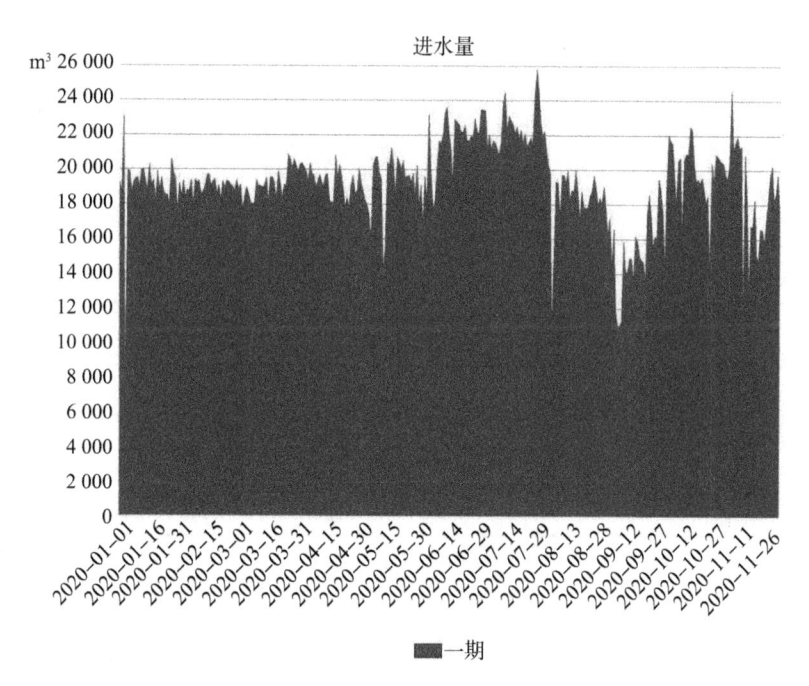

图9.3-12　2020年1—9月某污水处理厂日变化情况图

3.1.4　总进水水质分析

根据调查,某开发区污水处理厂收水范围内的排水企业,主要来自汽车制造、汽车零部件及配件制造、电子器件制造及食品行业等，主要污染因子为 COD、NH_3-N、TP 和动植物油，特征污染物主要为阴离子表面活性剂、总锌、总镍等。

根据生态环境局和开发区污水处理厂管理要求，各企业排放污水需经预处理达到纳管标准后，方可纳管。本次采用开发区污水处理厂手工监测数据分析进水水质情况，目前开发区污水处理厂月均进水水质均可达到接管标准，但日监测数据偶有超过接管标准的情况。

表 9.3-8　2019 年某污水处理厂现状进水水质　　　　　　　　　　（单位：mg/L）

月份	进水水质(mg/L)					
	COD	BOD_5	SS	NH_3-N	TP	TN
2019 年 1 月	180.00	83.30	120.00	17.00	3.76	20.00
2019 年 2 月	87.00	40.60	101.00	11.20	1.64	15.50
2019 年 3 月	156.00	73.40	129.00	17.00	2.68	20.50
2019 年 4 月	173.00	81.00	114.00	16.50	3.02	20.90
2019 年 5 月	188.00	87.60	126.00	17.50	3.08	21.30
2019 年 6 月	138.00	68.00	104.00	12.80	2.76	15.80
2019 年 7 月	122.00	63.90	108.00	11.40	2.99	14.60
2019 年 8 月	145.00	75.00	87.00	12.90	4.48	16.10
2019 年 9 月	176.00	81.20	131.00	13.60	3.22	18.50
2019 年 10 月	153.00	69.20	131.00	17.40	4.59	22.20
2019 年 11 月	162.00	77.80	142.00	17.60	3.49	22.10
2019 年 12 月	119.00	55.30	82.00	16.60	2.30	22.00
最大值	188.00	87.60	142.00	17.60	4.59	22.20
最小值	87.00	40.60	82.00	11.20	1.64	14.60
平均	149.92	71.36	114.58	15.13	3.17	19.13
接管标准值	350	170	250	35	3	45

表 9.3-9　2020 年 1—9 月某污水处理厂现状进水水质　　　　　　（单位：mg/L）

月份	进水水质(mg/L)					
	COD	BOD_5	SS	NH_3-N	TP	TN
2020 年 1 月	88.00	42.00	90.00	10.50	1.92	15.10
2020 年 2 月	80.00	40.50	84.00	7.85	1.63	12.40
2020 年 3 月	117.00	52.90	78.00	12.60	3.11	18.00
2020 年 4 月	125.00	58.10	82.00	11.40	1.99	16.00
2020 年 5 月	126.00	60.60	97.00	19.10	3.02	24.10
2020 年 6 月	141.00	62.70	78.00	8.98	2.02	13.10
2020 年 7 月	63.00	31.80	70.00	3.41	0.69	5.41
2020 年 8 月	81.00	41.10	68.00	11.80	1.56	15.10
2020 年 9 月	247.00	101.10	135.00	15.10	5.04	19.40

续表

月份	进水水质(mg/L)					
	COD	BOD$_5$	SS	NH$_3$-N	TP	TN
最大值	247.00	101.10	135.00	19.10	5.04	24.10
最小值	63.00	31.80	68.00	3.41	0.69	5.41
平均值	118.67	54.53	86.89	11.19	2.33	15.40
接管标准值	350	170	250	35	3	45

表9.3-10　开发区污水处理厂在线监控进水水质超标情况

超标日期	来水进水口	超标因子及监测值
2019-01-07	一二期进水口	TP(9.59 mg/L)
2019-01-14	三期进水口	TP(11.94 mg/L)
2019-01-29	三期进水口	COD(678.54 mg/L)
2019-04-26	三期进水口	COD(598.34 mg/L)
2019-04-27	三期进水口	COD(749.47 mg/L)
2019-09-14	三期进水口	COD(1 952.63 mg/L)
2019-09-15	三期进水口	COD(1 790.29 mg/L)
2019-10-05	一二期进水口	COD(588.20 mg/L)
2019-12-03	三期进水口	COD(508.26 mg/L)

从上表可以看出,2019年COD月均最小进水浓度为87.00 mg/L,最大进水浓度为188.00 mg/L;BOD$_5$月均最小进水浓度为40.60 mg/L,最大进水浓度为87.60 mg/L;SS月均最小进水浓度为82.00 mg/L,最大进水浓度为142.00 mg/L;NH$_3$-N月均最小进水浓度为11.20 mg/L,最大进水浓度为17.60 mg/L;TP月均最小进水浓度为1.64 mg/L,最大进水浓度为4.59 mg/L;TN月均最小进水浓度为14.60 mg/L,最大进水浓度为22.20 mg/L。主要污染物指标基本满足接管要求。

2020年1—9月COD月均最小进水浓度为63.00 mg/L,最大进水浓度为247.00 mg/L;BOD$_5$月均最小进水浓度为31.80 mg/L,最大进水浓度为101.10 mg/L;SS月均最小进水浓度为68.00 mg/L,最大进水浓度为135.00 mg/L;NH$_3$-N月均最小进水浓度为3.41 mg/L,最大进水浓度为19.10 mg/L;TP月均最小进水浓度为0.69 mg/L,最大进水浓度为5.04 mg/L;TN月均最小进水浓度为5.41 mg/L,最大进水浓度为24.10 mg/L。主要污染物指标基本满足接管要求。

3.2　工艺可行性评估

3.2.1　预处理单元分析

污水在进入生物处理单元前必须进行预处理,以保证后续处理工段的顺利运行。预处理单元包括粗格栅、进水泵房、细格栅、沉砂池等。主要去除污水中的砂粒、栅渣、油等。

格栅及污水提升泵房设在截污干管的尾端,粗格栅是进入污水处理厂前第一道预处理设施,可去除大尺寸的漂浮物和悬浮物,以确保进水泵的正常运转,并尽量去掉那些不利于后续处理过程的杂物。

现有项目后段采用细格栅及钟式沉砂池,具有设备可完全国产化等特点,可去除污水中较小粒径的砂粒,同时还可以去除污水中的油脂,效果良好。

以上工艺在国内外的污水厂普遍采用,工艺成熟。

3.2.2 生化处理单元分析

某污水处理厂生化处理单元采用A/O脱氮工艺,该工艺本身属于具有除磷脱氮功能的生物处理工艺,能将总氮去除率由常规生化处理的20%左右提高到70%~95%,总磷去除率则通过生物合成由15%~20%提高到70%~90%,一般情况下可稳定可靠地运行。

A/O脱氮工艺是一种前置反硝化工艺,特点是原废水先经过缺氧池,再进入好氧池,并将好氧池的混合液和沉淀池的污泥同时回流到缺氧池。A/O脱氮工艺与传统的多级生物脱氮工艺相比主要有如下优点:(1)流程简单,省去了中间沉淀池,构筑物少,大大节省了基建费用,且运行费用低,占地面积小;(2)以原污水中的含碳有机物和内源代谢产物为碳源,节省了投加外碳源的费用并可获得较高的C/N比,以确保反硝化作用的充分进行;(3)好氧池设在缺氧池之后,可进一步去除反硝化残留的有机物,确保出水水质达标排放;(4)缺氧池置于好氧池之前,于反硝化过程中消耗了原污水中一部分碳源有机物BOD,既可减轻好氧池的有机负荷,又可改善活性污泥的沉降性能,有利于控制污泥膨胀,而且反硝化过程产生的碱度可以补偿硝化过程对碱度的消耗。

在进水中有机物充裕的情况下,该工艺首先满足生物脱氮的要求,利用多余的有机物生物除磷,即利用缺氧池上的隔墙将缺氧池分成厌氧区和缺氧区两个连续的部分,改变好氧池混合液回流位置,将混合液回流至缺氧区,将A/O脱氮运行模式改造成具有较好除磷脱氮功能的A/O工艺运行模式。

在该工艺中,厌氧区用于生物除磷,缺氧区用于生物脱氮,原污水中的碳源物质先进入厌氧池,聚磷菌优先利用污水中的易生物降解有机物成为优势菌种,为除磷创造条件,然后污水进入缺氧池,反硝化菌利用其他可能利用的碳源将回流到缺氧池的硝态氮还原成氮气排入大气中,达到脱氮的目的。

3.2.3 深度处理单元分析

为了使出水达到GB 18918—2002中一级A排放标准,必须在二级生化处理之后增加深度处理单元,进一步去除水中的氮磷和SS等污染物。

深度处理的工艺流程,视处理目的和要求的不同,可选用的工艺较多。现有项目采用纤维转盘滤池工艺,以提高SS、TN、粪大肠菌群的去除率。纤维转盘滤池是国内最新开发的一种过滤技术,属于滤布滤池的一种,具有表面过滤的特征,滤盘垂直设计,错流过滤,相当于滤池和沉淀池的结合,颗粒大的悬浮物直接沉淀到池底排出。纤维转盘滤池拥有精密的网状过滤布,可以最佳方式分离去除二沉池出水中的SS悬浮物质和其他固体物质。在使用时,也可以在装置的前端通过加药的方式降解处理水中的COD和P等污染物,特别适用于已建污水处理厂出水设施的升级改造,可以使出水从一级B达到一级A。本装置的运行原理是利用过滤转盘的旋转过程,使用冲洗棒清理过滤盘,最终通过重力,即自由落差排出含水过滤物质,完成处理过程。

纤维转盘过滤器是目前世界上最先进的过滤器之一,目前在全世界已经有350个污水厂采用该项技术。纤维转盘过滤器的处理效果好，出水水质高，设备运行稳定。

3.2.4 项目工艺设计参数合理性分析

一期项目采用奥贝尔氧化沟工艺，污泥负荷 0.08～0.1 kg BOD$_5$/kgMLSS·d，污泥泥龄 30 d，污泥浓度 4 000 mg/L，回流比 50%～100%，设计供氧量 750 kg O$_2$/d。

二期项目采用 A2O 氧化沟工艺，设有厌氧区、兼氧区、好氧区。污泥负荷 0.08～0.1 kg BOD$_5$/kgMLVSS·d，混合液浓度 MLSS 4.00 g/L，MLVSS 2.80 g/L，污泥泥龄 18 d，污泥回流比 50%～100%，内回流率 50%～100%。

三期项目双沟式氧化沟利用厌氧（包括预脱硝段）、缺氧、好氧各区的不同功能，进行生物脱碳除磷，同时降解有机物。双沟式氧化沟污泥浓度：MLSS=4.00 g/L，MLVSS=2.80 g/L，污泥负荷：0.13 kg BOD$_5$/kgVSS·d，总停留时间 16 h，其中厌氧区 2.0 h，氧化沟 14.0 h，污泥回流比 100%（亦可以 25%、50%、75% 运行），设计供氧量 9 000 kg O$_2$/d。

根据《厌氧-缺氧-好氧活性污泥法污水处理工程技术规范》（HJ 576—2010）附录 A，污泥负荷（BOD$_5$/MLSS）：0.05～0.15 kg/(kg·d)；污泥质量浓度：2 000～4 000 mg/L；污泥泥龄：10～18 d；污泥回流：40%～100%，好氧池（区）混合液回流：100%～400%，缺氧池（区）混合液回流：100%～200%；水力停留时间：厌氧池（区）1～2 h，缺氧池（区）2～3 h，好氧池（区）6～14 h。

一期项目采用的奥贝尔氧化沟工艺，是较为成熟的污水处理工艺，该工艺在外沟道内形成交替的耗氧和大区域的缺氧环境，高效实现同步硝化反硝化（SND）过程，具有较好的脱氮功能。为保障有机物、氮、磷得到较好的去除，项目设置了较长的停留时间，其余各项参数均符合规范要求。二期项目采用 A2O 氧化沟工艺，工艺成熟可靠，项目各项参数设定较为合理，均符合规范要求。三期项目采用的双沟式氧化沟工艺，是传统活性污泥法污水处理技术的改良，通过混合液在沟内不中断地循环流动，形成厌氧、缺氧和好氧段，项目设计较长的好氧段停留时间，具备较高的有机物去除效能，项目各项参数设定较为合理，均符合规范要求。

对照《排污许可证申请与核发技术规范 水处理通用工序》（HJ 1120—2020）中污水处理可行技术参照表（表 A.1），该污水处理厂的预处理、生化处理、深度处理工艺均为可行技术。

表 9.3-11 污水处理可行技术参照表

废水类别	可行技术
采矿类排污单位废水	物化处理：隔油、气浮、沉淀、混凝、过滤、中和、高级氧化、吸附、消毒、膜过滤、离子交换、电渗析。 生化处理：水解酸化、厌氧、好氧、缺氧好氧（A/O）、厌氧缺氧好氧（A^2/O）、序批式活性污泥（SBR）、氧化沟、曝气生物滤池（BAF）、生物接触氧化、移动生物床反应器（MBBR）、膜生物反应器（MBR）。
生产类排污单位废水	预处理：调节、隔油、沉淀、气浮、中和、吸附； 生化处理：水解酸化、厌氧、好氧、缺氧好氧（A/O）、厌氧缺氧好氧（A^2/O）、序批式活性污泥（SBR）、氧化沟、曝气生物滤池（BAF）、移动生物床反应器（MBBR）、膜生物反应器（MBR）、二沉池。 深度处理及回用：混凝沉淀、沉淀、过滤、反硝化、高级氧化、曝气生物滤池、生物接触氧化、超滤、反渗透、电渗析、离子交换。

续表

废水类别	可行技术
服务类排污单位废水和生活污水	预处理：调整、隔油、格栅、沉淀、气浮、混凝； 生化处理：水解酸化、厌氧、好氧、缺氧好氧（A/O）、厌氧缺氧好氧（A^2/O）、序批式活性污泥（SBR）、氧化沟、曝气生物滤池（BAF）、移动生物床反应器（MBBR）、膜生物反应器（MBR）、二沉池； 深度处理及回用：沉淀、过滤、高级氧化、曝气生物滤池、超滤、反渗透、电渗析、离子交换、消毒（次氯酸钠、臭氧、紫外、二氧化氯）。

3.3 管理系统

3.3.1 项目运行管理机构

南京江宁某污水处理厂建成后，将通过招聘专业的运营人员建立污水厂运营机构，厂内设生产工段、行政管理机构和生产辅助工段。其组织架构见图9.3-13。

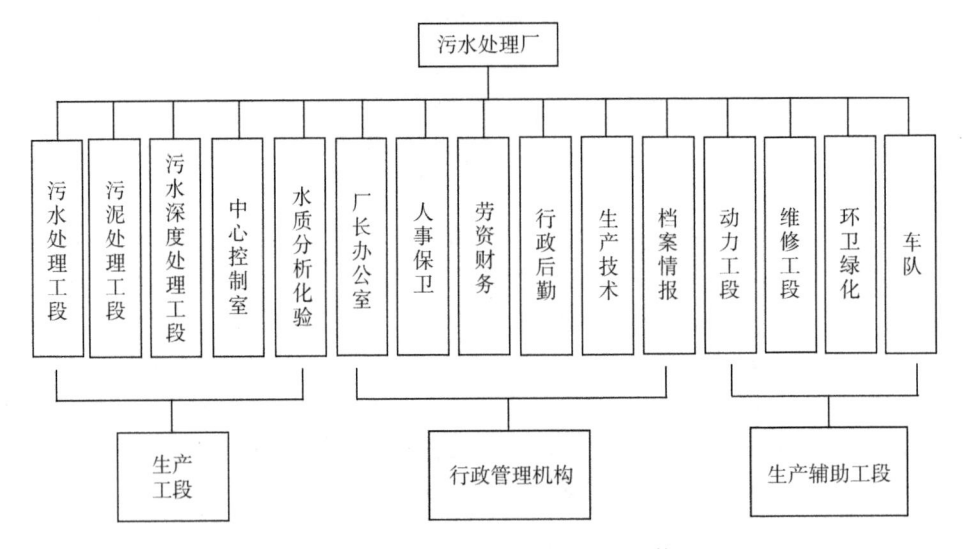

图 9.3-13　某污水处理厂管理组织架构图

污水处理厂在投产运行后将逐步建立现代化的管理机构，完善生产管理体系，提升职工专业技术水平，如：

(1) 建立完善的生产管理机构。
(2) 对入厂职工进行必要的资格审查。
(3) 组织操作人员参加上岗前的专业技术培训。
(4) 聘请有经验的专业技术人员负责厂内的技术管理工作。
(5) 选拔专业技术人员到国外进行技术培训。
(6) 建立健全包括岗位责任制和安全操作规程在内的管理规章制度。
(7) 对职工进行定期考核，实行奖惩制度。
(8) 组织专业技术人员提前进岗，参与施工安装、调试、验收的全过程。
(9) 组织参加全国水处理行业的相关活动。

3.3.2 项目技术管理

(1) 对进厂的污水水质加强监测，会同市政及环保部门，监督和控制工业废水中污染物的排放,严格执行《污水排入城镇下水道水质标准》(GB/T 31962—2015),以保障污水处理厂生化处理工序的正常运行。

(2) 根据进厂水质、水量变化,调整运行条件,做好日常水质化验、分析,保存记录完整的各项资料。

(3) 及时整理汇总、分析运行记录,建立运行技术档案。

(4) 建立处理构筑物和设备的维护保养工作和维护记录的存档。

(5) 建立信息系统,定期总结运行经验,提高管理水平。

3.3.3 劳动定员

参照《城市污水处理工程项目建设标准》(建标198—2022),为满足污水处理厂运行管理需要,确定污水处理厂定员为25人。设备维修和大修等工作以及污泥外运和处置等将实现社会化外包服务,聘请专业单位执行实施。污水处理厂各部门人员配置见表9.3-12。

表 9.3-12 污水处理厂劳动定员表

类别	岗位	班次(班/日)	人数/班	定员
生产人员	进水泵房、回流泵房	3	1	3
	细格栅、生化池	3	1	3
	鼓风机房	3	1	3
	加药间	2	1	2
	污泥脱水机房	3	1	3
	变电所	3	1	3
	化验室	1	1	1
	纤维转盘滤池车间	2	1	2
辅助生产人员	水电工	1	1	1
	绿化环卫	1	1	1
管理人员	行政	1	1	1
	生产技术	1	1	1
	财务	1	1	1
合计				25

3.3.4 厂区主要岗位工作职责

(1) 技术员岗巡检职责

① 管辖范围

提升泵房、粗格栅、细格栅、旋流沉砂池、鼓风机房、生化池、二沉池、(污泥)回流泵房、(纤维)转盘滤池、紫外消毒渠等构筑物和设施及四周区域。

② 巡检路线

中控室→提升泵房→粗格栅→细格栅→旋流沉砂池→2#生物池→1#生物池→(污泥)回流泵房→1#二沉池→2#二沉池→(纤维)转盘滤池→紫外消毒渠→加药间→污泥脱水机房→污泥浓缩池→中控室。

③ 巡检内容

a. 查看各流量计显示流量读数、各类指示表读数是否正常,各液位计的情况及其他仪表的情况,池、井站水位及各构筑物的状况,设备运行状况、卫生状况。

b. 相关人员每两小时巡检一次,对于特殊设备应保持 24 小时有人监控。在巡检时按规定的路线、内容认真巡检,发现问题及时处理。

(2) 中控岗管理职责

一、卫生管理

① 中心控制室内必须保持窗明几净。

② 每日、每班必须按职责规定进行卫生清扫,在擦除计算机上积尘时,抹布不得过湿以免触电。擦拭计算机屏幕上的积尘或指纹痕迹时应尽可能使用专用清洁剂,以免损坏屏幕。

③ 夜班交班前必须对控制室地板进行拖擦;操作台面应保持整齐、洁净,白班人员上班期间必须对所有积尘进行清扫(包括窗户里外台面,空调顶盖)。

④ 值班人员接班后必须穿配给的工作服与鞋。

⑤ 参观人员走后,值班人员应立即清扫。

二、安全管理

① 中心控制室是污水处理厂的监控中心,闲人不得随便进出。

② 值班人员当班期间不得擅离岗位,若有急事必须请别人(控制室内人员)代为照应,控制室内不得无人值守。

③ 控制室内严禁烟火;若发生火灾,一方面应及时通报,另一方面应使用已配备的专用灭火器灭火;千万不能使用水或非专用灭火器灭火,以免事故扩大。

④ 值班人员应对模拟屏上出现的任何故障进行记录并观察,对其他系统也应如此。

⑤ 对上位操作站的任何操作都必须遵循相应的操作规程,不得随心所欲、胡乱操作。

(3) 脱水机房/变电所室内岗位工作职责

一、卫生管理

① 脱水机房操作室内必须保持窗明几净。

② 每日、每班必须按职责规定进行卫生清扫,在擦除计算机上积尘时,抹布不得过湿以免触电。擦拭计算机屏幕上的积尘或指纹痕迹时应尽可能使用专用清洁剂,以免损坏屏幕。

③ 值班人员交班前必须对脱水机房操作室内地板进行拖擦;操作台面应保持整齐、洁净,白班人员上班期间必须对所有积尘进行清扫(包括窗户里外台面,空调顶盖)。

④ 值班人员接班后必须穿配给的工作服。

⑤ 参观人员走后,值班人员应立即清扫。

二、安全管理

① 脱水机房操作室是污水处理厂的操作重地,闲人不得随便进出。

② 值班人员当班期间不得擅离岗位,若有急事必须请别人(脱水机房操作室内人员)代为照应,脱水机房操作室内不得无人值守。

③ 脱水机房操作室内严禁烟火;若发生火灾,一方面应及时通报,另一方面应使用已配备的专用灭火器灭火;千万不能使用水或非专用灭火器灭火,以免事故扩大。

④ 值班人员应对模拟屏上出现的任何故障进行记录并观察,对其他系统也应如此。

⑤ 对上位操作站的任何操作都必须遵循相应的操作规程,不得随心所欲、胡乱操作

3.3.5 现场巡察及运行日报表

污水处理厂相关人员应严格完成厂区各工段的现场巡察工作,并做好日运行报告记录工作。

3.3.6 风险防范及应急措施

(1) 分级响应机制

依据《国家突发环境事件应急预案》,按照突发环境事件的严重性、紧急程度和可能波及的范围,某污水处理厂根据自身可能发生的事故分析,确定了相应的预警级别及分级响应的具体程序,预警级别主要有一般环境事件(Ⅳ级)和较大环境事件(Ⅲ级),基本不会发生重大环境事件(Ⅱ级)。

(2) 响应程序

事故、事件发生后,生产调度、车间接到报告,应迅速按事故可能造成的后果进行判断,如达到"Ⅲ级"应急响应标准,应立即向集团总经理汇报,请求启动应急救援预案。在指挥部成员赶到前,由调度统一指挥,避免事态扩大。

公司启动应急救援预案后,应立即通知指挥部成员赶到集合地点。听取事故简单情况汇报,接受总指挥命令。

现场一切抢救事宜由应急指挥中心统一指挥,现场抢救总指挥由集团总经理担任,集团总经理不在时由集团副总经理担任。

应急预案启动后,各功能单位应按相关程序进行应急救援。当事态无法控制时,应及时请求上级部门支持。

各应急救援专业队伍、职能部门在接到事故报警后,应迅速赶赴现场,在做好自身防护的基础上,快速实施救援,防止事故扩大,并将伤员救出危险区域,组织员工、群众撤离、疏散。

(3) 突发环境事件现场应急措施

突发环境事件主要包括:污水事故排放、生化系统出现异常、二沉池异常、出水水质异常、厂内设备异常等。

污水事故排放处置步骤

1. 进水水质异常:

(1) 进水泵房立即停止进水,并通知泵站人员停止进水。

(2) 立即汇报领导,并通知分厂技术员。

(3) 分厂技术员接到通知后与化验室人员第一时间到现场取样分析,并留存一份样品。

(4) 相关人员在第一时间内将水质异常情况发函给生态环境局。

(5) 泵站人员在水质恢复正常时,通知当班人员恢复生产,当班人员汇报领导。

2. 生化系统出现异常:

(1) 曝气池有臭味,则增加供氧量,使 DO>2 mg/L。

(2) 曝气池中污泥发黑,则加大供氧或加大回流污泥量。

(3) 曝气池泡沫过多,则观察泡沫形态:

① 如不易破碎,呈白浪状,则减少剩余污泥排放量。

② 如呈现浓黑色,应增加排泥。

(4) 曝气池中污泥膨胀,则加大曝气量,加大回流量。

(5) 二沉池泥面过高,则加大排泥。
(6) 二沉池池面气泡过多,则加大排泥。

化验日报表

厂名:空港污水处理厂　　　　　　　　　　　　　　　　2019年1月23日

类别	项目	出水	进水		
污水每日	色度(倍)	4	64		
	pH	7.17	7.36		
	CODC(mg/L)	14	212		
	BOD_5 (mg/L)	4.2	106		
	SS (mg/L)	6	95		
	NH_3-N (mg/L)	0.446	13.9		
	NO_3-N (mg/L)	2.03	0.78		
	TN (mg/L)	3.97	16.6		
	TP (mg/L)	0.216	2.71		
	氯化物 (mg/L)	60.8	72.7		
		1#氧化沟	2#氧化沟		
	MLSS (mg/L)	5962	6594		
	DO (mg/L)	2.2	2.7		
	SV (%)	36	43		
	SVI (mL/g)	60.4	65.2		
	MLVSS (mg/L)	2990	3296		
类别	项目	出水	进水		
污水每周	类大肠菌群数 (个/L)	—	—		
类别	项目	出泥			
污泥每日	含水率 (%)	77.3			
	pH (/)	7.11			
	有机物 (%)	37.22			
污泥每月	类大肠菌群数 (个/kg)	4.9×10^7			
备注					

化验日报表

厂名:空港污水处理厂　　　　　　　　　　　　　　　　2019年2月20日

类别	项目	出水	进水		
污水每日	色度(倍)	2	64		
	pH	7.2	6.86		
	CODC (mg/L)	16	33		
	BOD_5 (mg/L)	8.1	16.5		
	SS (mg/L)	8	70		
	NH_3-N (mg/L)	0.795	8.01		
	NO_3-N (mg/L)	2.82	0.91		
	TN (mg/L)	3.85	9.6		
	TP (mg/L)	0.202	0.72		
	氯化物 (mg/L)	61.5	73.3		
		1#氧化沟	2#氧化沟		
	MLSS (mg/L)	4864	5722		
	DO (mg/L)	2.1	2.9		
	SV (%)	24	33		
	SVI (mL/g)	49.3	57.7		
	MLVSS (mg/L)	1946	2298		
类别	项目	出水	进水		
污水每周	类大肠菌群数 (个/L)	—	—		
类别	项目	出泥			
污泥每日	含水率 (%)	77.2			
	pH (/)	7.14			
	有机物 (%)	35.11			
污泥每月	类大肠菌群数 (个/kg)	4.5×10^7			
备注					

图 9.3-14　某污水处理厂化验日报表记录情况

（7）二沉池表面积累一层解絮污泥，说明进水水质有异常。应立即停止进水，启动进水水质异常预案。

（8）污泥脱水后泥饼松动，则处理污泥要及时或增加絮凝剂的量。

3. 二沉池异常：

（1）如发现吸刮泥机有个别吸泥口不通畅，应采取以下措施：

① 关闭出水阀，利用水压将堵塞的吸泥口疏通；

② 将吸刮泥机吸泥口开至最大角度；

③ 增加回流泵的开启台数，直至吸泥口疏通；

④ 如疏通时间超过8小时，则将进水阀也关闭；

⑤ 疏通后再将所有设备恢复至异常前状态。

如采用此法仍不能将吸泥口疏通，则填写报修申请并汇报厂领导。

（2）二沉池池面有大量的浮泥，应采取以下措施：

① 关闭出水阀；

② 当水位到达排渣口位置时，关闭进水阀；

③ 将浮泥用工具搅散；

④ 连续运行吸刮泥机，直至池内泥面降至最低位置；

⑤ 打开出水阀和进水阀。

⑥ 若上浮污泥色泽较淡，有时带铁锈色，为反硝化污泥上浮。该现象出现的原因是曝气池内硝化程度较高。含氮化合物经氨化作用及硝化作用被转化成硝酸盐，NO_3-N浓度较高，此时若沉淀池内因回流比过小或回流不畅使泥面升高，污泥长期得不到更新，沉淀池底部污泥可因缺氧而使硝酸盐反硝化，产生的氮气呈小气泡集结于污泥上，最终使污泥大块上浮。改进的办法是加大回流比，使沉淀池内污泥更新并降低沉淀池泥层高度，减少泥龄、多排泥以降低污泥浓度，还可适当降低曝气池的DO水平。

⑦ 若上浮污泥色黑，并且恶臭强烈，为腐化污泥。该现象出现的原因为二沉池有死角造成积泥，时间长即厌氧腐化，产生H_2S、CO_2、H_2等气体，最终污泥上浮。解决方法为消除死角区的积泥，例如经常用压缩空气在死角区充气，增加污泥回流等。

4. 出水水质异常：

（1）化验室人员在发现出水水质出现异常时，由化验室主任立即汇报给分厂。

（2）分厂人员立即到现场察看运行情况，化验室人员应立即就位，随时分析水质情况。

（3）如果是活性污泥系统出现异常，启动活性污泥异常预案。

（4）如果是电器出现问题，导致厂内不能按原定工艺运行方案运行，应立即启动电器异常预案。

（5）如果是设备出现异常，导致工艺运行不佳，应立即启动设备异常预案。

（6）相关问题得到解决后，分厂人员和化验室人员应继续对水质进行跟踪，直到出水水质正常为止。

5. 厂内设备异常：

（1）如厂内任何一个工艺单体设备检修，需停开进水泵，须由保全员报告给厂部领导,经签字同意后,中控人员才可停开进水泵。

(2) 分厂通知泵站人员进水泵停开时,停止向厂内进水。

(3) 保全员应将修理所需材料备齐,加紧抢修,停水时间不得超过4小时。若超过4小时需向住建和环保部门报告。

6. 电器设备异常:

(1) 当遇到以下情况时:

① 变压器声响明显增大,内部有爆裂声;

② 变压器套管有严重的破损和放电现象;

③ 避雷器绝缘子、套管破裂或爆炸;

④ 避雷器雷击放电后,连接引线严重烧伤或烧毁。

a. 立即切断电源。

b. 立即汇报保全人员并通知厂部领导。

c. 保全人员到现场查看后,如不能恢复,邀请供电局人员到现场解决。

(2) 当碰到断路器在控制开关远程操作,且操作元件拒绝跳闸或合闸时:

① 切忌盲目进行断路器合闸。

② 电房值班人员应立即汇报分厂,并通知保全人员到场。

③ 保全人员应立即查清故障原因。如断路器拒绝跳闸已威胁全部设备安全时,应统一将此断路器用旁路断路器代替后检修,若为无旁路断路器的双母线系统,通过母联断路倒换母线供电,将电源切换到另一断路器或通知准备停电。如果限于接线方式不可能经另一断路器供电时,应将拒绝跳闸的断路器手动跳闸后检修。

3.4 符合性分析结论

从对某污水处理厂2019年的运行情况分析可以看出,目前进水水量、水质基本符合工程设计要求,各工艺的运行情况满足对应的水质水量需求,厂内管理规范。

4. 运行效果分析

4.1 废水达标排放分析

4.1.1 在线监控数据

目前某污水处理厂在废水进水口、排放口安装了pH、COD、总氮、氨氮、总磷及流量计等在线监控设备,并与环保部门联网,具体监测数据见表9.3-13、9.3-14。

表 9.3-13　2019 年某污水厂在线监测数据

(mg/L)

月份	取值	pH 进水	pH 出水	COD 进水	COD 出水	BOD 进水	BOD 出水	SS 进水	SS 出水	总磷 进水	总磷 出水	总氮 进水	总氮 出水	氨氮 进水	氨氮 出水
2019年1月	月均值	6.99	7.19	181.15	14.65	69.08	3.35	118	10.29	3.79	0.2	19.71	4.88	16.67	0.73
	最大值	7.7	7.6	282	23	142	6	160	19	6.54	0.294	29.3	8.86	26.4	1.59
	最小值	6.7	6.8	77.8	10	0	0	8	6	1.06	0.153	9.12	0.172	9.56	0.203
2019年2月	月均值	7.21	6.93	85.13	14.79	39.92	4.23	99.82	7.14	1.68	0.14	15.39	4.91	11.86	0.83
	最大值	7.3	7.1	162	20	76.6	5.1	140	9	4.85	0.223	22.9	9.01	38.4	2.33
	最小值	7.1	6.8	33.8	12	16.5	3.3	60	5	0.346	0.104	9.1	2.98	4.28	0.102
2019年3月	月均值	7.1	6.81	155.85	14.48	73.4	4.12	129.84	6.81	2.66	0.13	20.59	4.56	17.13	0.38
	最大值	7.3	7.1	288	25	145	7.2	185	9	5.08	0.182	25.08	9.24	22.9	1.28
	最小值	6.8	6.6	82.4	10	38.6	2.8	80	5	1.28	0.067	11.28	1.58	12.2	0.057
2019年4月	月均值	7.03	6.76	172.27	16.63	80.63	4.65	113.17	6.43	3.01	0.12	20.9	3.6	16.67	0.3
	最大值	7.4	7	294	23	130	6.3	155	8	4.84	0.164	25.8	5.84	23.7	1.39
	最小值	6.8	6.6	112	10	54.2	2.9	75	5	1.22	0.057	14.4	2.08	10.8	0.051
2019年5月	月均值	7.05	6.7	188.71	12.71	82.05	3.35	126.61	6.26	3.09	0.18	21.43	3.51	17.57	0.14
	最大值	7.2	6.8	108	27	137	5.8	185	8	4.96	0.319	30.4	5.4	25.9	0.363
	最小值	6.8	6.6	89	10	42.2	0	60	5	1.81	0.102	13.4	1.74	10.2	0.052
2019年6月	月均值	7.07	6.6	138.8	13.8	68.65	3.93	104.83	6.63	2.95	0.18	15.95	4.21	12.96	0.2
	最大值	7.3	6.8	350	22	160	5.8	140	8	5.71	0.361	24.8	7.03	19.6	0.813
	最小值	6.9	6.2	91	9	41.8	2.1	70	5	1.24	0.111	5.95	1.82	4.81	0.065
2019年7月	月均值	7	6.5	122.85	12	64.26	3.38	107.9	6.65	3	0.19	14.61	5.03	11.38	0.22
	最大值	7.2	6.7	187	22	94.6	5.8	155	8	4.84	0.26	19.4	6.9	14.7	0.652
	最小值	6.7	6.4	68.2	8	31.1	1.8	65	5	1.08	0.112	8.5	2.63	5.14	0.05

续表

月份	取值	pH 进水	pH 出水	COD 进水	COD 出水	BOD 进水	BOD 出水	SS 进水	SS 出水	总磷 进水	总磷 出水	总氮 进水	总氮 出水	氨氮 进水	氨氮 出水
2019年8月	月均值	6.94	6.95	141.54	14.35	73.43	4.05	84.81	5.87	4.44	0.23	16.04	4.79	12.89	0.23
	最大值	7.4	7.5	185	23	97	5.8	136	7	9.42	0.34	24	9.48	20.3	0.74
	最小值	6.2	6.6	70.6	10	39.2	2.6	25	5	1.17	0.13	8.5	1.26	7.63	0.07
2019年9月	月均值	7.23	7.33	176.13	16.23	81	4.52	131.37	5.77	3.21	0.23	18.53	4.24	13.64	0.16
	最大值	7.6	7.7	323	28	164	7.2	308	9	5.41	0.32	25.2	7.19	18.2	0.62
	最小值	7	7.1	73.2	10	33.3	2.85	73	5	1.08	0.16	13.7	0.21	10.4	0.04
2019年10月	月均值	7.27	7.24	153.36	13.03	69.16	3.28	132.45	5.81	4.52	0.22	22.21	7.88	17.38	0.21
	最大值	7.57	7.6	316	20	146	5.8	186	8	8.31	0.31	27.8	11.2	20.1	1.06
	最小值	7.1	6.92	86	10	38.9	2.4	95	5	2.51	0.11	16.6	4.09	13.3	0.04
2019年11月	月均值	7.34	7.12	161.4	18.87	77.3	5.04	142.4	5	3.53	0.24	22.18	7.44	17.72	0.32
	最大值	7.57	7.47	263	33	154	8.3	365	7	5.09	0.31	27.8	10.6	22.8	1.05
	最小值	7.16	6.59	114	10	50.9	2.4	90	3	1.67	0.14	16.9	3.29	9.51	0.03
2019年12月	月均值	7.28	7.17	120.1	20.84	55.91	4.35	82.52	4.42	2.3	0.22	22.08	7.81	16.63	0.38
	最大值	7.44	7.38	185	28	85.1	8.3	156	6	3.39	0.32	28.6	14.9	22.1	1.34
	最小值	7.14	6.96	58.3	15	26.1	1.4	50	3	1.16	0.14	13.3	4.92	9.04	0.03
年均值		7.13	6.94	149.77	15.20	69.57	4.02	114.48	6.42	3.18	0.19	19.14	5.24	15.21	0.34
年最大值		7.7	7.7	350	33	164	8.3	365	9	9.42	0.361	30.4	14.9	38.4	2.33
年最小值		6.2	6.2	33.8	8	0	0	8	3	0.346	0.057	1.28	0.172	4.28	0.03
执行标准值		6~9	6~9	350	50	170	10	250	10	3	0.5	45	15	35	5(8)

注：氨氮标准括号外数值为水温大于12℃的控制指标，括号内数值为水温小于等于12℃的控制指标。

第九章 工业集中区废水处理工程控制及运行要素分析

表 9.3-14 2020 年某污水厂在线监测数据

(mg/L)

月份	取值	pH 进水	pH 出水	COD 进水	COD 出水	BOD 进水	BOD 出水	SS 进水	SS 出水	总磷 进水	总磷 出水	总氮 进水	总氮 出水	氨氮 进水	氨氮 出水
2020 年 1 月	月均值	7.27	7.26	89.17	14.48	42.65	1.73	90	5	1.99	0.19	15.16	6.32	10.59	0.49
	最大值	7.53	7.39	178	25	80	3.4	100	7	4.12	0.25	21.8	8.74	17.6	1.18
	最小值	7.06	7.04	51.3	10	24.2	1	79	3	1.24	0.13	10.3	4.31	5.94	0.11
2020 年 2 月	月均值	7.26	7.28	80.17	14.45	40.48	1.52	83.72	4.83	1.63	0.21	12.31	5.23	8.29	0.87
	最大值	7.67	7.38	125	25	64	2.2	108	6	2.8	0.38	17.9	8.04	11.7	7.03
	最小值	7.05	7.17	44.4	10	20.5	1	67	3	0.85	0.1	7.23	1.64	4.95	0.15
2020 年 3 月	月均值	7.32	7.18	116.96	16.23	53.18	1.6	78.58	4.71	3.13	0.88	18.02	6.25	12.68	0.44
	最大值	7.58	7.36	180	26	80.8	2.3	124	7	5.11	21	24.9	11.2	21.1	1.18
	最小值	6.92	7.07	78	10	35	1	40	3	1.36	0.12	9.25	4.2	4.13	0.14
2020 年 4 月	月均值	7.33	7.19	123.8	16.37	58.73	1.53	82.6	5.3	2	0.16	16.09	4.81	11.82	0.61
	最大值	7.53	7.39	600	23	271	3.2	103	7	4.21	0.26	30.9	9.48	25.1	1.39
	最小值	6.97	6.97	69.7	10	28.9	0.9	52	5	1.01	0.1	6.39	1.98	4.24	0.06
2020 年 5 月	月均值	7.33	7.16	126.06	15.94	60.48	1.56	97.29	5.19	3.08	0.17	24.14	5.67	19.11	0.36
	最大值	7.54	7.28	190	29	94.8	4.8	115	7	8.54	0.31	30.2	8.1	27.1	1.23
	最小值	7.18	7.03	100	10	41.4	0.9	79	5	1.81	0.1	15.5	3.11	10.8	0.03
2020 年 6 月	月均值	7.42	7.28	147.28	15.73	65.11	1.41	78.43	5.27	2.11	0.16	13.5	3.34	9.42	0.36
	最大值	7.82	7.75	304	28	238	3.2	140	7	6.42	0.28	30.9	8.52	15.3	1.38
	最小值	6.93	6.94	48.7	10	24	1	42	5	0.3	0.1	2.58	1.06	2.04	0.07
2020 年 7 月	月均值	7.5	7.3	62.52	15.32	31.63	1.57	69.84	5.23	0.69	0.12	24.88	2.87	3.4	0.48
	最大值	7.64	7.78	101	24	58.8	2.4	104	6	1.42	0.22	610	5.08	7.07	1.22
	最小值	7.35	7.08	33.1	10	18	1.1	29	5	0.36	0.05	2.4	1.18	1.02	0.1

续表

月份	取值	pH 进水	pH 出水	COD 进水	COD 出水	BOD 进水	BOD 出水	SS 进水	SS 出水	总磷 进水	总磷 出水	总氮 进水	总氮 出水	氨氮 进水	氨氮 出水
2020年8月	月均值	7.46	7.32	81.7	16	55.38	1.56	68.16	5.19	1.57	0.16	15.06	5.89	11.86	0.49
	最大值	7.69	7.72	121	31	69.4	2.8	102	7	2.37	0.25	20.7	9.25	17.4	2.01
	最小值	7.32	7.05	31	10	17.4	1	47	5	0.63	0.1	6.42	3.32	4.93	0.09
2020年9月	月均值	7.55	7.43	248.58	16.77	101.83	1.55	137.03	5.9	5.07	0.16	19.55	3.57	15.36	0.23
	最大值	7.7	7.6	623	23	274	3	234	8	15.4	0.24	25.1	7.96	20.5	0.98
	最小值	7.34	7.21	81.3	12	39.5	1.1	68	5	1.52	0.08	12.7	1.23	6.1	0.09
2020年10月	月均值	7.62	7.25	122.47	16.16	60.78	1.65	92.23	5.71	2.29	0.17	16.32	4.93	12.59	0.25
	最大值	7.78	7.43	282	24	141	2.3	183	8	5.02	0.29	24.5	10.2	18.3	0.78
	最小值	7.37	7.05	42.3	11	20.3	1.1	50	5	1.02	0.1	10.5	1.24	6.31	0.1
2020年11月	月均值	7.5	7.27	95.71	18.03	45.82	1.57	73.33	5.17	1.84	0.19	16.79	8.92	12.26	0.99
	最大值	7.76	7.47	176	26	59	2.8	96	6	3.62	0.34	21.2	12.1	17.1	7.12
	最小值	7.25	7.13	43.1	10	26	1	35	5	0.52	0.1	9.04	5.96	5.58	0.09
年均值		7.40	7.28	147.68	17.31	72.81	1.84	90.88	5.53	2.93	0.87	18.16	5.41	11.58	0.80
年最大值		7.82	7.78	623	31	274	4.8	234	8	15.4	21	61	12.1	27.1	7.12
年最小值		6.92	6.94	31	10	17.4	0.9	29	3	0.3	0.05	2.4	1.06	1.02	0.03
执行标准		6~9	6~9	350	50	170	10	250	10	3	0.5	45	15	35	5(8)

注：氨氮标准值为水温大于12℃的控制指标，括号内数值为水温小于等于12℃的控制指标。

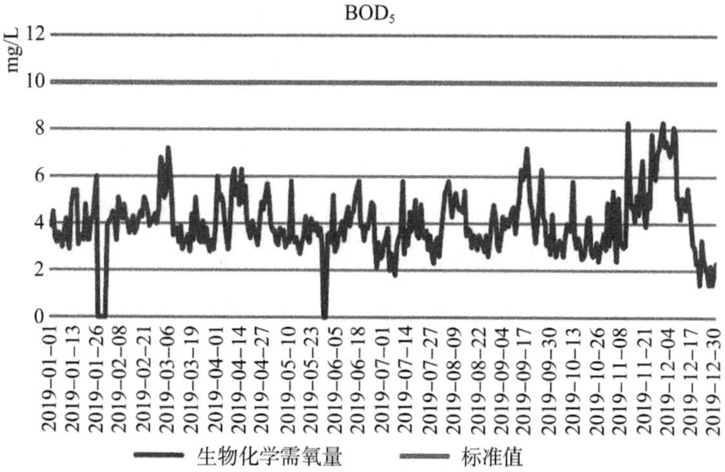
BOD5
mg/L
12
10
8
6
4
2
0
2019-01-01
2019-01-13
2019-01-26
2019-02-08
2019-02-21
2019-03-06
2019-03-19
2019-04-01
2019-04-14
2019-04-27
2019-05-10
2019-05-23
2019-06-05
2019-06-18
2019-07-01
2019-07-14
2019-07-27
2019-08-09
2019-08-22
2019-09-04
2019-09-17
2019-09-30
2019-10-13
2019-10-26
2019-11-08
2019-11-21
2019-12-04
2019-12-17
2019-12-30
生物化学需氧量
标准值

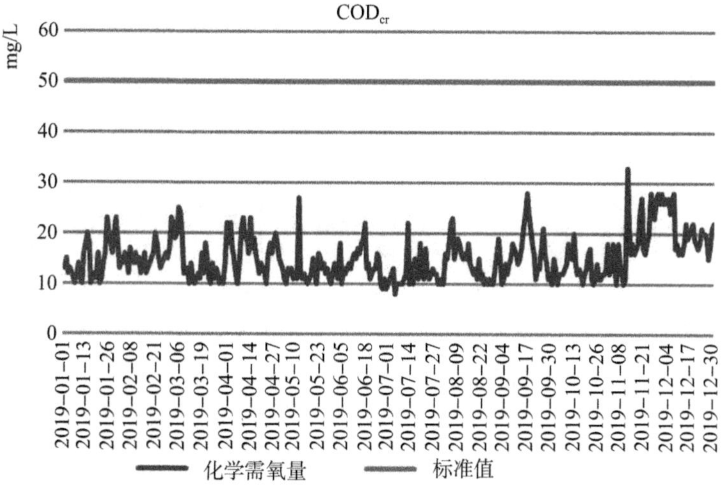
CODcr
mg/L
60
50
40
30
20
10
0
2019-01-01
2019-01-13
2019-01-26
2019-02-08
2019-02-21
2019-03-06
2019-03-19
2019-04-01
2019-04-14
2019-04-27
2019-05-10
2019-05-23
2019-06-05
2019-06-18
2019-07-01
2019-07-14
2019-07-27
2019-08-09
2019-08-22
2019-09-04
2019-09-17
2019-09-30
2019-10-13
2019-10-26
2019-11-08
2019-11-21
2019-12-04
2019-12-17
2019-12-30
化学需氧量
标准值

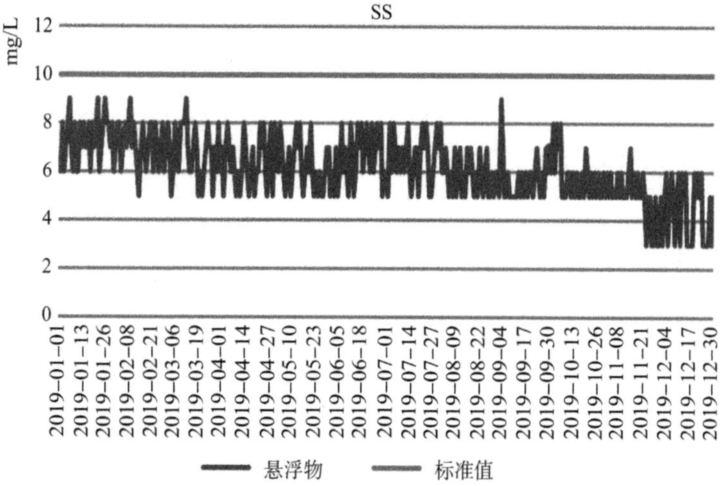
SS
mg/L
12
10
8
6
4
2
0
2019-01-01
2019-01-13
2019-01-26
2019-02-08
2019-02-21
2019-03-06
2019-03-19
2019-04-01
2019-04-14
2019-04-27
2019-05-10
2019-05-23
2019-06-05
2019-06-18
2019-07-01
2019-07-14
2019-07-27
2019-08-09
2019-08-22
2019-09-04
2019-09-17
2019-09-30
2019-10-13
2019-10-26
2019-11-08
2019-11-21
2019-12-04
2019-12-17
2019-12-30
悬浮物
标准值

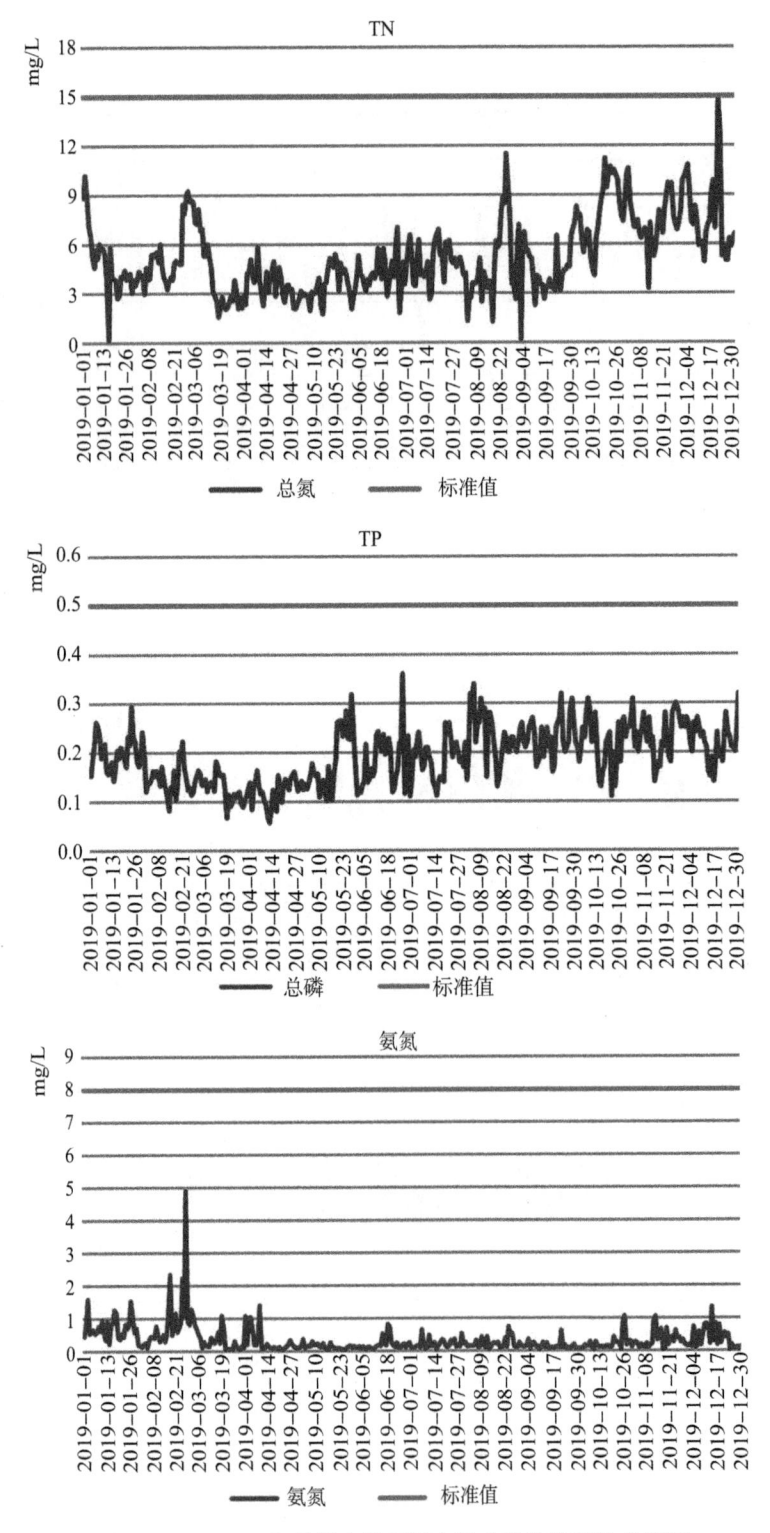

图 9.3-15　2019 年某污水处理厂水质在线监控变化曲线图

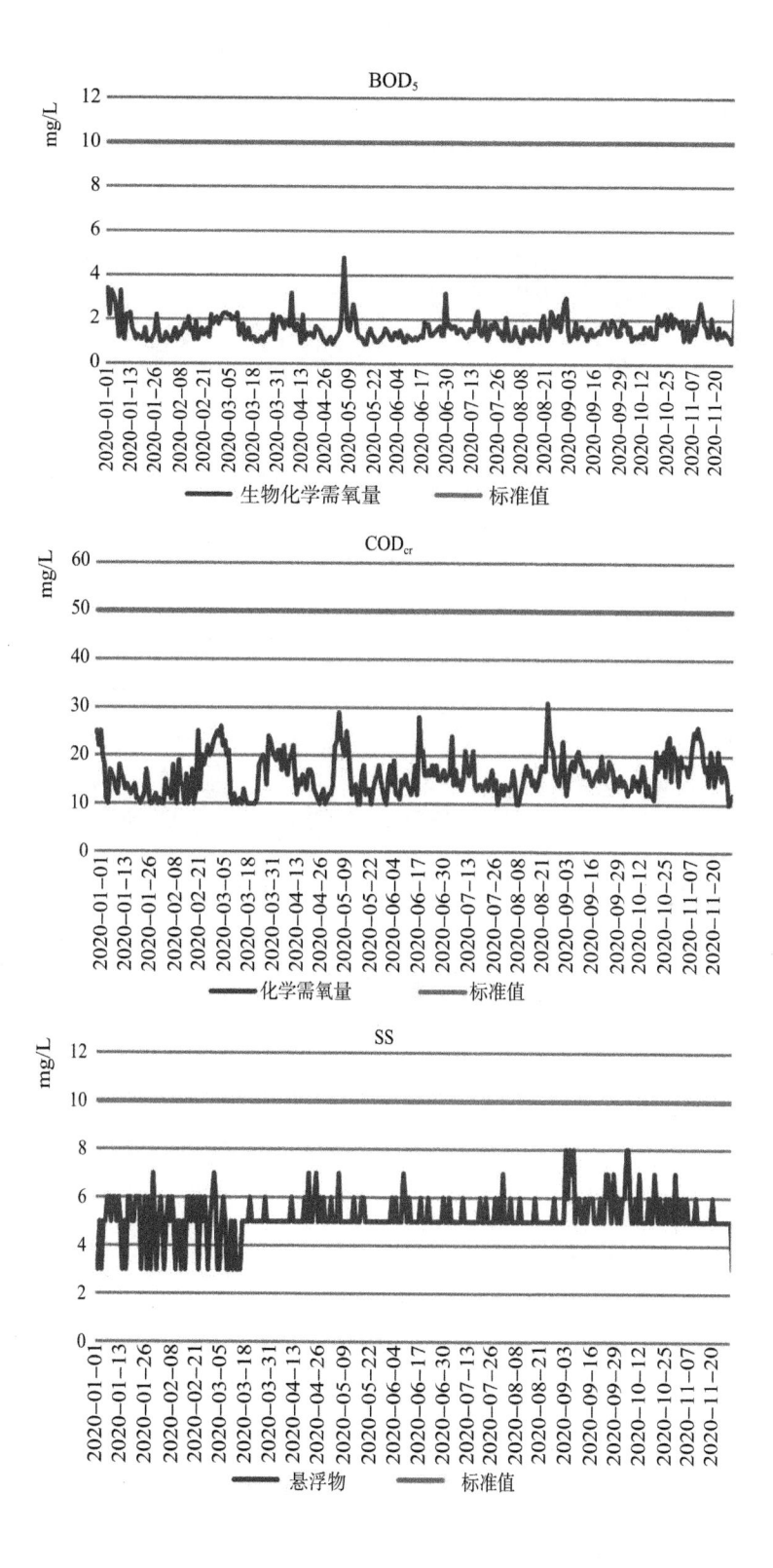

第九章 工业集中区废水处理工程控制及运行要素分析

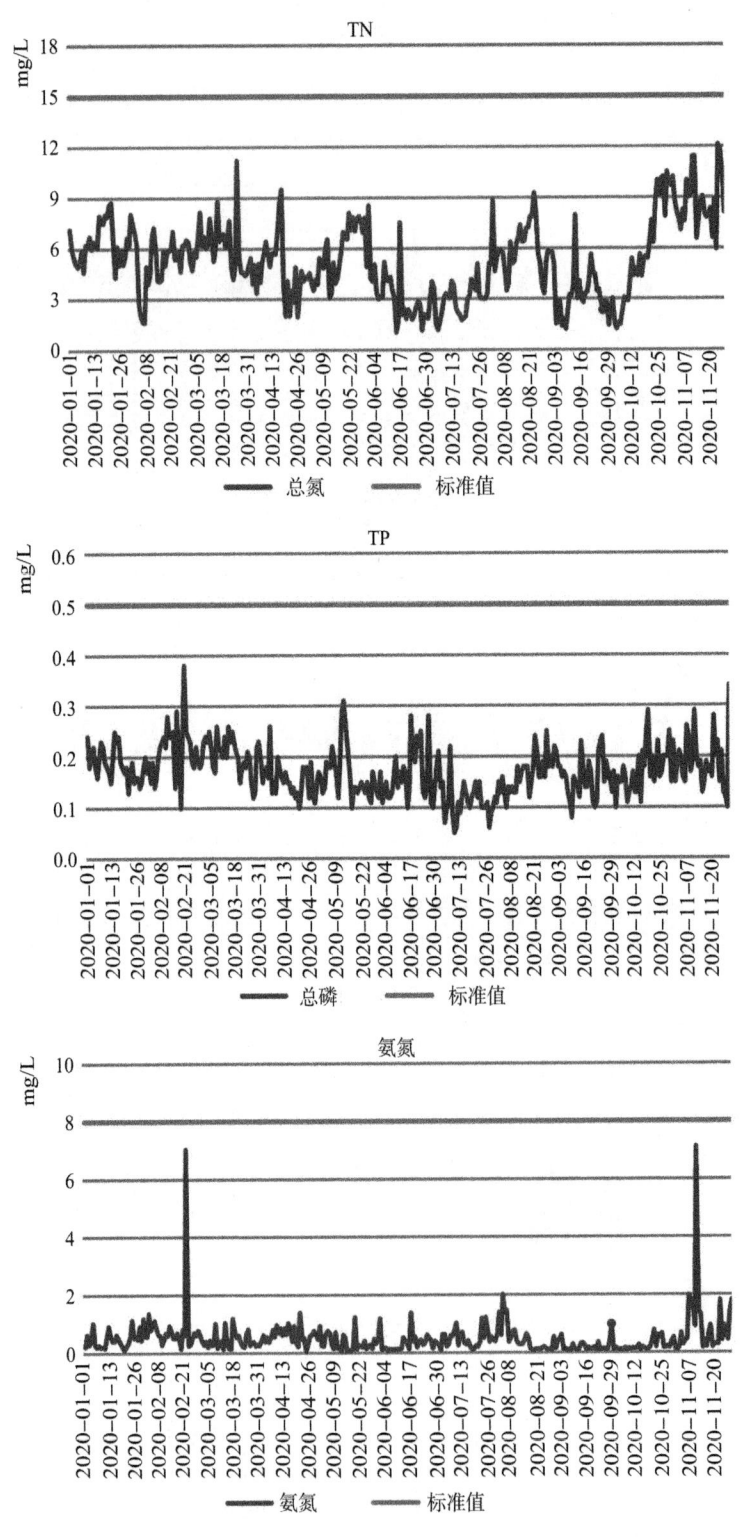

图 9.3-16　2020 年某污水处理厂水质在线监控变化曲线图

根据上表及图可知,2019 年某污水处理厂 BOD$_5$ 排放的最高浓度为 8.3 mg/L,最高排放浓度占排放标准限值的 83%;COD 排放的最高浓度为 33 mg/L,最高排放浓度占排放标准限值的 66%;SS 排放的最高浓度为 9 mg/L,最高排放浓度占排放标准限值的 90%;氨氮排放的最高浓度为 2.33 mg/L,最高排放浓度占排放标准限值的 29.1%;TP 排放的最高浓度为 0.361 mg/L,最高排放浓度占排放标准限值的 72.2%;TN 排放的最高浓度为 14.9 mg/L,最高排放浓度占排放标准限值的 99.3%。

2020 年某污水处理厂 BOD$_5$ 排放的最高浓度为 8.4 mg/L,最高排放浓度占排放标准限值的 84%;COD 排放的最高浓度为 188.71 mg/L,最高排放浓度占排放标准限值的 62.9%;SS 排放的最高浓度为 44.8 mg/L,最高排放浓度占排放标准限值的 64%;氨氮排放的最高浓度为 5.4 mg/L,最高排放浓度占排放标准限值的 54%;TP 排放的最高浓度为 0.361 mg/L,最高排放浓度占排放标准限值的 72.2%;TN 排放的最高浓度为 24.8 mg/L,最高排放浓度占排放标准限值的 99.2%。

根据在线监测数据可知,COD、氨氮、总磷、总氮能够稳定达到《城镇污水处理厂污染物排放标准》(GB 18918—2002)中表 1 的一级 A 标准,但总氮最高排放浓度的占标率略高。

4.1.2 监督监测数据

根据某环境监测站提供的 2019 年 1 月至 12 月对某污水处理厂的监督监测数据,污水处理厂总排口 pH、SS、COD$_{cr}$、NH$_3$-N、TP 均能满足排放标准。具体监测数据见表 9.3-15、9.3-16 及图 9.3-17。

表 9.3-15 2019 年监督监测数据汇总 (mg/L)

序号	名称	监测日期	pH	SS	COD$_{cr}$	NH$_3$-N	TP	适用标准	达标情况
1	某污水处理厂	2019/1/14	7.23	6	19	0.815	0.08	一级 A	达标
2	某污水处理厂	2019/2/20	7.19	6	6	0.797	0.19	一级 A	达标
3	某污水处理厂	2019/3/11	7.32	4	10	0.245	0.16	一级 A	达标
4	某污水处理厂	2019/4/15	7.15	6	10	0.085	0.12	一级 A	达标
5	某污水处理厂	2019/5/9	7.14	5	12	0.095	0.08	一级 A	达标
6	某污水处理厂	2019/6/3	7.27	6	14	0.519	0.14	一级 A	达标
7	某污水处理厂	2019/7/1	6.87	8	13	0.217	0.15	一级 A	达标
8	某污水处理厂	2019/8/7	7.52	4	14	0.353	0.31	一级 A	达标
9	某污水处理厂	2019/9/4	7.17	7	8	0.119	0.23	一级 A	达标
10	某污水处理厂	2019/10/10	7.04	9	10	0.291	0.28	一级 A	达标
11	某污水处理厂	2019/11/5	7.42	8	8	0.099	0.15	一级 A	达标
12	某污水处理厂	2019/12/2	7.25	6	8	0.122	0.11	一级 A	达标
GB 18918—2002 表 1 一级 A 标准			6~9	10	50	5(8)	0.5	/	/

注:氨氮标准括号外数值为水温大于 12℃ 的控制指标,括号内数值为水温小于等于 12℃ 的控制指标。

表 9.3-16 2020 年监督监测数据汇总

序号	名称	监测日期	pH	SS	COD$_{cr}$	NH$_3$-N	TP	适用标准	达标情况
1	某污水处理厂	2020/1/6	7.22	5	14	0.154	0.08	一级 A	达标

续表

序号	名称	监测日期	pH	SS	COD$_{cr}$	NH$_3$-N	TP	适用标准	达标情况
2	某污水处理厂	2020/2/18	7.11	5	10	0.358	0.27	一级A	达标
3	某污水处理厂	2020/3/11	7.24	4	13	0.782	0.19	一级A	达标
4	某污水处理厂	2020/4/7	7.40	4	12	1.43	0.10	一级A	达标
5	某污水处理厂	2020/5/8	7.04	6	14	0.282	0.19	一级A	达标
6	某污水处理厂	2020/7/2	7.12	4	14	0.108	0.06	一级A	达标
7	某污水处理厂	2020/8/3	7.70	4	26	1.32	0.05	一级A	达标
8	某污水处理厂	2020/9/2	7.21	4	20	2.19	0.06	一级A	达标
9	某污水处理厂	2020/10/29	7.29	4	16	0.080	0.1	一级A	达标
GB 18918—2002 表1 一级A标准			6～9	10	50	5(8)	0.5	/	/

注：氨氮标准括号外数值为水温大于12℃的控制指标，括号内数值为水温小于等于12℃的控制指标。

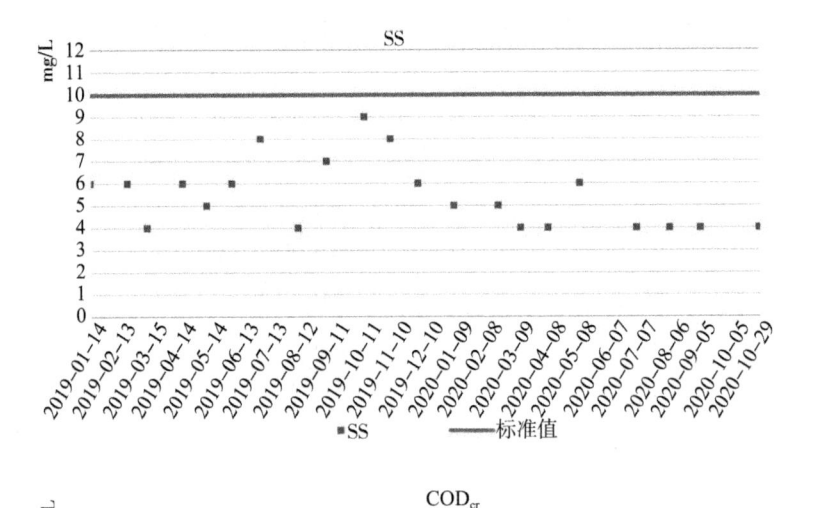

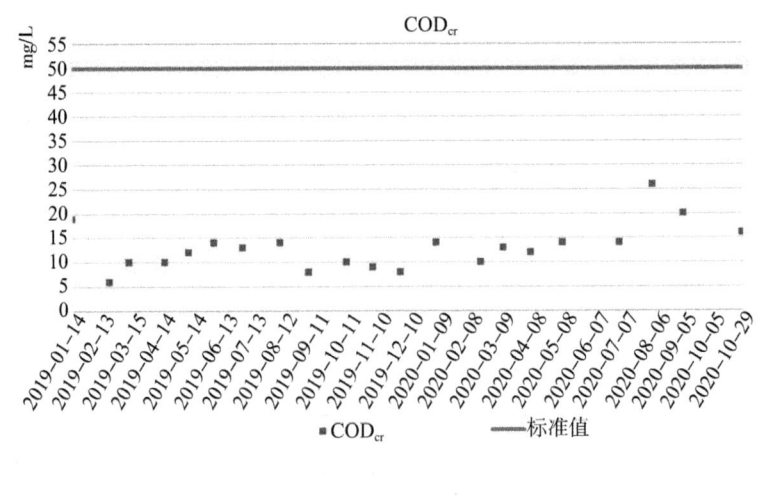

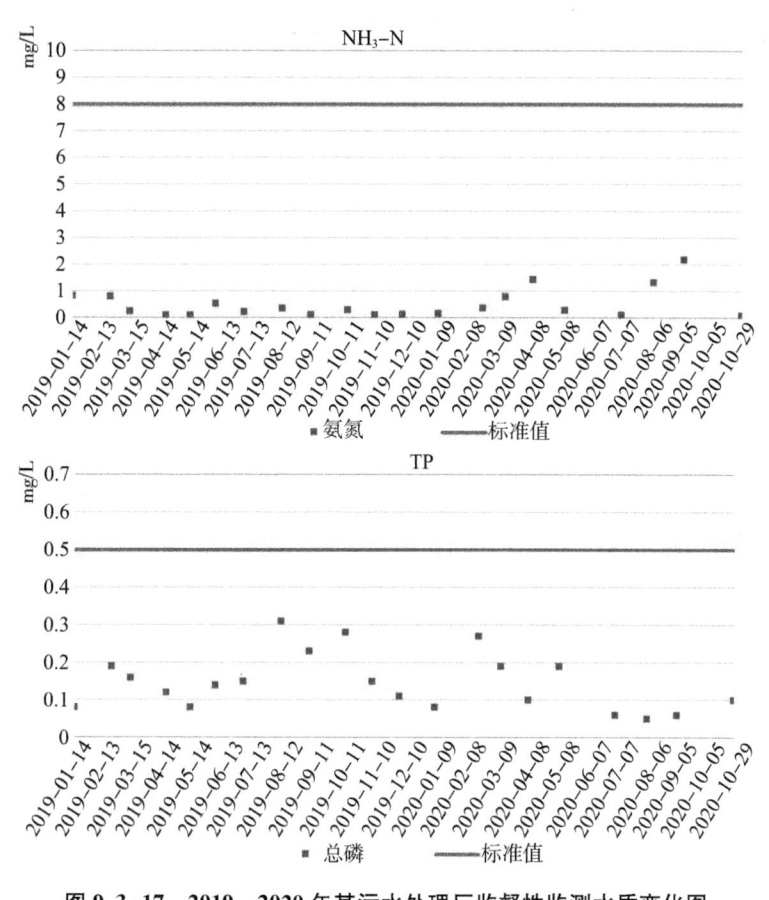

图 9.3-17　2019—2020 年某污水处理厂监督性监测水质变化图

根据上表及图的分析结果,某污水处理厂现有污水处理工艺能够达到目前执行的《城镇污水处理厂污染物排放标准》(GB 18918—2002)中表 1 的一级 A 标准。

4.1.3　手工监测数据

根据某污水处理厂提供的 2019 年全年及 2020 年 1 月至 2020 年 9 月某污水处理厂的手工监测数据,污水处理厂总排口 COD_{cr}、BOD_5、SS、NH_3-N、TP、TN 均能满足排放标准。具体监测数据见表 9.3-17 及表 9.3-18。

表 9.3-17　2019 年某污水处理厂手工监测数据一览　　　　　　　　(mg/L)

日期		COD_{cr} (mg/L)	BOD_5 (mg/L)	SS (mg/L)	NH_3-N (mg/L)	TP (mg/L)	TN (mg/L)	达标情况
2019/1	进水	180	83.3	120	17	3.76	20	/
	出水	14	4.08	7	0.72	0.20	5.09	达标
2019/2	进水	87	40.6	101	11.2	1.64	15.5	/
	出水	15	4.23	7	0.68	0.14	4.93	达标
2019/3	进水	156	73.4	129	17	2.68	20.5	/
	出水	14	4.09	7	0.37	0.13	4.54	达标

续表

日期		COD$_{cr}$ (mg/L)	BOD$_5$ (mg/L)	SS (mg/L)	NH$_3$-N (mg/L)	TP (mg/L)	TN (mg/L)	达标情况
2019/4	进水	173	81	114	16.5	3.02	20.9	/
	出水	17	4.68	6	0.30	0.12	3.56	达标
2019/5	进水	188	87.6	126	17.5	3.08	21.3	/
	出水	13	3.53	6	0.14	0.18	3.5	达标
2019/6	进水	138	68	104	12.8	2.76	15.8	/
	出水	14	3.9	7	0.20	0.18	4.14	达标
2019/7	进水	122	63.9	108	11.4	2.99	14.6	/
	出水	12	3.37	7	0.22	0.19	5.05	达标
2019/8	进水	145	75	87	12.9	4.48	16.1	/
	出水	15	4.11	6	0.22	0.24	4.68	达标
2019/9	进水	176	81.2	131	13.6	3.22	18.5	/
	出水	16	4.52	6	0.15	0.23	4.5	达标
2019/10	进水	153	69.2	131	17.4	4.59	22.2	/
	出水	13	3.27	6	0.21	0.22	7.84	达标
2019/11	进水	162	77.8	142	17.6	3.49	22.1	/
	出水	19	5.1	5	0.33	0.24	7.45	达标
2019/12	进水	119	55.3	82	16.6	2.3	22	/
	出水	21	4.3	4	0.38	0.22	7.79	达标
平均值	进水	149.92	71.36	114.58	15.13	3.17	19.13	/
	出水	15.25	4.10	6.17	0.33	0.19	5.26	达标
最大值	进水	188	87.6	142	17.6	4.59	22.2	/
	出水	21	5.10	7.00	0.72	0.24	7.84	达标
最小值	进水	87	40.5	82	11.2	1.64	14.6	/
	出水	12	3.27	4	0.14	0.12	3.50	达标
GB 18918—2002 表1 一级A标准		50	10	10	5(8)	0.5	15	

注：氨氮标准括号外数值为水温大于12℃的控制指标，括号内数值为水温小于等于12℃的控制指标。

表9.3-18　2020年某污水处理厂手工监测数据一览　　　　　　　　　　　　　　（mg/L）

日期		COD$_{cr}$ (mg/L)	BOD$_5$ (mg/L)	SS (mg/L)	NH$_3$-N (mg/L)	TP (mg/L)	TN (mg/L)	达标情况
2020/1	进水	88	42.0	90	10.5	1.92	15.1	/
	出水	14	1.72	5	0.49	0.19	6.34	达标
2020/2	进水	80	40.5	84	7.85	1.63	12.4	/
	出水	14	1.52	5	0.66	0.21	5.23	达标
2020/3	进水	117	52.9	78	12.6	3.11	18.0	/
	出水	16	1.59	5	0.44	0.21	6.25	达标

续表

日期		COD$_{cr}$ (mg/L)	BOD$_5$ (mg/L)	SS (mg/L)	NH$_3$-N (mg/L)	TP (mg/L)	TN (mg/L)	达标情况
2020/4	进水	125	58.1	82	11.4	1.99	16.0	/
	出水	16	1.54	5	0.61	0.16	4.81	达标
2020/5	进水	126	60.6	97	19.1	3.02	24.1	/
	出水	16	1.54	5	0.36	0.17	5.73	达标
2020/6	进水	141	62.7	78	8.98	2.02	13.1	/
	出水	15	1.43	5	0.36	0.16	3.30	达标
2020/7	进水	63	31.8	70	3.41	0.69	5.41	/
	出水	16	1.57	5	0.48	0.12	2.87	达标
2020/8	进水	81	41.1	68	11.8	1.56	15.1	/
	出水	16	1.55	5	0.49	0.16	5.87	达标
2020/9	进水	247	101.1	135	15.1	5.04	19.4	/
	出水	17	1.57	6	0.24	0.16	3.67	达标
平均值	进水	118.67	54.53	86.89	11.19	2.33	15.40	/
	出水	15.56	1.56	5.11	0.46	0.17	4.90	达标
最大值	进水	247	101.1	135	19.1	5.04	24.1	/
	出水	17	1.72	6	0.66	0.21	6.34	达标
最小值	进水	63	31.8	68	3.41	0.69	5.41	/
	出水	14	1.43	5	0.24	0.12	2.87	达标
GB 18918—2002 表1一级A标准		50	10	10	5(8)	0.5	15	

注：氨氮标准括号外数值为水温大于12℃的控制指标，括号内数值为水温小于等于12℃的控制指标。

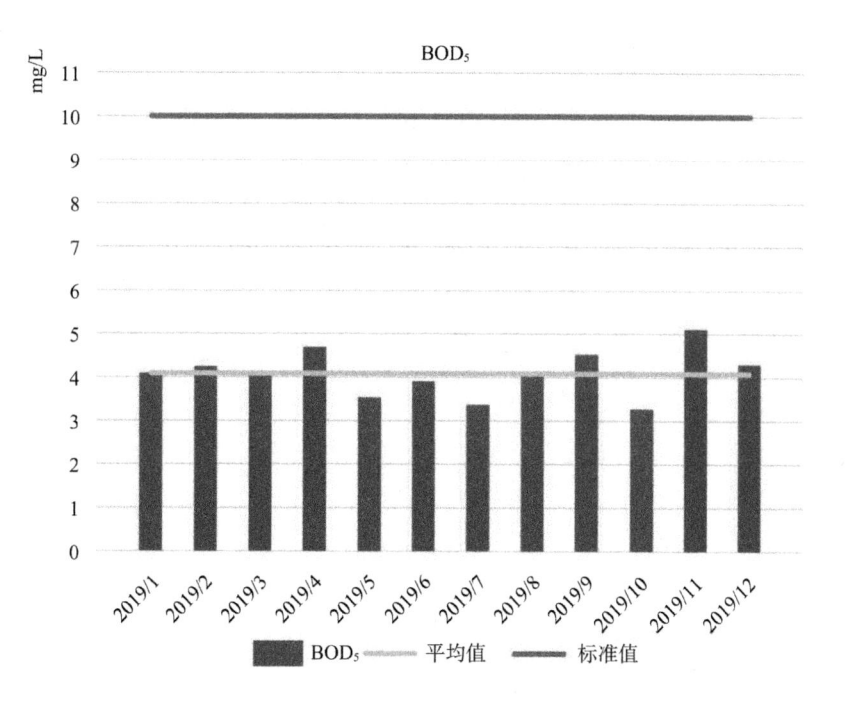

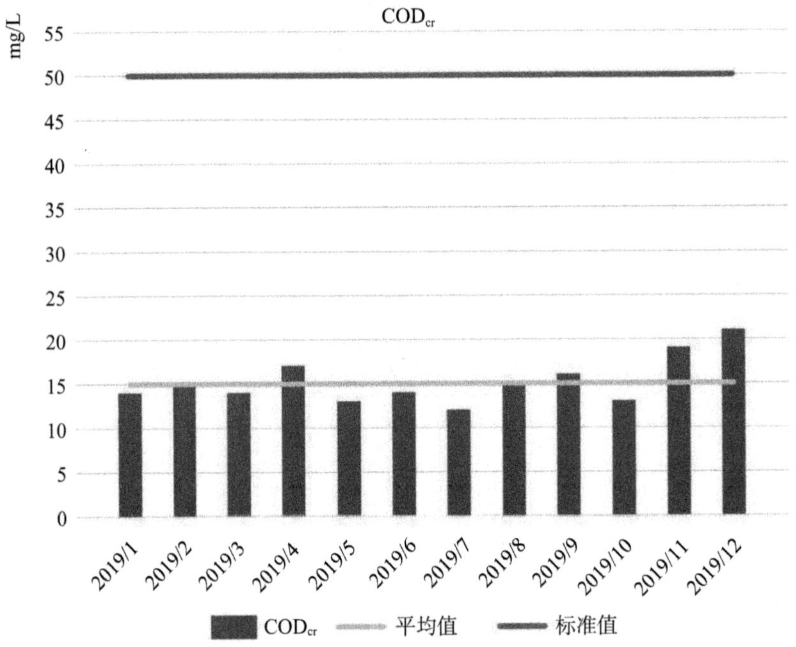
COD_cr
mg/L
55
50
45
40
35
30
25
20
15
10
5
0
2019/1
2019/2
2019/3
2019/4
2019/5
2019/6
2019/7
2019/8
2019/9
2019/10
2019/11
2019/12
COD_cr
平均值
标准值

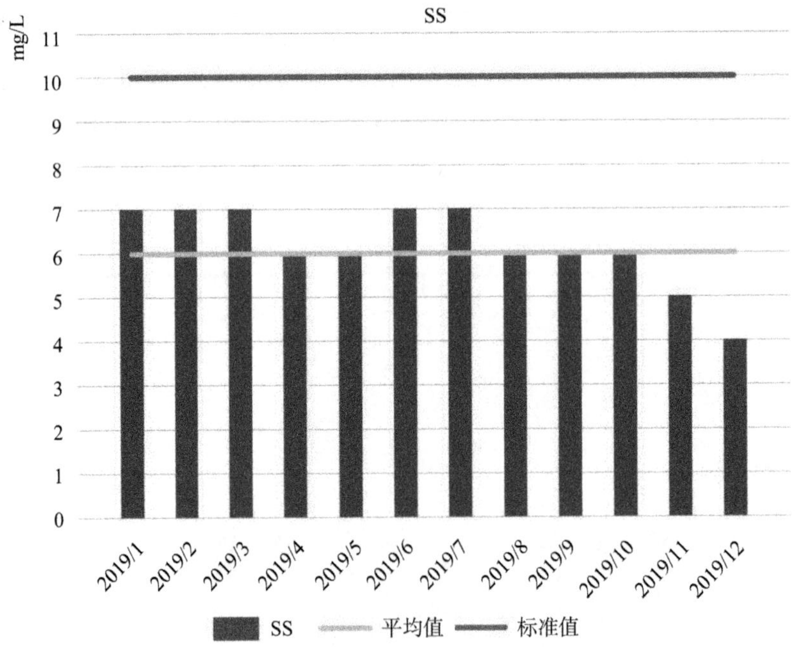
SS
mg/L
11
10
9
8
7
6
5
4
3
2
1
0
2019/1
2019/2
2019/3
2019/4
2019/5
2019/6
2019/7
2019/8
2019/9
2019/10
2019/11
2019/12
SS
平均值
标准值

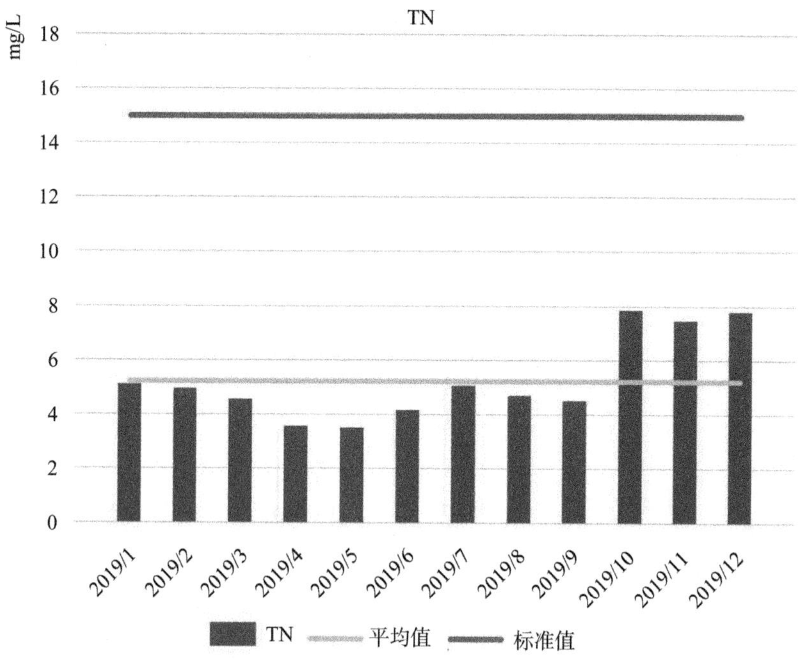
TN
mg/L
18
16
14
12
10
8
6
4
2
0
2019/1
2019/2
2019/3
2019/4
2019/5
2019/6
2019/7
2019/8
2019/9
2019/10
2019/11
2019/12
TN
平均值
标准值

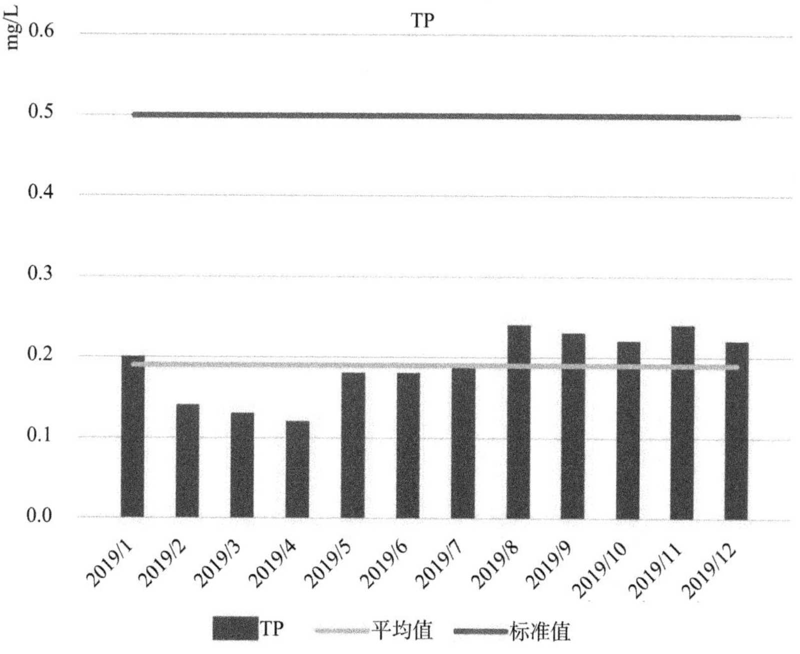
TP
mg/L
0.6
0.5
0.4
0.3
0.2
0.1
0.0
2019/1
2019/2
2019/3
2019/4
2019/5
2019/6
2019/7
2019/8
2019/9
2019/10
2019/11
2019/12
TP
平均值
标准值

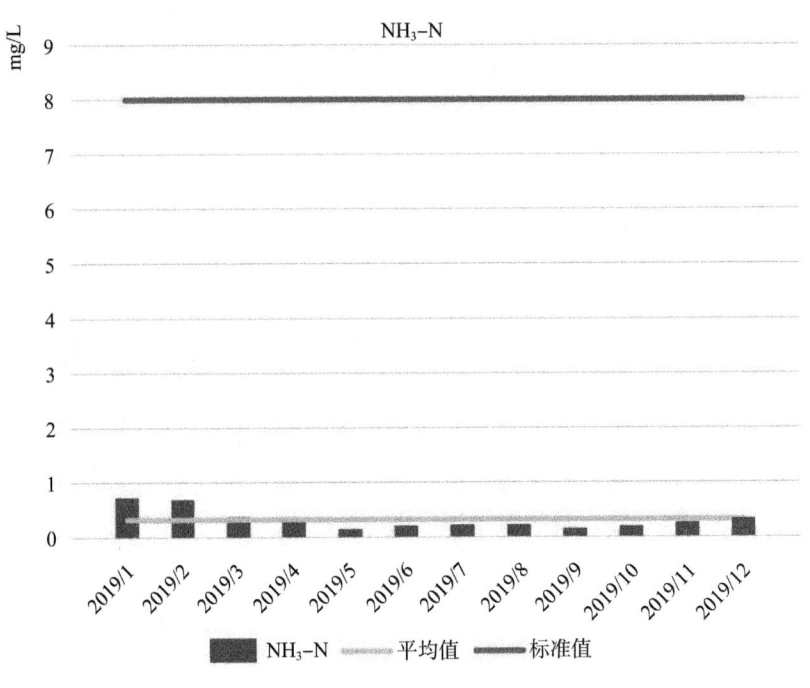

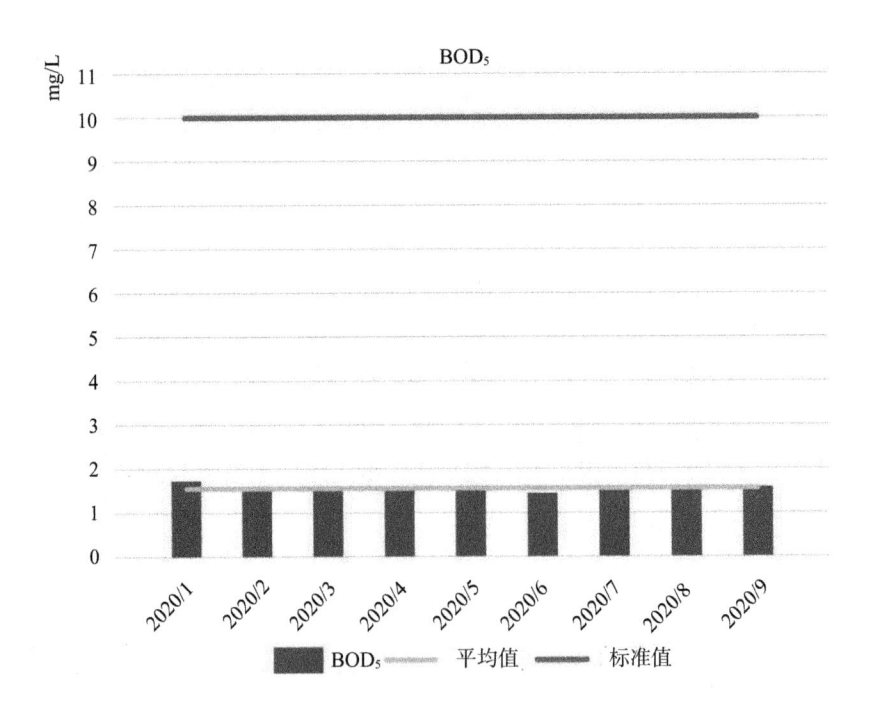

图 9.3-18　2019 年某污水处理厂手工监测水质变化图

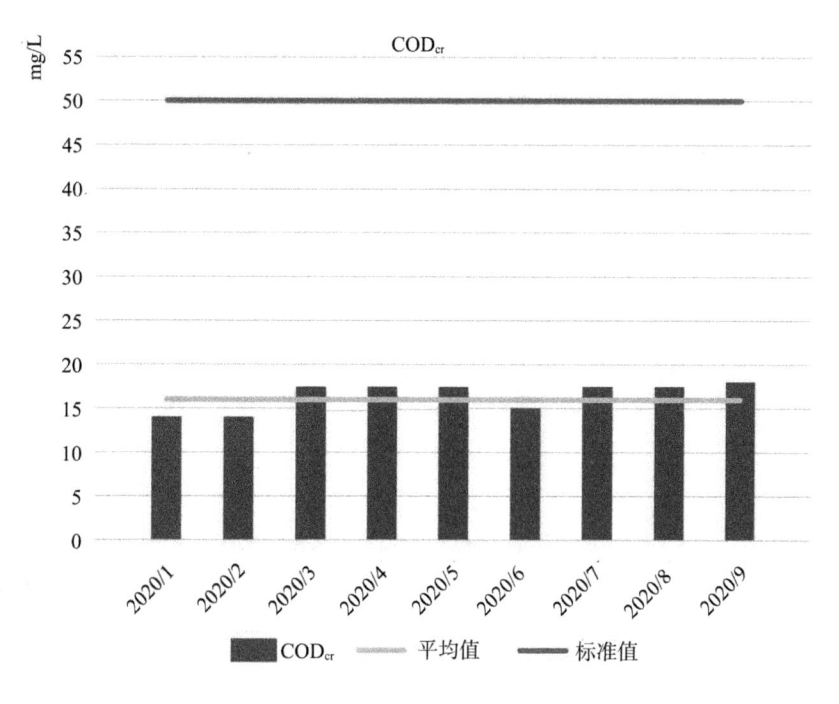

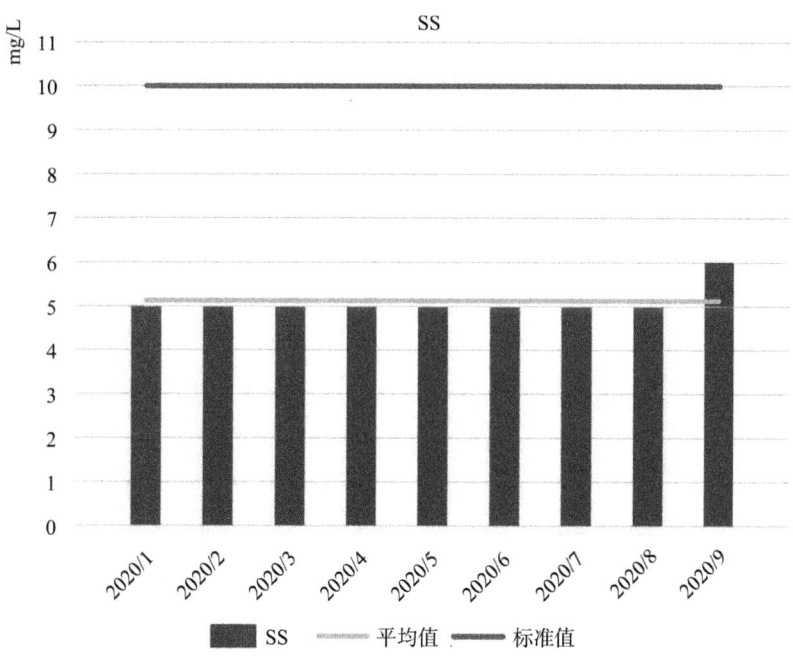

COD_{cr} 出水水质变化图

SS 出水水质变化图

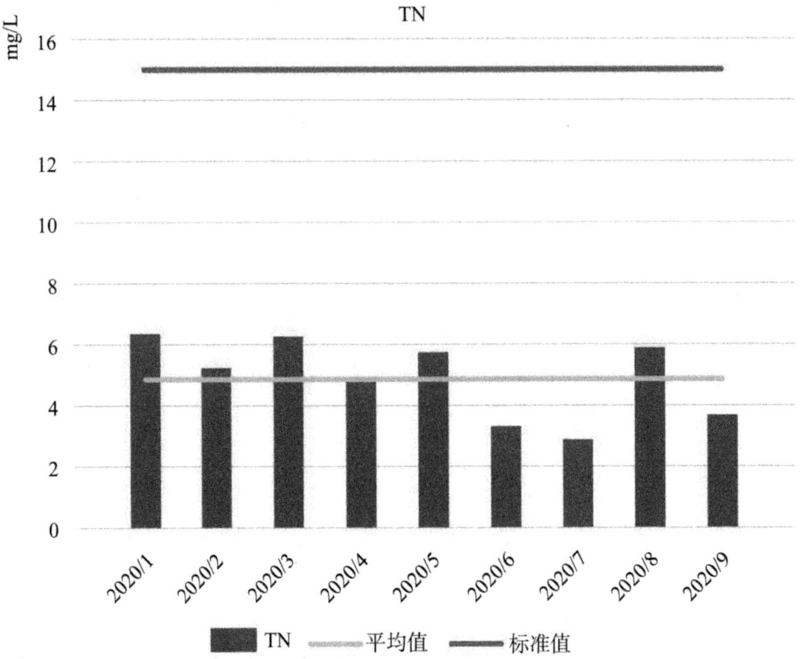
TN
mg/L
16
14
12
10
8
6
4
2
0
2020/1
2020/2
2020/3
2020/4
2020/5
2020/6
2020/7
2020/8
2020/9
TN
平均值
标准值

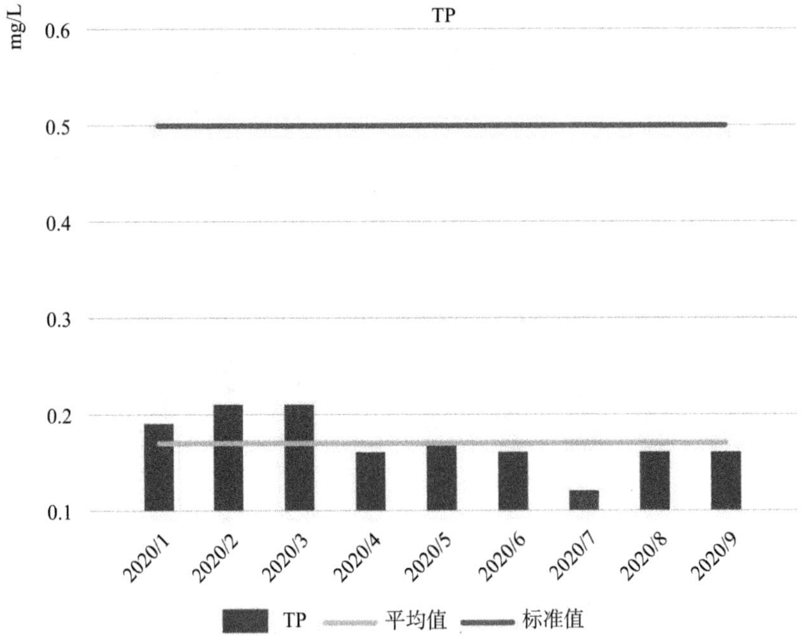
TP
mg/L
0.6
0.5
0.4
0.3
0.2
0.1
2020/1
2020/2
2020/3
2020/4
2020/5
2020/6
2020/7
2020/8
2020/9
TP
平均值
标准值

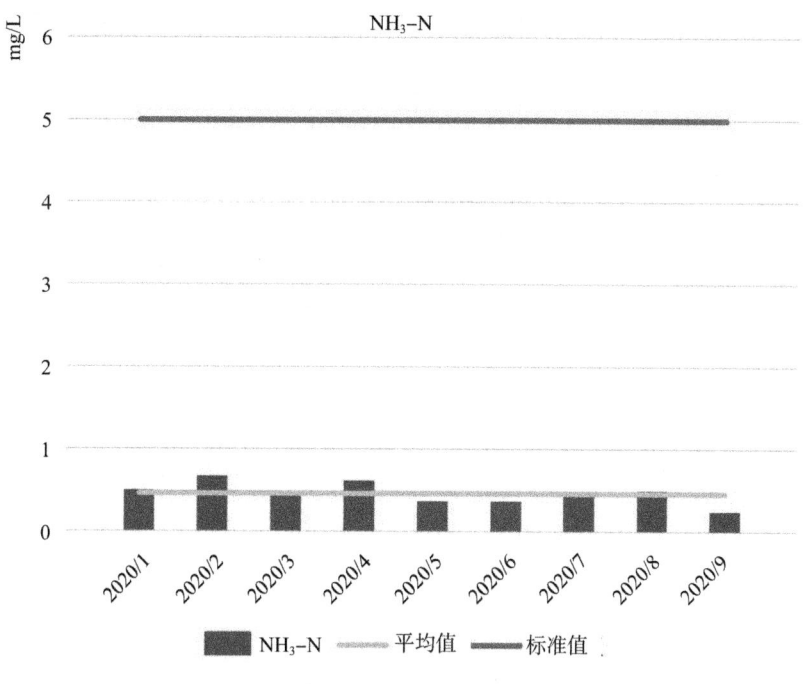

图 9.3-19 2020年某污水处理厂手工监测水质变化图

4.2 污染物去除效果分析

由于手工监测的连续性及监测因子的全面性,本次采用 2019 年 1—12 月及 2020 年 1—9 月的手工监测数据分析 BOD_5、COD_{cr}、SS、NH_3-N、TP、TN 等因子的去除效率,由表 9.3-19 和表 9.3-20 可知,目前某污水处理厂运行效果良好,污染物的去除率满足设计要求。2019 年对进水的 COD、BOD_5、SS、NH_3-N、TP 和 TN 的平均去除率分别为 89.3%、94.02%、94.51%、97.77%、93.74%、72.38%;2020 年 1—9 月对进水的 COD、BOD_5、SS、NH_3-N、TP 和 TN 的平均去除率分别为 84.97%、96.82%、93.94%、94.71%、90.90%、65.69%。该污水处理厂对 COD、BOD_5、SS、NH_3-N、TP、TN 的处理效果均较好,出水水质平均值能达到《城镇污水处理厂污染物排放标准》(GB 18918—2002)一级 A 标准,除 TN 外,去除率基本可达到 90% 以上。

4.3 运行效果分析结论

某污水处理厂污水治理设施具有较好的污染物去除效果。根据某污水处理厂 2019 年全年及 2020 年 1—9 月的在线监测、监督监测、手工监测的数据分析,其常规监测因子 COD、氨氮、总氮、总磷等常规指标均能满足《城镇污水处理厂污染物排放标准》(GB 18918—2002)一级 A 标准,2019 年对进水的 COD、BOD_5、SS、NH_3-N、TP 和 TN 的平均去除率分别为 89.3%、94.02%、94.51%、97.77%、93.74%、72.38%。2020 年 1—9 月对进水的 COD、BOD_5、SS、NH_3-N、TP 和 TN 的平均去除率分别为 84.97%、96.82%、93.94%、94.71%、90.90%、65.69%。在某污水处理厂运行状况正常的情况下,废水经处理后,COD、BOD_5、SS、NH_3-N、TP 和 TN 等指标可以做到稳定达标排放。

表 9.3-19　2019 年某污水处理厂污染物去除效果一览表

月份	进水水质 (mg/L)								出水水质 (mg/L)								去除率							
	COD_{cr}	BOD_5	SS	NH_3-N	TP	TN			COD_{cr}	BOD_5	SS	NH_3-N	TP	TN			COD_{cr}	BOD_5	SS	NH_3-N	TP	TN
2019 年 1 月	180.00	83.30	120.00	17.00	3.76	20.00	14.00	4.08	7.00	0.72	0.20	5.09	92.22%	95.10%	94.17%	95.76%	94.68%	74.55%
2019 年 2 月	87.00	40.60	101.00	11.20	1.64	15.50	15.00	4.23	7.00	0.68	0.14	4.93	82.76%	89.58%	93.07%	93.93%	91.46%	68.19%
2019 年 3 月	156.00	73.40	129.00	17.00	2.68	20.50	14.00	4.09	7.00	0.37	0.13	4.54	91.03%	94.43%	94.57%	97.82%	95.15%	77.85%
2019 年 4 月	173.00	81.00	114.00	16.50	3.02	20.90	17.00	4.68	6.00	0.30	0.12	3.56	90.17%	94.22%	94.74%	98.18%	96.03%	82.97%
2019 年 5 月	188.00	87.60	126.00	17.50	3.08	21.30	13.00	3.53	6.00	0.14	0.18	3.50	93.09%	95.97%	95.24%	99.20%	94.16%	83.57%
2019 年 6 月	138.00	68.00	104.00	12.80	2.76	15.80	14.00	3.90	7.00	0.20	0.18	4.14	89.86%	94.26%	93.27%	98.44%	93.48%	73.80%
2019 年 7 月	122.00	63.90	108.00	11.40	2.99	14.60	12.00	3.37	7.00	0.22	0.19	5.05	90.16%	94.73%	93.52%	98.07%	93.65%	65.41%
2019 年 8 月	145.00	75.00	87.00	12.90	4.48	16.10	15.00	4.11	6.00	0.22	0.24	4.68	89.66%	94.52%	93.10%	98.29%	94.64%	70.93%
2019 年 9 月	176.00	81.20	131.00	13.60	3.22	18.50	16.00	4.52	6.00	0.15	0.23	4.50	90.91%	94.43%	95.42%	98.90%	92.86%	75.68%
2019 年 10 月	153.00	69.20	131.00	17.40	4.59	22.20	13.00	3.27	6.00	0.21	0.22	7.84	91.50%	95.27%	95.42%	98.79%	95.21%	64.68%
2019 年 11 月	162.00	77.80	142.00	17.60	3.49	22.10	19.00	5.10	5.00	0.33	0.24	7.45	88.27%	93.44%	96.48%	98.13%	93.12%	66.29%
2019 年 12 月	119.00	55.30	82.00	16.60	2.30	22.00	21.00	4.30	4.00	0.38	0.22	7.79	82.35%	92.22%	95.12%	97.71%	90.43%	64.59%
平均	149.92	71.36	114.58	15.13	3.17	19.13	15.25	4.10	6.17	0.33	0.19	5.26	89.33%	94.01%	94.51%	97.77%	93.74%	72.38%

表 9.3-20　2020 年某污水处理厂污染物去除效果一览表

月份	进水水质(mg/L)							出水水质(mg/L)							去除率						
	COD_{cr}	BOD_5	SS	NH_3-N	TP	TN	COD_{cr}	BOD_5	SS	NH_3-N	TP	TN	COD_{cr}	BOD_5	SS	NH_3-N	TP	TN
2020年1月	88.00	42.00	90.00	10.50	1.92	15.10	14.00	1.72	5.00	0.49	0.19	6.34	84.09%	95.90%	94.44%	95.33%	90.10%	58.01%
2020年2月	80.00	40.50	84.00	7.85	1.63	12.40	14.00	1.52	5.00	0.66	0.21	5.23	82.50%	96.25%	94.05%	91.59%	87.12%	57.82%
2020年3月	117.00	52.90	78.00	12.60	3.11	18.00	16.00	1.59	5.00	0.44	0.21	6.25	86.32%	96.99%	93.59%	96.51%	93.25%	65.28%
2020年4月	125.00	58.10	82.00	11.40	1.99	16.00	16.00	1.54	5.00	0.61	0.16	4.81	87.20%	97.35%	93.90%	94.65%	91.96%	69.94%
2020年5月	126.00	60.60	97.00	19.10	3.02	24.10	16.00	1.54	5.00	0.36	0.17	5.73	87.30%	97.46%	94.85%	98.12%	94.37%	76.22%
2020年6月	141.00	62.70	78.00	8.98	2.02	13.10	15.00	1.43	5.00	0.36	0.16	3.30	89.36%	97.72%	93.59%	95.99%	92.08%	74.81%
2020年7月	63.00	31.80	70.00	3.41	0.69	5.41	16.00	1.57	5.00	0.48	0.12	2.87	74.60%	95.06%	92.86%	85.92%	82.61%	46.95%
2020年8月	81.00	41.10	68.00	11.80	1.56	15.10	16.00	1.55	5.00	0.49	0.16	5.87	80.25%	96.23%	92.65%	95.85%	89.74%	61.13%
2020年9月	247.00	101.10	135.00	15.10	5.04	19.40	17.00	1.57	6.00	0.24	0.16	3.67	93.12%	98.45%	95.56%	98.41%	96.83%	81.08%
平均	118.67	54.53	86.89	11.19	2.33	15.40	15.56	1.56	5.11	0.46	0.17	4.90	84.97%	96.82%	93.94%	94.71%	90.90%	65.69%

9.4 工业集中区废水处理工程智慧化改造与展望

9.4.1 概述

1. 智慧水务可实现对污水处理厂运营过程中设备、仪表实时状态的监控,生产运营数据的及时上传存储,生产过程流程表单的及时处理与视频监控的传输等。该平台的开发主要包括平台软件系统的开发等,此外还包含服务器系统、音视频输出设备、数据实时采集设备的采购、安装调试及网络搭建、调度等一系列工作,主要开发的功能模块有工艺管理、设备管理、物资管理、成本管理、安全生产、OA管理、移动端App等。

2. 该平台可以使相关生产运营管理人员根据各自权限随时随地了解、掌握污水处理厂生产运营一线的实际情况,并可以任意调阅污水厂的历史数据、资料,及时了解电耗、药耗、备品备件等情况及运营成本支出情况,并可实现随时随地处理各污水厂生产运营过程中的各种事项及审批流程,避免需要了解厂内生产运营状况或调阅历史资料时需层层上报与沟通或必须到现场实地了解的情况,同时可实现将原人工现场填报的表单电子化,进行自动化数据采集,减少大量人工工作量,再结合管理制度的完善、管理思维方式的转变,可在无形之中极大提高水务运管效率,实现稳定达标、节能降耗、安全生产的水务运营目标。

3. 先进控制系统主要包括精确曝气控制系统,碳源精准投加、硝化液内外回流控制系统,精准加药控制系统等。先进控制系统运行后,可以提高过程控制的可靠性,实现工艺智能控制,保障出水水质的稳定性,保证出水水质全指标100%达标。同时,在水质达标的基础上,降低污水处理运行成本。在实际应用中,先进控制系统可实现按需供气,极大地节省曝气量;按需投药,节省化学品如碳源和除磷药剂的投加量等。

9.4.2 设计原则

(1)一体化设计——基础平台支撑、提供个性服务

项目采用一体化整体设计。在一体化设计思想指导下设计出来的系统除了能够在前端满足用户个性化需求外,最重要的是能有效地实现后台一体化管理,系统标准化程度比较高。

采用"一体化"的设计思想,并充分考虑先进性、经济性、适用性、安全性、可扩展性、可伸缩性和可持续发展性。分阶段、高标准、严要求、科学规范地进行系统需求分析、系统设计和程序代码设计,与用户积极进行协调和沟通,确保所进行的硬件配备、软件设计和接口配置充分满足用户应用要求。

(2)规范化设计——标准引领,规范管理

本系统的建设要真正实现统筹规划、第三方系统整合,遵循标准化体系的统一指导是其中的关键环节。

在系统建设规划中,打破系统间的壁垒,实现互联互通的前提是系统要遵循统一的接口标准。具体而言,就是系统要基于统一平台建设,与其他系统之间的接口按照相关的标

准规范统一建设,实现与各应用系统的互联互通。

(3) 实用性设计——合理利用现有系统

遵循实用性原则,就是要能够充分利用现有系统,保护原有投资。对于原有系统的应用接入整合可通过标准化接入方式,即将原有系统的应用模块以服务的形式进行改造式接入,或通过非标准化接入方式,即通过松耦合式的接口连接方式,两种方式均可实现对原有系统的充分利用。

(4) 开放性设计——开放平台,服务可扩展

平台要具有开放性,可提供各种基础服务,包括可扩展的应用服务。要充分考虑平台的先进性、经济性、适用性、安全性和可扩展性、可伸缩性、可持续发展性。对平台要进行统一规划、逐步整合,在统一的应用环境中构筑具有开放性的网上服务系统,以统一的网上服务门户系统为中心逐步完善和覆盖各应用系统,支撑各应用系统间的业务整合和消息发送等服务。

(5) 人性化设计——业务协作平面化、智能化

最大限度地满足用户的应用需求,基于智能平面的设计思路,在应用操作和后台管理方面尽可能地使用户减少操作量,最大限度地提供人性化和个性化的界面配置。

9.4.3 总体技术架构

本项目的总体技术架构主要分为采集传输层、网络通信层、数据资源层、平台软件层、业务应用层以及用户层,具体架构如下图所示。

采集传输层:由污水处理厂最底层的设备、仪表、各类传感器、监控摄像头、PLC 等组成,可直接采集这些设备的各类数据,如实时运行状态、仪表监测数据、各类传感器采集的信号、监控摄像头采集的实时监控画面,并通过 PLC 收集传输,能够直接反映污水处理厂的生产运营状态。

网络通信层:可将底层设备的实时运行状态、仪表监测数据、各类传感器采集的信号、监控摄像头采集的实时监控画面等信号根据需要向上传输至平台软件层,网络通信层也可将平台软件层发出的各种控制指令向下发送至采集传输层。

数据资源层:通过网络通信层向上传输的各类信号,一般需要数据访问中间件从中抓取数据信号后将这些实时数据存入数据库中,并形成历史数据库,以便于后续的数据查询、分析和决策。

平台软件层:平台软件层是整个智慧运营管理平台系统的核心层,是各类数据接收、处理、统计、运算、交换与存储的枢纽,并向上为业务应用层提供具体的业务功能模块,且通过终端设备向用户提供人机交互界面,向下可通过数据资源层与网络通信层向具体的设备发出指令、控制设备运行。

业务应用层:业务应用层是平台软件层为使用者提供具体业务的应用功能模块,具体业务包括工艺管理、设备管理、安全管理与 OA 管理等。

用户层:用户层是终端用户与业务应用层交互的界面,主要通过终端 PC、手机移动端、监控大屏以及音频输入输出设备等终端硬件设备实现。

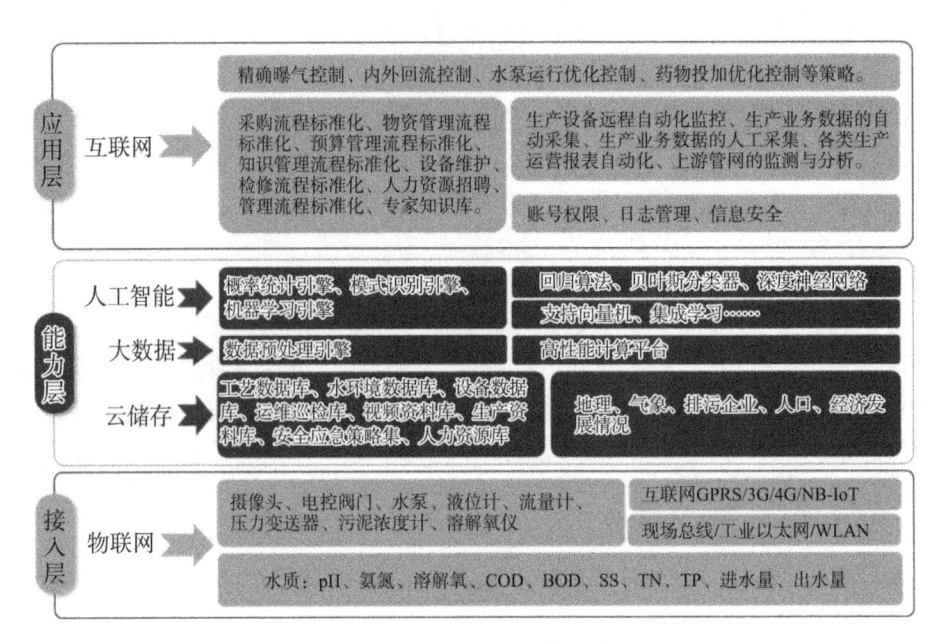

图 9.4-1　总体技术架构示意图

9.4.4　设计内容

A. 污水处理厂运营管理平台系统

污水处理厂智慧运营管理系统开发的理念为：

（1）平台信息分级管理：建立"场站—分期—构筑物—设备、仪表—PLC 点位"的递进层级逻辑关系，贯彻"问题有隶属、责任有归属"的管理理念。

（2）底层数据有效梳理：平台建设过程中通过对设备、仪表底层 PLC 点位信息的梳理，保证数据接入、传输、显示的准确率，避免出现数据来源与呈现出现"张冠李戴"的错误。

（3）打通数据壁垒，实现工业化和信息化的两化融合：通过 OPC 技术以及数据转发中间件技术，实现 ABB、AB、施耐德、西门子等主流品牌 PLC 数据秒级采集以及关系型数据库的存储，OPC 技术还支持读写操作，为智慧化平台远程操作提供了可能。同时该采集方案通过直接和 PLC 通讯采集数据，有效避免了从中控 SCADA 系统采集对原自控系统资源的占用，同时避免了自控系统故障时对智慧化平台采集的影响。

（4）报警推送机制：梳理自控系统报警信息，形成三级报警推送及复位机制。解决原自控系统报警逻辑混乱导致的值班人员思想上麻痹大意的问题。

（5）工单流转闭环处理：建立"巡视巡检—异常上报—设备维修—设备验收—物资出库—成本计入"的工单闭环处理流程，遵循"发现问题—解决问题—验收—物资成本消耗"的线性管理逻辑。

（6）建设运维整体服务：平台建设与后期运营维护整体服务包括后期平台完善、升级与运营监理，及时发现异常情况与协调处理处置等内容。

（7）提高主管运营单位的管控力度：污水处理厂智慧运营管理平台作为一种工具，可实现对污水处理厂生产运营情况实时、远程掌握与管理，一方面可以提高污水处理厂运营管理的效率，另一方面可以强化对污水处理厂日常生产运营情况的监管，尤其是对用电、用药的合理性，设备维修情况的及时性，物资出入库及库存情况以及运营成本的监管。

运营管理系统主要包括管理看板、工艺管理、设备管理、安全生产、物资管理、成本管理、OA管理、系统管理以及手机App等功能模块，主要功能模块及子模块架构如下。

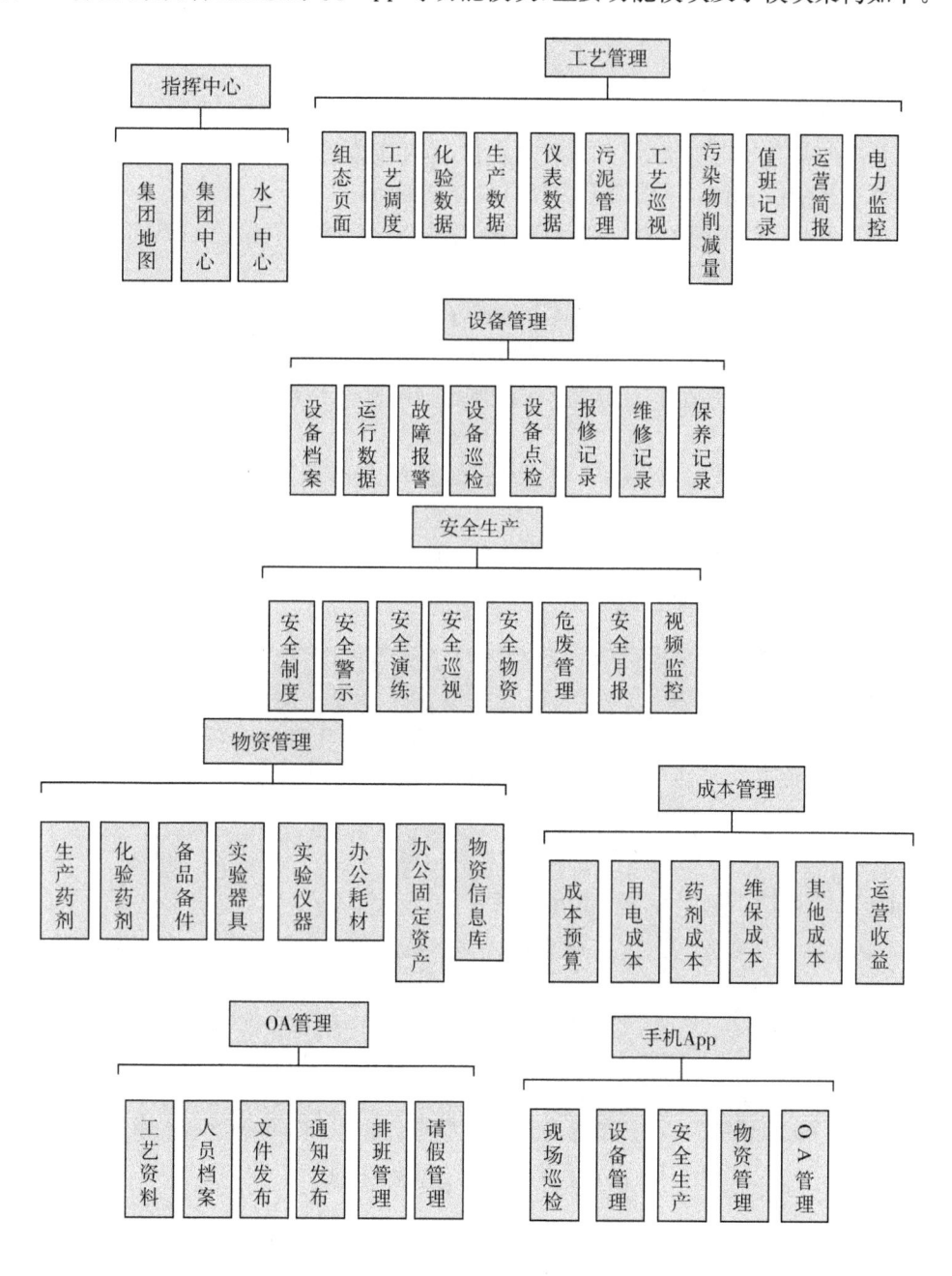

图 9.4-2 功能模块及其子模块构成

1. 管理看板

在水厂中心子模块中可以看出单座污水处理厂的主要生产运营数据,主要有该(污)水厂的简介、照片、总处理规模,昨日、本月、年度处理水量,实时进出水水质,污染物削减量,处理负荷率,出水达标率,每日、每月、每年的用电量与吨水电耗,各药剂的使用量与吨水使用量以及药剂成本与吨水药剂成本的变化趋势,本月、本年度的各类药剂成本分布情况,本年度预算执行率与水费收益完成率。在界面的右上角可以在各污水处理厂中切换,查看各污水处理厂的信息。具体如下:

① 处理规模,水厂简介。

② 该厂昨日总处理水量、本月总处理水量、本年度总处理水量。

③ 该厂当前进、出水 COD、NH_3-N、TN、TP 指标。

④ 该厂昨日 COD、NH_3-N、TN、TP 削减量,本月 COD、NH_3-N、TN、TP 削减量,本年度 COD、NH_3-N、TN、TP 削减量。

⑤ 该厂处理负荷率、出水达标率、设备完好率、设备运行率。

⑥ 该厂用电量(柱状图)与电单耗(折线图)的日、月、年变化趋势。

⑦ 该厂各类药剂使用量(柱状图)与各类药剂吨水使用量(折线图)的日、月、年变化趋势。

⑧ 该厂总的药剂成本(柱状图)与吨水药剂成本(折线图)的日、月、年变化趋势,该厂各药剂成本的分布。

⑨ 该厂本月药剂消耗量分布图、本年度药剂消耗量分布图。

⑩ 该厂成本执行率、收益完成率。

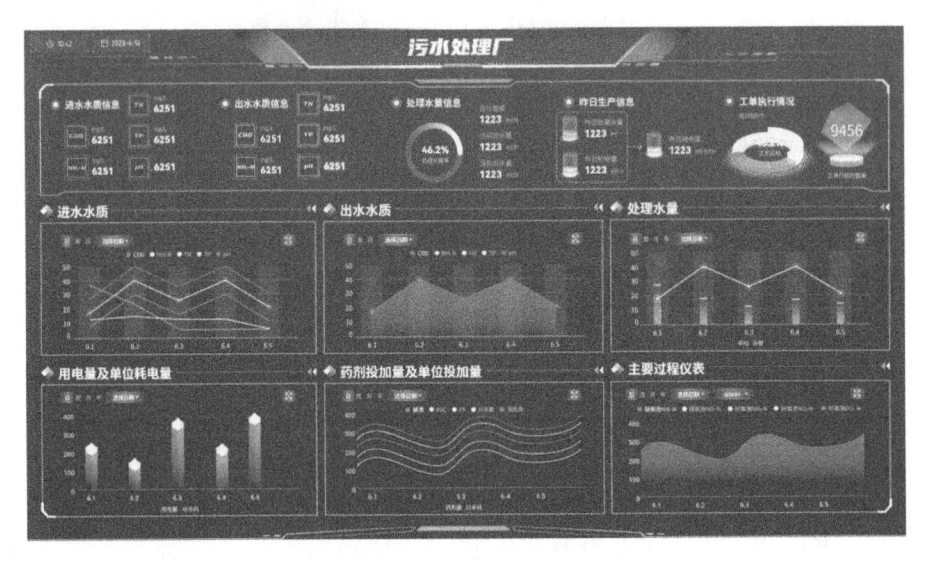

图 9.4-3 水厂中心界面示意图

2. 工艺管理

工艺管理模块主要有组态页面、工艺调度、化验数据、生产数据、仪表数据、污泥管理、工艺巡视、污染物削减量、值班记录、运营简报、电力监控等子功能模块,每种子功能模块的具体功能如下：

（1）组态页面

在组态页面子模块，可以对污水厂的进、出水水质与水量进行实时监控，实现设备实时运行状态监控、仪表实时监测数据监控，可以便捷地查看设备的指标参数，直观准确地了解实时工况信息，能够及时对工艺信息进行分析，实现异常报警数据推送，并实时生成工艺运行数据曲线。

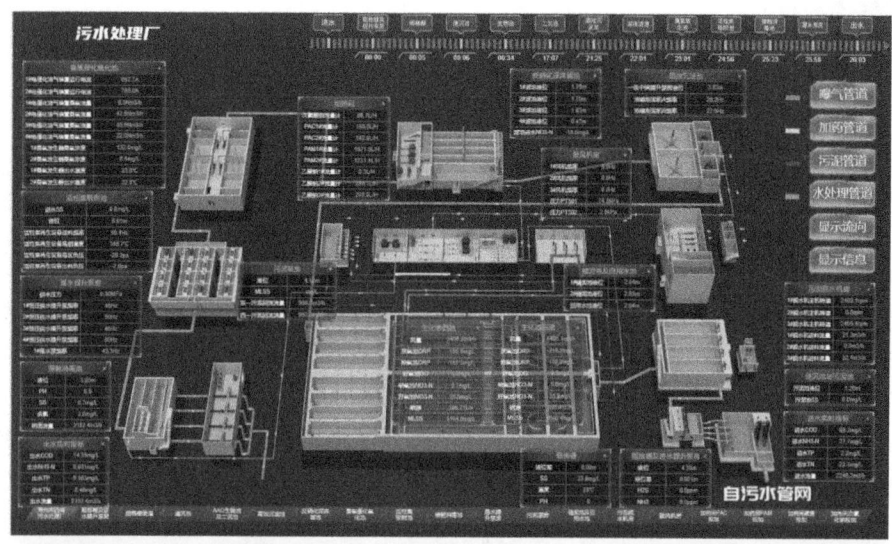

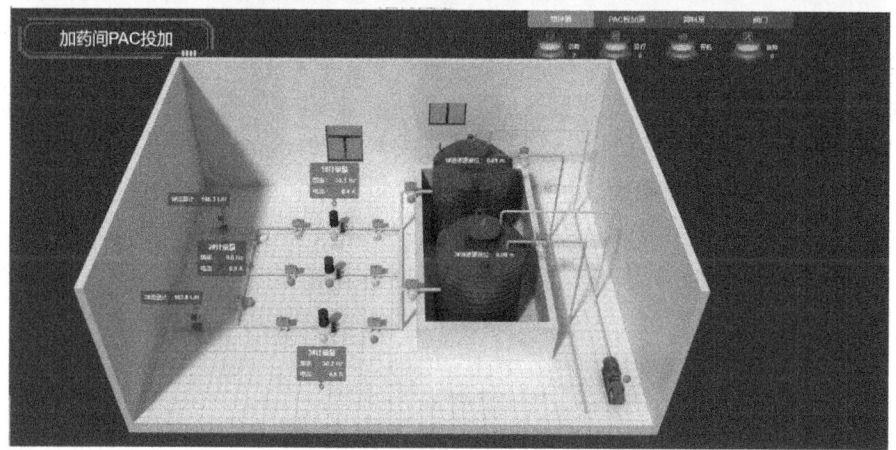

图 9.4-4　组态页面示意图

（2）工艺调度

① 工艺主管可以将根据当前的进水水质、水量及时调整的工艺运行调度方案上传至平台系统。

② 上传至平台系统的工艺运行调度方案可以在平台系统中通过生产主任、厂长等领导的层层审批。

③ 将通过审批的工艺运行调度方案推送至厂内相关人员进行会签。

④ 可以在平台系统中查询历史工艺运行调度方案。

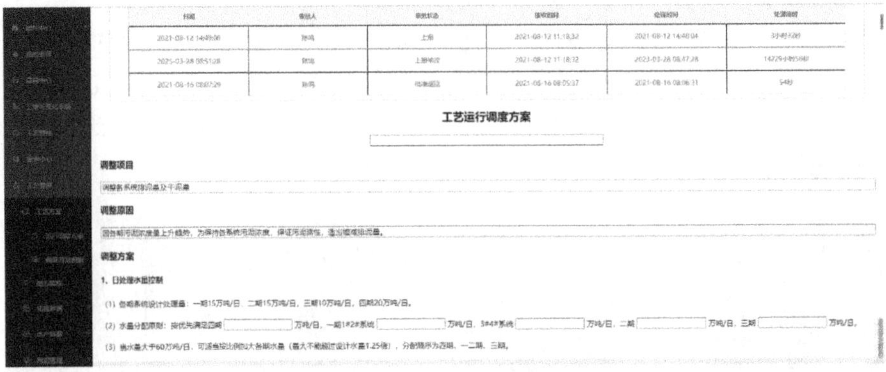

图 9.4-5　工艺调度界面示意图

（3）报表中心

填报、查询、审批每日生产运行报表，包括化验数据、进出水水质、水量、用电量、各类药剂使用量与污泥处理数据等。

（4）化验数据

① 从报表中心中提取各进、出水水质指标，分池水质指标与泥质指标数值上传至平台系统中，系统可以自动计算 B/C、C/N、C/P、C/(N+P)等水质指标。

② 上传至平台系统的各化验指标数据可以以日报表、月报表、年报表的形式存储于平台系统中。

③ 可以在日报表、月报表、年报表中任意查询某一时间段内的某一个、某几个或全部指标的具体数值，并能自动计算查询时间段内的各指标的平均值，显示各指标在查询时间段内的变化趋势图。

④ 对各化验指标进行限值设定，当填报的化验指标超出设定的限值后，产生问题单并推送至工艺主管，工艺主管根据自身的解决能力可将问题单逐级上报，直到提出具体的解决方案，此时问题单形成闭环关闭，同时产生任务单推送至解决该问题的具体经办人（或不产生任务单直接关闭），经办人完成该任务后经相关人员验收形成闭环关闭。事后可以在平台系统中查询历史问题单、任务单。

（5）生产数据

① 从报表中心获取各流量计、电表的数据，系统自动统计每天的进、出水水量与各种中间流量、各药剂投加量、曝气量、用电量。

② 自动计算各种药剂的投加率、气水比、吨水电耗。

③ 上传至平台系统的各生产数据可以以日报表、月报表、年报表的形式存储于平台系统中。

④ 可以在日报表、月报表与年报表中任意查询某一时间段内的某一个、某几个或全部生产数据的具体数值，并能自动计算查询时间段内的各数据的合计值与平均值，显示各数据在查询时间段内的变化趋势图。

⑤ 药剂消耗、耗电量数据自动关联物资管理模块中的各药剂出库核减量与成本模块

中的药剂成本、用电成本的核算。

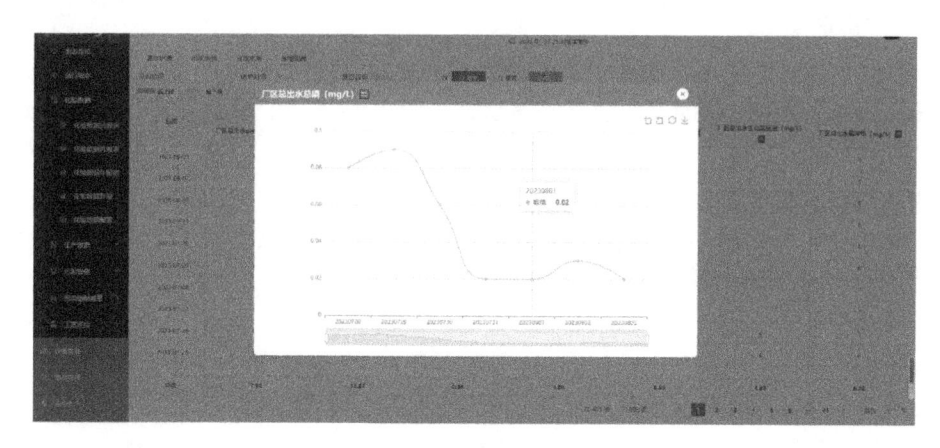

图9.4-6　化验数据模块软件界面示意图

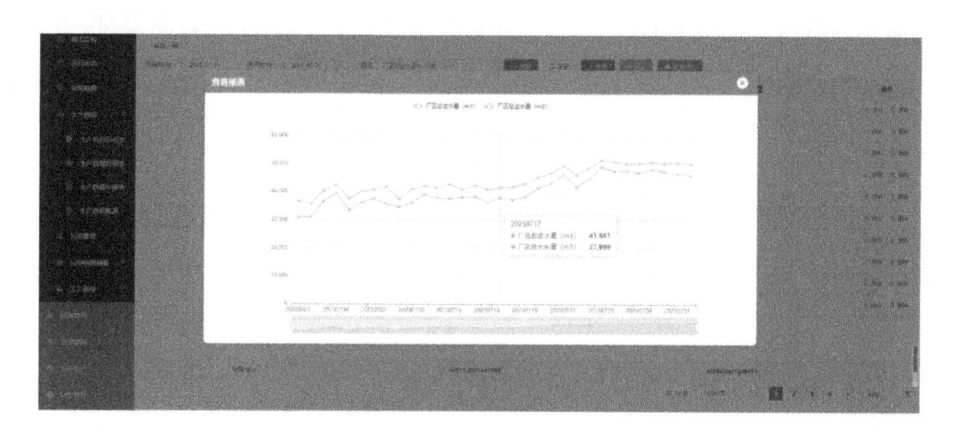

图9.4-7　生产数据模块软件界面示意图

(6) 污泥管理

① 人工录入、统计每台脱水机每批次处理的湿污泥量、湿污泥含水率、干污泥含水率、各种药剂投加量，并自动计算绝干污泥量、干污泥量、各种药剂的投加率。

② 统计每天处理的湿污泥量、干污泥量、绝干污泥量、各种药剂的投加量，自动计算每天的各药剂投加率、污泥产率系数。这些数据可以以日报表、月报表、年报表的形式存储于平台系统中。

③ 记录污泥运输车的进厂时间、出厂时间、车牌号、每车污泥运输量，并上传污泥运输三联单，可以在平台系统中查询每一次污泥运输记录。

(7) 污染物削减量

根据每天统计的处理水量与进、出水水质指标，自动计算每天的 COD、BOD、NH_3-N、TN、TP、SS 的削减量。污染物削减量可以以日报表、月报表、年报表的形式存储于平台系统中。

(8) 工艺巡视

工艺主管可以设定工艺巡视点，推送工艺巡视任务单至相关值班人员，值班人员根据巡视任务单的巡视点位进行工艺巡视,并在巡视任务点打卡定位。

(9) 值班记录

将当前中控室值班人员填写的各类纸质值班记录在平台系统中生成电子表格,中控室值班人员可按照规定的时间点直接在平台系统中填报。可在平台系统中查询历史各类值班记录表。

(10) 运营简报

在运营简报子模块,可以设置简报模板,包括简报名称、简报内容、上传人等信息,每月度、年度自动生成运营简报推送至相关领导处。

3. 设备管理

设备管理模块主要含有设备档案、设备运行参数、设备巡视、故障报警、设备点检、报修记录、维修记录、保养记录等子功能模块,每种子功能模块的具体功能如下:

(1) 设备档案

① 录入全厂各设备的基本信息,并生成设备二维码。

② 可查询每台设备相关的报修记录、维修记录、保养记录、库存备品备件,点击每条记录可进入详细的报修、维修、保养流程表单。

③ 可通过二级菜单(构筑物—设备)选择与设备名称、编号搜索的方式查询每台设备的档案信息。

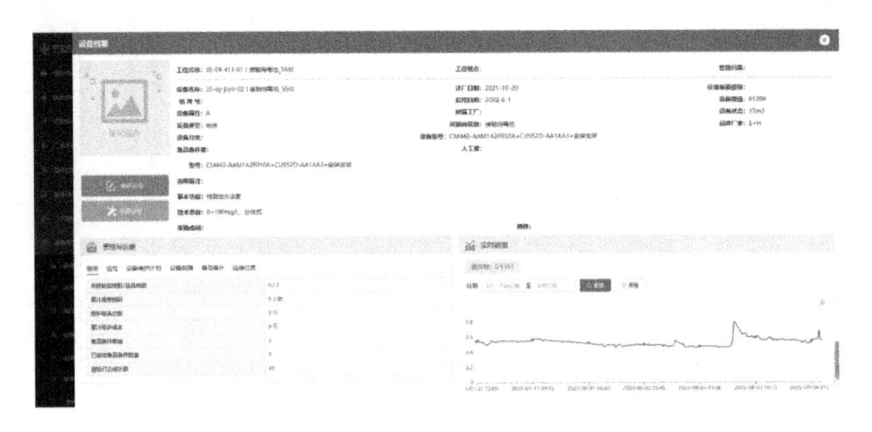

图 9.4-8　设备档案模块软件界面示意图

(2) 设备巡视

设备主管可以设定设备巡视点,推送设备巡视任务单至相关值班人员,值班人员根据巡视任务单的巡视点位进行设备巡视,并在巡视任务点打卡定位。

(3) 报修记录(问题单)

针对设备巡视、组态监控等过程中产生的问题生成报修流程表单。可任意查询某一时间段内的某台设备的历史报修记录及其详细报修流程表单,并将该报修记录关联至设备档案中。通过查询某台设备的设备档案也可以查询到该设备的历史报修记录。

(4) 维修记录(任务单)

根据报修记录(问题单)生成维修记录(任务单)并推送至具体的经办人,经办人完成该任务后经相关人员验收形成闭环关闭。

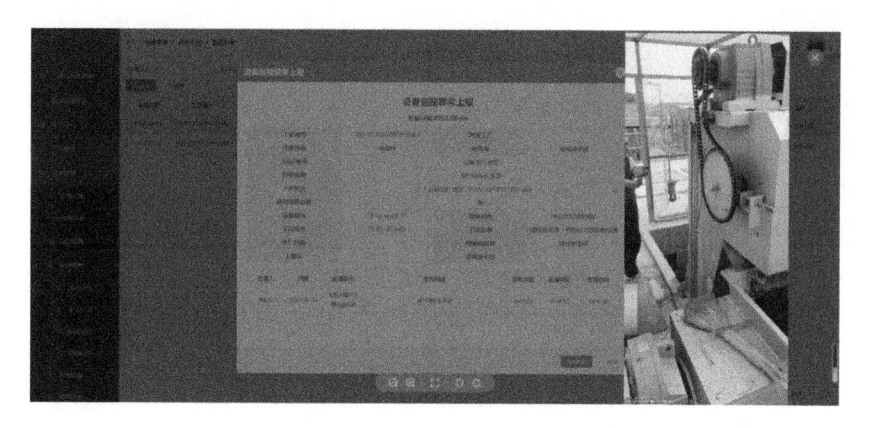

图 9.4-9　设备巡视模块软件界面示意图

图 9.4-10　维修记录模块软件界面示意图

(5) 保养记录(任务单)

设备主管制定各设备的保养记录(任务单),并将其推送至该任务的具体经办人,经办人完成该任务后经相关人员验收形成闭环关闭。

图 9.4-11　保养记录模块软件界面示意图

4. 物资管理

物资管理模块主要有生产药剂、化验药品、备品备件、实验器具、实验仪器、办公耗材、办公固定资产、物资信息库等子功能模块。

针对上述每一种物资建立信息库，包括物资编号（类别编号与具体物资编号）、物资名称、规格型号、供货商、单位、入库量、单价、总价、生产日期、保质期、库存预警限值等信息。

填报上述各类物资出、入库记录时可直接选取信息库中的物资信息。

5. 成本管理

成本管理模块主要有成本预算、用电成本、药剂成本、维保成本、其他成本、运营收益等子功能模块，每种子功能模块的具体功能如下：

（1）成本预算

① 录入审批过的每年各项成本开支预算，包括用电成本、药剂成本、维保成本、薪酬福利成本、办公成本，以及每年的运营收益预算。

② 可以以条形图或饼状图的形式显示当前各类成本占本年度成本预算的比例，每月核对一次各类成本占本年度各类成本预算的比例，超出一定限值时向相关人员发出预警。

③ 可统计集团下属厂之间的预算占比、当前执行预算占比、各厂内部各项预算占比与当前实际执行的各项预算占比。

图 9.4-12　成本预算模块软件界面示意图

（2）用电成本

① 根据每天的尖峰谷平时间段与每个时间段内的用电量、电单价统计每天的用电成本，根据每天的处理水量计算吨水用电成本，并可以得出每月、每年的用电成本合计值与平均值及吨水用电成本平均值，可显示每天、每月、每年用电成本的变化趋势。

② 可以在日、月与年统计中任意查询某一时间段内用电成本，并能自动计算查询时间段内的用电成本的合计值与平均值，显示各数据在查询时间段内的变化趋势图。

③ 可以显示当前用电成本占本年度用电成本预算的比例，每月核对一次用电成本占本年度用电成本预算的比例，超出一定限值时向相关人员发出预警。

（3）药剂成本

① 根据每天各药剂的使用量及各药剂单价统计每天的药剂成本，根据每天的处理水量计算吨水各药剂成本，并可以得出每月、每年的各药剂成本合计值与平均值及吨水药剂

成本平均值,可显示每天、每月、每年各药剂成本的变化趋势。

② 可以在日、月与年药剂成本统计中任意查询某一时间段内的某一种、某几种或全部药剂的成本数值,并能自动计算查询时间段内的各药剂成本的合计值与平均值,显示各数据在查询时间段内的变化趋势图。

③ 可以显示当前各药剂成本与总药剂成本占本年度各药剂成本与总药剂成本预算的比例,每月核对一次各药剂成本与总药剂成本占本年度各药剂成本与总药剂成本预算的比例,超出一定限值时向相关人员发出预警。

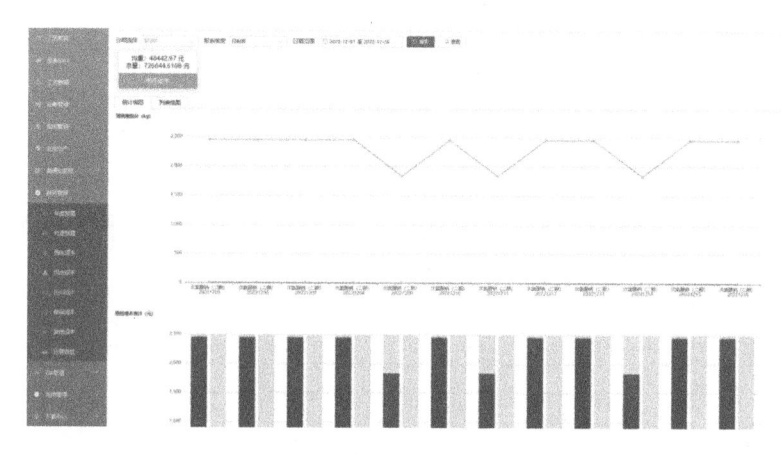

图 9.4-13　药剂成本模块软件界面示意图

（4）维保成本

① 记录每次设备维修、保养时的维保成本,并可以得出每月、每年的维保成本合计值与平均值及吨水维保成本平均值,可显示每月、每年维保成本的变化趋势。

② 可查询从某一天到某一天或从某一月到某一月或从某一年到某一年的维保成本,显示各数据在查询时间段内的变化趋势图。

③ 可以显示当前维保成本占本年度维保成本预算的比例,每月核对一次维保成本占本年度维保成本预算的比例,超出一定限值时向相关人员发出预警。

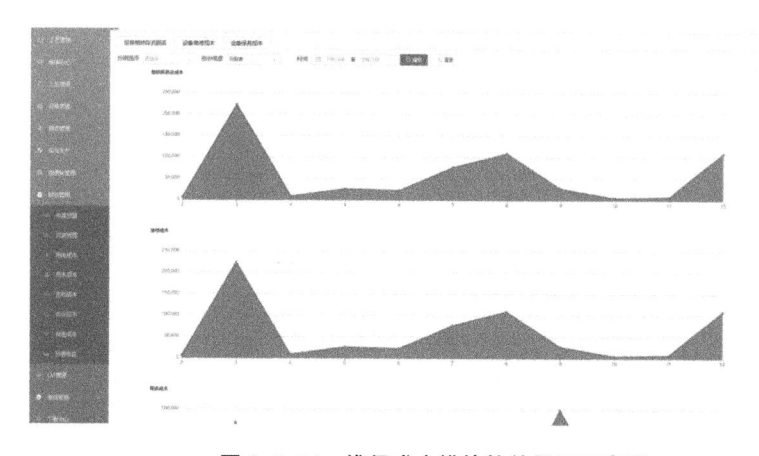

图 9.4-14　维保成本模块软件界面示意图

(5) 运营收益

① 每次获得污水处理费收入时记录运营收益,并可以得出每月、每年的运营收益合计值与平均值,可显示每月、每年的运营收益的变化趋势。

② 可查询从某一天到某一天或从某一月到某一月或从某一年到某一年的运营收益的合计值与平均值,显示各数据在查询时间段内的变化趋势图。

③ 可以显示当前运营收益占本年度运营收益的比例,每月核对一次运营收益占本年度运营收益的比例,低于一定限值时向相关人员发出预警。

6. 安全生产

安全生产模块主要含有安全制度、安全作业、安全巡视、安全物资、安全演练、危险废弃物管理、安全月报、视频监控等子功能模块,每种子功能模块的具体功能如下:

(1) 安全制度

上传并存储各类安全管理制度文件、安全操作规程文件、应急预案文件,这些文件在平台系统中以列表的形式显示,并显示文件编号、文件名称、上传人与上传日期等信息,可以在平台系统中查询与在线阅读,也可以下载这些文件。

(2) 安全作业

当相关人员在进入具有不同安全风险的工作环境(如空间狭窄、有毒有害、机械伤人、噪声污染、动火作业,有高空坠落、溺水等风险的环境)中准备作业前,必须完成相关的审批流程,并严格遵循安全规定。

(3) 安全巡视

相关领导可以设定安全巡视点,每月推送安全巡视任务单至相关人员,相关人员根据安全巡视任务单的巡视点位进行安全巡视,并在巡视任务点打卡定位。

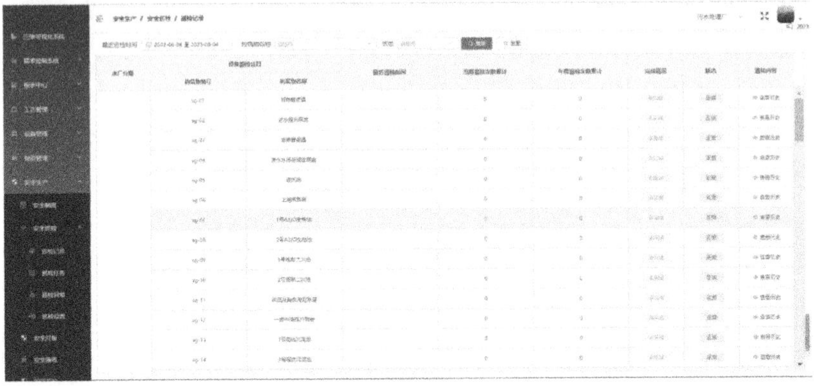

图 9.4-15 安全巡视模块软件界面示意图

(4) 安全物资

记录各种安全物资的出、入库信息,根据各物资的出库量与入库量统计各种物资的当前库存量,对各种物资的库存量设定低库存限值以及设定各物资的临近保质期期限,当库存量达到限值或物资临近保质期期限时,自动给相关人员推送低库存量预警或过期预警。

(5) 安全演练

记录每次安全演练的相关资料,包括演练时间、演练文件、相关照片、视频等资料,生成上传人与上传日期等信息,可以在平台系统中查询与下载这些资料。

(6) 危险废弃物管理

记录各种危险废弃物的出、入库(产生)信息,根据各种危险废弃物的出库(运出)量与入库(产生)量统计各种危险废弃物的当前库存量,对各种危险废弃物的库存量设定高库存限值,当库存量达到限值时,自动给相关人员推送高库存量预警。

(7) 安全月报

每月上传安全月报文件至平台系统中,包括报告编号、报告名称、上传人与上传日期等信息,相关人员可以在平台系统中查询与下载这些报告。

(8) 视频监控

显示传输厂内各摄像头的监控画面,可以在一个屏幕上显示多个监控画面,也可以全屏显示一个监控画面。

图 9.4-16　视频监控模块软件界面示意图

7. OA 管理

OA 管理模块主要含有工艺资料、人员档案、文件发布、通知发布、排班管理、请假管理等子功能模块。

8. 信息中心

对污水厂的分期信息、构筑物信息、区域信息、指标信息、指标单位信息进行配置,便于后续填报化验数据、调用生产数据。

9. 系统管理

对平台系统进行账户、信息、参数等的设置管理,主要包括污水厂信息库、水质指标库、污泥指标库、工艺参数设置、权限管理、系统日志、数据字典、系统接口等。

10. 手机 App

实现各类数据报表的填报功能,如填报化验数据、生产数据等。实现须现场定位打卡的相关任务填报功能,如工艺巡视、设备巡视、设备点检、安全巡视等。实现各类问题单与任务单的流程化处理,如设备报修记录、维修记录、保养记录等。实现现场查询功能,如扫描现场设备二维码查询该设备的相关信息。实现随时随地查询污水厂运行的相关信息,如可查询仪表数据、设备数据等。实现查询、下载其他各类历史数据、表单、文件功能。

B. 先进控制系统

先进控制系统包含工艺仿真模型和稳定控制系统两大模块。

图 9.4-17　手机 App 界面示意图

1. 工艺仿真模型

（1）工艺仿真模型的机理

工艺仿真模型是基于（污）水厂的实际工艺和设备设施，根据各构筑物及设备具体的物理、化学及流体力学机理进行设置，在同一个平台上建立的全流程在线仿真模型。它可以在不干扰实际系统的情况下对水厂内的物理过程、生化过程进行实时计算，用来预测系统对干扰出现的响应，以及可视工艺变化对系统性能的影响，同时也可作为全流程水厂故障排除的工具。

下图说明了工艺仿真模型（虚拟工厂环境）的搭建和现实工厂环境之间的关系。

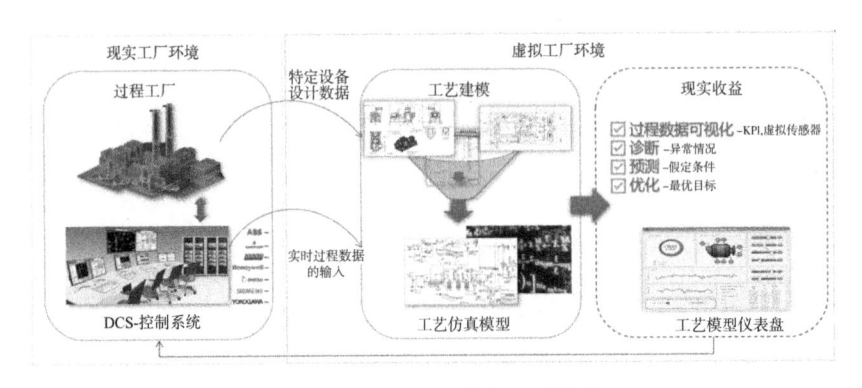

图 9.4-18　工艺仿真模型的搭建

建立模型的主要过程如下：

① 收集数据，主要是水厂的运行数据，包括水厂的工艺设计数据与进水、出水的常规测试数据，在线历史数据等。

② 建立工艺仿真模型，选择反应器模型，并确定流量关系。

③ 数据输入，主要是输入模型的参数值与进水模型组分数据。根据常规测试数据换算出模型组分数据，得到稳态模型组分数据与连续模型组分数据；根据试验测定或者参考初步确定模型参数值进行数据输入。

④ 初步模拟分析,设定步长,用稳态数据进行污水厂的模拟分析,分析模拟值与实测值之间的差距。

⑤ 参数校正,根据模型以及对出水模型组分值的灵敏度分析确定关键性参数,对这些参数的值进行试验估测或通过模型调整,最后确定较合理的参数值。

⑥ 模型验证,采用稳态模型确定的参数值对多组进水数据进行动态模拟分析,反复校正与验证模型参数值(包括历史数据的验证和在线数据的验证),确保模型的可靠性。以上过程在该阶段会重复数次。

建模后,相当于对整个流程的数据进行了可视化(类似人体检时的核磁共振),它不仅能生成生产过程的关键业绩指标(KPI),展示水质变化趋势,还能够发现生产过程中的不正常情况,并且可以进行预测,能够达到不断优化生产指标的目的。

基于水厂的实际工艺和设备设施,模拟水厂全流程的非线性动态运行情况搭建的工艺仿真模型如下。

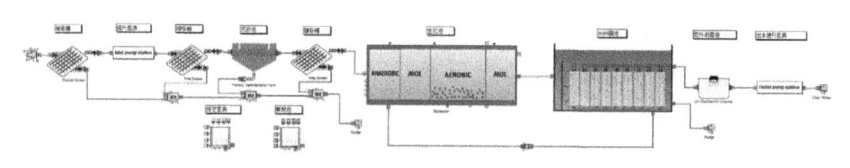

图 9.4-19　工艺仿真模型示例

(2) 工艺仿真模型软件的特点

① 在同一个平台实现离线和在线功能

在同一个平台上建立离线和在线模型,是仿真模型软件的价值体现之一。其建立在一个具有先进功能的高性能架构上,且具有可扩展性。以下是所用软件平台的特点:

- 多用途模拟,能基于目标的线性、非线性和混合模式系统动态建模连续、离散事件。
- 基于库,用户构建的块可以保存在库中,并能在其他模型中得到重用。
- 使用集成编译编程语言和对话编辑器,优化模拟流程。
- 支持脚本,无论是从块还是从另一个应用程序,均可远程构建和运行模型。
- 拥有超过1 000个功能,涵盖集成、统计、排队、动画、IEEE数学、矩阵运算、声音处理、数组操作、FFT、调试、dll、字符串处理和位操作、I/O等功能;此外,用户还可以定义自己的函数。
- 消息发送块可以向其他块发送消息进行子处理。
- 具备数据传递功能,可传递值、数组或由数组组成的结构。
- 支持广泛的数据类型和结构,内置了数组、链表、整数、实数和字符串等数据类型。
- 集成数据链接,可链接块对话框数据到内部数据库。

② 平行结构保障系统稳定

工艺仿真模型内部包括了在线模型和平行模型两部分。在线模型主要是用来标识过程状态,它的作用主要是进行物料平衡的计算、关键业绩指标的核算和起到虚拟变送器(仪表)功能;平行模型则主要是制订优化方案,进行数据调谐,对不同场景的预测、优化、建议和报警也是在这里完成。这样的细分保障了系统的稳定性,能为控制部分提供更加稳定的输出,同时也为不断提升模型自身精度提供了可能。

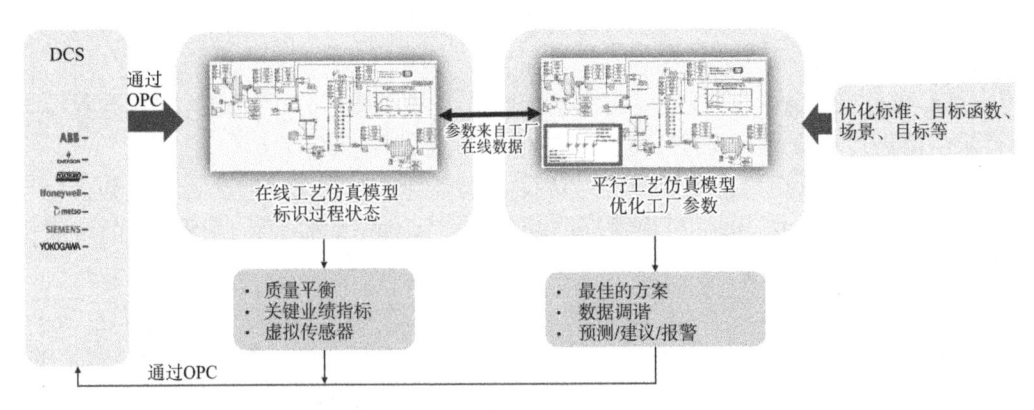

图 9.4-20　工艺仿真模型内部组成及功能

工艺仿真模型与水厂可实时交换数据。工艺仿真模型的输入数据可来源于现场仪表读数、实验室数据、操作员手工输入以及其他途径，且支持不限频率的输入。工艺仿真模型可获取当前水厂的状态，并且通过控制系统把模拟结果传回水厂，一切都是实时发生的。

2. 稳定控制系统

（1）稳定控制系统的机理

稳定控制系统是一种高级模型预测控制器，其特有的高级数学算法可以解决水厂运行过程中遇到的复杂控制问题。水厂的生产过程具有典型的大延时、非线性变化和多变量干扰的特点，而稳定控制系统能很好地解决这些复杂的问题。该系统能够预知问题和防止干扰，同时能够对过程数据进行分析和学习。基于以上的特点，它能够更好地控制过程水质和出水水质，提高系统的稳定性和精确性。

该系统具有为开环积分响应过程而设计的算法，该算法优于传统的 MPC 方法，在快速变化和缓慢变化的过程中都有出色表现。

$$f_i(t) = \sqrt{2p}\,\frac{\exp(pt)}{(i-1)!}\frac{\mathrm{d}^{i-1}}{\mathrm{d}t^{i-1}}[t^{i-1}\exp(-2pt)]$$

控制系统在控制大延时、非线性变化和多变量干扰的工艺时具有预测性和自适应性，能够取代传统的 PID 控制。可解决多变量工艺的过程控制问题，准确地预测过程响应和处理变量，在系统偏离目标之前就能预知和防止干扰。

（2）稳定控制系统的特点

① 善于控制大滞后大延时系统

稳定控制系统可以在控制的过程中充分考虑延时时间、反应时间和响应变化，基于所搭建的模型，根据前馈值和反馈值提前做出调节，并在调节输出值后使输出值在系统计算的延时时间内保持较少的变化，然后重复这个过程。其输出值曲线类似阶梯的形状，使受控目标不会因系统滞后而产生较大波动，相比传统的 PID 频繁地调节输出值，稳定控制系统能更有效地提高系统稳定性。

② 善于处理非线性过程问题

水厂的处理过程通常是非线性的，如在不同的温度影响下，溶解氧的控制就是一个非

溶解氧控制

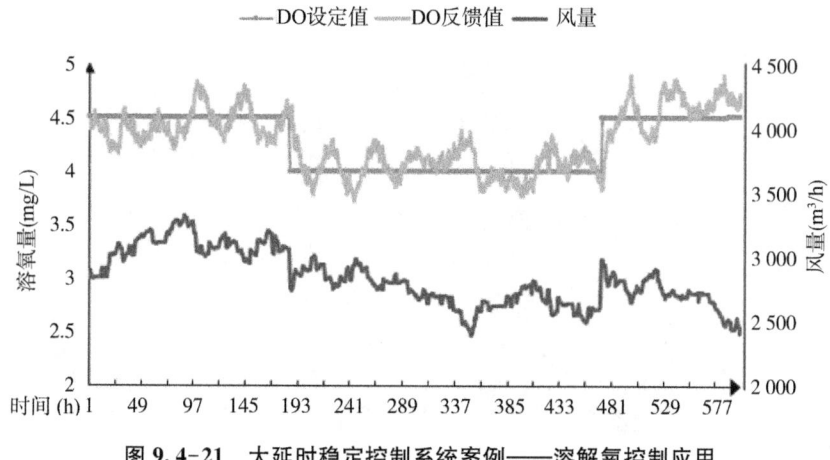

图 9.4-21 大延时稳定控制系统案例——溶解氧控制应用

线性的过程。污水的温度越高,水中氧气的溶解度越低,且水中微生物活性越强,溶氧量的消耗越快。因此在不同的季节,溶解氧与曝气量(风量)的控制曲线存在不同。针对这种非线性过程,我们可以在控制模型中设计春(秋)季、夏季、冬季3个不同的场景,并配置对应的曲线参数,那么在不同的应用场景下,控制模型都可以展现卓越的控制性能。

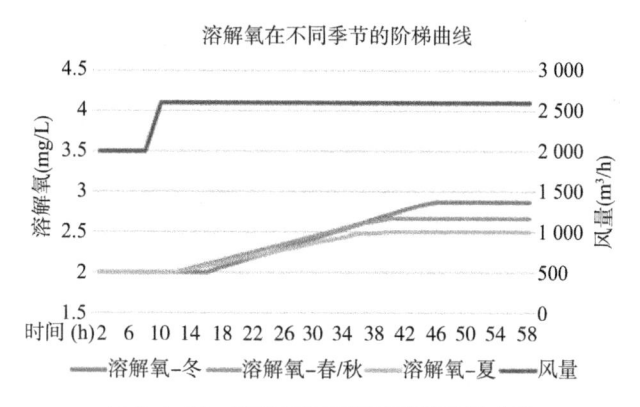

图 9.4-22 溶解氧在不同季节的阶梯曲线

③ 能够预知和防止干扰

稳定控制系统可以把影响过程控制和最终目标的干扰变量设置为前馈信号,前馈信号的变化和对最终目标的影响都会被模型感知。在运行过程中,当前馈信号有波动时,模型能够预知其对最终目标的干扰,并考虑过程滞后性提前调节输出量,最终减少或者消除干扰带来的影响。

④ 具备自学习能力

稳定控制系统具有大数据分析能力,可以自动收集和分析数据,有自适应性。该系统可以在系统在线/离线运行时进行自学习,不断优化系统参数。下图自适应过程曲线可直观展示其自学习能力。在阶段一模型并未学习数据,因此在设定值改变的时候,控制输出有一定的滞后和波动。在阶段二学习了阶段一的数据后,控制响应有了明显的加快,波动也减小了。在阶段三学习了前两阶段的数据后,控制响应更快,基本消除了超调和震荡。

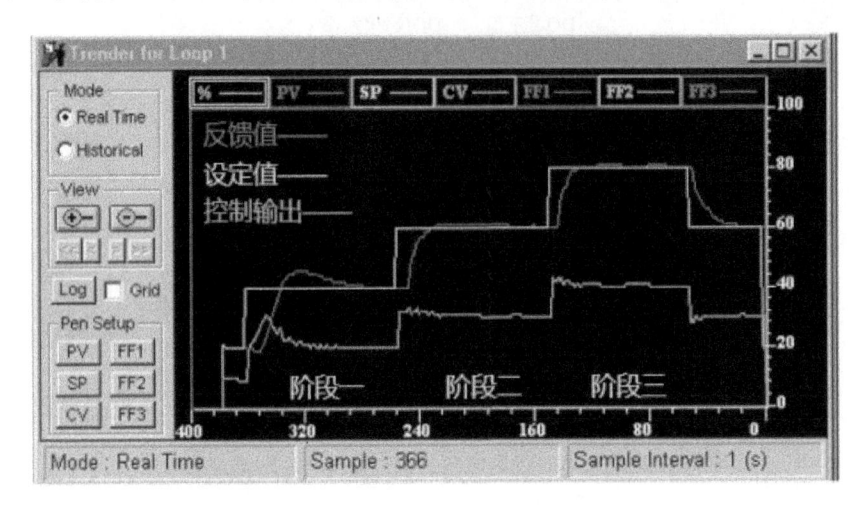

图 9.4-23　稳定控制模型自适应过程曲线

第十章

发展和展望

10.1 产业园区发展总体形势

2023年,从国家发布的经济数据看,整体经济与先前相比出现了明显的回暖趋势;但从广泛的园区经济发展来看却是"寒气袭人",近几年处于停滞不前状态的园区不在少数。由于国内外经济形势的变化,产业集聚和创新集群的马太效应越发明显,而大部分园区发展的不确定性在增加,园区面临新环境时更是雾里看花。

近年来,国家陆续出台政策促进产业园区的高质量发展,鼓励园区发展向"四化"转型,即产业结构高端化、能源供给低碳化、土地利用集约化、园区管理数智化,实现高质量发展。国家也进一步强化对产业园区的考核评价,倒逼园区优化升级。

当前,我国产业多处于全球价值链中低端,在新一轮科技与产业变革背景下,我国亟待突破原有发展模式。在构建创新引领力上,要努力抢占技术制高点,加大对关键核心技术的攻关力度,力争打破芯片断供、技术封锁、贸易限制等困局,强化产业链发展韧性;在提升产业续航力上,布局前瞻性战略性新兴产业、未来产业,加快建设现代化产业体系,其中的重头戏是推动战略性新兴产业集群融合发展,打造信息技术、人工智能、生物技术、新能源、新材料、高端装备、绿色环保等一批新的增长引擎。

在一级市场上,全国300多个城市的工业用地规划及成交建筑面积整体呈增长态势,2022年工业用地推地力度继续上涨,工业用地推出和成交量均有所上升,且供给大于需求。

在存量市场上,从土地开发容积率看,近6成国家级开发区工业用地综合容积率不到0.6,土地开发综合容积率偏低,土地利用强度有待提高,投入产出比偏低,潜力空间较大。

近年来,构筑二级园区、开发产业地产已成为大型开发区的重要开发模式。而面对产业投资下行、地产开发低迷的环境,产业园区的发展也受到较大冲击,长三角、珠三角重点区域项目情况还较好,其他区域园区销售速度明显不及预期,中西部地区项目年销售额则更低,产业园区普遍面临空置、招商和资金压力。从发展趋势看,产业园区已经进入运营为王时代,行业利润率不断下滑,开发商对产业地产的开发意愿降低,越来越多的园区运营商由重资产向轻资产转型,地方政府平台成为园区开发的主力。

面对产业园区发展的新环境,亟须转变发展思路。

10.2 环境治理与新污染物

10.2.1 我国新污染物治理的进展、问题及对策

党的二十大报告指出,推动经济社会发展绿色化、低碳化是实现高质量发展的关键环节。

新污染物是指由人类活动造成、排放到环境中的,具有生物毒性、环境持久性、生物累积性等特征,对生态环境或人体健康存在较大风险,但尚未被纳入管理或现有管理措施不足以有效防控其风险的污染物。新污染物是人类经济社会发展的一个必然结果,因为人类不可避免地要使用大量的化学品,中国科学院院士江桂斌曾指出,化学品的快速增加和使用,是新污染物产生的最根本原因。相较于常规污染物,新污染物因其生产使用历史相对较短或发现危害较晚,现阶段尚未被有效监管。目前,国内外广泛关注的典型新污染物主要包括环境激素(内分泌干扰物,EDCs)、抗生素、持久性有机污染物(POPs)、微塑料等。

当前,我国正处于实现生态环境质量改善由量变到质变的关键时期。"十四五"污染防治攻坚战从"坚决打好"转入"深入打好",意味着污染防治触及的矛盾问题层次更深、领域更广,要求也更高。有毒有害化学物质的生产和使用是新污染物的主要来源。我国化学物质生产使用基数大,但对其环境与健康风险状况的全面调查评估还不够,相关的基础数据掌握仍不明确。开展新污染物治理,关系着人民群众的身体健康和生态环境安全,是污染防治攻坚战向纵深推进的必然要求。

为统筹开展新污染物治理工作,保障生态环境安全和人民健康,2022年5月,国务院办公厅印发了《新污染物治理行动方案》(以下简称《方案》),对新污染物治理工作进行全面部署。开展新污染物治理,以有效防范新污染物环境与健康风险为核心,构建以"筛评控、禁减治"为主线的防控思路,其中,"筛"和"评"是方法和基础,"控"是目的和手段;要求聚焦石化、涂料、纺织印染、橡胶、农药、医药等行业,选取一批重点企业和工业园区,开展新污染物治理试点工程,以形成一批有毒有害化学物质的绿色替代、新污染物减排技术,以及污水污泥、废液废渣中新污染物治理的示范技术。《方案》防治思路的内涵如下:

筛:对化学物质环境风险进行筛查。

评:精准筛评出需要重点管控的新污染物。

控:制定全过程环境风险管控措施。

禁:从源头禁用限用能产生新污染物的原材料。

减:在化工产品生产过程中减少新污染物排放。

治:加强环境中新污染物的末端治理。

我国是化学品生产使用大国,但包括化工行业在内的原材料工业的中低端产品严重过剩,高端产品供给不足,不少在产在用的有毒有害化学物质来自发达国家已经淘汰的产

能。开展新污染物治理有利于严格实施源头淘汰或限用,加强对产品中重点管控新污染物含量的控制,依法淘汰涉新污染物落后产能,从而优化相关产业结构和布局,提升我国相关产品的创新能力和国际竞争力,实现工业企业及园区绿色化发展。

10.2.2 园区环境治理及管理与新污染物治理

2022年,《"十四五"生态环境领域科技创新专项规划》在工业废水污染防治与资源化利用技术方面明确提出:"构建以生物毒性及特征污染物控制为目标的工业废水达标排放可行技术体系;开展高毒废水致毒物质甄别,建立工业废水中高致毒化学品清单;发展难降解有机物强化氧化技术与绿色分离装备,开发废水源头减排、资源回收、能源利用与毒性削减多目标协同处理技术;研发高盐废水处理和资源化利用适用技术,创新废盐资源化与利用途径;建立工厂废水与园区综合废水协同处理与高效回用新模式并开展示范。"

对于新污染物生态环境健康风险全过程防控技术,该专项规划提出:"研究多介质环境中新污染物快速筛查方法、追踪溯源、监测检测技术,探索新污染物危害与人体健康作用机理,研究新污染物的人群暴露基线与敏感人群的暴露特征,构建新污染物危害属性、暴露参数等基础数据库,开发新污染物生态环境健康风险评价模型;开发企业—园区—区域/流域的新污染物健康风险全过程防控技术,新污染绿色替代技术与产品;揭示新型生态环境有害微生物环境赋存、传播和变异规律,研究健康风险预警及阻控技术。"

10.2.3 工业园区用地更新及提质增效

2021年"城市更新"首次被写入《政府工作报告》,2021年3月12日,《中华人民共和国国民经济和社会发展第十四个五年规划和2035年远景目标纲要》发布,提出要加快推进城市更新,改造提升老旧小区、老旧厂区、老旧街区和城中村等存量片区功能,推动城市空间结构优化和品质提升,这表明城市更新已升级为国家战略。

2022年,《国务院办公厅关于进一步盘活存量资产扩大有效投资的意见》(国办发〔2022〕19号)发布,提出工业企业退城进园,有序盘活长期闲置但具较大开发利用价值的老旧厂房等项目资产。

自然资源部办公厅2023年11月印发的《支持城市更新的规划与土地政策指引(2023版)》中提出:"以产业转型和业态升级为目标,以功能复合、土地和建筑物利用效率提升为重点,老旧厂区和产业园区更新应聚焦产业转型升级和发展新兴产业,合理增加产业及配套建筑容量,鼓励转型升级为新产业、新业态、新用途,鼓励开展新型产业用地类型探索,推进工业用地提质增效,促进新旧动能转换。合理配置一定比例的产业服务设施,促进产城融合。""在产业用地更新时鼓励配置一定比例的其他关联产业功能和配套设施,促进产业转型升级和产业社区建设。"

江苏省实践

《江苏省"十四五"开发区总体发展规划(征求意见稿)》在着力提升土地产出率、合理分配用地计划、推进土地利用计划"增存挂钩"、严格开发区土地利用管理等四方面对提高土地资源利用效率提出具体要求。

2022年3月,江苏出台《关于实施城市更新行动的指导意见》,提出"实施低效产业用地活力提升工程,坚持'先立后破',积极推进存量用地盘活利用,充分用好计划指标、土地供应、二级市场和综合整治等土地政策,健全收益分配机制,促进产业转型升级。加强闲置低效厂房、仓库等更新改造,植入文化创意、科技研发、'互联网＋'等新业态,实现高效复合利用。鼓励低效商务楼宇、商业商贸综合体、交通综合枢纽周边等改造,通过嵌入式产业空间、创新空间,塑造综合功能、激发城市活力。推进产业园区和城镇生活区设施共享、空间联动和功能融合,提升整体品质、促进职住平衡,加快产城融合发展"。

根据统计,江苏省现有一二三类产业园1 104个,存在闲置土地规模较大、低效用地面积较多、用地容积率和产出效益不高等问题。

2023年江苏省通过增容技改、市场流转、用途转换、协议置换等方式,实施低效用地再开发21.97万亩。特别是南京、苏州、无锡、常州4个城市被列入全国首批43个低效用地再开发试点城市,工作进展全国领先。

10.2.4　工业入园上楼

工业"入园上楼"对于工业企业"退城入园"改造提升,园区集中发展,促进产业集聚、产城融合和工业投资稳定增长,加快产业结构优化升级,提升优势企业和优势产业发展竞争力,提高资源要素配置效率,增强园区政策功能优势,提升园区开发利用水平,加快产业结构优化升级,推动制造业高质量发展具有重要意义。

目前,部分行业入园率仍较低,以化工第一大省山东省为例:

山东省化工产业的产值连续多年稳居全国之首,但同时深陷安全、环保等现实之困。早在2017年底,中央环保督察组即公开通报:"(山东)全省化工行业无序发展问题突出,大量项目违规建设,环境污染和风险十分突出""环境风险较大的危化品企业应进入化工园区,但省经济和信息化委员会在实际工作中对此没有提出明确要求"。自此,山东推动合法合规化工企业入园工作全面开启。

引导工业项目进区入园,严控在开发区外新增工业用地。2020年4月20日,省自然资源厅联合省发展改革委、省科技厅、省工业和信息化厅等9个部门单位印发了《关于推进开发区节约集约用地促进高质量发展的若干措施》(以下简称《措施》),指出"严格控制在开发区外安排新增工业用地,确需在开发区外安排重大或有特殊工艺要求的工业项目,须加强科学论证。化工投资项目原则上应在省政府认定的化工园区(含专业)、重点监控点内实施,并符合国土空间规划、产业发展规划等相关规划。对'退二进三'转型升级或开发区外'散乱污'整治搬迁改造企业,优先在开发区内安排建设用地或鼓励租赁标准厂房"。

10.3　减污降碳政策及实施路径

10.3.1　减污降碳背景及政策要求

2020年9月22日,国家主席习近平在第七十五届联合国大会上宣布,中国力争于2030年前二氧化碳排放量达到峰值,努力争取2060年前实现碳中和目标。

污水处理行业是全球十大温室气体排放行业之一,其碳排放量占全球碳排放总量的2‰~3‰,且仍呈逐年增长的趋势。目前,我国污水处理规模大,能耗高,CO_2排放量始终位居世界第一。通过采取节能措施和调整处理工艺,大部分的污水处理厂可减少30%以上的能源投入,因此开展污水处理行业减污降碳协同增效是实现我国"双碳"目标的必经之路。2022年6月,生态环境部等七部委印发《减污降碳协同增效实施方案》,首次对污水处理厂减污降碳提出相关要求。

该方案在推进水环境治理协同控制方面指出"推进污水处理厂节能降耗,优化工艺流程,提高处理效率;鼓励污水处理厂采用高效水力输送、混合搅拌和鼓风曝气装置等高效低能耗设备;推广污水处理厂污泥沼气热电联产及水源热泵等热能利用技术;提高污泥处置和综合利用水平;在污水处理厂推广建设太阳能发电设施。开展城镇污水处理和资源化利用碳排放测算,优化污水处理设施能耗和碳排放管理"。

在开展产业园区减污降碳协同创新方面,该方案指出"鼓励各类产业园区根据自身主导产业和污染物、碳排放水平,积极探索推进减污降碳协同增效,优化园区空间布局,大力推广使用新能源,促进园区能源系统优化和梯级利用、水资源集约节约高效循环利用、废物综合利用,升级改造污水处理设施和垃圾焚烧设施,提升基础设施绿色低碳发展水平"。

《减污降碳协同增效实施方案》的出台,标志着我国减污降碳协同治理工作迈入了新征程。

2023年12月12日,国家发改委、住建部、生态环境部联合印发《关于推进污水处理减污降碳协同增效的实施意见》(发改环资〔2023〕1714号),提出"协同推进污水处理全过程污染物削减与温室气体减排"的总体要求,对污水处理减污降碳协同增效做了进一步部署,并首次明确了到2025年"建成100座能源资源高效循环利用的污水处理绿色低碳标杆厂"。

2024年6月11日,国家发改委、住建部发布了《国家发展改革委办公厅 住房城乡建设部办公厅关于开展污水处理绿色低碳标杆厂遴选工作的通知》,明确提出采取"遴选一批、新改扩建一批"的方式,2025年底前,建成100座能源资源高效循环利用的污水处理绿色低碳标杆厂。可见,厂网一体化是污水治理的大方向。可以这样说,虽然评的是标杆污水处理厂,但如果评上了,荣誉不只属于污水处理厂,也属于当地整个污水治理体系。如果没评上,问题也不只属于污水处理厂,也是需要当地相关部门共同查找问题、推动解决的。

10.3.2 污水处理行业碳排放标准

目前有关污水处理行业的主要碳排放标准包括:

(1)《IPCC2006年国家温室气体清单指南2019修订版》

联合国政府间气候变化专门委员会(IPCC)于2019年5月通过《IPCC2006年国家温室气体清单指南2019修订版》,其中对污水处理过程中的碳排放因子、计算方法进行了详细说明。它是国际上目前应用最为广泛的指导污水处理厂进行碳排放核算的指南文件,提供了污水处理过程直接碳排放量的核算方法。其一方面为各国制定核算指南提供了最基础的参考依据,使所有国家不论其经验或资源如何,均能够对温室气体的排放量和清除量做出可靠的估算；另一方面，为各行业提供了必要的参数和排放因子的推荐值。

（2）《城镇水务系统碳核算与减排路径技术指南》和《污水处理厂低碳运行评价技术规范》(T/CAEPI 49—2022)

2022年，中国城镇供水排水协会组织专家编制的《城镇水务系统碳核算与减排路径技术指南》总结了近年来国内关于CH_4和N_2O排放的大量文献，针对中国现实情况整理了适合的碳排放核算方法、公式，同时也提供了不同处理工艺的CH_4与N_2O排放因子。这使污水处理碳核算中应用了符合我国实际情况的排放因子，能更准确地对碳排放进行核算。该指南将城镇水务系统分为给水系统、污水系统、再生水系统和雨水系统四个子系统，全面涵盖了城镇水务领域的碳排放核算与减排内容，包括标准化的碳核算方法、精准化的本地化数据支持、化石燃料的碳核算、多维度碳减排策略的分析以及碳排放评价与报告的模板。《污水处理厂低碳运行评价技术规范》则是我国首部针对污水处理领域的低碳团体标准，规定了污水处理厂碳排放强度的核算方法和低碳运行评价的指标体系。该规范明确了碳排放强度分为直接碳排放强度和间接碳排放强度，低碳运行评价指标体系也分为定量评价和定性评价，还详细介绍了核算公式和修正系数。参照该规范即可完成对城市污水处理厂碳排放的核算和低碳运行的评价。该规范可以有效指导我国污水处理厂开展低碳评估，为其提供实际可行的管理措施，促进监测体系的建立，为建立行业标准体系提供参考。

10.3.3 减污降碳实施路径

污水处理厂减污降碳路径可分为减碳路径和替碳路径两大方面，减碳路径包括源头控制、自动化控制、紧凑型污水处理工艺、高效脱氮技术及污水污泥资源回收等。替碳路径包括化学能回收、污水余温热能提取及光伏发电等。按污水处理全过程减污降碳的实施路径总结如下：

一、源头降碳，节水增效

降碳可以从源头上减少污染物排放，秉承"节水即治污、节水即降碳"的理念，通过工业园区用水系统集成优化，节约水资源利用，减少生产生活用水量和污水排放量；通过工业企业废水分质再生利用等方式，推动工业企业和园区废水循环利用，实现串联用水、分质用水、一水多用和梯级利用，最大限度地实现源头节水减排。

二、过程减碳，降耗增效

污水处理过程的碳排放包括间接碳排放和直接碳排放两个方面。

1. 间接碳排放

间接碳排放是设备运行引起的能源和电力消耗带来的异位碳排放，电力消耗在污水处理厂的能源消耗中占比较大，对污水处理设备进行合理的改造优化，可以达到节能降耗、提高设备能效的目的。具体来说，在污水处理厂中，曝气系统、提升泵和污泥脱水装置占据总电力消耗的主要份额，其中鼓风曝气机和污水提升泵等装置的能源消耗占了50%~70%，因此开展相关设备（电机、风机、水泵、照明器具）的优化选型、建设智慧水务管理系统、开展全过程智能调控与优化、实现精准曝气与回流控制可以减少污水处理过程中的间接碳排放量。同时，研发应用先进的低碳污泥处理工艺如污泥深度脱水、高效干化、热解等也可降低污泥处理过程产生的间接碳排放量。这些都是实现污水处理行业碳减排的必经之路。

以污水处理厂中生化工艺举例来说,最实用的方法是升级陈旧的设备,并针对污水的水量和水质总是波动的特点采用实时控制器,使设备在合适的工况下运行。工程实践表明,选用空气悬浮和磁浮等技术的高效率鼓风机与传统的罗茨、离心风机相比,可以节省30%左右的能源消耗。

降低污水处理间接排放实现碳减排可以通过以下途径:一是采用高效机电设备,新建设施直接采购高效设备,已有设施逐步更新成高效设备;二是加强负载管理,在满足工艺要求的前提下要使负载降至最低,同时,设备配置要与实际荷载相匹配,避免"大马拉小车";三是建立处理运行需求响应机制,根据实际工况的需求及其变化,动态调整设备的运行状态。

(1) 采用高效机电设备

国家园区污水处理工作起步较早,现阶段,部分国家园区的污水处理设施出现老化的情况,主要表现为机电设备的老化。污水处理厂的机电设备主要包括水力输送、混合搅拌和鼓风曝气三大类。采用高效电机是污水处理具有较高机械效率的前提,目前污水处理行业的水力输送和搅拌设备均已经出现具备 IE4 能效水平的高效电机,采用高效电机通常可实现5%~10%的效率提高。

水力输送设备的水力端设计是关键,水力端需具备无堵塞、持续高效的特点,无堵塞技术可避免通道容量减少降低效率或长期超负荷运行烧毁电机。持续高效可确保电机长期高效运行,先进的水力端设计可以实现水力输送设备全生命周期节省7%~25%的能耗,而且介质条件越恶劣,其节能效果相对会越明显。混合搅拌设备的水力端设计同样关键,采用后掠式叶片设计可以提供额外的自清洁功能,使搅拌器具有良好的抗缠绕性能,从而避免搅拌效率降低甚至烧毁电机的风险。

鼓风曝气设备包括鼓风机和曝气器两部分。容积式鼓风机虽然购置费用较低,但机械效率很低,应尽量避免采用。单级高速离心式鼓风机效率很高,且技术进步很快,采用空气悬浮或磁悬浮等高速无齿技术,可使电机与风机实现"零摩擦"驱动,实现超高速运行,显著提高机械综合效率及效益。不同材质、不同结构形式的曝气器氧传质性能差别很大,采用抗撕裂、抗老化、寿命长的新型高分子聚氨酯材料以及超微孔结构设计的曝气产品具有充氧性能高、运行稳定和调节品质好的特征。另外,混合曝气、逆流曝气、限制性曝气、全布曝气都是可以采用的高效曝气形式。在进行曝气器数量的选择时应综合考虑水厂水质水量的波动情况和鼓风机的性能参数,使其在最优单头通气量范围内工作,也可明显提高充氧性能。

(2) 加强负载管理

国家园区发展较快,相较于其他区域,污水处理增量多,部分国家园区污水处理设施的负载难以跟上快速增长的污水量,加强负载管理很有必要。污水提升以及污泥回流等单元的水力输送设备常由于流量级配不合理、扬程选择偏大,绝大部分时段在低效工况运行,应予以改造。

由于担心污泥沉积,混合搅拌设备的设计搅拌功率同样普遍偏大,实际处于过度搅拌状态,导致电耗增加,准确把握搅拌器与介质之间力和能量的传递非常关键,而采用推力作为搅拌器的选型依据(ISO 21630:2007 标准),可以准确衡量实际工况所需搅拌器的大小,有效避免此类电耗。

随着脱氮除磷要求的日益严格,污水处理过程需要的搅拌器数量也越来越多,成为不容忽视的耗电环节。当设置潜水推进器时,优化推进器和曝气系统的位置和距离,可以使系统的能量损失最小。当推进器距离上游曝气器不小于一倍水深,并且推进器距离下游曝气器不小于水深和廊道宽度的最大值时,推进器和曝气系统最为稳定,能耗最低。高效的潜水推进器配合好氧池的池型优化设计,可以降低池内阻力、减少推进器的功率需求,实现能耗降低。曝气系统的电耗约占污水处理总电耗的50%~70%,是加强负载管理的重点。设计基于稳妥的目的,常使鼓风机风量级配不合理、出风压力选择偏大,使之绝大部分时段在低效运行。气量偏大或曝气器数量偏少都将导致单位曝气器的气量过大,造成充氧转移效率降低、阻力增大,降低能效。另外,曝气器堵塞后如不能及时清洗,也会增加阻力,增大能耗。

(3) 建立处理运行需求响应机制

国家园区的运行具有一定的周期性、季节性,因此准确把握规律,实现快速响应,对于国家园区的污水处理来说就显得尤为重要。建立处理运行需求响应机制就是实现各单元以及全流程的优化运行。目前,污水处理行业已经出现了感应式调速和线性调速的水力输送和搅拌设备,此类设备内置智能控制系统,可以有效优化水力输送和搅拌系统的整体运行情况,实现节能降耗。

高效的水力输送设备内置专业为水力输送系统设计的智能控制系统,可以自动进行设备自清洗、泵坑自清洗和管路自清洗,可以自动调节设备运行频率以达到系统的能耗最低点。额外的控制系统甚至可以优先启动效率最高的水泵,可以根据整个输送管网的波峰波谷自动切换控制模式,从而发挥泵站的蓄水能力,减少对管网的冲击,使输送泵站与水厂协同运行。

混合搅拌设备内置智能控制系统可实现搅拌器推力可调,当由于工况变化,所需推力降低时,搅拌器可通过降低转速满足工况需求,同时节省能耗;当所需推力升高时,搅拌器可通过提高转速满足工况需求,避免设备增加或更换。

采用内置智能控制系统的水力输送设备和搅拌器,在特定工况条件下,与传统设备相比,甚至可以节省50%以上的能耗。

目前,前馈、反馈、前馈-反馈耦合等各种不同的曝气控制器和控制策略已较成熟,可以实现按需供氧,避免不必要的电耗。先进的曝气控制系统可在满足处理要求的前提下将鼓风曝气量动态降至最低,大幅度降低能耗,同时还能提高曝气器的氧利用率。设置高效推进器潜水推进器时,使池内介质保持一定的流速,可在满足工艺实际需要的前提下进一步降低鼓风曝气量,避免混合液发生沉积。另外,介质保持一定的流速,可使气泡在水中有更长的停留时间,进一步提高系统的氧转移效率。应定期调节污泥回流比,在满足污泥回流量的前提下,使之降至最低,在实现节能降耗的同时提高出水水质。通过微波含固量在线测定技术,可以实现污泥脱水单元加药量的前馈或反馈控制,降低絮凝剂的消耗量,减少间接碳排放。

国家园区作为走在经济社会发展前列的区域,探索物料和能量的回收利用,不仅能够达到污水处理减污降碳的目的,还可以有效弥补能源缺口,实现可持续发展和绿色转型。这些回收利用技术包括污水热能利用、污泥厌氧消化利用、污泥焚烧热能利用和光伏发电等。

2. 直接碳排放

污水处理行业的直接碳排放，也即逸散性温室气体排放，主要包括污水管网输送过程的 CH_4 排放、好氧生物处理过程中 CO_2 的排放、厌氧及污泥处理过程中 CH_4 的排放以及脱氮过程中 N_2O 的排放。依法依规将上游生产企业可生化性强的废水作为下游污水处理厂的碳源补充，加强高效脱氮除磷等低碳技术应用，可有效减少脱氮过程中氧化亚氮的逸散。根据相关研究，2015 年全国污水处理厂逸散的 CH_4 和 N_2O 产生的直接碳排放量为 2 512.2 万 t，按照年均增幅为 5.57% 估计，2030 年将增长为 5 664.51 万 t。因此，开展污水处理行业逸散性温室气体的排放管理是减少污水处理行业温室气体排放的最直接的手段。

未来污水处理厂可以利用互联网+、大数据、人工智能等前沿信息通信技术耦合先进节能、用能技术降低污水处理领域碳排放，同时通过信息通信技术优化或重塑污水处理行业技术环节，从源头减少能源、资源、信息领域消耗带来的碳排放。

三、末端替碳，低碳循环

再生水利用方面，再生水循环利用是一种新的末端"替碳"途径，不仅可以减少能源的消耗和碳排放，还可以助力资源能源绿色低碳循环。2021 年生态环境部等四部委联合印发的《区域再生水循环利用试点实施方案》就提出了将再生水纳入水资源统一配置，推动再生水生产和利用平衡。《工业园区水回用指南》(GB/T 43742—2024) 等标准和规范的发布为工业园区污水处理回用提供了政策、标准及技术保障。

在污泥资源化利用方面，应加强污泥沼气回收利用，推广沼气热电联产，充分利用污泥中的有机物和热能，发展污泥气化、发酵产气等技术，提高能源的回收利用率，减少对传统碳源的使用。

开展污水处理减污降碳协同增效，应充分挖掘污水、污泥的资源能源属性及污水处理厂自身潜力，通过资源能源的高效循环利用及可再生能源替代，实现末端替碳，构建污水处理行业绿色低碳循环新模式。

协同推进减污降碳已成为我国污水处理行业全面绿色转型的必然选择。面对生态文明建设新形势新任务新要求，未来的研究应重点关注污水处理厂碳排放精准核算体系的建设，进一步量化核算指标与分析方法；推动污水处理厂优化工艺流程，提高处理效率；并从全生命周期、物质流动、时空耦合、供给需求等系统角度，构建污水处理行业低碳发展规划，为我国污水处理低碳化、智慧化提供科技支撑。

10.4 园区污水处理产业发展

10.4.1 环境产业的发展

(1) 探索期

1988 年 6 月 22 日，时任国务委员、国务院环境保护委员会主任的宋健首次提出了发展环保产业的问题。"环保产业"作为一个新的概念，引起了社会各方的关注。

1992 年，党的十四大确立了建立社会主义市场经济体制的目标，为基础设施建设市场化改革提供了理论依据。1994年,国家计划委员会启动了BOT项目试点。随后,各地政府陆续推出一些BOT项目,涉及电力、自来水、污水、燃气等领域。1997年鹏鹞环保股份有限公司投资建设的吉林公主岭污水处理厂,1999年北京桑德环境技术发展有限公司(桑德集团有限公司前身)投资承建的北京肖家河污水处理厂,成为第一批采取BOT方式引入民间投资进行环境基础设施建设的项目。

(2) 市政公用市场化改革

2002年,党的十六大指出我国社会主义市场经济体制已经初步建立,提出发挥市场在资源配置中的基础性作用。行业通常将2002年原建设部颁布的《关于印发〈关于加快市政公用行业市场化进程的意见〉的通知》,作为公用事业改革全面启动的标志。这个通知出台时就有人断言,2003年将是公用事业市场化"元年"。其实,在此之前,全国各地已零星地燃起公用事业市场化改革的星星之火。

市政公用市场化改革给环保产业带来了深刻的影响。一是形成了巨大的城市污水处理、城市生活垃圾处理市场,带动了污水处理、垃圾处理技术装备的进步;二是促进了以污染治理设施运营为核心的环境服务业的发展,推动了环保产业由以环保设备加工制造为主向污染治理设施建设和运营服务升级;三是通过开放市场,引导社会资金、外国资本参与环境治理,提高了污染治理效率,初步建立了统一开放、竞争有序的行业市场体系和运行机制;四是助力一批具有综合竞争力的民营环保企业快速成长。

2015年5月,财政部、原环境保护部两部门印发《关于推进水污染防治领域政府和社会资本合作的实施意见》。该意见内容包括鼓励水污染防治领域推进政府和社会资本合作(PPP)工作,实施城乡供排水一体、厂网一体和行业"打包",实现组合开发,吸引社会资本参与等。

2017年底,PPP发展遭遇多轮监管,财政部下发规范PPP项目库管理的通知,对PPP项目进行"清库",防止PPP异化为新的融资平台。各级财政部门针对在库PPP项目展开了全面清理、整改工作,大量不合规项目被清除出库。

同时,在金融去杠杆背景下,一些银行纷纷暂停给PPP项目融资,之前大量获取PPP项目的企业,项目融资先后出现困难。

2023年,《国务院办公厅转发国家发展改革委、财政部〈关于规范实施政府和社会资本合作新机制的指导意见〉的通知》(国办函〔2023〕115号)指出"规范实施政府和社会资本合作新机制,充分发挥市场机制作用,拓宽民间投资空间,坚决遏制新增地方政府隐性债务,提高基础设施和公用事业项目建设运营水平,确保规范发展、阳光运行"。

10.4.2 园区污水处理真实需求

近年来我国工业园区、高新技术产业开发区等不断增多,带动了中国工业废水处理需求的增长;同时,工业污水与生活污水分质处理、工业污水集中处理的趋势日益显著。园区模式带来了工业的集约化发展,也带动了工业污水集中处理的发展,园区污水集中处理模式成为工业污水集中式处理的重要模式之一,工业污水处理集约化高质量发展的重要契机出现。

在改革开放40多年来中国发展成为世界工厂的过程中,工业环境服务业是为工业企业提供环境服务而形成的市场化产业。伴随工业化的发展及环保督察、排污许可证、垂直管理、淘汰落后产能、污染排放标准提高等制度变革,工业环境服务业经历了从无到有、从单点到系统的过程。

"水十条"等刚性政策的落地,让工业园区方以及排污企业真正绷紧了水处理这根弦,因为达标开始关乎企业的生死存亡。比如,2017年河北唐山芦台经济技术开发区西部园区因未完成"水十条"规定的工业集聚区水污染治理任务而被撤销省级开发区资格。监管的巨大变革在很大程度上扭转了排污企业对于污染治理的态度,供需双方的关系得以摆正。

在此之后,有关制度逐渐完善,园区污水治理开始快速步入正轨,在一系列层层推进的政策中,不难发现四个趋势:(1)工业污水集中化处理设施建设步伐在加快;(2)工业废水与生活污水分类收集、分质处理趋势显著;(3)工业园区环境污染第三方治理日渐成熟;(4)工业废水处理及水资源化循环持续推进。

截至2022年底,全国2 844家省级及以上工业园区建成了3 728座污水集中处理设施。

10.4.3 园区环境污染第三方治理

为推进环保设施建设和运营的专业化、产业化和市场化,推动建立排污者付费、第三方治理的治污新机制,不断提升我国污染治理水平,2014年12月,《国务院办公厅关于推行环境污染第三方治理的意见》(国办发〔2014〕69号)提出,要推进环境公用设施投资运营市场化,创新企业第三方治理机制,健全第三方治理市场;以环境公用设施、工业园区等领域为重点,采用环境绩效合同服务等方式引入第三方治理;支持第三方治理企业加强科技创新、服务创新、商业模式创新。

为落实国务院意见,2017年8月,原环境保护部发布《环境保护部关于推进环境污染第三方治理的实施意见》,文中指出要以环境污染治理"市场化、专业化、产业化"为导向,推动建立排污者付费、第三方治理与排污许可证制度有机结合的污染治理新机制。从实际运行效果来看,第三方治理在提高污染治理效率、降低污染治理成本、促进环保产业健康发展及推动环境质量改善方面的优势已逐步显现。

2019年,国家发展改革委办公厅、生态环境部办公厅发布《国家发展改革委办公厅生态环境部办公厅关于深入推进园区环境污染第三方治理的通知》,其中明确选择一批园区(含经济技术开发区)深入推进环境污染第三方治理,并且对各地区的主要污染产业作了规定:京津冀及周边地区重点在钢铁、冶金、建材、电镀等园区开展第三方治理,长江经济带重点在化工、印染等园区开展第三方治理,粤港澳大湾区重点在电镀、印染等园区开展第三方治理。

2020年,中共中央办公厅、国务院办公厅发布了《关于构建现代环境治理体系的指导意见》,明确要求要创新环境治理模式,积极推行环境污染第三方治理,开展园区污染防治第三方治理示范,探索统一规划、统一监测、统一治理的一体化服务模式。该意见指出环境治理市场体系要健全收费机制,严格落实"谁污染、谁付费"政策导向,建立健全"排污者付费+第三方治理"等机制。从实际运行效果来看,第三方治理在提高污染治理效率、降低污染治理成本、促进环保产业健康发展及推动环境质量改善方面的优势已逐步显现。

相对于成熟且"肥美"的市政生活污水处理市场,工业污水处理长期被视为"难啃的骨头"。市政污水处理领域更倾向于投资驱动,工业污水处理领域更倾向于专业能力驱动。就市场规模而言,市政污水处理规模更大,工业污水处理规模相对较小。从商业模式而言,工业污水处理具有显著的第三方专业运营特征,更加倾向于服务业的模式,其核心在于补齐园区在专业运营上的短板。

10.4.4 工业园区水环境管理模式及创新

为推进全国工业园区水污染整治工作,提升水环境保护水平,生态环境部对外合作与交流中心评选出2023年工业园区水环境管理6个典型案例,在此举例说明:

(1) 连云港石化产业基地治污经验:多线共治+第三方治理+供排一体化+再生水交易

该产业基地实行多线共治,按照"一企一管、分类收集、分质处理"原则,将工业废水纳入污水处理厂多条不同功能的处理线进行处理,其中生产污水分为"常规线""高碱度线""高COD线""高盐线""高氮线"五条处理线,将生产废水分为"高硬度线""低硬度线"两条处理线,可根据污水的不同特性进行酸、碱搭配和碳、氮、磷的综合利用,在有效提高了处理效能的同时实现了精准治污。

该产业基地搭建再生水交易平台。连云港石化产业基地建立了再生水水权交易等多种激励机制。园区水务公司可根据各企业每年用水的实际需求,统筹协商调配再生水使用配额,并在处理收费中核减再生水水费。企业间再生水水权的调配,合理平衡了企业间用水需求,促进了企业清洁生产和节水改造的积极性,不但进一步提升了生产效益,而且降低了园区污水的排放总量。

(2) 安徽淮北煤化工基地治污经验:污水零排放+资源化利用+市场化定价

污水处理厂采用"高效多级沉淀除杂""难降解有机废水生物整理"等先进技术,污水经处理后,清水作为生产企业循环冷却水补水,浓水输送至浓盐水厂,实现废水零排放。为实现工业废水高效资源化利用,浓盐水厂通过"梯级浓缩""纳滤分盐+热法耦合分盐"等工艺,每年可生产硫酸钠约3万吨、氯化钠约2.5万吨,推动浓盐水资源化利用,增加了污水处理效益。

在政策支持方面,该基地实行排污企业"分类收集、分质处理、一企一管、明管输送、实时监测",并探索以市场化方式确定服务费用水平,科学制定收费标准。

10.4.5 工业园区污水处理行业未来发展趋势

(1) "互联网+"促进污水处理运营管理智能化、数字化发展

目前,国外先进的智能化计算机软件已成功地应用于工业用水预处理与循环冷却水系统等领域,计算机软件可根据处理水的类型、药剂的种类和性能及预定的水质条件进行计算,从而确定水质的实时数据及水处理药剂的适用性,可实现水处理过程的自动控制和在线分析、检测,以达到高效低耗、智能化处理的目的。当前,我国也正在积极进行技术引进,同时自主开发类似的智能化控制系统并运用到工业废水处理行业,但由于技术仍未成

熟,其检测精度仍有待提高。未来,在工业废水处理技术进一步提高的背景下,智能化控制工业废水处理技术有望得到突破,智能化控制技术将在中国工业废水处理中得到运用。

2024年3月,由中国化工经济技术发展中心、中国化学工程集团有限公司、中国工业互联网研究院等单位联合编制的《化工园区智慧化评价导则》行业标准正式发布,于2024年10月1日开始实施。

(2) 零排放处理与资源化利用

应用工业废水零排放技术,不仅可以达到废水深度处理的目的,还能起到资源再利用的效果。一方面,深度处理后的水质可以达到回用的标准,从源头上减少用水量;另一方面,在实现水资源高效利用的同时,可以回收其中有用的固体产品,实现资源化利用。近年来,我国工业用水效率不断提升,工业废水高效利用成效显著,工业绿色发展取得了积极进展,新型工业化深入推进,为经济高质量发展持续增添绿色新动能。

随着工业废水处理技术的不断提升,工业废水零排放政策的持续落地收紧,预计零排放处理与资源化利用,将成为行业的重要发展方向。

(3) 行业收并购活跃,市场集中度不断提高

相对于成熟的市政污水处理市场,工业污水处理长期被视为"难啃的骨头",但随着市政污水市场日趋饱和,不少环保企业改弦更张,逐渐把战场延伸到了工业领域。我国水处理企业数量众多,但在工业废水处理领域,企业规模普遍偏小,行业集中度有待提高。根据研究,目前我国污水处理的市场集中度距离发达国家集中度水平差距较大,整个行业的集中度具有较大的提升空间。在国家政策引导及监管态势日益严峻的背景下,不具备核心技术、实力较弱的企业将会逐渐被取代。近年来,行业内大型企业通过收并购方式实现地域扩张、技术整合,拓展业务领域、优化业务布局、提升规模效应的趋势愈发明显。

参考文献

[1] 易斌,黄滨辉,李宝娟.砥砺奋进:中国环保产业发展40年[J].中国环保产业,2019,(01):13-20.